U0196786

内容简介

  叶，可以定义为植物茎上的营养性生长物，其基本功能是进行光合作用。也就是说，它们可以利用阳光中的能量把空气中的二氧化碳以及水分转化为葡萄糖和氧气。

  《树叶博物馆》中所讨论的叶是温带地区阔叶树的叶，它们大多形状扁平，颜色为绿色。然而，在这相似的扁平形状中，却包含了惊人的形态上的演化多样性。虽然叶的形态在种内和种间都变异巨大，但是，一枚叶的基本特征通常比较固定，足以用于帮助人们鉴定树种。

  本书是一部科学性与艺术性、学术性与普及性、工具性与收藏性完美结合的树叶高级科普读物，为读者提供了600种形态各异的树叶的视觉盛宴和科学知识。全书共1800余幅插图，每种树叶所配实际大小的照片都捕捉到了它们的精妙细节；每种树叶所属树木与成人身高的对比图，能让读者更直观地了解树木的树形和高度；每种树叶的叶类型、叶形、大小、叶序、分布、生境等的介绍，更能让读者从细微处对该物种有更全面、深刻的认识。

  本书既可作为树叶、树木研究人员的重要参考书，也可作为收藏爱好者的必备工具书，还可作为广大青少年读者的高级科普读物。

世界著名树木专家联手巨献

600幅地理分布图，再现全世界具有代表性的600种树木的树叶及其类似种

详解叶类型、叶形、大小、叶序、分布、生境等

1800余幅高清插图，真实再现各种树叶美丽的艺术形态

科学性与艺术性、学术性与普及性、工具性与收藏性完美结合

➤➤⬦◈ 本书作者 ◈⬦⬅⬅

〔英〕 艾伦·J.库姆斯 (Allen J. Coombes) ，植物分类学家，曾任墨西哥普埃布拉大学植物园和标本馆植物学家，英国汉普郡爵士花园植物学家，国际栎树学会主席。

〔匈〕 若尔特·德布雷齐 (Zsolt Debreczy) ，美国波士顿国际树木研究院学术总监，曾任匈牙利布达佩斯国家历史博物馆苔藓植物部主任。

➤➤⬦◈ 本书译者 ◈⬦⬅⬅

刘夙，上海辰山植物园科普部研究员，现从事通俗读物著译、植物学知识网站建设以及科技史和科技哲学研究工作。

The Book of Leaves

树叶博物馆

博物文库

总策划： 周雁翎

博物学经典丛书	策划：陈　静
博物人生丛书	策划：郭　莉
博物之旅丛书	策划：郭　莉
自然博物馆丛书	策划：唐知涵
生态与文明丛书	策划：周志刚
自然教育丛书	策划：周志刚
博物画临摹与创作丛书	策划：焦　育

博物文库·自然博物馆丛书

The Book of Leaves
树叶博物馆

〔英〕艾伦·J.库姆斯（Allen J. Coombes） 著
〔匈〕若尔特·德布雷齐（Zsolt Debreczy） 编
刘 夙 译

北京大学出版社
PEKING UNIVERSITY PRESS

著作权合同登记号 图字：01-2015-4752

图书在版编目 (CIP) 数据

树叶博物馆 /（英）艾伦·J.库姆斯(Allen J. Coombes) 著；（匈）若尔特·德布雷齐(Zsolt Debreczy) 编；刘夙译 . —北京：北京大学出版社，2021.1
（博物文库·自然博物馆丛书）
ISBN 978-7-301-31172-1

Ⅰ.①树… Ⅱ.①艾… ②若… ③刘… Ⅲ.①树叶—普及读物 Ⅳ.① S718.42-49

中国版本图书馆 CIP 数据核字 (2020) 第 023106 号

书　　　名	树叶博物馆
	SHUYE BOWUGUAN
著作责任者	〔英〕艾伦·J.库姆斯(Allen J. Coombes) 著　〔匈〕若尔特·德布雷齐 (Zsolt Debreczy) 编
	刘夙　译
丛书主持	唐知涵
责任编辑	唐知涵
标准书号	ISBN 978-7-301-31172-1
出版发行	北京大学出版社
地　　　址	北京市海淀区成府路 205 号　100871
网　　　址	http://www. pup. cn　　　新浪微博:@ 北京大学出版社
微信公众号	通识书苑（微信号：sartspku）　科学元典（微信号：kexueyuandian）
电子邮箱	编辑部 jyzx@pup.cn　　总编室 zpup@pup.cn
电　　　话	邮购部 010-62752015　发行部 010-62750672　编辑部 010-62753056
印　刷　者	北京华联印刷有限公司
经　销　者	新华书店
	889 毫米 ×1092 毫米　16 开本　42.25 印张　450 千字
	2021 年 1 月第 1 版　2024 年 6 月第 2 次印刷
定　　　价	680.00 元

目 录

Contents

前　言

常绿的叶可以让植物在整年的时间里都有很高的观赏性。这棵桂樱 *Prunus laurocerasus* 就是典型例子。桂樱枝叶美观，又能遮阴，栽培很广。

叶，是大自然真正的奇迹。它们所做的工作，是把溶解的矿物质和其他养分转化成有机质，最终形成茎、根、花和果实（当然也包括叶自身的生长），从而创造地球上肥沃的腐殖质和土壤层，构建奇妙的森林和其他生境。这个工作的细节，科学家至今还在梦想能够全部了解。正是叶——或者更准确地说，是叶肉中的绿色组织细胞——让太阳的能量和地球上的生命得以构成实质性的联系。

从形态上说，叶是变态、扁化的茎系统。演化形态学界的很多科学家相信，经过漫长的地质时代，植物的侧向生长不仅形成了叶，也形成了花瓣、萼片、心皮和雄蕊之类的生殖器官。

叶的形状在种内和种间都变异巨大。然而，一枚叶的基本特征通常比较固定，足以用于帮助人们鉴定树种。因此，《树叶博物馆》既是叶片鉴定手册，又是树种鉴定手册。花和果实等其他用来识别植物的特征不会存在多长时间，而叶在树木的整个生长季中始终可见。叶有单叶、复叶之分。单叶只有单独一枚叶片与茎连接；完全复叶的叶片则分成少数几个或多个部分（小叶）。叶又有全缘、浅裂、深裂、全裂至中脉的区别。叶表面的形态则又提供了更多识别特征，比如叶是否有毛，毛被是稀疏还是稠密，坚硬还是柔软……

本书中挑选的叶限于新生代（开始于大约6500万年前）至今的温带地区。这一地域的植物区系最先出现在北半球的时候，地球要比现在温暖得多（平均气温是22℃/72℉，而现在是14℃/57℉）。之后，这一群植物通过演化逐渐能够抵抗生理上的寒冷，主要对策是在冬季落叶。即使是常绿植物，也有其他形态或生理上的抗寒策略。地球不断变冷，在最近大约50万年中气温降到最低，然而抵抗寒冷的能力却让很多温带树种得以幸存下来。

对南半球的叶来说，本书遴选的种类代表了一个耐寒能力多少较弱的植物区系，它们乃是在南美洲、新西兰、澳大利亚最南部（特别是塔斯马尼亚岛和南澳大利亚山地的湿润环境）存活演化而成。这本《树叶博物馆》因而涵盖了能够在全世界温带的森林或植物园中观察到的大部分树种。

记录树木信息，拍摄叶的照片，对任何自然爱好者来说都是真正的乐趣。叶具有内在美，可以激发我们深厚的情感。到植物园中散散步吧，你会注意到那些温带的亲缘种彼此是何其相似，哪怕其中一种来自北美洲，另一种却来自东亚，这是因为它们确实有紧密的亲缘关系。气候的差异，地质时代上千百万年的分化史，都只是让它们的显著相似性略有模糊罢了。你手中的这本书大概可以称为一座"纸上植物园"，在这里，悠悠地质岁月驱散的树木和叶，又成功而美满地重聚一堂。

若尔特·德布雷齐

欧洲野梨 *Pyrus pyraster* 在梨属 *Pyrus* 中是具有小而圆的叶子的少数几个种之一。

概　论

> 大自然经得起最细致的观察。她邀请我们把眼光放在她最小的叶上，以昆虫的视角审视它的朴实无华。

——亨利·梭罗（Henry Thoreau），1839年

叶片对生命无比重要，它们数量惊人，一年里多数时间都现身在自然界中。然而，叶片恐怕又是一棵树上最不受关注的部位。我们常常谈论花的美丽、树皮的精致，但树叶通常只在它们呈现出短暂而壮观的秋色之时才能引起我们的注意。就像弗兰克·鲍姆（L. Frank Baum）在《绿野仙踪》中所写："对一般人来说，民间传说就像树上的叶，存殁都无人注意。"

叶片就在我们身边，每天我们都能见到，但我们真的看过它一眼吗？对我们中的多数人来说，叶不过就是叶，但是我希望这本书多少能展示出树叶在形状上的惊人多样性，这可以鼓励我们去做更细致的观察。每个树种的叶，都会在这里或那里有不同之处——不仅是叶形，还有其他很多方面。有时候，这些不同之处比较细微，但你只需对眼睛做一番训练，便可以留意到它们。

比较一下人们在试图鉴定树种时的做法，这是件有趣的事。没有经验的人通常会站在离树木有段距离的地方，而知识较多的人则会站得更近，手把着树叶，感受它的质地，试着捕捉它的一丝气味。至于最有经验的人，他们做的第一件事始终不变，就是把树叶翻过来看，因为叶的下表面（背面）带有鉴定所需的最多线索。

湖北海棠*Malus hupehensis*的叶形为卵形。不管形状如何，所有的叶都适应于它们行使的许多复杂功能。

榆树和其他很多树一样，每一枚叶都和枝条成一个角度，它们既能接收最多的阳光，又不会遮蔽邻近的其他叶。

　　所有这些特征，在尝试靠树叶来鉴定树种时都很重要。叶的触感如何？闻起来是什么气味？这些第一手的知识在人们再次见到这种树时会被回想起来。这些特征帮助我们为每种树建立了一个类似人格的"树格"，其中还包括诸如树叶如何着生、如何反射光这样的特性。我们都非常擅长识别人脸的细致差异，同样的本领也可以用在树和树叶之上。

　　有些细节第一眼看去可能不够明显，但检查这些细节对鉴定也很重要。用一枚做工优良的手持小放大镜可以很容易看到毛是不是星状，叶柄上是否有腺体。也许我们可以想象自己是梭罗所说的昆虫，正在叶片下表面那些交织的毛丛里穿行。

　　我们也要欣赏和赞叹作为一个整体的叶。当树芽膨大、最终绽放出带着柔软幼叶的嫩枝时，叶便给我们带来了春天的第一缕迹象。夏天，它们遮蔽烈日，让我们乘凉，为街道投下树阴。秋天，它们显现出无可匹敌的绚烂颜色，传达了冬天将至的信息。这些不是偶然之事，而是作为一个整体的植物活动的一部分，虽然并不是为了我们而为之。

　　树叶有一个非常重要的功能，就是在它们短暂的生命中为树木产生能量，释放对地球生命至关重要的氧气。它们的美色和工作效率也同样应该引起我们的注意。亨利·梭罗认为，叶绝不仅是一个单凭眼睛就能看到的形象——除他之外，我们也可以有这样深入的认识。

树木是什么？

就像这棵栎树一样，长在开放生境中的树木会比彼此靠近的树木发育出更宽阔的树形，而且仍然保留着低处的枝叶。

只要看到，我们就能把树木认出来。我们还能通过许许多多的特征区分栎树和水青冈，苹果树和梨树。然而，令人意想不到的是，要想给树木下个一般性的定义，却实在困难。

在尝试给树木下定义的时候，我们可以先说它们是多年生（这意味着较为长寿）的木本植物，正常情况下有单一的明显主干，至少有3—4 m（10—13 ft）高。这个定义把树木（更准确地说是乔木）和另一类多年生木本植物——灌木区别开来，因为灌木的基部有几枚至很多枚的茎，植株也比较矮。然而，在乔木和灌木之间并没有截然区分的界限。乔木也可能有一枚以上的茎，有时候甚至有数枚。不仅如此，本书中描述的很多树种既可以长成灌木，又可以长成乔木。比如说，有很多树种在低海拔地区可以长成参天大树，但在山地或其他暴露环境下却会缩减体型，成为矮小灌木。

因此，树木（乔木）并不像"栎属"或"水青冈属"那样，是得到植物学定义的群体。我们最好把它看成一种生长类型。哪些植物是树木，哪些植物不是，在定义上有主观性。我们并不能把一棵弱小的栎树苗说成是乔木，虽然它有成为乔木的潜力。

最早的树木

树木是陆生植物。就像陆生动物一样，它们从生活在海洋里的生物演化而来。最早的植物生在水中，不需要维管组织（这是输送水分和养分的组织，也起支撑作用）。只有维管组织发育出来、能够向植物露在空气中的部分提供水分和养分之后，植物才开始拥有长到任意高度的能力。

　　最早的树木（严格来说应该是乔木状植物，因为它们还没有木质部）和我们今天熟悉的树木非常不同。它们是现代的石松属 *Lycopodium* 和木贼属 *Equisetum* 植物的近亲，现已灭绝。它们常常可以长得非常巨大。后来的蕨类植物中也有乔木状的成员，但这些树蕨的分布局限于湿润环境，因为受精过程发生在植物体之外，需要这样一个湿润环境。

　　最早的真正的树木，也即最早的能结种子的植物，是裸子植物（因种子裸露在外而得名），受精过程发生在植物体内，不依赖水分充足的环境。这个特征，加上风媒的传粉方式，保证了裸子植物可以远远扩散到更干旱的地方。今天，裸子植物的主要代表植物是松柏类，但是像银杏 *Ginkgo biloba* 和苏铁这样的"原始"裸子植物也仍有生存，尽管分布区已经大为缩减。

阔叶树

　　植物（以及树木）最后出现的类群是被子植物（具有阔叶、种子包裹在子房里的植物）。它们常常有颜色鲜艳或芳香扑鼻的花，可以由昆虫来传粉。这些花有各式各样的形态，常常适应于吸引不同的传粉者。昆虫传粉是演化上的一大"进步"，因为它让植物不必再制造如此大量的富含养分的花粉。不仅如此，被子植物的种子还包裹在各式各样不同的果实里，让它们能够得到动物的广泛传播。这些适应特征，让被子植物成为现生植物中分布最广、最为成功的类群。本书中所有的叶，都来自这个类群的植物。

左图是英国多塞特郡拉尔沃斯湾的化石森林，从中可见1亿多年前的早期裸子植物的遗迹。

叶是什么？

叶可以定义为植物茎上的营养性生长物。本书讨论的叶是温带地区阔叶树的叶，它们大多形状扁平，颜色为绿色。然而，在这相似的扁平形状中却包含了大量形态上的演化多样性。

典型的叶由叶片和叶柄构成。在叶腋——也就是叶和茎的连接处——生有腋芽。有的树种还生有名为托叶的结构。它们常为叶状，生于叶柄基部。托叶通常又小又不明显，还早早地脱落，但有时候却很大，对鉴定很有用。拿晚绣花楸 *Sorbus sargentiana* 来说，它的托叶就非常明显。在诸如刺槐 *Robinia pseudoacacia* 等其他树种中，托叶变形成为一对刺。

叶的类型

单叶是不分割为多个部分的叶，虽然可能会有裂片或锯齿；复叶是分割为许多小叶的叶。复叶可以是掌状复叶（小叶像手掌一样分离）或羽状复叶（小叶像羽毛的羽枝一样分离）。在复叶中，小叶总是彼此分离，在掌状复叶中直接着生在叶柄上，或在羽状复叶中着生在叶轴（羽状复叶中叶柄的延伸，小叶着生其上）上。

在有些情况下，枝条上的叶会和羽状复叶的小叶混淆，特别是那些在枝条上对生的叶看上去更像羽状复叶的小叶。区分二者的最简单方法，是查看叶（或小叶）的着生之处。枝条上的单叶，在它和枝条连接处的叶腋有一个芽，来年可以从这里长出新的枝条。

　　树叶通常是扁平的，它们也可以退化为微小的鳞片或刺。在有些情况下，真正的叶片并不存在。比如相思树属 *Acacia* 的很多种，年幼植株的叶分割为许多小叶；但在成年植株上，叶的功能就被一个叫作"叶状柄"的结构取代了，而叶状柄是由叶轴扩展形成的。此外，还有过渡类型的叶，叶轴已经扩展，但同时还生有一些小叶。

叶的起源

　　尽管叶是树木最为显著的特征之一，但最早的陆生植物却没有叶。它们生活在二氧化碳浓度很高的空气中，能够通过茎上名为"气孔"的小孔获取二氧化碳。一些早期的植物在茎上有微小的突起，这些是最早的叶。然而，没有多少气孔的大叶植物却很可能无法在当时气温普遍比较高的环境中存活下来，因为它们很可能无法充分散去植株的热量。科学上认为，像我们今天知道的这种叶，是在大气二氧化碳浓度骤降，从而导致气温也下降的时候演化出来的，这种演化是对这种变化的响应。因为二氧化碳浓度降低，拥有更大的生有气孔的表面积就成了一种优势、一种必需的手段。只有气温下降，具有这种结构的植株才能生存下来。

上图所示为垂枝桦*Betula pendula* 的芽，其中含有尚未展开的幼叶。在冬季，它们得到芽的保护，免受恶劣天气的侵害；但春天一来，它们便时刻准备萌发。

　　科学上认为最早的植物的叶是单叶（也即不分割为几个部分），没有锯齿，在枝条上互生。随着被子植物（包括本书中的树木在内）发生多样性分化，不同类型的叶也演化出来。像对生叶和复叶、有锯齿或缺刻的叶这样的变异类型很可能独立地演化了好多次。这样的演化过程最终造就了我们今天所见的叶形的巨大多样性。

叶的功能

叶的基本功能是进行光合作用。也就是说，它们可以利用阳光中的能量把空气中的二氧化碳以及水分转化为葡萄糖和氧气。植物所有绿色的部位都可以进行光合作用，但对于大多数植物来说，这个化学反应大部分是在叶中发生的。植物的绿色部位含有叶绿素，这是光合作用所需的关键色素。叶绿素可以吸收阳光中蓝色和红色波长的能量。绿色波长的光并不会被吸收，而是被反射回去，所以叶会显出绿色。

在光合作用中制造的糖类（碳水化合物）被植物用在另一个叫呼吸作用的生理过程中。这是把糖类转化为叶和其他结构中的能量的过程。呼吸作用的一个结果，就是产生水和二氧化碳。虽然光合作用只能在阳光下发生，呼吸作用却在白天和黑夜均可进行。

为了完成光合作用和呼吸作用这两个生理过程，叶需要进行气体交换，也就是说，它们需要从大气中吸收二氧化碳，并释放出氧气。气体交换是通过气孔进行的，气孔是叶表面微小的孔洞，可以开放，也可以关闭。

叶的颜色

叶还含有其他色素，但这些色素的颜色基本都被叶绿素的浓重绿色盖住了。然而，在生长季的开始和将终之时，我们却常常可以看到这些色素。很多树木的幼叶在春季或夏季初生时是古铜色或红色的，还有很多树木因为它们秋季黄、红或紫色的绚烂秋色而闻名。

这些叶绿素以外的色素有几个功能。在幼叶中，它们可以保护发育中的叶绿体（含有叶绿素的细胞结构，光合作用即在此进行）不受强烈光照的危害，因为强光会造成叶绿体的损伤；它们还能让幼叶不易吸引食草动物的注意。在成叶中，尽管这些色素看不见，它们仍然可以吸收过多的光照，否则这些多余的辐射就会超过光合作用系统的承受能力。

　　这些叶绿素以外的色素通常在叶绿体分解之后才分解，所以叶的绿色消失之后，便会呈现出秋色，这正是由这些剩余色素决定的。当落叶树的叶在秋季变色、凋落之后，它们并没有简单地死去，因为叶含有相当多的养分，特别是以叶绿素的形式储备的养分，其中富含镁和氮，所以这些养分会被树木回收。通过观察一棵树在夏天折断的枝条的后来命运，可以容易地看到这是一个活跃的生理过程。到秋天，这棵树大部分的叶子会变色、凋落，但断枝上的叶却仍然长在那里，变成褐色。叶的脱落需要植物为它注入相当多的能量。人们相信叶中的色素可以保护叶绿素免受强烈阳光的危害，让它能够尽可能长时间地保持活性，直到叶凋落为止。

叶状苞片

　　有一种叶状的结构叫作苞片，与花或花簇相伴出现。苞片有几个功能，比如可以保护花；如果苞片为绿色，可以作为养分的来源供应花和发育中的果实之用。有些苞片与较不明显的花相伴，则可以扮演花瓣的角色，起到吸引传粉昆虫的作用。著名的观赏植物一品红 *Euphorbia pulcherrima* 就是一例，因为有鲜艳的红色苞片而被广泛栽培。具有显眼苞片的树木包括山茱萸属 *Cornus* 的一些种如狗木 *Cornus florida* 和日本四照花 *Cornus kousa*，以及珙桐 *Davidia involucrata*。珙桐的苞片初为绿色，可以进行光合作用；但随着花的开放变为白色。它们不仅可以吸引昆虫来访问花朵，还可以保护花免受雨水侵害，如果花粉沾到水，就会失去发育能力。

15

秋季变色是很多温带落叶树的普遍特征。随着叶中的绿色色素不断降解，树木的秋色就逐渐显现出来。

叶的变化

开花早的树木，光合作用也开始得早，因此可以从中受益。这棵欧洲七叶树 Aesculus hippocastanum 就是个好例子，它巨大的叶拦截了最多的阳光。

温带阔叶树的叶有各种类型，其中最明显的区别之一就是叶是冬天留在树上，还是秋天已经凋落。常绿树起源于湿润多雨的热带地区，它们的叶在树上可以存留一年以上；落叶树演化得可以在极端气候下存活，于是会在最不适宜生长的季节脱去全部的叶。

最早的树是常绿树。现代常绿树较之落叶树有一个优势，就是在落叶树落叶后的季节仍能进行光合作用。它们的叶更为坚韧，更能抵抗食草动

物；又因为它们每年只会更换一小部分叶，因此在较为贫瘠的土壤中往往可以比落叶树生长得更好。阔叶常绿树更偏爱气候不会过分波动、没有长时段的寒冷或干旱的地区。

与之不同，落叶树较之常绿树有一个优势，就是在不适宜生长的季节可以休眠。这意味着它们无须长出能忍耐非常寒冷气候的叶，也无须在地面可能会冻结的时候向叶供应水分。不过，并不是所有落叶树都因为冬季寒冷才落叶。很多热带树种会在旱季落叶，以避免水分的过度流失。在有极端气候的地区，比如冬季漫长而寒冷的地区或有漫长旱季的地区，落叶树往往更为常见。

既然常绿的叶对植物来说是更大的投资，这些叶就必须具有能坚持更长时间的结构。因此，常绿的叶通常更厚，很多常绿树的叶有刺，可以保护它们免受食草动物的摄食。叶具刺的树木的例子如欧洲枸骨*Ilex aquifolium*、冬青栎*Quercus ilex*以及冬青属*Ilex*和栎属*Quercus*的其他一些种。这些树种的叶都在边缘生刺，可以阻止食草动物取食叶片。这种有刺的叶长在树冠低处，在食草动物够不到的树木高处，叶则往往有较少的刺，甚至无刺。

叶的适应

有的树木生长在空气不会一直保持湿润的地方，它们始终会面临失水干燥的危机。叶需要有扁平的形态，来保证能最大限度地暴露在阳光下，又需要开放气孔，来保证光合作用能够进行，但这会导致水分从叶面流失。植物采取了很多策略，在把水分流失减到最小的同时，又能让气体得以交换。

改变叶的结构是一种解决方案。为了减少水分流失，大多数气孔只见于叶的下表面，正常情况下会在不需要摄取二氧化碳的夜间关闭，此外也可以在吸收水分困难的时候关闭。一些植物的气孔只在夜间和清晨开放，在此期间吸收的所有二氧化碳都贮存在叶中，在阳光出现之后再把它们用于光合作用。这个生理过程（植物学上称之为景天酸代谢，英文缩写为CAM）出现在干旱地区的很多植物（特别是多肉植物）身上。车桑子*Dodonaea viscosa*也属于这类植物。

17

大叶冬青 *Ilex latifolia* 是冬青属所有种中叶最大的种之一，其叶与该属中最著名的那些种的叶都不相像。

因为蒸腾作用（水分流经植物体进入大气的运动）也会通过叶的表皮进行，叶在表皮外面覆盖了一层蜡质的角质层，以减少水分流失。常绿植物和生长在干旱地区的植物叶片上表面的角质层尤其厚；在阳光直射环境下生长的植物，角质层又要比在遮阴环境下生长的植物厚。

在正常条件下，当叶的气孔开放时，在叶的下表面会形成一个湿润的空气层。这层空气减少了从叶流失的水分，但空气的任何运动都会破坏这个空气层，加快蒸腾作用和水分流失。因此，植物发展出了许多方法阻碍叶附近的空气运动，从而减少蒸腾作用。实现这一点的有效方法之一，是在气孔上面增加覆盖物。以地中海地区的木樨榄 *Olea europaea* 为例，它的叶片下表面（背面）就覆盖有表面有蜡质的微小鳞片。

有毛的叶

很多树叶覆有毛（植物学术语管毛的集合叫"毛被"），特别是在叶片的下表面。毛被同样可以干扰空气在叶面上的流动，减少蒸腾作用。然而除此之外，毛被还有其他功能。在幼叶的上表面也常见有毛，可以降低强烈阳光对年幼组织的破坏效应；随着叶的长成，这些毛通常会脱落。有黏性的毛或有腺体的毛（腺毛）可以阻止昆虫以幼叶为食。在西洋接骨木 *Sambucus nigra* 等植物的叶上有花外蜜腺（蜜腺是可以分泌富含糖分的蜜汁的器官），也可以减少虫害。这些蜜腺可以为某些昆虫提供食物，这些昆虫可以保护植物免受其他害虫侵扰。

很多叶有毛，至少在幼叶的下表面有毛，比如这枚毛泡桐 *Paulownia tomentosa* 的叶就是如此。毛可以减缓空气流过叶表面的运动，有助于减少水分损失。

叶的朝向

大多数树木会调整叶的角度，以捕捉最多的阳光，但在温暖地区生长的一些树种却会把它们的叶垂直悬在枝下，让边缘朝上，以保护它们免受炎热阳光的侵害。采取这种叶朝向的树种中有很多桉属 *Eucalyptus* 树种，

18

此外还有火鸡栎*Quercus laevis*。在降水量大的地区，植物的叶经常有长而渐尖的顶端。科学上认为这种名为"滴水叶尖"的结构可以让雨水更快从叶表面排走，因此可以避免藻类和真菌在叶面滋生，妨碍其光合作用。

19

有锯齿和分裂的叶

叶片分裂为锯齿和裂片，也是一种重要的适应方式。最早的叶不分裂，也没有锯齿。无论裂为锯齿还是裂为裂片，都是在植物不同的科中多次起源的特征。锯齿和裂片在叶正在发育时常常相对显得更大。在叶的生长过程中，它们不如叶片的主要部分增长得快。较之叶的其余部分，锯齿和裂片在叶的发育早期还有更活跃的光合作用能力，因此在幼叶开展的时候可以促进植物的早期生长。这一点得到了如下事实的支持：在气温较低的温带地区，叶有裂片或锯齿的树种明显要比热带地区的树种多。甚至在同一个属内，这条规律也成立。以栎属*Quercus*为例，温带地区的栎树多数都有锯齿或裂片，而在热带地区，具有无裂片的叶的种类却占有相当高的比例。

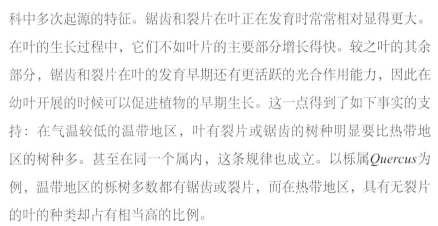

欧洲山杨*Populus tremula*的叶有独特的锯齿，可以吸收阳光。温带树木的叶比热带树种的叶更普遍有锯齿。锯齿可以在叶展开的时候帮助它提升光合作用能力。

叶片分裂为裂片还有另一个作用，就是在扩大叶表面积的同时，不会增加它的重量。这让叶能更好地利用阳光——特别是当叶生长在它上面其他叶的阴影中时。如果把分裂发展到极致，那么具有极深分裂的叶最终就成为复叶，这再次在不增加重量情况下增大了叶的表面积。对复叶来说，每一枚小叶都具有单独一枚叶的功能，这可以在有需要的时候调整自己的角度朝向或避开阳光。

叶形和叶序

叶形和叶序是非常有用的鉴定特征。茎上长叶的点叫作节。如果每个节都生有单独一枚叶，这时我们说叶为互生；如果每个节长有两枚叶，彼此位置相对，则说叶为对生。

互生叶和对生叶

桦木属*Betula*和栎属*Quercus*是叶互生树木的例子，每个节上始终只长单独一枚叶。叶对生的树木包括槭属*Acer*以及木樨科Oleaceae植物如，女贞属*Ligustrum*和总序桂*Phillyrea latifolia*。一些树种，如南黄金树*Catalpa bignonioides*等有轮生叶，每个节上有多于两枚叶。当落叶树处于无叶状态时，叶对生的树木会在枝条上长有对生的芽，而叶互生的树木也会有互生的芽。

桦木科的所有成员都有互生叶，而木樨科的植物都有对生叶。垂枝桦 *Betula pendula*（下左图）和木樨榄 *Olea europaea*（下右图）分别是这两种叶序的例子。

互生叶　　　　　　　　　　　　　　　　　　　　　　　对生叶

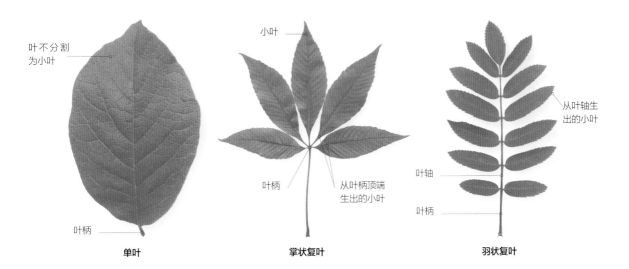

叶不分割
为小叶

叶柄

单叶

小叶

叶柄

从叶柄顶端
生出的小叶

掌状复叶

从叶轴生
出的小叶

叶轴

叶柄

羽状复叶

日本辛夷*Magnolia kobus*（上左图）的叶为单叶，俄亥俄七叶树*Aesculus glabra*（上中图）的叶为掌状复叶，北美花楸*Sorbus americana*（上右图）的叶则为羽状复叶。

　　一些植物类群既包含叶互生的种类，又包含叶对生的种类，比如虽然山茱萸属*Cornus*大多数种叶对生，但北美灯台树*Cornus alternifolia*和灯台树*Cornus controversa*却是例外，它们具有互生的叶。此外，一些在正常情况下叶对生的种，在其健壮枝条上也可能产生互生的叶，比如紫薇*Lagerstroemia indica*就是这样。桉属*Eucalyptus*树种比较特别，幼树的叶对生，而大多数种的叶在植株长大后就变为互生。

单叶和复叶

　　本书中的大多数叶都是所谓的单叶——也就是说，即使它们分裂为裂片或具锯齿，但并不分割为彼此独立的小叶。所谓复叶，则是分割为彼此独立的小叶的叶。掌状复叶的小叶像手掌一样分离，从叶柄顶端的同一位置生出。掌状复叶的例子如七叶树属*Aesculus*树木。羽状复叶的小叶像羽毛的羽枝一样分离，从叶轴（叶柄的延伸）的两侧生出。梣属*Fraxinus*和花楸属*Sorbus*都是羽状复叶的例子。

　　小叶的数目随树种的不同而不同，同一种内也有变异。一些羽状复叶的小叶数为奇数，具有顶生小叶，这是奇数羽状复叶；另一些种的叶的小叶数则为偶数，顶生小叶不存在（如香椿*Toona sinensis*），这是偶数羽状复叶。然而，这个特征并不总是稳定的，一些树种的羽状复叶既可能有顶生小叶，也可能没有顶生小叶。

二回羽状复叶

一些羽状复叶分割了一次以上。所谓二回羽状复叶，就是第一次分割的小叶（在这种情况下叫"羽片"）又再次分割成为彼此分离的小叶（小羽片）的叶。具有二回羽状复叶的树木的例子如银荆*Acacia dealbata*和合欢*Albizia julibrissin*。有的树种如美国皂荚*Gleditsia triacanthos*既有一回羽状复叶，又有二回羽状复叶；智利榛*Gevuina avellana*的叶则更以多变著称，可以是一回羽状、二回羽状，甚至三回羽状复叶——二回羽状分割之后的最终分离部分又再次分割为彼此分离的小叶。

叶的叶片可生于叶柄之上，也可无柄。复叶的小叶也是如此，可以有小叶柄或无柄。在羽状复叶中，十分常见的情况是，如果侧生小叶无柄，那么顶生小叶如果存在，就会有柄。叶柄对鉴定很有用。它可无毛（光滑）或有毛，有时还会生有独特的腺体，比如山桐子*Idesia polycarpa*就是如此。

22

合欢是具有二回羽状复叶的树木之一。每一片叶都由许多羽片组成，每一枚羽片又生有许多很小的小叶（小羽片）。

叶形

叶的形状和它的各个部位对鉴定非常有用。叶的叶片形状变异很大，有的是非常狭长的线形，有的是圆形，有的甚至宽大于长，这几种形状之间的每一种过渡形状都能找到实例。叶片顶端（叶尖）和基部（叶基）的形状也是重要的鉴定特征。顶端可以是圆形、凹缺至钝尖或锐尖，或为渐尖，骤然形成一个长或短的尖头。基部可以是圆形至心形、截形，或为狭窄或宽阔的楔形。

锯齿和裂片

叶和小叶可为全缘（无锯齿）或具各式各样的锯齿，锯齿顶端可钝、尖、有腺体或有芒尖。锯齿又有单锯齿和重锯齿之别，如果锯齿的边缘又有一枚或多枚较小的锯齿，这就是重锯齿。同样，叶可具各式各样的裂片，裂片的排列可为羽状（即排列在中脉两侧），如很多栎属*Quercus*树种，或为掌状（即从叶基发出），如很多槭属*Acer*树种。叶如为羽状分裂，一般来说其叶脉会从裂片直抵叶的中脉；如为掌状分裂，一般来说其叶脉会在叶基或近叶基处会合。叶的侧脉数目也很重要。举例来说，高山冠青冈*Nothofagus alpina*和冠青冈*Nothofagus obliqua*常常混淆，但可以通过侧脉数目来区分。

　　裂片和锯齿彼此常常混淆，但锯齿形状较小，一般情况下大小多少相同，因此如果沿着它们的基部画一条线，这条线会与叶片边缘平行或近平行。与此不同，裂片的分裂程度在叶片最宽的地方通常要深得多，因此如果在它们的基部之间画一条线，这条线会与中脉平行。在同一棵植株上，裂片的分裂深度也常有变异。以栎属*Quercus*树种为例，夏季在第二波生长中长成的叶，其分裂程度就常比在第一波生长中长成的叶更深。

叶的表面

　　叶的上表面（正面）和下表面（背面）都能呈现出一些重要特征。很多叶在初生时有毛，但多数叶后来会失去上面的毛。下表面的毛被（有时还有上表面的毛被）以及毛的类型都有助于区分树种。举例来说，银叶椴*Tilia tomentosa*的叶下表面覆盖有浓密的星状毛（用手持放大镜可见），而阔叶椴*Tilia platyphyllos*则有较长的直毛。有些类似心叶椴*Tilia cordata*之类的树种，叶片下表面仅在主脉脉腋处有丛毛。

在叶片最宽的部位，叶裂片通常更大，就像泽白栎 *Quercus bicolor*（下左图）的情况；在叶片边缘从上到下的各个部位，锯齿的大小则更常具有一致性，就像细齿樱桃 *Prunus serrula*（下右图）的情况。

具裂片的叶　　　　　　　　　　具锯齿的叶

典型的叶，在中央有中脉，次级的侧脉从中脉发出；侧脉再进一步分成更小的叶脉。

图中标注：中脉、脉腋、侧脉

叶的解剖

叶的结构与功能密切相关。叶需要吸收阳光，保存水分，为了光合作用摄入和释放气体。叶的上下表面的表皮通常只有一层细胞厚，它们保护着叶的内部组织，防止水分流失，其上还有气孔和（或）毛、鳞片之类的其他结构。叶的表皮是透明的，允许光穿透它射入叶内部，其表面还覆盖着蜡质的角质层，通常在上表面更厚，以阻止水分流失。

气孔是叶表面的小孔，由周边的保卫细胞控制。随着保卫细胞的伸缩，气孔也相应开闭。和大部分叶表皮不同，保卫细胞含有叶绿体。大部分气孔分布在叶的下表面，在这里，它们可以得到保护，免

与大多数树木一样，毛果杨 *Populus trichocarpa* 在叶的上表面几乎没有气孔，但东美灰杨 *Populus deltoides* 在叶的上表面却有不少气孔。

毛果杨叶的切面

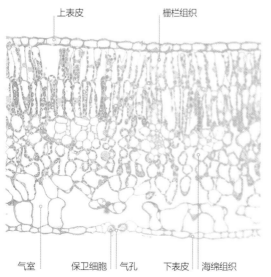

图中标注：上表皮、栅栏组织、气室、保卫细胞、气孔、下表皮、海绵组织

东美灰杨叶的切面，示其上表面

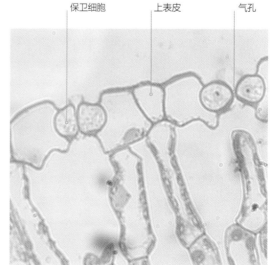

图中标注：保卫细胞、上表皮、气孔

受阳光烘干。

叶的内部

在本书中，除了棕榈科植物和巨朱蕉*Cordyline australis*之外，其他所有树种都是双子叶植物。对双子叶植物来说，叶的两层表皮之间的组织（所谓"叶肉"）由两层构成；而对棕榈科之类的单子叶植物来说，叶肉组织则不分化。紧挨上表皮的是栅栏组织，由垂直排列的长形细胞构成。这些细胞离阳光最近，含有光合作用所需的绝大多数叶绿体。叶绿体会被过量的光辐射损害，所以随着细胞接收到的光量变化，它们也会在细胞内移动。

栅栏组织和下表皮之间的叶肉部分叫作海绵组织。海绵组织由疏松排列的球形细胞构成，其中所含的叶绿体要比栅栏组织细胞少，但仍然能进行光合作用。因为栅栏组织细胞利用的二氧化碳更多，释放的氧气也更多，海绵组织细胞之间的气室可以让气体在下表面的气孔和栅栏组织细胞之间进行交换。

叶脉穿过叶肉的各个层，把水分和矿物质带到叶片各处，又把葡萄糖之类光合作用的产物带到植物的其他部位。叶脉中还有和它相关联的加厚细胞，可以支持整个叶结构。叶脉可为羽状（从叶的中轴也就是中脉分枝）或掌状（从叶基分枝）。在棕榈科植物之类单子叶植物中，叶脉为平行脉。

叶柄

叶可有叶柄或无柄。若叶柄存在，则叶片的中脉或其他叶脉的维管组织会通过叶柄进入植物的茎。叶柄可以支撑叶片，把水分和养分送入叶片或植物的其他部位。在羽状复叶中，叶柄只延伸到基部第一对小叶那里。小叶本身生于叶轴之上。

25

枫香树 *Liquidambar formosana*（下左图）等树木的叶为掌状分裂，它们有掌状的叶脉；不分裂或羽状分裂的叶通常有羽状叶脉，如君迁子 *Diospyros lotus*（下右图）即是。

掌状叶脉　　羽状叶脉

理解植物名字

　　本书中描述的树木按科的学名的字母顺序排列，然后按属，之后再按种。这意味着你会发现同一科中有亲缘关系的植物都编排在一起。举例来说，一枚叶可能会被鉴定为属于胡桃科 *Juglandaceae* 的某个树种。这个科的一些成员如胡桃属 *Juglans* 和山核桃属 *Carya* 经常被混淆。因为它们属于同一科，所以本书把它们编排在一起，方便比较。

山核桃属和胡桃属是同一科中的亲缘属。两个属的叶类似，但胡桃属枝条中的髓呈隔室状（片状的髓组织与空洞交替排列），为其特征。

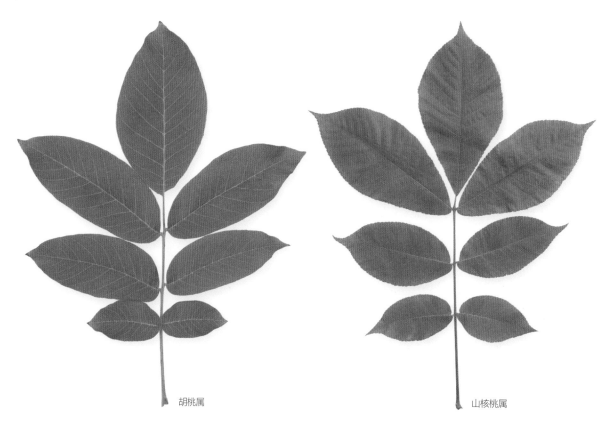

胡桃属　　　　　　　　　　　　　　　山核桃属

所谓科，可以定义为一个属或表现出相似特征、可以和另一个科的成员相区别的一群有亲缘关系的属。近缘的科再组成目。以豆科Fabaceae为例，它是一个包括了草本植物、灌木、藤本和乔木的科，这些植物的种子都生在荚果里。豆科又归属于豆目Fabales，其中还有远志属*Polygala*等植物。尽管远志属的花在表面上类似豆科植物的花，其果实却是浆果或翅果，而从不为荚果。

槭属*Acer*是个广布属，其中很多种类都有分裂的叶，并因绚烂的秋色而闻名。糖槭*Acer saccharum*（上左图）和挪威槭*Acer platanoides*（上右图）是槭属中的两个种。

属和种

所谓属，可以定义为一个种或表现出相似特征、可以和另一个属的成员相区别的一群有亲缘关系的种。以桦木属*Betula*为例，它是桦木科Betulaceae的一个属，与同科的桤木属*Alnus*有亲缘关系，但又有区别。桤木属和桦木属既有各自的独特特征，又有能把它们归入同一个科的共同特征。它们都有彼此分开生长的雄花和雌花，雄花组成长柔荑花序。然而，桦木属的果簇在成熟时会开裂，而桤木属的果簇却木质化，宿存，状如松柏类的球果。

所谓种，可以定义为表现出相似特征、能够杂交生殖的一群生物体。以挪威槭为例，它是槭属的一个种；糖槭则是同属的另一个种。这两个种既有各自的独特特征，又有能把它们都归入槭属的共同特征。它们都有对生的叶和具翅的果实。然而，挪威槭的叶裂片顶端尖，叶柄中有乳状汁液；而糖槭的叶裂片顶端钝，汁液透明。

夏栎是一个多变的种，特别是在其分布区的南部和东部，已识别为几个亚种。在庭园中还栽培有很多品种。

亚种、变种和品种

　　一些种彼此过于相似，以致它们被处理为另一个种的亚种或变种，具体处理为哪个等级，视它们之间的区别的重要程度而定。黑槭曾经被视为一个独立的种*Acer nigrum*，但现在通常视为糖槭*Acer saccharum*的一部分天然变异类型，其学名也就成为*Acer saccharum* subsp. *nigrum*。从另一个角度来看，也可以说一些种因为变异性太大，以致其中一部分类型可以视为一个变种或亚种。当一个变种或亚种得到命名之时，这个种中其余的类型就自动成为"典型变种"（原变种）或"典型亚种"（原亚种）。在上述例子中，*Acer saccharum* subsp. *saccharum*指的就是典型的糖槭（即糖槭原亚种），而*Acer saccharum*则包括了典型的糖槭和这个种的其他所有亚种。

　　所谓品种，是针对一个专门的特征选育和繁殖的一群形态整齐的植物。很多树种为了获得观赏价值而得到选育。这包括针对树形（如上耸和下垂的树形）的选育，以及针对各种叶色和花叶类型（即叶上有不同颜色斑块的类型）的选育。**猩红王**挪威槭*Acer platanoides* 'Crimson King'就是挪威槭的一个紫叶的选育品种。所谓品种群，是一群在形态上有可变性的植物，它们具有在栽培时有必要承认的某个特征，但这个特征在植物学上却被认为没那么重要。比如帚枝群夏栎*Quercus robur* Fastigiata Group就包括了夏栎的所有枝条上耸的类型。

命名人

　　科学名称（简称"学名"）后面往往要跟有第一个描述这种植物的人（即该植物的"命名人"）的名字。比如叙利亚梨*Pyrus syriaca* Boissier是由瑞士植物学家皮埃尔·埃德蒙·布瓦西埃（Pierre Edmond Boissier, 1810—1885）命名的。如果命名人的名字放在括号中，意味着这个作者最早使用了这种植物的加词，但后来的另一位作者又把这个加词用到了当前认为正确的组合名称之中。比如亚利桑那草莓树*Arbutus arizonica* (A. Gray) Sargent最早由美国植物学家阿萨·格雷（Asa Gray, 1810—1888）描述为*Arbutus xalapensis* var. *arizonica* A. Gray，他第一个使用了加词*arizonica*。格雷的美国同胞查尔斯·斯普拉格·萨金特（Charles Sprague Sargent, 1841—1927）在1891年又把这个变种提升为种。类似这样的学名变化可在考察了一群植物或发现了新种之后做出。

29

当前的分类学观点会影响到某个特定的植物类群的学名使用。亚利桑那草莓树（上图）曾经被视为得州草莓树*Arbutus xalapensis*的一个变种。

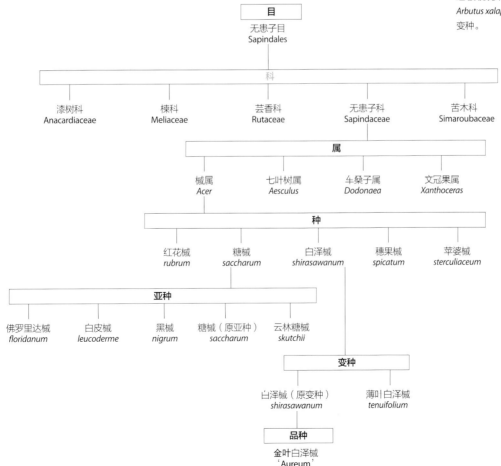

鉴定树木的叶

就任何一个特定的地区或庭园来说，树木的种类往往都比较少；但在全世界范围内，据估计树木多达 10 万种，其中很多种局限于热带地区，特别是热带雨林。因此，鉴定树木常常是一个排除的过程。鉴定树木需要观察叶的特征，比如叶的排列方式（叶序）、类型和形状，除此之外，地理分布对鉴定来说也是极为有用的信息。

如果知道一棵树天然生长在世界的什么地方，在鉴定时就有可能排除掉很多可能性。比如说，天然生长在北美洲东部的树木就不太可能属于原产地中海地区的某个种。

不巧的是，有数目不太多的一小部分树种已经在原产国家之外归化，这会让鉴定过程变得更复杂。比如臭椿*Ailanthus altissima*本来原产于中国，但现在在世界其他很多地方也能见到。在庭园中，鉴定过程就更复杂了，因为其中的树木可能并不是它现在所在的这个国家的原产种。以英国的庭园为例，其中就包括了大量原产北美洲、中国、日本和其他很多地方的树种。

在鉴定叶的时候，读者需要始终记住，本书所涵盖的树种只是世界上全部树种中非常小的一部分（还不到百分之一）。尽管本书确实试图把温带地区最为常见、最为知名的阔叶树种全部包括在内，但是书中的大多数属还有其他未收录的种，有时甚至还有很多种。

如果在日本见到野生的榉*Zelkova serrata*，那么这个树种的鉴定相对容易，因为它是榉属 *Zelkova* 在日本的唯一原产种。

单子叶植物或双子叶植物？

　　传统上，被子植物可分为单子叶植物和双子叶植物。单子叶植物的种子只有一枚子叶，花的各部位常为3的倍数，叶的主脉平行，不会发育出真正的木质。与此不同，双子叶植物有两枚子叶，花的各部位常为4或5的倍数，叶具网状脉，可以发育出真正的木质。

　　单子叶植物不能像双子叶植物那样产生木质，在科学上意味着它们不是真正的树木。然而，一些单子叶植物的形态仍可以称为"乔木状"，因此有个别这样的温带种也包括在本书之内。最知名的单子叶植物树木是主要分布在热带和亚热带的棕榈科植物，但除此之外还有其他种类，如原产新西兰的巨朱蕉*Cordyline australis*，已广为栽培。

单子叶植物

　　本书中只描述了3种单子叶植物。它们均为常绿植物，叶簇生，大型，至少长60 cm（24 in）。巨朱蕉的叶长而窄，不分裂。另外两种单子叶植物为棕榈科植物，主干不分枝，叶大型，分割为小叶。加那利海枣*Phoenix canariensis*的叶为羽状复叶，而棕榈*Trachycarpus fortunei*的叶为掌状复叶。

单子叶植物的叶

巨朱蕉，290页　　　　加那利海枣，69页　　　　棕榈，70页

双子叶植物

双子叶植物占了温带树木的绝大多数。这些树木的鉴定比较复杂，需要对叶进行一系列观察，比如叶是如何排列的，是否分割为小叶，是否具裂片或锯齿，常绿还是落叶，等等。一旦你为待鉴定的植物挑出了适用于描述它的一组特征，可能的范围就缩小了不少。接下来的鉴定过程，便是继续比较植物的叶与书中的文字描述和插图。

鉴定过程

当你面前是待鉴定的树木的枝条时，请确定下面这些特征里面哪些适用于描述它。

1. 叶是：a. 对生或三叶轮生，还是b. 互生？
2. 叶是：a. 单叶，b. 羽状复叶，c. 掌状复叶，还是d. 三出复叶？
3. 叶或小叶是：a. 全缘，还是b. 有锯齿但不分裂，还是c. 叶片分裂（可同时有锯齿）？
4. 叶是：a. 常绿性，还是b. 落叶性？

如果你已经做好了选择，那你现在就有了4个特征。比如说，你要鉴定的叶可能是互生、羽状复叶、小叶有锯齿、落叶性。然后，在下面找出和你挑选的这组特征匹配的列表（对上面这组特征来说，需要找到40页的第18个列表）。在这里，你可以看到一些树木名称，其中之一有可能是你要鉴定的树木，或和你要鉴定的树木属于同一属。有的树木名称出现在多个列表中，这是因为一些树种在形态上会有变异，比如可以同时长着具锯齿的叶和具裂片的叶。

叶的形状、排列和其他特征是树木鉴定的关键因素。亮叶银香茶*Eucryphia lucida*的叶始终为单叶、对生、无锯齿，但大小可有相当大的变异。

对生或轮生，单叶，全缘，落叶性

南黄金树 *Catalpa bignonioides* 110

流苏树 *Chionanthus retusus* 363

海州常山 *Clerodendrum trichotomum* 278

狗木 *Cornus florida* 127

车桑子 *Dodonaea viscosa* 600

香果树 *Emmenopterys henryi* 492

紫薇 *Lagerstroemia indica* 291

也见：
毛泡桐 *Paulownia tomentosa* 385
日本丁香 *Syringa reticulata* 384

33

对生，单叶，全缘，常绿性

飞蛾槭 *Acer oblongum* 568

头状四照花 *Cornus capitata* 125

心叶银桉 *Eucalyptus cordata* 339

亮叶银香茶 *Eucryphia lucida* 134

女贞 *Ligustrum lucidum* 379

尖叶龙袍木 *Luma apiculata* 348

木樨榄 *Olea europaea* 380

美洲木樨 *Osmanthus americanus* 381

对生或轮生，单叶，分裂，落叶性（稀为常绿性）

挪威槭 *Acer platanoides* 573

糖槭 *Acer saccharum* 580

克里特槭 *Acer sempervirens* 581

也见：
梓属 *Catalpa* 110—113

对生，单叶，有锯齿，落叶性

鹅耳枥叶槭 *Acer carpinifolium* 546

连香树 *Cercidiphyllum japonicum* 123

海州常山 *Clerodendrum trichotomum* 278

对生，单叶，有锯齿，常绿性

银香茶 *Eucryphia cordifolia* 132

滇木樨 *Osmanthus yunnanensis* 382

总序桂 *Phillyrea latifolia* 383

对生，掌状复叶，有锯齿，落叶性

欧洲七叶树 *Aesculus hippocastanum* 594

印度七叶树 *Aesculus indica* 595

东美七叶树 *Aesculus pavia* 596

对生，三出复叶，有或无锯齿，落叶性

白粉藤叶槭 *Acer cissifolium* 549

血皮槭 *Acer griseum* 557

毛果槭 *Acer maximowiczianum* 564

膀胱果 *Staphylea holocarpa* 608

对生，羽状复叶，小叶全缘，落叶性

墨西哥梣 *Fraxinus berlandieriana* 366

黄檗 *Phellodendron amurense* 493

臭檀吴萸 *Tetradium daniellii* 495

对生，羽状复叶，小叶有锯齿，落叶性

梣叶槭 *Acer negundo* 567

金钱槭 *Dipteronia sinensis* 599

落叶银香茶 *Eucryphia glutinosa* 133

也见：
美国白梣 *Fraxinus americana* 364
西洋接骨木 *Sambucus nigra* 44

对生，羽状复叶，小叶有锯齿，常绿性

蕨叶梅 *Lyonothamnus floribundus* 421

毛子盐麸梅 *Weinmannia trichosperma* 135

互生，单叶，分裂，落叶性

八角枫 *Alangium chinense* 124

单柱山楂 *Crataegus monogyna* 414

无花果 *Ficus carica* 331

刺楸 *Kalopanax septemlobus* 66

北美枫香树 *Liquidambar styraciflua* 48

北美鹅掌楸 *Liriodendron tulipifera* 293

厚朴 *Magnolia officinalis* 305

枫棠 *Malus trilobata* 432

桑 *Morus alba* 334

一球悬铃木 *Platanus occidentalis* 389

美国白栎 *Quercus alba* 188

白檫木 *Sassafras albidum* 287

瑞典白花楸 *Sorbus intermedia* 485

互生，单叶，全缘，落叶性

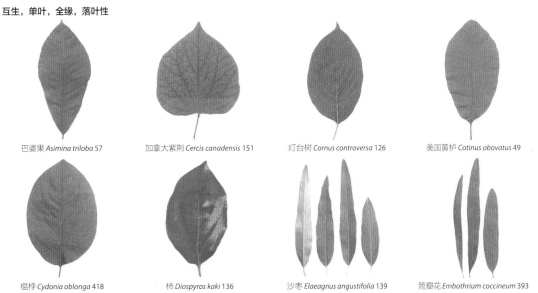

巴婆果 *Asimina triloba* 57

加拿大紫荆 *Cercis canadensis* 151

灯台树 *Cornus controversa* 126

美国黄栌 *Cotinus obovatus* 49

榅桲 *Cydonia oblonga* 418

柿 *Diospyros kaki* 136

沙枣 *Elaeagnus angustifolia* 139

筒瓣花 *Embothrium coccineum* 393

互生，单叶，全缘，落叶性（续）

欧洲水青冈 *Fagus sylvatica* 181

狭叶山胡椒 *Lindera angustifolia* 281

橙桑 *Maclura pomifera* 332

日本厚朴 *Magnolia obovata* 304

欧楂 *Mespilus germanica* 435

多花蓝果树 *Nyssa sylvatica* 362

酸木 *Oxydendrum arboreum* 145

也见：
柳叶梨 *Pyrus salicifolia* 470
瓦栎 *Quercus imbricaria* 213
大叶安息香 *Styrax grandifolius* 613

互生，单叶，全缘，常绿性

亚利桑那草莓树 *Arbutus arizonica* 141

圆果锥 *Castanopsis cuspidata* 174

金鳞栗 *Chrysolepis chrysophylla* 175

樟 *Cinnamomum camphora* 279

车桑子 *Dodonaea viscosa* 600

林仙 *Drimys winteri* 643

筒瓣花 *Embothrium coccineum* 393

褐顶桉 *Eucalyptus obliqua* 345

欧洲枸骨 *Ilex aquifolium* 58

月桂 *Laurus nobilis* 280

黑壳楠 *Lindera megaphylla* 282

可食柯 *Lithocarpus edulis* 182

荷花木兰 *Magnolia grandiflora* 301

红泽桂 *Persea borbonia* 283

薄叶海桐 *Pittosporum tenuifolium* 387

也见：
银叶栎 *Quercus hypoleucoides* 211
少花蒂罗花 *Telopea truncata* 396
加州桂 *Umbellularia californica* 289

互生，单叶，有锯齿，落叶性

意大利桤木 *Alnus cordata* 71

平滑唐棣 *Amelanchier laevis* 404

纸桦 *Betula papyrifera* 88

构 *Broussonetia papyrifera* 330

欧洲鹅耳枥 *Carpinus betulus* 94

欧洲栗 *Castanea sativa* 172

南欧朴 *Celtis australis* 116

土耳其榛 *Corylus colurna* 103

鸡脚山楂 *Crataegus crus-galli* 410

珙桐 *Davidia involucrata* 359

糙毛厚壳树 *Ehretia dicksonii* 115

杜仲 *Eucommia ulmoides* 146

领春木 *Euptelea pleiosperma* 147

北美水青冈 *Fagus grandifolia* 178

北美银钟花 *Halesia carolina* 609

刺榆 *Hemiptelea davidii* 623

北枳椇 *Hovenia dulcis* 397

山桐子 *Idesia polycarpa* 499

北美山冬青 *Ilex montana* 62

山荆子 *Malus baccata* 422

多花泡花树 *Meliosma myriantha* 498

欧楂 *Mespilus germanica* 435

黑桑 *Morus nigra* 336

冠青冈 *Nothofagus obliqua* 357

互生，单叶，有锯齿，落叶性（续）

欧洲铁木 *Ostrya carpinifolia* 105　　酸木 *Oxydendrum arboreum* 145　　铜钱树 *Paliurus hemsleyanus* 398　　波斯铁木 *Parrotia persica* 257

白缕梅 *Parrotiopsis jacquemontiana* 258　　毛叶石楠 *Photinia villosa* 438　　低地缎带木 *Plagianthus regius* 309　　沼榆 *Planera aquatica* 624

山拐枣 *Poliothyrsis sinensis* 500　　毛果杨 *Populus trichocarpa* 523　　大山樱 *Prunus sargentii* 457　　木瓜 *Pseudocydonia sinensis* 461

毛脉白辛树 *Pterostyrax hispidus* 612　　豆梨 *Pyrus calleryana* 464　　栗叶栎 *Quercus castaneifolia* 194　　熊鼠李 *Rhamnus purshiana* 400

白柳 *Salix alba* 524　　康藏水榆 *Sorbus thibetica* 489　　夏茶紫茎 *Stewartia pseudocamellia* 619　　野茉莉 *Styrax japonicus* 615

水青树 *Tetracentron sinense* 621　　美洲椴 *Tilia americana* 310　　光皮榆 *Ulmus glabra* 629　　榉 *Zelkova serrata* 641

互生，单叶，有锯齿，常绿性

草莓树 *Arbutus unedo* 143

枇杷 *Eriobotrya japonica* 419

柳石楠 *Heteromeles salicifolia* 420

北美枸骨 *Ilex opaca* 63

硬毛扭瓣花 *Lomatia hirsuta* 395

牛杞木 *Maytenus boaria* 122

异叶梁王茶 *Metapanax davidii* 67

魁伟南青冈 *Nothofagus dombeyi* 354

假石栎 *Notholithocarpus densiflorus* 184

石楠 *Photinia serratifolia* 437

无瓣牛筋茶 *Pomaderris apetala* 399

枸骨叶桂樱 *Prunus ilicifolia* 446

桂樱 *Prunus laurocerasus* 448

葡萄牙桂樱 *Prunus lusitanica* 449

齿叶矛木 *Pseudopanax ferox* 68

也见：
滨青栎 *Quercus agrifolia* 187
羊舌树 *Symplocos glauca* 617
昆栏树 *Trochodendron aralioides* 622

互生，三出复叶，无锯齿，落叶性

高山毒豆 *Laburnum alpinum* 160

毒豆 *Laburnum anagyroides* 161

互生，羽状复叶，常绿性

长角豆 *Ceratonia siliqua* 150

智利榛 *Gevuina avellana* 394

小叶四翅槐 *Sophora microphylla* 165

互生，羽状复叶，小叶有锯齿，落叶性

臭椿 *Ailanthus altissima* 606

粗皮山核桃 *Carya ovata* 264

青钱柳 *Cyclocarya paliurus* 266

皂荚 *Gleditsia sinensis* 157

黑胡桃 *Juglans nigra* 271

栾 *Koelreuteria paniculata* 602

苦木 *Picrasma quassioides* 607

化香树 *Platycarya strobilacea* 273

高加索枫杨 *Pterocarya fraxinifolia* 274

火炬树 *Rhus typhina* 54

欧亚花楸 *Sorbus aucuparia* 476

也见：
野漆 *Toxicodendron succedaneum* 55
文冠果 *Xanthoceras sorbifolium* 605
椿叶花椒 *Zanthoxylum ailanthoides* 496

互生，羽状复叶，小叶全缘，落叶性

美国香槐 *Cladrastis kentukea* 156

胡桃 *Juglans regia* 272

朝鲜槐 *Maackia amurensis* 162

黄连木 *Pistacia chinensis* 50

笃榞香 *Pistacia terebinthus* 52

刺槐 *Robinia pseudoacacia* 163

西美无患子 *Sapindus drummondii* 603

四翅槐 *Sophora tetraptera* 166

槐 *Styphnolobium japonicum* 167

香椿 *Toona sinensis* 329

朵花椒 *Zanthoxylum molle* 497

互生，二回羽状复叶，落叶性

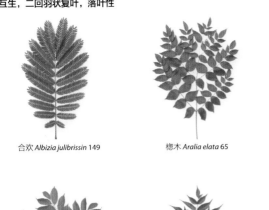

合欢 *Albizia julibrissin* 149

楤木 *Aralia elata* 65

美国皂荚 *Gleditsia triacanthos* 158

北美肥皂荚 *Gymnocladus dioica* 159

互生，二回羽状复叶，常绿性

复羽叶栾 *Koelreuteria bipinnata* 601

楝 *Melia azedarach* 328

银荆 *Acacia dealbata* 148

智利榛 *Gevuina avellana* 394

41

对描述的说明

叶的大小系根据健康植株上发育良好的叶描述。很多叶要比这个尺寸小，有的叶则更大，特别是那些生长在非常健壮枝条上的叶。叶的图片都以实际尺寸展示。下文中，信息框中的叶大小只针对叶片而言，在测量时未把叶柄包括在内。树种的分布只指它的原产范围。

树木的高度和树形均系根据开放生境中的健康成年植株描述。很多树要比这些描述小，有的树则更大。森林生境中的植株因为与其他植株生长在一起，树形通常较开放生境中的植株远为狭窄，且常更高；生长在完全暴露的生境中或贫瘠土壤中的植株则颇为矮小。下文中为树木的高度和树形提供了示意图；它们并非按比例尺绘制，所以不能反映叶的实际大小。示意图中的人形用来标志1.8 m（6 ft）的高度，通过与这个人形相比较，便可更容易地知道树木的全高。另外，因为所有树种都可能产生很大的变异，本书中描述的叶形都仅针对最一般的情况而言。地图显示了树种的大致分布区。如果图上显示该树种在某个国家有分布，它并不一定在这个国家的全境都有分布。

树叶博物馆

The Book of Leaves

叶类型	羽状复叶
叶 形	轮廓为长圆形
大 小	30 cm × 15 cm（12 in × 6 in）
叶 序	互生
树 皮	灰褐色，有深裂条，厚，木栓质
花	小，乳白色，花冠5裂，组成宽平的密集花序
果 实	浆果，有光泽，黑色，多汁
分 布	欧洲，北非，西亚
生 境	林地，绿篱

44

高达8 m
（26 ft）

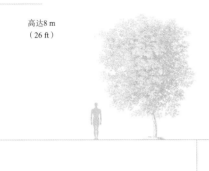

西洋接骨木
Sambucus nigra
Elder

Linnaeus

西洋接骨木的叶 长达30 cm（12 in），
上表面为深绿色，下表面为浅绿色，通常
含有5或7枚小叶；小叶具短柄，卵形至椭
圆形，长达10 cm（4 in），边缘均具小而
尖的锯齿。一些园艺类型的叶为紫色，或
具有深而细的裂片。

实际大小

西洋接骨木为小乔木或常为灌木状，树形呈阔柱状
至开展；幼枝粗大，其上点缀有众多淡色的皮孔，初夏
开出芳香的白花。花和果实均可用于酿酒或制作其他饮
品，但果实在烹制之前会有毒性。其果实对鸟类很有吸
引力，也用于制作多种蜜饯。叶和小叶基部有小型花外
蜜腺，可为益虫提供食物。

类似种

接骨木属*Sambucus*的其他种很少为乔木，有些是
草本植物。美洲接骨木*Sambucus nigra* subsp. *canadensis*
灌木性更强，小叶更多，在北美洲一直向南分布到墨
西哥，那里的居群曾被称为墨西哥接骨木*Sambucus
mexicana*。蓝果接骨木*Sambucus nigra* subsp. *cerulea*果
实蓝白色，产于北美洲西部。

叶类型	单叶
叶 形	轮廓为圆形
大 小	达13 cm × 15 cm（5 in × 6 in）
叶 序	互生
树 皮	黑褐色
花	单朵花不显著，浅绿色，无花瓣；雄花和雌花同株，各自形成球形头状花序
果 实	蒴果小，木质，组成球形果簇，其中的果实可多达26枚
分 布	中国中南部
生 境	山地混交林

高达25 m
（80 ft）

45

缺萼枫香树
Liquidambar acalycina
Liquidambar Acalycina
H. T. Chang

缺萼枫香树为速生落叶乔木，树形呈锥状至柱状。该种春季开出浅绿色小花。缺萼枫香树近年来在欧洲和北美洲被作为观赏树木广泛栽培，其幼叶具有引人瞩目的红紫色调。枫香树属*Liquidambar*原归金缕梅科，近年来才从该科划分出去。

类似种

缺萼枫香树的叶片三裂，与枫香树*Liquidambar formosana*极为近似，区别在于它的叶柄较短，果簇中的蒴果也较少。缺萼枫香树和枫香树属中其他种的叶有时易与槭属*Acer*树种混淆，可凭互生的叶序识别。

缺萼枫香树的叶 长达13 cm（5 in），宽达15 cm（6 in）；幼时为浅绿色至红紫色，长成后上表面变为深绿色，下表面为浅绿色，秋季常变为橙色、红色、紫色；叶片分裂为3枚三角形裂片，边缘具有具腺的小锯齿，先端渐尖；叶柄长达8 cm（3¼ in）。

实际大小

叶类型	单叶
叶 形	轮廓为圆形
大 小	达15 cm×15 cm（6 in×6 in）
叶 序	互生
树 皮	灰褐色，幼时光滑，老时有裂纹
花	单朵花不显著，浅绿色，无花瓣；雄花和雌花同株，各自形成球形头状花序
果 实	蒴果小，木质，组成球形果簇，其中的果实可多达40枚以上
分 布	中国，越南，老挝，韩国
生 境	山地森林

30 m以上
（100 ft）以上

枫香树
Liquidambar formosana
Liquidambar Formosana

Hance

枫香树的叶 长和宽均达15 cm（6 in），裂为3枚裂片；裂片呈阔卵形，顶端渐尖，边缘具带腺体的细齿；偶尔在叶片基部还有2枚较小的裂片；叶柄长达12 cm（4½ in）；初生叶为浅绿色或红紫色，幼时下表面光滑或有毛，秋季变为橙色、红色、黄等色。

枫香树为落叶大乔木，树形呈阔锥状至柱状。单朵花不显著，春季生出。该种栽培地域广泛，以前从中国引种的一些树木曾另名为山枫香树*Liquidambar formosana* var. *monticola*，但现在认为与原种并无显著差别。枫香树幼叶和秋叶均有鲜艳颜色，作为观赏树木很受欢迎。

类似种

本种区别于近缘的缺萼枫香树*Liquidambar acalycina*的地方在于叶有长柄，果簇中的蒴果数目较多。和枫香树属*Liquidambar*其他种一样，本种也易与槭属*Acer*树木混淆，但叶为互生。

实际大小

叶类型	单叶
叶 形	轮廓为圆形
大 小	达8 cm × 10 cm（3¼ in × 4 in）
叶 序	互生
树 皮	灰褐色，老时裂成小块
花	单朵花不显著，浅绿色，无花瓣；雄花和雌花同株，各自形成球形头状花序
果 实	蒴果小，木质，组成球形果簇，其中的果实可多达40枚以上
分 布	土耳其西南部，希腊罗德岛
生 境	常沿滨海分布的丘陵混交林

30 m以上
（100 ft）以上

苏合香
Liquidambar orientalis
Oriental Sweetgum
Miller

苏合香为高大落叶乔木，树形呈锥状至柱状，春季开花。在原产生境中为稀见种，因其居群受到砍伐利用木材和树皮（可提取芳香树脂）的威胁，分布非常受局限。

类似种

枫香树属*Liquidambar*大多数种的叶具3枚裂片。只有2个种的叶具5枚裂片，即苏合香和北美枫香树*Liquidambar stytaciflua*，但它们在地理上却高度隔离。与北美枫香树不同，苏合香叶的主裂片通常在两侧还有小裂片。

实际大小

苏合香的叶 长达8 cm（3¼ in），宽达10 cm（4 in），叶柄长达8 cm（3¼ in）；上表面为绿色，无光泽，两面光滑，秋季变为橙色；叶片具3或5枚裂片，边缘具带腺体的细齿；裂片或者为卵形，顶端尖锐，但无长渐尖，或者为长圆形，两侧具1或多枚侧裂片。

叶类型	单叶
叶 形	圆形
大 小	达15 cm × 15 cm（6 in × 6 in）
叶 序	互生
树 皮	浅灰褐色，具不规则的浅裂条
花	单朵花不显著，浅绿色，无花瓣；雄花和雌花同株，各自形成球形头状花序
果 实	蒴果小，木质，组成直径达4 cm（1½ in）的多刺球形果簇，其中的果实可多达35枚
分 布	北美洲东部，墨西哥，中美洲
生 境	湿润森林，在分布区南部生于山地

高达40 m
（130 ft）

48

北美枫香树
Liquidambar styraciflua
Sweetgum
Linnaeus

北美枫香树在英文中也叫"Satin Wood"（绸缎木），是最引人瞩目且为人熟知的北美洲落叶树之一。它的花不起眼，在春季开放，但是它的红叶很出名。秋天，叶色呈现出丰富的色调，常常在同一棵树上就有黄、橙、红、紫等叶色。很多树沿枝条有木栓质厚条，如果损伤树皮，就会分泌出芳香的树脂。它坚硬的多刺果实通常叫"枫实"，在庭园中大量掉落时会给人带来不便。

类似种

枫香树属*Liquidambar*中仅有的另一个叶具5枚裂片的种是苏合香*Liquidambar orientalis*，但后者叶较小，主裂片上还有侧裂片，这些特征可将二者进行区别。属中其他种的叶都具3枚裂片。北美枫香树常与槭树（槭属*Acer*）混淆，但后者叶对生。

实际大小

北美枫香树的叶　长和宽均达15 cm（6 in），叶柄长10 cm（4 in）以上，揉碎有香气；上表面为暗绿色，有光泽，下表面为浅绿色，深5裂，有时深7裂；裂片轮廓均为三角形至卵形，边缘具细齿，顶端渐尖。

叶类型	单叶
叶 形	阔椭圆形至倒卵形
大 小	达15 cm×8 cm（6 in×3¼ in）
叶 序	互生
树 皮	深灰色，鳞片状，老时片状剥落
花	微小，略呈黄色，组成长达20 cm（8 in）的大型圆锥花序；雌雄异株
果 实	微小，肾形，组成大型的羽毛状圆锥果序，果序中有很多不育枝
分 布	美国南部
生 境	石质地上的树林中，生于灰岩土壤之中

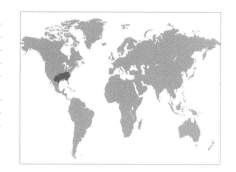

高达10 m
（33 ft）

49

美国黄栌
Cotinus obovatus
American Smoketree
Rafinesque

美国黄栌在英文中也叫"Yellow Wood"（黄木）或"Chittamwood"（奇塔姆木），为落叶乔木，树形呈阔锥状，有时为灌木状。该种在原产地分布区狭窄，不常见。美国黄栌在多个季节均引人瞩目，其树皮、春季羽毛状的花、在树上存留很久的圆锥状果序均可观赏，秋季叶色尤为绚烂。其叶的大小随高度多变，幼树长出的叶较大，而老树长出的一些叶要小得多。本种在野外分布零散，早期因为伐取木材制作黄色染料，至少有一些居群已经因此而衰退。

类似种

美国黄栌可与欧洲和亚洲的黄栌*Cotinus coggygria*混淆。黄栌的栽培要普遍得多。它更呈灌木状，叶也较小，这两个种如果栽培在一起，则可形成杂种。

美国黄栌的叶　形状为阔椭圆形至倒卵形，揉碎有香气，长达15 cm（6 in），宽达8 cm（3¼ in）；质地薄，无锯齿，叶柄纤细；初生时为古铜色或略带粉红色，下表面至少在初期有稀疏的长毛，为其特征。

实际大小

叶类型	羽状复叶
叶 形	轮廓为长圆形
大 小	达25 cm × 20 cm（10 in × 8 in）
叶 序	互生
树 皮	灰色，鳞片状，片状剥落，露出橙褐色的新鲜树皮
花	小，绿色或略带红色，组成花簇，先叶开放；雌雄异株
果 实	核果小，球形，直径5 mm（¼ in），成熟时由绿色变为红色，到冬季则为蓝色
分 布	中国
生 境	山坡森林，河岸

50

高达10 m
（33 ft）

黄连木
Pistacia chinensis
Chinese Pistachio

Miller

黄连木为落叶乔木，树形呈球状至开展，该种晚冬或春季开花，花生于无叶的枝条之上，单朵花不显著。黄连木为黄连木属*Pistacia*最耐寒的树种。由于其秋色绚烂，果实亦可观，使之成为温暖干旱地区的有用观赏树种。该种木材可提取黄色染料，也用于制作家具。

类似种

本种可以通过互生的羽状复叶、顶端渐尖的小叶和果实形态来区别。它在喜马拉雅地区和东北非有些近缘种。阿月浑子*Pistacia vera*（果核叫"开心果"）在温暖地区栽培，长有3至5枚顶端圆形的小叶。

实际大小

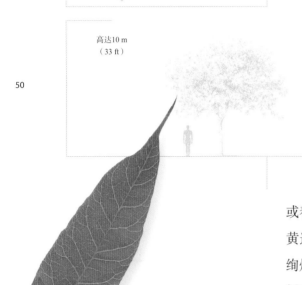

黄连木的叶 为羽状复叶，长达25 cm（10 in），宽达20 cm（8 in），小叶多至13枚；侧生小叶对生或近对生，顶生小叶可不存在；上表面为深绿色，有光泽，秋季变为黄色、橙色或红色；每一枚小叶有短柄，长达10 cm（4 in），宽达2½ cm（1 in），顶端渐尖，边缘无锯齿。

叶类型	羽状复叶
叶 形	轮廓为长圆形
大 小	达15 cm×5 cm（6 in×2 in）
叶 序	互生
树 皮	深灰褐色，由小型皮孔组成水平的皮孔带
花	单朵花不显著，无花瓣，小，略带红色；雌雄异株
果 实	核果小，近球形，红色，直径约5 mm（¼ in），干燥后变为蓝果色
分 布	美国得克萨斯州，墨西哥，中美洲
生 境	石质坡地和峡谷，常生于灰岩上
异 名	*Pistacia texana* Swingle

高达10 m
（33 ft）

51

美洲黄连木
Pistacia mexicana
American Pistachio

Kunth

　　美洲黄连木为分布广泛的常绿乔木，树冠呈球形，常为灌木状。在分布区南部可为落叶树，特别是生长在干旱地区的植株。花小，组成花簇，春季开花，与幼叶同放。该种为黄连木属*Pistacia*唯一分布在美洲的种。美国得克萨斯州的植株有时独立为另一个近缘的种——得州黄连木*Pistacia texana*，不同之处在于常绿性更强，小叶较少，树形更常为灌木状。本种的种子在墨西哥供食用和入药。因为它非常耐受干燥土壤，有时在干旱地区栽培，赏其美丽的幼叶。

类似种

　　本种的小叶数目可用于区分本种和黄连木属的其他常绿树种。常绿麸杨*Rhus virens*通常呈灌木状，花有白色花瓣，叶含有不超过9枚的小叶。

美洲黄连木的叶　为羽状复叶，长达15 cm（6 in），宽达5 cm（2 in），小叶可多达35枚，顶生小叶有时不存在；质地为革质，上表面为深绿色，有光泽，春季初生时为红色；小叶呈长圆形，长达2½ cm（1 in），宽达1 cm（½ in），无锯齿，对生或互生。

实际大小

叶类型	羽状复叶
叶 形	轮廓为长圆形
大 小	达18 cm×12 cm（7 in×4½ in）
叶 序	互生
树 皮	浅灰褐色
花	小，单朵花不显著，略带红色；雌雄异株
果 实	核果小，红色，近球形，直径约5 mm（¼ in），成熟时变褐色或略带黑色
分 布	地中海地区，西南亚
生 境	石质地，树林，灌丛

高达10 m
（33 ft）

52

笃耨香
Pistacia terebinthus
Chian Turpentine Tree

Miller

笃耨香的叶 为羽状复叶，有浓烈香气，长达18 cm（7 in），宽达12 cm（4½ in）；小叶多至11枚，呈卵形至长圆形，无锯齿，长达7 cm（2¾ in），宽达3 cm（1¼ in）；顶生小叶通常存在，但有时不存在或高度退化。

笃耨香为分布广泛的落叶乔木，树形开展，春季开花。与阿月浑子*Pistacia vera*有亲缘关系，可与后者杂交，或在嫁接时作为后者的砧木。全株有香气，从树干可提取松节油。人们在六月以斧砍其树皮，黏稠的松节油即可从树皮渗出并被收集起来。在爱琴海上的希俄斯岛普遍可见这一农事活动，因此本种的英文名为"Chian Turpentine Tree"（希俄斯松节油树）。绿色的幼果亦可提取油脂，在晚夏收集这些油脂后，可用于制作糕点，或作为黄油的替代品。顶生小叶不存的植株有时独立为另一个种——巴勒斯坦笃耨香*Pistacia palaestina*，在巴勒斯坦笃耨香和笃耨香之间又有过渡类型。

类似种

笃耨香有时与乳香黄连木*Pistacia lentiscus*混淆，后者为常绿性，通常为灌木，小叶数较小。这两个种的杂种的形态则介于它们之间。北非和西亚另有一个与本种更相似的种叫北非笃耨香*Pistacia atlantica*，其叶轴有狭翅。

实际大小

叶类型	羽状复叶
叶 形	轮廓为长圆形至倒卵形
大 小	达45 cm×20 cm（18 in×8 in）
叶 序	互生
树 皮	灰褐色，光滑或有浅裂纹
花	小，乳白色，在枝顶组成大型圆锥花序
果 实	核果小，红色，近球形，直径至5 mm（¼ in），表面覆有软毛
分 布	东亚和东南亚
生 境	山地林地

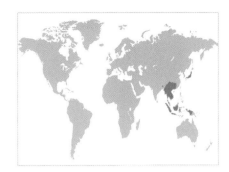

高达10 m
（33 ft）

53

盐麸木
Rhus chinensis
Chinese Sumach

Miller

　　盐麸木（常写作"盐肤木"）为落叶乔木，树形开展，树冠疏松开放，晚夏生出耀眼的大型圆锥花序，由白色的小花组成。本种可用作观赏树，因花簇大、秋色美而常见种植。本种的学名常被错误地称为*Rhus javanica*。

实际大小

类似种

　　盐麸木的叶轴有独特的翅，可与盐麸木属*Rhus*大多数种区别。北美盐麸木*Rhus copallinum*的叶轴也有翅，但小叶数更多，且为灌木状。

盐麸木的叶　为羽状复叶，叶轴具翅，长达45 cm（18 in），宽达20 cm（8 in），生于有毛的枝条上；上表面为亮绿色，下表面为浅绿色或蓝绿色，有毛，秋季变为黄色、橙色和红色；每一枚叶由多达13枚小叶构成，小叶呈卵形，边缘有锯齿，越靠近叶的顶端越大。

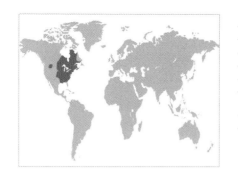

叶类型	羽状复叶
叶 形	轮廓为长圆形
大 小	达60 cm × 25 cm（24 in × 10 in）
叶 序	互生
树 皮	光滑，深褐色
花	小，绿白色，在枝顶组成密簇；单朵花可为雄性、雌性或两性
果 实	核果小，亮红色，直径约5 mm（¼ in），在枝顶构成密簇，并被长毛缠结在一起
分 布	北美洲东部
生 境	林地的空地，草甸，路边

高达10 m
（33 ft）

54

实际大小

火炬树
Rhus typhina
Stag's Horn Sumach

Linnaeus

火炬树为落叶乔木，树形开展，夏季开花。本种常为灌木状，靠基部的萌蘗条可迅速蔓延。幼枝密被绢毛。虽然本种的一些部位会引发一些人的过敏反应，但其果实却可用于制作类似柠檬汁的饮料。火炬树普遍被作为观赏树栽培，其中一个品种叫**深裂叶**（'Dissecta'），其小叶深裂。

类似种

光叶麸杨*Rhus glabra*与本种类似，但枝条光滑，具粉霜，果实的毛很短，彼此不缠结在一起。这两个种可杂交，产生形态居中的类型。

火炬树的叶　长达60 cm（24 in），宽达20 cm（8 in）；上表面为深绿色，下表面为浅蓝绿色，秋季变为橙色和红色；每一枚叶由多达25枚以上的小叶构成，小叶边缘有锯齿，呈披针形至长圆形，长达12 cm（4½ in），宽达5 cm（2 in），顶端渐尖。

叶类型	羽状复叶
叶　形	轮廓为长圆形
大　小	达35 cm×20 cm（14 in×8 in）
叶　序	互生
树　皮	浅灰色，光滑
花	小，黄绿色，组成长达15 cm（6 in）的侧生圆锥花序
果　实	核果，略扁平，略呈黄色，有树脂，长至1 cm（½ in）
分　布	东亚和东南亚
生　境	丘陵和山地的森林、灌丛
异　名	*Rhus saccedanea* Linnaeus

高达10 m
（33 ft）

55

野漆
Toxicodendron succedaneum
Wax Tree
(Linnaeus) Kuntze

野漆为速生落叶乔木，树形开展，晚春和夏季开花。尽管可栽培赏其秋色，本种却是毒漆藤的近亲。全株各部位——特别是汁液都有毒，可导致严重的皮肤炎。果实中的蜡质可用于调制清漆和制作蜡烛。

类似种

野漆与盐麸木属*Rhus*树种的区别在于花序侧生（而非顶生）。漆树*Toxicodendron vernicifluum*的不同之处在于枝条有毛。黄连木*Pistacia chinensis*可与野漆混淆，但前者叶常无顶生小叶。

实际大小

野漆的叶 为羽状复叶，长达35 cm（14 in），宽达20 cm（8 in）；上表面为亮绿色，下表面为蓝绿色，秋季变为亮丽的橙黄色至红紫色；由多至15枚小叶构成，小叶无锯齿，呈长圆形至卵形，有短柄，长达15 cm（6 in）。

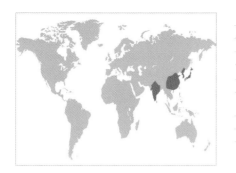

叶类型	羽状复叶
叶 形	轮廓为长圆形
大 小	达35 cm×20 cm（14 in×8 in）
叶 序	互生
树 皮	深灰色，老时有裂纹
花	小，黄绿色，组成长达30 cm（12 in）的大型侧生圆锥花序
果 实	核果小，有树脂，蓝白色，直径约7 mm（¼ in），组成大型的下垂果簇
分 布	东亚和印度
生 境	丘陵和山地的森林
异 名	*Rhus verniciflua* Stokes

高达20 m
（65 ft）

56

漆树
Toxicodendron vernicifluum
Varnish Tree
(Stokes) F. A. Barkley

漆树为落叶乔木，树形呈阔柱状。晚春和早夏开出黄绿色的小花。栽培该种以割取汁液，汁液可制作漆这种涂料，在中国和日本被用于制作漆器。漆树的两个英文名称"Varnish Tree"和"Lacquer Tree"都表明了它的这个用途。有一些证据表明日本的漆树在几千年前从中国引入，以利用其耐用的木材和汁液。与野漆 *Toxicodendron succedaneum* 一样，与本种的任何部位接触可引发严重的皮肤炎。

类似种

本种枝条上和叶下表面都有黄褐色毛，可与野漆区别。盐麸木属 *Rhus* 树种的花组成顶生而非腋生的圆锥花序。

实际大小

漆树的叶 为羽状复叶，长达35 cm（14 in），宽达20 cm（8 in），由多至13枚小叶组成；小叶无锯齿，呈卵形至长圆形，长达13 cm（5 in），宽达6 cm（2½ in）；叶柄短，有细茸毛，上表面光滑或近光滑，下表面覆有黄灰色毛。

叶类型	单叶
叶 形	倒卵形
大 小	达25 cm × 12 cm（10 in × 4½ in）
叶 序	互生
树 皮	浅灰色，老时发育有浅裂条
花	下垂，直径4 cm（1½ in），具6枚不等大的花瓣，初为绿色，后变为深红紫色
果 实	悬垂，长达15 cm（6 in），成熟时由绿色变为褐色；果肉厚而甜，可食，中有数枚大型种子
分 布	北美洲东部
生 境	湿润树林

10 m以上
（33 ft）以上

57

巴婆果
Asimina triloba
Pawpaw

(Linnaeus) Dunal

　　巴婆果为落叶乔木，通常不高，树形阔锥状，春季开出独特不同寻常的花，与叶同放。在野外，巴婆果可形成群落，靠萌蘖条蔓延。其果实味美，口感和味道类似香蕉。本种是一群主要分布于热带的乔木中的一员，这群树种中还有番荔枝等其他果实可食的种类。

类似种

　　巴婆果是巴婆果属*Asimina*的唯一种，该属在温带地区可见。其英文名字为"Pawpaw"，仅从名字上会和与它无亲缘关系的热带树种番木瓜*Carica papaya*混淆，因为后者有时在英文中也叫"Pawpaw"。

实际大小

巴婆果的叶　为倒卵形至长圆形，长达25 cm（10 in），宽达12 cm（4½ in），有时更大；边缘无锯齿，顶端骤尖，基部渐狭成短柄；着生叶的枝条在幼时有锈色毛，叶从枝上垂下，秋季变为亮黄色。

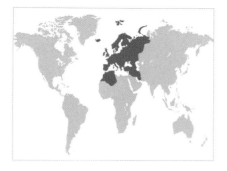

叶类型	单叶
叶 形	椭圆形至长圆形或卵形
大 小	达10 cm×5 cm（4 in×2 in）
叶 序	互生
树 皮	灰色，光滑
花	小，白色或具紫红色调，在叶腋组成密簇；雌雄异株
果 实	浆果，有光泽，通常红色，直径至1 cm（½ in）
分 布	欧洲，西亚，北非
生 境	树林

58

高达20 m
（65 ft）

欧洲枸骨
Ilex aquifolium
European Holly

Linnaeus

欧洲枸骨的叶 为椭圆形至长圆形或卵形，长达10 cm（4 in），宽达5 cm（2 in）；形态高度可变，同一植株上的叶亦如此，可具锐刺，或无锯齿而有各种波状边缘；具刺的叶在幼树以及成树的下部枝条上更常见。

欧洲枸骨为常绿乔木，树形呈锥状至柱状，春季开出芳香的花。仅雌树结果，但它们还可以通过花与雄树区分——雌花有显著的绿色子房和小型雄蕊，这些雄蕊的花药不能散放花粉。本种有很多不同的栽培品种，常为花叶类型。

类似种

欧洲枸骨最可能和海克利尔冬青*Ilex × altaclerensis*混淆，后者是它和马德拉冬青*Ilex perado*的杂种及其各种品种。这些品种的叶、花和果实均大。北美枸骨*Ilex opaca*的叶为暗绿色。

实际大小　　　　　实际大小

叶类型	单叶
叶 形	椭圆形至长圆形
大 小	达10 cm×4 cm（4 in×1½ in）
叶 序	互生
树 皮	深灰色，光滑，老时有裂纹
花	小，白色或绿白色，在叶腋组成密簇；雌雄异株
果 实	浆果，深红色，直径约5 mm（¼ in），长常略大于宽
分 布	喜马拉雅地区，中国西南部
生 境	森林

高达15 m
（50 ft）

59

双核枸骨
Ilex dipyrena
Himalayan Holly

Wallich

双核枸骨为分布广泛的常绿乔木，树形呈阔锥状，通常见于山区高海拔处，春季至早夏开花。在喜马拉雅地区，其果实供生食，木材用作薪柴或制作蜂箱。本种和欧洲枸骨*Ilex aquifolium*杂交产生园艺杂种比恩枸骨*Ilex × beanii*，偶见栽培。本种学名是为了纪念20世纪20年代英国邱园主任威廉·杰克逊·比恩（William Jackson Bean, 1863—1947），他也是《不列颠群岛耐寒乔灌木志》（*Trees and Shrubs Hardy in the British Isles*）的作者。

类似种

本种和其他常绿冬青属*Ilex*树种的区别在于树形较大，偶为灌木，叶相对较狭长，边缘通常有刺数枚。

双核枸骨的叶 为椭圆形至长圆形，革质，长达10 cm（4 in），宽达4 cm（1½ in）；上表面为非常黯淡的深绿色，叶脉下陷，下表面为浅绿色，有短叶柄；和很多其他的常绿冬青属树种一样，本种叶可有锐齿，或仅具一枚顶生刺。

实际大小

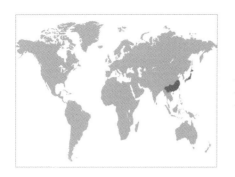

叶类型	单叶
叶　形	长圆形
大　小	达20 cm × 8 cm（8 in × 3¼ in）
叶　序	互生
树　皮	深灰色
花	小，黄绿色，在叶腋组成大型花簇；雌雄异株
果　实	浆果，暗砖红色，直径约8 mm（⅜ in）
分　布	中国，日本
生　境	丘陵和山地的森林和密灌丛

高达20 m
（65 ft）

60

实际大小

大叶冬青
Ilex latifolia
Tarajo

Thunberg

大叶冬青为常绿乔木，树形呈锥状至柱状，稠密，春季开出芳香的花。由于枝叶繁盛，本种成为颇有价值的育种用树种，已经培育出了很多杂种。在中国，其幼叶被用于制作茶饮（苦丁茶）。在日本则常将本种栽植于神社或寺庙附近，木材则被用于烧炭。

类似种

大叶冬青通常是个非常独特的树种，因为它的叶子很大。它可与以它为亲本的一些杂种混淆，这些杂种的叶通常较小，刺也较少。

大叶冬青的叶　为长圆形，长达20 cm（8 in），宽达8 cm（3¼ in）；上表面为深绿色，有光泽，下表面为浅绿色；叶柄长至2½ cm（1 in）；叶片边缘有许多顶端黑色的刺。本种为冬青属*Ilex*中叶最大的树种之一。

叶类型	单叶
叶 形	卵形至椭圆形
大 小	达12 cm × 5 cm（4½ in × 2 in）
叶 序	互生
树 皮	浅灰色，有明显的白色皮孔
花	小、白色，在叶腋组成花簇；雌雄异株
果 实	浆果，近球形，黑色，直径至1.5 cm（⅝ in），多少压扁，宽大于长
分 布	中国
生 境	山地森林

10 m以上
（33 ft）以上

61

大果冬青
Ilex macrocarpa
Ilex Macrocarpa
Oliver

实际大小　　　　　　　实际大小

尽管冬青属*Ilex*中最知名的树种为常绿的种类，该属中还有落叶的种类，大果冬青就是这些落叶种类中最不同寻常的树种之一。其果实为有光泽的黑色，状如樱桃，是冬青属中果实最大的种之一。在中国，本种的果实构成了椰子狸（一种像猫的兽类）食谱中的重要部分，人们相信这有助于本种的传播。植物采集家威理森（Ernest Wilson）在1907年把这个非常独特而不同寻常的种从中国引入了西方庭园。虽然现在仍然少见栽培，但当它结出黑色有光泽的果实时，就是一种非常引人瞩目的树。

类似种

大果冬青的特征是落叶性，果实大，黑色。人们更可能认不出它是冬青属植物，而不是把它和同属其他种相混淆。

大果冬青的叶　为卵形至椭圆形，长达12 cm（4½ in）以上，宽达5 cm（2 in）；两面光滑或近光滑，边缘有浅锯齿，顶端渐尖；叶柄长约1 cm（½ in）；叶片上表面为深绿色，下表面为浅绿色，秋季在果实成熟时变为黄色。

叶类型	单叶
叶　形	阔椭圆形至卵形
大　小	达9 cm×5 cm（3½ in×2 in）
叶　序	互生
树　皮	光滑，灰色，皮孔显著
花	小，白色，在叶腋组成花簇；雌雄异株
果　实	浆果，球形，红色，直径约1 cm（½ in）
分　布	美国东部
生　境	山地的湿润树林

高达10 m
（33 ft）

北美山冬青
Ilex montana
Mountain Holly
Torrey & A. Gray ex A. Gray

北美山冬青的叶　质地相当薄，阔椭圆形至卵形，长达9 cm（3½ in），宽达5 cm（2 in）；基部渐狭为长约1½ cm（⅝ in）的叶柄，顶端渐尖，边缘有锐齿；上表面为深绿色，下表面为浅绿色，两面光滑或沿脉有白毛。

北美山冬青的英文名有"Mountain Holly"和"Mountain Winterberry"两种。它是落叶大灌木或小乔木，树形开展，枝条光滑，常从基部长出数枚茎而为灌木状。其果实呈亮红色，在美洲的冬青属*Ilex*树种中为果实最大的种之一，可原样宿存到冬天。北美山冬青的果实可吸引鸟类，借此传播种子。该种在庭园中偶见种植，在林地环境下生长最好。

类似种

在北美山冬青野生分布的同一地区还有其他一些果实呈红色的冬青属落叶树种，但本种为乔木状，果实大而有短梗，可以区别。北美山冬青和卡罗来纳冬青*Ilex ambigua*近缘，后者通常呈灌木状，叶较小。

实际大小

叶类型	单叶
叶 形	卵形至椭圆形
大 小	达8 cm×5 cm（3¼ in×2 in）
叶 序	互生
树 皮	光滑，灰色
花	小，白色，在叶腋组成花簇；雌雄异株
果 实	浆果，球形，红色，直径至1 cm（½ in）
分 布	美国东部
生 境	湿润树林

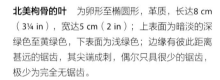

高达15 m
（50 ft）

63

北美枸骨
Ilex opaca
American Holly

Aiton

北美枸骨为常绿乔木，树形呈锥状至开展，晚春至早夏开花。在美国，其受欢迎的程度与欧洲枸骨*Ilex aquifolium*在欧洲的地位相似，果实在冬季被用于圣诞节装饰。本种被广泛作为庭园树栽培，为了改良其耐寒性或果量，已经选育出了许多类型。一些选育型有不同寻常的黄色果实。北美枸骨为美国特拉华州的州树。本种与金榄冬青*Ilex cassine*在庭园中杂交产生杂种渐尖冬青*Ilex × attenuata*，其有许多不同的栽培类型，在树形、叶形和果色等特征上各有区别，广泛用作景观植物。

类似种

本种叶为常绿性，有锐齿，与冬青属*Ilex*其他所有美洲种相区别。它与欧洲枸骨的不同之处在于叶为暗淡的绿色，无光泽。

北美枸骨的叶 为卵形至椭圆形，革质，长达8 cm（3¼ in），宽达5 cm（2 in）；上表面为暗淡的深绿色至黄绿色，下表面为浅绿色；边缘有彼此距离甚远的锯齿，其尖端成刺，偶尔只具很少的锯齿，极少为完全无锯齿。

实际大小

实际大小

实际大小

叶类型	单叶
叶 形	卵形至椭圆形
大 小	达12 cm × 4 cm（4½ in × 1½ in）
叶 序	互生
树 皮	浅灰色，光滑，有小皮孔
花	小，紫红色
果 实	浆果，有光泽，红色，球形，直径约1 cm（½ in），长常略大于宽
分 布	中国，日本
生 境	山地森林
异 名	*Ilex Chinensis* Auct.

64

高达20 m
（65 ft）

冬青
Ilex purpurea
Chinese Holly

Hasskarl

实际大小

冬青为速生常绿树种，树形呈锥状，有时具多枚茎，或为大灌木，春季或夏季开花。花呈紫红色，在冬青属*Ilex*中非常特别，因为其他树种的花通常为白色或略带绿色。果实呈亮红色，入冬之后能在树上宿存很长时间。这些特征再加上鲜亮的幼叶颜色使它在能够生长的地区（如美国东南部）成为常见树木。在中国，其植株的许多部位为重要的传统药材，是50种基本中药材之一，用于治疗多种疾病。*Ilex chinensis*为其曾用学名，该名称现在有时仍然被错误地用来指称本种。

类似种

冬青的叶有浅锯齿，可与冬青属其他种（主要为亚热带种）混淆，但其花为紫红色，易于区别。

冬青的叶 为卵形至椭圆形，长达12 cm（4½ in），宽达4 cm（1½ in）；幼时为带紫红色的亮粉红色，长成后上表面为深绿色，有光泽，下表面为浅绿色；边缘有非常浅的锯齿，无刺，顶端渐狭成细尖；叶柄长约1 cm（½ in）。

叶类型	二回羽状复叶
叶 形	轮廓为卵形
大 小	达1 m×60 cm（3 ft×24 in）
叶 序	互生
树 皮	灰褐色，常有刺
花	小，白色，组成球形花簇，再排成大型、疏散的圆锥花序
果 实	浆果，球形，黑色，直径约5 mm（¼ in）
分 布	中国，俄罗斯东部，朝鲜半岛，日本
生 境	疏林

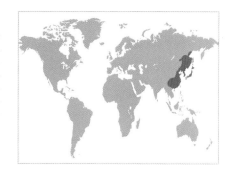

高达10 m
（33 ft）

65

楤木
Aralia elata
Japanese Angelica Tree
(Miquel) Seemann

楤木为落叶小乔木，树形开展，枝条有稀疏的刺，晚夏和秋季开花。尽管可以长成乔木，但常通过萌蘖条蔓延，形成密灌丛。远东地区采其嫩芽食用，根皮则可入药。楤木为常见观赏树，栽培赏其果实和秋叶，并有几个花叶的园艺类型。

楤木的叶 非常大，长达1 m（3 ft）以上，宽达60 cm（24 in）；每片叶由几对对生的羽片构成，每个羽片在基部都长有一枚小叶，并含有多至11枚的卵形小叶；小叶长达12 cm（4½ in）；顶端渐尖，边缘有锯齿，有非常短的小叶柄；上表面呈深绿色，叶脉因有毛而略呈灰色，有的有刺；秋季变为黄色、橙色、红色、紫色。

类似种

北美洲的魔杖楤木*Aralia spinosa*与楤木类似，但灌木性更强，刺更多。其花序为圆锥形，有单一的中央花序轴，而楤木的花序从基部生出几枚开展的分枝。

实际大小

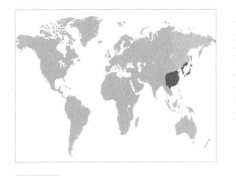

叶类型	掌状分裂
叶 形	圆形
大 小	达25 cm × 25 cm（10 in × 10 in）以上
叶 序	互生
树 皮	灰色而有浅裂纹，常有大型圆锥形刺
花	小、白色
果 实	核果小，球形，蓝黑色，直径约5 mm（¼ in）
分 布	东亚
生 境	森林

高达30 m
（100 ft）

66

刺楸
Kalopanax septemlobus
Castor Aralia
(Thunberg) Koidzumi

刺楸为落叶大乔木，树形呈阔柱状至球状，夏季开花，花虽小，花量却极大。树皮和粗枝常有锐刺。刺楸为刺楸属*kalopanax*的唯一种。在原产地区该种的叶供凉拌食用，树皮则有一定的药用价值。有的植株叶片深裂，有时另立为变种深裂刺楸*kalopanax septemlobus* var. *maximowiczii*。

类似种

刺楸的叶形与一些槭属*Acer*或枫香树属*Liquidambar*树木类似，不同之处在于枝条有密刺，花和果实也有很大差异。

实际大小

刺楸的叶 长宽达25 cm（10 in），生于长达50 cm（20 in）的叶柄之上；在长枝上互生，但在短枝上簇生；上表面呈深绿色，秋季变为黄色或略带红色；叶片的5—7个裂片为三角形，边缘有锯齿，顶端渐尖；叶片分裂的深度多变，大多数叶片裂至距叶基⅓至⅔处，但也有一些叶片几乎裂至基部。

叶类型	多变
叶形	多变
大小	达20 cm×6 cm（8 in×2½ in）
叶序	互生
树皮	深灰色
花	小、绿白色，组成球形花簇，再在枝顶排成圆锥花序
果实	核果小，黑色，两侧压扁，直径约5 mm（¼ in）
分布	中国，越南北部
生境	溪岸，灌丛，山地林缘
异名	*Pseudopanax Davidii* (Franchet) Philipson

实际大小

高达12 m
（40 ft）

67

异叶梁王茶
Metapanax davidii
Metapanax Davidii

(franchet) J. Wen & Frodin

异叶梁王茶为常绿小乔木，有时为灌木，夏季开花。尽管本种已有百年以上的栽培史，但它的学名却经历了很长时间的不断变更，曾被置于7个不同的属内，一度与一群主要产于新西兰的亲缘种并列。它当前的接受名所在的属——梁王茶属*Metapanax*只有两个种。

类似种

梁王茶属中仅有的另一个种为梁王茶*Metapanax delavayi*，该种也生长于中国和越南。该种为灌木，叶分割为多达5枚的小叶，此为其特征，可以和异叶梁王茶区别。

异叶梁王茶的叶 在形状上高度可变，长达20 cm（8 in），宽达6 cm（2½ in）；叶片质地为革质，上表面呈深绿色，有光泽，基出3脉；叶可为单叶，呈长圆形至卵圆形，或3裂，或更少见地具有3枚相互分离的小叶。

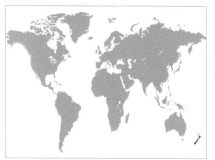

叶类型	单叶
叶 形	线形
大 小	达50 cm×2 cm（20 in×¾ in）
叶 序	互生
树 皮	浅灰色，具纵向浅裂条
花	小，绿白色，在枝顶组成球形头状花序
果 实	浆果，长球形，黑色，长约1 cm（½ in）
分 布	新西兰
生 境	森林，灌丛，沙丘

68

高达8 m
（26 ft）

齿叶矛木
Pseudopanax ferox
Fierce Lancewood

Kirk

　　齿叶矛木在英文中也叫"Toothed Lancewood"（刺矛木），为不常见的常绿乔木，成树树形呈柱状或开展，夏季开花。它有3个截然不同的生长阶段：第一阶段不分枝，第二阶段长出分枝，第三阶段开始开花。每个生长时期的叶形都有轻微不同。它在野外是稀见种，但已作为观赏树种栽培。

类似种

　　矛木*Pseudopanax crassifolius*是另一个新西兰本土树种。它的不同之处在于株形较高，达15 m（50 ft）以上，幼龄阶段的叶长达1 m（3 ft），锯齿则较小。

齿叶矛木的叶　为线形，坚革质，长达50 cm（20 in），宽2 cm（¾ in），在不分枝的幼树上叶尖向下；叶色为古铜色，中脉隆起，呈橙色或黄绿色，边缘有尖锐的锥形刺，刺上有白斑。植株成年后开始分枝，此时长出的叶较短，开展。当植株开始开花时，叶长只有15 cm（6 in），宽2 cm（¾ in）。

实际大小　　　　实际大小

叶类型	羽状复叶
叶 形	轮廓为长圆形
大 小	达5 m×1 m（16½ ft×3 ft）以上
叶 序	互生
树 皮	灰色，具菱形的老叶叶基残留
花	小，乳白色，组成长而下垂的花簇；雌雄同株或异株
果 实	浆果，可食，肉质，橙褐色，长至3 cm（1¼ in）
分 布	加那利群岛
生 境	生长于肥沃的火山土上

高达15 m
（50 ft）

69

加那利海枣
Phoenix canariensis
Canary Island Date Palm
Hort. ex Chabaud

加那利海枣为生长缓慢的不分枝乔木，通常在冬季和春季开花。尽管本种在自然界中分布限于加那利群岛，但在温暖地区已经广泛栽培。因易与近缘的海枣*Phoenix dactylifera*杂交，其野生居群受到了威胁。从科学角度来说，棕榈类不是真正的树木。尽管它们有乔木般的形态，但它们的茎却不含真正的木质。

类似种

加那利海枣易与海枣混淆，后者植株更高，茎较细，茎基部常有萌蘖条。

实际大小

加那利海枣的叶 非常大，长可达5 m（16½ ft）以上；幼叶直立，随生长逐渐向外弓曲，最终下垂，悬于茎上。每枚叶均具多数狭披针形的小叶，小叶顶端渐尖，长可达45 cm（18 in）；靠近叶轴基部的小叶则逐渐退化为尖锐的刺。

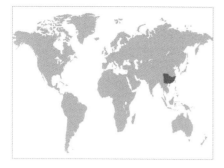

叶类型	掌状复叶
叶 形	轮廓为圆形
大 小	达70 cm×120 cm（28 in×4 ft）
叶 序	互生
树 皮	覆盖有老叶叶基和无光泽的棕褐色纤维
花	小，乳黄色，组成巨大的下垂圆锥花序；雄花和雌花通常异株
果 实	核果小，淡黄色，长约1 cm（½ in）
分 布	中国
生 境	山地森林

高达15 m
（50 ft）

70

棕榈
Trachycarpus fortunei
Chinese Windmill Palm
(Hooker) H. Wendland

棕榈在英文中也叫"Chusan Palm"（舟山棕），它是不分枝的常绿小乔木，顶端生有由扇形叶构成的圆形叶丛，春季开出芳香的花。在主要分布于热带和亚热带的棕榈类植物中，它是最耐寒的种类。全株许多部位可入药，叶可用于制作斗笠，茎纤维可制成多种服装。

类似种

在很多地区，棕榈是唯一能耐寒的棕榈类植物；在寒冷地区，它是最常见栽培的种类。它的树皮覆盖有许多纤维，因而易于识别。

棕榈的叶 轮廓为半圆形至近圆形，宽可达1⅕ m（4 ft）以上；叶片深裂为约50枚裂片，分裂几乎达到基部，外观似掌状复叶；每枚裂片均向上对折，先端再分裂为2个小齿。

实际大小

叶类型	单叶
叶　形	圆形至卵形
大　小	达10 cm×10 cm（4 in×4 in）
叶　序	互生
树　皮	光滑，灰色，老树有裂沟
花	很小，雌雄同株，各自组成花序；雄花组成下垂的黄褐色柔荑花序，长达10 cm（4 in），雌花组成短而直立的穗，具红色柱头
果　实	木质，球果状，褐色，直立，长至3 cm（1¼ in）
分　布	意大利南部
生　境	山坡森林

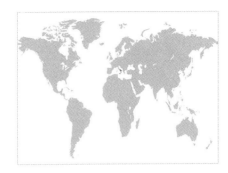

高达25 m
（80 ft）

意大利桤木
Alnus cordata
Italian Alder

Desfontaines

　　意大利桤木为速生落叶乔木，树形呈锥状。雄柔荑花序十分显眼，在晚冬或初春长出时是显著特征。因为树冠狭窄紧实，本种常作为观赏树木栽培。夏天在树上可见绿色的未成熟果实，它们成熟时变为褐色，裂开，散出种子。尽管本种野外分布地较为局限，却是庭园中最常见栽培的桤木属*Alnus*植物。本种偶尔可与其他种杂交，如与欧洲桤木*Alnus glutinosa*杂交产生毛桤木*Alnus × pubescens*。它与日本桤木*Alnus japonica*杂交形成的椭圆叶桤木*Alnus × elliptica*也见栽培。

类似种

　　本种叶圆形至卵形，基部为特征的心形，而易与桤木属其他种区别。本种的叶形与西洋梨*Pyrus communis*略似，但二者树上几乎总有果实，可用来区分它们。

意大利桤木的叶　长宽达10 cm（4 in），叶柄长达3 cm（1¼ in）；叶片呈圆形至卵形，边缘具细齿，顶端具短尖，基部则为特征性的心形；上表面有光泽，为很深的绿色，下表面为浅绿色，脉腋处有丛毛。

实际大小

叶类型	单叶
叶形	倒卵形
大小	达10 cm×8 cm（4 in×3¼ in）
叶序	互生
树皮	暗灰色，老树有浅裂纹
花	小，无花瓣；雄花形成下垂的黄绿色柔荑花序，雌花与雄花同株，红色，组成直立的小穗
果实	小，大部分由种子构成，生于长约1 cm（½ in）的木质球果状结构中
分布	欧洲、西亚、北非
生境	河岸和其他湿润的地方

高达25 m
（80 ft）

72

欧洲桤木
Alnus glutinosa
European Alder
(Linnaeus) Gaertner

欧洲桤木的叶 为倒卵形，有时呈圆形，长达10 cm（4 in），宽达8 cm（3¼ in），幼时手摸颇有黏性；上表面呈深绿色，光滑，叶脉下陷，下表面光滑或有各式毛被；边缘有细或较粗的锯齿，常为重锯齿，叶尖呈圆形，常有明显的锯齿。

欧洲桤木为落叶乔木，树形呈锥状，基部常具数枚树干。花在初春开放，柔荑花序前一年即已形成，全冬天可见。本种颇为耐受水湿环境，因为其根上有根瘤，可固氮，所以可生于贫瘠的土壤中。本种的木材传统上用来制作木鞋。在原产地是常见的河岸树种，庭园中则可见大量栽培品种。其中最著名的是**帝王**（'Imperialis'），树形优雅，叶具细裂片。其他品种还有叶黄色的**金叶**（'Aurea'）和树冠狭锥形、枝条上耸的**金字塔**（'Pyramidalis'）等。

类似种

欧洲桤木为较易识别的种，与同属其他种的区别在于叶倒卵形，顶端常呈锯齿状。

实际大小

叶类型	单叶
叶 形	卵形至椭圆形
大 小	达10 cm × 8 cm（4 in × 3¼ in）
叶 序	互生
树 皮	光滑，灰色，具小气孔组成的水平条带
花	小，无花瓣；雄花组成下垂的柔荑花序，为微红的乳白色，雌花与雄花同株，红色，组成直立的小穗
果 实	小，有狭翅，主要由种子构成，生于长约1 cm（½ in）的木质球果状结构中
分 布	欧洲
生 境	山地森林和溪边

高达20 m
（65 ft）

73

灰桤木
Alnus incana
Gray Alder
(Linnaeus) Moench

灰桤木为分布广泛的种，原亚种原产于欧洲，北美洲有其他亚种，东北亚则有亲缘关系极近的种。灰桤木为速生乔木，树形呈锥状，初春生出柔荑花序。因为具有固氮能力，可生于贫瘠的土壤中，常用于荒地开垦。本种偶尔与欧洲桤木发生杂交，杂种具有介于二者之间的叶形。本种选育出了庭园栽培的许多品种，包括枝条下垂的**垂枝**（'Pendula'），以及茎叶黄色、柔荑花序带红色色调的**金叶**（'Aurea'）。

类似种

皱叶桤木*Alnus incana* subsp. *rugosa*与原亚种极似，但植株较小，通常为灌木，它在北美洲分布广泛。薄叶桤木*Alnus incana* subsp. *tenuifolia*见于北起阿拉斯加南部的北美洲西部，叶较薄，锯齿更圆。

灰桤木的叶 为卵形至椭圆形，长达10 cm（4 in），宽达8 cm（3¼ in）；上表面色深，呈暗绿色，下表面呈灰白色，有毛；边缘为尖锐的重锯齿，有时浅裂，顶端尖。

实际大小

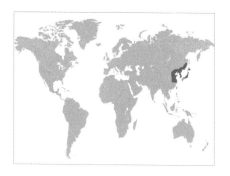

叶类型	单叶
叶 形	椭圆形至披针形
大 小	达14 cm×5 cm（5½ in×2 in）
叶 序	互生
树 皮	深灰褐色，光滑
花	小，无花瓣；雄花组成下垂的黄绿色柔荑花序，雌花与雄花同株，红色，组成直立的小穗
果 实	小，有狭翅，主要由种子构成，生于长约1 cm（½ in）的木质球果状结构中
分 布	东北亚
生 境	森林，河岸，泥炭沼及其他沼泽

高达20 m
（65 ft）

74

日本桤木
Alnus japonica
Japanese Alder
(Thunberg) Steudel

日本桤木为速生落叶乔木，树形呈锥状至阔锥状，初春开花。本种为重要的薪炭树，在菲律宾则作为咖啡种植园的遮阴树。本种的锯木可用于培育香菇。朝鲜半岛的居群曾被处理为变种朝鲜桤木*Alnus japonica* var. *koreana*，但和日本的植株几无区别。日本桤木有时被视为滨海桤木*Alnus maritima*的变种，后者分布于美国东部，植株要小得多，常呈灌木状，花期在秋季。在庭园中，日本桤木与原产高加索和伊朗的心叶桤木*Alnus subcordata*杂交，形成杂种斯贝斯桤木*Alnus × spaethii*。

类似种

日本桤木叶不分裂，先端渐尖，锯齿细，通常易于识别。它和尼泊尔桤木*Alnus nepalensis*的区别既在于特征性的锯齿叶，又在于初春开花的习性。

实际大小

日本桤木的叶 为椭圆形至披针形，长达14 cm（5½ in），宽达5 cm（2 in）；上表面有光泽，呈深绿色，下表面呈浅绿色；顶端为一纤细的渐尖头，边缘具细齿。

叶类型	单叶
叶 形	阔椭圆形至披针形
大 小	达20 cm × 10 cm（8 in × 4 in）
叶 序	互生
树 皮	光滑，灰色，具白色气孔组成的水平条带
花	小，无花瓣；雄花组成下垂的黄绿色长柔荑花序；雌花与雄花同株，浅绿色，具白色柱头，组成直立的小穗
果 实	小，有狭翅，主要由种子构成，生于长约2 cm（¾ in）的木质球果状结构中
分 布	喜马拉雅地区，东南亚
生 境	山坡，河岸

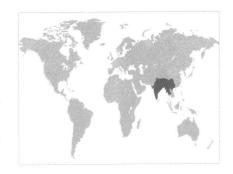

高达20 m
（65 ft）

75

尼泊尔桤木
Alnus nepalensis
Himalayan Alder
D. Don

尼泊尔桤木为速生落叶或半常绿乔木，秋季长出显眼的长柔荑花序，十分独特。本种在野外为一先锋树种，喜欢新发滑坡之类受干扰的土壤。本种广泛栽培，用于造林，其根瘤可为土壤富集氮素养分。木材在当地被作为建筑材料和薪炭使用，树皮可用于染色。本种叶片硕大，柔荑花序醒目，一般在叶丛最盛时生出，为一引人瞩目的美丽树种。尽管桤木属*Alnus*其他多数种生于较寒冷的地区，本种却分布于亚热带，因而在温暖湿润的气候区最易栽培成功。

类似种

本种是桤木属个别秋季开花的树种之一。其雄柔荑花序多枚聚生，叶片又大，这些特征可以把它和属内其他种区分开来。

实际大小

尼泊尔桤木的叶 为阔椭圆形至披针形，长达20 cm（8 in），宽达10 cm（4 in）；上表面呈深绿色，下表面呈蓝绿色，脉腋有褐色丛毛；边缘无锯齿或近无锯齿，或有小而浅的锯齿；叶柄长达3 cm（1¼ in）。

叶类型	单叶
叶 形	狭椭圆形至卵形或披针形
大 小	达9 cm × 6 cm（3½ in × 2½ in）
叶 序	互生
树 皮	光滑，银白色至深灰色或黑色
花	小，无花瓣；雄花组成下垂的黄绿色长柔荑花序，具红色花药；雌花与雄花同株，红色，组成直立的小穗
果 实	小，有狭翅，主要由种子构成，生于长约2.5 cm（1 in）的木质球果状结构中
分 布	美国西南部，墨西哥北部
生 境	湿润坡地，溪岸，峡谷

25 m以上
（80 ft）以上

76

亚利桑那桤木
Alnus oblongifolia
Arizona Alder

Torrey

亚利桑那桤木为落叶乔木，树形呈疏锥状，有时从基部长出数枚主干，偶为灌木状。本种初春开花，先于幼叶开放，产于山地森林中，分布区有限，分布零散，常生于栎树或松树林中。在原产地，本种树干上常有熊的抓痕，露出里面的红色木质。与桤木属*Alnus*其他种一样，本种根部有根瘤，能够固氮。尽管为小乔木，个别植株可高达35 m（115 ft）以上。

类似种

亚利桑那桤木的叶相对较狭，具锐齿，借此通常即可与桤木属其他种区分。最近缘的种如尖叶桤木*Alnus acuminata*等分布于更南的墨西哥和中美洲。

实际大小

亚利桑那桤木的叶 为狭椭圆形至披针形或卵形，长达9 cm（3½ in），宽达6 cm（2½ in）；上表面呈深绿色，微有树脂，下表面呈浅绿色，有时有锈色疏毛；边缘具尖锐缺刻，形成尖锐的重锯齿，顶端变狭成渐尖头。

叶类型	单叶
叶形	卵形至长圆形
大小	9 cm × 5 cm（3½ in × 2 in）
叶序	互生
树皮	浅灰色，老时在基部裂成小块
花	小，无花瓣；雄花组成下垂的黄绿色长柔荑花序，具红色花药；雌花与雄花同株，红色，组成直立的小穗
果实	小，有狭翅，主要由种子构成，生于长约2 cm（¾ in）的木质球果状结构中
分布	美国西部
生境	石质溪岸，丘陵和山坡

高达30 m
（100 ft）

77

白桤木
Alnus rhombifolia
White Alder

Nuttall

　　白桤木为落叶乔木，树形呈锥状，常从基部长出数枚主干，春季先叶开花。本种沿北美洲的太平洋坡地广泛分布，但因为都市带快速扩张，其大部分生境已经丧失。本种的木材被作为薪材使用，树皮可提取染料。全株很多部位均得到美洲原住民利用，多为药用，此外根还可以用来制作篮子，枝条可以制作箭，树皮可提取红色染料，用于身上的彩绘。

类似种

　　白桤木易与红桤木*Alnus rubra*混淆，但后者叶有较大的锯齿，叶缘有独特的外卷边。

实际大小

白桤木的叶　为卵形至长圆形，长达9 cm（3½ in），宽达5 cm（2 in）；上表面呈深绿色，有光泽，下表面呈浅绿色，有时有毛，至少初生时如此；边缘具细齿，顶端变狭为圆形或钝尖，基部呈宽楔形或圆形。

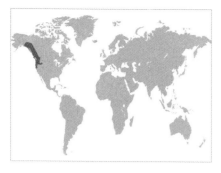

叶类型	单叶
叶 形	卵形至椭圆形
大 小	达15 cm × 10 cm（6 in × 4 in）
叶 序	互生
树 皮	光滑，灰色，老时在基部裂成块状
花	小，无花瓣；雄花组成下垂的黄绿色柔荑花序，具红色花药；雌花与雄花同株，红色，组成直立的小穗
果 实	小，有狭翅，主要由种子构成，生于长约3 cm（1¼ in）的卵球形木质球果状结构中
分 布	北美洲西部
生 境	湿润地区，从山脚溪岸一直到海滨

高达30 m
（100 ft）

红桤木
Alnus rubra
Red Alder

Bongard

红桤木的叶 为卵形至椭圆形，长达15 cm（6 in），宽达10 cm（4 in）；上表面呈深绿色，叶脉显著，下表面呈浅绿色至蓝绿色，沿脉有毛；顶端钝尖至圆形，基部呈宽楔形至圆形，边缘具深重锯齿。

红桤木在英文中也叫"Oregon Alder"（俄勒冈桤木），为速生落叶大乔木，树形呈阔锥状，春季开花，花先于幼叶开放。本种为北美洲桤木属*Alnus*内最大的树种，也是北美洲桤木属内唯一得到商业开发的材用树种，木材可用于制作家具、烧炭和造纸。本种的根部具有能固氮的根瘤，为先锋树种，可以快速占据伐木迹地之类贫瘠的土壤。本种可用于保护贫瘠土壤免遭侵蚀，也可用来提高针叶树人工林的生产率。美洲原住民将本种用于广泛用途。树皮可提取红色染料，枝条和根则可用于制作篮子和摇篮。

类似种

红桤木的叶有深锯齿，易与灰桤木*Alnus incana*的叶混淆，但红桤木的叶有独特的外卷边，这一特征也与白桤木*Alnus rhombifolia*有别。

实际大小

叶类型	单叶
叶 形	阔椭圆形至倒卵形
大 小	达12 cm × 7 cm（4½ in × 2¾ in）
叶 序	互生
树 皮	灰色至灰褐色，光滑，有不明显的皮孔
花	小，无花瓣；雄花组成下垂的黄褐色长柔荑花序；雌花与雄花同株，红色，组成直立的小穗
果 实	小，有狭翅，主要由种子构成，生于长约2 cm（¾ in）的木质球果状结构中
分 布	北美洲东部
生 境	溪岸，湿润地区

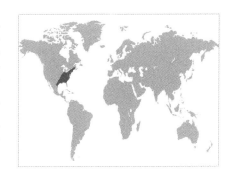

高达10 m
（33 ft）

榛桤木
Alnus serrulata
Hazel Alder

(Aiton) Willdenow

榛桤木在英文中也叫"Smooth Alder"（光桤木）或"Tag Alder"（纸板桤木），为落叶小乔木，又常为多茎簇生的灌木，并形成密灌丛，晚冬或早春开花，花先于幼叶开放。本种分布广，是北美东南部唯一原产的桤木属*Alnus*植物。非常耐受涝渍的土壤，有的植株可见部分遭到水淹，在易于被洪水定期淹没的地区也见有生长。这种在极端环境下生长的本领使它可用于固岸和湿地修复。榛桤木的树皮含有镇痛物质，北美洲原住民用其浸剂作为消毒剂或分娩时的镇痛药。

类似种

榛桤木可与皱叶桤木*Alnus incana* subsp. *rugosa*混淆，但后者树皮上有明显的皮孔，叶缘有重锯齿，叶片最宽处在中部以下，而不是中部以上。

榛桤木的叶 为阔椭圆形至倒卵形，长达12 cm（4½ in），宽达7 cm（2¾ in）；上表面为深灰绿色，幼时略有黏性，下表面光滑，或多少有毛；基部呈圆形，顶端呈圆形或钝尖，边缘具细而均匀的锯齿。

实际大小

叶类型	单叶
叶 形	卵形
大 小	达8 cm × 5 cm（3¼ in × 2 in）
叶 序	互生
树 皮	纸质，呈薄层状剥落，橙红色至红紫色
花	非常小，无花瓣；雄花组成黄褐色下垂的柔荑花序，雌花与雄花同株，组成绿色圆柱状的花穗
果 实	小坚果，小型，具狭翅，生于长达4 cm（1½ in）的具苞片的果穗中，果穗成熟时开裂
分 布	中国
生 境	山地森林

高达30 m
（100 ft）

80

红桦
Betula albosinensis
Chinese Red Birch
Burkill

红桦的叶 为卵形，长达8 cm（3¼ in），宽达5 cm（2 in）；上表面为无光泽或有光泽的绿色，下表面呈浅绿色，秋季变为黄色；顶端细渐尖，基部呈圆形至阔尖形，边缘有锐利的重锯齿，锯齿顶端尖，呈三角形。

红桦为落叶大乔木，树形呈锥状至阔柱状，春季开花，与幼叶同放，生花的枝条因有黏腺而略显粗糙。本种树皮颜色高度多变，老时因长期暴露而变深。树皮提取物有药用价值。红桦是庭园中的常见树种，有几个不同树皮颜色的品种，包括：**鲍林格林**（'Bowling Green'），树皮呈蜂蜜色；**中国红宝石**（'China Ruby'），树皮呈铜红色。牛皮桦*Betula albosinensis* var. *septentrionalis*有时视为独立的变种，叶的绿色较本种的典型类型浅。

类似种

糙皮桦*Betula utilis*与红桦类似，但叶通常较宽，下表面脉腋有丛毛，枝条至少在幼时有毛。

实际大小　　　　　　实际大小

叶类型	单叶
叶 形	卵形至长圆形
大 小	达10 cm × 5 cm（4 in × 2 in）
叶 序	互生
树 皮	黄褐色，层状剥落为纸质、水平的薄条
花	非常小，无花瓣；雄花组成黄褐色下垂的柔荑花序，雌花与雄花同株，组成绿色圆柱状的花穗
果 实	小坚果，小型，具狭翅，生于长达2½ cm（1 in）的具苞片的果穗中，果穗在果实散落后常宿存
分 布	北美洲东部
生 境	湿润林地，河岸
异 名	*Betula lutea* Michaux

高达30 m
（100 ft）

81

黄桦
Betula alleghaniensis
Yellow Birch

Britton

　　黄桦为落叶大乔木，是北美洲最高大的桦树，树形呈阔柱状，春季开花，本种与幼叶同放。本种分布广泛，喜长于降水多的凉爽地区。幼枝在揉搓后会散发强烈的白珠油气味，为其标志性（虽然并非本种独有）特征。黄桦为最重要的材用桦树之一，木材被作为建筑材料使用。在原产地可与其他桦树杂交。本种与灌木状的泥沼桦*Betula pumila*杂交产生明尼苏达桦*Betula × purpusii*，正常情况下为大灌木；此外还可与纸桦*Betula papyrifera*杂交。对美洲原住民来说，本种有多种用途：树皮可用来制作木舟、餐盘和容器；树液可与槭糖浆混合食用。

类似种

　　黄桦易与樱桃桦*Betula lenta*混淆，它们的枝条都有类似的芳香气味；然而，樱桃桦没有黄桦那种特征状的片状剥落树皮，叶也有更多的细齿。

黄桦的叶 为卵形，长达10 cm（4 in），宽达5 cm（2 in）；上表面呈深绿色，下表面呈浅绿色，通常有毛，至少在叶脉上有毛，秋季变为美丽的黄色；顶端渐尖，基部圆形至略呈心形，边缘有不规则的锐利重锯齿。

实际大小

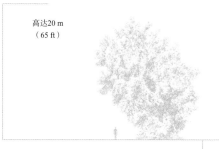

叶类型	单叶
叶形	卵形至椭圆形
大小	达8 cm × 5 cm（3¼ in × 2 in）
叶序	互生
树皮	在幼树上为灰白色或带紫红色调，厚层状剥落；老时颜色变暗，粗糙不平
花	非常小，无花瓣；雄花组成黄褐色下垂的柔荑花序，雌花与雄花同株，组成绿色圆柱状的花穗
果实	小坚果，小型，具狭翅，生于长达2½ cm（1 in）的具苞片的果穗中，果穗在果实散落后常宿存
分布	东北亚
生境	山地树林，石质坡地

高达20 m
（65 ft）

82

黑桦
Betula dahurica
Dahurian Birch

Pallas

黑桦的叶 为卵形至椭圆形，长达8 cm（3¼ in），宽达5 cm（2 in）；上表面呈深绿色，下表面呈浅绿色，有可分泌树脂的腺体，脉腋有小丛毛；顶端尖，边缘具锐利的重锯齿，基部呈圆形至阔楔形。

实际大小

黑桦为落叶乔木，树形呈柱状至球状，有时从基部长出多于一枚主干。幼枝有毛，触感粗糙，生有密集的疣状腺体，可分泌树脂。本种为生于冷凉湿润气候的树种，主要生长于低海拔地区。在朝鲜半岛，其木块可用于栽培食用菌类。黑桦为非常耐寒的树种，其原产地的位置使之适于寒冷的北方庭园栽培。其粗糙不平的片状剥落的树皮非常独特，为了改良树皮的颜色，已经选育出一些品种。其中包括**莫里斯·福斯特**（'Maurice Foster'），剥落的树皮为红褐色，刚暴露出来的部位则为银灰色。本种的木材致密坚硬，既可作为建筑材料，又可用于制作工具和家具。

类似种

黑桦与北美洲的河桦*Betula nigra*非常近缘，树皮形态类似。河桦的叶基更常为独特的楔形，边缘的锯齿也更粗大。

叶类型	单叶
叶 形	卵形至披针形
大 小	达7 cm×4 cm（2¾ in×1½ in）
叶 序	互生
树 皮	深灰色至褐色
花	非常小，无花瓣；雄花组成黄褐色下垂的柔荑花序，雌花与雄花同株，组成绿色圆柱状的花穗
果 实	小坚果，小型，具狭翅，生于长达2½ cm（1 in）的具苞片的果穗中，果穗在果实散落后解体
分 布	中国西部
生 境	山地林地和灌丛，河岸

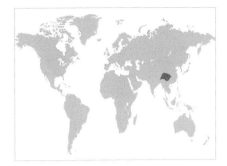

高达8 m
（26 ft）

83

高山桦
Betula delavayi
Betula Delavayi

Franchet

　　高山桦为大灌木或小乔木，晚春至早夏开花，见于山地生境。幼枝有密毛，结果的雌柔荑花序在种子散出后留在树上，到冬天碎裂解体。在桦木属*Betula*中有一群产自中国西部的灌木或小乔木种，彼此至今仍易混淆。这群树种包含数个种，高山桦为其中之一。根据一些微小的特征，本种的一些变异类型有时承认为变种，其中包括细穗高山桦*Betula delavayi* var. *microstachya*，雌花簇小型，叶的侧脉多至10对。

类似种

　　高山桦最容易和岩桦*Betula calcicola*混淆。后者为灌木，叶较小，有很短的叶梗，在幼时与枝条均覆盖有白色长毛。

高山桦的叶　具有明显的叶脉，卵形至披针形，长达7 cm（2¾ in），宽达4 cm（1½ in），生于长至1½ cm（⅝ in）的叶柄上，叶柄有毛；上表面呈深绿色，下表面呈浅绿色，幼时叶脉上有毛；顶端呈钝尖或圆形，边缘有非常细小的锯齿，通常为重锯齿，基部呈圆形。

实际大小　　　　实际大小

叶类型	单叶
叶 形	卵形
大 小	达7 cm × 5 cm（2¾ in × 2 in）
叶 序	互生
树 皮	乳黄色至粉红色及橙色，有显著的皮孔带，层状剥落为水平的薄条
花	非常小，无花瓣；雄花组成黄褐色下垂的柔荑花序，雌花与雄花同株，组成绿色圆柱状的花穗
果 实	小坚果，小型，具狭翅，生于长达2½ cm（1 in）的具苞片的果穗中
分 布	东北亚
生 境	森林，常形成纯林

20 m以上
（65 ft）以上

岳桦
Betula ermanii
Erman's Birch

Chamisso

岳桦的叶 为卵形或三角状卵形，长达7 cm（2¾ in），宽达5 cm（2 in）；上表面呈深绿色，有光泽至无光泽，下表面呈浅绿色，秋季变为黄色；顶端长渐尖，基部呈圆形至截形，或为阔楔形，边缘有细齿，顶端骤尖。

实际大小

岳桦为落叶乔木，幼时有密毛，发黏，树形呈阔锥状至柱状，春季开花，与幼叶同放。本种为多有变异的种，分布区非常广，可生于山地，或在纬度更北的地区生于海平面附近。为了获得有观赏性的树皮，本种已选育出大量园艺类型，它们的树皮长成后为白色，但刚暴露出来时则有乳黄色、粉红色、橙色等各种颜色。本种的木材可作为建筑材料，树皮可用于生火。本种的原变种*Betula ermanii* var. *ermanii*分布广泛，但变种日本岳桦*Betula ermanii* var. *japonica*却仅见于日本本州岛。这一变种的叶更近三角形，侧脉数目更多，而有所不同。日高桦*Betula apoiensis*亦仅见于日本北海道日高山脉的阿波伊山，有人认为它是由岳桦和灌木状的油桦*Betula ovalifolia*杂交形成的杂种。

类似种

本种树皮显眼，有时与糙皮桦*Betula utilis*混淆。后者的不同之处在于叶更近长圆形，在叶片下表面的脉腋处有特征性的丛毛。

叶类型	单叶
叶 形	卵形
大 小	达12 cm × 6 cm（4¾ in × 2½ in）
叶 序	互生
树 皮	幼时为有光泽的红褐色，老时变灰色，裂为小块，而非层状剥落
花	非常小，无花瓣；雄花组成黄褐色下垂的柔荑花序，雌花与雄花同株，组成绿色卵球状的花穗
果 实	小坚果，小型，具狭翅，生于长达4 cm（1½ in）的具苞片的果穗中
分 布	北美洲东部
生 境	湿润林地

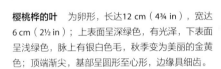

高达25 m
（80 ft）

樱桃桦
Betula lenta
Cherry Birch

Linnaeus

樱桃桦在英文中也叫"Sweet Birch"（甜桦）或"Black Birch"（黑桦），为落叶大乔木，春季开花，与幼叶同放。幼枝揉搓后有白珠油的气味。全株很多部位可利用，为珍贵的材用树，汁液可制糖浆，树皮可提取白珠油（也叫"冬青油"）或用于酿造桦树啤酒。从这种树获取的精油可入药，药效与从匍枝白珠提取的白珠油非常类似。当树干内有树液时，把树木伐倒，切开木材并蒸馏，即可产出精油。其成分大部分为水杨酸甲酯，可用于缓解肌肉和关节疼痛，但也有毒。

类似种

本种易与黄桦*Betula alleghaniensis*混淆，后者同样也有白珠油的独特气味。但黄桦的不同之处在于树皮片状剥落，叶片锯齿更粗大。圆叶樱桃桦*Betula lenta* f. *uber*为较小的乔木，叶小，圆形，长至5 cm（2 in）。它仅见于美国弗吉尼亚州的一小片地区，种子活性差，并非全部都能萌发。

樱桃桦的叶 为卵形，长达12 cm（4¾ in），宽达6 cm（2½ in）；上表面呈深绿色，有光泽，下表面呈浅绿色，脉上有银白色毛，秋季变为美丽的金黄色；顶端渐尖，基部呈圆形至心形，边缘具细齿。

实际大小

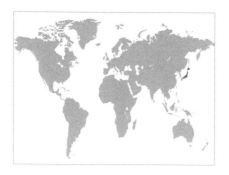

叶类型	单叶
叶 形	阔卵形至圆形
大 小	达15 cm×12 cm（6 in×4¾ in）
叶 序	互生
树 皮	在幼树干和枝条上为红褐色，渐变带橙色的粉红色和白色，层状剥落为水平的薄条，老时为灰色的鳞片状
花	非常小，无花瓣；雄花组成黄褐色下垂的柔荑花序，雌花与雄花同株，组成绿色卵球状的花穗
果 实	小坚果，小型，具狭翅，生于长达4 cm（1½ in）的具苞片的果穗中
分 布	日本
生 境	凉爽湿润的森林

高达25 m
（80 ft）

鸬鹚桦
Betula maximowicziana
Monarch Birch
Regel

鸬鹚桦是能给人留下深刻印象的落叶大乔木，树形呈阔锥状至阔柱状，春季开花，与叶同放。本种在原产地为先锋种，在土壤受到扰动的开放生境中最易生长。本种是能够在火山灰土壤中生长的树种之一。在桦木属*Betula*树种中，鸬鹚桦为叶最大的种类，因此是该属最独特的种之一。本种的树叶可在微风中翻动，感官效果可与银叶椴*Tilia tomentosa*相媲美。

类似种

鸬鹚桦这个非常独特的树种很少和其他树种混淆。巨大的叶和特殊的叶形很容易把本种和桦木属其他种区分开来。它看来和中国产的西桦*Betula alnoides*最为近缘，但二者的叶形并不相同。

实际大小

鸬鹚桦的叶 轮廓为阔卵形至近圆形，基部呈心形，长达15 cm（6 in），宽达12 cm（4¾ in）；上表面呈深绿色，下表面呈浅绿色，秋季变为黄色；边缘有带细尖的锯齿，细尖从侧脉顶端发出，相邻锯齿之间又有小锯齿。

叶类型	单叶
叶 形	卵形至菱形
大 小	达8 cm × 6 cm（3¼ in × 2½ in）
叶 序	互生
树 皮	幼时为带粉红色的白色至灰色，剥落为纸质的厚层，在成树上为浅灰色至深灰色，有裂条
花	非常小，无花瓣；雄花组成黄褐色下垂的柔荑花序，雌花与雄花同株，组成绿色卵球状的花穗
果 实	小坚果，小型，具狭翅，生于长达3 cm（1¼ in）的具苞片的果穗中
分 布	美国东部
生 境	河、湖岸、河漫滩

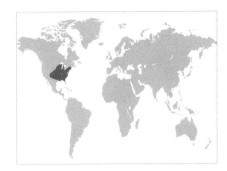

高达25 m
（80 ft）

87

河桦
Betula nigra
River Birch

Linnaeus

河桦在英文中也叫"Red Birch"（红桦），为落叶大乔木，幼时树形呈锥状，老时常变球状，常有多于一枚的主干。本种的果实在晚春至早夏成熟，为其不同寻常之处。这是因为它是河漫滩上的特征性树种，到了生长地很有可能被洪水淹没的时节，便会散出由水传播的种子。本种的树皮显眼，对害虫桦铜窄吉丁有抵抗性，因而广为栽培，是美国东南部温暖而湿润的海滨平原上唯一的原产桦树和唯一能生长良好的桦树。为了改良树皮的形态，或是提高对桦铜窄吉丁的抗性，又或是增进对炎热的耐性，已经选育出了**卡利**（'Cully'）等一些品种。美洲原住民以其树皮和叶的浸剂入药。

类似种

河桦与黑桦*Betula dahurica*最为近缘，彼此相似。后者的叶下表面毛较少，锯齿也较小。

河桦的叶 形状为卵形至菱形，长达8 cm（3¼ in），宽达6 cm（2½ in）；上表面为有光泽的深绿色至蓝绿色，下表面为灰绿色，有细茸毛，叶脉上毛尤其多；顶端尖，基部为特征性的楔形，边缘有锐利的重锯齿。

实际大小

叶类型	单叶
叶 形	卵形
大 小	达10 cm × 7 cm（4 in × 2¾ in）
叶 序	互生
树 皮	白色，层状剥落为水平的薄条，有明显的皮孔带和暗色的枝痕，在幼树上为褐色
花	非常小，无花瓣；雄花组成黄褐色下垂的柔荑花序，雌花与雄花同株，组成绿色圆柱状的花穗
果 实	小坚果，小型，具狭翅，生于长达5 cm（2 in）的具苞片的果穗中，果穗下垂，圆柱状
分 布	北美洲北部
生 境	凉爽湿润的森林

高达25 m
（80 ft）

纸桦
Betula papyrifera
Paper Birch
Marshall

纸桦的叶 为卵形，长达10 cm（4 in），宽达7 cm（2¾ in），上表面为深绿色，下表面为浅绿色，通常有毛，至少在脉上如此，秋季变为黄色；顶端尖或略呈渐尖状，基部通常呈阔楔形，边缘有锐利的重锯齿。

实际大小

纸桦为落叶大乔木，树形呈锥状至阔柱状，有时从基部生出多于一枚树干。本种在美国北部和加拿大分布很广，以其树皮著称。纸桦树皮薄，白色，纸质，在幼树上为红褐色，在成树上偶尔为深褐色。这种树皮富含油分，防水，可用于制作木舟或生火。本种的木材可以制作多种器具，汁液还可以用来制成糖浆或酿造啤酒。树皮、芽、枝和种子都为野生动物提供了宝贵的食物资源。本种有一些天然产生的杂种，如犹他桦*Betula × utahensis*（与水桦*Betula occidentalis*的杂种）和沼纸桦*Betula × sandbergii*（与灌木状的泥沼桦*Betula pumila*的杂种）。纸桦是美国新罕布什尔州的州树。

类似种

山纸桦*Betula cordifolia*为与纸桦形态类似的近缘种，生于纸桦分布区东部。它的不同之处在于树皮略呈红色至褐色，叶基呈心形。

叶类型	单叶
叶 形	阔卵形至三角形
大 小	达6 cm × 5 cm（2½ in × 2 in）
叶 序	互生
树 皮	白色，层状剥落，老时在基部发育有裂纹，略带黑色，常为菱形
花	非常小，无花瓣；雄花组成黄褐色下垂的柔荑花序，雌花与雄花同株，组成绿色圆柱状的花穗
果 实	小坚果，小型，具狭翅，生于长达4 cm（1½ in）的具苞片的果穗中，果穗下垂，圆柱状
分 布	欧洲，北亚
生 境	干燥林地，硬叶灌丛，酸沼，通常生于沙质土壤中

高达30 m
（100 ft）

垂枝桦
Betula pendula
Silver Birch

Roth

垂枝桦在其整个原产地区都是知名树种。它是速生的落叶乔木，树形通常呈锥状，小枝下垂，为其特征；幼枝无毛，但有疣状腺体而显粗糙。本种春季开花。木材用作薪柴，或用于制作家具和造纸。垂枝桦是芬兰的国树。它在原产地以外也常有栽培，已经选育出了一些园艺类型。其中，最知名和最常见的品种有：**帚枝**（'Fastigiata'），树形呈柱状，枝条弯曲，上耸；**条裂**（'Laciniata'，通称瑞典桦，品种名常被误为'Dalecarlica'），叶深裂为细裂片；**悲伤**（'Tristis'），枝条非常细，下垂；**杨氏**（'Youngii'），为小乔木，树冠顶部平，状如蘑菇。垂枝桦树形优雅，有绰号"林中女士"。

类似种

垂枝桦与毛桦*Betula pubescens*的区别在于枝条无毛，有疣突，小枝下垂，树干基部有黑斑。北美洲的杨叶桦*Betula populifolia*与之类似，但树干上无黑色裂纹，树皮不呈片状剥落，叶尖也更长。

垂枝桦的叶 为卵形或近三角形，长度达6 cm（2½ in），宽5 cm（2 in）；上表面呈深绿色，有光泽，下表面呈浅蓝绿色，秋季变为黄色；顶端渐尖，基部呈阔楔形至截形，边缘有锐利的重锯齿。

实际大小

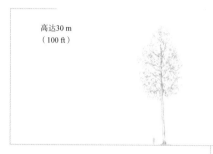

叶类型	单叶
叶 形	阔卵形至三角状卵形
大 小	达9 cm × 7 cm（3½ in × 2¾ in）
叶 序	互生
树 皮	白色至灰白色，层状剥落，有明显的皮孔带和深色枝痕
花	非常小，无花瓣；雄花组成黄褐色下垂的柔荑花序，雌花与雄花同株，组成绿色圆柱状的花穗
果 实	小坚果，小型，具狭翅，生于长达5 cm（2 in）的具苞片的果穗中，果穗下垂
分 布	东亚（西伯利亚至日本）
生 境	森林，草甸，草原

高达30 m
（100 ft）

90

白桦
Betula platyphylla
Asian White Birch
Sukaczev

白桦的叶 为卵形至三角状卵形，长达9 cm（3½ in），宽达7 cm（2¾ in）；上表面呈深绿色，下表面呈浅蓝绿色，秋季变为黄色。顶端渐尖，基部呈阔楔形至截形，或略呈心形，边缘有细齿。

白桦为分布广泛、变异较大的种，生长地域面积广大，常形成纯林。树形呈锥状至阔柱状，春季开花，与幼叶同放。根据一些小而不明显的差异曾经建立了几个变种，包括：堪察加白桦*Betula platyphylla* var. *kamtschatica*，产自堪察加半岛和日本北部；短叶白桦*Betula platyphylla* var. *mandschurica*，产自俄罗斯东部、朝鲜半岛和日本北部；四川白桦*Betula platyphylla* var. *szechuanica*（有时视为独立的种*Betula szechuanica*），产自中国西部。白桦有时又视为垂枝桦*Betula pendula*的一部分变异类型。在其原产地，白桦是重要的木材和桦树汁来源。

类似种

白桦和垂枝桦极近缘，然而，它没有下垂的枝条，成树的基部也没有深色裂纹。四川白桦产自中国西部，叶常为蓝绿色。

实际大小

叶类型	单叶
叶 形	阔卵形至三角形
大 小	达8 cm×5 cm（3¼ in×2 in）
叶 序	互生
树 皮	白色，不成层状剥落，有明显的皮孔带
花	非常小，无花瓣；雄花组成黄褐色下垂的柔黄花序，雌花与雄花同株，组成绿色圆柱状的花穗
果 实	小坚果，小型，具狭翅，生于长达2½ cm（1 in）的具苞片的果穗中，果穗下垂
分 布	北美洲东北部
生 境	生长于近水的排水良好的土壤中，或沙质土壤中

高达10 m
（33 ft）

91

杨叶桦
Betula populifolia
Gray Birch

Marshall

杨叶桦为落叶小乔木，速生，但通常寿命不长，树形呈狭锥状，春季开花，与幼叶同放。和垂枝桦*Betula pendula*一样，杨叶桦也是先锋种，能快速占据裸露土壤，比如在火焚地上，被焚烧的植株可以从基部重新萌发。本种的木材可用作薪柴，或是制作小型器具。杨叶桦曾用于采矿破坏的土地的生态修复。在其原产地区内，杨叶桦可以和山纸桦*Betula cordifolia*形成天然杂种，后者是纸桦*Betula papyrifera*的近缘种，树皮呈红褐色。这个杂种名为蓝桦*Betula × caerulea*，形态介于两个亲本之间，其叶尖像杨叶桦一样渐尖，树皮则像山纸桦一样为红褐色。

类似种

杨叶桦与垂枝桦非常相似，不同之处在于杨叶桦的树皮不成片状剥落，叶尖长而狭渐尖。它的另一个近亲是分布于加拿大西部和阿拉斯加的阿拉斯加桦*Betula neoalaskana*，该种的幼枝有能分泌树脂的密集腺体。

杨叶桦的叶 为阔卵形至三角形，长达8 cm（3¼ in），宽达5 cm（2 in）；上表面呈深绿色，有光泽，下表面呈浅绿色，秋季变为黄色；顶端渐伸出长而纤细的叶尖，叶尖边缘有锯齿，为其特征，基部通常呈阔楔形，边缘有锐利的重锯齿。

实际大小

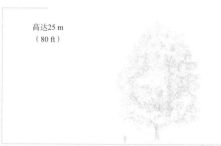

叶类型	单叶
叶 形	卵形
大 小	达6 cm×5 cm（2½ in×2 in）
叶 序	互生
树 皮	白色，层状剥落
花	非常小，无花瓣；雄花组成黄褐色下垂的柔荑花序，雌花与雄花同株，组成绿色圆柱状的花穗
果 实	小坚果，小型，具狭翅，生于长达2½ cm（1 in）的具苞片的果穗中，果穗下垂，圆柱状
分 布	欧洲、西亚和中亚
生 境	开放的林地，硬叶灌丛，山地

高达25 m
（80 ft）

毛桦
Betula pubescens
Downy Birch
Ehrhart

毛桦的叶 轮廓为卵形至几乎圆形，长达6 cm（2½ in），宽达5 cm（2 in）；上表面呈深绿色，下表面呈浅绿色，有细茸毛，幼叶和脉上毛尤多，秋季变为黄色；基部呈圆形至阔楔形，顶端尖或钝，边缘通常具单锯齿，小型。

毛桦为落叶乔木，幼时树形呈锥状，开放生境中的成年植株有时为球状至开展，春季开花，与叶同放。它的分布区大部与垂枝桦*Betula pendula*重叠，但常生长在较湿润的地方。这两个种在野外偶有杂交。和垂枝桦一样，毛桦的汁液可用于制作糖浆或酿造桦树酒。在格陵兰和冰岛，本种是唯一的原产树种。原变种*Betula pubescens* var. *pubescens*主要生长在低地。喀尔巴阡桦*Betula pubescens* var. *glabrata*通常为灌木状，叶小，枝条具腺体，芳香。这一变种见于北欧和南部地区的山地。格陵兰和冰岛分布的变种则是矮毛桦*Betula pubescens* var. *pumila*，呈灌木状，叶小，枝条有毛。

类似种

毛桦主要易与垂枝桦混淆，但毛桦没有下垂的树形，树干基部也无黑色裂纹，枝条则有细茸毛而无疣突，叶通常具单锯齿而非重锯齿。

实际大小

叶类型	单叶
叶 形	卵形至长圆形
大 小	达10 cm×6 cm（4 in×2½ in）
叶 序	互生
树 皮	层状剥落，红褐色至粉红色或白色
花	非常小，无花瓣；雄花组成黄褐色下垂的柔荑花序，雌花与雄花同株，组成绿色圆柱状的花穗
果 实	小坚果，小型，具狭翅，生于长达5 cm（2 in）的具苞片的果穗中，果穗下垂，圆柱状
分 布	中国，喜马拉雅山区
生 境	山地森林

高达30 m
（100 ft）

糙皮桦
Betula utilis
Himalayan Birch
D. Don

糙皮桦为落叶乔木，树冠呈阔锥状至阔柱状，春季开花，与幼叶同放。本种分布区广，树皮形态尤为多变。原变种*Betula utilis* var. *utilis*在分布于中国的东部居群中可见，其树皮为有光泽的红褐色；产于西部的变种白糙皮桦*Betula utilis* var. *jacquemontii*树皮则为纯白色。在尼泊尔还能见到树皮略呈粉红色的类型。种加词*utilis*意为"有用"，因其树皮可用于造纸、苫房，甚至可做成伞面。针对其树皮已选育出很多栽培类型，如白糙皮桦有品种**多伦博斯**（'Doorenbos'）和**杰明斯**（'Jermyns'），后者的雄柔荑花序特别长。

类似种

中国产的红桦*Betula albosinensis*为其近缘种，形态类似，但叶较狭窄，顶端长渐尖，树皮颜色则为浅红色至略带粉红色。

实际大小

糙皮桦的叶　为卵形至长圆形，长达10 cm（4 in），宽达6 cm（2½ in）；上表面呈深绿色，有光泽，下表面呈浅绿色，沿脉有毛，脉腋有丛，秋季变为黄色；顶端渐尖，基部圆形至略呈心形，边缘有锐利的重锯齿。

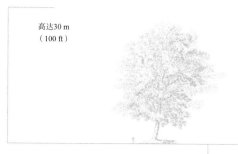

叶类型	单叶
叶 形	卵形至长圆形
大 小	达10 cm×5 cm（4 in×2 in）
叶 序	互生
树 皮	光滑，灰色
花	小，无花瓣；雄花组成黄褐色的下垂柔荑花序，长于老枝之上；雌花组成绿色的花穗，长于幼枝之上
果 实	小坚果，小型、长在叶状、3裂、基本无锯齿的果苞基部，集合成大型下垂果簇
分 布	欧洲，西亚
生 境	树林，绿篱

高达30 m
（100 ft）

94

欧洲鹅耳枥
Carpinus betulus
European Hornbeam
Linnaeus

欧洲鹅耳枥为落叶乔木，树形开展，春季开花，与幼叶同放。树皮有凹槽，为其特征；下垂果簇上的大型绿色果苞在夏季颇显眼，到秋季则变为褐色。本种的木材非常坚硬，传统上用来制作诸如工具把手、砧板之类的器具，也用于烧炭。欧洲鹅耳枥常见作为观赏树栽培，特别是枝条上耸的品种**帚枝**（'Fastigiata'）。因为能耐受修剪，欧洲鹅耳枥也是有用的绿篱树。

类似种

欧洲鹅耳枥可能最常与欧洲水青冈*Fagus sylvatica*混淆，因为二者的树皮类似。后者的叶无锯齿，果实更是非常不同。铁木属*Ostrya*的果实形态也不同，每一枚果实都包在囊状的薄果苞里，可以据此进行区别。

实际大小

欧洲鹅耳枥的叶 为卵形至长圆形，长达10 cm（4 in），宽达5 cm（2 in）；上表面为中等绿色至深绿色，具有多至15对的明显褶皱的侧脉，下表面呈浅绿色，有毛，秋季变为黄色；顶端短渐尖，基部呈圆形，边缘为明显的锐利重锯齿，顶端尖。

叶类型	单叶
叶 形	卵形至椭圆形或长圆形
大 小	达12 cm × 6 cm（4¾ in × 2½ in）
叶 序	互生
树 皮	灰色，光滑
花	小，无花瓣；雄花组成黄褐色的下垂柔荑花序，生于老枝之上；雌花组成绿色的花穗，生于幼枝之上
果 实	小坚果，小型，生于叶状、3裂的果苞基部，集合成大型下垂果簇
分 布	北美洲东部
生 境	湿润树林，河岸

高达10 m
（33 ft）

北美鹅耳枥
Carpinus caroliniana
American Hornbeam

Walter

北美鹅耳枥在英文中也叫"Blue Beech"（蓝水青冈）或"Musclewood"（肌肉木），为落叶小乔木，树形呈球状至开展，春季开花，与幼叶同放。本种非常耐阴，常见作为林中下木生长在多种更高大的树木之下。本种包括两个类型：原亚种*Carpinus caroliniana* subsp. *caroliniana*原产于美国东南部，它的分布区与另一亚种弗吉尼亚鹅耳枥*Carpinus caroliniana* subsp. *virginiana*重叠，后者的分布区向北延伸到加拿大东南部。本种的木材坚硬，可用来制作工具，但因树型小，通常无法作为材用树利用。

类似种

在原产生境中，北美鹅耳枥最可能和北美水青冈*Fagus grandifolia*或杠铁木*Ostrya virginiana*混淆。这两种树都是较大的乔木，果实形态不同。北美鹅耳枥与欧洲鹅耳枥*Carpinus betulus*的区别在于树型较小，果苞常有锯齿。与之类似的中美鹅耳枥*Carpinus tropicalis*生长在墨西哥和中美洲，是较大的乔木。

北美鹅耳枥的叶　为卵形至椭圆形或长圆形，长达12 cm（4½ in），宽达6 cm（2¾ in），侧脉多至14对；上表面呈深绿色，叶脉明显，下表面呈浅绿色，有深色腺体，秋季变为橙色至红色；顶端渐尖，边缘有尖重锯齿。这些描述适用于最为人熟知的亚种弗吉尼亚鹅耳枥。分布靠南的北美鹅耳枥原亚种*Carpinus caroliniana* subsp. *caroliniana*叶较小，无黑色腺体，锯齿也较小。

实际大小

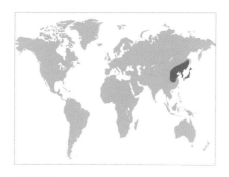

叶类型	单叶
叶 形	卵形至长圆形
大 小	达12 cm × 5 cm（4¾ in × 2 in）
叶 序	互生
树 皮	深灰色，起初光滑，老时具裂条
花	小，无花瓣；雄花组成黄褐色的下垂柔荑花序，生于老枝之上；雌花组成绿色的花穗，生于幼枝之上
果 实	小坚果，小型，生于叶状、有锯齿的果苞基部，集合成长达12 cm（4¾ in）的圆柱形下垂果簇
分 布	中国，朝鲜半岛，俄罗斯东部，日本
生 境	湿润山林

高达15 m
（50 ft）

千金榆
Carpinus cordata
Heartleaf Hornbeam

Blume

千金榆为落叶乔木，春季开花，与幼叶同放，树形紧密，呈阔锥状至阔柱状。本种的叶在鹅耳枥属*Carpinus*中特别大，它属于该属中包括日本千金榆*Carpinus japonica*在内的一群树种，它们的果簇都有紧密重叠的果苞。由于果簇的这种形态以及叶态，本种有时作为观赏树栽培。本种的木材坚硬，在当地用来制作家具和工具。本种已建立了几个变种，主要根据枝叶上毛的多少区分。

类似种

千金榆最容易与日本千金榆混淆，后者叶较狭窄，基部呈圆形，叶脉下陷，数目更多。

实际大小

千金榆的叶 为卵形至长圆形，长达12 cm（4¾ in），宽达5 cm（2 in），侧脉多达20对；幼时常略带红色，长成后上表面呈深绿色，下表面呈浅绿色，叶脉上有疏毛或密毛，秋季变为黄色；顶端骤成渐尖头，基部常为偏斜的心形，为其特征，边缘有刚毛状的纤细锯齿。

叶类型	单叶
叶 形	卵形至披针形
大 小	达10 cm × 4 cm（4 in × 1½ in）
叶 序	互生
树 皮	光滑，深灰色
花	小、无花瓣；雄花组成黄褐色的下垂柔荑花序，生于老枝之上；雌花组成绿色的花穗，生于幼枝之上
果 实	小坚果，小型，生于叶状、有锯齿的果苞基部，集合成长达6 cm（2½ in）的圆柱形下垂果簇
分 布	日本
生 境	丘陵和山地的树林和河岸

高达15 m
（50 ft）

97

日本千金榆
Carpinus japonica
Japanese Hornbeam
Blume

日本千金榆为落叶小乔木，生长缓慢，常在低处分枝而呈灌木状，树形开展，春季开花，与幼叶同放。本种的果簇显眼，由紧密重叠的具锯齿的果苞构成，幼时绿色，成熟时常带红色，最终转为褐色。本种的木材坚硬，在日本可用于制作家具和工具，也可做薪柴。日本千金榆常用来制作盆景。

类似种

本种与千金榆*Carpinus cordata*最为相似，但果穗短，叶顶端渐尖，叶脉更为明显。

日本千金榆的叶 为卵形至披针形，长达10 cm（4 in），宽达4 cm（1½ in），侧脉多达24对；上表面呈深绿色，下表面呈浅绿色，秋季可变为黄色或红色；众多下陷的叶脉使叶片呈现出皱状外观，为其特征；顶端渐尖，边缘为锐利的重锯齿。

实际大小

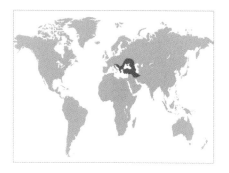

叶类型	单叶
叶 形	卵形至椭圆形
大 小	达6 cm × 2½ cm（2½ in × 1 in）
叶 序	互生
树 皮	光滑，灰色
花	小，无花瓣；雄花组成黄褐色的下垂柔荑花序，生于老枝之上；雌花组成绿色的花穗，生于幼枝之上
果 实	小坚果，小型，生于叶状、有锯齿的果苞基部，集合成长达6 cm（2½ in）的圆柱形下垂果簇
分 布	东南欧，西南亚
生 境	森林，灌丛

高达20 m
（65 ft）

98

东方鹅耳枥
Carpinus orientalis
Oriental Hornbeam
Miller

东方鹅耳枥为落叶乔木，树形呈球状，有时为大型密丛灌木，春季开花，与叶同放。因为它叶形小，尽管不常被作为观赏树栽培，但却是常见的盆景材料。本种在野外可以长成乔木；在灰岩之类干燥土壤中则缩减为密灌丛状的灌木。在诸如高加索山区和伊朗北部这样的地方，本种可与欧洲鹅耳枥*Carpinus betulus*共同生长或位于其附近，二者之间由此可形成杂种，即舒沙鹅耳枥*Carpinus × schuschaensis*。杂种的叶较东方鹅耳枥大，长可达11 cm（4¼ in）。

类似种

在鹅耳枥属*Carpinus*其他种中，仅欧洲鹅耳枥在同一地区有生长。东方鹅耳枥与欧洲鹅耳枥的区别是叶较小，果苞不分裂。

实际大小

东方鹅耳枥的叶　为卵形至椭圆形，长达6 cm（2½ in），宽达2½ cm（1 in），侧脉多达14对；上表面呈深绿色，有光泽，下表面呈浅绿色，沿脉有毛，秋季可变为黄色和红色；顶端尖，边缘为锐利的重锯齿。

叶类型	单叶
叶 形	长圆状椭圆形
大 小	达10 cm×4 cm（4 in×1½ in）
叶 序	互生
树 皮	灰色，光滑
花	小，无花瓣；雄花组成黄褐色的下垂柔荑花序，生于老枝之上；雌花组成绿色的花穗，生于幼枝之上
果 实	小坚果，小型，有毛，生于叶状、一侧有锯齿的果苞基部，集合成长达7 cm（2¾ in）的下垂果簇
分 布	中国，越南北部
生 境	山地森林，常生于灰岩之上

高达15 m
（50 ft）

云贵鹅耳枥
Carpinus pubescens
Carpinus Pubescens

Burkill

　　云贵鹅耳枥为落叶乔木，树形开展，常略微下垂，春季开花，与幼叶同放。本种为鹅耳枥属*Carpinus*的大约30个中国原产种之一。中国是这个属多样性最大的地区。本种在叶形和毛被上为多变种，有很多异名。云贵鹅耳枥是具有干燥土壤的灰岩地区的特征性树种。本种引入庭园时间不长，栽培仍不多见，但因树形下垂、幼叶红色，预料将是一个很有观赏性的树种。

类似种

　　鹅耳枥*Carpinus turczaninowii*的叶相对较短、较宽，果簇也短，小坚果仅顶端有毛，可以和云贵鹅耳枥相区别。云贵鹅耳枥的小坚果有毛，而鹅耳枥属多数种的小坚果要么无毛，要么仅顶端有毛。

云贵鹅耳枥的叶　为长圆状椭圆形，长达10 cm（4 in），宽达4 cm（1½ in），侧脉多至14对；幼时为铜红色，长成后上表面呈深绿色，光滑，下表面呈浅绿色，在脉上和脉腋有毛；顶端渐尖，边缘有锐利的重锯齿。

实际大小

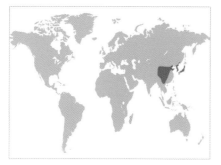

叶类型	单叶
叶 形	卵形至披针形
大 小	达10 cm × 5 cm（4 in × 2 in）
叶 序	互生
树 皮	灰色，光滑
花	小，无花瓣；雄花组成黄褐色的下垂柔荑花序，生于老枝之上；雌花组成绿色的花穗，生于幼枝之上
果 实	小坚果，小型，生于叶状、不分裂、一侧有锯齿的果苞基部，集合成长达7 cm（2¾ in）的果簇
分 布	中国，朝鲜半岛，日本
生 境	山地森林

高达20 m
（65 ft）

昌化鹅耳枥
Carpinus tschonoskii
Yeddo Hornbeam

Maximowicz

昌华鹅耳枥为落叶乔木，树形呈阔锥状，幼枝有细茸毛，春季开花，与幼叶同放。和鹅耳枥属*Carpinus*其他一些种一样，本种为常用的盆景树，木材的锯块又可用来栽培香菇。本种在中国广泛分布，朝鲜半岛和日本亦有分布，其学名由俄国植物学家卡尔·马克西莫维奇（Carl Maximowicz, 1827—1891）命名。本种在欧洲作为观赏树已经有100多年的栽培历史，其秋色美丽。本种和其他几个种之间有几个杂种系在美国培育。

类似种

昌化鹅耳枥的果苞一侧无锯齿，枝条有毛，通常可以和本属其他种相区别。

实际大小

昌化鹅耳枥的叶 为卵形至披针形，长达10 cm（4 in），宽达5 cm（2 in），侧脉多至16对；上表面呈深绿色，下表面呈浅绿色，幼时两面有毛，后来仅叶脉有毛、下表面叶腋有丛毛；顶端渐尖，边缘具细的重锯齿。

叶类型	单叶
叶形	卵形至椭圆形
大小	达6 cm × 4 cm（2½ in × 1½ in）
叶序	互生
树皮	灰色，光滑
花	小，无花瓣；雄花组成黄褐色的下垂柔荑花序，生于老枝之上；雌花组成绿色的花穗，生于幼枝之上
果实	小坚果，小型，生于叶状、有锯齿的果苞基部，集合成长达6 cm（2½ in）的果簇
分布	中国，朝鲜半岛，日本
生境	山地和丘陵森林

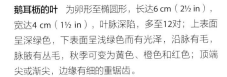

高达15 m
（50 ft）

101

鹅耳枥
Carpinus turczaninowii
Carpinus Turczaninowii

Hance

　　鹅耳枥为落叶乔木，有时呈灌木状，树形开展，春季开花，与幼叶同放。本种在原产地区有多种用途。本种的木材坚硬，可制作工具、家具等多种器具，木块可用于蕈类栽培。其叶颇小，是常见的盆景树木。本种在英文中有时也叫"Korean Hornbeam"（朝鲜鹅耳枥），但这一英文名也用于同属另一个树形较小、常为灌木的种——朝鲜鹅耳枥*Carpinus coreana*。本种通常矮小，叶小而光洁，为引人瞩目的优雅树种。在庭园中，它可形成黄褐色或橙红色的美丽秋色。本种由俄国植物学家尼古拉·图尔恰尼诺夫（Nicolai Turczaninow，1796—1863）发现，是几种学名用他的姓氏命名的植物之一。

类似种

　　鹅耳枥属*Carpinus*在中国有一群彼此近似的树种，包括云贵鹅耳枥*Carpinus pubescens*等，本种也是其中之一。它的叶较云贵鹅耳枥小，叶脉明显下陷。

鹅耳枥的叶　为卵形至椭圆形，长达6 cm（2½ in），宽达4 cm（1½ in），叶脉深陷，多至12对；上表面呈深绿色，下表面呈浅绿色而有光泽，沿脉有毛，脉腋有丛毛，秋季可变为黄色、橙色和红色；顶端尖或渐尖，边缘有细的重锯齿。

实际大小

叶类型	单叶
叶 形	阔椭圆形至倒卵形
大 小	达18 cm × 12 cm（7 in × 4¾ in）
叶 序	互生
树 皮	灰褐色，老时轻微片状剥落
花	小，无花瓣；雄花组成黄褐色的下垂柔荑花序，雌花与雄花同株，为苞片所包，仅红色的柱头可见
果 实	坚果，近球形，长至1½ cm（⅝ in），为果苞所包，果苞具管状的鞘，顶端裂为细裂片
分 布	中国西部
生 境	山坡树林和灌丛

高达30 m
（100 ft）

102

华榛
Corylus chinensis
Chinese Hazel
Franchet

华榛为落叶大乔木，树形呈阔锥状至开展，周长可达5 m（16½ ft），春季开花，花先于幼叶开放。本种的坚果可生食或熟食，叶可制茶饮，木材可作薪柴。有时因其果实而对其进行栽培，并选育出了一些果实品质得到改良的类型。华榛已用于和其他种进行杂交育种，以获得对东部榛枯萎病的更好抗性。

类似种

华榛与土耳其榛*Corylus colurna*近缘，曾被认为是后者的变种，但土耳其榛的果苞下部并不连合为管状鞘。

实际大小

华榛的叶 为阔椭圆形至倒卵形，长达18 cm（7 in），宽达12 cm（4¾ in）；上表面呈深绿色，光滑，下表面呈浅绿色，沿脉和脉腋有毛；叶片顶端短骤尖，基部偏斜，呈心形。

叶类型	单叶
叶形	椭圆形至倒卵形
大小	达15 cm × 10 cm（6 in × 4 in）
叶序	互生
树皮	灰褐色，长成后片状剥落，并裂成木栓质条
花	小，无花瓣；雄花组成黄褐色的下垂柔荑花序，雌花与雄花同株，为苞片所包，仅红色的柱头可见
果实	厚壳的坚果，长至2 cm（¼ in），为开展的果苞所包，果苞深裂为细裂片
分布	东南欧，西亚，喜马拉雅地区
生境	山地林地

高达20 m
（65 ft）

103

土耳其榛
Corylus colurna
Turkish Hazel

Linnaeus

土耳其榛为落叶大乔木，树形呈密锥状，春季开花，先于幼叶开放。因为树冠始终保持锥状，为常见观赏树，广泛作为行道树栽培。本种的坚果可食，虽然有些很难从果苞中取出。土耳其榛的木材供制家具。本种有时用于嫁接欧榛*Corylus avellana*的品种，二者之间有些杂种已知。

类似种

本种果苞敞开，深裂为细裂片，而与榛属*Corylus*其他种区别。本种不要与大果榛*Corylus maxima*相混，后者也是土耳其的原产树种，为灌木，果苞呈管状包围坚果。

实际大小

土耳其榛的叶 为椭圆形至倒卵形，长达15 cm（6 in），宽达10 cm（4 in）；上表面呈深绿色，下表面呈浅绿色，有毛；顶端骤尖，基部呈深心形，边缘具重锯齿，或裂为具锯齿的浅裂片。

叶类型	单叶
叶 形	卵形至倒卵形
大 小	达15 cm × 9 cm（6 in × 3½ in）
叶 序	互生
树 皮	灰色，光滑，老时有裂纹
花	小，无花瓣；雄花组成黄褐色的下垂柔荑花序，雌花与雄花同株，为苞片所包，仅红色的柱头可见
果 实	厚壳的坚果，长至1½ cm（⅝ ft），为果苞所包，果苞状如板栗的壳斗，密布尖锐的分枝刺
分 布	喜马拉雅地区东部，中国西部
生 境	山地森林

高达20 m
（65 ft）

104

刺榛
Corylus ferox
Himalayan Hazel

Wallich

刺榛的叶 为卵形至倒卵形，长达15 cm（6 in），宽达9 cm（3½ in）；上表面呈深绿色，幼时沿主脉有毛，下表面呈浅绿色，有毛，脉腋有丛毛；顶端骤狭为尾尖，基部呈浅心形，有时偏斜，边缘具细重锯齿。

刺榛为落叶乔木，树形呈阔锥状，有时为大灌木，春季开花。尽管坚果可食，但因果苞有很多刺，无法达到商业利用的程度。现承认两个变种。原变种*Corylus ferox* var. *ferox*产于喜马拉雅地区和中国，芽鳞覆有白毛，叶片中脉两侧各有10—14条侧脉。另一变种藏刺榛 *Corylus ferox* var. *thibetica*或*Corylus thibetica*分布较北，仅见于中国；其芽鳞光滑，果苞刺更多，叶片中脉两侧各有8—12条侧脉。

类似种

本种果苞周围有苞片，由密布的分枝刺构成，使之易与榛属*Corylus*其他种区别。华榛 *Corylus chinensis*等一些种的苞片可能裂为狭裂片，但无刺。

实际大小

叶类型	单叶
叶 形	卵形
大 小	达10 cm×5 cm（4 in×2 in）
叶 序	互生
树 皮	灰色，幼时光滑，老时片状剥落
花	小，无花瓣；雄花生于老枝上，组成黄褐色的下垂柔荑花序，雌花与雄花同株，在幼枝上组成绿色的穗
果 实	小坚果，包于纸质囊状的果苞中，成熟时由绿白色变为褐色，组成啤酒花般的下垂果簇，果簇长5 cm（2 in）
分 布	南欧，西亚
生 境	土壤常干燥的林地和灌丛

高达20 m
（65 ft）

欧洲铁木
Ostrya carpinifolia
Hop Hornbeam

Scopoli

欧洲铁木为落叶乔木，树形呈阔锥状，春季开花，与幼叶同放。夏季，近白色的啤酒花般的果簇在树上十分显著，为本种最引人瞩目的时候。本种的木材非常坚硬，可用于制作多种器物。本种与欧洲鹅耳枥*Carpinus betulus*木材类似。在意大利和南欧其他地方，本种是用来培育白松露的树种之一，白松露是广受欢迎的昂贵食用菌。在世界其他地方，本种也用来培育松露。

类似种

欧洲铁木与鹅耳枥属*Carpinus*近缘，但果实有区别。杠铁木*Ostrya virginiana*与之类似，但在幼枝上有顶端具腺体的毛。铁木*Ostrya japonica*叶片侧脉对数较少。

欧洲铁木的叶　为卵形，长达10 cm（4 in），宽达5 cm（2 in）；上表面呈深绿色，下表面呈浅绿色，有疏毛，侧脉多达15对，秋季变为黄色；顶端渐尖，边缘具尖锐的重锯齿。

实际大小

叶类型	单叶
叶 形	卵形
大 小	达12 cm × 5 cm（4¾ in × 2 in）
叶 序	互生
树 皮	深灰色，幼时光滑，老时片状剥落
花	小、无花瓣；雄花生于老枝上，组成黄褐色的下垂柔荑花序，雌花与雄花同株，在幼枝上组成绿色的穗
果 实	小坚果，包于纸质囊状的果苞中，成熟时由绿白色变为褐色，组成啤酒花般的下垂果簇，果簇长5 cm（2 in）
分 布	中国，朝鲜半岛，日本
生 境	山地森林

高达20 m
（65 ft）

铁木
Ostrya japonica
Japanese Hop Hornbeam
Sargent

铁木为落叶乔木，树形呈阔锥状，幼枝有密毛，老时渐变光滑，春季开花，与幼叶同放。本种为铁木属*Ostrya*中分布最广的亚洲种，也是中国和日本都有分布的唯一种，在原产地通常见于林缘或光线充足的林地。铁木的木材坚硬，可作为建筑材料，用于制作地板和家具。庭园中偶有栽培本种，秋季可具美丽的黄叶或红叶。本种与杠铁木*Ostrya virginiana*近缘，最初被描述为后者的一个变种。

类似种

铁木的侧脉数较少，而与欧洲铁木*Ostrya carpinifolia*和杠铁木不同。天目铁木*Ostrya rehderiana*则具非常短的叶柄，而与铁木不同。

实际大小

铁木的叶 为卵形，长达12 cm（4¾ in），宽达5 cm（2 in），侧脉达12对；上表面呈深绿色，幼时两面有细茸毛，长成后仅下表面脉腋处有丛毛；顶端锐尖，边缘具尖锐的重锯齿。

叶类型	单叶
叶 形	卵形至阔椭圆形
大 小	达6 cm × 5 cm（2½ in × 2 in）
叶 序	互生
树 皮	灰褐色，老时片状剥落为鳞片状小块
花	小，无花瓣；雄花生于老枝上，组成黄褐色的下垂柔荑花序，雌花与雄花同株，在幼枝上组成绿色的穗
果 实	小坚果，包于纸质囊状的果苞中，成熟时由绿白色变为褐色，组成啤酒花般的下垂果簇，果簇长4 cm（1½ in）
分 布	美国西南部，墨西哥西北部
生 境	山地的石质坡地和峡谷

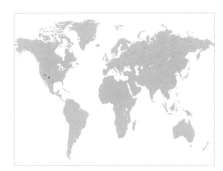

高达9 m
（30 ft）

107

西美铁木
Ostrya knowltonii
Western Hop Hornbeam

Coville

西美铁木在英文中也叫"Knowlton Hop Hornbeam"（诺尔顿铁木）或"Wolf Hop Hornbeam"（狼铁木），为落叶乔木，树形开展，常具几枚主干而呈灌木状，春季开花，通常先于幼叶开放。在野外，它是分布区零散的稀见种，偶见于美国亚利桑那州、新墨西哥州、得克萨斯州和犹他州的栎林、松林和刺柏林中的干燥、排水良好的土壤中，在大峡谷的边缘亦可见有生长。本种的木材坚硬，在当地有时被用于制作篱柱和工具。西美铁木的学名系用美国植物学家弗兰克·诺尔顿（Frank Knowlton）的姓氏命名，他于1889年在大峡谷边缘之下发现了这个树种。

类似种

西美铁木与铁木属*Ostrya*其他种的区别在于较小的叶和部分灌木状的习性。奇索斯铁木*Ostrya chisosensis*为其近缘种，叶较狭窄，分布局限于得克萨斯州的奇索斯山。

西美铁木的叶 为卵形至阔椭圆形，长达6 cm（2½ in），宽达5 cm（2 in）；上表面呈深绿色，有细茸毛或光滑，下表面有毛，尤其在叶脉上；顶端呈钝尖或近圆形，边缘具尖锐的重锯齿。

实际大小

叶类型	单叶
叶 形	椭圆状长圆形
大 小	达10 cm×4 cm（4 in×1½ in）
叶 序	互生
树 皮	灰褐色，粗糙
花	小，无花瓣；雄花生于老枝上，组成黄褐色的下垂柔荑花序，雌花与雄花同株，在幼枝上组成绿色的穗
果 实	小坚果，包于纸质囊状的果苞中，成熟时由绿白色变为褐色，组成啤酒花般的松散下垂果簇，果簇长8 cm（3¼ in）
分 布	中国东部
生 境	疏林

108

高达18 m
（60 ft）

天目铁木
Ostrya rehderiana
Zhejiang Hop Hornbeam

Chun

天目铁木为落叶乔木，树形开展，春季开花，与幼叶同放，枝条纤细，幼时有毛，渐变光滑并呈紫红色。1927年，本种被命名，尽管当时被描述为一个颇为常见的种，但如今在野外却已极为罕见——全部野生居群仅剩中国浙江省天目山的几个植株。尽管本种在野外已得到保护，但不幸的是这些植株看来并不能自然繁殖更新。

类似种

天目铁木与铁木*Ostrya japonica*最为近缘，但果簇松散，叶柄非常短，而与后者有别。

实际大小

天目铁木的叶 为椭圆状长圆形，长达10 cm（4 in），宽达4 cm（1½ in），侧脉多达16对；叶柄短，长仅5 mm（¼ in）；叶片上表面呈深绿色，下表面呈浅绿色，有毛，叶脉上则有密毛；顶端具狭尖，边缘具尖锐的重锯齿。

叶类型	单叶
叶 形	卵形至椭圆形
大 小	达12 cm × 6 cm（4½ in × 2½ in）
叶 序	互生
树 皮	灰褐色，长成后呈鳞片状剥落
花	小，无花瓣；雄花在老枝上组成黄褐色下垂的柔荑花序，雌花与雄花同株，在幼枝上组成绿色的穗
果 实	小坚果，包于纸质囊状的果苞中，成熟时由绿白色变为褐色，组成啤酒花般的下垂果簇，果簇长6 cm（2½ in）
分 布	北美洲东部，墨西哥，中美洲
生 境	湿润、排水良好的林地

高达20 m
（65 ft）

109

杠铁木
Ostrya virginiana
Ironwood
(Miller) K. Koch

杠铁木为落叶乔木，树形呈阔锥状至开展，春季开花，与幼叶同放。本种与北美鹅耳枥*Carpinus caroliniana*在很多方面相似。本种向南经过墨西哥一直分布到中美洲，美国东南部的居群和其他地方的居群略有差异，主要为森林中的下层乔木。杠铁木的木材坚硬，强度大，可用于制作木杠、高尔夫球杆柄等器物，全株很多部位还可入药。

类似种

杠铁木与欧洲铁木*Ostrya carpinifolia*的不同之处在于枝条上有顶端具腺体的毛，与铁木*Ostrya japonica*的不同之处在于其叶片侧脉数目较多。

杠铁木的叶 为卵形至椭圆形，长达12 cm（4¾ in），宽达6 cm（2½ in），侧脉多达15对；幼叶有时为浅红色，长成后上表面呈深绿色，下表面呈浅绿色，常有毛，秋季变为黄色；顶端短渐尖，边缘具尖锐的重锯齿。

实际大小

叶类型	单叶
叶 形	阔卵形
大 小	达25 cm × 20 cm（10 in × 8 in）
叶 序	轮生
树 皮	灰褐色，有鳞状薄片
花	钟形，长5 cm（2 in），白色，内侧有紫红色和黄色斑块，组成长达20 cm（8 in）的大型圆锥花序
果 实	蒴果，纤细，长达35 cm（14 in），开裂放出种子；种子有翅，边缘有白毛
分 布	美国东南部
生 境	湿润林地，河岸

110

高达15 m
（50 ft）

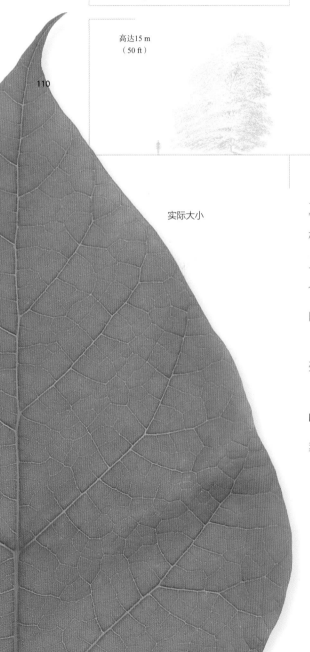

实际大小

南黄金树
Catalpa bignonioides
Indian Bean Tree
Walter

　　南黄金树为落叶乔木，树形呈球状至宽阔开展状，夏季开出耀眼的花。本种的木材芳香，可用于制作篱柱，也可供木工使用。由于其果荚细长，使它在英文中又有"雪茄树"的别名。南黄金树的果实为一种毛虫的食物，这种毛虫可做鱼饵。**金叶**（'Aurea'）是庭园中的常见品种，叶黄色。

类似种

　　黄金树*Catalpa speciosa*与本种近似，但为大乔木，叶较大，常对生。毛泡桐*Paulownia tomentosa*有对生、多角形的叶，花和果实形态也不同。

南黄金树的叶　巨大，阔卵形，长达25 cm（10 in），宽达20 cm（8 in）；上表面为很浅的绿色；顶端短渐尖，边缘全缘，基部呈心形。叶片揉碎后有一种轻微的令人不快的气味。

叶类型	单叶
叶 形	卵形
大 小	达15 cm × 8 cm（6 in × 3¼ in）
叶 序	轮生
树 皮	灰褐色，有鳞状薄片
花	钟形，浅粉红色，喉部有黄色和紫红色的斑块
果 实	果荚纤细，长达45 cm（18 in）
分 布	中国
生 境	山地森林

高达10 m
（33 ft）

楸
Catalpa bungei
Catalpa Bungei
C. A. Meyer

楸为落叶小乔木，树干笔直，晚春至初夏开花。本种在中国分布广泛，向北可栽种到北京以北，常植于寺庙庭园中。本种在中国以外则栽培较少。南黄金树*Catalpa bignonioides*有一个矮生品种曾有很多年误用本种之名在庭园中栽培。

类似种

本种叶光滑，有光泽，花粉红色。除了形态相似、亦产中国的灰楸*Catalpa fargesii*的一些品种外，这些特征可以和梓属*Catalpa*其他所有种相区别。灰楸是高达20 m（65 ft）以上的大乔木，叶较大，花序也更大。

楸的叶 为卵形或近于三角形，长达15 cm（6 in），宽达8 cm（3¼ in）；一般边缘全缘，有时3浅裂；上表面呈深绿色，有光泽，下表面呈浅绿色；顶端狭渐尖，基部呈宽楔形。叶片揉碎后有一种轻微的令人不快的气味。

实际大小

叶类型	单叶
叶 形	轮廓阔卵形至圆形
大 小	25 cm × 25 cm（10 in × 10 in）
叶 序	对生或轮生
树 皮	灰褐色，有鳞状薄片
花	钟形，浅黄色，有紫红色斑点，组成巨大的圆锥花序
果 实	蒴果纤细，长达30 cm（12 in）
分 布	中国
生 境	山坡森林

高达15 m
（50 ft）

112

梓
Catalpa ovata
Chinese Catalpa
G. Don

实际大小

梓为落叶乔木，树形呈阔柱状，晚春至初夏开花。虽然是中国原产树种，最早却经由日本引种到西方，它在日本的庭园和寺庙中已经栽培了数百年。梓在庭园中与南黄金树*Catalpa bignonioides*杂交产生红梓*Catalpa × erubescens*，叶浅3裂，幼时呈紫红色。本种的树皮和根皮在中国和朝鲜半岛入药。

类似种

本种通常可由以下特征识别：叶一般3裂，有时不裂；叶两面微粗糙，无毛，或近无毛；花相对较小，浅黄色。

梓的叶 巨大，阔卵形至圆形，长宽均达25 cm（10 in）；上表面呈深绿色，下表面脉腋有紫红色的腺斑；3浅裂，边缘无锯齿。本种和梓属*Catalpa*其他种的叶基部的腺体为花外蜜腺，可以吸引益虫。

叶类型	单叶
叶 形	阔卵形
大 小	达30 cm×20 cm（12 in×8 in）
叶 序	轮生或对生
树 皮	灰褐色，有鳞片状裂条
花	钟形，长达5 cm（2 in），白色，内侧具黄色和紫红色的斑块
果 实	果荚纤细，长达50 cm（20 in）
分 布	美国中部
生 境	湿润林地，河岸

高达20 m
（65 ft）

113

实际大小

黄金树
Catalpa speciosa
Western Catalpa
(Warder ex Barney) Engelmann

黄金树为落叶乔木，树形呈阔锥状至阔柱状，晚春开花。花十分醒目，使之成为引人瞩目的观赏树种，但总的来说本种不如近缘种南黄金树*Catalpa bignonioides*更知名。本种的木材非常耐用，可用于制作铁路枕木、篱柱和其他器物。早期殖民者曾用本种的木材制作围栏和独木舟。

类似种

本种普遍易与南黄金树混淆，可以通过以下特征识别：树高较高，株形更笔直，叶更大且无气味，叶尖为更明显的渐尖头，树皮有沟而不具鳞状薄片，花期较南黄金树早几个星期。

黄金树的叶 质地明显革质，阔卵形，长达30 cm（12 in），宽达20 cm（8 in）；上表面呈深绿色，下表面呈浅绿色，多少具毛，尤其是在脉上；叶片一般不裂；顶端为狭渐尖，基部呈心形，边缘全缘。

叶类型	单叶
叶 形	长圆形至倒卵形
大 小	16 cm × 6 cm（6¼ in × 2½ in）
叶 序	互生
树 皮	灰色，光滑
花	白色，芳香，小，钟状，长约5 mm（¼ in），具5枚开展的裂片，在枝顶组成密锥状花序
果 实	核果小，球形，黄色至橙色，直径4 mm（⅛ in）
分 布	东亚和东南亚，澳大利亚东部
生 境	丘陵森林和灌丛

高达20 m
（65 ft）

114

厚壳树
Ehretia acuminata
Heliotrope Tree
R. Brown

厚壳树为落叶或半常绿乔木，树形呈阔柱状至开展，春季或夏季开花。本种为分布广泛、多变的种。在一些地方人们摘取其甘甜的果实生食，这些果实对鸟类也很有吸引力。本种的木材可作为建筑材料，亦可用来制作家具。在澳大利亚，本种为常绿或近常绿，英文名为"Koda"（柯达树）或"Silk Ash"（丝梣）。本种最先以澳大利亚的植株描述，曾有学者试图通过叶形的微小变异等无关紧要的特征把它划分成更多种。本种的亚洲居群曾被视为一个独特的变种，甚至单独的种，但现在普遍认为这是一个高度可变的种。

类似种

厚壳树与糙毛厚壳树*Ehretia dicksonii*的区别在于：叶较小，光滑而不粗糙；树皮光滑；花和果实均较小。

厚壳树的叶 为长圆形至倒卵形，长达16 cm（6¼ in），宽达6 cm（2½ in）；两面多少光滑，上表面呈深绿色，有时有光泽，下表面为浅绿色至蓝绿色；顶端骤然收缩为短尖，基部呈宽楔形，渐狭成长约2½ cm（1 in）的短柄，边缘具细而尖锐的锯齿。

实际大小

叶类型	单叶
叶 形	阔椭圆形至倒卵形
大 小	达25 cm×15 cm（10 in×6 in）
叶 序	互生
树 皮	灰褐色，深裂为木栓质条
花	白色，5裂，雄蕊外伸，直径约1 cm（½ in），在枝顶组成半球形花序，宽10 cm（4 in）
果 实	核果，球形，黄色，直径1½ cm（⅝ in）
分 布	东喜马拉雅地区，中国，越南，日本
生 境	丘陵和山地的石质坡谷

高达15 m
（50 ft）

115

糙毛厚壳树
Ehretia dicksonii
Ehretia Dicksonii
Hance

糙毛厚壳树为落叶乔木，树形呈阔柱状至平顶、开展状，有时为灌木状，从基部分枝。本种的花极芳香，春天到初夏开放。木材轻而硬，在中国用于制作扁担。本种树形优美，很适合栽培，但罕见种植。

类似种

糙毛厚壳树叶片非常粗糙，较大，可与厚壳树 *Ehretia acuminata* 相区别。它的树皮还深裂为条状（厚壳树的树皮则是光滑的），花和果实也较大。

糙毛厚壳树的叶 为阔椭圆形至倒卵形，长达25 cm（10 in），宽达15 cm（6 in）；上表面呈深绿色，下表面呈浅绿色，两面触感均粗糙；毛被变化很大，有时被软毛，甚至近无毛；顶端钝尖，基部呈楔形至圆形，边缘具锐齿。

实际大小

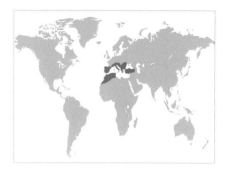

叶类型	单叶
叶 形	卵形至披针形
大 小	达15 cm×5 cm（6 in×2 in）
叶 序	互生
树 皮	光滑，灰色
花	小，绿色，在叶腋成簇；雄花和雌花着生于同株不同位置
果 实	核果，球形，肉质，初为绿色，后变为紫黑色，直径至1 cm（½ in）
分 布	南欧，北非，土耳其
生 境	有排水良好土壤的开放生境

高达20 m
（65 ft）

116

南欧朴
Celtis australis
Mediterranean Hackberry
Linnaeus

南欧朴为落叶乔木，树冠通常呈球形，有时呈灌木状，春季开出小花，与叶同放。本种为朴属*Celtis*中最常见的欧洲种，在地中海地区的街道和广场边常有栽培，为有用的遮阴树，在那里可以见到年龄很老的植株。本种的果实甜，可生食或熟食。叶和果实据说都有药用价值，其浸剂曾用来治疗多种疾病。有人相信这种树就是希腊神话中所说的"莲花"（lotus），是"食莲人"（lotophagi）的食物，在荷马的《奥德修记》中有提及。

类似种

南欧朴有肉质的果实，而与榆属*Ulmus*树木相区别。产于东南欧和土耳其的东方朴*Celtis tournefortii*果实呈黄色。

南欧朴的叶　为卵形至披针形，长至15 cm（6 in），宽至5 cm（2 in），通常在枝上悬垂；上表面呈深绿色，触感粗糙，下表面呈略带灰色，有软毛；顶端渐尖，基部呈圆形至阔楔形，通常偏斜，并有基出的3脉，边缘具锐齿。

实际大小　　　　　实际大小

叶类型	单叶
叶 形	卵形至长圆形
大 小	达8 cm × 5 cm（3¼ in × 2 in）
叶 序	互生
树 皮	深灰色，光滑
花	小，绿色，在叶腋成簇；雄花和雌花着生于同株不同位置
果 实	核果，球形，肉质，蓝黑色，直径至8 mm（⅜ in），成熟前为黄色
分 布	中国，朝鲜半岛
生 境	丘陵和山坡的森林、灌丛

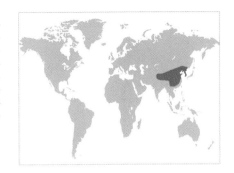

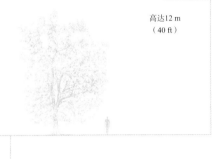

高达12 m
（40 ft）

117

黑弹树
Celtis bungeana
Bunge Hackberry

Hance

黑弹树为落叶乔木，树形开展，枝条光滑，春季开花，与幼叶同放。本种的果实有纤细的果梗，可食，单生于叶腋。因为不易感染丛枝病，黑弹树有时作为观赏树栽培。丛枝病是由一种真菌和一种螨虫共同导致的传染病，可以使北美洲的朴属*Celtis*很多其他树种产生畸形。黑弹树有光亮的叶，是美丽的遮阴树，本种既耐寒又耐旱，然而，它需要炎热的夏天才能繁茂生长。本种的树皮在中国入药，木材亦有用。

黑弹树的叶 为卵形至长圆形，长达8 cm（3½ in），宽达5 cm（2 in），在健壮枝条上长得更大；上表面呈深绿色，有光泽，下表面呈浅绿色，几乎全无毛，仅脉腋有毛，秋季变为黄色；顶端渐尖，基部呈圆形，有基出3脉，边缘有锯齿，但近基部则无锯齿或近全缘。

类似种

黑弹树可与中国的朴属其他树种（全属60种中，中国有11种）混淆，但它的果实小，呈蓝黑色，单生，叶片光滑，基部全缘，把这些特征组合起来可以将它和其他种区分开来。

实际大小　　　　　实际大小

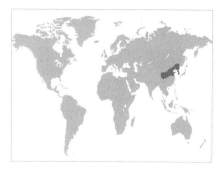

叶类型	单叶
叶 形	阔倒卵形至长圆形
大 小	达13 cm×10 cm（5 in×4 in）
叶 序	互生
树 皮	灰色，光滑
花	小，绿色，在叶腋成簇；雄花和雌花着生于同株不同位置
果 实	核果，近球形，肉质，直径至1 cm（½ in），成熟时由橙色变为褐色
分 布	中国，朝鲜半岛
生 境	丘陵、山地坡谷的森林

高达15 m
（50 ft）

118

大叶朴
Celtis koraiensis
Korean Hackberry

Nakai

大叶朴为落叶乔木，树形开展，枝条光滑，或在叶与枝条的连接处有少许毛，春季开花，与幼叶同放。果实有薄而可食的果肉和相对较大的卵形果核。可惜的是，这个独具特色的树种虽然在1920年就引种到西方，至今仍鲜为人知，少见栽培。它在庭园中生长良好，看来并不像朴属*Celtis*其他很多树种那样需要炎热的夏天。

类似种

朴属很多种在外观上非常相似，难于区分，但大叶朴却很难和其他种混淆。它的独特之处在于叶片大，有明显的截形顶端，果实也大。

实际大小

大叶朴的叶 轮廓为阔倒卵形至长圆形，长达13 cm（5 in），宽达10 cm（4 in）；上表面为相当浅的绿色，下表面更浅，几乎无毛；顶端骤然截平而成数枚牙齿，居中一枚最大；边缘有尖锐而带钩的锯齿；如无顶端的牙齿，则整个叶片几乎为圆形。

叶类型	单叶
叶 形	椭圆形至披针形
大 小	达10 cm × 4 cm（4 in × 1½ in）
叶 序	互生
树 皮	浅灰色，光滑或有明显的木栓质疣
花	小，绿色，在叶腋成簇；雄花和雌花着生于同株不同位置
果 实	核果、球形，肉质，直径至8 mm（⅜ in），成熟时由红色变为略带褐色
分 布	美国东南部，墨西哥北部
生 境	湿润林地，河岸

高达30 m
（100 ft）

119

糖朴
Celtis laevigata
Sugarberry
Willdenow

糖朴为落叶大乔木，树形呈阔柱状至球状，常有下垂的枝条，春季开花，与幼叶同放。"糖朴"一名源于其果实有薄而甘甜、可食的果肉，可以吸引野生动物，果肉中则是单独一枚坚硬的果核。本种为材用树种，也可作为观赏树。树皮据说有药用价值。本种的一些类型以前视为独立的变种，但现在已经归并在全种的变异范围之内。这些变种包括大齿糖朴*Celtis laevigata* var. *smallii*和得州糖朴*Celtis laevigata* var. *texana*，前者叶锯齿更为明显，后者的叶厚、粗糙而无锯齿。网叶朴*Celtis reticulata*有时也视为糖朴的一个变种。

类似种

糖朴最常与美洲朴*Celtis occidentalis*混淆，但它的叶顶端渐尖，常无锯齿，至少在结果枝条上如此，则可以和后者区别。

糖朴的叶 为椭圆形至披针形，长达10 cm（4 in），宽达4 cm（1½ in）；两面均为浅绿色，均光滑；顶端渐尖，基部呈圆形，基出3脉；结果枝条上的叶全缘或近全缘，但在健壮的枝条上则更常有锐齿，上部触感略粗糙。

实际大小

叶类型	单叶，有锯齿
叶 形	卵形
大 小	达12 cm×6 cm（4¾ in×2½ in）
叶 序	互生
树 皮	灰褐色，有木栓质疣或木栓质条，在老树上有深裂沟
花	微小，绿色，无花瓣；雄花和雌花通常着生于同株不同位置
果 实	核果，椭球形至近球形，橙红色至紫黑色，直径至1 cm（½ in），果肉甜而可食，含有单独一枚坚硬的果核
分 布	北美洲东、中部，北起加拿大南部，南至美国俄克拉荷马州和佐治亚州
生 境	生长于河漫滩和谷地落叶林的湿润土壤中

高达25 m
（80 ft）

120

美洲朴
Celtis occidentalis
Hackberry
Linnaeus

实际大小

美洲朴在英文中也叫"Sugarberry"（糖朴）或"Nettletree"（荨麻树），为落叶乔木，树形呈阔柱状至球状，春季开出不显眼的花。本种为高度可变、分布广泛的种，在树高和树形上都有很大变异。美洲朴对多种土壤都能耐受，这使之成为一种有用的树种，可以在几乎没有其他树木能繁茂生长的干燥而暴露的环境下生长。本种的木材可用于制作许多产品，果实可食，可吸引鸟类啄食。

类似种

美洲朴可与糖朴*Celtis laevigata*和薄叶朴*Celtis tenuifolia*等朴属*Celtis*的其他美洲树种混淆，但糖朴和薄叶朴的果实从不为紫黑色。人们起初认为美洲朴与榆属*Ulmus*近缘，但现在则认为它是大麻科的一员。它与榆树的区别在于叶有基出的三条脉。

实际大小

美洲朴的叶 为卵形，长达12 cm（4¾ in），宽达6 cm（2½ in），叶基通常偏斜，基出3条主脉；在枝条两侧排成2列，生于长至约1 cm（½ in）的叶柄上；顶端长渐尖，边缘有许多小锯齿，有时仅一侧边缘具锯齿；上表面呈深绿色，有时粗糙，下表面呈浅绿色，秋季变为黄色。

叶类型	单叶，有锯齿
叶 形	卵形
大 小	达5 cm×3 cm（2 in×1¼ in）
叶 序	互生
树 皮	浅灰色，有不规则的木栓质条和结节
花	微小，绿色，无花瓣；雄花和雌花通常着生于同株不同位置
果 实	核果，近球形，橙红色至略带褐色或橙黑色，直径至1 cm（½ in），果肉薄而甜，可食，含有单独一枚坚硬的果核
分 布	美国东南部，墨西哥北部
生 境	干燥多石地，河流浅滩

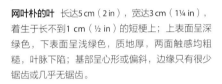

高达10 m
（33 ft）

121

网叶朴
Celtis reticulata
Netleaf Hackberry

Torrey

网叶朴在英文中也叫"Douglas Hackberry"（道格拉斯朴），为落叶乔木，树形呈球状，或常为多瘤灌木，在分布区南部则为半常绿性。本种春季开出不显眼的花。网叶朴为高度多变的种，一些类型看上去和糖朴*Celtis laevigata*或美洲朴*Celtis occidentalis*有过渡。这让一些植株难于鉴定，也意味着这些种之间可以杂交，曾被降为糖朴或美洲朴的变种。本种偶有栽培，尤其适合干燥地区种植。其果实为鸟类提供了宝贵的食物，特别是在冬季。本种的木材坚硬，可做薪柴，或用来制造工具手柄。

类似种

网叶朴可与朴属*Celtis*内的糖朴等其他种混淆，其区别之处在于叶相对较小，无锯齿或仅有稀疏锯齿，质地厚，有特征状的网状叶脉。

网叶朴的叶 长达5 cm（2 in），宽达3 cm（1¼ in），着生于长不到1 cm（½ in）的短梗上；上表面呈深绿色，下表面呈浅绿色，质地厚，两面触感均粗糙，叶脉下陷；基部呈心形或偏斜，边缘只有很少锯齿或几乎无锯齿。

实际大小

叶类型	单叶
叶 形	狭椭圆形至披针形
大 小	达8 cm × 2 cm（3¼ in × ¾ in）
叶 序	互生
树 皮	灰褐色，有裂条
花	小，绿色，具5枚花瓣；雌花和雄花通常异株
果 实	蒴果小，浅黄色，长5 mm（¼ in），包含1或2枚具红色假种皮的种子
分 布	南美洲
生 境	丘陵和山坡，草原

高达15 m
（50 ft）

122

牛杞木
Maytenus boaria
Maiten

Molina

牛杞木的叶　为狭椭圆形至披针形，通常长达8 cm（3¼ in），宽达2 cm（¾ in）；然而也存在极端情况，此时叶可长达9 cm（3½ in）或窄至5 mm（¼ in）；叶片上表面呈深绿色，有光泽，下表面呈浅绿色，两面光滑；顶端锐尖，基部渐狭，边缘具细齿，有时不显著。

　　牛杞木常绿乔木，与卫矛属*Euonymus*有亲缘关系，树形呈球状或柱状，枝条常下垂，春季开花。尽管单朵花很小，但盛花时却非常显眼。本种可凭萌蘖条蔓延，在距母树一定距离的地方长出健壮的直立枝条。在智利，蜜蜂利用本种的花酿蜜；种子可提取工业用油；木材可用于制作工具把手，或用于车工。

类似种

　　牛杞木为非常独特的树种，不太可能和其他任何树混淆。澳洲海桐*Pittosporum bicolor*的叶可具有类似形状，但无锯齿，且下表面密被灰毛。

实际大小　　　　实际大小　　　　实际大小

叶类型	单叶
叶形	圆形
大小	达8 cm × 7 cm（3¼ in × 2¾ in）
叶序	对生
树皮	灰褐色，在老树上片状剥落
花	小、有花瓣；雄花有红色花药，雌花有红色柱头，生于叶腋
果实	蓇葖果小，绿色，豆荚状
分布	东喜马拉雅地区，中国，日本
生境	山地森林，河岸

高达20 m
（65 ft）

123

连香树
Cercidiphyllum japonicum
Katsura Tree
Siebold & Zuccarini

连香树为落叶乔木，树形呈球状至开展，基部常有多于一枚树干，春季开花，先于幼叶开放。本种有两种类型的枝条，即生长迅速的长枝和生长缓慢的短枝，花着生于短枝上。连香树属于连香树科唯一的连香树属 *Cercidiphyllum*，被认为是相对原始的种。在庭园中，连香树因秋季叶色和落叶的焦糖气味而知名。其园艺品种包括：**垂枝**（'Pendulum'），具下垂的枝条；**红狐**（'Rotfuchs'），树形笔直，具红紫色的叶；**赫伦斯伍德球冠**（'Heronswood Globe'），株型小、树冠紧密、球形；此外，还有些品种如**悬钩子**（'Raspberry'）和**草莓**（'Strawberry'），是主要应用叶色的品种。

类似种

日本的大叶连香树*Cercidiphyllum magnificum*树型通常较小，叶较大。连香树有时会与南欧紫荆*Cercis siliquastrum*相混，但后者的叶无锯齿，互生。

连香树的叶 轮廓为圆形，长达8 cm（3¼ in），宽达7 cm（2¾ in）；初春初生时为紫褐色，上表面渐变为深绿色，到秋天再变为各种色调的黄、橙、红、紫色；边缘具浅圆齿，基部呈心形，但长枝上的叶基部为圆形或楔形。

实际大小

叶类型	单叶或掌状裂
叶 形	轮廓为卵形
大 小	达25 cm × 20 cm（10 in × 8 in）
叶 序	互生
树 皮	光滑，灰色
花	钟形，白色至浅黄色，芳香，长至1½ cm（⅝ in），花瓣反卷
果 实	核果，卵形，长至约1 cm（½ in），成熟时由绿色变为蓝黑色
分 布	喜马拉雅地区到东亚和东南亚，东非
生 境	山地森林

10 m以上
（33 ft）以上

124

八角枫
Alangium chinense
Alangium Chinense
(Loureiro) Harms

八角枫的叶 轮廓为卵形，长达25 cm（10 in），宽达20 cm（8 in）；上表面呈深绿色，质地薄或革质，除下表面的脉腋有丛毛外两面光滑；全缘或各式分裂；叶基通常偏斜，发出3—5条凸起的叶脉。

八角枫为落叶或常绿乔木，树形开展，或为灌木，春季或夏季开花。本种的形态在其野生分布区里变异幅度很大。非洲居群常为较大的乔木，叶多为全缘或仅有浅裂。八角枫植株的许多部位在中国和非洲入药。在非洲，人们还用其叶饲养一种可供食用的毛虫。

类似种

瓜木*Alangium platanifolium*与本种的不同之处在于花序中的花较少。桑属*Morus*树木在同一棵树上也会有分裂和不分裂的叶，但具有锐齿。

实际大小

实际大小

叶类型	单叶
叶 形	椭圆形至卵形或披针形
大 小	达12 cm × 5 cm（4¾ in × 2 in）
叶 序	对生
树 皮	深灰褐色
花	小，乳白色，具4枚花瓣，组成密集的花簇，下方围以4枚巨大的乳白色到乳黄色的总苞片
果 实	近球形的聚花果，由很多花形成，红色，肉质，直径达5 cm（2 in）
分 布	喜马拉雅地区、中国西部
生 境	山地森林

高达15 m
（50 ft）

头状四照花
Cornus capitata
Himalayan Strawberry Tree
Wallich

　　头状四照花为常绿乔木，有时为灌木，树形开展，夏季开花。本种是山茱萸属*Cornus*中名为"四照花类"的一群树种之一。它们都有围绕着头状花序的显著总苞片。总苞片在花开放一段时间后常呈现出粉红色调。本种的花和果实美观醒目，故作为观赏树种栽培，果实在原产地常供食用。

类似种

　　狗木*Cornus florida*和日本四照花*Cornus kousa*也都属于四照花类，但为落叶树，而非常绿树。在中国，本种的类似种还有香港四照花*Cornus hongkongensis*和尖叶四照花*Cornus elliptica*，前者的叶下表面通常为有光泽的绿色，后者花梗长而纤细。

头状四照花的叶　　为椭圆形至卵形或披针形，长达12 cm（4¾ in），宽达5 cm（2 in）；上表面呈深绿色，下表面呈白绿色，具扁平毛；顶端短渐尖，边缘无锯齿。

实际大小

叶类型	单叶
叶 形	阔椭圆形至倒卵形
大 小	达12 cm×9 cm（4¾ in×3½ in）
叶 序	互生
树 皮	灰褐色，有浅裂纹
花	小，白色，具4枚花瓣，组成平坦的花序，直径达15 cm（6 in）
果 实	浆果，蓝黑色，有光泽，直径约6 mm（¼ in）
分 布	东喜马拉雅地区，中国，朝鲜半岛，日本
生 境	山地森林

高达20 m
（65 ft）

126

灯台树
Cornus controversa
Wedding Cake Tree

Hemsley

灯台树为落叶乔木，树形开展，夏季开花。在山茱萸属*Cornus*中仅有两个种叶互生，并有十分特别的外观——枝条水平伸展，花序生于其上，使树冠具有层叠感，灯台树即是这两种之一。本种的木材可用于制作各种器物，包括日本的木屐。**花叶**（'Variegata'）为花叶品种及庭园中常见的观赏树，叶有显著、宽阔的乳白色边缘。**简宁**（'Janine'）是近年选育的几个品种之一，叶缘为浅黄色，在幼叶上最为显著。

类似种

灯台树可与北美灯台树*Cornus alternifolia*混淆。后者也有互生的叶，但要么为灌木，要么为小乔木，叶也较小。

灯台树的叶 为阔椭圆形至倒卵形，长达12 cm（4¾ in），宽达9 cm（3½ in），叶柄纤细；上表面呈深绿色，有光泽，下表面呈灰绿色，秋季变为黄色、红色或深紫红色；顶端短渐尖，边缘无锯齿。

实际大小

叶类型	单叶，无锯齿
叶 形	卵形
大 小	达10 cm × 6 cm（4 in × 2½ in）
叶 序	对生
树 皮	深褐色，裂为方形小块
花	微小，具4枚黄绿色花瓣，在枝顶组成密集球形头状花序。每个花序围以4枚显眼的总苞片，白色至粉红色，长达5 cm（2 in），顶端有凹缺
果 实	浆果状，椭球形，红色有光泽，长1½ cm（⅝ in），组成果簇，每个果实具1或2枚种子
分 布	北美洲东部，墨西哥尚有一个亚种
生 境	谷地和丘坡的落叶林

10 m以上
（33 ft）以上

127

狗木
Cornus florida
Flowering Dogwood
Linnaeus

　　狗木一般也叫大花四照花，为树形开展的落叶乔木，有时也呈灌木状，花在春季先于叶开放。花序醒目，因而广为栽培，是北美的观花树种中最为人熟知和喜爱的一种。因栽培广泛，品种繁多，狗木的总苞片颜色从白色到粉红色不等，有的品种具重苞，还有各种花叶品种。它是密苏里州和弗吉尼亚州的州树。

类似种

　　亚洲的四照花类树种如头状四照花*Cornus capitata*和日本四照花*Cornus kousa*的果实合生为肉质的聚花果。太平洋狗木*Cornus nuttallii*叶较大，花序通常具6枚总苞片。当它和狗木栽培于同一庭园中时，二者也会产生杂种。墨西哥的亚种墨西哥狗木*Cornus florida* subsp. *urbiniana*为半常绿乔木，花序呈灯笼状，总苞片顶端相互连合。

狗木的叶　为卵形，长达10 cm（4 in），宽达6 cm（2½ in），边缘无锯齿；上表面呈深绿色，下表面呈浅绿色，秋季常变为红色。如果把叶片轻轻撕为两半，在叶脉处会有纤细的丝把两半叶仍然连接在一起，这是山茱萸属*Cornus*的普遍现象。

实际大小

叶类型	单叶
叶 形	卵形
大 小	达10 cm×5 cm（4 in×2 in）
叶 序	对生
树 皮	灰褐色，老树成片状剥落，露出浅色的斑块
花	小、乳白色，具4枚花瓣，组成密集的花序，下方围以4枚巨大的总苞片，为白色，有时为粉红色
果 实	球形的聚花果，由许多花形成，红色，肉质，直径约3 cm（1¼ in）
分 布	日本，朝鲜半岛，中国
生 境	山区的森林和河岸

高达10 m
（33 ft）

日本四照花
Cornus kousa
Japanese Strawberry Tree

Hance

日本四照花的叶 为卵形，长达10 cm（4 in），宽达5 cm（2 in）；上表面呈深绿色，有光泽，下表面呈灰绿色至绿色，秋季可变为红色、紫色；顶端渐尖，边缘无锯齿，但为波状。四照花的叶较原变种厚，下表面脉腋常有褐色丛毛。

日本四照花为落叶乔木，树形呈花瓶状或开展，夏季开花。本种为分布广泛的种，原变种*Cornus kousa* var. *kousa*产于朝鲜半岛和日本，变种四照花*Cornus kousa* var. *chinensis*产于中国。本种由野生种选育出了许多品种和杂种，其总苞片形态、大小和颜色都有丰富的变化，如颜色可从白色到深粉红色，此外还有很多花叶品种。和四照花类的其他种一样，日本四照花的果实在东亚地区供食用，还可以用来酿酒。与头状四照花*Cornus capitata*的栽培杂种包括两个彼此相似的品种**诺曼·哈登**（*Cornus* 'Norman Hadden'）和**波洛克**（'Porlock'），二者均为半常绿习性，总苞片呈乳白色，老时变为深粉红色。

类似种

狗木*Cornus florida*果实外观极为不同，花芽在冬季裸露在外，花初开时总苞片的顶端相互连合。

实际大小

叶类型	单叶
叶 形	卵形至椭圆状长圆形
大 小	15 cm × 10 cm（6 in × 4 in）
叶 序	对生
树 皮	灰褐色，幼时光滑，老时裂成块状
花	小、白色，具4枚花瓣，组成扁平的花序，直径达15 cm（6 in）
果 实	浆果，蓝黑色，有光泽，直径约6 mm（¼ in）
分 布	喜马拉雅地区、中国、日本
生 境	山地的森林和河岸

高达20 m
（65 ft）

129

楝木
Cornus macrophylla
Large-leaf Dogwood
Wallich

楝木为落叶乔木，树形开展，枝条呈拱形，有时为灌木，夏天开花。本种植株高大，树冠显眼，花序巨大而呈花边状，花芳香，这些特征都使之成为一种有用的观赏树木。然而，它在园艺上应用还不普遍，名声较灯台树*Cornus controversa*等知名的近缘种逊色得多。在庭园中，它可与山茱萸属*Cornus*中一些北美洲的灌木种杂交。霍西楝木*Cornus* × *horseyi*是与丝楝木*Cornus amomum*的杂种，而邓巴楝木*Cornus* × *dunbarii*是与糙叶楝木*Cornus asperifolia*的杂种。二者均起源于马萨诸塞州波士顿的阿诺德树木园。在原产地，本种的许多部位入药，果实可供食用，木材可用于烧炭。

类似种

楝木易与灯台树混淆，但后者具互生的叶而易于识别。

楝木的叶 为卵形至椭圆状长圆形，长达15 cm（6 in）以上，宽达10 cm（4 in）；上表面呈深绿色，有光泽，叶脉凸出，因为叶片常沿中脉向上对折，所以蓝绿色的下表面亦可见；顶端渐尖，形成狭尾，边缘无锯齿，但常为波状。

实际大小

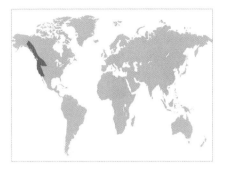

叶类型	单叶
叶 形	椭圆形至倒卵形
大 小	达12 cm × 7 cm（4¾ in × 2¾ in）
叶 序	对生
树 皮	光滑，灰色
花	小，绿白色，具4枚花瓣，组成密集的花序，下方围以多至7枚巨大的总苞片，白色，可变得具有粉红色调
果 实	果簇半球形，由卵球形的红色小核果组成，每枚长约1½ cm（⅝ in）
分 布	北美洲西部
生 境	林地，谷地，溪岸

高达20 m
（65 ft）

130

太平洋狗木
Cornus nuttallii
Pacific Dogwood
Audubon

太平洋狗木为高大落叶乔木，树形呈阔锥状，春季开花，秋季常二次开花。本种为四照花类树种之一，这类树种的花的显眼部位是包围花序的巨大总苞片。对太平洋狗木来说，其整个花序的直径可达15 cm（6 in）。尽管这让本种极具观赏价值，但总的来说它并不如狗木*Cornus florida*那样闻名。这二者之间还有一些杂种。当人们用种子培育太平洋狗木的实生苗时，其中偶然就会出现杂种苗。

类似种

太平洋狗木树型较大，花序也更大，具有更多数目的总苞片，可以和狗木相区别。在冬天，太平洋狗木的花序周围有小而开展的总苞片，狗木的总苞片则在花序上方闭合，二者杂种的总苞片形态则有的开展，有的闭合。

太平洋狗木的叶 为椭圆形至倒卵形，长达12 cm（4¾ in），宽达7 cm（2¾ in），常聚生于枝顶，外观似轮生；长成后上表面呈深绿色，有光泽，下表面呈浅灰绿色，有毛，秋季可变为红色；顶端尖锐，边缘无锯齿，但有时呈轻微波状。

实际大小

叶类型	单叶
叶 形	卵形至椭圆形
大 小	达10 cm × 5 cm（4 in × 2 in）
叶 序	对生
树 皮	橙褐色，层状剥落成厚片
花	小，黄色，花梗纤细，具4枚反卷的花瓣，在枝顶组成伞形花序
果 实	核果，红色，长圆形，长约1½ cm（⅝ in）
分 布	中国
生 境	山地森林和灌丛

高达10 m
（33 ft）

山茱萸
Cornus officinalis
Japanese Cornelian Cherry
Siebold & Zuccarini

山茱萸为落叶乔木，树形开展，通常在低处即分枝，常为灌木状。花小而显著，在晚冬或初春先于幼叶开放。本种为山茱萸属*Cornus*中冬季开花的一小群树种之一，有时因其早放的花而于庭园中栽培。选育的品种有**金时**（'Kintoki'）和**柠檬皮**（'Lemon Zest'）等，前者的幼枝上有棕褐色、有光泽的剥落树皮，花呈亮黄色，花量大；后者的亮黄色花有柠檬香味，剥落树皮美观。本种的果实相当酸，可生食或制成果酱，亦可入药。

类似种

欧茱萸*Cornus mas*产于欧洲和西亚，与山茱萸形似，但更多为灌木，树型较小，树皮的片状剥落较不明显，花也较小。

山茱萸的叶 为卵形至椭圆形，长达10 cm（4 in），宽达5 cm（2 in）；上表面呈深绿色，光滑，下表面呈浅绿色，具稀疏毛被，脉腋则有褐色的丛毛；顶端渐尖，边缘全缘；叶柄短，长至1 cm（½ in）。

实际大小

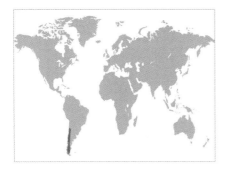

叶类型	单叶
叶 形	长圆形
大 小	达10 cm×4 cm（4 in×1½ in）
叶 序	对生
树 皮	灰褐色，幼时光滑，渐发育出浅裂条
花	白色，具4枚花瓣，直径至5 cm（2 in），花心有多数细长的雄蕊，顶端具粉红色的花药
果 实	木质蒴果，长圆形，长至1½ cm（⅝ in）
分 布	智利，阿根廷
生 境	安第斯山山脚的坡谷

高达40 m
（130 ft）

132

银香茶
Eucryphia cordifolia
Ulmo

Cavanilles

银香茶为高大常绿乔木，树形呈柱状，晚夏开出醒目的花。银香茶属*Eucryphia*是南美洲和澳大利亚的木本小属之一。在智利，引入的蜜蜂可利用其花酿造美味的蜂蜜。本种的木材坚实，可作为建筑材料，也可作为薪炭，但滥伐已对野生居群造成威胁。作为栽培树种，它最为人所知的是，作为亲本之一，与比它更为耐寒的落叶银香茶*Eucryphia glutinosa*杂交出了尼曼斯银香茶*Eucryphia × nymansensis*。

类似种

银香茶是银香茶属中叶为单叶、具锯齿的唯一一种，通常易于识别。它的杂种尼曼斯银香茶，有些叶具3枚小叶。

实际大小

银香茶的叶 为长圆形，革质，长达10 cm（4 in），宽达4 cm（1½ in）；上表面呈深绿色，有光泽，下表面呈浅灰色，有毛；在枝条上对生并密集排列；顶端呈圆形或钝尖，基部微心形，边缘具浅锯齿；叶柄很短，长约5 mm（¼ in）。

叶类型	羽状复叶
叶形	轮廓为长圆形
大小	达12 cm × 8 cm（4¾ in × 3¼ in）
叶序	对生
树皮	灰色，光滑
花	白色，具4枚花瓣，直径至6 cm（2½ in），花心有多数雄蕊，顶端为深粉红色的花药
果实	木质蒴果，小，长至2 cm（¾ in）
分布	智利
生境	林地，河岸

高达10 m
（33 ft）

133

落叶银香茶
Eucryphia glutinosa
Eucryphia Glutinosa
(Poeppig & Endlicher) Baillon

落叶银香茶为落叶或有时半常绿的小乔木，树形呈松散柱状，基部常生出数枚茎，或为灌木。本种为银香茶属*Eucryphia*中唯一的落叶种。与银香茶*Eucryphia cordifolia*类似，蜜蜂可利用其花酿蜜。在智利，其西班牙文名为Guindo Santo，意为"圣樱"。因为能够在干旱的地方生长，本种被广为栽培，并与属中其他种发生杂交。

落叶银香茶的叶 为长圆形，长达12 cm（4¾ in），宽达8 cm（3¼ in）；通常为羽状复叶，具3—5枚小叶，但偶尔也为单叶。小叶呈卵形，长至5 cm（2 in），宽至3 cm（1¼ in），边缘具锐齿；上表面呈深绿色，有光泽，下表面呈浅绿色，秋季变为红色。

类似种

落叶银香茶具有落叶的独特习性。它与亮叶银香茶*Eucryphia lucida*的园艺杂种中间银香茶*Eucryphia × intermedia*为常绿树，叶为单叶或有3枚小叶。

实际大小　　　　　实际大小　　　　　实际大小

叶类型	单叶
叶形	长圆形至狭长圆形
大小	5 cm×1½ cm（2 in×⅝ in）
叶序	对生
树皮	深灰褐色，光滑
花	白色，偶尔为粉红色，芳香，具4枚花瓣，直径5 cm（2 in），花心有多数雄蕊，顶端具粉红色的花药
果实	木质蒴果，小，长约1½ cm（⅝ in）
分布	塔斯马尼亚岛
生境	温带雨林

高达20 m
（65 ft）

亮叶银香茶
Eucryphia lucida
Leatherwood
(Labillardière) Baillon

亮叶银香茶的叶　为长圆形，长至5 cm（2 in），宽至1½ cm（⅝ in）；上表面呈深绿色，有光泽，下表面呈白色，明显蜡质；边缘无锯齿，但常呈轻微波状或扭曲。非常健壮的枝条偶尔会生出具3枚小叶的叶。

亮叶银香茶为常绿乔木，树形呈密柱状，夏季开出芳香的花。本种为银香茶属*Eucryphia*在澳大利亚分布的5个种之一，其中2个种到1997年才得到描述。银香茶蜜十分有名，非常芳香，即由本种的花蜜酿造。一些天然存在的品种如**芭蕾女演员**（'Ballerina'）和**粉红云**（'Pink Cloud'）具有粉红色花，已经得到繁育和引栽。矮银香茶*Eucryphia milliganii*为本种的近缘种，也产自塔斯马尼亚，有时视为本种的变种。这两个种的杂种的叶片大小介于两亲本之间，见于塔斯马尼亚。本种在庭园中还和落叶银香茶*Eucryphia glutinosa*杂交，产生中间银香茶*Eucryphia × intermedia*，叶可具3枚小叶；又和花楸叶银香茶*Eucryphia moorei*杂交，产生希利尔银香茶*Eucryphia × hillieri*，叶具3—5枚或更多枚小叶。

类似种

本种叶无锯齿，可以和银香茶属中大多数其他种相区别。矮银香茶花较小，叶也较小，长至2 cm（¾ in）。

实际大小

叶类型	羽状复叶
叶 形	轮廓为长圆形
大 小	8 cm × 3 cm（3¼ in × 1¼ in）
叶 序	对生
树 皮	光滑，灰色，老时裂成块状
花	小，白色，具显著的白色雄蕊，组成紧密的圆柱状总状花序
果 实	蒴果小，褐色，种子有长白毛
分 布	智利
生 境	降水丰沛的森林

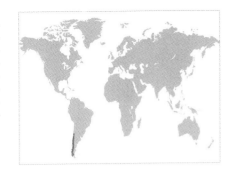

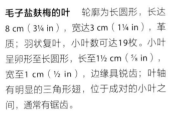

高达30 m
（100 ft）

135

毛子盐麸梅
Weinmannia trichosperma
Palo Santo

Linnaeus

毛子盐麸梅为生长缓慢的长寿常绿乔木，树形呈密柱状，夏季开花。本种在智利的温带雨林地区为常见树种，夏季白色的花在果实开始成熟时变为粉红色，颇为引人瞩目。本种的木材坚硬，树皮可入药，花可酿蜜。毛子盐麸梅属于盐麸梅属*Weinmannia*，该属有大约150个种，为热带地区和南半球的乔木或灌木。

毛子盐麸梅的叶　轮廓为长圆形，长达8 cm（3¼ in），宽达3 cm（1¼ in），革质；羽状复叶，小叶数可达19枚。小叶呈卵形至长圆形，长至1½ cm（⅝ in），宽至1 cm（½ in），边缘具锐齿；叶轴有明显的三角形翅，位于成对的小叶之间，通常有锯齿。

类似种

盐麸梅属有很多种，其中还有其他种具有羽状复叶和带翅的叶轴。一般可以靠独特的三角形叶轴翅片识别本种。

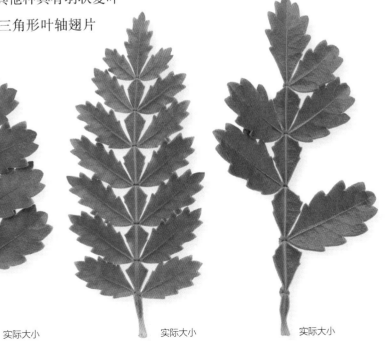

实际大小　　实际大小　　实际大小

叶类型	单叶
叶 形	卵形至倒卵形
大 小	达16 cm × 8 cm（6¼ in × 3¼ in）
叶 序	互生
树 皮	浅灰色，老时裂为鳞片状小块
花	浅黄色，花冠4裂；雄花直径约1 cm（½ in），雌花略大；雌雄异株
果 实	浆果，肉质，黄色至橙色，可食，直径达8 cm（3¼ in），花萼宿存，褐色，4裂
分 布	中国
生 境	森林和灌丛

高达20 m
（65 ft）

136

柿
Diospyros kaki
Chinese Persimmon

Linnaeus Fils

柿为落叶乔木，树形呈阔锥状至开展，晚春至夏季开花。本种为著名的栽培树种，果实叫柿子，在英文中也叫"Sharon Fruit"（沙龙果），味道甜美，常在气候温暖的国家归化。本种的原变种*Diospyros kaki* var. *kaki*为大果类型，系根据日本的栽培植株描述，在日本已有一千多年的栽培历史。有人认为它是柿属*Diospyros*其他中国种的杂种。野生变种野柿*Diospyros kaki* var. *sylvestris*果实较小，可具密毛，叶也有更浓密的毛被。为了获得更好的果实品质，现已选育出了很多品种，有些品种雌花和雄花结于同一棵树上。

类似种

柿的果实较大，可以和柿属这个大属中的其他种相区别。

实际大小

柿的叶 为卵形至倒卵形，长达16 cm（6¼ in），宽达8 cm（3¼ in）；上表面呈深绿色，有光泽，下表面呈浅绿色，常有毛，至少幼叶有毛，秋天变为黄色、橙色或红色；先端尖锐，边缘全缘。

叶类型	单叶
叶 形	椭圆形至长圆形
大 小	达15 cm×6 cm（6 in×2½ in）
叶 序	互生
树 皮	灰色，光滑，老时裂为方形小块
花	浅黄色至粉红色或浅红色，花冠4裂；雄花长约5 mm（¼ in），雌花略大，雌雄异株
果 实	浆果，肉质，直径达2 cm（¾ in），成熟时呈黄色至橙色或蓝黑色
分 布	西亚至中国
生 境	林地，灌丛

高达30 m
（100 ft）

137

君迁子
Diospyros lotus
Date Plum

Linnaeus

君迁子为落叶乔木，树形开展，晚春至夏季开花。古希腊人认为它是众神的食物。本种被广泛栽培，常在温暖地区归化，因此在很多地区其原产地分布已不清楚。君迁子的果实可食，未成熟时极涩，成熟后则变软甜，具有海枣般的风味，可用于制作果酱和酱汁。为了令其结果，一般需要同时栽种雄株和雌株，但有些雌株在无雄株存在下也可产生无种子的果实。本种的幼树常用于嫁接柿的品种。

类似种

北美柿*Diospyros virginiana*与君迁子非常相似，但它果实较大，直径可达4 cm（1½ in），可以相区别。

实际大小

君迁子的叶 为椭圆形至长圆形，长达15 cm（6 in），宽达6 cm（2½ in）；上表面呈深绿色，有光泽，下表面呈灰绿色，两面几乎光滑或有柔毛；顶端渐尖，边缘无锯齿。

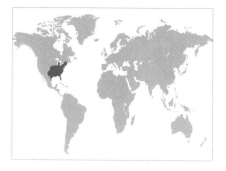

叶类型	单叶
叶 形	椭圆形至长圆形
大 小	达16 cm × 8 cm（6¼ in × 3¼ in）
叶 序	互生
树 皮	深灰褐色，老时深裂为方形小块
花	浅黄色，长约1 cm（½ in），4（稀5）裂
果 实	浆果，球形，橙黄色至红色、紫红色或近黑色，表面常具粉霜，直径达4 cm（1½ in），花萼宿存
分 布	北美洲东部
生 境	灌丛和林地，土壤通常湿润而排水良好

高达30 m
（100 ft）

138

北美柿
Diospyros virginiana
American Persimmon
Linnaeus

北美柿为落叶大乔木，树形呈阔锥状至开展，有时枝条下垂，春季到初夏开花。其果实是野生动物冬季重要的食物来源，也被美洲原住民和早期殖民者食用。早期殖民者鲜食其果实，或贮藏、晒干，或制成各种蜜饯和甜点心。果实还可用于酿造啤酒、果酒和水果白兰地。为了改善果实品质，已育出一些品种，如**约翰·里克**（'John Rick'），果实较大，为带橙色的红色，味道甜美，果肉紧实。本种与柿形成了一些杂种，如尼基塔的礼物柿（*Diospyros* 'Nikita's Gift'），既有柿的大果型，又有北美柿的耐寒性。本种的木材坚硬，可用于制作多种工具。

类似种

君迁子*Diospyros lotus*与本种类似，但果实较小，直径仅至2 cm（¾ in）。柿*Diospyros kaki*的果实则大得多，直径可达8 cm（3¼ in）。

实际大小

北美柿的叶 为椭圆形至长圆形，长达16 cm（6¼ in），宽达8 cm（3¼ in）；上表面呈深绿色，有光泽，下表面呈绿色至灰绿色，秋季可变为橙色、红色、紫红色；顶端锐尖，边缘无锯齿。

叶类型	单叶
叶形	长圆形至披针形
大小	达8 cm × 3 cm（3¼ in × 1¼ in）
叶序	互生
树皮	灰褐色，起初光滑，老时发育出疏松的鳞片状裂条
花	小、钟形、芳香、无花瓣，花萼4裂，内面呈乳白色至黄色，外面有银白色鳞片，在叶腋成簇
果实	瘦果，有肉质外皮，黄褐色，近球形至卵球形，长至2½ cm（1 in）
分布	亚洲温带地区
生境	干燥河床，海岸

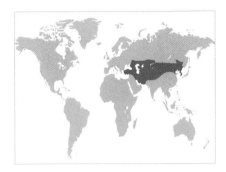

高达15 m
（50 ft）

沙枣
Elaeagnus angustifolia
Oleaster

Linnaeus

沙枣在英文中也叫"Russian Olive"（俄罗斯油橄榄），为落叶乔木，树形开展，轻微下垂，枝条常有刺。其根能够固定土壤中的氮，对盐碱土壤有很强的耐受性。本种已经被广泛用于荒地开垦或构建防风林，但在很多地区已成为入侵植物。栽培的沙枣可用来收获果实，晒干后可食用。有的植株具有较宽短的叶，有时独立为变种东方沙枣*Elaeagnus angustifolia* var. *orientalis*。

类似种

沙枣在外形上像木樨榄*Olea europaea*，但不同之处在于叶互生，脱落性。胡颓子属*Elaeagnus*的其他一些种如胡颓子*Elaeagnus pungens*的叶也有鳞片，至少下表面如此，但它们大多为常绿树。

实际大小

沙枣的叶 为长圆形至披针形，长至8 cm（3¼ in），宽至3 cm（1¼ in）；幼时两面有鳞片，呈银白色，后上表面变为深绿色至灰绿色，下表面因有鳞片而仍为银白色；顶端钝尖至圆形，边缘无锯齿。

叶类型	单叶
叶 形	椭圆形至倒卵形
大 小	达10 cm×5 cm（4 in×2 in）
叶 序	互生
树 皮	红褐色，成薄层状剥落，刚暴露出来时为绿色至橙褐色
花	坛状，长约6 mm（¼ in），白色，芳香，在枝顶成簇
果 实	浆果，红色，球形，直径约1 cm（½ in），表面略呈皱状
分 布	东南欧，土耳其
生 境	干燥石坡

高达10 m
（33 ft）

140

希腊草莓树
Arbutus andrachne
Greek Strawberry Tree

Linnaeus

希腊草莓树为常绿乔木，树形呈阔柱状至开展，春季开花。本种的木材在当地用来制作木勺之类的小型木器，植株一些部位可入药。当它与草莓树*Arbutus unedo*种在一起时，这两个种之间可形成杂种拟希腊草莓树*Arbutus × andrachnoides*。与杜鹃花科很多植物不同，本种常见于石灰质土壤。尽管希腊草莓树需要温暖的气候才能生长良好，但其杂种却在较冷凉的地区更常见栽培。杂种结合了草莓树的耐寒性和希腊草莓树显眼的剥落状树皮，而且叶始终有锯齿。

类似种

草莓树与本种的不同之处在于树皮粗糙而不剥落，叶有锯齿。亚利桑那草莓树*Arbutus arizonica*叶也无锯齿，但较为狭窄，顶端尖，基部呈楔形。

实际大小

希腊草莓树的叶 为椭圆形至倒卵形，革质，长达10 cm（4 in），宽达5 cm（2 in）；幼时呈浅绿色，长成后上表面呈深绿色，有光泽，下表面呈浅绿色；顶端钝尖至圆形，边缘大部分无锯齿，但在非常健壮的枝条上则可有锯齿。

叶类型	单叶
叶 形	卵形至披针形
大 小	达8 cm × 3 cm（3¼ in × 1¼ in）
叶 序	互生
树 皮	红褐色，层状剥落，刚暴露出来时为带乳白色的粉红色；老树树干上的树皮宿存，裂成小块
花	乳白色，坛状，长约5 mm（¼ in），在枝顶成簇
果 实	浆果，橙红色，直径约1 cm（½ in）
分 布	美国西南部，墨西哥西部
生 境	溪岸，栎树林，山崖，峡谷

10 m以上
（33 ft）以上

141

亚利桑那草莓树
Arbutus arizonica
Arizona Madrone
(A. Gray) Sargent

亚利桑那草莓树为常绿乔木，树形呈阔锥形至圆形，幼枝红色。随植株所在生境的不同，本种可在春季或早夏开花。亚利桑那草莓树常有多于一枚主干，亦可呈灌木状，或从基部抽出新苗。植株高度随生境不同亦有相当可观的变异，在湿润的峡谷中可高达20 m（65 ft）。在分布区北部，植株的叶要比南部植株的叶较小、较狭窄。本种的木材可用于烧炭和制作黑火药，果实是野生动物的宝贵食物。

类似种

草莓树属*Arbutus*中有一小群树种，从较幼龄的时候开始，其老茎上的树皮便一直宿存而不脱落，亚利桑那草莓树即为其中之一。本种最初被描述为得州草莓树*Arbutus xalapensis*在美国亚利桑那州的一个变种，但得州草莓树的不同之处在于叶通常较大，基部呈圆形。

亚利桑那草莓树的叶 为卵形至披针形，长达8 cm（3¼ in），宽达3 cm（1¼ in）；初生时常有细毛，长成后上表面呈深绿色，有光泽，下表面呈浅绿色，两面光滑；顶端尖，基部呈楔形，边缘无锯齿，但在健壮枝条上有锯齿。

实际大小

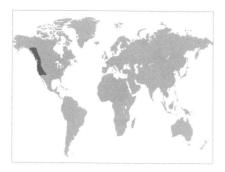

叶类型	单叶
叶 形	椭圆形至长圆形
大 小	达15 cm × 7½ cm（6 in × 3 in）
叶 序	互生
树 皮	光滑，红褐色，层状剥落，露出绿色的年轻树皮，老时变粗糙，在基部出现裂沟
花	小，坛状，乳白色或带粉红色调，长至6 mm（¼ in），芳香，在枝顶组成直立的圆锥花序，长达15 cm（6 in）
果 实	浆果，球形，有疣突，直径1 cm（½ in），成熟时由绿色变为橙红色，含有众多种子
分 布	北美洲西部太平洋沿岸
生 境	石坡和峡谷的栎—针叶树森林

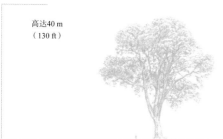

高达40 m
（130 ft）

142

美国草莓树
Arbutus menziesii
Madroña
Pursh

美国草莓树是美国加利福尼亚州最知名的树种之一。本种为常绿乔木，树形呈柱状至开展，有时基部具几枚茎。本种春季开花。在原产地，美国草莓树是常见观赏树；在其他地区，当其春季开花时如果有合适的气候，则也被作为观赏树栽培，赏其显眼的剥落状树皮和可以吸引蜂类的芳香大型花序。本种的果实可以被少量食用，对鸽类等野生动物有吸引力，它们可为本种传播种子。在植株上常见由多种病害导致的褐色至近黑色的叶斑。

类似种

草莓树属*Arbutus*这个小属中的其他种都和本种类似，但它们都是较小的乔木，叶和花序也都较小。得州草莓树*Arbutus xalapensis*的叶有可能和本种一样大，但下表面为浅绿色而不是浅蓝绿色，且该种是比本种小得多的乔木。

实际大小

美国草莓树的叶 为常绿性，革质，长达15 cm（6 in），宽达7½ cm（3 in），生于长约2½ cm（1 in）的叶柄上；上表面呈深绿色，有光泽，下表面呈浅蓝绿色，两面光滑；正常情况下无锯齿，但幼苗可有带锯齿边缘的叶；老叶在翌年夏季凋落前常变为红色。

叶类型	单叶
叶 形	椭圆形至长圆形
大 小	达10 cm×4 cm（4 in×1½ in）
叶 序	互生
树 皮	粗糙，红褐色，长成后片状剥落为长条，而非片状剥落
花	坛状，白色，有时呈粉红色，长约8 mm（⅜ in），在枝顶组成下垂的花簇
果 实	浆果，橙色至红色，有疣突，直径达2 cm（¾ in）
分 布	地中海地区，土耳其，爱尔兰西南部
生 境	石坡，灌丛和树林，主产于海岸附近

高达10 m
（33 ft）

143

草莓树
Arbutus unedo
Strawberry Tree
Linnaeus

草莓树为常绿乔木，树形呈球状至开展，秋季开花，前一年的花发育而成的果实也在此时成熟。本种的果实外观似草莓，但味道相差很远。事实上，学名中的加词*unedo*来自拉丁语，意为"我只会吃一个"。尽管如此，其果实仍可生食，或者制成蜜饯甚至利口酒。本种的木材可用作薪柴或用来烧炭，因此在一些地区出现了居群衰退的情况。草莓树的叶有时药用，花色和叶形多变。尽管花通常为白色，但红花草莓树*Arbutus unedo* f. *rubra*的花却为粉红色。**全缘**（'Integerrima'）品种的叶无锯齿，而**栎叶**（'Quercifolia'）却有大锯齿。诸如**大西洋**（'Atlantic'）和**精灵王**（'Elfin King'）这样的树形紧密、花果期很长的品种则适合小庭园栽培。

类似种

草莓树叶有锯齿，可以和草莓树属*Arbutus*其他种相区别。它与希腊草莓树*Arbutus andrachne*的杂种拟希腊草莓树*Arbutus × andrachnoides*的叶也可有锯齿，但其树皮为片状剥落。

草莓树的叶 为椭圆形至长圆形，长达10 cm（4 in），宽达4 cm（1½ in）；上表面呈深绿色，有光泽，下表面呈浅绿色，两面光滑；顶端钝尖，边缘有不明显的锯齿。

实际大小

叶类型	单叶
叶 形	卵形至椭圆形
大 小	达12 cm×5 cm（4¾ in×2 in）
叶 序	互生
树 皮	红褐色，层状剥落成薄片，露出浅橙色至略呈粉红色的年轻树皮；成树基部有一些老树皮宿存
花	坛状，长约6 mm（¼ in），白色或略带粉红色，在枝顶成簇
果 实	浆果，球形，亮红色，有疣突，直径1 cm（½ in）
分 布	美国西南部，墨西哥，中美洲
生 境	石坡，树林，峡谷
异 名	*Arbutus texana* Buckley

144

高达15 m
（50 ft）

得州草莓树
Arbutus xalapensis
Texas Madrone

Kunth

得州草莓树为常绿乔木，有时呈灌木状，树形开展。本种在分布区南部为冬季开花，在最北部为春季开花。本种为广布种，叶的毛被、锯齿、树皮形态和花期均多变。枝叶有腺毛的植株曾被视为独立的种腺毛草莓树*Arbutus glandulosa*，但现在认为它只是得州草莓树的一部分变异类型。本种的木材重而坚硬，可用于制作多种器具，全株很多部位均曾入药。种加词意为"来自夏拉帕（Xalapa）的"，这是墨西哥的地名，本种最早即描述自那里的植株。在美国，得州草莓树仅见于新墨西哥州和得克萨斯州，但本种实际上分布很广，主要产于墨西哥的山地，南延的中美洲山地也有很多分布。

类似种

本种最可能和亚利桑那草莓树*Arbutus arizonica*混淆，因为两个种可能长在一起。后者的叶片基部呈尖形，而得州草莓树的叶基通常呈圆形。

得州草莓树的叶 为卵形至椭圆形，革质，长达12 cm（4¾ in），宽达5 cm（2 in）；幼时有细茸毛或光滑，有时有腺毛，特别是在叶柄上，长成后上表面呈深绿色，有光泽，下表面呈浅绿色；顶端尖或钝，基部通常呈圆形，边缘常全缘，但也可有细齿。

实际大小

叶类型	单叶
叶 形	椭圆形至长圆形
大 小	达20 cm×8 cm（8 in×3¼ in）
叶 序	互生
树 皮	灰褐色，裂成深沟和窄裂条
花	白色，芳香，坛状，长约6 mm（¼ in），组成分枝纤细、下垂或开展的圆锥花序
果 实	蒴果，褐色，长约1 cm（½ in）
分 布	美国东部
生 境	开放的坡地和溪岸，常生于酸性土壤的松林或栎林中

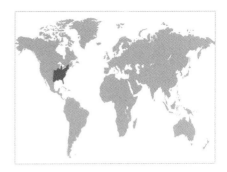

高达20 m
（65 ft）

酸木
Oxydendrum arboreum
Sorrel Tree
(Linnaeus) A. P. de Candolle

酸木的英文名"Sorrel Tree"，意为"酸模树"，本种为落叶乔木，树形呈锥状至柱状，树干常倾斜，枝条细，略微下垂，夏季开花。在本种分布较多的地区——如阿巴拉契亚山区——蜜蜂可用其花酿造一种受欢迎的带香辛味的花蜜。无论其学名还是中、英文名都源自其叶的酸味（像是酸模这种草本植物），这种带酸味的叶有时可用来解渴或泡制凉茶。本种为常见观赏树，花期晚，秋色美丽，有观赏价值，只适合栽于酸性土壤中。一些选育的品种有更好的秋色，如**变色龙**（'Chameleon'）的叶在秋季会变为黄色、红色和紫色。美洲原住民用其树皮的浸剂入药，其木材则可制作箭杆等器物。

类似种

酸木不易和其他树种混淆。它有相对较小的花，组成巨大的花序，果实可在树上宿存一段时间，都是颇为独有的特征。本种与马醉木属*Pieris*的一些常绿灌木种最为相似。

酸木的叶 为椭圆形至长圆形，长达20 cm（8 in），宽达8 cm（3¼ in）；上表面呈深绿色，光滑，下表面呈浅绿色，至少在幼时沿脉有毛，秋季变为亮橙色和红色；顶端渐尖，边缘可全缘、具细齿或具纤毛。

实际大小

叶类型	单叶
叶 形	椭圆形至卵形
大 小	达18 cm×9 cm（7 in×3½ in）
叶 序	互生
树 皮	灰褐色，有浅裂纹
花	不明显，绿色，无花瓣，生于幼枝基部；雌雄异株，雄花成簇，雌花单生
果 实	翅果，椭圆形，长约3 cm（1¼ in），果翅在顶端有缺口
分 布	中国
生 境	丘陵和山坡的森林和灌丛

高达20 m
（65 ft）

146

杜仲
Eucommia ulmoides
Hardy Rubber Tree
Oliver

杜仲为落叶乔木，幼时上耸，渐发育出球状树形，春季开花，与幼叶同放。尽管本种在野外为稀见树种，但在中国却广泛栽培。化石记录也表明它所在的杜仲科（现在仅剩这一个种）之前曾有广泛分布。本种的树皮是传统中药中的50种基本药材之一。人们把一株树的部分树皮剥下，在太阳下晒干，然后再把外层树皮剥离，留下含有乳汁的内层树皮。杜仲在英文中叫"Hardy Rubber Tree"（耐寒橡胶树），但它和能出产商业橡胶的橡胶树并无关系。

类似种

杜仲的叶形像其他几种树，比如李属*Prunus*的一些种。但如果把它的一片叶轻轻撕成两半，则可完全鉴定，由乳汁形成的丝会让两半叶仍然连在一起。山茱萸属*Cornus*树种也有这个现象。

杜仲的叶　为椭圆形至卵形，长达18 cm（7 in），宽达9 cm（3½ in）；上表面为有光泽的绿色，叶脉下陷；顶端长渐尖，边缘有锐齿。如果把叶轻轻撕成两半，这两半叶之间仍然有乳汁形成的细丝相连。

实际大小

叶类型	单叶
叶 形	卵形至近圆形
大 小	达15 cm × 12 cm（6 in × 4¾ in）
叶 序	互生
树 皮	光滑，灰色
花	小，无花瓣，但雄蕊众多，顶端的花药呈红色
果 实	翅果小，有细梗，每一枚长至1 cm（½ in），组成果簇，成熟时常为红色
分 布	喜马拉雅地区东部至中国东南部
生 境	落叶森林，灌丛，河岸

高达15 m
（50 ft）

147

领春木
Euptelea pleiosperma
Euptelea Pleiosperma
J. D. Hooker & Thomson

领春木为落叶乔木或大灌木，树形呈灌木状，开展，春季开花，略先于幼叶开放。本种在中国一些地区为常见植物，因为有丰富的变异，人们曾相信这些植物属于几个种。如今，中国的植物只承认为一个种，同属内还有另一个类似的种分布于日本。领春木属*Euptelea*是领春木科的唯一属，人们认为它与毛茛和罂粟这两类草本植物最为近缘。

类似种

日本领春木*Euptelea polyandra*与本种类似，不同之处在于叶缘的锯齿形状不规则，且更为尖锐。

实际大小

领春木的叶 为卵形至圆形，长达15 cm（6 in），宽达12 cm（4¾ in）；初生时常为古铜色或红色，后上表面变为深绿色，下表面变为浅绿色或蓝绿色，秋季则可变为橙色、黄色、红色；顶端骤尖，基部呈楔形，边缘有不规则的锯齿，齿尖具腺体。

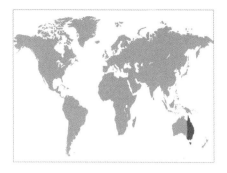

叶类型	二回羽状复叶
叶 形	长圆形
大 小	15 cm × 10 cm（6 in × 4 in）
叶 序	互生
树 皮	幼时绿色，光滑，后变为深褐色，有裂纹
花	芳香，很小，亮黄色，组成密集的球形花簇，再排成大型圆锥花序
果 实	荚果扁平，长达7½ cm（3 in），幼时呈绿色，成熟时变为灰绿色，再变为褐色
分 布	澳大利亚大陆东南部和塔斯马尼亚岛
生 境	山坡、冲沟和山脊的干燥森林

15 m
（50 ft），
或可高达30 m
（100 ft）

银荆
Acacia dealbata
Mimosa
Link

银荆在英文中与"Mimosa"（含羞草）同名，为常绿乔木，较少见为灌木，晚冬或早春开花。本种的叶显眼，生于有银白色毛、带棱角的枝条上。它所属的相思树属*Acacia*是个大属，其中很多种在极幼时具有羽状复叶，但在成年后只具有全缘、叶状的"叶状柄"（由叶柄扩展而成）。然而，银荆的叶却始终保持二回羽状。本种在温暖地区普遍作为观赏树栽培，花枝可用于插花。

类似种

合欢*Albizia julibrissin*也有二回羽状复叶，但一回羽片较少，小叶较大，颜色为绿色而非蓝绿色。银荆在开花时则只可能与相思树属其他一些较不常见的种混淆。银荆的亚种亚高山银荆*Acacia dealbata* subsp. *subalpina*产于较高海拔处，为较小的乔木，羽片也较短，至多长3 cm（1¼ in）。

银荆的叶 为长圆形，长达15 cm（6 in），生于长至1½ cm（⅝ in）的叶柄上；每枚叶在叶轴两侧具有20枚或更多的对生羽片，长约5 cm（2 in），每枚羽片均含有众多小叶；小叶微小，长5 mm（¼ in），宽不到1 mm（⅛ in），蓝绿色，狭长圆形，无锯齿，下表面有毛。

实际大小

叶类型	二回羽状复叶
叶 形	轮廓为长圆形
大 小	达50 cm × 30 cm（20 in × 12 in）
叶 序	互生
树 皮	光滑，灰色，老时有裂纹和鳞片
花	组成多至20朵花的有梗花簇；萼片和花冠绿白色，不显眼，但雄蕊长，众多，基部白色，顶端粉红色
果 实	荚果扁平，长达20 cm（8 in）
分 布	亚洲
生 境	树林，冲沟，河岸

高达15 m
（50 ft）

149

合欢
Albizia julibrissin
Silk Tree
(Willdenow) Durazzini

合欢为落叶乔木，树形开展，夏季开花。本种栽培广泛，特别是在夏季温暖的地区，主要赏其蕨类植物一般的叶和芳香绚烂的花，也因此在一些地区成为归化植物。本种的木材曾被作为建筑材料和制作家具使用，植株的一些部位入药。本种所在的合欢属*Albizia*主要分布于热带，本种是其中最耐寒的种。

类似种

银荆*Acacia dealbata*的叶有更多小叶，小叶较合欢小，呈蓝绿色，茎则有银白色毛。合欢属*Acacia*其他种都栽培于热带地区。

实际大小

合欢的叶 轮廓为长圆形，为二回羽状复叶；一回羽片对生，多达12对或更多，无顶生羽片；每枚羽片又含有多达30对的小叶；小叶长至1 cm（½ in），上表面呈深绿色，多少光滑。合欢的小叶在夜间会闭合。

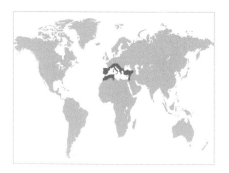

叶类型	羽状复叶
叶 形	轮廓为长圆形
大 小	达30 cm×15 cm（12 in×6 in）
叶 序	互生
树 皮	灰褐色，光滑
花	非常小，无花瓣，组成长达30 cm（12 in）的总状花序，生于老枝上；雌雄同株或异株，雄花有橙色至略带红色的花药
果 实	荚果，坚硬，通常弯曲，长达30 cm（12 in），成熟时褐色；果肉黏而甜，含有大型种子
分 布	地中海地区东部，西南亚
生 境	石质丘坡，生于排水良好的土壤中

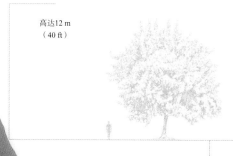

高达12 m
（40 ft）

150

实际大小

长角豆
Ceratonia siliqua
Carob Tree

Linnaeus

长角豆为常绿乔木，树形呈球状至开展，秋季或冬季开出小花。在英文中，本种也叫"圣约翰之饼"（St. John's Bread）。荚果有很高的营养价值。果肉碾成粉可以作为可可的替代品，烤熟的种子则可以作为咖啡的替代品。种子碾碎后可制成食用胶，广泛用于食品工业。"克拉"这个珠宝行业用语就来自本种植物的古名，因为其种子可用来衡量重量。

类似种

长角豆是非常独特的树种，不太可能和其他树种混淆。皂荚属*Gleditsia*与本种近缘，但该属树种均有二回羽状复叶。

长角豆的叶 轮廓为长圆形，为羽状复叶，含有多至6对的对生小叶；上表面呈深绿色，有光泽，下表面呈灰绿色，有毛，无锯齿，顶端常有缺刻，长至5 cm（2 in）；由于最顶端的一对小叶中常有一枚缺失，而使剩下的另一枚状如顶生小叶。

叶类型	单叶
叶形	阔卵形
大小	达12 cm × 12 cm（4¾ in × 4¾ in）
叶序	互生
树皮	深灰褐色，光滑
花	豌豆花状，长约1 cm（½ in），浅粉红色至深粉红色，花蕾颜色更深
果实	荚果，扁平，长达10 cm（4 in），初为绿色，后变为红紫色，最终为褐色
分布	北美洲
生境	湿润树林

高达10 m
（33 ft）

151

加拿大紫荆
Cercis canadensis
Redbud

Linnaeus

　　加拿大紫荆为落叶小乔木，树形呈球状至开展，早春开花，先于幼叶开放。紫荆属*Cercis*的花只是表面上呈豌豆花状，这个属的树木其实与豆科中包括热带大属羊蹄甲属*Bauhinia*在内的另一群植物近缘。加拿大紫荆花量大，在北美洲为重要的景观树。本种因为花蕾的颜色更深，因此在即将开花之时格外有观赏价值。加拿大紫荆尚有白花及紫叶的栽培类型。

类似种

　　加拿大紫荆叶顶端短渐尖，与南欧紫荆*Cercis siliquastrum*有区别。变种得州紫荆*Cercis canadensis* var. *texensis*和墨西哥紫荆*Cercis canadensis* var. *mexicana*的叶为有光泽的绿色，革质，后一变种叶下表面有细茸毛；原变种的叶则为灰绿色，质地薄。

加拿大紫荆的叶　为卵形，长宽均达12 cm（4¾ in）；幼时呈古铜色，上表面渐变深灰绿色，下表面呈浅绿色，有毛或无毛；顶端急狭成尖，基部通常呈心形或有时为截形，边缘无锯齿。

实际大小

叶类型	单叶
叶 形	圆形
大 小	达10 cm × 10 cm（4 in × 4 in）
叶 序	互生
树 皮	深灰色，幼时光滑，老时裂为小块
花	豌豆花状，浅粉红色至深粉红色，长约1½ cm（⅝ in），在枝条和树干上成簇
果 实	荚果，扁平，长达8 cm（3¼ in），初为绿色，后变为红色，再变为褐色
分 布	中国
生 境	山坡，林地中的空地

高达12 m
（40 ft）

152

紫荆
Cercis chinensis
Chinese Redbud

Bunge

紫荆的叶 为圆形，长宽均达10 cm（4 in）；上表面呈深绿色，有光泽，下表面呈蓝绿色，两面光滑，或在脉上及下表面的脉腋处有疏毛；顶端急狭成短尖，基部呈深心形，无锯齿，有狭窄的透明边缘。

紫荆为落叶乔木，有时呈灌木状，树冠呈球状，春天开花，先于幼叶开放。紫荆为紫荆属*Cercis*的几个中国种中最知名的种，花相对较大，颜色深，量大，因此常见栽培。本种的花色多变，一些栽培类型为白色。本种的庭园选育品种有**唐·埃戈尔夫**（'Don Egolf'）和**埃文代尔**（'Avondale'）等。前者株形紧密，花量大，花色为亮粉红色，不结果；后者整个枝条都被稠密的花覆盖，花色为带紫红色的粉红色。

类似种

紫荆与加拿大紫荆*Cercis canadensis*非常相似，但花较大，颜色通常较深，叶片边缘透明。

实际大小

叶类型	单叶
叶 形	阔卵形至圆形
大 小	达13 cm × 11 cm（5 in × 4½ in）
叶 序	互生
树 皮	灰褐色，老时片状剥落
花	豌豆花状，粉红色，长约1 cm（½ in），组成长达10 cm（4 in）的下垂总状花序
果 实	荚果，扁平，长达10 cm（4 in），初为绿色，后变为粉红色，再变为褐色
分 布	中国部分地区
生 境	山地的湿润树林、坡地和河岸

高达15 m
（50 ft）

153

垂丝紫荆
Cercis racemosa
Cercis Racemosa

Oliver

垂丝紫荆为落叶乔木，树冠呈球状至开展，有时为灌木，枝条幼时有毛。本种春季开花，先于幼叶开放或与幼叶同放。垂丝紫荆在野外为稀见种，栽培亦少，其花组成伸长的总状花序，而不是伞形的花簇，这在紫荆属*Cercis*中不同寻常。本种与另一个中国种湖北紫荆*Cercis glabra*近缘，后者的花为非常短的总状花序，长不到2 cm（¾ in）。本种曾被誉为中国最美丽的树木之一。

类似种

垂丝紫荆在开花时是非常独特的树种，因为紫荆属中没有其他种的花能组成这样长的总状花序。

垂丝紫荆的叶 为阔卵形至圆形，长达13 cm（5 in），宽达11 cm（4¼ in）；上表面呈深绿色，下表面呈浅绿色，有毛；顶端骤狭成短尖，基部呈圆形，边缘无锯齿。

实际大小

叶类型	单叶
叶 形	圆形
大 小	达10 cm × 10 cm（4 in × 4 in）
叶 序	互生
树 皮	灰褐色，老时有裂纹并裂成小块
花	豌豆花状，粉红色，长约2 cm（¾ in），花萼颜色更深
果 实	荚果，扁平，长达10 cm（4 in），初为绿色，后变为粉红色，再变为褐色
分 布	地中海地区东部
生 境	干燥石质地

154

高达8 m
（26 ft）

南欧紫荆
Cercis siliquastrum
Judas Tree
Linnaeus

南欧紫荆的叶 为圆形，长宽均达10 cm（4 in）；初生时为古铜色，后上表面变为蓝绿色，下表面变为浅蓝绿色，两面无毛；顶端呈圆形，或有时略有凹缺，基部呈深心形，边缘无锯齿。

南欧紫荆为落叶乔木，常为灌木状，或有几枚茎从基部发出，树形开展，春季开花，先于幼叶开放。本种花的颜色绚烂，常在主干上组成稠密的花簇，有时凉拌食用。南欧紫荆的英文名为"犹大树"（Judas Tree），传说加略人犹大在出卖耶稣之后，便在一棵南欧紫荆上自缢。本种普遍作为观赏树栽培，有诸如**白天鹅**（'White Swan'）之类开白花的品种。最流行的品种可能是**博德南特**（'Bodnant'），花大型，呈深粉红色，量大。

类似种

南欧紫荆叶顶端呈圆形，花相对较大，可与紫荆属*Cercis*其他种相区别。它可与连香树*Cercidiphyllum japonicum*混淆，但连香树叶有锯齿。近缘种阿富汗紫荆*Cercis griffithii*见于伊朗、阿富汗和中亚，不同之处在于叶顶端有凹缺。

实际大小

叶类型	羽状复叶
叶 形	轮廓为长圆形
大 小	达20 cm × 9 cm（8 in × 3½ in）
叶 序	互生
树 皮	光滑，灰绿色
花	豌豆花状，白色至粉红色，长约1 cm（½ in），组成长达30 cm（12 in）的大型直立圆锥花序
果 实	荚果，扁平，长达8 cm（3¼ in）
分 布	不丹，中国
生 境	湿润山地树林
异 名	*Cladrastis sinensis* Hemsley

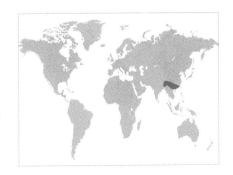

高达20 m
（65 ft）

155

小花香槐
Cladrastis delavayi
Chinese Yellowwood

(Franchet) Prain

实际大小

　　小花香槐为落叶乔木，树形呈阔柱状至开展，仲夏开出芳香的花。本种属于香槐属*Cladrastis*，属中数种分别分布于中国和北美洲东部，显示了这两个地方植物区系之间的密切关系。香槐属又与槐属*Styphnolobium*有亲缘关系，后者也兼有东半球和西半球的种。本种偶尔作为观赏树栽培，因为花期晚，又是到夏季才长叶的树种之一，对庭园造景颇有价值。

类似种

　　小花香槐与美国香槐*Cercis kentukea*的区别在于圆锥花序直立，花期较后者晚大约一个月，小叶数更多。

小花香槐的叶 轮廓为长圆形，长达20 cm（8 in），宽达9 cm（3½ in）；小叶无锯齿，多达15枚，通常在叶轴上互生；每枚小叶为卵形至长圆形，长达11 cm（4¼ in），宽达4 cm（1½ in），上表面呈深绿色，下表面呈灰色，有毛，秋季变为黄色。

叶类型	羽状复叶
叶 形	轮廓为长圆形
大 小	达30 cm×20 cm（12 in×8 in）
叶 序	互生
树 皮	浅灰色，光滑
花	豌豆花状，白色，长至3 cm（1¼ in），组成大型下垂圆锥花序
果 实	荚果，扁平，长达10 cm（4 in），成熟时由绿色变为褐色
分 布	美国东南部
生 境	坡谷，河岸，通常生于灰岩上
异 名	*Cladrastis lutea* (F. A. Michaux) K. Koch

高达18 m
（60 ft）

156

美国香槐
Cladrastis kentukea
Yellowwood
(Dumont de Courset) Rudd

　　美国香槐为落叶乔木，树形开展，常在低处即分枝，早夏开花。本种和香槐属*Cladrastis*其他种的芽为叶柄基部所包藏。美国香槐在野外是稀见树种，分布零散。其英文名"Yellowwood"（黄木），指新伐的木材为亮黄色，从中可以提取黄色染料。美国香槐木材坚硬，可用于制作枪托和家具。本种为栽培观赏树，**珀金斯粉红**（'Perkins Pink'）是花为粉红色的品种。

类似种

　　小花香槐*Cladrastis delavayi*的不同之处在于圆锥花序直立，当年的花期较本种晚。马鞍树属*Maackia*为香槐属的近缘属，但该属树种的芽裸露，不为叶柄基部所包藏。

实际大小

美国香槐的叶　轮廓为长圆形，长达30 cm（12 in），宽达20 cm（8 in）；每枚叶含有多至11枚小叶，小叶互生，具短柄，长达10 cm（4 in），顶端尖，边缘无锯齿；上表面呈深绿色，下表面呈浅绿色，两面光滑，秋季变为黄色。

叶类型	羽状复叶
叶 形	轮廓为长圆形
大 小	达25 cm × 12 cm（10 in × 4¾ in）
叶 序	互生
树 皮	灰色，有刺
花	微小，略呈绿色，组成花穗；雌雄同株，生于不同的花穗中，或雌雄异株，或花为两性
果 实	荚果，扁平、弯曲、深褐色，长达35 cm（14 in）
分 布	中国
生 境	树林和谷地，常分布于山区

高达30 m
（100 ft）

157

皂荚
Gleditsia sinensis
Chinese Honey Locust

Hemsley

皂荚为落叶乔木，树形呈阔柱状，枝条光滑或仅在幼时略有毛，花小，春季开放。皂荚属*Gleditsia*在中国有6个原产种，本种是其中株形最大的一种。皂荚的树干和枝条有刺，刺为锥形，常有分枝，顶端锐尖，横断面为圆形，长达15 cm（6 in）。本种在英文中也叫"Soap Bean Tree"（肥皂豆树），其荚果在中国可煎汁制作肥皂，木材也可用于制作黑火药。本种植株的一些部位（如果实的提取物和干燥后的刺）在中国是重要传统药材。

类似种

皂荚与美国皂荚*Gleditsia triacanthos*的区别在于小叶较少，顶端钝而不尖。原产中国、日本和朝鲜半岛的山皂荚*Gleditsia japonica*的小叶全缘或有非常浅的锯齿，刺扁平。皂荚还有一点与这两个种不同：它只有一回的羽状复叶。

皂荚的叶 为羽状复叶，长达25 cm（10 in），宽达12 cm（4¾ in），每枚叶含有多至7对小叶；小叶对生，卵形至长圆形，长达8 cm（3¼ in），宽达5 cm（2 in），顶端钝尖，基部圆形，边缘有锯齿，略呈波状。

实际大小

叶类型	一回或二回羽状复叶
叶 形	轮廓为长圆形
大 小	达20 cm × 15 cm（8 in × 6 in）
叶 序	互生
树 皮	深灰色，长成后有裂条，具有簇生的具分枝的刺
花	微小，略呈绿色，组成花穗；雌雄同株，生于不同的花穗中，或雌雄异株，或花为两性
果 实	荚果厚，扁平，深褐色，常弯曲，长达40 cm（16 in）
分 布	北美洲
生 境	湿润树林

高达30 m
（100 ft）

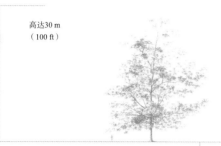

美国皂荚
Gleditsia triacanthos
Honey Locust
Linnaeus

美国皂荚为落叶乔木，树冠呈阔柱形，春季开花。荚果的果肉富含糖分，可以食用，可作为砂糖的替代器，或通过发酵酿成啤酒。本种的木材坚硬，专门用来制作围栏柱。尽管本种通常有刺，但也选育出了无刺、无果实的类型，用作行道树。**旭日**（'Sunburst'）是叶为亮黄色的品种。

类似种

皂荚*Gleditsia sinensis*只有一回的羽状复叶，而无二回羽状复叶。在皂荚属中同时具有一回和二回羽状复叶的树种中，山皂荚*Gleditsia japonica*的小叶较少，形状较大。

美国皂荚的叶 为一回或二回羽状复叶，长达20 cm（8 in），宽达15 cm（6 in）；一回的羽状复叶通常生于老树的短枝上，含有多至15对小叶，小叶深绿色，有光泽，长至4 cm（1½ in）；二回羽状复叶生于健壮的枝条上，含有多至7对的羽片，羽片对生，由较小的小叶构成。

158

实际大小

叶类型	二回羽状复叶
叶 形	轮廓为长圆形至倒卵形
大 小	达90 cm × 60 cm（36 in × 24 in）
叶 序	互生
树 皮	灰褐色，有鳞片状小块
花	绿白色，小；雌雄异株，部分植株也长有一些两性花
果 实	荚果大，褐色，长达25 cm（10 in）
分 布	美国东部至中西部
生 境	湿润树林

高达30 m
（100 ft）

159

北美肥皂荚
Gymnocladus dioica
Kentucky Coffee Tree

(Linnaeus) K. Koch

北美肥皂荚为落叶乔木，树形呈阔柱状，有时靠萌蘖条蔓延，晚春至早夏开花。雌花芳香，组成长达30 cm（12 in）的圆锥花序，但常隐于叶丛之中。因为其种子也可在煮熟或烘烤后食用，早期的北美洲殖民者将其用来作为咖啡的替代品，故本种英文名为"Kentucky Coffee Tree"（肯塔基咖啡树），但种子如不烹制则有毒性。

北美肥皂荚的叶 轮廓为长圆形至倒卵形，长达90 cm（36 in），宽达60 cm（24 in），每枚叶含有多至6对羽片；羽片对生，顶生羽片有或无，在叶轴基部常有两枚对生、无锯齿的小叶；每枚羽片又含有多至7对的对生小叶，小叶卵形，顶端渐尖，长达8 cm（3¼ in）；叶初生时为古铜色，后变为深蓝绿色。小叶在秋季凋落后，叶轴仍附着在枝条上。

类似种

本种有大型二回羽状复叶，只可能和楤木属 *Aralia* 的种混淆，但该属乔木状的种的茎具刺，小叶有锯齿，羽片通常无顶生小叶。

实际大小

叶类型	三出复叶
叶 形	近半圆形
大 小	达10 cm×12 cm（4 in×4¼ in）
叶 序	互生
树 皮	灰褐色，光滑，老时成鳞片状
花	豌豆花状，黄色，长2 cm（¾ in），组成长达45 cm（18 in）的下垂总状花序
果 实	荚果小，光滑，长至8 cm（3¼ in）
分 布	欧洲阿尔卑斯山区
生 境	山地湿润处

160

高达8 m
（26 ft）

高山毒豆
Laburnum alpinum
Scotch Laburnum
(Miller) Berchtold & J. Presl

　　高山毒豆为落叶乔木，幼时树形上耸，老时变为球状，早夏开花。本种的花极耀眼，为常见庭园树，但现已被它和毒豆*Laburnum anagyroides*的杂种金链花*Laburnum* × *watereri*取代。高山毒豆的枝条呈绿色，幼时略有毛，很快变光滑。全株各部位均有剧毒，种子毒性尤甚。

高山毒豆的叶　为三出复叶，小叶呈卵形至椭圆形，长达10 cm（4 in），宽达12 cm（4¾ in）；小叶顶端尖，边缘无锯齿，基部渐狭；上表面呈深绿色，下表面呈绿色，几乎无毛；叶柄长至6 cm（2½ in）。

类似种

　　毒豆的花组成较短的总状花序，开放时间较本种略早，叶下表面则为灰色，有毛，荚果亦有毛。金链花的叶下表面有毛，但为绿色。

实际大小

叶类型	三出复叶
叶 形	近半圆形
大 小	9 cm × 13 cm（3½ in × 5 in）
叶 序	互生
树 皮	灰色，光滑，老时有裂纹
花	豌豆花状，黄色，长2 cm（¾ in），组成长达25 cm（10 in）的下垂总状花序
果 实	荚果，有灰毛，长至8 cm（3¼ in）
分 布	中南欧
生 境	山地林地和密灌丛

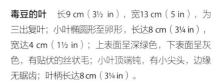

高达10 m
（33 ft）

毒豆
Laburnum anagyroides
Common Laburnum

Medikus

毒豆为落叶乔木，有时呈灌木状，树形呈球状至开展，常略微下垂，晚春开花。本种普遍作为观赏树栽培，有时成为归化植物。它是园艺杂种金链花 *Laburnum × watereri*，高山毒豆*Laburnum alpinum* × 毒豆*Laburnum anagyroides*的亲本之一。和高山毒豆一样，本种全株有剧毒。已经选育出一些庭园观赏品种，如**金叶**（'Aureum'）和**栎叶**（'Quercifolium'），前者叶黄色，后者的小叶分裂成古怪的形状。

毒豆的叶 长9 cm（3½ in），宽13 cm（5 in），为三出复叶；小叶椭圆形至卵形，长达8 cm（3¼ in），宽达4 cm（1½ in）；上表面呈深绿色，下表面呈灰色，有贴伏的丝状毛；小叶顶端钝，有小尖头，边缘无锯齿；叶柄长达8 cm（3¼ in）。

类似种

毒豆与高山毒豆的不同之处在于花序较短、较密，叶下表面有灰毛，荚果有灰毛。杂种金链花的花序较长，与高山毒豆相似，叶为绿色，下表面有毛。

实际大小

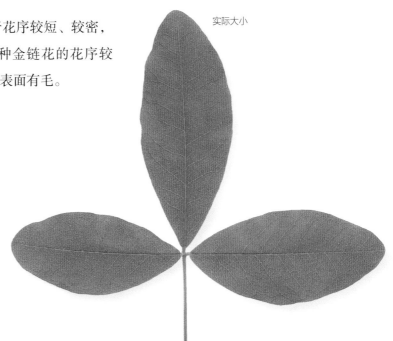

叶类型	羽状复叶
叶 形	轮廓为倒卵形
大 小	达25 cm × 15 cm（10 in × 6 in）
叶 序	互生
树 皮	灰褐色、橙褐色，幼时层状剥落
花	豌豆花状，白色，组成密集的圆柱状直立总状花序
果 实	荚果，扁平，深褐色，长达7 cm（2¾ in）
分 布	俄罗斯东部，中国北部，朝鲜半岛
生 境	山地森林，河岸

162

高达12 m
（40 ft）

实际大小

朝鲜槐
Maackia amurensis
Amur Maackia
Ruprecht & Maximowicz

朝鲜槐为落叶小乔木，树形开展，夏季开花。本种属于马鞍树属*Maackia*，这是与香槐属*Cladrastis*和槐属*Styphnolobium*有亲缘关系的一个东亚小属，主要分布在中国。朝鲜槐属含有约8种乔木和灌木，本种是其中之一。朝鲜槐木材坚硬，抗腐蚀，在中国可用于制作家具和饰面板等多种器具。因花芳香、树皮美丽，本种及其亲缘种偶见作为观赏树栽培。

类似种

本种的花序密集，直立或近直立，非常独特。与香槐属的不同之处在于花序较松散，芽包藏在叶柄基部里面。同属还有几个形似种，但本种与大多数其他种的区别在于叶长成后无毛，此外小叶数目也不同。

朝鲜槐的叶 轮廓为倒卵形，长达25 cm（10 in），宽达15 cm（6 in），羽状复叶，含有多至11枚小叶；小叶为卵形至椭圆形，顶端渐尖，边缘无锯齿，对生，长达8 cm（3¼ in），宽达4 cm（1½ in）；幼叶为引人瞩目的银绿色，初生时有毛，后上表面渐变为深绿色，下表面为浅绿色，两面光滑，秋季有时变为黄色，或在凋落时仍为绿色。

叶类型	羽状复叶
叶 形	轮廓为长圆形
大 小	达30 cm×10 cm（12 in×4 in）
叶 序	互生
树 皮	深灰褐色，厚，裂成深沟
花	豌豆花状，长2 cm（¾ in），白色而有黄斑，芳香，组成长达20 cm（8 in）的下垂总状花序
果 实	荚果，红褐色，扁平，长达10 cm（4 in）
分 布	美国东南部
生 境	树林，密灌丛

高达25 m
（80 ft）

163

刺槐
Robinia pseudoacacia
Black Locust

Linnaeus

刺槐为落叶乔木，树冠呈阔柱状，靠萌蘖条蔓延，晚春和早夏开花。其枝条有小刺，由宿存的托叶变态而成。尽管本种在野外的分布区相当狭窄，但栽培普遍，在很多国家成为危害严重的入侵植物。刺槐的木材重而坚硬，一度为造船业广泛使用。本种已经选育出不少园艺品种，最常见的是**弗里西亚**（'Frisia'），其叶为金黄色。

实际大小

类似种

刺槐属*Robinia*其他种的花为粉红色。刺槐有时可与皂荚属*Gleditsia*相混淆，后者的叶通常为二回羽状复叶，树干有刺。

刺槐的叶 为长圆形，长达30 cm（12 in），宽达10 cm（4 in），羽状复叶，含有多达21枚小叶；小叶对生或近对生，椭圆形至长圆形，长至5 cm（2 in），宽至2 cm（¾ in），顶端钝尖至微凹，边缘无锯齿；叶柄基部有2枚小托叶，宿存，变态成刺。

叶类型	羽状复叶
叶形	轮廓为长圆形
大小	达30 cm × 10 cm（12 in × 4 in）
叶序	互生
树皮	深褐色，幼时光滑，老时渐具裂沟，常有毛刺
花	豌豆花状，粉红色而有黄斑，长约2 cm（¾ in），组成长至6 cm（2½ in）的下垂总状花序
果实	荚果，扁平，长达8 cm（3¼ in），因有腺毛而发黏
分布	美国东南部
生境	树林，山脊，空地

高达10 m
（33 ft）

164

黏毛刺槐
Robinia viscosa
Clammy Locust
Ventenat

实际大小

黏毛刺槐为落叶乔木，常为灌木状，靠萌蘖条蔓延。本种的枝条密被黏性腺毛，并有由宿存托叶变态而成的小刺。因花色耀眼，本种多有栽培，在北美洲东部很多地方归化，并与其他种发生杂交。柄腺刺槐*Robinia viscosa* var. *hartwegii*为一稀见的灌木状变种，分布局限于美国南卡罗来纳州和佐治亚州。

类似种

黏毛刺槐有时会与毛刺槐*Robinia hispida*混淆，毛刺槐为灌木，花也为粉红色，但枝条具刚毛，无黏性。新墨西哥刺槐*Robinia neomexicana*为小乔木，枝条有毛。

黏毛刺槐的叶 轮廓为长圆形，长达30 cm（12 in），宽达10 cm（4 in）；羽状复叶，含有多达21枚小叶，叶柄和叶轴因具腺毛而有黏性；小叶呈椭圆形至卵形，长至5 cm（2 in），宽至2 cm（¾ in），上表面呈深绿色，下表面呈浅绿色，初生时有毛。

叶类型	羽状复叶
叶 形	轮廓为狭长圆形
大 小	达15 cm×3 cm（6 in×1¼ in）
叶 序	互生
树 皮	灰色，光滑
花	黄色，管状，具5枚花瓣，长至5 cm（2 in），成簇生
果 实	荚果，长至20 cm（8 in），纤细，边缘具狭翅，在种子间缢缩
分 布	新西兰
生 境	河流阶地，河漫滩，丘坡

高达25 m
（80 ft）

165

小叶四翅槐
Sophora microphylla
Small-leaved Kowhai

Aiton

小叶四翅槐为半常绿乔木，树形呈阔柱状至开展，成年时枝条常下垂。本种晚冬至春季开花，开花前老叶通常刚刚凋落。和很多其他新西兰植物一样，本种的幼树会度过一段漫长的幼龄期，此时植株为灌木状，枝条相互交错，叶少而小。小叶四翅槐的植株通常在达到成年阶段后才开花。智利的一个亲缘种曾经也被称作"小叶四翅槐"，但现在其被认为是一个独立的种——智利四翅槐*Sophora cassioides*。庭园栽培品种[太阳王]小叶四翅槐［S. Sun King，品种名为**希尔索普**（'Hilsop'）］曾被当作小叶四翅槐的品种，但它其实是智利四翅槐和大果智利槐*Sophora macrocarpa*的杂种，二者均产于智利。

类似种

在新西兰，本种所在的苦参属*Sophora*有几个常呈灌木状的形似种。其中最知名者为四翅槐*Sophora tetraptera*，其产于新西兰北岛，高可达10 m（33 ft）以上。它与小叶四翅槐的不同之处在于小叶较大，可多至41枚，生长不经历幼龄阶段。智利树种智利四翅槐与本种极似，但没有幼龄阶段。

实际大小

小叶四翅槐的叶 轮廓为狭长圆形，长达15 cm（6 in），宽达3 cm（1¼ in）；羽状复叶，小叶对生或近对生，多至51枚。小叶呈椭圆形至倒卵形，长至1 cm（½ in），宽至5 mm（¼ in）；边缘全缘，顶端呈圆形至略呈锯齿状；小叶柄很短。

叶类型	羽状复叶
叶 形	轮廓为长圆形
大 小	达15 cm×7 cm（6 in×2¾ in）
叶 序	互生
树 皮	灰色，光滑
花	黄色，管状，具5枚花瓣，长至5 cm（2 in），成簇生
果 实	荚果，长至20 cm（8 in），边缘具狭翼，在种子间缢缩
分 布	新西兰（北岛）
生 境	低地地区，河岸，林缘

高达12 m
（40 ft）

四翅槐
Sophora tetraptera
Kowhai
J. F. Miller

四翅槐为落叶或半常绿乔木，树形呈阔柱状至开展，晚冬至春季开花，通常恰在老叶凋落之后。本种可能是新西兰最知名的树种，常被人当作该国国花。因为不像小叶四翅槐*Sophora microphylla*那样在开花前有漫长的幼龄阶段，所以四翅槐为一常见的园林树种。本土鸟类常访问其花，吸取花蜜。本种及其亲缘种有时被作为盆景树栽培。四翅槐和小叶四翅槐可出产美观、坚硬而致密的木材，可制作篱柱、工具，或用于细木工。

类似种

四翅槐小叶长2 cm（¾ in）以上，凭此通常易于识别。小叶四翅槐小叶较小，长仅约1 cm（½ in），并有灌木状的幼龄阶段。智利四翅槐*Sophora cassioides*没有幼龄阶段，但小叶的大小类似小叶四翅槐。

四翅槐的叶 轮廓为长圆形，长达15 cm（6 in），宽达7 cm（2¾ in）；羽状复叶，含有多达大约41对全缘的对生小叶。小叶均为椭圆形至长圆形，长2—3.5 cm（¾—1⅜ in），宽8 mm（⅜ in），较新西兰苦参属其他种长而相对较狭；上表面呈深绿色，下表面呈浅绿色，两面有毛。

实际大小

叶类型	羽状复叶
叶 形	轮廓为长圆形
大 小	达25 cm×10 cm（10 in×4 in）
叶 序	互生
树 皮	幼时光滑，绿色，有凸起的浅色皮孔，老时变灰褐色，有裂条
花	豌豆花状，白色或浅粉红色，长约1 cm（½ in），组成长达30 cm（12 in）的大型圆锥花序
果 实	荚果，圆柱形，光滑，长达8 cm（3¼ in），在种子间缢缩
分 布	中国
生 境	山地的林地、灌丛和空地
异 名	*Sophora japonica* Linnaeus

高达25 m
（80 ft）

167

槐
Styphnolobium japonicum
Japanese Pagoda Tree
(Linnaeus) Schott

槐为落叶乔木，树冠呈球状，夏季开花。尽管本种最初描述的标本采自日本，并被认为是日本原产，但它实际上是从中国引栽过去的，在世界其他地方也被广泛栽培，特别是有温暖夏季的地区。**龙爪**（'Pendulum'）是常见品种，树冠由下垂扭曲的枝条组成。本种的花和果可提取黄色染料，可用于丝绸的染色。本种也是常见的盆景树。

类似种

槐的荚果呈圆柱形，可与香槐属*Cladrastis*和马鞍树属*Maackia*相区别。枝条呈绿色，无刺，可与刺槐属*Robinia*相区别。

槐的叶 轮廓为长圆形，长达25 cm（10 in），宽达10 cm（4 in）；羽状复叶，含多达9对小叶。小叶对生，卵圆形，长至6 cm（2½ in），宽至3 cm（1¼ in）；上表面呈深绿色，下表面呈灰色，秋季凋落时或者仍为绿色，或者变为黄色；顶端成一急短尖，边缘无锯齿。复叶柄的基部膨大，芽包藏其中。

实际大小

叶类型	单叶
叶 形	长圆形至披针形
大 小	达18 cm × 5 cm（7 in × 2 in）
叶 序	互生
树 皮	幼时灰色，光滑，老时有裂沟
花	小、芳香，乳白色，组成直立的花穗；雄花有长雄蕊，雌花生于一些花序的基部
果 实	坚果，褐色，1至3枚包于具刺的壳斗（果苞）中
分 布	日本，韩国
生 境	丘陵森林

高达15 m
（50 ft）

168

日本栗
Castanea crenata
Japanese Chestnut
Siebold & Zuccarini

日本栗为落叶乔木，树形开展，晚春至初夏开花。本种的坚果在远东地区是重要的食物来源。它们的大小和甜度有很大变化，可生食或烹饪后食用，或者用来喂猪。本种对栗疫病有较强抵抗力，北美洲的栗疫病可能就是由早期引种的日本栗带来的。为了获得更好的果实品质，现已选育出了一些品种；为了获得抗病品种，又培育了本种和其他栗树的一些杂种。

类似种

本种叶片下表面既有毛又有浅黄色的鳞片，为栗属*Castanea*中唯一的特征组合。茅栗*Castanea seguinii*叶片下表面也有鳞片，但仅下表面叶脉上有毛。

日本栗的叶 为长圆形至披针形，长达18 cm（7 in），英达5 cm（2 in）；上表面呈深绿色，下表面呈浅灰色，覆有软毛和浅黄色的鳞片；顶端细渐尖，边缘具细芒，从叶脉末端发出。

实际大小

叶类型	单叶
叶 形	椭圆形至倒卵形
大 小	达30 cm × 10 cm（12 in × 4 in）
叶 序	互生
树 皮	幼时灰色，光滑，老时有裂沟
花	小、芳香、乳白色，组成直立的花穗，长达20 cm（8 in）；雄花有长雄蕊，雌花生于一些花序的基部
果 实	坚果，褐色，包于具刺的壳斗（果苞）中，最多3枚并生
分 布	北美洲东部
生 境	肥沃林地

高达30 m
（100 ft）

美洲栗
Castanea dentata
American Sweet Chestnut
(marshall) Borkhausen

美洲栗为落叶乔木，树形呈阔柱状，夏季开花。本种曾是北美洲森林中的一个壮观的树种，木材优良，果实美味，可供人食用或做猪饲料。20世纪初，在纽约最先发现真菌性的栗疫病，此病在本种的野生分布范围内快速扩散，摧毁了绝大多数植株。由于本种根部有抗病性，这些野生植株现在常仅有新芽，很少能长到开始结果的高度，在此之前便会被栗疫病再次摧毁。

类似种

本种的叶与欧洲栗*Castanea sativa*最为相似，但为灰绿色，基部渐狭而不为圆形。

实际大小

美洲栗的叶 为椭圆形至倒卵形，长达30 cm（12 in），宽达10 cm（4 in）；上表面呈深灰绿色，下表面呈浅灰绿色，无明显的毛；顶端急尖，边缘具三角形锯齿，齿尖有芒，基部渐狭为叶柄，长至3 cm（1¼ in）。

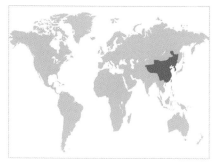

叶类型	单叶
叶 形	椭圆形至披针形
大 小	达20 cm × 8 cm（8 in × 3¼ in）
叶 序	互生
树 皮	幼时深灰色，光滑，老时有裂沟和裂条
花	小，乳白色，组成直立的花穗，长达12 cm（4¾ in）；雄花有长雄蕊，雌花生于一些花序的基部
果 实	坚果，褐色，有光泽，包于具刺的壳斗（果苞）中，最多3枚并生
分 布	中国，朝鲜半岛
生 境	山坡森林

高达20 m
（65 ft）

170

板栗
Castanea mollissima
Chinese Chestnut

Blume

板栗为落叶乔木，树形呈阔柱状至球状，晚春至初夏开花。坚果味甜，可食，大小多变，为了获得更好的果实品质，已选育出很多品种。在原产地中国，本种是导致栗疫病的真菌的寄主，但它对此病有抗病性，仅产生轻微症状。因此，本种是用于繁育抗栗疫病的栗树的野生种之一。板栗在世界广泛栽培，在美国东南部有时归化。

类似种

珠栗*Castanea pumila*的叶下表面也有细绒毛，但为灌木或小乔木。日本栗*Castanea crenata*叶下表面既有毛又有鳞片。

板栗的叶 为椭圆形至披针形，长达20 cm（8 in），宽达8 cm（3¼ in）；上表面呈深绿色，多少有光泽，下表面呈灰色或绿色，覆有软毛组成的毛被，至少在脉上如此；顶端锐尖，边缘具三角形的尖锯齿。

实际大小

叶类型	单叶
叶形	椭圆形至倒披针形
大小	达20 cm × 8 cm（8 in × 3¼ in）
叶序	互生
树皮	光滑，灰褐色，有浅裂沟
花	小，乳白色，组成直立的花穗，长达12 cm（4¾ in）；雄花有长雄蕊，雌花生于一些花序的基部
果实	坚果，褐色，有光泽，单生于具刺的壳斗（果苞）中
分布	美国东部
生境	混交林地，生于石质和沙质土壤中

高达15 m
（50 ft）

珠栗

Castanea pumila
Allegheny Chinquapin

Miller

珠栗为落叶小乔木或为灌木，可构成密灌丛，通过萌蘖条蔓延，晚春和初夏开花。本种在生活型、大小和叶片毛被等方面高度多变。有的类型高仅约1 m（3 ft），曾被独立为另一个种桤叶栗*Castanea alnifolia*。珠栗为北美洲栗属树木中对栗疫病抗性最强的种，但仍然易于感染。

类似种

大珠栗*Castanea ozarkensis*是分布仅局限于美国奥扎克山和邻近各州的种。在栗属中，它是除珠栗外唯一的壳斗中仅有1枚坚果的种，但与珠栗不同，其树形较大，高可达20 m（65 ft），枝条光滑，叶较大，几乎无毛。

珠栗的叶 为椭圆形至倒披针形，长达20 cm（8 in），宽达8 cm（3¼ in），生于具细绒毛的枝条上；上表面呈浅绿色，下表面呈灰色，有毛；顶端锐尖，边缘具尖锯齿。

实际大小

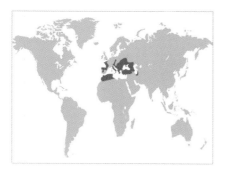

叶类型	单叶
叶 形	长圆形
大 小	达20 cm×8 cm（8 in×3¼ in）
叶 序	互生
树 皮	幼时灰色，光滑，老时变灰褐色，发育有显著的螺旋状裂条
花	小，乳白色，组成直立的花穗，长达12 cm（4¾ in）；雄花有长雄蕊，雌花生于一些花序的基部
果 实	坚果，褐色，有光泽，包于具刺的壳斗（果苞）中，最多3枚并生
分 布	南欧，北非，土耳其
生 境	土壤排水良好的林地

高达30 m
（100 ft）

172

欧洲栗
Castacea sativa
Sweet Chestnut
Miller

欧洲栗为落叶大乔木，树形呈阔柱状至开展，夏季开花。本种在庭院和大公园中颇为常见，为典型的可以长出极为粗大树干的壮观树种。木材优良，坚果味甜，可食。本种砍伐之后很快即可从基部再次萌发，常植为矮林，供伐取木材之用。为了获得更好的果实品质，已选育出很多品种，与日本栗*Castanea crenata*等亚洲种的杂种也有栽培。**银边**（'Albomarginata'）是最常见的观赏品种，其叶片边缘幼时为乳黄色，渐变白色。

类似种

欧洲栗最容易和美洲栗*Castanea dentata*混淆，但前者的叶片较有光泽，基部呈圆形而非渐狭，可相互区别。

欧洲栗的叶 为长圆形，长达20 cm（8 in），宽达8 cm（3¼ in）；上表面呈深绿色，有光泽，下表面呈浅绿色，初生时被疏毛，渐变光滑；顶端渐尖，基部通常呈圆形，有时略呈心形，边缘具锐齿。

实际大小

叶类型	单叶
叶 形	长圆形至椭圆形或倒卵形
大 小	达14 cm×5 cm（5½ in×2 in）
叶 序	互生
树 皮	光滑，灰色
花	小、芳香，乳白色，组成直立的花穗；雄花有长雄蕊，雌花生于一些花序的基部
果 实	坚果，褐色，1至3枚包于具刺的壳斗（果苞）中
分 布	中国
生 境	混交林，主要生于山地

高达10 m
（33 ft）

173

茅栗
Castanea seguinii
Castanea Seguinii
Dode

茅栗为落叶小乔木，树形开展，常呈灌木状，晚春或夏季开花。与栗属*Castanea*其他种一样，本种坚果可食，因此在中国有栽培，但不如其他种的种植规模大。尽管大多数栗属树种从种子萌发到开始结果需要几年或更多时间，但本种只需一两年就开始结果。本种对栗疫病有抗病性，其杂种用作嫁接其他栗树的矮化砧木。作为果树，人们选育了它与板栗*Castanea mollissima*的杂种，种子萌发三到五年后即可结出味甜的坚果。

类似种

茅栗可与日本栗*Castanea crenata*混淆，后者的叶片下表面也覆有鳞片，但整个下表面都有毛。

茅栗的叶 轮廓为长圆形至椭圆形或倒卵形，长达14 cm（5½ in），宽达5 cm（2 in）；顶端锐尖，边缘有锐齿，基部呈圆形，或有时略呈心形；上表面呈深绿色，有光泽，光滑，下表面呈浅灰色，密被微小的鳞片，仅在幼时沿脉有毛。

实际大小

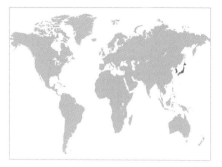

叶类型	单叶
叶 形	卵形
大 小	达10 cm×4 cm（4 in×1½ in）
叶 序	互生
树 皮	灰色，光滑
花	小，乳白色；雄花和雌花各自组成花穗，花穗直立至拱曲，长达10 cm（4 in）
果 实	槲果，长至1 cm（½ in），翌年成熟
分 布	日本，韩国
生 境	常绿林，近海岸处更多见

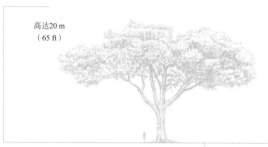

高达20 m
（65 ft）

174

圆果锥
Castanopsis cuspidata
Japanese Chinquapin
(Thunberg) Schottky

圆果锥的叶 为卵形，革质，长达10 cm（4 in），宽达4 cm（1½ in）；幼时呈红褐色，长成后上表面呈深绿色，有光泽，下表面则因为覆有极多鳞片而呈带金属光泽的红褐色；顶端渐尖，边缘在中部以上有浅而钝的锯齿。

实际大小

圆果锥为常绿乔木，树形呈密球状，春季和初夏开花。本种所在的锥属有100多种常绿树种，产于东亚和东南亚。此属与栗属*Castanea*近缘，但后者均为落叶树；又与柯属*Lithocarpus*近缘，其槲果组成小型果簇。本种坚果可食，在一些地方被视为美味，亦是野生动物的重要食物来源。木材密实，可用于制作家具和其他器物，枯枝则可用于栽培蕈类。锥属*Castanopsis*多数种原产于热带或亚热带地区，庭园中只能见到寥寥数种。

类似种

长果锥*Castanopsis sieboldii*原产于韩国和日本，为本种的近缘种，有时作为本种的变种处理。它的槲果较长，叶较厚。可食柯*Lithocarpus edulis*的叶片下表面有类似的光泽，叶较大，无锯齿。

叶类型	单叶，全缘
叶 形	长圆形至披针形
大 小	达12 cm × 5 cm（4¾ in × 2 in）
叶 序	互生
树 皮	幼时光滑，灰色，渐有裂沟并变为红褐色
花	小，近白色，芳香；雄花组成直立的柔荑花序，长达5 cm（2 in），雌花生于柔荑花序基部，有时在同一植株上组成单独的柔荑花序
果 实	壳斗（果苞）多刺，似栗属，直径达4 cm（1½ in），翌年成熟，其中含有多至3枚的坚果，褐色，有光泽
分 布	美国西部，从华盛顿州到加利福尼亚州
生 境	石坡的常绿林
异 名	*Castanopsis chrysophylla* (Douglas ex Hooker) A. L. de Candolle

高达30 m
（100 ft）

金鳞栗
Chrysolepis chrysophylla
Golden Chestnut
(Douglas ex Hooker) Hjelmquist

金鳞栗为常绿乔木，树形呈阔锥状至开展，但在高海拔地区可为灌木，初夏开花。本种也可被置于锥属*Castanopsis*中，这是一个原主产东南亚温暖地区的大属。本种大小、高度多变，可为贫瘠干燥土壤上的灌木，或在条件极好时（如冷凉的坡地或湿润的峡谷底部）长成高达40 m（130 ft）以上的大乔木。坚果可食，对野生动物有吸引力。金鳞栗有一个变种小金鳞栗*Chrysolepis chrysophylla* var. *minor*，为灌木，叶较小。

类似种

灌木金鳞栗*Chrysolepis sempervirens*为灌木，分布于俄勒冈州南部和加利福尼亚州，叶片先端钝。栗属*Castanea*的果实与本属类似，但为落叶树，叶有锯齿。冬青栎*Quercus ilex*叶片下表面有灰色绒毛，而无黄色鳞片。

金鳞栗的叶 为长圆形至披针形，长达12 cm（4¾ in），宽达5 cm（2 in），顶端具长尖；质地为革质，上表面呈深绿色，下表面呈金黄色，密覆有微小的鳞片；鳞片在幼叶上呈黄褐色，最终脱落，而使叶下表面变光滑并呈蓝白色。

实际大小

叶类型	单叶
叶 形	卵形
大 小	达10 cm × 6 cm（4 in × 2½ in）
叶 序	互生
树 皮	光滑，灰色
花	小，无花瓣；雄花和雌花同株，各自组成花簇，雄花簇下垂
果 实	坚果，1至2枚包于4深裂的壳斗（果苞）中；壳斗木质，具刚毛，长至1½ cm（⅝ in），生于长至1 cm（½ in）的梗上；壳斗下方的刚毛顶端宽扁
分 布	日本
生 境	森林

高达30 m
（100 ft）

176

圆齿水青冈
Fagus crenata
Japanese Beech

Blume

圆齿水青冈为落叶大乔木，树形呈阔柱状至球状，春季开花，与幼叶同放。本种为日本最常见、分布最广的水青冈属*Fagus*树种，分布区从南部的九州岛和四国岛一直延伸到北部的北海道岛，且常为森林中的优势种。其分布高度在分布区北部接近海平面，向南升至山地。本种的木材有用，并为常见的盆景树。

类似种

日本水青冈*Fagus japonica*与本种的不同之处在于：叶片侧脉数较多，坚果长于壳斗，伸出于壳斗之外。东方水青冈*Fagus orientalis*的壳斗刚毛也有宽扁的先端，但果梗要长得多。

实际大小

圆齿水青冈的叶 为卵形，长达10 cm（4 in），宽达4 cm（1½ in），侧脉7—11对；上表面呈深绿色，光滑，下表面呈浅绿色，幼时沿脉有丝状毛；顶端急尖，边缘有圆齿或为波状。

叶类型	单叶
叶 形	卵形至椭圆形
大 小	达10 cm×5 cm（4 in×2 in）
叶 序	互生
树 皮	光滑，灰色
花	小，无花瓣；雄花和雌花同株，各自组成花簇，雄花簇下垂
果 实	坚果，1至2枚包于4深裂的壳斗（果苞）中；壳斗木质，具刚毛，长至1½ cm（⅝ in），生于长达7 cm（2¾ in）的梗上
分 布	中国
生 境	山地森林

高达25 m
（80 ft）

米心水青冈
Fagus engleriana
Engler Beech

Seemen ex Diels

米心水青冈为落叶乔木，树形呈阔锥状至开展，有时分枝很低，而有数枚茎从基部生出。在中国的水青冈属*Fagus*树种中，本种的分布区相对偏北，与其他同属树种同时存在时，更偏爱生于北向坡地之类较冷凉的地方。本种栽于庭园中可为引人瞩目的小型乔木，但少见栽培。

类似种

米心水青冈的果梗非常长，可达7 cm（2¾ in），叶为蓝绿色，壳斗（果苞）上有叶状苞片，而极易与水青冈属其他种区别。日本水青冈*Fagus japonica*与本种形似，但果梗较短，坚果长于壳斗。

米心水青冈的叶 为卵形至椭圆形，长达10 cm（4 in），宽达5 cm（2 in），具9—14对侧脉；颜色为独特的蓝绿色，上表面光滑，下表面幼时沿脉有毛；顶端锐尖，基部呈楔形，边缘波状。

实际大小

叶类型	单叶
叶 形	狭椭圆形至卵形
大 小	达12 cm × 6 cm（4¾ in × 2½ in）
叶 序	互生
树 皮	灰色，具疣状皮孔
花	小，无花瓣；雄花和雌花同株，各自组成花簇，雄花簇下垂
果 实	坚果，1至2枚包于4深裂的壳斗（果苞）中；壳斗木质，具刚毛，长至2 cm（¾ in），生于短梗上
分 布	北美洲东部，加拿大东南部，墨西哥东部
生 境	湿润林地

高达30 m
（100 ft）

178

北美水青冈
Fagus grandifolia
American Beech
Ehrhart

北美水青冈为落叶大乔木，树形开展，春季开花，与幼叶同放。本种为水青冈属*Fagus*在北美洲的唯一一种，木材浅色，可用于制作家具，特别是椅子。北美水青冈见于从加拿大东部到美国佛罗里达州的广大地域，在其分布区内形态多变，以前曾被划出几个变种。墨西哥水青冈*Fagus grandifolia* subsp. *mexicana*是墨西哥东部云雾森林生境中的稀见野生亚种。所谓云雾森林，是指热带山地的潮湿森林，常被云雾所覆盖。

类似种

北美水青冈的叶有大而明显的锯齿，因而为水青冈属中最易识别的种。日本水青冈*Fagus japonica*的叶有浅锯齿，下表面呈蓝绿色。

实际大小

北美水青冈的叶 为狭椭圆形至卵形，长达12 cm（4¾ in），宽达6 cm（2½ in），侧脉多至15对；上表面呈深绿色，有光泽，下表面呈浅绿色，幼时至少沿脉有毛；顶端渐尖，基部通常呈楔形，边缘有明显锯齿，齿尖指向前方。

叶类型	单叶
叶 形	椭圆形至卵形
大 小	达10 cm×5 cm（4 in×2 in）
叶 序	互生
树 皮	光滑，灰色
花	小，无花瓣；雄花和雌花同株，各自组成花簇，雄花簇下垂
果 实	坚果，1至2枚生于4深裂的壳斗（果苞）中，长于壳斗而突出于其外；壳斗木质，具刚毛，长至2½ cm（1 in），生于长达4 cm（1½ in）的梗上
分 布	日本
生 境	山地森林

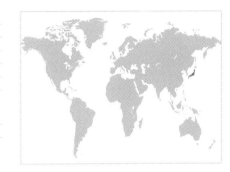

高达25 m
（80 ft）

日本水青冈
Fagus japonica
Japanese Blue Beech

Maximowicz

日本水青冈落叶乔木，树形呈球状，春季开花，与幼叶同放。本种较圆齿水青冈*Fagus crenata*少见，分布区偏南，主要见于日本的太平洋侧。植株常具多枚从基部生出的树干，这一特征据信可以让植株生存很长时间，因为枯死的树干可以由从基部生出的萌蘖条取代。

类似种

圆齿水青冈与本种的不同之处在于叶下表面呈绿色，侧脉较少；此外，它的坚果包于壳斗之中。

日本水青冈的叶 为椭圆形至卵形，长达10 cm（4 in），宽达5 cm（2 in），侧脉多至14对；上表面呈深绿色，幼时有丝状毛，下表面呈蓝绿色，有细绒毛；顶端锐尖，边缘具浅圆齿。

实际大小

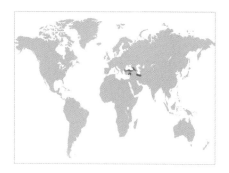

叶类型	单叶
叶 形	倒卵形
大 小	达12 cm×6 cm（4¾ in×2½ in）
叶 序	互生
树 皮	光滑，灰色
花	小，无花瓣；雄花和雌花同株，各自组成花簇，雄花簇下垂
果 实	坚果，1至2枚包于4深裂的壳斗（果苞）中；壳斗木质，具刚毛，长至2 cm（¾ in），生于长达7 cm（2¾ in）的梗上
分 布	东南欧，西亚
生 境	山地森林

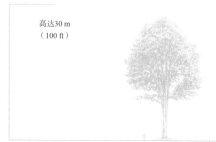

高达30 m
（100 ft）

180

东方水青冈
Fagus orientalis
Oriental Beech
Lipsky

东方水青冈为落叶大乔木，幼时树形上耸，老时变为球状。春季开花，与幼叶同放。本种为材用树，并可烧制木炭。在本种分布区与欧洲水青冈*Fagus sylvatica*重叠的地方可见杂种（名为克里米亚水青冈*Fagus × taurica*）。该杂种形态介于两亲之间，壳斗上的部分刚毛宽扁，为东方水青冈的特征，但叶片侧脉较少；在东南欧和土耳其西北部尤为多见。

类似种

东方水青冈与欧洲水青冈近缘，有时处理为后者的亚种。不同之处在于壳斗上的部分刚毛顶端宽扁，叶片侧脉较多。圆齿水青冈*Fagus crenata*的果梗非常短。

实际大小

东方水青冈的叶 轮廓为倒卵形，长达12 cm（4¾ in），宽达6 cm（2½ in），侧脉达12对，多可至14对；上表面呈深绿色，有光泽，下表面呈浅绿色，沿脉有丝状毛；顶端短急尖，边缘无锯齿，或有少许浅锯齿，或为波状。

叶类型	单叶
叶 形	椭圆形至卵形
大 小	达9 cm × 6 cm（3½ in × 2½ in）
叶 序	互生
树 皮	光滑，灰色
花	小，无花瓣；雄花和雌花同株，各自组成花簇，雄花簇下垂
果 实	坚果，1至2枚包于4深裂的壳斗（果苞）中；壳斗木质，具刚毛，长至2½ cm（1 in），生于长至2½ cm（1 in）的梗上
分 布	欧洲
生 境	林地，在分布区南部生于山地

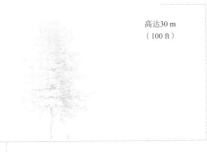

高达30 m
（100 ft）

181

欧洲水青冈
Fagus sylvatica
European Beech

Linnaeus

欧洲水青冈为落叶大乔木，树形呈球状，春季开花，与幼叶同放。本种被广泛作为观赏树或绿篱栽培，已选育了很多品种，它们各具特色，有的叶为紫红色，有的叶具各式分裂，有的树冠笔直或枝条下垂，还有的品种为这些特征的组合。最为知名的品种是紫叶群欧洲水青冈*Fagus sylvatica* Purpurea Group、**垂枝**欧洲水青冈（*Fagus sylvatica* 'Pendula'）和树冠狭柱形的**道伊克**欧洲水青冈（*Fagus sylvatica* 'Dawyck'）。木材常用于制作家具和地板。克里米亚水青冈*Fagus × taurica*为本种和东方水青冈*Fagus orientalis*的杂种，见于二者共生的地区。

类似种

东方水青冈与本种的不同之处在于叶较大，通常呈倒卵形，侧脉数较多，壳斗下部的刚毛顶端宽扁。

欧洲水青冈的叶　为椭圆形至卵形，长达9 cm（3½ in），宽达6 cm（2½ in），侧脉通常不多于9对；上表面呈深绿色，有光泽，下表面呈浅绿色，叶脉上和边缘有丝状毛；顶端短急尖，基部呈圆形或宽楔形，边缘可生有顶端指向叶尖的锯齿，或仅为波状。

实际大小

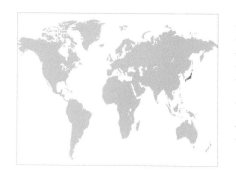

叶类型	单叶
叶 形	椭圆形至倒披针形
大 小	达18 cm×6 cm（7 in×2½ in）
叶 序	互生
树 皮	深灰褐色，光滑
花	小、乳白色，组成坚硬直立的花穗，长达8 cm（3¼ in），雌花生于花穗基部
果 实	榭果，圆柱形，顶端尖，长至2½ cm（1 in），3枚并生于壳斗中，翌年成熟；壳斗由三角形的重叠鳞片组成
分 布	日本
生 境	阔叶林

高达15 m
（50 ft）

182

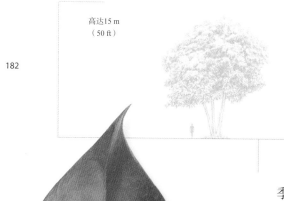

实际大小

可食柯
Lithocarpus edulis
Lithocarpus Edulis
(Makino) Nakai

可食柯为常绿乔木，枝条光滑，树形呈密球状，夏季开花。本种为大部产于热带和亚热带的柯属植物中最耐寒的种类之一。种加词意为"可食的"，指其榭果可食，尽管不如其他种美味，却是梅花鹿等野生动物的重要食物来源。本种在日本被广泛作为观赏树栽培，植于路边和公园中。其木材在当地用作薪材。

类似种

柯*Lithocarpus glaber*常与可食柯混淆，但其枝条有细绒毛，叶幼时下表面有丝状毛。赤青冈*Quercus acuta*的叶长成后下表面呈绿色，光滑，壳斗上的鳞片连合成圆环。

可食柯的叶 为椭圆形至倒披针形，革质，长达18 cm（7 in），宽达6 cm（2½ in）；上表面呈绿色，有光泽，下表面呈浅绿色，覆有微小的鳞片，使表面具有金属光泽；顶端为短钝尖，边缘无锯齿，从大约叶片中部向下渐狭为长至3 cm（1¼ in）的叶柄。

叶类型	单叶
叶 形	椭圆形至长圆形
大 小	达25 cm × 6 cm（10 in × 2½ in）
叶 序	互生
树 皮	灰色，有浅裂纹
花	小，乳白色，组成坚硬直立的花穗，长达20 cm（8 in），雌花生于花穗基部
果 实	槲果，近球形，长至2 cm（¾ in），3枚并生于壳斗中，翌年成熟；壳斗由三角形的重叠鳞片组成
分 布	中国
生 境	山地混交林

高达20 m
（65 ft）

183

灰柯
Lithocarpus henryi
Henry Tanbark Oak
(Seemen) Rehder & E. H. Wilson

实际大小

灰柯为常绿乔木，树形开展，夏季至初秋开花，幼枝具独特的棱角，为柯属*Lithocarpus*产于气温较低地区的种之一，偶见于欧洲和北美洲的庭园中。在有炎热夏季的地区本种的花果最为繁盛，尽管单朵花非常小，盛花的植株却非常引人瞩目。

类似种

柯属是个大属，有很多相似种。灰柯的叶有长渐尖，下表面呈绿色，有多数凹陷的侧脉，由此可与属内最常见的种相区别。

灰柯的叶　为椭圆形至长圆形，革质，长达25 cm（10 in），宽达6 cm（2½ in），中脉每侧具多达15条的凹陷侧脉；幼时色浅，略具细绒毛，上表面渐变为深绿色，下表面呈浅绿色；顶端渐狭成细尖，边缘无锯齿，在中部以下渐狭为楔状的基部；叶柄长至3 cm（1¾ in）。

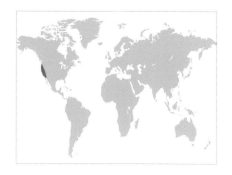

叶类型	单叶
叶 形	卵形至长圆形
大 小	达12 cm×6 cm（4¾ in×2½ in）
叶 序	互生
树 皮	灰褐色，幼时光滑，渐裂为小块和裂沟
花	小、乳白色，组成坚硬、直立至开展的花穗，长达10 cm（4 in），雌花生于花穗基部
果 实	槲果，卵球形或近球形，直径至3½ cm（1⅜ in），生于覆有刚毛状反曲鳞片的壳斗中
分 布	美国加利福尼亚州，俄勒冈州西南部
生 境	山地针叶林
异 名	*Lithocarpus densiflorus* (Hooker & Arnott) Rehder

184

高达25 m
（80 ft）

假石栎
Notholithocarpus densiflorus
Tanoak
(hooker & Arnott) Manos, C. H. Cannon & S. Oh

假石栎为常绿大乔木，幼枝有细绒毛，树形呈阔柱状至开展，夏季开花。本种为假石栎属*Notholithocarpus*的唯一种，此属最近才被视为与亚洲的柯属*Lithocarpus*不同，而从该属分出。本种很容易感染栎树猝死病，被感染的植株很快死于该病。矮生假石栎*Notholithocarpus densiflorus* var. *echinoides*为矮小的灌木类型，叶也较小。

类似种

假石栎的花和果非常独特，仅靠叶易与岛青栎*Quercus tomentella*混淆，后者只生于美国加利福尼亚州沿海岛屿和墨西哥瓜达罗佩岛；又易与金鳞栗*Chrysolepis chrysophylla*混淆，后者幼叶下表面有一层稀疏的黄色毛。

假石栎的叶 为卵形至长圆形，长达12 cm（4¾ in），宽达6 cm（2½ in），中脉每侧具多达14条的凹陷叶脉；叶片坚硬，革质；幼时密被白色毛，上表面渐变为深绿色，有光泽，下表面具细绒毛，但最终变光滑，呈蓝绿色；边缘具浅锯齿。

实际大小

叶类型	单叶
叶 形	椭圆形至卵形
大 小	达12 cm × 6 cm（4¾ in × 2½ in）
叶 序	互生
树 皮	深灰色，光滑
花	小，无花瓣；雄花组成下垂的柔荑花序，雌花与雄花同株，不显眼
果 实	槲果，卵球形，长至2 cm（¾ in），生于具细绒毛的壳斗中；壳斗上的鳞片连合成同心圆环
分 布	日本，韩国
生 境	山坡常绿阔叶林

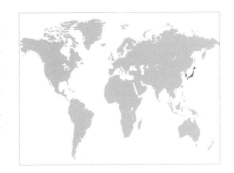

高达15 m
（50 ft）

185

赤青冈
Quercus acuta
Japanese Evergreen Oak
Thunberg

赤青冈常绿小乔木，有时从基部生出数枚树干而成灌木状，树形呈灌木状、球状至开展，春季开花。本种为栎属青冈亚属*Quercus* subg. *Cyclobalanopsis*中的一种，这个亚属的壳斗鳞片均连合成同心的圆环。赤青冈的木材坚硬，呈浅红色，可作多种用途，如用于建筑或制作工具。本种在日本被广泛作为观赏树栽培，庭园栽植尤多，美国东南部有时也有引栽。据报道，本种可与日本的青冈*Quercus glauca*或云山青冈*Quercus sessilifolia*杂交。

类似种

赤青冈在庭园中常与可食柯*Lithocarpus edulis*混淆，后者的叶片下表面有鳞片，呈金属光泽，壳斗形态也不同。产于中国及日本的云山青冈叶片较狭，叶柄较短，长仅约1 cm（½ in）。青冈的叶有锯齿。

赤青冈的叶 为椭圆形至卵形，长达12 cm（4¾ in），宽达6 cm（2½ in）；幼时常为粉红色或红褐色，覆有稀疏的灰色或浅褐色毛，不久脱落，成叶上表面呈深绿色，有光泽，下表面呈浅绿色；顶端细渐尖；叶柄长至4 cm（1½ in）；边缘无锯齿或在近顶端处具不明显锯齿，常为波状。

实际大小

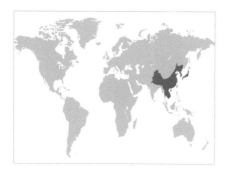

叶类型	单叶
叶形	狭椭圆形至长圆形或披针形
大小	达18 cm×6 cm（7 in×2½ in）
叶序	互生
树皮	灰褐色，有裂纹
花	小、无花瓣；雄花组成下垂的柔荑花序，雌花与雄花同株，不显眼
果实	榭果，卵球形，长至2 cm（¾ in），生于覆有纤细反曲鳞片的壳斗中，翌年成熟
分布	喜马拉雅地区至东亚
生境	从低海拔到山地的森林

高达30 m
（100 ft）

186

麻栎
Quercus acutissima
Sawtooth Oak
Carruthers

麻栎为落叶大乔木，树形呈阔柱状至开展，春季开花。本种在美国东部广为栽培，既可作为观赏树，又用于为野生动物提供食物，特别是火鸡。**雄火鸡**（'Gobbler'）为其品种之一，榭果相对较小，容易为火鸡和其他野生动物所吞食。本种在一些地区已经归化，在庭园中可与土耳其栎*Quercus cerris*杂交。秋季麻栎的叶色为黄褐色。

类似种

栓皮栎*Quercus variabilis*叶形与本种类似，但树皮为栓质，叶片下表面呈灰色，有密毛。小叶栎*Quercus chenii*为原产中国的极近缘种，有时处理为麻栎的亚种，其叶片较短，相对较狭。

麻栎的叶 为狭椭圆形至长圆形或披针形，长达18 cm（7 in），宽达6 cm（2½ in），侧脉多至16对；上表面呈浅绿色，下表面为更浅的绿色，至少幼时有疏毛；叶柄长至5 cm（2 in）；边缘具三角形锯齿，顶端具芒尖。

实际大小

叶类型	单叶
叶 形	椭圆形至近圆形
大 小	达5 cm × 4 cm（2 in × 1½ in）
叶 序	互生
树 皮	幼时浅灰色，光滑，老时颜色变深，深裂为小块
花	小，无花瓣；雄花组成下垂的柔荑花序，雌花与雄花同株，不显眼
果 实	槲果，圆锥形，长至4 cm（1½ in），生于具三角形贴伏鳞片的壳斗中，当年成熟
分 布	美国加利福尼亚州西部，墨西哥下加利福尼亚
生 境	常绿混交林，草地，灌丛

高达25 m
（80 ft）

187

滨青栎
Quercus agrifolia
Coast Live Oak
Née

　　滨青栎为红栎类的常绿乔木，树形宽展，春季开花。本种为加利福尼亚州滨海坡地的常见物种，在其分布区南部生于较高海拔的山地。变种尖腺滨青栎*Quercus agrifolia* var. *oxyadenia*叶片下表面密被灰色毛，见于加利福尼亚州南部和邻近的墨西哥下加利福尼亚。这个种的两个变种在其野生分布范围内均可和加州黑栎*Quercus kelloggii*、山青栎*Quercus wislizeni*等其他红栎类栎树杂交。

类似种

　　滨青栎可与山青栎混淆，后者的不同之处在于叶平展，不上凸，槲果像大多数红栎类栎树一样翌年成熟。滨青栎是加利福尼亚州唯一的一种槲果当年成熟的红栎类树种。

滨青栎的叶　为椭圆形至近圆形，长达5 cm（2 in），宽达4 cm（1½ in），叶片上凸，为其独特之处；上表面呈深绿色，有光泽，下表面呈浅绿色，具一层疏毛，或在变种尖腺滨青栎中密被灰色毛；边缘具小的刺状锯齿。

实际大小　　　　实际大小　　　　实际大小

叶类型	单叶
叶 形	轮廓为倒卵形
大 小	达20 cm × 10 cm（8 in × 4 in）
叶 序	互生
树 皮	浅灰色，鳞片状，老时有裂纹
花	小、无花瓣；雄花组成下垂的柔荑花序，雌花与雄花同株，不显眼
果 实	橡果，卵球形，长至2½ cm（1 in），生于具粗糙鳞片的壳斗中，当年成熟
分 布	北美洲东部
生 境	落叶森

高达35 m
（115 ft）

188

美国白栎
Quercus alba
White Oak

Linnaeus

实际大小

美国白栎为落叶大乔木，树形幼时呈锥状，老时发育为开展状，春季开花。本种为广泛分布的常见长寿树种，是美国几个州的州树。美国白栎的木材坚硬，强度大，常被用于制作家具或作为建筑材料使用，以及制作威士忌木桶。本种常见栽培，已有若干品种，在生长速度、树冠形态和叶裂程度上各具特色。

类似种

美国白栎叶多少光滑，而可与栎属*Quercus*中类似的北美洲种类相区别。本种叶片基部渐狭，可与夏栎*Quercus robur*区别，后者叶片基部呈心形。

美国白栎的叶 轮廓为倒卵形，长达20 cm（8 in），宽达10 cm（4 in）；叶片幼时呈粉红色，有毛，上表面渐变光滑，浅绿色，下表面呈浅蓝绿色，秋季通常变为深红色；叶片羽状裂，裂片浅裂至深裂不等，无锯齿，顶端呈圆形。

叶类型	单叶
叶 形	倒卵形至椭圆形
大 小	达20 cm × 8 cm（8 in × 3¼ in）
叶 序	互生
树 皮	灰色，有纵裂纹
花	小，无花瓣；雄花组成下垂的柔荑花序，长达8 cm（3¼ in），雌花与雄花同株，不显眼
果 实	槲果，卵球形，长至2 cm（¾ in），生于具粗糙鳞片的壳斗中，当年成熟
分 布	中国，朝鲜半岛，日本
生 境	主要分布于山地的阔叶林和混交林中

高达25 m
（80 ft）

189

槲栎
Quercus aliena
Oriental White Oak
Blume

槲栎为落叶乔木，树形开展，春季开花。本种叶缘锯齿多变，变种锐齿槲栎*Quercus aliena* var. *acutiserrata*见于中国大陆和日本。本种非中国台湾岛原产，但有引栽。槲栎的木材贵重，在中国常见使用。本种偶见栽培，但用种子种植时颇常与其他种发生杂交。

类似种

槲栎的枝条光滑，叶大，下表面有细绒毛，侧脉数较多，而具有相当大的独特性。枹栎*Quercus serrata*叶片较小，长成后下表面光滑或近光滑。

实际大小

槲栎的叶　为倒卵形至椭圆形，长达20 cm（8 in），宽达8 cm（3¼ in）；上表面呈深绿色，有光泽，下表面呈灰色，有毛，侧脉多至15对；边缘呈波状至具浅锯齿，锯齿或为圆形，或在变种锐齿槲栎中尖锐，基部呈圆形或楔形；叶柄长至2 cm（¾ in）。

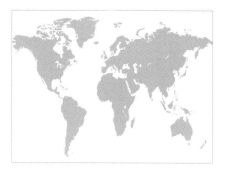

叶类型	单叶
叶 形	圆形至阔椭圆形
大 小	达5 cm×5 cm（2 in×2 in）
叶 序	互生
树 皮	深灰色，有明显皮孔
花	小，无花瓣；雄花组成下垂的柔荑花序，雌花与雄花同株，不显眼
果 实	槲果，圆柱形，顶端略粗，长至3 cm（1¼ in），生于覆有纤细反曲鳞片的壳斗中，当年成熟；壳斗鳞片顶端常为红色
分 布	塞浦路斯
生 境	石质土壤的山地森林

190

高达10 m
（33 ft）

金栎
Quercus alnifolia
Golden Oak of Cyprus
Poech

金栎为常绿乔木或大灌木，树形呈球状，基部生有萌蘖条，春季开花。本种为一个非常独特的种，仅见于塞浦路斯的特鲁多斯山脉，为塞浦路斯国树，常见与该国特有的塞浦路斯雪松*Cedrus brevifolia*共生。在金栎的野生生境中可见与巴勒斯坦栎*Quercus coccifera* subsp. *calliprinos*（为胭脂栎的亚种）共生，二者间偶尔形成杂种。本种为槲果从基部萌发的少数几种栎树之一。木材在当地有利用，主要作为薪材。2006年才识别出来的变种银背金栎*Quercus alnifolia* var. *argentea*与原变种的区别在于成叶近平展，或边缘轻微外卷，下表面具银白色毛（尽管幼叶叶背面为黄色）。

类似种

金栎形态常为灌木状，叶呈圆形，常上凸，叶片下表面为黄色，通常易于识别。滨青栎*Quercus agrifolia*的叶形与之类似，但下表面为绿色或浅灰色。

实际大小

金栎的叶 为圆形至阔椭圆形，长宽通常均达5 cm（2 in），叶片上凸，为其特征；叶片质地坚硬，上表面呈深绿色，有光泽，下表面被以一层金黄色密毛；边缘上半部有小而尖的锯齿。变种银背金栎的叶较平展，下表面有银白色毛。

叶类型	单叶
叶 形	倒卵形
大 小	达18 cm×10 cm（7 in×4 in）
叶 序	互生
树 皮	幼树树干和枝条浅灰色，片状剥落；老时颜色变深，有裂沟
花	小、无花瓣；雄花组成下垂的柔荑花序，雌花与雄花同株，不显眼
果 实	槲果，卵球形，长至2½ cm（1 in），生于具粗糙鳞片的壳斗中，当年成熟；壳斗1至数枚聚生于长达10 cm（4 in）的梗上
分 布	北美洲东部
生 境	湿润林地，沼泽边缘，河漫滩

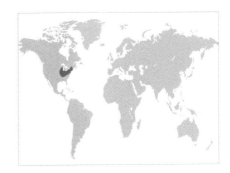

高达30 m
（100 ft）

191

泽白栎
Quercus bicolor
Swamp White Oak
Willdenow

泽白栎为落叶乔木，树冠幼时呈锥状，成年后为阔柱状至开展，春季开花。本种的槲果特别甜，和大多数栎树的果实不同，不经浸洗即可食用。它们也是鹿和火鸡等野生动物的重要食物来源。泽白栎的木材强度大，可作为建筑材料和制作家具使用。近年来，本种被用来和夏栎*Quercus robur*树冠直立的品种杂交，培育景观树品种。这两个种的杂种名为威尔氏栎*Quercus × warei*。

类似种

本种槲果有长梗，可与形似种区别。大果栎*Quercus macrocarpa*的壳斗有独特的流苏状边缘，叶有一些深凹缺。这两个种之间存在过渡类型。

泽白栎的叶 为倒卵形，长达18 cm（7 in），宽达10 cm（4 in），侧脉多至7对；上表面呈深绿色，有光泽，光滑，下表面具绒毛，通常呈丝状，白色；边缘浅裂，叶片中部的裂片通常最大，靠近基部的地方常不裂，并渐狭为长约2 cm（¾ in）的叶柄。

实际大小

叶类型	单叶
叶形	倒卵形
大小	达15 cm × 8 cm（6 in × 3½ in）
叶序	互生
树皮	灰色，厚，有深裂纹
花	小，无花瓣；雄花组成下垂的柔荑花序，雌花与雄花同株，不显眼
果实	橡果，卵球形，长至2½ cm（1 in），生于具鳞片、近无梗的壳斗中，当年成熟；壳斗鳞片有毛
分布	西南欧，北非
生境	林地

192

高达30 m
（100 ft）

北非栎
Quercus canariensis
Algerian Oak

Willdenow

北非栎为半常绿乔木，树形幼时呈锥状至柱状，老时开展，春季开花。本种的叶在树上一直为绿色，直至深冬凋落，有些老叶直至新叶初生时才凋落。北非栎为种植于公园和大庭园中的景观树，因其叶硕大、经久不凋而常见栽培。本种易与夏栎*Quercus robur*、无梗栎*Quercus petraea*等亲缘种杂交，很多栽培植株为杂种。尽管种加词意为"加那利的"，但本种却并非原产加那利群岛。

类似种

北非栎具硕大、经久不凋的叶，叶片下表面覆有稀疏的褐色毛，易于擦落，而通常易于识别。其杂种也可具有这些特征。

实际大小

北非栎的叶 为倒卵形，长达15 cm（6 in），宽达8 cm（3¼ in），侧脉多至12对；叶片呈羽状裂，浅裂片无锯齿，顶端钝；幼时叶片呈浅红色，有毛，下表面有稀疏褐色毛，后上表面渐变深绿沟，下表面变光滑，呈蓝绿色，仅沿中脉有少数残余的褐色毛。

叶类型	单叶
叶 形	卵形至披针形
大 小	达10 cm × 4 cm（4 in × 1½ in）
叶 序	互生
树 皮	灰色，光滑，老时颜色变深并有裂纹
花	小，无花瓣；雄花组成下垂的柔荑花序，雌花与雄花同株，不显眼
果 实	橡果，卵球形至近球形，长至1 cm（½ in），生于具鳞片的无梗壳斗中，当年成熟
分 布	墨西哥东北部
生 境	排水良好的干燥土壤上的栎树林和松–栎林

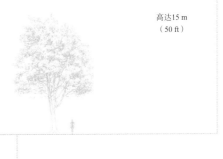

高达15 m
（50 ft）

193

岭红栎
Quercus canbyi
Canby Oak

Trelease

岭红栎为半常绿乔木，老叶常在幼叶初生前凋落，但栽培时通常多少为常绿性。幼树树形呈锥状，老时渐开展，春季开花。本种的橡果当年成熟，这在红栎类树种中不多见（但非唯一这样的树种）。尽管本种像许多红栎类树种一样产于气候温暖地区，但在远为寒冷的地区栽培时亦能良好适应。种下曾命名了几个差异不大的变异类型，它们在叶片大小和锯齿数目上与原类型有别，但这些差异现在通常被视为在种内正常变异的范围之内。

岭红栎的叶　为卵形至披针形，长达10 cm（4 in），宽达4 cm（1½ in）；叶片呈羽状裂，初生时常为红色，上表面渐变深绿色，有光泽，下表面呈浅绿色，有光泽，脉腋有丛毛；顶端急尖，边缘每侧具4至5枚三角形裂片，顶端具芒状锯齿。

类似种

奇索斯栎*Quercus graciliformis*是产于得克萨斯州奇索斯山的稀见种，与岭红栎形似，但橡果顶端尖，翌年成熟。岭红栎的其他类似种产于墨西哥较南的地区，其中锐叶栎*Quercus acutifolia*的叶片每侧具多至7枚锯齿，而与岭红栎有别。

实际大小

叶类型	单叶
叶 形	长圆形至椭圆形
大 小	达18 cm×7 cm（7 in×2¾ in）
叶 序	互生
树 皮	深灰褐色，粗糙不平，有深裂纹
花	小，无花瓣；雄花组成下垂的柔荑花序，雌花与雄花同株，不显眼
果 实	椭果，卵球形至椭球形，长至3½ cm（1⅜ in），生于密被狭窄反曲鳞片的壳斗中，翌年成熟
分 布	西南亚
生 境	丘坡阔叶林

30 m以上
（100 ft）以上

194

栗叶栎
Quercus castaneifolia
Chestnut-leaved Oak
C. A. Meyer

栗叶栎为落叶大乔木，在野生生境中高可达50 m（165 ft）。巨大的古树可发育有板根。本种幼时为速生树，树形锥状，最终呈宽展状，春季开花。本种是伊朗北部和邻近国家的里海周边森林中的常见成分，可见与波斯铁木*Parrotia persica*共生。本种的木材呈浅红色，在当地被作为建筑材料和制作家具使用。本种常有栽培，是土耳其栎*Quercus cerris*的近缘种，二者可杂交。

类似种

土耳其栎的叶分裂，触感粗糙。黎巴嫩栎*Quercus libani*的叶较小，锯齿有芒。栓皮栎*Quercus variabilis*叶的锯齿非常小，有芒尖，树皮木栓质。

栗叶栎的叶 为长圆形至椭圆形，长达18 cm（7 in），宽达7 cm（2¾ in），侧脉多至12对；上表面呈深绿色，有光泽，下表面呈浅灰色，有毛；顶端急尖，边缘具三角形锯齿，顶端具小尖头。

实际大小

叶类型	单叶
叶 形	椭圆形至倒卵形
大 小	达15 cm × 8 cm（6 in × 3¼ in）
叶 序	互生
树 皮	深灰褐色，有深裂纹
花	小，无花瓣；雄花组成下垂的柔荑花序，雌花与雄花同株，不显眼
果 实	椭果，椭球形，长至3 cm（1¼ in），生于具短梗、覆有纤细反曲鳞片的壳斗中，翌年成熟
分 布	南欧，西南亚
生 境	林地，森林

高达35 m
（115 ft）

土耳其栎
Quercus cerris
Turkey Oak

Linnaeus

土耳其栎为速生落叶大乔木，树形呈球状，春季开花。本种在原产地范围以外广为栽培，常在当地归化。土耳其栎的木材相比夏栎*Quercus robur*质地不佳，有时被作为建筑材料，或被作为薪材。其树皮可出产质量较差的木栓。本种是可导致夏栎产生盔瘿*knopper gall*的蜂类的寄主之一，盔瘿的发育需要附近有本种存在。鉴此，本种有时会被伐除，以免夏栎发育盔瘿，造成椭果生长成畸形。

类似种

土耳其栎形态可类似栗叶栎*Quercus castaneifolia*，浅裂的叶形有时还会被误认为是夏栎。然而，与这两个种不同，土耳其栎的叶片上表面质地粗糙。

实际大小

土耳其栎的叶　为椭圆形至倒卵形，长达15 cm（6 in），宽达8 cm（3¼ in），上表面呈深绿色，有光泽，触感略粗糙，下表面呈灰色或绿色，有细绒毛；叶各式分裂，可为浅裂到很深地分裂；每侧裂片多至8枚，裂片可再分裂，顶端具短尖。

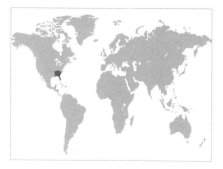

叶类型	单叶
叶 形	椭圆形至倒卵形
大 小	达8 cm×6 cm（3¼ in×2½ in）
叶 序	互生
树 皮	灰褐色，有裂沟并裂成小块
花	小，无花瓣；雄花组成下垂的柔荑花序，雌花与雄花同株，不显眼
果 实	橡果，长球形至卵球形，长至1½ cm（⅝ in），生于具短梗、覆有鳞片的壳斗中，当年成熟；壳斗鳞片有贴伏细绒毛
分 布	美国东南部
生 境	沙质土壤上的松–栎灌丛

高达6 m
（20 ft）

腺背栎
Quercus chapmanii
Chapman Oak
Sargent

腺背栎为落叶或半常绿小乔木，或常为灌木，枝条有密毛，靠根状茎蔓延，叶通常在枝上存留到晚冬。本种的分布区有限，见于美国东南部的滨海平原，在佛罗里达州分布最广，也见于亚拉巴马、佐治亚和南卡罗来纳州的一些滨海地区。在干燥沙质土壤中可与其他具根状茎的栎树形成灌丛，这是对经常发生火灾的地域的适应。具根状茎的习性可以让植株在遭火焚毁后迅速从基部萌发新枝条。

类似种

香桃栎*Quercus myrtifolia*的叶片可与本种近似，但至少在顶端有芒尖，其橡果翌年成熟。

实际大小

腺背栎的叶 为椭圆形至倒卵形，长达8 cm（3¼ in），宽达6 cm（2½ in）；初生时下表面呈浅粉红色，有密毛，长成后上表面呈深绿色，有光泽，下表面有疏毛，有时仅脉上有毛；形状高度多变，边缘可为全缘、波状至浅裂为少量裂片（尤其是接近顶端的地方）。

叶类型	单叶
叶　形	卵形至长圆形
大　小	达8 cm×3 cm（3¼ in×1¼ in）
叶　序	互生
树　皮	灰褐色，光滑，老时略成片状剥落
花	小，无花瓣；雄花组成下垂的柔荑花序，雌花与雄花同株，不显眼
果　实	槲果，卵球形，长至3 cm（1¼ in），生于具鳞片的厚栓质壳斗中，翌年成熟；壳斗鳞片有浅黄色细绒毛
分　布	北美洲西部
生　境	栎树和松树林，峡谷

高达25 m
（80 ft）

197

金杯栎
Quercus chrysolepis
Canyon Live Oak

Liebmann

金杯栎的英文名有"Canyon Live Oak"（峡谷青栎）和"California Live Oak"（加利福尼亚青栎）等。本种为常绿乔木，有时呈灌木状，树形呈球状至开展，春季开花。本种为原产于北美洲西部的一小群彼此有亲缘关系的常绿灌木和乔木中的一种，并为该类栎树中分布最广的一种。其分布区北达美国俄勒冈州，南至墨西哥的下加利福尼亚，很多特征均多变。本种已知可与该类栎树中其他几个种杂交，其中，与原产于加利福尼亚州沿海诸岛屿和墨西哥瓜达卢佩岛的岛青栎*Quercus tomentella*的杂种可见于野外，而如果在栽有金杯栎的地方用园艺种子种植岛青栎，二者也会发生杂交。

类似种

越橘叶栎*Quercus vacciniifolia*为小灌木，可与金杯栗的灌木类型混淆，但它的叶片下表面没有金黄色毛。

金杯栎的叶　为卵形至长圆形，长达8 cm（3¼ in），宽达3 cm（1¼ in）；上表面呈绿色，有亮光泽，下表面覆有一层金黄色密毛，在生长季中这层毛会逐渐脱落，使叶片下表面变为光滑和蓝白色；边缘全缘，或具刺状齿。

实际大小

叶类型	单叶
叶 形	卵形至长圆形
大 小	达4 cm × 2½ cm（1½ in × 1 in）
叶 序	互生
树 皮	深灰色，光滑
花	小、无花瓣；雄花组成下垂的柔荑花序，雌花与雄花同株，不显眼
果 实	橡果，卵球形，长至2½ cm（1 in），通常下半部包于覆有刺状鳞片的壳斗中，翌年成熟
分 布	地中海地区
生 境	石质土壤上的灌丛

高达10 m
（33 ft）

胭脂栎
Quercus coccifera
Kermes Oak

Linnaeus

　　胭脂栎为常绿灌木，有时为乔木，树形呈密灌木状、球状或上耸，春季开花。本种为分布广泛的种，生活型、叶片大小和树高变异很大。枝条上可见一种介壳虫（红蚧），可用来提取猩红色染料。采集者在夜晚采集红蚧，长着长指甲的人最适合这项工作。本种的嫩枝自16世纪以来就是英国的御用洗染者公司徽章图案的组成部分之一。这种染料后来为胭脂红所替代，胭脂红产自墨西哥一种类似的介壳虫。

类似种

　　其他大多数叶片具刺齿的栎树的叶片下表面均有密毛。山青栎*Quercus wislizeni*形态可与本种近似，但橡果长而尖，可以相区别。

实际大小　　　实际大小

胭脂栎的叶　为卵形至长圆形，长达4 cm（1½ in），宽达2½ cm（1 in）；坚硬，具刺，状似欧洲枸骨*Ilex aquifolium*；上表面呈深绿色，下表面呈浅绿色，两面光滑，有光泽；顶端具刺尖，每侧具多至5枚刺齿。

叶类型	单叶
叶 形	轮廓为椭圆形至倒卵形
大 小	达16 cm × 12 cm（6¼ in × 4¾ in）
叶 序	互生
树 皮	深灰色，幼时光滑，老时有裂纹
花	小，无花瓣；雄花组成下垂的柔荑花序，雌花与雄花同株，不显眼
果 实	橡果，近球形，长至2 cm（¾ in），生于具紧密贴伏鳞片的壳斗中，翌年成熟
分 布	美国东部
生 境	通常排水良好的林地

高达30 m
（100 ft）

猩红栎
Quercus coccinea
Scarlet Oak
Münchhausen

猩红栎为落叶乔木，树形呈阔柱状至球状，春季开花。本种为有用的材用树，其橡果是松鼠、鹿、啄木鸟等野生动物的珍贵食物来源。秋季叶色鲜亮，因而是常见的景观树，其品种**辉煌**（'Splendens'）秋色尤美。猩红栎常与沼生栎*Quercus palustris*、红栎*Quercus rubra*、东美黑栎*Quercus velutina*等有亲缘关系的种发生杂交。

类似种

红栎的不同之处在于叶为灰绿色，下表面呈蓝绿色。沼生栎叶片下表面脉腋处有显著的丛毛，橡果的壳斗浅。

猩红栎的叶 轮廓为椭圆形至倒卵形，长达16 cm
（6¼ in），宽达12 cm（4¾ in）；叶片呈羽状深裂，每侧具多至7或9枚裂片，有时分裂几达中脉；裂片下部最宽，向顶端渐狭，再次分裂，顶端具数枚带芒尖的锯齿；叶片上表面呈深绿色，有光泽，下表面呈浅绿色，有光泽，秋季变为亮红色。

实际大小

叶类型	单叶
叶 形	倒卵形
大 小	达30 cm × 20 cm（12 in × 8 in）
叶 序	互生
树 皮	深灰色，有深裂纹
花	小，无花瓣；雄花组成下垂的柔荑花序，雌花与雄花同株，不显眼
果 实	橡果，椭球形至近球形，长至2 cm（¾ in），生于具纤细反曲鳞片的壳斗中，当年成熟
分 布	中国，日本，朝鲜半岛，俄罗斯
生 境	从海平面到山地的混交林

高达25 m
（80 ft）

200

实际大小

槲树
Quercus dentata
Daimio Oak
Thunberg

　　槲树为落叶乔木，枝条粗壮，具棱角，树形呈参差不齐的开展状，春季开花。本种为广布而多变的种，已分出一些下级类群，如壳斗具较短而直立鳞片的云南槲树*Quercus dentata* subsp. *yunnanensis*，分布于中国。本种的木材质地不佳，主要用作薪材，叶有时用于养蚕。在日本，本种的树皮用于鞣革，叶用于包裹米糕。**羽裂**（'Pinnatifida'）是一个生长十分缓慢而不常见的日本品种，通常至多长为小乔木，叶深裂为狭裂片；**卡尔·费里斯·米勒**（'Carl Ferris Miller'）和**哈罗尔德·希利尔爵士**（'Sir Harold Hillier'）则是尤宜庭园种植的品种。

类似种

　　槲树叶大，枝条粗壮，壳斗有独特的鳞片，因此通常易于被识别。高加索栎*Quercus macranthera*叶较小，叶柄较长，壳斗上无反曲的鳞片。

槲树的叶　为倒卵形，长达30 cm（12 in），宽达20 cm（8 in），有时更大；叶片呈羽状浅裂，每侧裂片多达16枚，上表面呈深绿色，触感常略粗糙，下表面呈浅绿色，具细绒毛；一些植株的叶到秋季变为橙色或粉红色；叶柄很短，长仅1 cm（½ in）或更短。

叶类型	单叶
叶　形	长圆形至倒卵形
大　小	达7 cm×4 cm（2¾ in×1½ in）
叶　序	互生
树　皮	幼时灰色，光滑，老时变粗糙，鳞片状
花	小，无花瓣；雄花组成下垂的柔荑花序，雌花与雄花同株，不显眼
果　实	槲果，卵球形，长至3 cm（1¼ in），生于具鳞片的无梗壳斗中，当年成熟
分　布	美国加利福尼亚州
生　境	干燥石坡，灌丛，草地

高达15 m
（50 ft）

201

蓝栎
Quercus douglasii
Blue Oak
Hooker & Arnott

蓝栎为落叶乔木，树形呈阔柱状至球状，春季开花。本种在加利福尼亚州的谷地和丘坡上是常见树种，常与其他栎树和松树共生。本种很耐干旱，在夏季非常干旱的时期会落叶。蓝栎槲果是多种野生动物的珍贵食物，蓝栎林则是几种珍稀鸟类的栖息地。它还是肉牛的良好饲用植物。美洲原住民把其槲果磨成粉，用来做粥、汤、饼和糕点。

类似种

谷白栎*Quercus lobata*与本种近缘，并可杂交，其叶和槲果均较大。本种与加利福尼亚州一些灌木栎树的杂种常为灌木状，叶多为常绿性，并常有刺状锯齿。

蓝栎的叶　为长圆形至倒卵形，长达7 cm（2¾ in），宽达4 cm（1½ in）；叶片呈羽状浅裂，有时近全缘；裂片顶端具小尖头；上表面呈蓝绿色，下表面呈灰色，两面有毛，上表面后变光滑或近光滑。

实际大小　　　实际大小

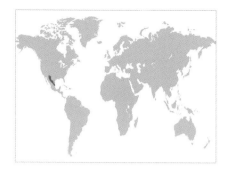

叶类型	单叶
叶 形	狭长圆形
大 小	8 cm × 3 cm（3¼ in × 1¼ in）
叶 序	互生
树 皮	深灰色，深裂为小块
花	小，无花瓣；雄花组成下垂的柔荑花序，雌花与雄花同株，不显眼
果 实	槲果，卵球形至长球形，长至2 cm（¾ in），生于具贴伏鳞片的壳斗中，当年成熟
分 布	美国西南部，墨西哥北部
生 境	干燥石质地的林地，丘坡，峡谷

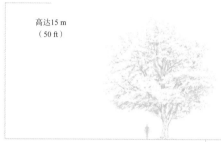

高达15 m
（50 ft）

202

小桃栎
Quercus emoryi
Emory Oak
Torrey

小桃栎为常绿乔木，树形呈球状至开展，春季开花。与大多数栎树不同，本种的槲果特别甜，不经浸洗即可食用。它们是美洲原住民的传统高营养食物，原住民将之磨成粉，煮成糊食用。如今，本种在其野生分布区里仍然是原住民的部分食物来源。尽管本种是红栎类的一种，但其槲果像白栎类一样当年成熟，在红栎类中少见。

小桃栎的叶 轮廓为狭长圆形，长达8 cm（3¼ in），宽达3 cm（1¼ in）；幼时呈浅红色，两面有细绒毛，上表面渐变为绿色，有光泽，下表面则变为浅绿色，有光泽，具疏毛；顶端具刺尖，边缘全缘或具圆齿，每侧可具多至6枚带芒尖的圆齿。

类似种

本种的叶形非常近似于弗吉尼亚栎*Quercus virginiana*，后者属于白栎类，与本种关系很远。本种叶形更近似得州青栎*Quercus fusiformis*，它和弗吉尼亚栎的叶片下表面均为蓝白色，而可与本种区分。

实际大小

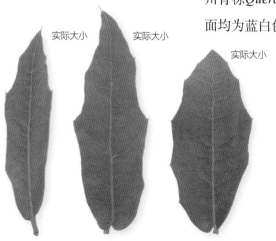

实际大小　　实际大小

叶类型	单叶
叶 形	卵形至椭圆形
大 小	达15 cm × 6 cm（6 in × 2½ in）
叶 序	互生
树 皮	深灰色，有裂纹
花	小，无花瓣；雄花组成下垂的柔荑花序；雌花与雄花同株，不显眼
果 实	槲果，卵球形，长至2 cm（¾ in），生于具紧密贴伏鳞片的壳斗中，当年成熟；壳斗鳞片有细绒毛
分 布	中国，印度阿萨姆邦
生 境	石坡上的森林和灌丛

高达10 m
（33 ft）

巴东栎
Quercus engleriana
Quercus Engleriana

Seemen

巴东栎为常绿小乔木，树形开展，春季开花。本种是主产于中国的一群常绿栎树之一，与冬青栎*Quercus ilex*和乌冈栎*Quercus phillyreoides*有亲缘关系。本种枝条坚硬，幼时密被毛，长成后变光滑。本种是由植物采集家威理森（Ernest Wilson）在20世纪初期引栽到西方的许多树种之一，在庭园中仍然十分少见。

类似种

巴东栎的叶常绿，下表面有褐色毛，易于擦落，为其独特特征。它不太容易和任何常见的栎树混淆。

巴东栎的叶 为卵形至椭圆形，长达15 cm（6 in），宽达6 cm（2½ in），有多至14对侧脉；叶片质地厚而坚硬，上表面呈深绿色，光滑，下表面密被浓密的褐色毛，大多后来脱落或易于擦落，使叶片下表面变光滑；边缘有小锯齿，或有时全缘。

实际大小

叶类型	单叶
叶 形	椭圆形至长圆形或倒卵形
大 小	达15 cm×8 cm（6 in×3¼ in）
叶 序	互生
树 皮	深灰褐色，老时裂为小块和裂沟
花	小，无花瓣；雄花组成下垂的柔荑花序，雌花与雄花同株，不显眼
果 实	橡果，近球形，长达3½ cm（1⅜ in），生于具密鳞片的壳斗中，当年成熟；壳斗鳞片有细绒毛
分 布	西南欧，北非
生 境	石质地的栎林和针叶林

204

高达15 m
（50 ft）

葡萄牙栎
Quercus faginea
Portuguese Oak

Lamarck

葡萄牙栎为落叶或半常绿乔木，树形开展，春季开花。本种为极度多变的种，尤其是叶形。植株上常见大量虫瘿，在英文中有时叫"Gall Oak"（虫瘿栎）。在其分布区内颇常与其他种杂交，导致鉴定困难。本种有很多得到描述的种下类群，最独特的是白背葡萄牙栎*Quercus faginea* subsp. *broteroi*。本种常被误称为葡萄牙矮栎*Quercus lusitanica*，然而这个名字应该正确地用于一种灌木栎树，它有蔓生的匍匐茎，其高不超过3 m（10 ft）。

类似种

北非栎*Quercus canariensis*与本种的不同之处在于：叶片下表面有一层褐色毛，很快凋落，仅剩少许残迹。

葡萄牙栎的叶 为椭圆形至长圆形或倒卵形，长达15 cm（6 in），宽达8 cm（3¼ in）；上表面呈深绿色，有光泽，下表面呈蓝绿色，长成后光滑或近光滑，或在亚种白背葡萄牙栎中具不脱落的一层白色毛；叶片边缘具锯齿，白背葡萄牙栎则可羽状浅裂。

实际大小　　　　实际大小

叶类型	单叶
叶 形	轮廓为卵形至倒卵形
大 小	达30 cm×15 cm（12 in×6 in）
叶 序	互生
树 皮	深灰褐色，有裂条
花	小，无花瓣；雄花组成下垂的柔荑花序，雌花与雄花同株，不显眼
果 实	橡果，近球形，长至1½ cm（⅝ in），生于具紧密贴伏鳞片的壳斗中，翌年成熟
分 布	美国东部
生 境	混交林，通常生于高地的干燥土壤中

高达30 m
（100 ft）

南方红栎
Quercus falcata
Southern Red Oak
Michaux

南方红栎为落叶乔木，树形呈阔柱状至球状，幼枝有细茸毛，春季开花。本种在英文中有时也叫"Spanish Oak"（西班牙栎）或"Swamp Red Oak"（沼红栎）。南方红栎为材用树种，但木材被认为次于鱼骨栎*Quercus pagoda*等同属其他树种。在其分布区的南部尤为常见，在非常贫瘠的土壤中也能生长良好，可与红栎类的其他许多种杂交。

类似种

鱼骨栎与本种的不同之处在于叶没有顶端长裂片，叶片基部呈楔形而非圆形。东美黑栎*Quercus velutina*的叶片下表面仅具疏毛。

南方红栎的叶 轮廓为卵形至倒卵形，长达30 cm（12 in），宽达15 cm（6 in）；叶片具有特征性的顶端裂片，颇长，每侧还另有2—3个有时弯曲的侧裂片，裂片顶端均具1或数个芒尖；叶片边缘自下部裂片起渐狭为圆形的基部；上表面呈深绿色，下表面有浅褐色的密绒毛。

实际大小

叶类型	单叶
叶形	倒卵形至长圆形
大小	达20 cm × 12 cm（8 in × 4¾ in）
叶序	互生
树皮	深灰褐色，有裂纹
花	小，无花瓣；雄花组成下垂的柔荑花序，雌花与雄花同株，不显眼
果实	橡果，卵球形，长至2 cm（¾ in），生于具鳞片的壳斗中，壳斗近无柄，数个成簇
分布	东南欧，西南亚
生境	阔叶林

206

高达30 m
（100 ft）

匈牙利栎
Quercus frainetto
Hungarian Oak
Tenore

　　匈牙利栎为落叶大乔木，树形呈阔柱状至开展，幼枝有疏毛，春季开花。本种叶的分裂程度多变，有些植株的叶可裂至近中脉处。本种为常见景观树，**匈牙利皇冠**（'Hungarian Crown'）等一些选育出的品种具有紧密上耸的树冠。和其他有亲缘关系的树种（如夏栎 *Quercus robur*）偶见杂交。

类似种

　　高加索栎*Quercus macranthera*形似匈牙利栎，但不同之处在于：枝条粗大，密被毛；叶柄较长，叶裂片浅，不再分裂。

匈牙利栎的叶　为倒卵形至长圆形，长达20 cm（8 in），宽达12 cm（4¾ in）；叶片呈羽状裂，每侧裂片可多达11枚，顶端钝，常再浅裂；叶柄极短，长通常不到1 cm（½ in），常隐藏于叶片基部的小叶耳下；叶片长成后上表面呈深绿色，光滑，下表面呈灰绿色，有毛。

实际大小

叶类型	单叶
叶 形	椭圆形至倒卵形
大 小	达15 cm×8 cm（6 in×3¼ in）
叶 序	互生
树 皮	灰褐色，粗糙，有鳞片状裂条
花	小，无花瓣；雄花组成下垂的柔荑花序，雌花与雄花同株，不显眼
果 实	槲果，卵球形至近球形，长至2 cm（¾ in），偶达3 cm（1¼ in），生于具鳞片的壳斗中，当年成熟
分 布	美国西南部、墨西哥北部
生 境	山地阔叶林、针叶林及灌丛

高达20 m
（65 ft）

207

深裂叶栎
Quercus gambelii
Gambel Oak

Nuttall

深裂叶栎为落叶乔木，树形呈球状，或为大灌木，形成密灌丛，春季开花。本种靠根状茎繁殖，具有庞大的木质茎基（膨大的地下茎）系统，在砍伐或火烧之后可快速萌发。本种在落基山尤为常见，在英文中有时也叫"Rocky Mountain Oak"（落基山栎）。本种为高度可变的种，特别是在生活型和叶形上，又可和分布区内的另外几个种如大果栎*Quercus macrocarpa*及几个常绿灌木种杂交。本种槲果较甜，美洲原住民取之食用。

类似种

谷白栎*Quercus lobata*叶裂较浅，槲果顶端尖。俄勒冈栎*Quercus garryana*与本种极近缘，两个种都有灌木类型，但本种的槲果通常较小，可以区分。

深裂叶栎的叶 为椭圆形至倒卵形，长达15 cm（6 in），宽达8 cm（3¼ in）；叶片呈羽状裂，每侧多达4个裂片，至少裂至距中脉的一半处，裂片可再浅裂；上表面呈深绿色，有光泽，下表面呈浅绿色或蓝绿色，有毛。

实际大小

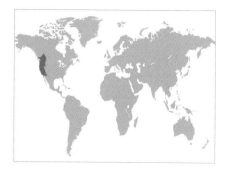

叶类型	单叶
叶 形	倒卵形至椭圆形
大 小	达15 cm × 10 cm（6 in × 4 in）
叶 序	互生
树 皮	浅灰色，有裂条并呈鳞片状
花	小，无花瓣；雄花组成下垂的柔荑花序，雌花与雄花同株，不显眼
果 实	槲果，卵球形至近球形，长至3 cm（1¼ in），偶达4 cm（1½ in），生于具鳞片的浅壳斗中，当年成熟
分 布	北美洲西北部（加拿大不列颠哥伦比亚省至美国加利福尼亚州）
生 境	坡谷，栎树林地

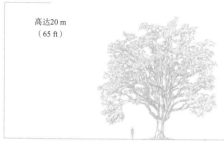

高达20 m
（65 ft）

208

俄勒冈栎
Quercus garryana
Oregon Oak
Douglas ex Hooker

　　俄勒冈栎在英文中也叫"Garry Oak"（加里栎），为落叶乔木，树形呈球状至开展，春季开花。在北美洲西部，它比其他任何栎树的分布都更靠北，是美国华盛顿州和加拿大不列颠哥伦比亚省（主要限于温哥华岛）的唯一一种栎树。本种的槲果较甜，是美洲原住民的主要食物之一，还可收集起来作为猪饲料。俄勒冈栎在其原产地是贵重的材用树。尽管俄勒冈栎的原变种通常为乔木，它尚有两个灌木变种，即矮俄勒冈栎*Quercus garryana* var. *breweri*和深山俄勒冈栎*Quercus garryana* var. *semota*，二者均产于加利福尼亚和俄勒冈州的山地。

类似种

　　近缘种深裂叶栎*Quercus gambelii*有时也是灌木，但槲果通常较大。谷白栎*Quercus lobata*的槲果较大，顶端尖，叶仅浅裂。

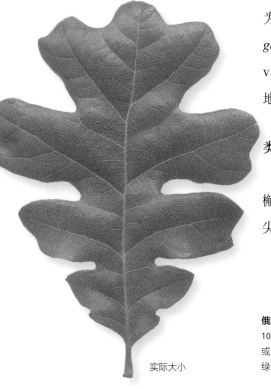

俄勒冈栎的叶 为倒卵形至椭圆形，长达15 cm（6 in），宽达10 cm（4 in）；叶片呈羽状裂，每侧多达4个裂片，裂至一半或更靠近中脉的位置，边缘常还有小的浅裂片；上表面呈深绿色，有光泽，光滑或有疏毛，下表面被细绒毛。

实际大小

叶类型	单叶
叶 形	椭圆形至倒卵形
大 小	达12 cm × 5 cm（4¾ in × 2 in）
叶 序	互生
树 皮	灰褐色，光滑
花	小、无花瓣；雄花组成下垂的柔荑花序，雌花与雄花同株，不显眼
果 实	椭果，卵球形，长达1½ cm（⅝ in），生于壳斗中，翌年成熟；壳斗上有5—6圈由鳞片组成的同心圆环
分 布	东亚和东南亚
生 境	阔叶混交林和常绿阔叶林

高达20 m
（65 ft）

青冈
Quercus glauca
Ring-cup Oak
Thunberg

青冈为常绿乔木，树形呈球状至开展，幼时上耸，春季开花。本种是青冈亚属*Quercus* subg. *Cyclobalanopsis*中的一种，这个亚属的种的壳斗鳞片都连合为同心圆环。本种变异较大，分布于从喜马拉雅地区到中国、日本和越南的广大地域。在日本，本种常见种植于路边和公园，也用作绿篱。青冈的椽果有时被人们食用，并是野生动物的重要食物来源。

类似种

赤青冈*Quercus acuta*的叶无锯齿或近无锯齿，下表面呈绿色。小叶青冈*Quercus myrsinifolia*的叶相对较狭，萌发较晚，最宽处通常在中部以下，下表面光滑。

青冈的叶 为椭圆形至倒卵形，长达12 cm（4¾ in），宽达5 cm（2 in）；萌发较早，幼时呈深红色至红褐色，长成后上表面变为深绿色，光滑，下表面呈浅蓝绿色，有扁平毛；顶端渐尖，边缘在中部以上有锯齿。

实际大小

叶类型	单叶
叶 形	披针形至狭长圆形
大 小	达10 cm × 3 cm（4 in × 1¼ in）
叶 序	互生
树 皮	灰色，光滑，老时有裂沟或裂成块状
花	小，无花瓣；雄花组成下垂的柔荑花序，雌花与雄花同株，不显眼
果 实	槲果，卵球形，长达1½ cm（⅝ in），生于具贴伏鳞片的壳斗中，翌年成熟
分 布	美国得克萨斯州
生 境	石质峡谷

210

8 m以上
（26 ft）以上

奇索斯栎
Quercus graciliformis
Chisos Oak
C. H. Muller

奇索斯栎的叶 为披针形至狭长圆形，长达10 cm（4 in），宽达3 cm（1¼ in）；幼时常为浅红色，长成后上表面呈深绿色，有光泽，下表面呈浅绿色，有光泽，两面光滑，或在脉腋有小丛毛；边缘呈羽状浅裂，每侧有多至4或5枚锯齿，齿端有芒尖，极稀为全缘。

奇索斯栎为半常绿乔木，野生植株有时为灌木状，幼时上耸，此后枝条逐渐形成优雅的拱形，春季开花。本种的野生植株罕见，仅在得克萨斯州奇索斯山有一个小而孤立的居群，在那里它可与小桃栎*Quercus emoryi*杂交形成奇桃栎*Quercus × tharpii*。本种是有开发潜力的观赏树种，现已有栽培，栽培植株更为健壮，叶形更大。尽管本种原产于美国南部，但对寒冷天气看来也有相当的耐受性。

类似种

奇索斯栎与岭红栎*Quercus canbyi*近缘，有时作为后者的异名，但岭红栎的叶轮廓多为卵形，槲果当年成熟。

实际大小

叶类型	单叶
叶　形	披针形至椭圆形
大　小	达12 cm × 4 cm（4¾ in × 1½ in）
叶　序	互生
树　皮	深灰色至近黑色，有裂纹
花	小，无花瓣；雄花组成下垂的柔荑花序，雌花与雄花同株，不显眼
果　实	槲果，长球形至卵球形，长达1½ cm（⅝ in），生于具贴伏鳞片的壳斗中，当年或翌年成熟
分　布	美国西南部，墨西哥北部
生　境	山脊上和山谷中的山地林中

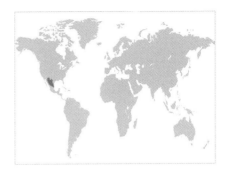

高达10 m
（33 ft）

银叶栎
Quercus hypoleucoides
Silverleaf Oak
A. Camus

银叶栎为常绿乔木，树形宽展，有时在春季的干旱时期落叶，春季开花。本种一般为小乔木，但在非常干旱、阳光强烈的地方为灌木，形成密集的灌丛，而在条件适宜的地方则可长到 25 m（80 ft）以上。本种非常耐受干旱，作为一种阔叶常绿树，对冬季低温有特殊的抗性。本种可与其他种杂交，与小桃栎*Quercus emoryi*的杂种已栽培于庭园中。本种叶片下表面有一层灰色的密毛，易于擦落。

类似种

银叶栎是非常独特的种。其叶革质，下表面因呈亮白色，而易于识别。不过，如果仅看上表面，其叶片可能会被误认为是冬青栎*Quercus ilex*。

银叶栎的叶　为披针形至椭圆形，长达12 cm（4¾ in），宽达4 cm（1½ in）；质地坚硬，上表面呈深绿色，叶脉下陷，下表面有不凋落的白色绵毛，其中可见清晰的绿色叶脉；边缘全缘，轻微外卷，或每侧具多至5枚的锯齿，齿端有芒尖。

实际大小

叶类型	单叶
叶 形	卵形至椭圆形或披针形
大 小	8 cm × 5 cm（3¼ in × 2 in）
叶 序	互生
树 皮	深灰色，幼时光滑，老时裂为小方块
花	小，无花瓣；雄花组成下垂的柔荑花序，雌花与雄花同株，不显眼
果 实	槲果，卵球形，长达2 cm（¾ in），生于具鳞片的壳斗中，当年成熟；壳斗鳞片有细绒毛
分 布	南欧，北非，西南亚
生 境	阔叶林和针叶林，多石地，海滨悬崖

高达25 m
（80 ft）

212

冬青栎
Quercus ilex
Holm Oak
Linnaeus

冬青栎的叶 为卵形至椭圆形或披针形，长达8 cm（3¼ in），宽达5 cm（2 in）；质地为革质，常向上凸起，两面有密毛，上表面渐变为深绿色，光滑，下表面为灰色，有毛；顶端通常短渐尖，边缘或者有锯齿，或者全缘。阴生叶常常很大，下表面为绿色而不为灰色，因此难于鉴定。

冬青栎为常绿大乔木，树形稠密，呈球状至开展，春季至初夏开花。叶形和大小变异很大，槲果和壳斗的形状亦是如此。本种的分布区广泛，从葡萄牙一直到土耳其，在分布区从接近海平面的地方到海拔较高的山地均可见。本种的木材坚硬持久，可用于制作家具、地板和木炭。在庭园、大公园和路边广泛被作为观赏树栽培。又因为能耐受修剪，本种还常被作为绿篱植物种植。

类似种

圆叶栎*Quercus rotundifolia*有时被作为本种的变种，它的叶更圆，侧脉较少。银叶栎*Quercus hypoleucoides*叶片下表面有白色密绵毛，其中可见绿色叶脉。

实际大小　　　　　　实际大小

叶类型	单叶
叶 形	椭圆形至长圆形
大 小	达15 cm × 7 cm（6 in × 2¾ in）
叶 序	互生
树 皮	深灰褐色，有浅裂纹
花	小，无花瓣；雄花组成下垂的柔荑花序，雌花与雄花同株，不显眼
果 实	橡果，近球形，长达1½ cm（⅝ in），生于具鳞片的壳斗中，翌年成熟
分 布	美国东南部
生 境	湿润河岸至干燥山脊

高达25 m
（80 ft）

瓦栎
Quercus imbricaria
Shingle Oak

Michaux

瓦栎为落叶乔木，树形呈阔柱状至球状，幼枝光滑或有疏毛，春季开花。本种在五大湖以南地区尤为常见，向东分布渐少，在南方山区则只有零散分布。早期殖民者用本种的木材制作屋顶的木瓦，这是其种加词 *imbricaria*（意为"覆瓦状的"）和"瓦栎"一名的由来。本种在公园和庭园中被作为遮阴树栽培，叶常在入冬时仍不从树上凋落。

类似种

柳叶栎*Quercus phellos*的叶也无锯齿，但形态较狭，下表面光滑，至少成叶如此。蓝棍栎*Quercus incana*为小乔木，叶较狭，有时分裂，树皮深裂为块状。

瓦栎的叶 为椭圆形至长圆形，长达15 cm（6 in），宽达7 cm（2¾ in）；上表面呈深绿色，有光泽，光滑，下表面呈灰绿色，有软毛；边缘全缘，无裂片或锯齿，有时呈波状，仅在顶端有小芒尖；基部渐狭为短柄，长至2 cm（¾ in），有细绒毛。

实际大小

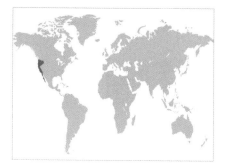

叶类型	单叶
叶 形	轮廓为椭圆形至倒卵形
大 小	达20 cm×14 cm（8 in×5½ in）
叶 序	互生
树 皮	幼时光滑，浅灰色，老时颜色变深，裂成小块
花	小，无花瓣；雄花组成下垂的柔荑花序，雌花与雄花同株，不显眼
果 实	橱果，长球形至椭球形，长达4 cm（1½ in），生于具鳞片的壳斗中，翌年成熟
分 布	美国西部（俄勒冈和加利福尼亚州），墨西哥下加利福尼亚
生 境	生长于山地排水良好的土壤中，常与针叶树共生

高达25 m
（80 ft）

214

加州黑栎
Quercus kelloggii
California Black Oak
Newberry

加州黑栎为落叶乔木，树形呈阔柱状至球状或开展，春季开花。本种的叶型似美国东部的一些红栎类树种，是加利福尼亚州唯一具这种叶型的栎树。本种与其分布地区内的其他红栎类树种（如山青栎*Quercus wislizeni*）的杂种为半常绿性。

类似种

加州黑栎为落叶树，叶裂片顶端有芒尖，凭这些特征在其原产地区可与其他所有栎树相区别。在美国东部的红栎类树种中，它与东美黑栎*Quercus velutina*最相似，二者的幼叶下表面均具细绒毛，但加州黑栎的叶较小。

实际大小

加州黑栎的叶 轮廓为椭圆形至倒卵形，长达20 cm（8 in），宽达14 cm（5½ in）；两面有细绒毛，幼时常为浅粉红色，成叶上表面则为深绿色，有光泽，下表面为浅绿色，近光滑，或有时具灰色密毛；叶片为羽状裂，每侧最多具5枚裂片；较大的裂片再进一步分裂，顶端具芒尖。

叶类型	单叶
叶形	轮廓为圆形至阔椭圆形
大小	达20 cm × 15 cm（8 in × 6 in）
叶序	互生
树皮	深灰色，厚，有深裂沟
花	小、无花瓣；雄花组成下垂的柔荑花序，雌花与雄花同株，不显眼
果实	椭果，卵球形，长达2½ cm（1 in），生于具鳞片的壳斗中，翌年成熟
分布	美国东南部
生境	生于贫瘠的沙质土壤中，特别是在近海滨地区

高达20 m
（65 ft）

215

火鸡栎
Quercus laevis
American Turkey Oak

Walter

火鸡栎为落叶乔木，通常不高，常呈灌木状，树形呈阔柱状至开展，春季开花，常见与松树和其他栎树共生。"火鸡栎"（Turkey Oak）一名源于部分叶形似火鸡的脚爪。它和土耳其栎（Turkey Oak，学名*Quercus cerris*）没有关系，后者的名字来源于土耳其这个国家名，为其原产地之一。本种有一个少见的特征，即叶常竖立，可以避免炎热的阳光直射。

类似种

火鸡栎的叶有少数裂片，在短叶柄上竖立，因此通常是个极易识别的种。黑棍栎*Quercus marilandica*的叶裂片要浅得多，基部呈圆形。这两个种可以发生杂交。

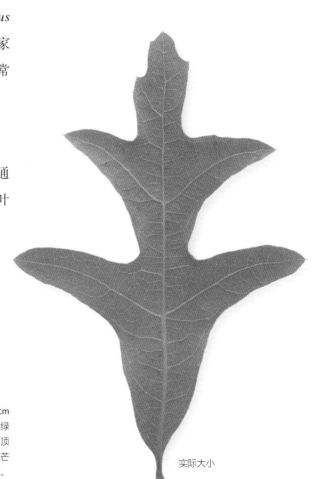

火鸡栎的叶 轮廓为圆形至阔椭圆形，长达20 cm（8 in），宽达15 cm（6 in），有时更大；上表面呈深绿色，有光泽，下表面长成后呈浅绿色，有疏毛，秋季常变为红色；叶片呈羽状深裂，通常有1枚较长的顶裂片，每侧还有1—3枚侧裂片，裂片顶端为1或多枚锯齿，齿端有芒尖；基部呈楔形，渐狭为长仅2 cm（¾ in）或更短的特征性的短叶柄。

实际大小

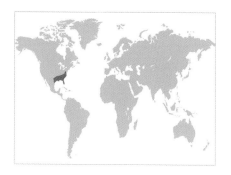

叶类型	单叶
叶 形	椭圆形至倒卵形或菱形
大 小	达12 cm × 4 cm（4¾ in × 1½ in）
叶 序	互生
树 皮	灰褐色，老时颜色变深并有裂沟
花	小，无花瓣；雄花组成下垂的柔荑花序，雌花与雄花同株，不显眼
果 实	槲果，卵球形至长球形，长达2 cm（¾ in），生于具鳞片的壳斗中，翌年成熟
分 布	美国东南部
生 境	湿润林地，河岸，低洼地，常生于沙质土壤中

高达30 m
（100 ft）

216

泽桂栎
Quercus laurifolia
Swamp Laurel Oak
Michaux

泽桂栎为速生大乔木，落叶较晚，幼时树形呈阔锥状，成年后宽展，春季开花。叶通常入冬后也不凋落，甚至直至春季萌发新叶时才凋落，但在本种分布区的北部则较早凋落。大树常在树干基部有显著的板根，可以在湿润的地面上为树体提供支撑。本种偶尔被作为景观树栽培，但它的寿命较短。本种的结实量大，槲果是野生动物的重要食物来源。

类似种

桂栎*Quercus hemisphaerica*的叶较厚，更常分裂，生于干燥土壤中。柳叶栎*Quercus phellos*叶薄，秋季即凋落。

实际大小　　　实际大小

泽桂栎的叶　轮廓为椭圆形至倒卵形或菱形，长达12 cm（4¾ in），宽达4 cm（1½ in）；一般不裂，也无锯齿，仅在顶端有芒尖；个别叶片，特别是在一年中第二次生长旺季期间长出的健壮枝条上的叶片可在每侧具1—3个浅裂片。

叶类型	单叶
叶 形	卵形至披针形
大 小	达15 cm×5 cm（6 in×2 in）
叶 序	互生
树 皮	深灰褐色，有裂纹
花	小，无花瓣；雄花组成下垂的柔荑花序，雌花与雄花同株，不显眼
果 实	橡果大，圆桶状，长达3½ cm（1⅜ in），常大部分包于壳斗中，翌年成熟；壳斗覆有三角形贴伏的鳞片
分 布	西南亚
生 境	山地森林，常与针叶树混生

高达12 m
（40 ft）

217

黎巴嫩栎
Quercus libani
Lebanon Oak
G. Olivier

黎巴嫩栎为落叶小乔木，树形呈球状，春季开花，见于混交林或纯林，分布地从土耳其到伊朗和黎巴嫩。本种野生植株的叶片大小和叶形高度多变，且常与亲缘种杂交。本种与土耳其栎*Quercus cerris*的杂种称为黎土栎*Quercus × libanerris*，野外可见，但最早系根据一棵栽培的植株描述，这棵植物是两个亲本种栽植在一起后产生的。本种的橡果有时烤食，木材坚硬，可作为建筑材料。

类似种

栗叶栎*Quercus castaneifolia*的叶缘锯齿仅有短尖，橡果细瘦，鳞片常反曲。马其顿栎*Quercus trojana*叶柄较短，锯齿较少。

黎巴嫩栎的叶 为卵形至披针形，长达15 cm（6 in），宽达5 cm（2 in）；上表面为有光泽的绿色或蓝绿色，幼时两面有疏毛，后多少变光滑，秋季变为黄色；边缘每侧有多至14枚锯齿，顶端有芒尖；叶柄长达2 cm（¾ in）。

实际大小

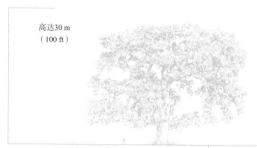

叶类型	单叶
叶 形	椭圆形至倒卵形
大 小	达10 cm×6 cm（4 in×2½ in）
叶 序	互生
树 皮	灰褐色，有深裂沟并裂成小块
花	小，无花瓣；雄花组成下垂的柔荑花序，雌花与雄花同株，不显眼
果 实	槲果，长球形，长达5 cm（2 in），顶端尖，生于粗糙、具鳞片的壳斗中，当年成熟
分 布	美国加利福尼亚州
生 境	谷地和丘坡

高达30 m
（100 ft）

218

谷白栎
Quercus lobata
Valley Oak

Née

谷白栎的叶 为椭圆形至倒卵形，长达10 cm（4 in），宽达6 cm（2½ in）；羽状分裂，每侧有多至5枚裂片；裂片裂至距中脉的一半处或更深，顶端的裂片常再分裂为较小的裂片；上表面呈深绿色，有光泽，光滑或有疏毛，下表面呈浅绿色或灰绿色，有毛。

谷白栎在英文中也叫"California White Oak"（加州白栎）或"Sacramento Oak"（萨克拉门托栎），为落叶大乔木，树形宽展，春季开花。本种堪称加州的"栎树之王"，它寿命长，为美国最大的栎树之一，在分布地的生态环境中扮演着重要角色，其林地为许多珍稀物种的栖息地。由于当地建筑和农业用地的需求，其分布范围已经缩减。成树在收成好的年份可结出多达900千克（1美吨）的槲果。它们是野生动物的重要食物来源，在浸洗除去鞣质之后亦为美国原住民食用。本种的叶裂深度和裂片形状均高度可变。本种可与栎属*Quercus*内其他几个种杂交，如它可与蓝栎*Quercus douglasii*以及一些灌木状或常绿的种杂交。

类似种

俄勒冈栎*Quercus garryana*槲果较短，顶端圆形，它可与谷白栎杂交。深裂叶栎*Quercus gambelii*的叶形可与谷白栎相似，但槲果同样无谷白栎槲果那样的长尖。

实际大小

叶类型	单叶
叶形	倒卵形
大小	达20 cm×10 cm（8 in×4 in）
叶序	互生
树皮	灰褐色，裂成鳞片状小块
花	小，无花瓣；雄花组成下垂的柔荑花序，雌花与雄花同株，不显眼
果实	橡果，近球形，长达2 cm（¾ in），几乎或全部包于壳斗中，当年成熟；壳斗表面覆有粗糙鳞片
分布	美国东南部
生境	湿润林地，生于排水不良的土壤中

高达25 m
（80 ft）

219

包果栎
Quercus lyrata
Overcup Oak

Walter

实际大小

包果栎为落叶乔木，树形呈阔柱状至球状，春季开花。其橡果包藏于壳斗中，是对沼泽生境的适应。它们掉落时仍然包在壳斗里，可以浮在水面上传播，这为分布区的野生动物提供了宝贵的食物资源。尽管本种木材质量不高，但可产自潮湿土壤，曾用来制作家具和木桶。本种的橡果为美洲原住民和殖民者生食、烹食或磨粉。

类似种

本种的橡果包藏于壳斗中，一般容易识别。叶片深裂，有时与大果栎*Quercus macrocarpa*形似，但下表面通常呈绿色而不是白绿色。

包果栎的叶 为倒卵形，长达20 cm（8 in），宽达10 cm（4 in）；呈变异较大的羽状分裂，每侧有多至5枚顶端圆或钝尖的裂片，一些裂片通常又深裂，基部呈狭楔形；上表面呈深绿色，光滑，下表面呈浅绿色，光滑或有疏毛。

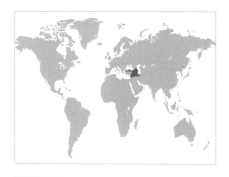

叶类型	单叶
叶 形	倒卵形
大 小	达15 cm×10 cm（6 in×4 in）
叶 序	互生
树 皮	灰褐色，有深裂纹
花	小，无花瓣；雄花组成下垂的柔荑花序，雌花与雄花同株，不显眼
果 实	椭果，椭球形，长达2½ cm（1 in），生于具鳞片的壳斗中，当年成熟
分 布	高加索地区，伊朗北部，土耳其北部
生 境	山地森林

高达30 m
（100 ft）

220

高加索栎
Quercus macranthera
Caucasian Oak
Fischer & C. A. Meyer

　　高加索栎为落叶大乔木，树形呈阔卵球状至球状，春季开花。本种可识别为两个亚种。原亚种产自高加索地区和伊朗北部。亚种伊斯皮尔栎*Quercus macranthera* subsp. *syspirensis*产自土耳其北部，为较小的乔木，叶也较小。高加索栎叶片硕大，秋季变为黄褐色，因而偶见栽培。在野外和栽培条件下，它均可与其他几种栎树杂交。

类似种

　　匈牙利栎*Quercus frainetto*叶形也大，但毛较少，分裂更深，裂片更多，锯齿更明显。比利牛斯栎*Quercus pyrenaica*叶分裂也更深。

高加索栎的叶　为倒卵形，长达15 cm（6 in），宽达10 cm（4 in）；羽状分裂，每侧有多达12枚裂片；裂片裂至距中脉不到一半处，全缘或有少数小锯齿，锯齿生于裂片下部或一侧；叶片上表面呈深绿色，有疏毛，下表面呈浅绿色，有一层软毛。

实际大小

叶类型	单叶
叶 形	倒卵形
大 小	达25 cm×15 cm（10 in×6 in）
叶 序	互生
树 皮	灰褐色，沟裂，有鳞片状的裂条
花	小，无花瓣；雄花组成下垂的柔荑花序，雌花与雄花同株，不显眼
果 实	橡果，卵球形至长球形，长达5 cm（2 in），常几乎为壳斗全包；壳斗边缘有一圈纤细的鳞片
分 布	北美洲中东部
生 境	湿润低地至干燥坡地、灌丛、草原，常生长于基性土壤中

高达30 m
（100 ft）

221

大果栎
Quercus macrocarpa
Bur Oak

Michaux

大果栎在英文中也叫"Mossy-cup Oak"（藓斗栎），为落叶乔木，成树树形呈球状至开展，春季开花。幼树根系生长迅速，使之可以与其他植物竞争，在开阔的草原上生长。本种的枝条常有木栓质脊，为其特征。大果栎广泛分布，为变异较大的种。最大的橡果见于分布区南部，其壳斗直径可达6 cm（2½ in）。越往北则橡果越小，壳斗边缘也越小，植株本身则可成灌木状。

类似种

泽白栎*Quercus bicolor*的叶分裂较浅，树皮片状剥落。包果栎*Quercus lyrata*的橡果可完全包藏于壳斗中，但叶下表面呈绿色，裂片较少。

大果栎的叶 轮廓为倒卵形，长达25 cm（10 in），宽达15 cm（6 in）；羽状分裂，每侧裂片多至9枚；裂片分裂深度多变，最大的裂片边缘又有小裂片；叶片每侧具1至2个宽而深的缺刻，几乎深达中脉，为其特征；叶片上表面呈深绿色，有光泽，下表面呈白绿色，有毛。

实际大小

叶类型	单叶
叶 形	椭圆形至卵形
大 小	达15 cm × 5 cm（6 in × 2 in）
叶 序	互生
树 皮	灰褐色，粗糙不平，深裂为小方块
花	小，无花瓣；雄花组成下垂的柔荑花序，雌花与雄花同株，不显眼
果 实	椭果，近球形至长球形，长达5 cm（2 in），与壳斗等长或伸出于壳斗之外，翌年成熟；壳斗覆有长而反曲的鳞片
分 布	东南欧，西南亚
生 境	石质丘坡

高达15 m
（50 ft）

222

鞣栎
Quercus macrolepis
Valonia Oak
Kotschy

　　鞣栎为落叶或半常绿乔木，树冠通常较低，树形开展，春季开花。本种的壳斗大，直径可达5 cm（2 in），大量用于鞣制皮革；然而，随着需求减少，其居群也衰退，很多树林被砍伐，改而开垦为农田。比起同一地区的其他种来，椭果本身较不苦涩，可生食或烹食，并作为猪、绵羊和山羊的饲料。鞣栎在庭园中偶见栽培，选育出的品种**赫默尔雷克银**（'Hemelrijk Silver'）具有特别大的银灰色叶。利用庭园所结种子种出的一些植株是它和土耳其栎*Quercus cerris*的杂种。

类似种

　　塔博尔栎*Quercus ithaburensis*原产于西南亚，叶较小，分裂较浅。波斯栎*Quercus brantii*也产自西南亚，叶片不分裂，每侧有多至14枚的锯齿。

实际大小

鞣栎的叶　为椭圆形至卵形，长达15 cm（6 in），宽达5 cm（2 in）；不规则羽状分裂，每侧裂片多至10枚，顶端具尖齿；幼时有灰毛，后上表面变为深绿色，有光泽，下表面有柔软的灰色毛。

叶类型	单叶
叶 形	三角形至倒卵形
大 小	达20 cm × 20 cm（8 in × 8 in）
叶 序	互生
树 皮	深灰色，近黑色，深裂为小方块
花	小，无花瓣；雄花组成下垂的柔荑花序，雌花与雄花同株，不显眼
果 实	橡果，卵球形，长达2 cm（¾ in），生于具鳞片的壳斗中，翌年成熟
分 布	美国东南部
生 境	生长于干燥、沙质、较贫瘠的土壤中，常与松树和其他栎树混生

高达15 m
（50 ft）

223

黑棍栎
Quercus marilandica
Blackjack Oak
Münchhausen

　　黑棍栎为生长缓慢的小乔木，树形开展，春季开花。在非常贫瘠的土壤中常长得矮小而成灌木状。本种是主要位于美国得克萨斯州和俄克拉荷马州的名为"交错树林"的森林–草原区的标志性树种。因为株形小，生长缓慢，本种不堪作材用树，但木材可用于制作木杆、用作薪柴或烧炭。本种分布区西部的植株叶较小，长至7 cm（2¾ in），有时被处理为变种小叶黑棍栎*Quercus marilandica* var. *ashei*。黑棍栎可与红栎类的其他几个种杂交。

类似种

　　黑棍栎株形通常较小，叶形独特，易于识别。然而，其叶形高度可变，一些植株的叶类似水栎*Quercus nigra*和阿肯色栎*Quercus arkansana*。这两个种都是较大的乔木，叶较小。

黑棍栎的叶　为三角形至倒卵形，长宽均达20 cm（8 in）；顶端3浅裂至圆形，裂片顶端有具芒尖的锯齿，边缘在中部以下无锯齿，渐狭为圆形的叶基；质地明显革质，上表面为亮绿色，有光泽，下表面有微黄色的毛。

实际大小

叶类型	单叶
叶 形	椭圆形至倒卵形
大 小	达25 cm × 15 cm（10 in × 6 in）
叶 序	互生
树 皮	浅灰色，在幼树和枝条上片状剥落，长成后有裂沟
花	小，无花瓣；雄花组成下垂的柔荑花序，雌花与雄花同株，不显眼
果 实	槲果，卵球形，长达4 cm（1½ in），生于粗糙、具鳞片的壳斗中，当年成熟；壳斗有长至2 cm（¾ in）的短梗
分 布	美国东南部
生 境	湿润的低地林地和沼泽

高达20 m
（65 ft）

224

泽峰栎
Quercus michauxii
Swamp Chestnut Oak

Nuttall

泽峰栎为落叶乔木，树形呈阔柱状，成树变为球状，春季开花。本种在英文中也叫"Basket Oak"（筐栎），因其木材可用于制作盛棉花的筐，此外还有"Cow Oak"（母牛栎）的英文别名。本种槲果大，相对较甜，为野生动物的最爱，亦可被人生食或熟食。泽峰栎的木材结实贵重，可用于制作家具和地板。本种和峰栎*Quercus montana*都曾用过*Quercus prinus*这一学名。

类似种

泽峰栎是一群难于区分的树种之一。泽白栎*Quercus bicolor*的槲果生于长达10 cm（4 in）的果梗上，叶下表面通常呈白色。甜栎*Quercus muehlenbergii*的叶相对较窄，更像栗树，生于干燥地。峰栎的分布区偏北，生于干燥地，树皮不呈鳞片状。

泽峰栎的叶 为椭圆形至倒卵形，长达25 cm（10 in），宽达15 cm（6 in）；叶片规则地呈羽状浅裂，每侧有多达20枚三角形至圆形的裂片，顶端具短尖；上表面呈深绿色，有光泽，下表面呈浅绿色，有软毛。

实际大小

叶类型	单叶
叶 形	倒卵形
大 小	达20 cm × 15 cm（8 in × 6 in）
叶 序	互生
树 皮	深灰色，有深裂纹
花	小，无花瓣；雄花组成下垂的柔荑花序，雌花与雄花同株，不显眼
果 实	槲果，卵球形，长达2½ cm（1 in），生于具鳞片和短梗的壳斗中
分 布	俄罗斯东北部，中国北部，朝鲜半岛
生 境	平原和低海拔山坡的阔叶林和针叶林
异 名	*Quercus liaotungensis* Koidzumi

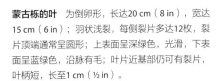

高达25 m
（80 ft）

225

蒙古栎
Quercus mongolica
Mongolian Oak

Fischer

蒙古栎为落叶乔木，树形呈球状，晚春至早夏开花。本种为分布广泛而多变的种，一些类型在叶形上似夏栎*Quercus robur*。本种生于低海拔的河漫滩的肥沃土壤中时可长至最高的高度，但在其他地方常为矮小树木，在靠近分布区北界的非常寒冷的地区则在南向丘坡上形成矮灌丛。其木材类似夏栎，被作为建筑材料使用。其树皮可用于鞣革，死木可用于栽培蕈类。

类似种

日本水栎*Quercus crispula*或*Quercus mongolica* var. *grosseserrata*原产于俄罗斯东北部和日本。其叶较大，裂片更多，常有锯齿。

蒙古栎的叶 为倒卵形，长达20 cm（8 in），宽达15 cm（6 in）；羽状浅裂，每侧裂片多达12枚，裂片顶端通常呈圆形；上表面呈深绿色，光滑，下表面呈蓝绿色，沿脉有毛；叶片近基部仍可有裂片，叶柄短，长至1 cm（½ in）。

实际大小

叶类型	单叶
叶 形	椭圆形至倒卵形
大 小	达20 cm × 10 cm（8 in × 4 in）
叶 序	互生
树 皮	深灰褐色，在成树上有深裂纹
花	小，无花瓣；雄花组成下垂的柔荑花序，雌花与雄花同株，不显眼
果 实	槲果，卵球形，黑褐色，长达3 cm（1¼ in），生于粗糙、具鳞片的壳斗中，当年成熟；壳斗有长至2 cm（¾ in）的短梗
分 布	北美洲东部
生 境	排水良好的坡地，石质山脊

高达25 m
（80 ft）

226

峰栎
Quercus montana
Chestnut Oak
Willdenow

峰栎在英文中叫"Chestnut Oak"（栗栎）或"Rock Chestnut Oak"（岩栗栎），为生长缓慢、常较长寿的落叶乔木，树形呈阔柱状至球状，春季开花。其木材类似美国白栎*Quercus alba*，曾被作为制作地板和家具的建筑材料或被用作薪柴，树皮亦可提取鞣质。本种易受舞毒蛾幼虫伤害。砍伐后的树可以从基部长出健壮新条，很多现存的植株很可能由这种抽条长成。本种和泽峰栎*Quercus michauxii*都曾用过*Quercus prinus*这一学名。

类似种

峰栎是一群难于区分的树种之一。泽白栎*Quercus bicolor*的槲果生于长果梗上。泽峰栎的叶下表面有绢毛，分布区偏南，生于湿润土壤中。甜栎*Quercus muehlenbergii*树片呈鳞片状，槲果较小，长至2½ cm（1 in）。

峰栎的叶 为椭圆形至倒卵形，长达20 cm（8 in），宽达10 cm（4 in）；叶片规则地呈羽状浅裂，每侧裂片多达16枚，裂片呈圆形，顶端有小尖；上表面呈深绿色，有光泽，光滑，下表面呈浅绿色，有疏毛。

实际大小

叶类型	单叶
叶 形	椭圆形至披针形或倒卵形
大 小	达15 cm×8 cm（6 in×3¼ in）
叶 序	互生
树 皮	灰色，片状剥落为纸质鳞片
花	小，无花瓣；雄花组成下垂的柔荑花序，雌花与雄花同株，不显眼
果 实	槲果，卵球形至长球形，长达2 cm（¾ in），生于具鳞片的壳斗中，当年成熟；壳斗有长不到1 cm（½ in）的短梗
分 布	加拿大东南部，美国东部，墨西哥北部
生 境	排水良好的土壤，干燥丘陵，常生于灰岩上

高达25 m
（80 ft）

227

甜栎
Quercus muehlenbergii
Chinquapin Oak

Engelmann

甜栎在英文中也叫"Yellow Chestnut Oak"（黄栗栎），为速生落叶乔木，树冠呈阔柱状至球状或开展，春季开花。本种分布非常广泛，但大多比较零散。其木材坚硬结实，可用于制作家具等器具，亦是优良的薪柴。其槲果甜，几乎没有鞣质，为美洲原住民所采食；它们对很多种类的野生动物也非常有吸引力，为野生动物的重要食物资源。

类似种

矮甜栎*Quercus prinoides*的叶形与甜栎类似，但为靠萌蘖条蔓延的灌木或小乔木，叶脉较少，通常生于酸性土壤中。

甜栎的叶　为椭圆形至披针形或倒卵形，长达15 cm（6 in），宽达8 cm（3¼ in）；外观类似栗属*Castanea*的叶，每侧边缘具10枚以上的尖锯齿，锯齿位于显著的平行侧脉的顶端；上表面呈深绿色，有光泽，下表面呈白绿色，有毛。

实际大小

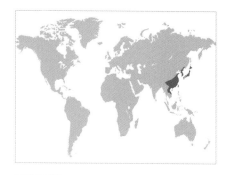

叶类型	单叶
叶 形	椭圆形至披针形
大 小	达10 cm×4 cm（6 in×1½ in）
叶 序	互生
树 皮	灰褐色，光滑
花	小，无花瓣；雄花组成下垂的柔荑花序，雌花与雄花同株，不显眼
果 实	榍果，卵球形，长至2½ cm（1 in），生于壳斗中，当年成熟；壳斗上具7—9圈连合成同心圆环的鳞片
分 布	中国，朝鲜半岛，日本，东南亚
生 境	混交林，主要生长于山地

高达20 m
（65 ft）

228

小叶青冈
Quercus myrsinifolia
Quercus Myrsinifolia

Blume

小叶青冈为常绿乔木，树形呈球状，枝条呈拱形，晚春至早夏开花。本种为青冈亚属*Quercus* subg. *Cyclobalanopsis*的成员，该亚属所有种壳斗上的鳞片都连合成同心圆环。这一类群的多数种为热带和亚热带树种，但本种的分布区却相对偏北，甚至可以生长在较冷的温带地区。在日本公园和庭园中，本种被广泛作为遮阴树或绿篱栽培。

类似种

青冈*Quercus glauca*的叶较宽，早春生出，叶中部以上常最宽，下表面有扁平毛。

小叶青冈的叶 为椭圆形至披针形，长达10 cm（4 in），宽达4 cm（1½ in）；顶端渐狭成细尖，中部以上有小锯齿；幼叶萌发晚，晚春才生出，古铜色至红紫色；后上表面变为深绿色，光滑，下表面为浅蓝绿色，光滑。

实际大小

叶类型	单叶
叶 形	倒卵形
大 小	达5 cm × 2½ cm（2 in × 1 in）
叶 序	互生
树 皮	灰色，光滑，老时颜色变深并在基部有裂沟
花	小，无花瓣；雄花组成下垂的柔荑花序，雌花与雄花同株，不显眼
果 实	槲果，近球形，长至1½ cm（⅝ in），生于具鳞片的壳斗中，翌年成熟
分 布	美国东南部
生 境	生长于沙质土壤中

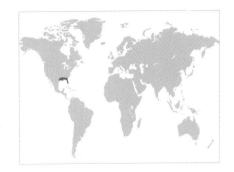

高达10 m
（33 ft）

229

香桃栎
Quercus myrtifolia
Myrtle Oak
Willdenow

香桃栎为常绿至半常绿小乔木，树形为密灌木状的球形，常为靠根状茎形成密灌丛的灌木，春季开花，老叶常在新叶初生时凋落。本种为海岸地区沙丘灌丛的特征种，这一生境对野生动物很重要，但正在衰退。该生境的维持需要频繁的火灾，火后香桃栎可从基部抽条而再生。本种的槲果是其分布区的野生动物的宝贵食物资源，丛鸦即常以此为食，现已受到栖息地丧失的威胁。

类似种

腺背栎*Quercus chapmanii*与香桃栎生于同一地区，其叶形可与香桃栎类似，但顶端没有芒尖。沙丘栎*Quercus inopina*为分布限于美国佛罗里达州的灌木，其叶明显上凸。

香桃栎的叶 为倒卵形，长达5 cm（2 in），宽达2½ cm（1 in）；上表面呈深绿色，有光泽，下表面呈浅绿色，两面光滑，仅下表面脉腋处有丛毛；顶端钝至圆，有小芒尖，边缘无锯齿，但每侧可有1或2个芒尖。

实际大小　　　　实际大小

叶类型	单叶
叶 形	倒卵形
大 小	达12 cm × 5 cm（4¾ in × 2 in）
叶 序	互生
树 皮	光滑，灰色，老时有浅裂条
花	小、无花瓣；雄花组成下垂的柔黄花序，雌花与雄花同株，不显眼
果 实	槲果，近球形，长至1½ cm（⅝ in），生于具鳞片的壳斗中，翌年成熟
分 布	美国东南部
生 境	生长于低地到山坡的湿润土壤中

230

高达30 m
（100 ft）

水栎
Quercus nigra
Water Oak
Linnaeus

水栎为速生但寿命常不长的乔木，通常为半常绿性，树形呈球状，春季开花。本种大多数树木的叶子在晚秋或冬季逐渐凋落，有些叶在凋落前变黄色或红色。其叶的形状变异极大，在幼苗、幼树和健壮枝条上可以见到不同的叶形。本种的木材可用于制作胶合板和饰面板，也可用作薪柴。在美国南部，本种有时作为遮阴树栽培。水栎在英文中有时也叫作"Pin Oak"（钉针栎）或"Red Oak"（红栎），这两个名字也被用来分别称呼沼生栎*Quercus palustris*和红栎*Quercus rubra*。

类似种

一些类型的叶可类似泽桂栎*Quercus laurifolia*的叶，但后者的叶在中部最宽，而不是近顶部最宽。一些幼苗或幼树的叶可类似于柳叶栎*Quercus phellos*，但后者为常绿性或近常绿性。

实际大小

水栎的叶 为倒卵形，长达12 cm（4¾ in），宽达5 cm（2 in）；典型叶片的顶端宽展，不分裂，有单独1枚或几枚芒尖，向基部渐狭；生于幼树、健壮枝条等处的叶可为各式羽状分裂，甚至为线形；叶片上表面为绿色至蓝绿色，有光泽，下表面为浅绿色，两面光滑，仅下表面脉腋处有丛毛。

叶类型	单叶
叶 形	长圆形至卵形
大 小	达5 cm×2 cm（2 in×¾ in）
叶 序	互生
树 皮	浅灰色，深裂为小方块
花	小，无花瓣；雄花组成下垂的柔荑花序，雌花与雄花同株，不显眼
果 实	槲果，卵球形，长达2 cm（¾ in），生于具鳞片的壳斗中，当年成熟
分 布	美国东南部，墨西哥北部
生 境	山坡，峡谷

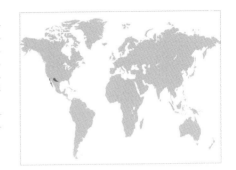

高达10 m
（33 ft）

231

墨西哥蓝栎
Quercus oblongifolia
Mexican Blue Oak

Torrey

墨西哥蓝栎为常绿或半常绿乔木，树形呈球状，春季开花。本种在英文中也叫"Blue Oak"（蓝栎），此名也可用于栎属*Quercus*的另一个种*Quercus douglasii*（蓝栎）。本种的老叶通常在新叶初生时变黄、凋落。墨西哥蓝栎在野外常形成纯林，或可见与松树和其他栎树混生，在高海拔处呈灌木状。其槲果为野生动物的宝贵食物资源，美国原住民亦将它们磨成粉食用。

墨西哥蓝栎的叶 为长圆形至卵形，革质，长达5 cm（2 in），宽达2 cm（¾ in）；幼时略带红色，有密毛，长成后上表面呈蓝绿色，有光泽，下表面呈浅绿色，两面光滑；顶端呈圆形，叶柄很短，边缘全缘、波状或有少数浅锯齿。

类似种

加州蓝栎*Quercus engelmannii*与本种非常相似，也有带蓝色的叶，有时二者被认为是同一个种。它是更大的乔木，高达15 m（50 ft），叶较长，相对较窄，槲果较大。另一种和本种近缘的蓝叶栎树是得州蓝栎*Quercus laceyi*，其也与本种形似，但叶较薄，更常分裂，分布于美国得克萨斯州和邻近的墨西哥个别地区。这一分布区较墨西哥蓝栎的分布区偏东，后者在得克萨斯州仅见于极西部。

实际大小

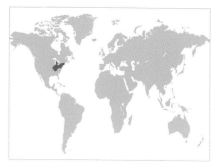

叶类型	单叶
叶 形	轮廓为椭圆形至长圆形
大 小	达15 cm×12 cm（6 in×4 in）
叶 序	互生
树 皮	光滑，灰色，老时有浅裂纹
花	小，无花瓣；雄花组成下垂的柔荑花序，雌花与雄花同株，不显眼
果 实	橡果，近球形，长至1½ cm（⅝ in），生于具鳞片的壳斗中，翌年成熟
分 布	加拿大东南部，美国东部
生 境	生长于湿润而排水不良的土壤中

232

高达25 m
（80 ft）

沼生栎
Quercus palustris
Pin Oak
Münchhausen

沼生栎的叶 轮廓为椭圆形至长圆形，长达15 cm（6 in），宽达12 cm（4¾ in）；羽状深裂，每侧通常有3枚裂片，每枚裂片通常在上部再分裂，顶端具数枚有芒尖的锯齿；上表面呈深绿色，有光泽，下表面呈浅绿色，有光泽，脉腋有明显的丛毛，秋季变为红色。

沼生栎为速生落叶乔木，树形呈锥状为其特征。幼时下部枝条下垂，老时开展，春季开花。本种天然分布于湿润环境中，可耐受涝渍，能够在多种土壤中生长，容易移栽，这使它成为北美洲栽培最广的栎树。然而，本种非常不耐碱性土壤，碱性土壤会使叶很快发黄。目前已经针对树形选育出一些园艺类型，包括最多只能长成大丛密灌木的矮化品种。

类似种

红栎*Quercus rubra*叶为暗绿色，下表面为蓝绿色。猩红栎*Quercus coccinea*叶下表面脉腋处无明显的丛毛。

在美国南部，得州栎*Quercus texana*更为常见，该种的橡果比沼生栎大得多。

实际大小

叶类型	单叶
叶形	倒卵形至椭圆形
大小	达15 cm×10 cm（6 in×4 in）
叶序	互生
树皮	灰褐色，老树上有裂纹
花	小，无花瓣；雄花组成下垂的柔荑花序，雌花与雄花同株，不显眼
果实	槲果，卵球形，长达4 cm（1½ in），生于具鳞片的壳斗中，当年成熟；壳斗无梗
分布	欧洲，西亚
生境	森林

高达30 m
（100 ft）

233

无梗栎
Quercus petraea
Sessile Oak
(Mattuschka) Lieblein

无梗栎为落叶大乔木，成树树形开展，春季开花。本种为极长寿的树种，可活一千年，木材优良，因此被广为栽培。在其分布区东部，因形态变异大，已识别出几个亚种，在叶形、裂片的数目和分裂程度等特征上与原亚种*Quercus petraea* subsp. *petraea*不同。这些亚种包括高加索地区的高加索无梗栎*Quercus petraea* subsp. *medwediewii*以及亚美尼亚和阿塞拜疆的羽裂无梗栎*Quercus petraea* subsp. *pinnatiloba*，二者的叶均深裂。本种有大量园艺选育型，其叶形和裂片分裂程度各式各样。

类似种

夏栎*Quercus robur*的叶柄非常短，槲果生于长果梗之上。当它和无梗栎栽培在一起时，二者间可产生杂种，杂种的这些特征介于两个亲本之间。

无梗栎的叶 为倒卵形至椭圆形，长达15 cm（6 in），宽达10 cm（4 in）；羽状分裂，在原亚种*Quercus petraea* subsp. *petraea*中每侧有多至8枚裂片，裂片通常分裂较浅，其他亚种则可有更多、分裂更深的裂片；上表面呈深绿色，略有光泽，下表面呈蓝绿色，通常有疏毛。

实际大小

叶类型	单叶
叶 形	狭长圆形
大 小	达10 cm × 2½ cm（4 in × 1 in）
叶 序	互生
树 皮	幼时灰色，光滑，老时渐出现浅裂纹和裂条
花	小，无花瓣；雄花组成下垂的柔荑花序，雌花与雄花同株，不显眼
果 实	槲果，阔卵球形至近球形，长至1⅓ cm（½ in），生于具鳞片的壳斗中，翌年成熟
分 布	美国东部
生 境	湿润低地，河岸

234

高达30 m
（100 ft）

柳叶栎
Quercus phellos
Willow Oak
Linnaeus

柳叶栎为速生落叶乔木，幼时树形上耸，老时渐发育为球状至开展，春季开花。"柳叶栎"一名源于其叶形如柳树，而种加词*phellos*（本义为"木栓"）指的则是老树树皮上发育的多少为木栓质的裂条。本种被普遍作为遮阴树栽培，特别是在美国南部。已知本种可与很多其他红栎类树种杂交，如和沼生栎*Quercus palustris*杂交产生沼柳栎*Quercus* × *schochiana*，庭园中偶见栽培。

类似种

瓦栎*Quercus imbricaria*叶也无锯齿，但较宽，下表面有密毛。水栎*Quercus nigra*的一些类型的叶形状可与柳叶栎类似，但为常绿性或半常绿性。

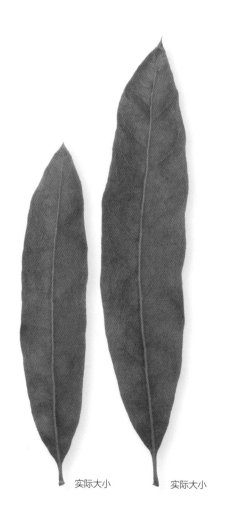

柳叶栎的叶　轮廓为狭长圆形，长达10 cm（4 in），宽达2½ cm（1 in）；从不分裂，亦无锯齿，顶端尖，具单独1枚芒尖；上表面呈深绿色，光滑，下表面呈浅绿色，有疏毛，脉腋则有丛毛，秋季一般变为黄色。

实际大小　　实际大小

叶类型	单叶
叶 形	椭圆形至倒卵形
大 小	达6 cm × 3 cm（2½ in × 1¼ in）
叶 序	互生
树 皮	深灰色，幼时光滑，老时有深裂纹
花	小，无花瓣；雄花组成下垂的柔荑花序，雌花与雄花同株，不显眼
果 实	槲果，卵球形，长达2 cm（¾ in），生于具鳞片的壳斗中，翌年成熟
分 布	中国，日本
生 境	常绿林和混交林地，常近海岸

高达10 m
（33 ft）

235

乌冈栎
Quercus phillyreoides
Ubame Oak

A. Gray

乌冈栎为常绿乔木，树冠稠密，呈球状，或有时呈柱状，常为枝条稠密的灌木，春季开花。本种与冬青栎*Quercus ilex*近缘，一度认为是后者的变种。本种在日本主要分布于沿岸地区，其中国类型曾被处理为一个变种，生于内陆地区的灰岩悬崖上和峡谷中。其槲果在中国和日本供食用。本种在日本庭园中普遍栽培，常被作为绿篱或被修剪为各种造型。

乌冈栎的叶　为椭圆形至倒卵形，长达6 cm（2½ in），宽达3 cm（1¼ in）；质地为革质，幼时呈古铜色，后上表面变为深绿色，有光泽，下表面呈浅绿色，有光泽，两面光滑或近光滑；边缘在中部以上有浅锯齿，基部渐狭成短叶柄。

类似种

乌冈栎在外观上类似总序桂*Phillyrea latifolia*（属木樨科），其种加词*phillyreoides*因此得名。然而，总序桂呈灌木状，叶对生。乌冈栎与冬青栎的不同之处在于叶下表面光滑。

实际大小　　实际大小　　实际大小

叶类型	单叶
叶 形	倒卵形
大 小	达30 cm × 10 cm（12 in × 4 in）
叶 序	互生
树 皮	灰褐色，粗糙，有裂沟
花	小，无花瓣；雄花组成下垂的长柔荑花序，雌花与雄花同株，不显眼
果 实	槲果，卵球形至近球形，长达4 cm（1½ in），生于具鳞片的壳斗中，当年成熟
分 布	土耳其东北部，高加索
生 境	山地密灌丛

高达10 m
（33 ft）

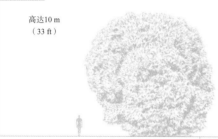

黑海栎
Quercus pontica
Armenian Oak
K. Koch

黑海栎为落叶乔木，树形开展，常为灌木，组成稠密灌丛，春季开花。其枝条顶端有大型芽，此为其特征。芽长达1½ cm（⅝ in），有略带黄色的大型芽鳞，边缘则为褐色。本种在原产地生境中几乎不结槲果，主要通过匍匐的枝条进行天然的压条繁殖。黑海栎在野外分布区有限，木材可用作薪柴。本种在庭园中偶见栽培，栽培植株可较野生植株高大。

类似种

黑海栎与灌木状的鹿栎*Quervcus sadleriana*近缘。后者产自美国加利福尼亚和俄勒冈州，为半常绿灌木，芽的形态类似，但叶较小，槲果略大。

实际大小

黑海栎的叶　为倒卵形，长达30 cm（12 in），宽达10 cm（4 in）；中脉呈黄色，每侧有多达30条彼此平行的明显侧脉，侧脉顶端延伸为短而弯曲的锯齿；上表面为有明显黄色色调的绿色，略有光泽，下表面呈蓝绿色；叶柄呈黄色，长至1½ cm（⅝ in）。

叶类型	单叶
叶 形	倒卵形
大 小	达10 cm × 5 cm（4 in × 2 in）
叶 序	互生
树 皮	灰褐色，有深裂沟
花	小，无花瓣；雄花组成下垂的柔荑花序，雌花与雄花同株，不显眼
果 实	橡果，卵球形至长球形，长达3 cm（1¼ in），生于具鳞片的壳斗中，当年成熟
分 布	南欧，西南亚
生 境	干燥树林，生长于酸性或基质土壤中

高达20 m
（65 ft）

237

柔毛栎
Quercus pubescens
Downy Oak
Willenow

柔毛栎为落叶乔木，枝条有密毛，树形呈球状至开展，春季开花。其分布广泛，变异大，有很多异名。本种在东南欧和土耳其的类型处理为亚种皱叶柔毛栎 *Quercus pubescens* subsp. *crispata*，与原亚种的区别在于叶片边缘呈波状，裂片分裂更深。本种和冬青栎*Quercus ilex*的根上可生长松露，一种极受欢迎的美味真菌。如今，南欧已经栽培柔毛栎用于生产松露，幼苗在种植前，根部通常已经接种上松露。

类似种

无梗栎*Quercus petraea*可与柔毛栎杂交，它的不同之处在于枝条光滑，叶近光滑。比利牛斯栎*Quercus pyrenaica*的叶较大，分裂更深。

实际大小

柔毛栎的叶 为倒卵形，长达10 cm（4 in），宽达5 cm（2 in），叶柄长达2 cm（¾ in）；羽状分裂，每侧裂片多至7枚，顶端呈圆或钝尖，大裂片边缘有时还有小裂片；初生时覆有灰色密毛，后上表面变为深绿色，光滑或近光滑，下表面呈灰色，有毛。

叶类型	单叶
叶 形	轮廓为椭圆形
大 小	达20 cm × 12 cm（8 in × 4¾ in）
叶 序	互生
树 皮	灰色，有深裂纹
花	小，无花瓣；雄花组成下垂的柔荑花序，雌花与雄花同株，不显眼
果 实	槲果，卵球形，长达4 cm（1½ in），生于壳斗中，当年成熟；壳斗覆有具细茸毛的鳞片
分 布	东南欧，北非
生 境	森林，常生长于贫瘠的酸性土壤中；在分布区南部生于山地

高达25 m
（80 ft）

238

比利牛斯栎
Quercus pyrenaica
Pyrenean Oak

Willdenow

　　比利牛斯栎为落叶乔木，树形呈球状至开展，春季开花。本种的叶萌发得相当晚，这是对自然环境的适应，可避免山地生境中经常出现的晚霜冻为害。基部亦可生出大量萌蘖条，可因此形成小群落。在西班牙，比利牛斯栎森林在一些地方已经被改造成为矮林，它们有数百年的历史，可被作为牧场，最大限度地为放牧的牲畜所利用，亦可收获薪柴和被作为牲畜饲料的槲果。本种的垂枝类型可被作为观赏树栽培。其木材可被用于制作陈化白兰地的木桶。把桶的内部预先放在用栎木条生的火上烘烤，可以让白兰地带上独特风味。庭园中种植的比利牛斯栎主要是品种**垂枝**（'Pendula'），该品种因枝条下垂，而使树形呈下垂状。

类似种

　　柔毛栎*Quercus pubescens*的叶较小，分裂较浅；高加索栎*Quercus macranthera*的叶裂片更多，分裂也较浅。

实际大小

比利牛斯栎的叶　轮廓为椭圆形，长达20 cm（8 in），宽达12 cm（4¾ in）；羽状深裂，每侧裂片多至8枚，通常裂至距中脉超过一半处，较大的裂片常再分裂为小裂片；初生时密被白毛，后上表面变为深绿色，有光泽，下表面为灰绿色，有毛。

叶类型	单叶
叶 形	椭圆形至长圆形
大 小	达8 cm×6 cm（3¼ in×2½ in）
叶 序	互生
树 皮	灰褐色，幼时光滑，在老树上深裂为小块
花	小，无花瓣；雄花组成下垂的柔荑花序，雌花与雄花同株，不显眼
果 实	槲果，卵球形至近球形，长至1½ cm（⅝ in），生于具鳞片的壳斗中，数个集生在坚硬的总梗上，总梗长达6 cm（2½ in）。
分 布	中国
生 境	山地树林
异 名	*Quercus pseudosemecarpifolia* A. Camus

高达20 m
（65 ft）

239

毛脉高山栎
Quercus rehderiana
Quercus Rehderiana

Handel-mazzetti

毛脉高山栎为常绿乔木，树形稠密，呈阔柱形，春季开花。在栎属*Quercus*中有一群彼此有亲缘关系的种，主产中国，幼叶有刺，彼此曾经长期混淆，毛脉高山栎即其中一种，它易与长穗高山栎*Quercus longispica*相混淆。在中国，本种和其他亲缘种一样，常斫取其枝叶作为牲畜饲料。本种被作为庭园植物引种的时间不长，为速生、相对耐寒的常绿树种，幼时常为绚烂的古铜色。它的学名更常用异名*Quercus pseudosemecarpifolia*，栽培的苗木通常都标以此名。

类似种

毛脉高山栎的叶光滑而有光泽，在所属的一群类似种中比较独特。长穗高山栎曾一直与本种混淆，但其叶下表面有一层黄色毛，果穗较长，柔软。

毛脉高山栎的叶 为椭圆形至长圆形，长达8 cm（3¼ in），宽达6 cm（2½ in）；幼树上的叶坚硬，边缘有锐刺，成树上的叶无锯齿，这两种类型的叶可同时存在；初生时呈铜红色，长成后上表面呈深绿色，有光泽，下表面呈浅绿色，有光泽，两面光滑或有疏毛。

实际大小

叶类型	单叶
叶 形	倒卵形
大 小	达10 cm × 6 cm（4 in × 2½ in）
叶 序	互生
树 皮	灰褐色，在成树上粗糙不平并有深裂纹
花	小、无花瓣；雄花组成下垂的柔荑花序，雌花与雄花同株，不显眼
果 实	槲果，卵球形至圆柱形，长达4 cm（1½ in），生于具鳞片的壳斗中，通常数个集生在长达10 cm（4 in）的总梗上
分 布	欧洲，西南亚
生 境	森林

高达30 m
（100 ft）

240

夏栎
Quercus robur
English Oak
Linnaeus

夏栎为长寿的落叶大乔木，成树树形呈球状至开展，春季开花。本种为知名的优美树种，有很多受人尊重的古树，有些据估计已经超过一千多年。夏栎为用处最大的材用树之一，木材坚硬耐久，色泽亮丽，是建筑和造船的良材。在庭园中又有大量品种，其中包括帚枝群（Fastigiata Group）和**协和**（'Concordia'），前者树形狭窄上耸，后者叶为金黄色。一些类型的叶分裂较深，又有长柄，而与模式类型不同。

类似种

夏栎的叶光滑，有短柄，基部有小裂片，槲果有长梗，可以与其他种区别。无梗栎*Quercus petraea*的不同之处在于叶有长柄，槲果无果梗。

实际大小

夏栎的叶 为倒卵形，长达10 cm（4 in），宽达6 cm（2½ in）；羽状分裂，每侧裂片多至5枚，通常裂得较浅，顶端呈圆形；叶基部有2枚小裂片（叶耳），叶柄很短，为叶耳部分覆盖；上表面呈深绿色，下表面呈蓝绿色，两面光滑。

叶类型	单叶
叶 形	卵形至椭圆形或近圆形
大 小	达5 cm × 3 cm（2 in × 1¼ in）
叶 序	互生
树 皮	灰色，裂成小方块
花	小、无花瓣；雄花组成下垂的柔荑花序，雌花与雄花同株，不显眼
果 实	橡果，圆柱形，长达5 cm（2 in），生于壳斗中，当年成熟；壳斗覆有具细茸毛的鳞片
分 布	西班牙，葡萄牙，北非
生 境	开放林地

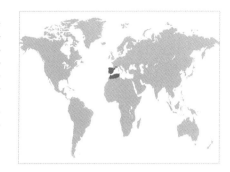

高达30 m
（100 ft）

圆叶栎
Quercus rotundifolia
Quercus Rotundifolia

Lamarck

圆叶栎为常绿乔木，树形呈球状至宽展，春季开花。本种为冬青栎*Quercus ilex*的近缘种，是西班牙称为"德赫萨"（dehesa）、葡萄牙称为"蒙塔多"（montado）的生态系统中的特征种。这种生态系统是开放的林地，已经被当地居民经营了数百年，其中还有欧洲栓皮栎*Quercus suber*，有时还有比利牛斯栎*Quercusp yrenaica*。树木之间的空间用于种植农作物，或作为牧场；秋季猪即以圆叶栎的大而甜的橡果为食，著名的伊比利亚火腿即是用这种猪的肉制作而成。圆叶栎的橡果磨成粉后发酵，可酿造成一种甜而美味的橡果利口酒，酒瓶中常会放一个圆叶栎的橡果。比起主要分布于沿岸地区的冬青栎来，本种的分布区偏内陆。尽管本种在原生地非常知名，但它在庭园中却不常见。

圆叶栎的叶 轮廓为卵形至椭圆形或近圆形，长达5 cm（2 in），宽达3 cm（1¼ in）；幼树上的叶为圆形，边缘有锐刺，成树上的叶通常较长，刺较少，常全缘；上表面呈绿色至常绿色，有光泽，下表面有灰白色毛。

类似种

本种叶下表面有灰白色毛，这可与其他常绿种如银叶栎*Quercus hypoleucoides*、金杯栎*Quercus chrysolepis*等相区别。冬青栎为较大的乔木，叶也较大，侧脉更多。

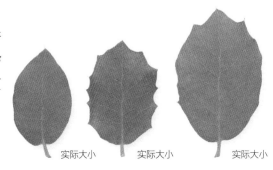

实际大小　　实际大小　　实际大小

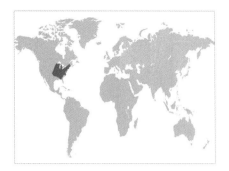

叶类型	单叶
叶 形	轮廓为椭圆形
大 小	达20 cm×10 cm（8 in×4 in）
叶 序	互生
树 皮	光滑，灰色，老时有裂沟
花	小、无花瓣；雄花组成下垂的柔荑花序，雌花与雄花同株，不显眼
果 实	槲果，卵球形，长达3 cm（1¼ in），生于具鳞片的壳斗中，翌年成熟
分 布	加拿大东南部，美国东部
生 境	湿润树林

242

高达30 m
（100 ft）

红栎
Quercus rubra
Red Oak
Linnaeus

红栎为落叶乔木，成树树形呈球状至开展，春季开花。本种为美国东部最常见的栎树之一，在其他国家则为最知名、栽培最广的美洲栎树。它是红栎类（包括本种及其亲缘种在内的一群树种的统称）材用树中最重要的一种；其木材用于制作地板、家具和篱柱。分布区北部的植株结的槲果比南部的植株小。本种有一些园艺选育型，其中包括叶为亮黄色的类型。

类似种

红栎的叶为暗绿色，分裂相对较浅，下表面呈蓝绿色，可以和猩红栎 *Quercus coccinea*、沼生栎*Quercus palustris* 等亲缘种区别。

红栎的叶 轮廓为椭圆形，长达20 cm（8 in），宽达10 cm（4 in）；羽状分裂，每侧裂片多至5枚，通常分裂至距中脉不到一半处；裂片再次分裂，顶端具数枚有芒尖的锯齿；叶柄长达5 cm（2 in），在日光曝晒的一侧通常带红色色调。

实际大小

叶类型	单叶
叶形	倒卵形
大小	达15 cm × 8 cm（6 in × 3¼ in）
叶序	互生
树皮	灰褐色，裂成鳞片状小块
花	小，无花瓣；雄花组成下垂的柔荑花序，雌花与雄花同株，不显眼
果实	橡果，卵球形，长达2½ cm（1 in），生于粗糙、具鳞片的壳斗中，当年成熟；壳斗生于长达6 cm（2½ in）的梗上
分布	美国西南部，墨西哥，危地马拉
生境	山坡森林，常与松树和其他栎树混生
异名	*Quercus reticulata* Bonpland

高达25 m
（80 ft）

皱叶栎
Quercus rugosa
Netleaf Oak
Née

皱叶栎为常绿乔木，树形呈阔锥状至柱状或开展，春季开花。尽管在美国的分布有限，它却是墨西哥栎树中最常见、分布最广的一种，生长于高海拔地区。在墨西哥，它有很多俗名，如白栎（encino blanco）、黑栎（encino negro）、榛栎（encino avellano）等。本种的形态高度可变，特别是叶片大小，有些情况下长可达20 cm（8 in），橡果大小和形状亦多变。本种在墨西哥有多种用途。其木材优良，可被用于制作工具等各种器具，也可被用于制作纸浆，或被用作薪材和烧炭。其橡果可作为牛、猪和山羊的饲料，又可制作一种类似咖啡的饮品，有药用价值。

类似种

皱叶栎的叶坚硬而下凹，橡果有长梗，一般情况下易于识别。墨西哥的厚叶栎*Quercus crassifolia*有一些植株可能会被误认为是本种，但该种属于红栎类，橡果无梗，翌年成熟，叶下表面密被褐毛。

皱叶栎的叶 为倒卵形，长达15 cm（6 in），宽达8 cm（3¼ in），但大小非常多变；质地坚硬，通常下凹，为其特征；边缘不分裂，有数枚小锯齿，从中部以上向下渐狭为圆形的叶基，叶柄长不到1 cm（½ in）；初生时常为红色，后上表面变为非常深的绿色，叶脉下陷，下表面呈蓝绿色，有毛。

实际大小

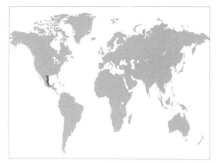

叶类型	单叶
叶 形	椭圆形
大 小	达25 cm × 8 cm（10 in × 3¼ in）
叶 序	互生
树 皮	幼时灰色，光滑，老时颜色变深，并深裂为小方块
花	小，无花瓣；雄花组成下垂的柔荑花序，雌花与雄花同株，不显眼
果 实	槲果，卵球形，长至1½ cm（⅝ in），生于具鳞片的壳斗中，翌年成熟
分 布	墨西哥东部
生 境	山坡常绿林

高达20 m
（65 ft）

244

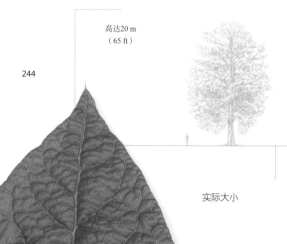

实际大小

枇杷叶栎
Quercus rysophylla
Loquat Oak

Weatherby

枇杷叶栎为速生常绿乔木，树形呈阔柱状至开展，春季开花。本种被发现以后很快成为最受欢迎的墨西哥栎树之一，因生长健壮、耐寒、枝叶繁茂而宜于栽培。即使同一株上的叶也高度多变，但在幼树和健壮枝条上可具锐齿或浅裂，亦可为全缘。

类似种

皱叶白栎*Quercus polymorpha*分布于美国得克萨斯州到危地马拉，它的一些类型在外观上可与本种类似，但叶无芒尖，通常有长柄，槲果当年成熟。

枇杷叶栎的叶　轮廓为椭圆形，长达25 cm（10 in），宽达8 cm（3¼ in）；顶端渐尖，基部呈圆形而有小叶耳，常盖住短叶柄，边缘无锯齿，仅在叶片顶端有芒尖，或在健壮枝条上具各式分裂和锯齿；初生时呈古铜色或略带红色，后上表面变为深绿色，有光泽，叶脉深陷，下表面呈浅绿色，两面近光滑。

叶类型	单叶
叶 形	阔椭圆形至圆形
大 小	达12 cm×8 cm（4¾ in×3¼ in）
叶 序	互生
树 皮	深灰褐色，长成后有鳞片状小块
花	小，无花瓣；雄花组成下垂的长柔荑花序，雌花与雄花同株，不显眼
果 实	榭果，近球形，无梗，直径达2½ cm（1 in），生于具鳞片的壳斗中，翌年夏天成熟时变为棕黑色
分 布	喜马拉雅地区
生 境	山地森林

高达30 m
（100 ft）

245

高山栎
Quercus semecarpifolia
Quercus Semecarpifolia

Smith

高山栎为常绿乔木，树冠呈阔柱状，春季开花。栎属*Quercus*有一群常绿树种，主产中国，叶下面常有黄色毛，在英文中称为"Golden Oaks"（金栎），高山栎即是其中之一。产于中国较东部的种常被误认为是本种。种加词*semecarpifolia*常被误拼为*semicarpifolia*，它实际上是指本种的叶在形态上类似肉托果属*Semecarpus*（属漆树科）的叶。其木材被作为建筑材料、薪柴或制作工具使用，叶可供饲用。

高山栎的叶 为阔椭圆形至圆形，长达12 cm（4¾ in），宽达8 cm（3¼ in）；在幼树上边缘有刺，在老树上变全缘；上表面呈深绿色，有光泽，下表面覆有一层黄色毛，在叶变老时渐脱落，在阴生叶或健壮枝条的叶上可不存在。

类似种

冬青栎*Quercus ilex*的大型阴生叶可与本种的叶类似，但下表面无淡黄色毛。中国种长穗高山栎*Quercus longispica*与本种的区别既在于果穗较长，又在于叶较小。

实际大小

叶类型	单叶
叶 形	倒卵形至椭圆形
大 小	达15 cm × 8 cm（6 in × 3¼ in）
叶 序	互生
树 皮	深褐色，有不规则裂纹
花	小、无花瓣；雄花组成下垂的柔荑花序，雌花与雄花同株，不显眼
果 实	橡果，长球形至卵球形，长达2 cm（¾ in），生于具鳞片的壳斗中，当年成熟
分 布	喜马拉雅地区，中国，日本，朝鲜半岛
生 境	低海拔至山地的落叶林和混交林

高达25 m
（80 ft）

246

枹栎
Quercus serrata
Quercus Serrata

Thunberg

　　枹栎为落叶乔木，树形呈球状，春季开花。其分布广泛，形态多变，根据叶柄长度和叶形的差异曾识别出几个不同的类型。本种木材坚硬，常被作为建筑材料、薪柴或制作农具使用。其枯枝可用于栽培食用菌香菇。在日本，本种和其他种的橡果在浸洗除去苦味鞣质之后可供食用。

类似种

　　枹栎易与槲栎*Quercus aliena*混淆，后者的不同之处在于叶较大，下表面有一层不脱落的星状毛。

实际大小

枹栎的叶　为倒卵形至椭圆形，长达15 cm（6 in），宽达8 cm（3¼ in）；顶端骤成渐尖头，从中部以上向下渐狭成柄，叶柄长3 cm（1¼ in）（或在变种短柄枹栎*Quercus serrata* var. *brevipetiolata*中非常短），中脉每侧有多至14条侧脉，顶端伸出成尖锯齿；初生时有银色毛，常略带粉红色，长成后上表面呈深绿色，有光泽，下表面呈蓝绿色，秋季常变为红色。

叶类型	单叶
叶 形	轮廓为椭圆形至倒卵形
大 小	达20 cm×12 cm（8 in×4¾ in）
叶 序	互生
树 皮	灰褐色，有浅裂条
花	小，无花瓣；雄花组成下垂的柔荑花序，雌花与雄花同株，不显眼
果 实	槲果，卵球形，长达2½ cm（1 in），生于具鳞片的壳斗中，翌年成熟
分 布	北美洲东部
生 境	湿润土壤，河岸

高达30 m
（100 ft）

247

泽红栎
Quercus shumardii
Shumard Oak
Buckley

　　泽红栎也叫"舒玛栎"，为落叶乔木，树形呈球状，春季开花。其分布广泛，主要产于美国，向北分布到加拿大的安大略省，但在当地少见。原变种的壳斗相当浅。壳斗较深的类型有时被处理为变种深斗泽红栎*Quercus shumardii* var. *schneckii*。美国阿肯色州另有一个类型，其叶长宽相等，或宽大于长，现已成为一个独立的种——槭叶栎*Quercus acerifolia*。泽红栎的木材结实坚硬，用于制作家具、饰面板和地板。

类似种

　　泽红栎的槲果大，类似红栎*Quercus rubra*，但后者的叶分裂较浅，且为暗绿色。得州泽红栎*Quercus buckleyi*为较小的乔木，生长于干燥土壤中，它的叶也较小。

泽红栎的叶　轮廓为椭圆形至倒卵形，长达20 cm（8 in），宽达12 cm（4¾ in）；羽状深裂，每侧裂片4枚，再分裂为小裂片，顶端为具芒尖的锯齿；上表面呈深绿色，有光泽，下表面呈浅绿色，有光泽，长成后两面光滑，在脉腋处有明显的褐色丛毛，秋季常变为深红色。

实际大小

叶类型	单叶
叶 形	椭圆形至倒卵形
大 小	达15 cm×10 cm（6 in×4 in）
叶 序	互生
树 皮	灰色，裂成鳞片状小块
花	小，无花瓣；雄花组成下垂的柔荑花序，雌花与雄花同株，不显眼
果 实	槲果，卵球形，长达2½ cm（1 in），生于具鳞片的壳斗中，当年成熟
分 布	美国东南部
生 境	干燥林地，生长于排水良好的土壤中

高达20 m
（65 ft）

248

栏柱栎
Quercus stellata
Post Oak
Wangenheim

栏柱栎为生长缓慢的落叶乔木，树形呈球状至开展，春季开花。本种和与它无亲缘关系的黑棍栎 *Quercus marilandica* 都是美国得克萨斯州和俄克拉荷马州的"交错树林"中的特征树种。本种耐旱，在干燥土壤中为良好的景观树，但居住区的很多植株则是原始森林的残遗。其槲果相对较甜，美洲原住民用来生食、烹食或磨粉。本种的木材坚硬，曾用于矿山，或制作铁路枕木、地板和篱笆柱。

类似种

本种的叶粗糙，呈十字形，下表面覆有浓密的星状毛，一般情况下可以识别。沙栏柱栎 *Quercus margaretta* 为本种的亲缘种，叶裂较浅。它通常为灌木或小乔木，基部有萌蘖条。有介于这两个种之间的中间类型。

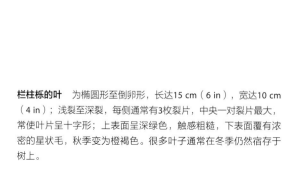

栏柱栎的叶 为椭圆形至倒卵形，长达15 cm（6 in），宽达10 cm（4 in）；浅裂至深裂，每侧通常有3枚裂片，中央一对裂片最大，常使叶片呈十字形；上表面呈深绿色，触感粗糙，下表面覆有浓密的星状毛，秋季变为橙褐色。很多叶子通常在冬季仍然宿存于树上。

实际大小

叶类型	单叶
叶 形	卵形至长圆形
大 小	达8 cm × 6 cm（3¼ in × 2 in）
叶 序	互生
树 皮	灰色，有木栓质的厚裂条
花	小，无花瓣；雄花组成下垂的柔荑花序，雌花与雄花同株，不显眼
果 实	槲果，长球形，长达4 cm（1½ in），生于具鳞片的壳斗中，当年成熟
分 布	西地中海地区
生 境	树林

高达20 m
（65 ft）

欧洲栓皮栎
Quercus suber
Cork Oak

Linnaeus

欧洲栓皮栎为常绿乔木，树冠呈球状至开展，春季开花，有时花期较迟。本种为著名树种，常见于有人工经营的林区。树干和下部枝条上的树皮大约每9年剥取一次，用于生产木栓。最上等的木栓用于制作瓶塞，下等木栓则用于制作地板块或作其他用途。这个剥取树皮的过程并不会伤到树木，但会使其生长缓慢。树皮新剥之后，其下方会暴露出光滑的红色内皮，此时树木颇为显眼。一些当年开放较晚的花，所结的槲果会在翌年成熟。

类似种

本种的叶可与冬青栎*Quercus ilex*的叶混淆，但欧洲栓皮栎的树皮厚，木栓质，可以相互区别。西班牙栎*Quercus × hispanica*也可有木栓质树皮，但叶片锯齿更明显、更深。

欧洲栓皮栎的叶 为卵形至长圆形，长达8 cm（3¼ in），宽达6 cm（2½ in），在未遭修剪的大树上更可长达15 cm（6 in）；常略上凸，边缘有距离较远的小锯齿；上表面呈深绿色至蓝绿色，下表面有灰色密毛。

实际大小　　实际大小　　实际大小

叶类型	单叶
叶 形	椭圆形
大 小	达20 cm×13 cm（8 in×5 in）
叶 序	互生
树 皮	灰褐色，有浅裂纹
花	小，无花瓣；雄花组成下垂的柔荑花序，雌花与雄花同株，不显眼
果 实	槲果，长球形，长达3 cm（1¼ in），生于具鳞片的壳斗中，翌年成熟
分 布	美国南部
生 境	生长于湿润而排水不良的土壤中
异 名	*Quercus nuttallii* E. J. Palmer

高达25 m
（80 ft）

250

得州栎
Quercus texana
Nuttall Oak
Buckley

得州栎为落叶乔木，树形开展，春季开花。本种在英文中也叫"得州红栎"（Texas Red Oak），其学名*Quercus texana*有一段混乱的历史，曾有多年被应用于其他的种。如今，本种仍然常常使用*Quercus nuttallii*的学名（因此有中文别名"纳塔栎"）。本种在得克萨斯州分布狭窄，局限于该州最东部，主要生于密西西比河谷下游，向北延伸至伊利诺伊州，但比较少见。本种通常可以结出大量槲果。因为很多果实可以在树上一直保存到冬季，所以它是啮齿类、鹿类、火鸡和鸭类等野生动物的重要食物资源。本种的选育品种有**新马德里**（'New Madrid'），幼叶为红紫色。

类似种

得州栎常与沼生栎*Quercus palustris*混淆，后者的槲果较小，生于较浅的壳斗中，分布区偏北。

得州栎的叶 轮廓为椭圆形，长达20 cm（8 in），宽达13 cm（5 in）；羽状深裂，每侧有多至5枚裂片，裂片顶端有数枚具芒尖的锯齿；两面呈绿色，有光泽，下表面脉腋有明显的褐色丛毛，晚秋变为美丽的红色。

实际大小

叶类型	单叶
叶 形	长圆形至椭圆形
大 小	达10 cm × 5 cm（4 in × 2 in）
叶 序	互生
树 皮	灰色，老时裂成鳞片状小块
花	小，无花瓣；雄花组成下垂的柔荑花序，雌花与雄花同株，不显眼
果 实	橡果，卵球形，长达3 cm（1¼ in），生于具毛的壳斗中，翌年成熟
分 布	美国加利福尼亚州海峡群岛，墨西哥瓜达卢佩岛
生 境	山坡，峡谷

高达20 m
（65 ft）

251

岛青栎
Quercus tomentella
Island Oak
Engelmann

岛青栎为速生常绿树种，树形呈球状，春季至早夏开花。本种为一小群原产于北美洲西部、彼此有亲缘关系的灌木和乔木树种之一。其在野外为稀见种，受到放牧和火灾的威胁，在其天然分布区已经进行了一些重植工作。化石记录显示本种在大陆上曾经也有分布，但现在仅见于加利福尼亚州南部和墨西哥西北部近海岸处的岛屿上。

岛青栎的叶 呈长圆形至椭圆形，革质，长达10 cm（4 in），宽达5 cm（2 in）；顶端尖或圆，边缘常外卷，有浅的尖锯齿，或有时无锯齿；上表面呈深绿色，有光泽，下表面呈灰色，有一层星状毛。

类似种

金杯栎*Quercus chrysolepis*为岛青栎的近缘种，但其叶较小，幼时下表面有一层金黄色毛。这两个种在野外和庭园中均可杂交。假石栎*Notholithocarpus densiflorus*的叶与本种类似，但也有较大的叶；它的花（组成坚硬的花穗）与本种不同，果实则生于具刚毛的壳斗中。

实际大小

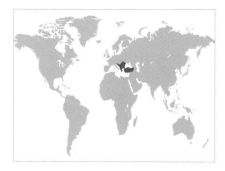

叶类型	单叶
叶 形	椭圆形至长圆形
大 小	达10 cm × 4 cm（4 in × 1½ in）
叶 序	互生
树 皮	灰褐色，在老树上有深裂纹
花	小，无花瓣；雄花组成下垂的柔荑花序，雌花与雄花同株，不显眼
果 实	槲果，长球形，长达3 cm（1¼ in），生于具鳞片的无梗壳斗中，翌年成熟
分 布	东南欧，西南亚
生 境	栎–松林

252

高达15 m
（50 ft）

马其顿栎
Quercus trojana
Macedonian Oak
Webb

马其顿栎的叶 轮廓为椭圆形至长圆形，长达10 cm（4 in），宽达4 cm（1½ in），叶柄短，长不到1 cm（½ in）；侧脉多至12对，每条侧脉顶端伸出成三角形锯齿；上表面呈绿色至蓝绿色，有光泽，一般情况下两面光滑，但亚种埃维亚栎和毛枝马其顿栎等类型叶下表面有密毛。

马其顿栎为落叶晚的乔木，树形呈阔锥状至球状，春季开花。本种喜欢干燥、排水良好的土壤，常见于灰岩之上。其木材重而坚硬，曾用于造船，为此目的，威尼斯共和国曾从意大利南部的马其顿栎森林获取其木材。如今，它更多用作薪柴，林下也可放牧绵羊和山羊，以其槲果为食。原亚种的叶下面光滑或近光滑；产自希腊埃维亚岛（古称欧波亚岛）的亚种埃维亚栎 *Quercus trojana* subsp. *euboica* 和产自土耳其南部的毛枝马其顿栎 *Quercus trojana* subsp. *yaltirikii* 叶下表面有密毛。

类似种

黎巴嫩栎 *Quercus libani* 与本种近缘，但不同之处在于前者叶柄较长，叶有更多锯齿；与马其顿栎相比，栗叶栎 *Quercus castaneifolia* 的叶要大得多。

实际大小　　　　实际大小

叶类型	单叶
叶 形	卵形至披针形
大 小	达17 cm×6 cm（6½ in×2½ in）
叶 序	互生
树 皮	灰褐色，厚，木栓质
花	小、无花瓣；雄花组成下垂的柔荑花序，雌花与雄花同株，不显眼
果 实	橡果，阔卵球形，长达2½ cm（1 in），生于壳斗中，翌年成熟；壳斗覆有狭窄、反曲的鳞片
分 布	中国，朝鲜半岛，日本，越南
生 境	落叶林和混交林

高达25 m
（80 ft）

253

栓皮栎
Quercus variabilis
Chinese Cork Oak
Blume

栓皮栎为速生落叶乔木，树形呈球状至开展，春季开花。本种的树皮在中国是木栓的来源，尽管其质量较欧洲栓皮栎*Quercus suber*出产的木栓差，主要在工业上使用。其植株的很多其他部位也可被利用。在中国，其木材曾用于造船，树皮用于苦房，橡果的壳斗可提取黑色染料用来染丝，枯枝可用于培育食用菌，橡果亦可食或用于喂猪。

类似种

麻栎*Quercus acutissima*的叶的形状与栓皮栎类似，但其下表面呈绿色，树皮不为木栓质。栗叶栎*Quercus castaneifolia*也无木栓质树皮，且叶的锯齿较大。

实际大小

栓皮栎的叶 为卵形至披针形，长达17 cm（6½ in），宽达6 cm（2½ in）；顶端尖，基部呈圆形，侧脉多达16对，顶端伸出成短芒尖；上表面呈深绿色，有光泽，下表面覆有一层稠密的灰色星状毛。

叶类型	单叶
叶形	椭圆形至倒卵形
大小	达25 cm×15 cm（10 in×6 in）
叶序	互生
树皮	深灰色，在成树上裂成小块
花	小，无花瓣；雄花组成下垂的柔荑花序，雌花与雄花同株，不显眼
果实	椭果，卵球形至近球形，长达2 cm（¾ in），生于具鳞片的深壳斗中，翌年成熟
分布	美国东部，加拿大东南部
生境	排水良好的坡地和山脊上的树林，沙丘

高达25 m
（80 ft）

254

东美黑栎
Quercus velutina
Black Oak

Lamarck

东美黑栎为速生落叶乔木，树形呈球状，春季开花。其分布广泛，通常十分常见，可形成纯林或与其他栎树共同生长。本种的木材的用途类似红栎*Quercus rubra*，同样可用来制作家具和地板等。本种在英文中也叫"Yellow Oak"（黄栎），从其橙色的内层树皮可提取亮黄色染料，一直应用到现代替代品出现之后。本种的树皮亦可用于提取鞣质。东美黑栎可与几个亲缘种杂交。

类似种

与东美黑栎相比，红栎的叶呈暗绿色，下表面呈蓝绿色。泽红栎*Quercus shumardii*的叶裂片更多，椭果的壳斗浅。

实际大小

东美黑栎的叶 为椭圆形至倒卵形，长达25 cm（10 in），宽达15 cm（6 in）；羽状深裂，每侧裂片多至4枚，裂片上部再分裂，顶端具数枚芒尖；幼时有密毛，常为红色或粉红色，长成后上表面为非常深的绿色，有光泽，下表面呈绿色，有褐色毛，最终仅沿脉有毛。一些植株在秋季可显出漂亮的橙色或红色。

叶类型	单叶
叶 形	椭圆形至长圆形或倒卵形
大 小	达10 cm×5 cm（4 in×2 in）
叶 序	互生
树 皮	深灰褐色，有浅裂沟和鳞片状裂条
花	小，无花瓣；雄花组成下垂的柔荑花序，雌花与雄花同株，不显眼
果 实	槲果，卵球形至长球形，顶端钝，长达2½ cm（1 in），生于具鳞片的壳斗中，当年成熟；壳斗有短梗
分 布	美国东南部
生 境	湿润林地，河岸

高达20 m
（65 ft）

弗吉尼亚栎
Quercus virginiana
Live Oak
Miller

弗吉尼亚栎为速生、长寿的常绿乔木，树形开展，晚冬至春季开花。本种为美国东海岸地区最知名的常绿栎树，从弗吉尼亚州南部一直分布到得克萨斯州东部。在树形雄伟的老树上常见有松萝凤梨悬垂生长。本种在其天然分布区内或附近常作为行道树栽培。其木材在所有北美洲树种中最重，传统上用于造船，且是优良的薪柴。槲果相对较甜，被美洲原住民拿来榨油或煮粥。

类似种

得州青栎*Quercus fusiformis*有时被处理为弗吉尼亚栎的变种。它见于美国得克萨斯州、俄克拉荷马州和墨西哥北部较内陆的地区，生长于较干燥的地方。它还常是较小的乔木，在极干旱的地方成为具萌蘖条的灌木，其槲果略大，顶端尖，也与弗吉尼亚栎不同。

弗吉尼亚栎的叶 轮廓为椭圆形至长圆形或倒卵形，长达10 cm（4 in），宽达5 cm（2 in）；形状和锯齿高度多变，边缘可为全缘，或每侧有多至3枚的锯齿，在幼树和萌蘖条上锯齿可更多；上表面呈深绿色，有光泽，下表面呈蓝白色，有星状毛。

实际大小

叶类型	单叶
叶 形	卵形至长圆形
大 小	达6 cm × 5 cm（2½ in × 2 in）
叶 序	互生
树 皮	深灰褐色，幼时光滑，老时有裂沟
花	小，无花瓣；雄花组成下垂的柔荑花序，雌花与雄花同株，不显眼
果 实	槲果，卵球形至圆柱形，中部以下渐狭，长达4 cm（1½ in），生于具鳞片的壳斗中，翌年成熟
分 布	美国加利福尼亚州，墨西哥下加利福尼亚
生 境	山脚和山地的坡谷

256

高达20 m
（65 ft）

山青栎
Quercus wislizeni
Interior Live Oak
A. L. de Candolle

　　山青栎为常绿乔木，有时为灌木，树形呈球状至开展，春季开花。变种灌木山青栎*Quercus wislizeni* var. *frutescens*为灌木类型，高仅约5—6 m（16—20 ft），分布可达海拔2000 m（6500 ft）；原变种的植株在山区也可缩减为灌木。本种的木材主要用作薪柴，叶和槲果可作为绵羊、牛和猪的饲料，也是多种野生动物的食物。种加词常被误拼为*wislizenii*。

类似种

　　山青栎常与圣克鲁斯青栎*Quercus parvula*混淆，后者是常绿灌木或乔木，不同之处在于叶较大，长达9 cm（3½ in），槲果更接近圆柱形，中部以上渐尖。滨青栎*Quercus agrifolia*叶片上凸，槲果当年成熟。

实际大小

山青栎的叶　扁平而不上凸，轮廓为卵形至长圆形，长达6 cm（2½ in），宽达5 cm（2 in）；边缘可为全缘，顶端仅具1个尖端，或在每侧生有多至8枚的尖锯齿；上表面呈深绿色，有光泽，下表面呈浅绿色，有光泽，长成后两面光滑。

叶类型	单叶
叶 形	长圆形至倒卵形
大 小	达15 cm×6 cm（6 in×2½ in）
叶 序	互生
树 皮	灰褐色，层状剥落为小片，留下乳黄色的斑块
花	无花瓣；雄蕊具深红色的小型花药，组成直径约1 cm（½ in）的簇，从深褐色的苞片发出
果 实	蒴果小，木质，长约1 cm（½ in）
分 布	伊朗北部，阿塞拜疆
生 境	湿润森林

高达20 m
（65 ft）

257

波斯铁木
Parrotia persica
Persian Ironwood
(A. P. de Candolle) C. A. Meyer

波斯铁木为落叶乔木，树形上耸至开展，早春开花。其原生生境为里海南岸古老的许尔卡尼亚森林，在其中可具单一的茎或多枚茎，或有时为灌木，形成枝条相互交错的密灌丛。本种现已是普遍种植的庭园植物，栽培主要赏其绚丽的秋色和片状剥落的树皮，但在栽培条件下无法长到野生植株那样的高度。其木材极为坚硬，在原产地区用来制作各式各样的器具，也用来烧炭。

类似种

波斯铁木的叶形类似金缕梅科的其他植物，如金缕梅属*Hamamelis*和银刷树属*Fothergilla*的种。但这些植物为小得多的灌木，树皮不为片状剥落，花也不同。

实际大小

波斯铁木的叶 为长圆形至倒卵形，长达15 cm（6 in），宽达6 cm（2½ in），侧脉多至8对；顶端呈圆形，从中部以上向下渐狭成长不到1 cm（½ in）的短叶柄，边缘呈波状，或在中部以上有浅圆齿；幼时略带红色或边缘为紫红色，长成后上表面呈绿色，有光泽，下表面呈浅绿色，有疏毛，秋季变为黄色、橙色、红色和紫色。

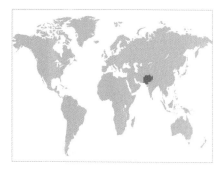

叶类型	单叶
叶 形	圆形至倒卵形
大 小	达10 cm × 8 cm（4 in × 3¼ in）
叶 序	互生
树 皮	浅灰色，光滑
花	无花瓣；雄蕊具黄色花药，组成直径约5 cm（2 in）的簇，围以数枚白色苞片
果 实	蒴果小，木质
分 布	喜马拉雅地区
生 境	山地密灌丛

258

高达6 m
（20 ft）

白缕梅
Parrotiopsis jacquemontiana
Parrotiopsis Jacquemontiana
(Decaisne) Rehder

白缕梅的叶 为圆形至倒卵形，长达10 cm（4 in），宽达8 cm（3¼ in），侧脉多至6对；顶端圆，基部呈圆形或心形，有短叶柄，边缘在中部以上有小锯齿；幼时两面有毛，后上表面变为近光滑，而下表面叶脉上有灰色星状毛，秋季不变色。

白缕梅为落叶乔木或灌木，树形上耸，春季开花，略早于幼叶开放。本种在英文中有时被称为"Himalayan Hazel"（喜马拉雅榛），然而这个名字在正确应用时指的是一种真正的榛属树种（刺榛*Corylus ferox*）。在金缕梅科内，比起金缕梅属来，它与北美洲灌木树种银刷树属*Fothergilla*更为近缘。其木材结实，在原产地用于制作手杖和其他器具；嫩枝柔软，可用于编织篮筐、搓制绳索，绳索可用于架设绳桥。

类似种

银刷树属植物的叶可具有类似的形状，但它们为灌木状，花簇周围无白色苞片。波斯铁木*Parrotia persica*的不同之处在于叶较大，相对较长，下表面近光滑，侧脉较多。

实际大小

叶类型	羽状复叶
叶 形	轮廓为长圆形
大 小	达40 cm × 20 cm（16 in × 8 in）
叶 序	互生
树 皮	浅灰褐色，层状剥落为薄而卷曲的鳞片
花	单朵花不显著，无花瓣；雌雄同株，雄花在老枝上组成下垂柔荑花序，3个柔荑花序构成一簇，雌花在幼枝顶端组成短花穗
果 实	坚果，扁平，果皮薄，生于长达4 cm（1½ in）的果苞中；果苞具4棱
分 布	美国东南部
生 境	湿润低地的森林

高达35 m
（115 ft）

259

沼生山核桃
Carya aquatica
Water Hickory

(F. Michaux) Nuttall

实际大小

沼生山核桃为落叶大乔木，树形呈阔柱状至球状，春季开花，与幼叶同放。本种为常遭洪水淹没的湿地森林中的重要树种，因为可以在这种环境下存活，而被认定为可以减缓和净化排水的重要树种。其木材相当脆，在当地用作薪柴；坚果味苦，但仍被野生动物采食。

类似种

山核桃属*Carya*与胡桃属*Juglans*的不同之处在于枝髓实心，而不呈隔室状。美国山核桃*Carya illinoinensis*的小叶也为镰形，数目更多，其坚果味甜，不为扁平状，也不具4棱。

沼生山核桃的叶 轮廓为长圆形，长达40 cm（16 in），宽达20 cm（8 in），羽状复叶；小叶多达13对，对生，披针形，镰形弯曲，为其特征，长达20 cm（8 in），宽达4 cm（1½ in）；小叶柄很短，顶端尖，边缘有或无锯齿；上表面呈深绿色，光滑，下表面呈浅绿色，有毛。

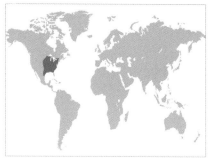

叶类型	羽状复叶
叶 形	轮廓为长圆形
大 小	达40 cm×20 cm（16 in×8 in）
叶 序	互生
树 皮	灰褐色，幼时光滑，渐有裂沟，而不剥落为鳞片
花	单朵花不显著，无花瓣；雌雄同株，雄花在老枝上组成下垂柔荑花序，3个柔荑花序构成一簇，雌花在幼枝顶端组成短花穗
果 实	坚果，略扁平，果皮薄，生于长达3 cm（1¼ in）的果苞中；果苞具4狭翅
分 布	北美洲东部，加拿大东南部
生 境	排水良好的坡地至河漫滩

高达25 m
（80 ft）

260

苦味山核桃
Carya cordiformis
Bitternut
(Wangenheim) K. Koch

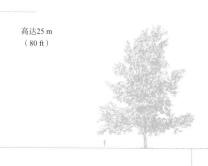

苦味山核桃的叶　轮廓为长圆形，长达40 cm（16 in），宽达20 cm（8 in）；羽状复叶，小叶通常多至9枚，有时更多；小叶有短柄，卵形至披针形，长达15 cm（6 ft），宽达3 cm（1¼ in），顶端尖，边缘有锯齿。

苦味山核桃为速生落叶大乔木，树形呈阔柱状，春季开花，与幼叶同放。在山核桃属*Carya*中，本种是分布最广的种，也是株形最大的种之一。其木材用于制作工具，并可烧制优良的木炭。木炭可用于熏制肉类，为其赋予独特的风味。坚果非常苦，野生动物很少采食，但曾用于榨油、点灯或入药。

类似种

山核桃属与胡桃属*Juglans*的不同之处在于枝髓实心，而不呈隔室状。苦味山核桃的芽为黄色，树皮有裂纹但不成片状剥落，果苞在中部以上有4翅，可以和同属其他种相区别。

实际大小

叶类型	羽状复叶
叶 形	轮廓为长圆形
大 小	达60 cm×40 cm（24 in×18 in）
叶 序	互生
树 皮	幼时灰色，光滑，老树上有裂纹，有时略呈鳞片状
花	单朵花不显著，无花瓣；雌雄同株，雄花在老枝上组成下垂柔黄花序，3个柔黄花序构成一簇，雌花在幼枝顶端组成短花穗
果 实	坚果，生于长达5 cm（2 in）的果苞中；果苞无翅，球形至梨形
分 布	美国东部，加拿大东南部
生 境	阔叶林，生长于湿润或干燥土壤中

高达30 m
（100 ft）

光皮山核桃
Carya glabra
Pignut
(Miller) Sweet

光皮山核桃为落叶乔木，树形呈阔柱状，春季开花，与幼叶同放。本种为分布广泛的树种，在其分布范围内树皮、果实和叶的特征均多变。其木材重而结实，可用于制作工具把柄、木槌、运动器械等器具。坚果被野生动物采食。红山核桃*Carya ovalis*有时被处理为独立的种，区别在于小叶数略少，果苞可裂至基部。然而，它和本种之间存在中间类型，二者通常被视为同一种植物。

类似种

山核桃属*Carya*与胡桃属*Juglans*的不同之处在于枝髓实心，而不呈隔室状。光皮山核桃的树皮不为鳞片状或仅略呈鳞片状，果实无翅，常为梨形，在一般情况下可以和同属其他种相区别。

光皮山核桃的叶 轮廓为长圆形，长达60 cm（24 in），宽达40 cm（18 in）；羽状复叶，小叶通常5或7枚；小叶呈卵形至倒卵形，长达15 cm（6 in），宽达8 cm（3¼ in），边缘有锯齿；上表面呈深绿色，光滑，下表面呈浅绿色，光滑或有毛，秋季变为黄色。

实际大小

叶类型	羽状复叶
叶 形	轮廓为长圆形
大 小	达70 cm×30 cm（28 in×12 in）
叶 序	互生
树 皮	灰褐色，在老树上裂为深沟，呈鳞片状
花	单朵花不显著，无花瓣；雌雄同株，雄花在老枝上组成下垂柔荑花序，3个柔荑花序构成一簇，雌花在幼枝顶端组成短花穗
果 实	坚果，长圆形，果皮薄，生于长达5 cm（2 in）的果苞中；果苞具4棱
分 布	美国中南部，墨西哥
生 境	湿润河谷的阔叶林

高达30 m
（100 ft）

262

美国山核桃
Carya illinoinensis
Pecan

(Wangenheim) K. Koch

美国山核桃的叶 轮廓为长圆形，长达70 cm（28 in），宽达30 cm（12 in）；羽状复叶，小叶多至17枚，有短柄，卵形至披针形，通常呈镰状弯曲，为其特征；小叶顶端尖，基部相等，边缘有锯齿；上表面呈深绿色，下表面呈浅绿色，秋季变为黄色。

实际大小

美国山核桃为落叶乔木，树形呈阔柱状至开展，春季开花，与幼叶同放。本种为美国最重要的坚果树，是得克萨斯州的州树。坚果俗称"碧根果"，美洲原住民已采食之。本种现已大量栽培。为了能够在不同地区栽培，已经选育出很多类型，在耐寒性、果实大小和品质上各有不同。在一些地区，因为栽培植株已经归化，其原产范围已经不易查清。美国山核桃可与同属其他种杂交。

类似种

山核桃属*Carya*与胡桃属*Juglans*的不同之处在于枝髓实心，而不呈隔室状。美国山核桃的小叶较多，呈镰形，果实形态独特，一般情况下易于识别。

叶类型	羽状复叶
叶 形	轮廓为倒卵形
大 小	达90 cm×40 cm（35 in×16 in）
叶 序	互生
树 皮	亮灰色，粗糙不平，在树干上剥落成疏松的鳞片状小块并卷起
花	单朵花不显著，无花瓣；雌雄同株，雄花在老枝上组成下垂柔荑花序，3个柔荑花序构成一簇，雌花在幼枝顶端组成短花穗
果 实	坚果，扁平，果皮厚而硬，生于长达7 cm（2¼ in）的果苞中；果苞呈球形至卵球形，很快开裂
分 布	美国东部，加拿大东南部
生 境	生长于谷地和河漫滩的湿润而肥沃的土壤中

高达35 m
（115 ft）

263

鳞皮山核桃
Carya laciniosa
Shellbark Hickory
(F. Michaux) Loudon

鳞皮山核桃为落叶大乔木，树形呈阔柱状，春季开花，与幼叶同放。本种在英文中有时被叫作"Big Shellbark Hickory"（大鳞皮山核桃），以与另一种英文名也叫"Shellbark Hickory"（鳞皮山核桃）的树种粗皮山核桃*Carya ovata*相区别。本种的坚果味甜，可食，在山核桃属*Carya*中最大，但难于破开。它们是很多种类的野生动物的食物。其木材结实而有韧性，用于制作工具把柄。

类似种

山核桃属与胡桃属*Juglans*的不同之处在于枝髓实心，而不呈隔室状。鳞皮山核桃的树皮呈鳞片状，叶形大，含有多至9枚小叶，可以和同属其他种相区别。粗皮山核桃有5或7枚芳香的小叶。

实际大小

鳞皮山核桃的叶 　轮廓为倒卵形，长达90 cm（35 in），宽达40 cm（16 in）；羽状复叶，通常具7—9枚小叶，顶生小叶远大于侧生小叶；小叶呈卵形至倒卵形，长达20 cm（8 in），宽10 cm（4 in），有短柄，边缘有锯齿；上表面呈深绿色，有光泽，下表面呈浅绿色，有毛，秋季变为黄色。

叶类型	羽状复叶
叶 形	轮廓为倒卵形
大 小	达60 cm × 30 cm（24 in × 12 in）
叶 序	互生
树 皮	灰色，粗糙不平，在树干上层状剥落成鳞片状小块并卷起
花	单朵花不显著，无花瓣；雌雄同株，雄花在老枝上组成下垂柔荑花序，3个柔荑花序构成一簇，雌花在幼枝顶端组成短花穗
果 实	坚果，果皮厚，生于长达4 cm（1½ in）的果苞中；果苞近球形
分 布	美国东部，加拿大东南部，墨西哥
生 境	生长于湿润谷地至干燥坡地的排水良好的土壤中

高达30 m
（100 ft）

264

粗皮山核桃
Carya ovata
Shagbark Hickory
(Miller) K. Koch

粗皮山核桃为落叶乔木，树形呈阔柱状，春季开花，与幼叶同放。本种的坚果味甜，常见程度仅次于美国山核桃*Carya illinoinensis*，被美洲原住民所采食。虽然一些选育的品种已经得到命名，但果实一般情况下仍从野生树上收集，用于为面包和糕点调味。本种的木材非常致密，可用于制作工具把柄和运动器械，也是良好的薪柴，可用于熏制肉类和奶酪。南方粗皮山核桃*Carya ovata* var. *australis* 或 *Carya carolinae-septentrionalis*的果实较小，小叶较窄。

类似种

山核桃属*Carya*与胡桃属*Juglans*的不同之处在于枝髓实心，而不呈隔室状。粗皮山核桃与鳞皮山核桃*Carya laciniosa*最相似，但不同之处在于叶较小，有芳香气味，小叶较少。

实际大小

粗皮山核桃的叶 为倒卵形，长达60 cm（2 ft），宽达30 cm（1 ft），揉碎后有芳香气味；羽状复叶，通常具5—7枚小叶；小叶呈卵形至倒卵形，长达25 cm（10 in），宽达15 cm（6 in），顶端尖，边缘有锯齿；上表面呈深黄绿色，下表面呈浅绿色，常有毛，锯齿两侧有丛毛，秋季变为黄色。

叶类型	羽状复叶
叶 形	轮廓为长圆形
大 小	达50 cm×20 cm（20 in×8 in）
叶 序	互生
树 皮	灰色，有裂沟和不规则的裂条
花	单朵花不显著，无花瓣；雌雄同株，雄花在老枝上组成下垂柔荑花序，3个柔荑花序构成一簇，雌花在幼枝顶端组成短花穗
果 实	坚果，卵球形至近球形，果皮厚，生于长达5 cm（2 in）的果苞中；果苞具4棱
分 布	美国东部
生 境	排水良好的丘坡和山脊

高达30 m
（100 ft）

265

硬壳山核桃
Carya tomentosa
Mockernut
(Poiret) Nuttall

硬壳山核桃为落叶乔木，树形呈阔柱状，春季开花，与幼叶同放。果实大型，可食，壳非常厚，因为需要用一把大头锤（mokker）才能砸开，所以其英文名叫"Mockernut"（大头锤核桃）。其木材非常坚硬，可用于制作家具和工具把柄。本种在英文中也叫"White Hickory"（白山核桃），因其边材为白色。

类似种

山核桃属*Carya*与胡桃属*Juglans*的不同之处在于枝髓实心，而不呈隔室状。粗皮山核桃*Carya ovata*的叶锯齿两侧有小丛毛。

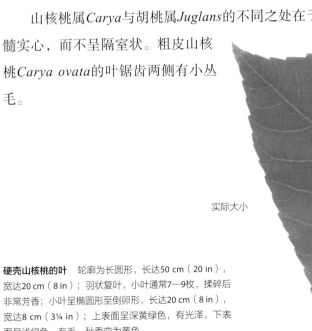

实际大小

硬壳山核桃的叶　轮廓为长圆形，长达50 cm（20 in），宽达20 cm（8 in）；羽状复叶，小叶通常7—9枚，揉碎后非常芳香；小叶呈椭圆形至倒卵形，长达20 cm（8 in），宽达8 cm（3¼ in）；上表面呈深黄绿色，有光泽，下表面呈浅绿色，有毛，秋季变为黄色。

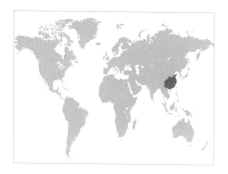

叶类型	羽状复叶
叶 形	轮廓为长圆形
大 小	达25 cm × 25 cm（10 in × 10 in）
叶 序	互生
树 皮	灰褐色，有裂条
花	小，无花瓣，组成下垂柔荑花序；雌雄同株，雄花簇生于老枝，雌花簇生于幼枝
果 实	坚果小，周围有直径达6 cm（2½ in）的环形翅，生于长达30 cm（12 in）的下垂柔荑果序之中
分 布	中国
生 境	山地森林
异 名	*Pterocarya paliurus* Batalin

高达20 m
（65 ft）

266

青钱柳
Cyclocarya paliurus
Wheel Wingnut
(Batalin) Iljinskaja

青钱柳为落叶乔木，树形呈阔柱状，春季开花，与幼叶同放。本种与枫杨属*Pterocarya*近缘，起初被置于该属中，但在果实和簇生的雄柔荑花序的形态上均与该属不同。本种在中国部分地区有时叫作"甜茶树"，其干燥幼叶可制成一种茶饮，据说有药用价值。和化香树*Platycarya strobilacea*一样，青钱柳也是所在的青钱柳属*Cyclocarya*的唯一种，化石记录显示这两个属曾经都有更广泛的分布。本种在中国为保护植物。

类似种

青钱柳与枫杨属最相似，共同特征是髓为隔室状，顶芽裸露，但其果翅大，呈环形，而与枫杨属有别。

实际大小

青钱柳的叶 轮廓为长圆形，长达25 cm（10 in），宽达25 cm（10 in）；羽状复叶，小叶通常7—9枚，无柄或有非常短的小叶柄，边缘有锯齿，椭圆形至长圆形，长达12 cm（4½ in），宽达6 cm（2½ in）；上表面呈深绿色，有光泽，下表面呈浅绿色，两面几乎光滑，仅沿主脉有毛。

叶类型	羽状复叶
叶 形	轮廓为长圆形
大 小	达90 cm × 30 cm（3 ft × 1 ft）
叶 序	互生
树 皮	浅灰色，有深裂沟和不规则的裂条
花	单朵花不显著，无花瓣；雄花在老枝上组成下垂的柔荑花序，雌花与雄花同株，在幼枝顶组成短花穗
果 实	坚果，球形至卵球形，果皮厚，生于果苞中；果苞长达5 cm（2 in），覆有黏毛
分 布	日本
生 境	湿润森林和河岸

高达25 m
（80 ft）

日本胡桃
Juglans ailantifolia
Japanese Walnut

Carrière

日本胡桃为落叶乔木，树形开展，春季开花，与幼叶同放，枝条覆有黏毛。其木材可用于细木工。坚果可食，生于下垂的总状果序中，同一果序的果实数目可达20个。心果胡桃*Juglans ailantifolia* var. *cordiformis*为用原变种植株成批所结的种子种出的实生苗中偶然出现的类型，其坚果为心形，果壳较薄而光滑，果仁更易整体剥出。本种已经选育出大量品种和杂种，偶见栽培，特别是在气候较寒冷而不能种植胡桃*Juglans regia*的地区。

类似种

胡桃属*Juglans*与山核桃属*Carya*的区别在于枝条有隔室状髓。日本胡桃与白胡桃*Juglans cinerea*类似，但不同之处在于叶较大，小叶较长，坚果长大于宽，果簇中的果数多达20个。

日本胡桃的叶 轮廓为长圆形，长达90 cm（3 ft），宽达30 cm（1 ft），羽状复叶；小叶11—17枚，长圆形，长达15 cm（6 in），宽达5 cm（2 in），顶端渐尖，基部圆形至略呈心形，有短柄；上表面呈深绿色，两面有密毛，幼时毛尤密。

实际大小

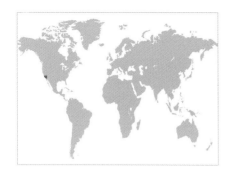

叶类型	羽状复叶
叶 形	轮廓为长圆形
大 小	达25 cm×15 cm（10 in×6 in）
叶 序	互生
树 皮	灰褐色，有深裂沟
花	单朵花不显著，无花瓣；雄花在老枝上组成下垂的柔荑花序，雌花与雄花同株，在幼枝顶组成短花穗
果 实	坚果，近球形，果皮厚，光滑，生于果苞中；果苞长达3½ cm（1⅜ in）
分 布	美国加利福尼亚州南部
生 境	河道，峡谷

268

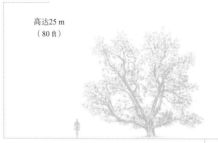

高达25 m
（80 ft）

南加州胡桃
Juglans californica
Southern California Walnut
S. Watson

南加州胡桃的叶　轮廓为长圆形，长达25 cm（10 in），宽达15 cm（6 in），羽状复叶；小叶通常11—17枚，长圆形至披针形，顶端尖，边缘有细齿；上表面呈深绿色，下表面呈浅绿色，秋季变为黄色，黄褐色。

南加州胡桃在英文中也叫"California Black Walnut"（加州黑胡桃），为落叶小乔木，树形开展，常在低处分枝，基部有多于1枚茎，或为灌木状，晚冬至春季开花，与幼时同放。本种常见与滨青栎*Quercus agrifolia*混生。其坚果味甜，在当地供食用，但未得到商业种植。本种生长的生境对野生动物很重要，但由于城市扩张和放牧，范围已大为缩减。

类似种

胡桃属*Juglans*与山核桃属*Carya*的区别在于枝条有隔室状髓。南加州胡桃有时易与北加州胡桃*Juglans hindsii*混淆；后者在其原产地区之外有栽培并归化，为较大的乔木，叶也较大。

实际大小

叶类型	羽状复叶
叶 形	轮廓为长圆形
大 小	达60 cm × 26 cm（24 in × 10½ in）
叶 序	互生
树 皮	浅灰褐色，粗糙，有裂沟
花	单朵花不显著，无花瓣；雄花在老枝上组成下垂的柔荑花序，雌花与雄花同株，在幼枝顶组成短花穗
果 实	坚果，果皮厚，生于果苞中；果苞呈卵球形，顶端尖，有2脊，长达6 cm（2½ in），生于长达13 cm（5 in）的果簇中，果簇有长梗
分 布	美国东部，加拿大东南部
生 境	湿润谷地和干燥坡地的树林

高达25 m
（80 ft）

269

白胡桃
Juglans cinerea
Butternut
Linnaeus

　　白胡桃为落叶乔木，树冠呈阔柱状至开展，春季开花，与幼叶同放。其英文名为"Butternut"（黄油果），指坚果富含油分，味似黄油。植株各部位均被美洲原住民所利用；坚果供食用，又可榨油，植株很多部位还可入药。本种的分布区很可能因为人们携带种子在附近的村庄种植而扩大。先是由于伐取木材，继以城市发展和农业开垦，本种的居群已经明显衰退，并因更晚近发生的白胡桃溃疡病而雪上加霜。

白胡桃的叶　轮廓为长圆形，长达60 cm（24 in），宽达26 cm（10½ in），羽状复叶；小叶通常11—17枚，呈卵形至披针形，长达12 cm（4¾ in），宽达6 cm（2½ in），顶生小叶始终存在，较侧生小叶略小；上表面呈深绿色，两面有毛，有时有黏性，至少幼时如此。

类似种

　　胡桃属*Juglans*与山核桃属*Carya*的区别在于枝条有隔室状髓。日本胡桃*Juglans ailantifolia*的叶较大，果簇中果实数较多。黑胡桃*Juglans nigra*的叶常无顶生小叶，果实呈球状，单生或成对着生。

实际大小

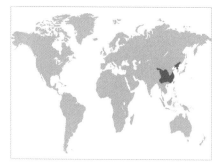

叶类型	羽状复叶
叶 形	轮廓为长圆形
大 小	达90 cm×30 cm（3 ft×1 ft）
叶 序	互生
树 皮	浅灰色，有深裂沟和不规则的裂条
花	小，无花瓣；雄花在老枝上组成下垂的柔荑花序，雌花与雄花同株，在幼枝顶组成短花穗
果 实	坚果，卵球形至球形，果皮厚，有棱，生于果苞中；果苞长达6 cm（2½ in），覆有黏毛，每个总状果序中的果实多至12个
分 布	中国，俄罗斯东北部，朝鲜半岛
生 境	谷地和山坡的湿润树林
异 名	*Juglans cathayensis* Dode

高达25 m
（80 ft）

270

胡桃楸
Juglans mandshurica
Chinese Walnut

Maximowicz

胡桃楸的叶 轮廓为长圆形，长达90 cm（3 ft），宽达30 cm（1 ft），羽状复叶；小叶11—19枚，呈椭圆形至披针形，有锯齿，长达15 cm（6 in），宽达7½ cm（3 in）；上表面呈深绿色，下表面呈浅绿色，幼时两面有毛，后几乎光滑。

胡桃楸在英文中也叫"Manchurian Walnut"（满洲胡桃），为落叶乔木，树形呈阔柱状至开展，春季开花，与幼叶同放。其坚果可食，但果皮厚，果仁难于从中取出。在本种的原产地区，其木材用于制作家具。因为本种十分耐寒，在较寒冷的地区是有用的砧木树，可用于嫁接胡桃。

类似种

胡桃属*Juglans*与山核桃属*Carya*的区别在于枝条有隔室状髓。日本胡桃*Juglans ailantifolia*与本种的不同之处在于每个果簇中的果数多达20个。

实际大小

叶类型	羽状复叶
叶 形	轮廓为长圆形
大 小	达60 cm×25 cm（24 in×10 in）
叶 序	互生
树 皮	深灰褐色，有深裂沟
花	小，无花瓣；雄花在老枝上组成下垂的柔荑花序，雌花与雄花同株，在幼枝顶组成多至5朵花的花簇
果 实	坚果，木质，果皮厚，生于果苞中；果苞呈球形，芳香，绿色，长达5 cm（2 in）
分 布	美国东部，加拿大东南部
生 境	生长于混交林的湿润土壤中

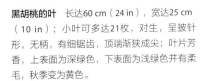

高达25 m
（80 ft）

271

黑胡桃
Juglans nigra
Black Walnut
Linnaeus

黑胡桃为落叶大乔木，成树树形开展，春季开花，与幼叶同放。其坚果可食，为野生动物（特别是松鼠）喜食。本种的木材极贵重，可广泛用于制作家具和枪托。

类似种

白胡桃*Juglans cinerea*的果实顶端尖，长大于宽，叶通常含有较少的小叶。胡桃属*Juglans*所有树种与山核桃属*Carya*的区别在于枝条有隔室状髓，与枫杨属*Pterocarya*的区别则在于具有冬芽。

黑胡桃的叶　长达60 cm（24 in），宽达25 cm（10 in）；小叶可多达21枚，对生，呈披针形，无柄，有细锯齿，顶端渐狭成尖；叶片芳香，上表面为深绿色，下表面为浅绿色并有柔毛，秋季变为黄色。

实际大小

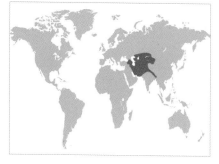

叶类型	羽状复叶
叶 形	轮廓为倒卵形
大 小	达30 cm×20 cm（12 in×8 in）
叶 序	互生
树 皮	浅灰色，光滑，渐有裂纹
花	单朵花不显著，无花瓣；雄花在老枝上组成下垂的柔荑花序，雌花与雄花同株，在幼枝顶组成短花穗
果 实	坚果，有棱，球形，生于果苞中；果苞呈球形，长达5 cm（2 in）
分 布	喜马拉雅地区
生 境	树林

高达30 m
（100 ft）

272

实际大小

胡桃
Juglans regia
Walnut

Linnaeus

胡桃通称"核桃"，为落叶乔木，树形开展，春季开花，与幼叶同放。本种是胡桃属*Juglans*中最为常见的一种，栽培收获其坚果。针对坚果大小和果皮厚度已经选育出了很多类型。其木材贵重，广泛用于制作家具，和收获果实一样，获取木材也是本种栽培如此广泛的原因。本种植株的一些部位曾入药，碾碎的果壳用作磨料。

类似种

胡桃属与山核桃属*Carya*的区别在于枝条有隔室状髓。胡桃与同属其他种的区别在于小叶无锯齿，顶生小叶比其他小叶大得多。

胡桃的叶 轮廓为倒卵形，芳香，长达30 cm（12 in），宽达20 cm（8 in），羽状复叶；小叶通常5—7枚，椭圆形至卵形，无锯齿，顶生小叶较大，长达15 cm（6 in）；幼时常为古铜色，后上表面变为深绿色，下表面呈浅绿色，两面光滑或近光滑。

叶类型	羽状复叶
叶 形	轮廓为长圆形
大 小	达30 cm × 20 cm（12 in × 8 in）
叶 序	互生
树 皮	浅褐色，有浅裂纹
花	单朵花小、无花瓣，在幼枝顶组成直立的柔荑花序，数枚雄柔荑花序围绕单独1枚雌柔荑花序
果 实	坚果小、有翅，组成直立、宿存、木质、球果状的果穗
分 布	中国，日本，朝鲜半岛，越南
生 境	山坡树林

高达15 m
（50 ft）

273

化香树
Platycarya strobilacea
Platycarya Strobilacea
Siebold & Zuccarini

化香树为落叶乔木，树形呈球状，夏季开花。本种在胡桃科中形态特殊，所在的化香树属*Platycarya*仅有1种或很少几种。一般情况下，本种的叶为羽状复叶。单叶化香树*Platycarya simplicifolia*为该属中描述的另一种，叶为单叶，现在认为是化香树的异常类型。在中国，其果实可提取染料，树皮和木材可用作薪柴。

实际大小

类似种

化香树的柔荑花序簇生，直立，果实组成球果状，非常独特。本种不太可能和其他树种混淆。

化香树的叶 轮廓为长圆形，长达30 cm（12 in），宽达20 cm（8 in），羽状复叶；小叶通常多达15枚，仅顶生小叶有柄，卵形至披针形，长达10 cm（4 in），宽达3 cm（1¼ in），顶端渐尖，边缘有锐齿；上表面呈深绿色，下表面呈浅绿色，幼时有毛，后两面变光滑，仅沿脉有毛，秋季变为黄色。

叶类型	羽状复叶
叶 形	轮廓为卵形至长圆形
大 小	达60 cm × 25 cm（24 in × 10 in）
叶 序	互生
树 皮	浅灰色，有深裂沟
花	单朵花不明显，无花瓣，组成下垂的柔荑花序；雄花序生于老枝，雌花序与雄花序同株，生于幼枝
果 实	坚果小，有2枚圆形果翅，组成长达50 cm（20 in）的下垂果簇
分 布	高加索地区，伊朗北部
生 境	湿润树林，沼泽，河岸

高达30 m
（100 ft）

274

高加索枫杨
Pterocarya fraxinifolia
Caucasian Wingnut
(Lamarck) Spach

　　高加索枫杨为速生落叶乔木，树形开展，春季开花，与幼叶同放，不形成顶芽，冬季可见微小的幼叶。本种可通过萌蘖条迅速蔓延，有时仅长为大灌木（变种密丛枫杨*Pterocarya fraxinifolia* var. *dumosa*）。本种与枫杨*Pterocarya stenoptera*在庭园中可杂交，形成的杂种叫立翅枫杨*Pterocarya × rehderiana*。高加索枫杨的小型坚果可食，木材可用于制作火柴和木鞋。

类似种

　　枫杨也无顶芽，但叶轴扩展为翅，顶生小叶常不存在。立翅枫杨叶轴有狭窄直立的翅。

实际大小

高加索枫杨的叶 轮廓为卵形至长圆形，长达60 cm（24 in），宽达25 cm（10 in），羽状复叶；小叶11—27枚，无柄，长圆形，长达15 cm（6 in），宽达4 cm（1½ in），顶端尖，边缘有锯齿，叶轴无翅；上表面呈深绿色，有光泽，光滑，下表面呈浅绿色，沿脉有毛，秋季变为黄色。

叶类型	羽状复叶
叶 形	轮廓为椭圆形至长圆形
大 小	达45 cm×40 cm（18 in×16 in）
叶 序	互生
树 皮	灰褐色，有裂纹
花	单朵花不明显，无花瓣，在幼枝上组成下垂的柔荑花序；雌雄同株，各自组成花序
果 实	坚果小，有2枚圆形至菱形的果翅，组成长达70 cm（28 in）的下垂果簇
分 布	中国
生 境	谷地和河边的湿润森林

高达25 m
（80 ft）

275

甘肃枫杨
Pterocarya macroptera
Pterocarya Macroptera

Batalin

甘肃枫杨为速生落叶乔木，树形开展，枝条顶端有顶芽，在冬季将幼叶包藏其中。本种有3个变种，均产自中国。原变种*Pterocarya macroptera* var. *macroptera*高至15 m（50 ft），叶柄长至8 cm（3¼ in），坚果上的果翅大，长达3 cm（1¼ in）；变种云南枫杨*Pterocarya macroptera* var. *delavayi* 或 *Pterocarya delavayi*与原变种类似，但叶柄长达13 cm（5 in），果翅较小；变种华西枫杨*Pterocarya macroptera* var. *insignis*高达25 m（80 ft），坚果光滑，叶柄短，长至6 cm（2½ in）。

类似种

日本种水胡桃*Pterocarya rhoifolia*也有包藏幼叶的顶芽，但小叶数较多。

甘肃枫杨的叶 轮廓为椭圆形至长圆形，长达45 cm（18 in），宽达40 cm（16 in），羽状复叶；小叶通常7—13枚，无柄或有非常短的小叶柄，卵形至椭圆形，边缘有锯齿，长达20 cm（8 in），宽达6 cm（2½ in）；上表面呈暗绿色，下表面有毛。

实际大小

叶类型	羽状复叶
叶 形	轮廓为长圆形
大 小	达30 cm × 25 cm（12 in × 10 in）
叶 序	互生
树 皮	深灰色，有裂纹
花	单朵花不明显，无花瓣，组成下垂的柔荑花序；雌雄同株，各自组成花序
果 实	坚果小，有2枚圆形果翅，组成长达30 cm（12 in）的下垂果簇
分 布	日本，中国东北部
生 境	坡谷森林，河岸

高达30 m
（100 ft）

276

实际大小

水胡桃
Pterocarya rhoifolia
Japanese Wingnut
Siebold & Zuccarini

水胡桃为速生落叶乔木，树形开展，春季至早夏开花，与幼叶同放。枝条顶端有明显的绿色或红紫色的顶芽，幼叶为芽鳞所覆盖。本种在日本广泛分布，在中国只限于很小的地区。在日本，其坚果有时供食用，木材可用于制作筷子、木屐和火柴等小型物件。

类似种

水胡桃有顶芽，可与枫杨属*Pterocarya*其他大多数种相区别。甘肃枫杨*Pterocarya macroptera*也有顶芽，但小叶较少。本种和甘肃枫杨的雄花穗生于幼枝，而同属其他种的雄花穗在老枝和新枝上均有着生。

水胡桃的叶 轮廓为长圆形，长达30 cm（12 in），宽达25 cm（10 in），羽状复叶；小叶11—21枚，长圆形，边缘有细齿，长达10 cm（4 in），宽达4 cm（1½ in），叶轴无翅；上表面呈深绿色，下表面呈浅绿色，有细茸毛，至少沿主脉如此，秋季变为黄色。

叶类型	羽状复叶
叶 形	轮廓为长圆形
大 小	达25 cm × 20 cm（10 in × 8 in）
叶 序	互生
树 皮	浅灰褐色，有明显的裂条
花	单朵花不明显，无花瓣，组成下垂的柔荑花序；雄花序生于老枝，雌花序与雄花序同株，生于幼枝
果 实	坚果小，有2枚狭窄、渐尖的果翅，组成长达45 cm（18 in）的下垂果簇
分 布	中国，朝鲜半岛
生 境	山坡，河岸

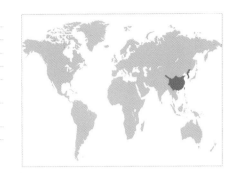

高达30 m
（100 ft）

277

枫杨
Pterocarya stenoptera
Chinese Wingnut
Casimir de Candolle

实际大小

枫杨为速生落叶乔木，树形开展，春季开花，与幼叶同放。本种与枫杨属*Pterocarya*其他大多数种一样，枝条顶端有裸露的芽，幼叶在冬季可见。本种有时被作为观赏树栽培，但根系非常有入侵性，使之不适合作为行道树。在栽培条件下可形成杂种立翅枫杨*Pterocarya* × *rehderiana*，另一亲本为高加索枫杨*Pterocarya fraxinifolia*。有一个叶深裂的品种叫**蕨叶**（'Fern Leaf'）。

类似种

枫杨的叶轴有翅，坚果有细长的翅，易与同属其他种相区别。立翅枫杨叶轴也有翅，但向上直立，较狭窄，也不具锯齿。

枫杨的叶　轮廓为长圆形，长达25 cm（10 in），宽达20 cm（8 ft），羽状复叶；小叶通常11—21枚，椭圆形至长圆形，有锯齿，长达12 cm（4¾ in），宽达3 cm（1¼ in），有时顶生小叶不存在；叶轴有狭窄而常有锯齿的翅，此为其特征。

叶类型	单叶
叶 形	卵形至椭圆形
大 小	达20 cm×12 cm（8 in×4¾ in）
叶 序	对生
树 皮	灰褐色，光滑，老时有裂纹
花	芳香，在枝顶组成直径约20 cm（8 in）的大型花簇；花冠白色，5裂，直径3 cm（1¼ in），花萼有棱，粉红色，5裂
果 实	核果，亮蓝色，最终变为黑色，球形，直径1 cm（½ in），围以宿存的红色花萼
分 布	东亚和东南亚
生 境	山地密灌丛

高达10 m
（33 ft）

278

海州常山
Clerodendrum trichotomum
Harlequin Glorybower
Thunberg

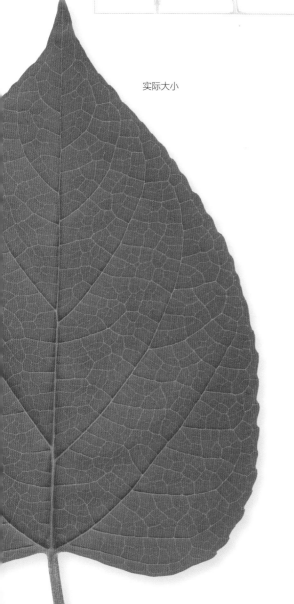

实际大小

海州常山为落叶乔木或灌木，常靠萌蘖条蔓延，树形开展，晚夏至早秋开花。其所属的大青属*Clerodendrum*为分布广泛的大属，海州常山过去曾被置于马鞭草科Verbenaceae。本种枝叶的毛被多变，光叶海州常山*Clerodendrum trichotomum* var. *fargesii*的枝叶几乎光滑，有时承认为变种。本种（特别是变种光叶海州常山）被广泛作为观赏树栽培，赏其花果。

类似种

海州常山在开花时是非常独特的树种。其叶可与梓属*Catalpa*树种类似，但从不为轮生，且常有锯齿。

海州常山的叶 为卵形至椭圆形，长达20 cm（8 in），宽达12 cm（4¾ in），揉碎有不愉快的气味；顶端渐尖，基部呈圆形或有时略呈心形，叶柄长达10 cm（4 in）边缘一般全缘，但偶尔有少数锯齿，或有时分裂；幼时呈古铜色，后上表面变为深绿色，无光泽或有光泽，下表面呈浅绿色，两面有毛或近光滑。

叶类型	单叶
叶 形	椭圆形至卵形
大 小	达12 cm×6 cm（4¾ in×2½ in）
叶 序	互生
树 皮	浅灰褐色，有纵向裂纹
花	小、绿白色，在叶腋组成长达7 cm（2¾ in）的花簇
果 实	核果，卵球形至球形，肉质，蓝黑色，长达8 mm（⅜ in）
分 布	日本，中国，朝鲜半岛，越南
生 境	排水良好的湿润森林和河岸

高达30 m
（100 ft）

樟
Cinnamomum camphora
Camphor Tree

(Linnaeus) J. Presl

樟为速生常绿乔木，树形稠密开展，春季开花。在温暖地区，本种常被植于公园、路边；在澳大利亚等一些地区成为入侵植物。本种为樟脑的传统来源，既可从叶中提取，又可把木材切成条，使水蒸气通过这些木条，蒸气冷凝后即浓缩析出樟脑结晶。如今，樟脑常利用松树树脂人工合成。本种的木材芳香，可防虫，传统上用来制作贮藏衣物的箱子。

类似种

樟属*Cinnamomum*中有很多与本种相似的树种。本种的叶互生，光滑，芳香，下表面呈蓝白色，通常可以识别。亲缘种锡兰肉桂*Cinnamomum zeylanicum*叶对生。

樟的叶 为椭圆形至卵形，长达12 cm（4½ in），宽达6 cm（2½ in），有非常浓郁的樟脑气味；中脉从叶基伸出不久即分为3条明显的叶脉；顶端尖，边缘无锯齿，有时呈波状，叶柄纤细，长至3 cm（1¼ in）；初生的幼叶为铜红色，后上表面变为深绿色，有光泽，下表面呈蓝白色，两面光滑，仅下表面脉腋处有丛毛。

实际大小

叶类型	单叶，全缘
叶 形	椭圆状长圆形至卵形
大 小	达10 cm × 4 cm（4 in × 1½ in）
叶 序	互生
树 皮	光滑，深灰色
花	浅黄色，有4枚长约5 mm（¼ in）的花被片；雄花和雌花异株，二者形似，在叶腋组成密集花簇
果 实	浆果，卵球形至球形，长约1 cm（½ in），成熟时由绿色变为黑色，有光泽
分 布	地中海地区
生 境	密灌丛、冲沟和石质地，常靠近海岸

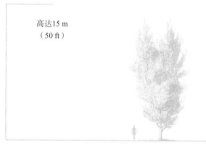

高达15 m
（50 ft）

280

月桂
Laurus nobilis
Bay Laurel

Linnaeus

月桂为常绿乔木，树形稠密，呈阔锥状，春季开花。本种叶芳香，可作为调味品，因而有特别的经济价值。在古代欧洲，其叶还可用于编制桂冠，是胜利和力量的象征，常见作为古罗马皇帝的头饰。

类似种

亲缘种加州桂*Umbellularia californica*与本种类似，但花有6枚花被片，果实也较大。在英文中有很多叫"Laurel"（桂）的植物与本种并无亲缘关系。

月桂的叶 为椭圆状长圆形至卵形，革质，非常芳香，长达10 cm（4 in），宽达4 cm（1½ in），顶端渐尖；上表面呈深绿色，有光泽，下表面呈浅绿色。

实际大小　　　　实际大小

叶类型	单叶
叶形	椭圆形至披针形
大小	达10 cm × 3 cm（4 in × 1¼ in）
叶序	互生
树皮	深灰色，光滑
花	小，黄色，在枝顶组成无梗的伞形花序；常雌雄异株
果实	浆果，球形，黑色，长约8 mm（⅜ in）
分布	中国，朝鲜半岛
生境	山坡密灌丛和树林

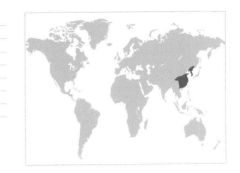

高达8 m
（26 ft）

281

狭叶山胡椒
Lindera angustifolia
Oriental Spicebush

W. C. Cheng

狭叶山胡椒为落叶小乔木，或更常为大灌木，树形开展，春季花先于叶在秃枝上开放。本种常成群栽培，赏其早开的花和绚丽的秋色。本种是山胡椒属*Lindera*的一种，该属有约100种，为产自东亚和北美洲的落叶和常绿乔木和灌木，其中中国有38种。其叶可提取芳香油，种子亦可榨油，在中国被用来制作肥皂。

类似种

有一些树种与狭叶山胡椒类似，但本种叶脉呈羽状（不为三出脉），枝条光滑，花簇无梗或有非常短的梗，而可区别。

狭叶山胡椒的叶 为椭圆形至披针形，长达10 cm（4 in），宽达3 cm（1¼ in）；顶端尖或圆，边缘全缘，基部渐狭；上表面为中等程度的绿色，下表面为浅绿色至蓝绿色，秋季呈现橙色和粉红色的色调，最终变为褐色，在冬季宿存。

实际大小　　实际大小

叶类型	单叶
叶 形	长圆形至倒披针形或倒卵形
大 小	达22 cm×6 cm（8½ in×2½ in）
叶 序	互生
树 皮	深灰色，光滑
花	小，黄绿色，在叶腋组成具短梗的密集花簇；雌雄异株
果 实	浆果，紫黑色，卵球形，长至2 cm（¾ in）
分 布	中国
生 境	湿润森林和密灌丛

高达15 m
（50 ft）

282

黑壳楠
Lindera megaphylla
Lindera Megaphylla

Hemsley

　　黑壳楠为常绿乔木或大灌木，幼枝呈紫红色，顶端有长达2 cm（¾ in）的显著的芽，树形呈阔柱状，春季开花。本种的木材贵重，可被作为建筑材料使用；叶和果用于提取芳香油或制作线香，种子可榨油，用于制作肥皂。

类似种

　　本种树型较大，叶也大，常绿，具羽状脉，通常可与山胡椒属*Lindera*其他种相区别。

黑壳楠的叶　为长圆形至倒披针形或倒卵形，革质，长达22 cm（8½ in），宽达6 cm（2½ in），在枝顶簇生；顶端尖，边缘无锯齿，基部渐狭为长约3 cm（1¼ in）的叶柄；上表面呈深绿色，有光泽，有大约20对侧脉，下表面呈蓝绿色，光滑或幼时有时有毛。

实际大小

叶类型	单叶
叶 形	椭圆形至卵形
大 小	达15 cm × 5 cm（6 in × 2 in）
叶 序	互生
树 皮	灰色至红褐色，有浅裂条，老时呈鳞片状
花	小、乳黄色，在叶腋组成小簇，常隐藏在叶丛中
果 实	核果，球形，蓝黑色，有光泽，具粉霜，长至1½ cm（⅝ in），果梗几与叶柄等长
分 布	美国东南部
生 境	湿润树林，沙质土壤，沙丘

高达15 m
（50 ft）

283

红泽桂
Persea borbonia
Redbay
(Linnaeus) Sprengel

　　红泽桂为常绿乔木，通常在低处即分枝，树冠呈球状，有时呈灌木状，晚春至早夏开花。枝条有细茸毛，毛扁平，呈黄褐色。本种是鳄梨*Persea americana*的近缘种，主要见于美国东南部从特拉华州到得克萨斯州的沿岸平原。本种的叶非常芳香，可用于给食品调味；果被多种野生动物采食。其木材重而坚硬，呈亮红色，可用于制作家具、造船。

类似种

　　泽桂*Persea palustris*与本种类似，有时被视为本种的变种。其不同之处在于枝叶上有直立卷曲的毛，果梗长于叶柄。

红泽桂的叶 为椭圆形至卵形，芳香，长达15 cm（6 in），宽达5 cm（2 in）；顶端尖至圆，边缘无锯齿；长成后上表面呈深绿色，有光泽，光滑，下表面呈浅蓝绿色，黯淡，有毛，毛微小而扁平，呈黄褐色，闪亮，单根毛如无放大镜则不可见。

实际大小

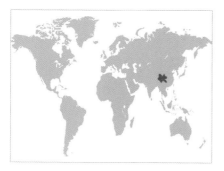

叶类型	单叶
叶 形	长圆形至披针形
大 小	达25 cm × 5 cm（10 in × 2 in）
叶 序	互生
树 皮	灰褐色，光滑
花	小，白色或绿白色，在幼枝基部组成细长的圆锥花序
果 实	浆果，黑色，有光泽，肉质，球形，长至1 cm（½ in）
分 布	中国
生 境	山坡和谷地的森林
异 名	*Machilus ichangensis* Rehder & E. H. Wilson

284

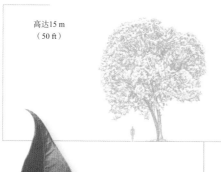

高达15 m
（50 ft）

宜昌润楠
Persea ichangensis
Persea Ichangensis
(Rehder & E. H. Wilson) Kostermans

宜昌润楠为常绿乔木，树冠呈球状，晚春至早夏开花。本种原为润楠属*Machilus*树种之一，该属约有100种，与狭义的鳄梨属*Persea*区别很小，有一些文献承认。本种幼枝光滑，纤细，芽为灰白色，有毛。原变种的叶幼时下表面有毛，但其变种滑叶润楠*Persea ichangensis* var. *leiophylla*的叶则光滑，花簇也较大。

类似种

宜昌润楠曾与红楠*Persea thunbergii*混淆，后者的不同之处在于叶较宽，更呈革质，花为黄色，果实较大。本种所在的鳄梨属还包括原产热带美洲的鳄梨*Persea americana*。

宜昌润楠的叶 为长圆形至披针形，革质，长达25 cm（10 in），宽达5 cm（2 in）；顶端骤成渐尖头，边缘无锯齿，基部渐狭成楔形，叶柄细，长达2½ cm（1 in）；上表面呈绿色，有光泽，光滑，下表面呈浅蓝绿色，光滑或有丝状毛。

实际大小

叶类型	单叶
叶 形	卵形至椭圆形
大 小	达15 cm × 5 cm（6 in × 2 in）
叶 序	互生
树 皮	红褐色，有裂沟
花	小，乳黄色，在叶腋组成小簇
果 实	核果，球形，蓝黑色，有光泽，具粉霜，长至1 cm（½ in），果梗长于叶柄
分 布	美国东南部，巴哈马
生 境	湿润林地，沼泽
异 名	*Persea borbonia* var. *pubescens* (Pursh) Little

高达15 m
（50 ft）

泽桂
Persea palustris
Swampbay
(Rafinesque) Sargent

泽桂为常绿乔木，树形呈球状，有时呈灌木状；晚春至早夏开花。本种为红泽桂*Persea borbonia*的近缘种，有时被视为该种的变种，但通常见于更湿润的生境。枝条幼时密被黄褐色毛，后变光滑。

类似种

红泽桂的不同之处在于枝叶上的毛均不显著，扁平，果梗也较短。银泽桂*Persea humilis*为灌木或小乔木，叶下表面有银白色毛。

泽桂的叶 为卵形至椭圆形，偶尔略卷曲，芳香，长达15 cm（6 in），宽达5 cm（2 in）；顶端狭尖至钝尖，边缘无锯齿，基部渐狭；上表面呈深绿色，有光泽，除沿中脉有毛外均光滑，下表面呈浅蓝绿色，有显著的浓密长毛。

实际大小　　实际大小

叶类型	单叶
叶 形	倒卵形至披针形
大 小	达15 cm×6 cm（6 in×2½ in）
叶 序	互生
树 皮	褐色，光滑
花	小、黄色或绿黄色，芳香，在幼枝基部组成圆锥花序
果 实	浆果，近球形，紫黑色，长至1⅓ cm（½ in）
分 布	中国，朝鲜半岛，日本
生 境	从海平面到山坡和谷地的湿润森林
异 名	*Machilus thunbergii* Siebold & Zuccarini

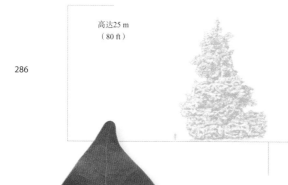

高达25 m
（80 ft）

286

红楠
Persea thunbergii
Persea Thunbergii
(Siebold & Zuccarini) Kostermans

红楠为常绿乔木，树形稠密，呈阔柱状至开展，枝条轮生，芽覆有锈色毛，春季开花。本种常见于气候温和地区的海岸地区，与其他能耐受含盐强风的常绿树混生。本种在日本被作为公园中的遮阴树或绿篱栽培。其木材被用于制作家具、造船，亦可作为建筑材料使用。

类似种

宜昌润楠*Persea ichangensis*与红楠的不同之处在于叶较狭，花颜色偏白。本种所在的鳄梨属*Persea*仅在中国就还有大约80种，它与其中的长叶润楠*Persea japonica*更相似，但后者叶略狭长。这几个种都曾被一些文献置于润楠属*Machilus*，此时狭义的鳄梨属仅分布于热带美洲。

红楠的叶 为倒卵形至披针形，革质，长达15 cm（6 in），宽达6 cm（2½ in）；顶端尖，边缘无锯齿，基部渐狭为楔形，叶柄长达3 cm（1¼ in），在向光一面为红色；叶片幼时呈铜红色，长成后上表面呈绿色，有光泽，下表面呈蓝绿色，两面光滑。

实际大小

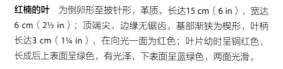

叶类型	单叶，全缘至分裂
叶形	卵形至倒卵形
大小	达15 cm×10 cm（6 in×4 in）
叶序	互生
树皮	厚，在成树上有深裂纹，褐色至红褐色
花	小，芳香，黄绿色，直径约5 mm（¼ in），具6枚黄绿色的花被片；春季开花，与叶同放，在幼枝上组成花簇，雌雄异株
果实	雌树所结果实为深蓝色，橄榄状，肉质，长至1½ cm（⅝ in），各含单独1枚种子
分布	北美洲东部，从加拿大东南部到美国得克萨斯州和佛罗里达州
生境	野地，林地，绿篱，生长于排水良好的土壤中

高达20 m
（65 ft）

287

白檫木
Sassafras albidum
Sassafras
(Nuttall) Nees

白檫木为速生落叶乔木，树形呈柱状，全株芳香。本种靠萌蘖条蔓延，野外常见形成密灌丛，春季开花。根以前被用于制作茶饮或酿造根啤，现已发现这些饮品可致癌。

类似种

白檫木为樟科树种，樟科为主产热带和亚热带的大科。它在东亚有两个近缘种，即台湾檫木*Sassafras randaiense*和檫木*Sassafras tzumu*，二者的不同之处在于花常为两性。

白檫木的叶　形状多变，此为其特征；其轮廓为卵形，长达15 cm（6 in），宽达10 cm（4 in），基部有3脉，叶片分裂，常描述为"连指手套状"；裂片顶端通常钝或圆，有短尖；叶片上表面呈亮绿色，下表面呈蓝绿色，光滑或覆有白毛，秋季变成鲜艳的红色和橙色色调。

实际大小

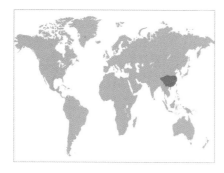

叶类型	单叶
叶 形	卵形至倒卵形
大 小	达18 cm×10 cm（7 in×4 in）
叶 序	互生
树 皮	深褐色，有纵向裂纹
花	小，黄色，长4 mm（⅛ in），组成长达5 cm（2 in）的总状花序；雌雄异株，或花为两性
果 实	核果，近球形，具粉霜，蓝黑色，长至8 mm（⅜ in），生于红色种托之上
分 布	中国
生 境	森林

高达30 m
（100 ft）

288

檫木
Sassafras tzumu
Sassafras Tzumu

(Hemsley) Hemsley

檫木为速生落叶大乔木，幼枝粗壮，光滑，略带红色，春季开花，先于幼叶开放或与叶同放。种加词*tzumu*来自本种的中文名"檫木"。其木材被用于制作家具、造船，植株各部位可提取精油，供药用。台湾檫木*Sassafras randaiense*为非常近缘的树种，见于中国台湾，这两个种曾被置于另一属。

类似种

檫木与北美洲树种白檫木*Sassafras albidum*类似，但后者叶常较大，更常3裂，裂片较狭，分裂较深。

檫木的叶 为卵形至倒卵形，长达18 cm（7 in），宽达10 cm（4 in）；不分裂或至多3裂，幼时叶脉红色；裂片顶端尖，边缘无锯齿，基部渐狭成阔楔形，叶柄呈红色，长达7 cm（2¾ in）；叶片上表面呈绿色，无光泽或略有光泽，下表面呈灰绿色，两面光滑或近光滑。

实际大小

叶类型	单叶
叶 形	椭圆形至披针形
大 小	达12 cm × 4 cm（4¾ in × 1½ in）
叶 序	互生
树 皮	深褐色，幼时光滑，老时发育出薄鳞片
花	小，黄色，具6枚花被片，在叶腋组成有短梗的花簇
果 实	核果，近球形，绿色，长至2½ cm（1 in）
分 布	美国西部（加利福尼亚州和俄勒冈州）
生 境	生长于峡谷和谷地的湿润土壤中

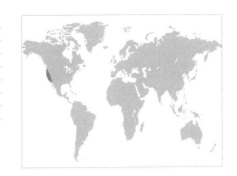

高达20 m
（65 ft）

加州桂
Umbellularia californica
California Laurel
(Hookre & Arnott) Nuttall

加州桂为常绿乔木，树形呈阔柱状至球状，常在低处或基部即分枝，有时呈灌木状，晚冬至早春开花。本种在英文中也叫"Oregon Myrtle"（俄勒冈香桃木）、"Pepperwood"（胡椒木）或"Headache Tree"（头痛树），叫它"头痛树"是因为它的叶有刺激性芳香气味，可以引发恶心的感觉。本种的木材色泽艳丽，可用于制作家具和饰面板或用于镶板工艺，但很多较大的植株现已遭砍伐。毛背加州桂*Umbellularia californica* var. *fresnensis*为一少见类型，分布区狭窄，其叶下表面有细毛。

类似种

月桂*Laurus nobilis*可与本种混淆，但其气味不同，花有4枚花被片，果实较小，成熟时呈黑色，有光泽。

实际大小

加州桂的叶　为椭圆形至披针形，长达12 cm（4¾ in），宽达4 cm（1½ in）；顶端渐尖、尖或钝，边缘无锯齿，向基部渐狭成长5 mm（¼ in）或更短的叶柄；上表面呈深绿色，略有光泽，下表面呈浅绿色，在原变种中两面光滑。

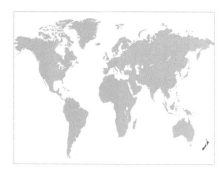

叶类型	单叶
叶 形	狭椭圆形
大 小	达100 cm × 6 cm（36 in × 2½ in）
叶 序	互生
树 皮	灰色，粗糙，有裂纹
花	小，乳白色，长约5 mm（¼ in），芳香，具6枚反曲的花被片，在枝顶组成长达1 m（3 ft）的大型圆锥花序
果 实	浆果小，白色，直径约5 mm（½ in）
分 布	新西兰
生 境	开放地，河岸，沼泽附近

高达15 m
（50 ft）

290

巨朱蕉
Cordyline australis
Cabbage Tree
(J. G. Forster) J. D. Hooker

实际大小

巨朱蕉为生长缓慢的常绿乔木，树冠呈球状，晚春和早夏开花。幼树有数年时间仅有单独一枚主干，开花后才开始分枝。其植株的一些部位，如幼枝、根、茎髓等可食用，叶可获取纤维。本种被广泛作为观赏树种植，已经选育出很多品种，叶有各种颜色或斑块，如紫叶群（Purpurea Group）的叶为紫红色，**太阳舞**（‘Sundance’）的叶基部带红色，**托贝夺目者**（‘Torbay Dazzler’）的叶有宽阔的乳白色边缘。

类似种

巨朱蕉常被误认为棕榈类植物，但不同之处在于叶不分割成小叶。丝兰属*Yucca*的很多种有形似的叶，但其中能长成乔木状的种仅能在较温暖地区生长。

巨朱蕉的叶 为狭椭圆形，长达1 m（3 ft），宽达6 cm（2½ in），在枝顶形成稠密叶簇；新生幼叶直立，老叶则从叶簇基部下垂；两面呈浅绿色，顶端尖，边缘无锯齿，有许多平行叶脉。

叶类型	单叶
叶 形	长圆形至倒卵形
大 小	达8 cm × 4 cm（3¼ in × 1½ in）
叶 序	对生
树 皮	光滑，片状剥落，而呈现乳白色、灰色和褐色色调
花	钟形，直径达4 cm（1½ in），花冠裂片通常6枚，皱状，白色至粉红、红、紫红色，组成圆锥花序；花序长达20 cm（6 in），稠密，圆锥形
果 实	蒴果小，褐色，在枝上宿存至冬季
分 布	中国，日本，东南亚
生 境	开放树林，密灌丛，野地

高达8 m
（26 ft）

紫薇
Lagerstroemia indica
Crape Myrtle

Linnaeus

紫薇为落叶乔木，常从基部生出数枚茎，或为灌木状，幼时树形上耸，后来开展，夏季开花。尽管叶多为对生，但也可为近对生或互生，特别是上部枝条的叶。紫薇在野外分布广泛，但以观赏树的身份而最为人熟知。它在夏季炎热的地区广泛栽培，赏其绚丽的花和片状剥落的树皮。园艺选育型包括小灌木和株形各异的乔木类型，以及从白色到粉红、紫红和红色等各种花色的类型。

类似种

屋久紫薇*Lagerstroemia fauriei*为较大的乔木，叶较长，顶端较尖，叶柄较长，花较小。紫薇的很多选育型是紫薇和屋久紫薇的杂种。

实际大小

紫薇的叶 为长圆形至倒卵形或近圆形，长达8 cm（3¼ in），宽达4 cm（1½ in）；两面光滑或近光滑；长成后为深绿色，但在初生时可为古铜色至红紫色，秋季变为黄色、橙色或红色。

叶类型	单叶
叶 形	轮廓近圆形
大 小	达20 cm × 20 cm（8 in × 8 in）
叶 序	互生
树 皮	浅灰色，老时有裂条
花	杯状，具9枚长达4 cm（1½ in）的花被片，外侧3枚绿色，开展至反曲，内侧几枚直立，绿色而有黄色脉纹
果 实	翅果，许多枚组成圆锥形果簇
分 布	中国，越南北部
生 境	山地林地

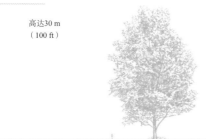

高达30 m
（100 ft）

292

鹅掌楸
Liriodendron chinense
Chinese Tulip Tree
(Hemsley) Sargent

鹅掌楸为落叶乔木，树形呈阔柱状，春季开花。本种在野外为稀见种，因为木材贵重，常遭砍伐，致使居群小而零散。本种为鹅掌楸属*Liriodendron*仅有的两个种之一，该属是木兰科中除了广义木兰属*Magnolia*之外仅有的另一个属。本种偶有栽培，和北美鹅掌楸*Liriodendron tulipifera*在庭园中可杂交。因为它和北美鹅掌楸非常近缘，最初被描述为后者的变种。

类似种

鹅掌楸仅可能与北美鹅掌楸混淆，它与后者的不同之处在于花被片呈绿色，无橙色色调，叶常分裂较深。

鹅掌楸的叶 轮廓近圆形，长达20 cm（8 in），宽亦达20 cm（8 in）；通常具4枚无锯齿的裂片，2枚顶生，2枚侧生，顶生裂片和侧生裂片之间有深缺刻，叶片顶端常有凹缺；上表面呈亮绿色，下表面呈蓝绿色，秋季变为黄色。

实际大小

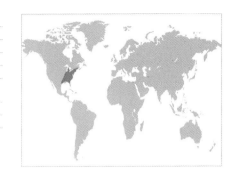

叶类型	单叶
叶 形	轮廓为圆形
大 小	达20 cm × 20 cm（8 in × 8 in）
叶 序	互生
树 皮	浅灰色，老时有裂条
花	杯状，具9枚长达5 cm（2 in）的花被片，外侧3枚绿色，开展至反曲，内侧几枚直立，绿色，基部橙黄色
果 实	翅果，许多枚组成圆锥形果簇
分 布	美国东部，加拿大东南部
生 境	坡谷的湿润树林

高达35 m
（115 ft）

293

北美鹅掌楸
Liriodendron tulipifera
Tulip Tree
Linnaeus

北美鹅掌楸为落叶大乔木，树形呈阔柱状，晚春至早夏开花。其木材贵重，质地轻软，可用于制作家具和其他器具。早期的殖民者用其大树的树干制作独木舟。在公园和大庭园中，本种被长期作为观赏树栽培，已经选育出一些常见品种；如**金边**（'Aureomarginatum'）和**帚枝**（'Fastigiatum'），前者叶幼时有亮黄色边缘，后者树形呈狭柱状。

类似种

鹅掌楸*Liriodendron chinense*与本种类似，但外侧花被片没有橙色斑块。

实际大小

北美鹅掌楸的叶 轮廓近圆形，长宽均达20 cm（8 in）；通常具4枚无锯齿的裂片，有时更多，4枚裂片中2枚顶生，2枚侧生，顶生裂片和侧生裂片之间有深缺刻，叶片顶端常有凹缺，也有时叶片可不分裂；上表面呈亮绿色，下表面呈蓝绿色，秋季变为黄色。

叶类型	单叶
叶 形	椭圆形至卵形
大 小	达30 cm×20 cm（12 in×8 in）
叶 序	互生
树 皮	深灰褐色，有浅裂条
花	杯状，直径达9 cm（3½ in），生于枝顶，具9枚绿色至蓝绿色的花被片；外侧3枚花被片较小，反曲
果 实	蓇葖果小，成熟时呈亮红色，组成长达7 cm（2¾ in）的圆柱形果簇
分 布	美国东部，加拿大东南部
生 境	湿润树林，常生于山地

高达25 m
（80 ft）

294

实际大小

黄瓜玉兰
Magnolia acuminata
Cucumber Tree
(Linnaeus) Linnaeus

黄瓜玉兰为落叶乔木，树形呈阔锥状至开展，春季至早夏开花。本种为一个多变的种，树形较小、花黄色的类型被处理为变种黄花黄瓜玉兰*Magnolia acuminata* var. *subcordata*。本种花不够醒目，常隐藏于叶丛中。然而，通过在庭园中和其他种杂交，现已育出很多开黄色花的品种，花要绚丽得多。蝴蝶玉兰（*Magnolia* 'Butterflies'）就是它和玉兰*Magnolia denudata*的杂种。黄瓜玉兰是广义木兰属*Magnolia*中唯一加拿大有原产的种。

类似种

本种的花相对较小，呈绿色至蓝绿色或略带黄色，易于和其他种区分。其叶为落叶性，不在枝顶簇生，叶基为圆形，则可以与广义木兰属其他北美洲的种相区分。

黄瓜玉兰的叶 为椭圆形至卵形，长达30 cm（12 in），宽达20 cm（8 in）；顶端短渐尖，基部呈楔形至圆形，边缘全缘；上表面呈深绿色，光滑或近光滑，下表面呈浅蓝绿色，常有毛。

叶类型	单叶
叶 形	卵形至倒卵形
大 小	达20 cm×10 cm（8 in×4 in）
叶 序	互生
树 皮	浅灰色，光滑
花	白色，芳香，直径达8 cm（3¼ in），具9枚花被片；内侧6枚较大，基部带粉红色，外侧3枚较小，呈萼片状
果 实	蓇葖果小，初为红色，后变褐色，组成长达14 cm（5½ in）的圆柱形果簇
分 布	中国
生 境	森林，主产于山地

高达12 m
（40 ft）

295

望春玉兰
Magnolia biondii
Magnolia Biondii

Pampanini

　　望春玉兰为落叶乔木，树形呈阔锥状至开展，晚冬至早春开花，先于叶开放。在中国，除天女花*Magnolia sieboldii*外，它的生长地比广义木兰属中其他种都靠北。由于其花期早，因此在中文中有"望春玉兰"之名。自本种被发现之后，园艺界用了大约70年时间把它成功地引入西方庭园，但它从未成为非常流行的花木。因为花比较小，幼树栽下后要过几年时间才开花。其干燥花蕾在中国入药。

类似种

　　望春玉兰与日本的柳叶玉兰*Magnolia salicifolia*近缘，后者的枝叶有芳香气味。本种与玉兰*Magnolia denudata*的不同之处在于树型较小，叶较窄，花也较小。

望春玉兰的叶　为卵形至倒卵形，长达20 cm（8 in），宽达10 cm（4 in）；顶端渐尖，边缘全缘，基部呈楔形，叶柄长达2 cm（¾ in）；上表面呈深绿色，光滑，下表面呈浅绿色，幼时有毛，渐变光滑。

实际大小

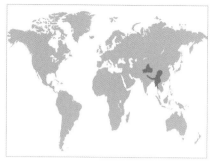

叶类型	单叶
叶 形	椭圆形至长圆形
大 小	达25 cm × 12 cm（10 in × 4¾ in）
叶 序	互生
树 皮	浅灰色，光滑
花	大，芳香，直径达30 cm（12 in）；花被片多达16枚，粉红色至深粉红色或有时白色，内侧的直立，外侧的开展
果 实	蓇葖果小，红色，组成长达20 cm（8 in）的圆柱形果簇
分 布	喜马拉雅地区
生 境	山地森林

高达30 m
（100 ft）

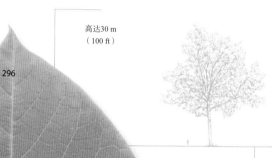

实际大小

滇藏玉兰
Magnolia campbellii
Magnolia Campbellii
J. D. Hooker & Thomson

滇藏玉兰为落叶乔木，树形呈阔锥状，晚冬至早春开花，先于叶开放。花巨大，常被描述为"杯加碟状"。本种为温带气候区最壮丽的花木之一，栽培广泛；它也广泛用于杂交育种，可以为后代赋予较大的株形和花朵。原产中国云南西部的植株有时被处理为变种软毛玉兰*Magnolia campbellii* var. *mollicomata*，它和原变种的区别十分细微。

类似种

滇藏玉兰株形高大，花大，呈杯加碟状，直立生长，由此可以识别。光叶玉兰*Magnolia dawsoniana*和凹叶玉兰*Magnolia sargentiana*也可以长得很大，但花在开放时呈水平状，而非直立状。

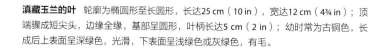

滇藏玉兰的叶 轮廓为椭圆形至长圆形，长达25 cm（10 in），宽达12 cm（4¾ in）；顶端骤成短尖头，边缘全缘，基部呈圆形，叶柄长达5 cm（2 in）；幼时常为古铜色，长成后上表面呈深绿色，光滑，下表面呈浅绿色或灰绿色，有毛。

叶类型	单叶
叶　形	卵形至长圆形
大　小	达30 cm × 15 cm（12 in × 6 in）
叶　序	互生
树　皮	深灰褐色，有裂纹
花	碟状，大，芳香，直径达30 cm（12 in），具9—12枚乳白色的花被片
果　实	蓇葖果小，绿色，成熟时呈褐色，组成长达15 cm（6 in）的卵球形果簇
分　布	中国
生　境	湿润森林，常生长于灰岩上

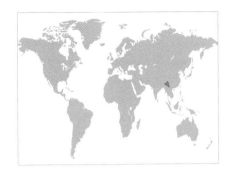

高达12 m
（40 ft）

297

山玉兰
Magnolia delavayi
Magnolia Delavayi

Franchet

实际大小

山玉兰为常绿乔木，枝条粗壮，常具数枚主干，或为大灌木，树形呈球状至开展，晚春至夏季开花。本种有时作为观赏树栽培，花多在夜晚开放，持续时间很短，很快就变为焦褐色。一些类型的花为粉红色或略呈红色，而不为白色。种加词*delavayi*为纪念法国传教士赖神甫（Père Jean Marie Delavay），他于1886年发现本种。

类似种

本种叶大，常绿性，十分独特。荷花木兰*Magnolia grandiflora*叶较小，下表面呈绿色或有锈色毛。

山玉兰的叶　为卵形至长圆形，长达30 cm（12 in），宽达15 cm（6 in）；顶端钝尖至圆形，边缘全缘，基部呈圆形，叶柄长达7 cm（2¾ in），两侧各有一个托叶痕，托叶曾在此着生；叶片上表面呈深绿色，下表面呈蓝绿色，幼时两面有细茸毛，长成后略变光滑。

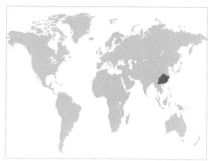

叶类型	单叶
叶 形	椭圆形至倒卵形
大 小	达15 cm×10 cm（6 in×4 in）
叶 序	互生
树 皮	浅灰色，光滑，在老树上有裂纹
花	初为花瓶状，后来宽展，直径达15 cm（6 in），通常具9枚等大的白色花被片
果 实	蓇葖果小，成熟时由红色变为褐色，组成长达15 cm（6 in）的圆柱形果簇
分 布	中国
生 境	森林

高达20 m
（65 ft）

298

实际大小

玉兰
Magnolia denudata
Yulan
Franchet

　　玉兰为落叶乔木，树形开展，晚冬至春季开花，先于叶开放。本种普遍被作为观赏树栽培，其花量大，在引种到西方之前长期是中国和日本庭园中的特色花木。本种还因是园艺杂种二乔玉兰*Magnolia* × *soulangeana*的亲本之一而知名，这一杂种结合了双亲的特点，既像玉兰一样为乔木，花量大，又像灌木状的紫玉兰*Magnolia liliiflora*一样有鲜艳的花色。

类似种

　　玉兰可与二乔玉兰的白花品种混淆，但后者的外侧花被片短于内侧花被片，而玉兰内外侧花被片等长。

玉兰的叶　为椭圆形至倒卵形，长达15 cm（6 in），宽达10 cm（4 in）；顶端呈圆形，有短尖，边缘全端，向下渐狭为长2½ cm（1 in）的短叶柄，叶柄有托叶痕，长不到其全长的一半；叶片上表面呈深绿色，下表面呈浅绿色，两面至少在叶脉上有毛。

叶类型	单叶
叶　形	长圆形至椭圆形
大　小	达20 cm × 7 cm（8 in × 2¾ in）
叶　序	互生
树　皮	浅灰褐色，光滑，老时变为鳞片状
花	白色，非常芳香，开展时直径达10 cm（4 in），具多至16枚花被片
果　实	蓇葖果，红色，卵球形，长至1½ cm（¾ in），组成长7 cm（2¾ in）的下垂果簇
分　布	中国西部，喜马拉雅地区东部
生　境	山地常绿阔叶林
异　名	*Michelia doltsopa* Buchanan-Hamilton ex A. P. de Candolle

高达25 m
（80 ft）

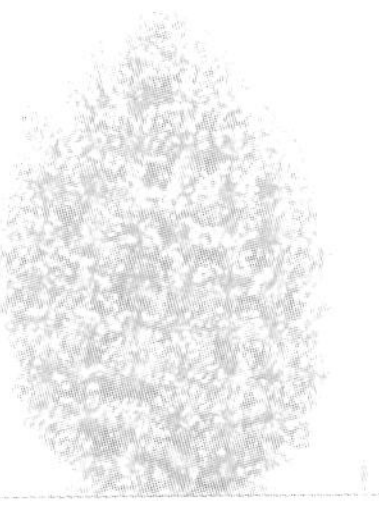

299

南亚含笑
Magnolia doltsopa
Magnolia Doltsopa
(Buchanan-Hamilton ex A. P. de Candolle) Figlar

实际大小

　　南亚含笑为常绿乔木，树形呈阔锥状至球状，春季开花。它所属的广义木兰属*Magnolia*的分类尚有争议，该属所在的木兰科有时会被拆分为多达12个不同的属。本种属于其中的含笑类，这是一个大类群，主要是热带和亚热带的常绿乔木和灌木，有时仍独立为含笑属*Michelia*，但在本书中以及大多数现代著作中则被处理为广义木兰属含笑组*Magnolia* sect. *Michelia*。含笑类的不同之处在于其花生于短侧枝的顶端。

类似种

　　含笑*Magnolia figo*呈灌木状，叶较小，长至10 cm（4 in）；其叶和枝条一样，幼时覆有褐色毛。它和南亚含笑的杂种可见于庭园，形态介于双亲之间。

南亚含笑的叶　为长圆形至椭圆形，长达20 cm（8 in），宽达7 cm（2¾ in），侧脉下陷，多至14对；顶端光尖，边缘无锯齿，基部呈楔形至圆形，叶柄长达 2 cm（¾ in）；上表面呈深绿色，有光泽，光滑，下表面呈浅蓝绿色，幼时有毛。

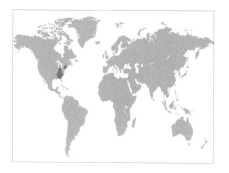

叶类型	单叶
叶 形	倒卵形
大 小	达45 cm × 20 cm（18 in × 8 in）
叶 序	互生
树 皮	灰褐色，光滑
花	乳白色，芳香，直径20 cm（8 in）；花被片9枚，开展，等大，外表面带绿色
果 实	蓇葖果小，红色，组成长达10 cm（4 in）的圆锥形果簇
分 布	美国东部
生 境	湿润山地树林

高达25 m
（80 ft）

300

实际大小

耳叶木兰
Magnolia fraseri
Fraser Magnolia

Walter

　　耳叶木兰为落叶乔木，树形开展，晚春至早夏开花。因为叶大，在顶端簇生，这一习性使之成为英文中有时称为 "Umbrella Tree"（伞树）的几种北美洲的广义木兰属*Magnolia*树种之一。本种主要见于美国弗吉尼亚州和佐治亚州北部之间的阿巴拉契亚山脉，为喜光树种，遮阴处的植株会向阳光生长，而使株形弯曲。其花和叶均引人瞩目，为有用的观赏树。

类似种

　　巨叶木兰*Magnolia macrophylla*的叶也在基部有裂片，但下表面呈白色。塔形木兰*Magnolia pyramidata*与耳叶木兰近缘，有时被处理为后者的变种。其叶较小，在最宽处以下骤然变狭，见于低海拔处，主要生长于美国东南部的滨海平原。

耳叶木兰的叶　　为倒卵形，长达45 cm（18 in），宽达20 cm（8 in）；顶端尖，边缘全缘，从最宽处向下逐渐变狭，在叶柄两侧各有一枚小裂片；幼时呈古铜色，后上表面变为深绿色，下表面呈蓝绿色，两面光滑。

叶类型	单叶
叶 形	椭圆形
大 小	达25 cm × 10 cm（10 in × 4 in）
叶 序	互生
树 皮	深灰色，幼时光滑，老时有裂沟并呈鳞片状
花	球形，开放后渐开展，直径达30 cm（12 in）以上，非常芳香，通常具9枚白色花被片
果 实	蓇葖果，红褐色，组成长达10 cm（4 in）的卵球形至长球形果簇，开裂后散出具红色种皮的种子
分 布	美国东南部
生 境	滨海平原的湿润树林和谷地

高达30 m
（100 ft）

301

荷花木兰
Magnolia grandiflora
Southern Magnolia

Linnaeus

实际大小

　　荷花木兰又名"广玉兰"，在英文中也叫"Bullbay"（公牛桂），为常绿乔木，树冠呈阔锥状至柱状或球状，晚春和夏季开花。本种的木材坚硬，可用于制作家具，但本种因是广泛种植的观赏树而最为知名。本种的叶和花均美观，并颇适应城市的街道。针对其耐寒性、树形、花和叶的特征已经选育出很多品种，包括：**布拉肯的褐色美人**（'Bracken's Brown Beauty'），树形稠密，叶缘波状，下表面有锈色毛；**伊迪斯·博格**（'Edith Bogue'），非常耐寒；**歌利亚**（'Goliath'），叶大而呈波状，花非常大；**小宝石**（'Little Gem'），树形矮，常为灌木状。本种与北美木兰*Magnolia virginiana*可杂交，在庭园中已经育成**弗里曼**（'Freeman'）和**马里兰**（'Maryland'）等品种，这两个种在野外混生时也可见有杂种植株。荷花木兰是美国路易斯安那州和密西西比州的州花。

荷花木兰的叶 为椭圆形，明显革质，长达25 cm（10 in），宽达10 cm（4 in）；顶端尖，边缘全缘，向基部渐狭，叶柄长达5 cm（2 in）；上表面呈绿色，有光泽，光滑，下表面呈绿色，覆有锈褐色毛，毛被变异大，有时颇浓密。

类似种

　　北美木兰在分布区南部可为常绿树，因而可与荷花木兰混淆，不同之处在于叶下表面为蓝白色。

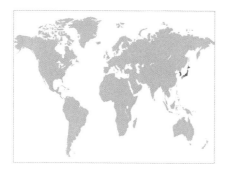

叶类型	单叶
叶 形	倒卵形
大 小	达15 cm × 7½ cm（6 in × 3 in）
叶 序	互生
树 皮	深灰色，光滑
花	白色或带粉红色，花瓶状，直径达10 cm（4 in）；水平生长，略有香味，通常具有6枚较大的花被片和3枚较小的萼片状花被片
果 实	蓇葖果小，红色，组成长达10 cm（4 in）的圆柱形果簇
分 布	日本，韩国
生 境	森林

高达15 m
（50 ft）

302

日本辛夷
Magnolia kobus
Magnolia Kobus

A. P. de Candolle

日本辛夷为落叶乔木，幼时树形呈锥状，后变开展，春季开花，先于叶开放。尽管本种需要生长多年才能开花，花也相当小，但它仍然常被作为观赏树种植。其木材在日本被作为建筑材料使用和用来制作家具。莲瓣玉兰*Magnolia × loebneri*是本种与星花玉兰*Magnolia stellata*的杂种，在庭园中常见，花有很多常为粉红色的花被片。描述自日本北部的变种北方日本辛夷*Magnolia kobus* var. *borealis*通常被视为是本种正常变异的一部分。

类似种

柳叶玉兰*Magnolia salicifolia*的叶在中部或中部以下最宽，叶芽光滑（日本辛夷的叶芽有细茸毛），枝条有强烈芳香气味。星花玉兰为灌木状，花被片细，数量很多。

实际大小

日本辛夷的叶 为倒卵形，长达15 cm（6 in），宽达7½ cm（3 in）；顶端呈圆形，骤然成短尖，边缘全缘，从中部以上向下渐狭成长达2 cm（¾ in）的叶柄；上表面呈深绿色，下表面呈浅绿色，沿叶脉有毛。

叶类型	单叶
叶 形	长圆形至倒卵形
大 小	达90 cm × 30 cm（3 ft × 1 ft）
叶 序	互生
树 皮	浅灰色，光滑
花	非常大，直径达30 cm（12 in）以上，白色，芳香；花被片通常9枚，内侧花被片基部有紫红色斑块，外侧3片略呈绿色，反曲
果 实	蓇葖果小，红色，组成长达8 cm（3¼ in）的卵球形果簇
分 布	美国东南部
生 境	湿润树林和谷地

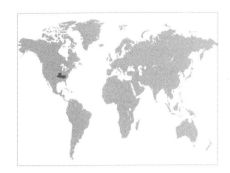

高达20 m
（65 ft）

巨叶木兰
Magnolia macrophylla
Bigleaf Magnolia
Michaux

巨叶木兰在英文中有时也叫"Umbrella Tree"（伞树），为落叶乔木，树冠呈阔柱状至开展，枝条粗壮，晚春至早夏开花，晚于叶开放。本种为广义木兰属*Magnolia*中叶和花最大的种，其近缘种矮巨叶木兰*Magnolia ashei*产自美国佛罗里达州，白花巨叶木兰*Magnolia dealbata*产自墨西哥，二者有时被视为巨叶木兰的变种或亚种。本种及亲缘种的树皮曾入药。

巨叶木兰的叶 为长圆形至倒卵形，长达90 cm（3 ft）以上，宽达30 cm（12 in）以上，在枝顶簇生；顶端圆至钝尖，边缘全缘，向基部渐狭，在叶柄两侧有2枚小裂片；上表面呈深绿色，光滑，下表面略呈白色，有毛。

类似种

矮巨叶木兰为灌木状的小乔木，叶和花均较小；白花巨叶木兰花被片上无紫红色斑块。耳叶木兰*Magnolia fraseri*的叶在基部也有裂片，巨叶木兰与该种的区别在于叶下表面略呈白色。

实际大小

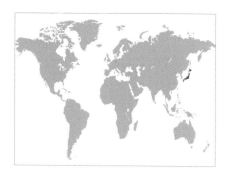

叶类型	单叶
叶 形	倒卵形
大 小	达45 cm×20 cm（18 in×8 in）
叶 序	互生
树 皮	浅灰色，光滑
花	杯状，香气极浓，直径达20 cm（8 in）；花被片9或12枚，乳白色，外侧3枚通常带粉红色
果 实	蓇葖果小，亮红色，组成长达20 cm（8 in）的圆锥形果簇；果簇顶端尖
分 布	日本
生 境	山地树林
异 名	*Magnolia hypoleuca* Siebold & Zuccarini

高达30 m
（100 ft）

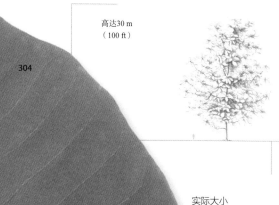

304

实际大小

日本厚朴
Magnolia obovata
Japanese Bigleaf Magnolia

Thunberg

　　日本厚朴为落叶乔木，树形呈阔锥状至阔柱状，夏季开花，晚于叶开放。本种曾有一段混乱的命名史，曾有很长时间使用学名*Magnolia hypoleuca*。花具有非常浓烈的白珠油芳香气味，当本种处于花期时，相隔一段距离即可闻到，这使之成为最常见的落叶夏花型木兰类树种之一。在日本，本种的木材传统上被用来制作剑柄和剑鞘。

类似种

　　厚朴*Magnolia officinalis*与本种类似，为其近缘种，但不同之处在于枝条呈黄灰色，幼时有毛，果簇顶端平，叶有时在顶端分裂。日本厚朴的枝条则略带紫红色，光滑。

日本厚朴的叶　轮廓为倒卵形，长达45 cm（18 in），宽达20 cm（8 in），在枝顶簇生；顶端圆，骤成短尖头，边缘全缘，向基部渐狭；上表面呈深绿色，光滑，下表面呈蓝绿色，有毛。

叶类型	单叶
叶 形	倒卵形
大 小	达45 cm×20 cm（18 in×8 in）
叶 序	互生
树 皮	浅灰色，光滑
花	杯状，芳香，直径达20 cm（8 in）；花被片9或12枚，乳白色，外侧花被片有时带粉红色
果 实	蓇葖果小，亮红色，组成长达20 cm（8 in）的圆锥形果簇；果簇顶端平
分 布	中国
生 境	谷地和山地的森林

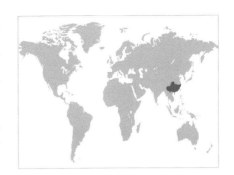

高达20 m
（65 ft）

305

厚朴
Magnolia officinalis
Houpu Magnolia

Rehder & E. H. Wilson

实际大小

厚朴为落叶乔木，树形呈阔锥状至开展，晚春至早夏开花。在中国，其树皮收获之后，其提取物常被作为草药使用，已有至少2000年历史，它可用在治疗焦虑、咳嗽、肠道疾病等多种疾病的药方之中。不幸的是，这也导致了厚朴的毁灭，本种如今在其部分分布区已罕见。为了供应足够的树皮，本种在中国广为栽培。叶顶端分裂的植物曾被处理为变种凹叶厚朴*Magnolia officinalis* var. *biloba*。

类似种

日本厚朴*Magnolia obovata*与本种非常相似，但枝条光滑，略带紫红色（厚朴的枝条则为黄绿色，幼时有毛），果簇顶端尖。

厚朴的叶 轮廓为倒卵形，长达45 cm（18 in），宽达20 cm（8 in），在枝顶簇生；顶端呈圆形或2裂，边缘全缘，向基部渐狭；上表面呈深绿色，光滑，下表面呈灰绿色，有毛。

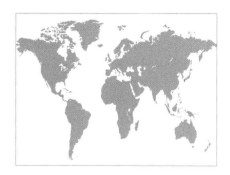

叶类型	单叶
叶 形	卵形至披针形或椭圆形
大 小	达15 cm × 6 cm（6 in × 2½ in）
叶 序	互生
树 皮	灰色，光滑
花	白色，有时基部带粉红色，芳香，直径达12 cm（4¾ in），通常水平生长；花被片6—9枚，其中3枚小，萼片状
果 实	蓇葖果小，粉红色至红色，组成长达7½ cm（3 in）的圆柱形果簇
分 布	日本
生 境	湿润山地树林

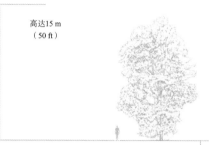

高达15 m
（50 ft）

306

柳叶玉兰
Magnolia salicifolia
Willow-Leaf Magnolia
(Siebold & Zuccarini) Maximowicz

柳叶玉兰为落叶乔木，有时具多枚茎而呈灌木状，树形呈阔锥状，后变开展，春季开花，先于叶开放。本种有时在英文中也叫"Anise Magnolia"（茴芹木兰），形容其叶有芳香气味，树皮和细枝也非常芳香。叶芽小，但花芽较大，有密毛。本种为花和叶的大小、高度可变的种。有的植株花较大、开放相对较迟，叶较宽，曾被处理为变种同色柳叶玉兰*Magnolia salicifolia* var. *concolor*。已经选育出一些园艺类型，其中一些以前曾被认为是杂交起源。**和田的记忆**（'Wada's Memory'）叶幼时为古铜色，花较大，数量多。铺罗玉兰*Magnolia × proctoriana*为本种与灌木状的星花玉兰*Magnolia stellata*的杂种，花通常有9枚花被片。

类似种

柳叶玉兰与望春玉兰*Magnolia biondii*等类似种的区别在于枝叶非常芳香。日本辛夷*Magnolia kobus*的枝条也芳香，但叶中部以上最宽，叶芽有毛；柳叶玉兰叶芽则光滑，叶在中部或中部以下最宽。

实际大小

柳叶玉兰的叶 为卵形至披针形或椭圆形，揉碎有强烈芳香气味；长15 cm（6 in），宽6 cm（2½ in）；顶端短渐尖，向基部渐狭；幼时常为古铜色，长成后上表面呈深绿色，光滑，下表面呈蓝绿色，光滑或有疏毛。

叶类型	单叶
叶 形	椭圆形至倒卵形
大 小	达50 cm × 25 cm（20 in × 10 in）
叶 序	互生
树 皮	浅灰色，光滑
花	宽展，直径达20 cm（8 in），有令人不快的气味；花被片通常9—12枚，白色，外侧3枚萼片状，带绿色，长于内侧花被片
果 实	蓇葖果小，为略呈粉红色的红色，组成长达10 cm（4 in）的圆锥形果簇
分 布	美国东部
生 境	湿润树林

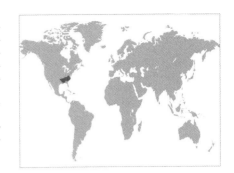

高达12 m
（40 ft）

307

伞木兰
Magnolia tripetala
Umbrella Tree

Linnaeus

实际大小

　　伞木兰为落叶乔木，树形呈阔柱状至球状，晚春和早夏开花，晚于叶开放。叶在枝顶轮状簇生，这种叶序使之有了"伞木兰"（Umbrella Tree）之名。这个英文名也用于其他具有这个特征的种，如耳叶木兰*Magnolia fraseri*和巨叶木兰*Magnolia macrophylla*等。种加词*tripetala*意为"有3枚花瓣的"，含义颇令人困惑，它很可能是指本种外侧3枚花被片较其他花被片开放得早。

类似种

　　伞木兰与其他"伞形"木兰类树种（叶在枝顶簇生的落叶种）的区别在于叶基部无小裂片。

伞木兰的叶　为椭圆形至倒卵形，长达50 cm（20 in）以上，宽达25 cm（10 in）以上，在枝顶簇生；顶端尖，通常从中部以下向下渐狭成基部；上表面呈亮绿色，光滑，下表面呈浅灰绿色，幼时有细毛。

叶类型	单叶
叶 形	长圆形至椭圆形
大 小	达20 cm × 7 cm（8 in × 2¾ in）
叶 序	互生
树 皮	灰色，光滑
花	杯状，芳香，直径达8 cm（3¼ in）；花被片多达12枚，白色
果 实	蓇葖果小，红色，组成长达5 cm（2 in）的椭球形至近球形的果簇
分 布	美国东部
生 境	湿润树林，沼泽，主要生长于滨海平原

308

高达20 m
（65 ft）

北美木兰
Magnolia virginiana
Sweetbay

Linnaeus

北美木兰为落叶、半常绿或常绿乔木，树形呈锥状，有时具多枚茎而呈灌木状。本种为变异较大的种，也是美国分布最广的广义木兰属*Magnolia*树种。北美木兰在其分布区北部为落叶性，在南部则为常绿树，株形也更高大。南部类型有时被处理为变种泽桂木兰*Magnolia virginiana* var. *australis*，其英文名为"Swampbay"。北美木兰在美国东部是常见景观植物，因花芳香而受人重视。选育型很多，有些类型的叶很小，或为柳叶状。

类似种

本种叶无裂片，下表面呈蓝白色，通常易于识别。其常绿类型可被误认为荷花木兰*Magnolia grandiflora*，但后者的叶下表面为绿色或有锈色毛。

实际大小　　实际大小

北美木兰的叶 为长圆形至椭圆形，长达20 cm（8 in），宽达7 cm（2¾ in）；顶端圆至钝尖，边缘全缘，基部呈楔形；上表面呈深绿色，有光泽，下表面呈浅蓝白色。

叶类型	单叶
叶 形	卵形
大 小	达7½ cm×5 cm（3 in×2 in）
叶 序	互生
树 皮	灰色
花	小，直径约5 mm（½ in），具5枚微小的白色花瓣，组成大型花簇；雌雄异株，或花为两性
果 实	蒴果小，含1或2枚种子
分 布	新西兰
生 境	湿润森林，河岸

高达15 m
（50 ft）

低地缎带木
Plagianthus regius
Lowland Ribbonwood
(Poiteau) Hochreutiner

低地缎带木为落叶乔木，树形狭窄上耸，后变开展，晚春至早夏开花，为新西兰最大的落叶树。幼树会经历密灌木状的幼龄阶段，其枝条纤细，相互交错，叶较小。缎带木属*Plagianthus*仅有的另一种是缎带木*Plagianthus divaricatus*，该种为灌木状，亦产新西兰。在二者均有生长的地方可见杂种聚伞缎带木*Plagianthus × cymosus*，有时该杂种见于缺少一个亲本或两个亲本均无分布的地方。在查塔姆群岛分布有亚种查塔姆缎带木*Plagianthus regius* subsp. *chathamicus*，其与原亚种类似，但无幼龄阶段。

低地缎带木的叶 为卵形，长达7½ cm（3 in），宽达5 cm（2 in），但在幼龄植株上长仅约2 cm（¾ in），宽仅1 cm（½ in）；顶端尖，边缘有三角形锯齿，较大的锯齿可再分裂为小锯齿；上表面呈深绿色，下表面呈浅绿色，两面覆以稀疏的微小星状毛。

类似种

低地缎带木不易与其他种混淆。缎带木属*Hoheria*的一些种，叶可与本种类似，但花要大得多。

实际大小　　　　实际大小

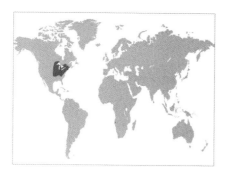

叶类型	单叶
叶 形	阔卵形至圆形
大 小	达15 cm×12 cm（6 in×4¾ in）
叶 序	互生
树 皮	深灰色，幼时光滑，在老树上有裂沟
花	小，乳黄色，芳香，具5枚花瓣，组成下垂的花簇；花簇的梗附着在一枚浅绿色苞片中央
果 实	核果状，坚硬，直径约5 mm（½ in），灰色，有毛
分 布	北美洲东部
生 境	湿润阔叶林

310

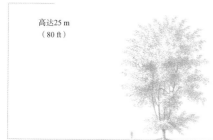

高达25 m
（80 ft）

美洲椴
Tilia americana
Basswood

Linnaeus

美洲椴为落叶乔木，树形呈阔柱状，夏季开花，常具多于一枚的树干，而呈丛状生长，基部可产生新苗。本种的木材易于加工，是贵重雕刻材料，亦可用于制作家具和饰面板。白背美洲椴*Tilia americana* var. *heterophylla*有时被视为独立的种，其分布区偏南。这两个类型的树木因都是优良蜜源而被人重视。

类似种

欧洲椴*Tilia* × *europaea*的叶较小，基部偏斜程度不大；银叶椴*Tilia tomentosa*的叶常分裂。

实际大小

美洲椴的叶 为卵形至圆形，长达15 cm（6 in），宽达12 cm（4¾ in）；顶端骤成短尖，边缘有锐齿，基部呈心形，明显偏斜；上表面呈深绿色，有光泽或无光泽，光滑，下表面呈绿色，光滑，仅脉腋处有小丛毛，或在变种白背美洲椴中密被白毛。

叶类型	单叶
叶 形	阔卵形至圆形
大 小	达8 cm×7 cm（3¼ in×2¾ in）
叶 序	互生
树 皮	灰色，幼时光滑，在老树上有裂条
花	小，乳黄色，芳香，具5枚花瓣，组成长达5 cm（2 in）的下垂花簇；花簇的梗附着在一枚浅绿色苞片中央
果 实	核果状，卵球形，长约8 mm（⅜ in），覆有红褐色毛
分 布	中国东北部，俄罗斯东部，朝鲜半岛
生 境	山地森林

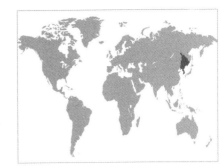

高达25 m
（80 ft）

311

紫椴
Tilia amurensis
Amur Lime
Ruprecht

　　紫椴为落叶乔木，树形呈阔柱状，夏季开花，常见于针阔叶混交林中，与冷杉属*Abies*、松属*Pinus*、桦木属*Betula*树种混生，其上常攀有很多木质藤本。本种植株多个部位的提取物可入药，蜜蜂采其花蜜后可酿成优质蜂蜜。原亚种的叶基部呈心形，亚种小叶紫椴*Tilia amurensis* subsp. *taquetii*的叶基部则为截形或略呈心形。

类似种

　　华东椴*Tilia japonica*与本种类似，但叶、苞片和花簇均较大。蒙椴*Tilia mongolica*的叶在近顶端处常有两枚大型锯齿或小裂片。

紫椴的叶　为阔卵形至圆形，长达8 cm（3¼ in），宽达7 cm（2¾ in）；顶端骤成渐尖头，边缘有锐齿，基部呈心形，有时偏斜；上表面呈深绿色，下表面呈浅绿色，起初有毛，后仅脉腋有丛毛。

实际大小

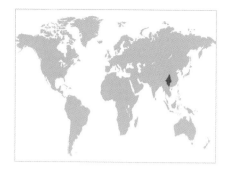

叶类型	单叶
叶 形	阔卵形至圆形
大 小	达13 cm × 9 cm（5 in × 3½ in）
叶 序	互生
树 皮	灰色，幼时光滑，后有裂纹，有时片状剥落
花	小，乳黄色，芳香，具5枚花瓣，组成花数不多的下垂短花簇；花簇的梗附着在一枚浅绿色苞片中央
果 实	核果状，坚硬，椭球形，长至1⅔ cm（⅝ in），具5棱，为其特征，并覆有灰色毛
分 布	中国
生 境	山地森林

高达30 m
（100 ft）

312

华椴
Tilia chinensis
Tilia Chinensis
Maximowicz

华椴为落叶乔木，树形开展，夏季开花。本种为一个多变而分布广泛的种，枝叶上的毛量变异较大，有些类型有密毛，有些类型几乎光滑，其冬芽总是特别大。本种在中国识别出3个变种。原变种*Tilia chinensis* var. *chinensis*枝条光滑，叶下表面有密毛；变种秃华椴*Tilia chinensis* var. *investita*叶下表面渐变近光滑；变种多毛椴*Tilia chinensis* var. *intonsa*枝条和叶下表面均有密毛。本种的树皮在中国部分地区用于制作麻鞋。

类似种

华椴的叶相对较小，花簇中的花少，果实有棱，通常可以和椴属*Tilia*其他种相区别。

实际大小

华椴的叶 为阔卵形至圆形，长达13 cm（5 in），宽达9 cm（3½ in）；顶端短骤尖，边缘有细齿，基部偏斜，心形，或有时圆形；上表面呈深绿色，光滑，下表面呈浅绿色，覆有星状毛，有时毛较稀疏，脉腋则有丛毛。

叶类型	单叶
叶 形	圆形
大 小	达8 cm×7 cm（3¼ in×2¾ in）
叶 序	互生
树 皮	灰色，光滑，老时有裂条
花	小，乳黄色，芳香，具5枚花瓣，组成多至10朵花的直立花簇；花簇的梗附着在一枚浅绿色苞片中央
果 实	核果状，球形，直径至6 mm（¼ in），覆有灰色毛
分 布	欧洲，高加索地区
生 境	通常生长于灰岩上的树林中

高达25 m
（80 ft）

313

心叶椴
Tilia cordata
Small-leaved Lime

Miller

心叶椴为落叶乔木，树冠呈阔柱状，夏季开花。本种为欧洲椴*Tilia × europaea*的亲本之一，常被作为观赏树种植。一些选育型的树形紧密、上耸，适合作为行道树。本种常在平茬（从地面处伐断）之后任其萌发，由此生出的枝条可用于建筑和编织篱笆。其木材为优良雕刻材料。本种又为重要的蜜源植物，可为蜜蜂提供食物以生产蜂蜜。

类似种

欧洲椴的叶较大，下表面呈绿色，基部常生出许多萌蘖条；蒙椴*Tilia mongolica*的叶下表面也为蓝绿色，但有独特的裂片；华东椴*Tilia japonica*的花簇下垂。

心叶椴的叶 为圆形，长达8 cm（3¼ in），宽达7 cm（2¾ in）；顶端短骤尖，边缘有细齿，基部呈心形；上表面呈深绿色，有光泽，光滑，下表面呈蓝绿色，光滑，仅脉腋有丛毛。

实际大小

叶类型	单叶
叶 形	阔卵形至圆形
大 小	达10 cm × 9 cm（4 in × 3½ in）
叶 序	互生
树 皮	浅灰色，光滑，老时有裂纹
花	小，乳黄色，芳香，具5枚花瓣，组成多至10朵花的下垂花簇；花簇的梗附着在一枚浅绿色苞片中央
果 实	核果状，卵球形至近球形，长至8 mm（⅜ in），覆有灰色毛
分 布	欧洲
生 境	有亲本树种的树林

高达30 m
（100 ft）

314

欧洲椴
Tilia × europaea
Common Lime
Linnaeus

欧洲椴为健壮的落叶乔木，树形呈阔锥状至阔柱状，夏季开花。本种据信为心叶椴*Tilia cordata*和阔叶椴*Tilia platyphyllos*的杂种。尽管植株常不能结出可育的种子，这一杂种却易于通过压条繁殖，在欧洲很多地区是最常见种植的椴属*Tilia*树种，特别是在大道边和大庭园中。**苍白**（'Pallida'）是最常见的品种之一，基部生有许多萌蘖条。

类似种

与欧洲椴相比，阔叶椴的不同之处在于叶下表面有长毛，毛的触感柔软；心叶椴的叶下表面为蓝绿色，脉腋有褐色丛毛。

欧洲椴的叶　为阔卵形至圆形，长达10 cm（4 in），宽达9 cm（3½ in）；顶端骤尖，边缘有细齿，基部呈截形至心形，通常偏斜；上表面呈深绿色，有光泽或无光泽，下表面呈绿色或略呈蓝绿色，脉腋有略呈粉红色的小丛毛。

实际大小

叶类型	单叶
叶 形	阔卵形至圆形
大 小	达13 cm×14 cm（5 in×5½ in）
叶 序	互生
树 皮	浅灰色，光滑，后有裂纹
花	小、乳黄色，芳香，具5枚花瓣，由许多花组成花簇；花簇的梗附着在一枚浅绿色苞片中央
果 实	核果状，坚硬，卵球形，长至1 cm（½ in），具5肋，覆有灰色毛
分 布	中国
生 境	山地树林

高达25 m
（80 ft）

315

毛糯米椴
Tilia henryana
Henry's Lime

Szyszylowicz

毛糯米椴为落叶大乔木，树形呈阔柱状，夏季开花。本种枝条和叶下表面的毛量多变，近光滑的类型曾被处理为变种糯米椴*Tilia henryana* var. *subglabra*。本种据说是中国中西部树形最大的椴属*Tilia*树种，它仅在有炎热夏季的地区能够在引栽后生长良好；在较凉爽的地区，它通常直到早秋才开花。

类似种

毛糯米椴叶下表面有密毛，类似银叶椴*Tilia tomentosa*，但与该种和其他种的不同之处在于叶片边缘有长锯齿。

实际大小

毛糯米椴的叶 为阔卵形至圆形，长达13 cm（5 in），宽达14 cm（5½ in）；顶端短骤尖，边缘有长而细的尖齿，基部呈截形至心形，常偏斜；幼时有浓密白毛，后变古铜色，上表面再变为深绿色，光滑，下表面密被浅褐色毛或近光滑，脉腋有丛毛。

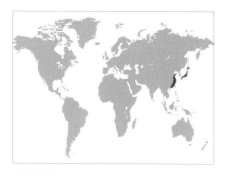

叶类型	单叶
叶 形	圆形
大 小	达10 cm×9 cm（4 in×3½ in）
叶 序	互生
树 皮	浅灰色，光滑，老时有裂纹
花	小，乳黄色，芳香，具5枚花瓣，由多达30朵以上的花组成长达10 cm（4 in）的下垂花簇；花簇的梗附着在一枚浅绿色苞片中央
果 实	核果状，卵球形，长至6 mm（¼ in），覆有灰色毛
分 布	中国东部，日本
生 境	温带山地森林

316

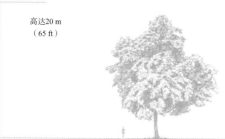

高达20 m
（65 ft）

华东椴
Tilia japonica
Japanese Lime
(Miquel) Simonkai

华东椴为落叶乔木，树形呈阔柱状，夏季开花。本种与心叶椴*Tilia cordata*近缘，曾被视为该种的变种。在日本，人们从华东椴的幼树上剥取树皮，用其纤维制作绳索、衣物和袋子。本种偶见栽培，其花量大，叶小而光洁，使之成为引人注目的观赏树，在日本的路边和公园可见种植。在美国和欧洲以学名*Tilia insularis*（实为小叶紫椴*Tilia amurensis* subsp. *taquetii*的异名）种植的植株虽然据说来自韩国的郁陵岛，但实际上是华东椴。这类植株的花量大，现已命名为华东椴的品种**威理森**（*Tilia japonica* 'Ernest Wilson'），用来纪念把它从日本引种到西方的植物采集家威理森。

类似种

心叶椴与本种类似，但花簇直立；蒙椴*Tilia mongolica*的叶常有裂片。

实际大小

华东椴的叶 为圆形，长达10 cm（4 in），宽达9 cm（3½ in）；顶端短骤尖，边缘有细而尖的锯齿，基部通常呈心形，常偏斜；上表面呈深绿色，光滑，下表面呈蓝绿色，光滑，仅脉腋有丛毛。

叶类型	单叶
叶 形	卵形至长圆形
大 小	达7½ cm × 5 cm（3 in × 2 in）
叶 序	互生
树 皮	浅灰色，有浅裂沟
花	小，乳黄色，芳香，具5枚花瓣，由多达36朵花组成长达10 cm（4 in）的下垂花簇；花簇的梗附着在一枚浅绿色苞片中央
果 实	核果状，坚硬，近球形，长约6 mm（¼ in）
分 布	日本
生 境	山地森林

高达10 m
（33 ft）

青檀叶椴
Tilia kiusiana
Tilia Kiusiana

Makino & Shirasawa

青檀叶椴为生长缓慢的落叶乔木，常在低处分枝，或有时为灌木状，枝条纤细，幼时有毛，树形呈锥状，后变开展，早夏开花。本种为一种不同寻常的种，见于日本南部和西部，从本州岛西部分布到四国岛和九州岛（Kyushu）。种加词*kiusiana*即来自九州岛之名。本种在其分布区的一些地方为珍稀树种，已得到地方保护；庭园中偶有种植，初看常难于认出是椴属树种。本种在1900年由日本植物学家命名，在20世纪30年代引种到西方，但至今仍不常见。本种株形常不高，呈密灌木状。英国格洛斯特郡威斯顿伯特树木园的一棵高达7 m（23 ft）的树，为最高的栽培植株之一。

类似种

青檀叶椴的叶小型，顶端有相对较长的渐尖头，叶柄短，非常独特，与椴属其他所有树种均不同。

青檀叶椴的叶 为卵形至长圆形，长达7½ cm（3 in），宽达5 cm（2 in）；顶端长渐尖，边缘有锐齿，基部通常呈截形或心形，偏斜，叶柄长不到2 cm（¾ in）；上表面呈绿色，有光泽，下表面呈浅绿色，脉腋有丛毛。

实际大小　　　实际大小

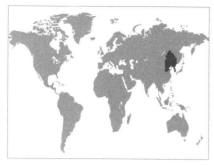

叶类型	单叶
叶 形	卵形至圆形
大 小	达15 cm × 14 cm（6 in × 5½ in）
叶 序	互生
树 皮	灰色，光滑，后有裂纹
花	小，乳黄色，芳香，具5枚花瓣，由多达20朵花组成长达10 cm（4 in）的下垂花簇；花簇的梗附着在一枚浅绿色苞片中央
果 实	核果状，坚硬，卵球形至球形，长至1 cm（½ in），具5棱
分 布	俄罗斯东部，中国东北部，朝鲜半岛
生 境	湿润森林

高达20 m
（65 ft）

318

辽椴
Tilia mandshurica
Manchurian Lime
Maximowicz

辽椴为落叶乔木，树形开展，夏季开花。本种在中国北部种植于佛寺附近，作为菩提树*Ficus religiosa*的替代，因后者为热带树种，可栽培于较温暖的地区，但在中国的寒冷地区则不适合种植。在这些寒冷地区，本种可出产有用的木材，树皮纤维亦可用于制作绳索、垫子和麻鞋。辽椴在野外为一个多变的种，也已经命名了几个变种，包括棱果辽椴*Tilia mandshurica* var. *megaphylla*和瘤果辽椴*Tilia mandshurica* var. *tuberculata*，前者产自朝鲜半岛和中国东北部一小片地区，后者的果实有瘤突。

类似种

辽椴与银叶椴*Tilia tomentosa*的不同之处在于其叶的锯齿较大，有长尖。

实际大小

辽椴的叶 为卵形至圆形，长达15 cm（6 in），宽达14 cm（5½ in）；顶端骤成短尖，边缘有具细尖的三角形锯齿，基部偏斜，呈心形或截形；上表面呈深绿色，有光泽，下表面密被灰色星状毛。

叶类型	单叶
叶　形	卵形至圆形
大　小	达17 cm × 13 cm（6½ in × 5 in）
叶　序	互生
树　皮	灰色，光滑，后有裂纹
花	小，乳黄色，芳香，具5枚花瓣，由多达20朵花组成下垂的花簇；花簇的梗附着在一枚浅绿色苞片中央
果　实	核果状，坚硬，卵球形至球形，长至1 cm（½ in），具5棱
分　布	日本
生　境	湿润树林和谷地

高达25 m
（80 ft）

319

日本大叶椴
Tilia maximowicziana
Tilia Maximowicziana

Shirasawa

　　日本大叶椴为落叶乔木，树形呈阔柱状，夏季开花。在日本，本种见于主岛（本州岛）的东北部和北海道岛，花极芳香，非常吸引蜜蜂。和椴属*Tilia*其他很多树种一样，本种晚开的花也可为蜜蜂提供食物，以生产蜂蜜。本种由日本植物学家白泽保美（Yasuyoshi Shirasawa）命名，用来纪念俄国植物学家卡尔·马克西莫维奇（Carl Maximowicz），他之前曾描述过数种中国的椴属植物。

类似种

　　辽椴*Tilia mandshurica*和银叶椴*Tilia tomentosa*等其他一些椴属树种的叶下表面有密绒毛，类似日本大叶椴，但脉腋无丛毛。

实际大小

日本大叶椴的叶　为卵形至圆形，长达17 cm（6½ in），宽达13 cm（5 in）；顶端短骤尖，边缘有具短尖的锐齿，基部通常偏斜，呈心形至截形；上表面为深绿色，沿脉有毛，下表面密被灰色星状毛，在脉腋也有明显的褐色丛毛。

叶类型	单叶
叶 形	卵形至圆形
大 小	达12 cm×10 cm（4¾ in×4 in）
叶 序	互生
树 皮	灰色，光滑，后有裂纹
花	小、乳黄色，芳香，具5枚花瓣，由多达20朵以上的花组成下垂的花簇；花簇的梗附着在一枚浅绿色苞片中央
果 实	核果状，坚硬，球形，长至1 cm（½ in），有毛
分 布	中国东部
生 境	森林

高达15 m
（50 ft）

320

南京椴
Tilia miqueliana
Tilia Miqueliana
Maximowicz

南京椴为落叶乔木，树形呈球状至开展，夏季开花。本种最初描述自日本的植株，曾被认为是当地原产。然而，和其他一些树种一样，学界现在相信本种在约公元1190年的时候由一位佛教僧人从中国引入日本。本种在日本和中国东部都常见种植，特别是在佛寺附近。和中国北部的辽椴*Tilia mandshurica*一样，它是在寒冷地区无法生长的菩提树*Ficus religiosa*的替代。

类似种

南京椴与辽椴的不同之处在于其叶片基部通常对称（不偏斜），边缘有短齿。

南京椴的叶 为卵形至圆形，长达12 cm（4¾ in），宽达10 cm（4 in）；顶端骤成短尖，边缘有锯齿，基部通常对称，呈心形；上表面为深绿色，有光泽，下表面有一层灰色的密毛。

实际大小

叶类型	单叶
叶 形	阔卵形至圆形
大 小	达7 cm × 7 cm（2¾ in × 2¾ in）
叶 序	互生
树 皮	灰褐色，片状剥落
花	小，乳黄色，芳香，具5枚花瓣，由多达30朵以上的花组成平展的花簇；花簇的梗附着在一枚浅绿色苞片中央
果 实	核果状，卵球形至倒卵球形，长至6 mm（¼ in），具5肋
分 布	中国北部，俄罗斯东部
生 境	山坡森林

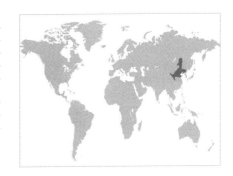

高达10 m
（33 ft）

蒙椴
Tilia mongolica
Mongolian Lime
Maximowicz

蒙椴为落叶乔木，树形呈球状至开展，夏季开花。其木材优良，可作为建筑材料；树皮可提取大麻般的纤维。本种的叶片形状非常独特，引人瞩目，又相对较小，加之树形稠密，使之成为常见观赏树。蒙椴已育成几个杂种，如**收获金椴**（*Tilia* 'Harvest Gold'）即为蒙椴和心叶椴*Tilia cordata*的杂种。

蒙椴的叶 为阔卵形至圆形，长宽均达7 cm（2¾ in）；顶端具细尖头，边缘有大型三角形锯齿，每侧有1或2枚，锯齿较大而呈裂片状，使叶形如同槭属*Acer*或桦木属*Betula*树种的叶；幼时常为红色，长成后上表面呈深绿色，有光泽，下表面呈蓝绿色，两面光滑，仅下面脉腋处有褐色丛毛。

类似种

蒙椴与心叶椴及华东椴*Tilia japonica*近缘，但叶有大型锯齿并分裂，通常易于识别。

实际大小

实际大小

叶类型	单叶
叶 形	阔卵形至圆形
大 小	达20 cm × 15 cm（8 in × 6 in）
叶 序	互生
树 皮	灰色，光滑，后有裂纹
花	小，乳黄色，芳香，具5枚花瓣，由多达15朵花组成下垂花簇；花簇的梗附着在一枚大型、光滑的浅绿色苞片中央
果 实	核果状，坚硬，近球形，直径至1 cm（½ in），具5肋，覆有略呈黄色的毛
分 布	中国西部
生 境	山地森林

高达12 m
（40 ft）

322

大叶椴
Tilia nobilis
Tilia Nobilis
Rehder & E. H. Wilson

　　大叶椴为落叶乔木，树冠呈阔柱状，夏季开花。尽管本种为相对较小的乔木，其叶在中国的椴属*Tilia*树种中却最大。本种的发现归功于植物采集家威理森（Ernest Wilson），他于1903年在中国西部四川省的高山上发现了此种。但直到大约80年后，大叶椴才被引种到庭园之中。其染色体有8套，而不是一般的2套或4套，这与其他所有椴属树种均不同。

类似种

　　华椴*Tilia chinensis*的叶较小，下表面毛较密，苞片较小，有毛，花簇中的花较少，果实也较小。

大叶椴的叶　为阔卵形至圆形，长达20 cm（8 in），宽达15 cm（6 in）；顶端骤成短尖，边缘有尖齿，基部偏斜，呈截形至心形；上表面为亮绿色，光滑，下表面光滑，脉腋有丛毛。

实际大小

叶类型	单叶
叶 形	阔卵形至圆形
大 小	达14 cm×10 cm（5½ in×4 in）
叶 序	互生
树 皮	灰色，光滑，后有裂纹
花	小、乳黄色，芳香，具5枚花瓣，由多达20朵花组成下垂花簇；花簇的梗附着在一枚大型、光滑的浅绿色苞片中央
果 实	核果状、坚硬、近球形，直径至1 cm（½ in），覆有灰色毛
分 布	中国
生 境	坡谷湿润山地森林

高达25 m
（80 ft）

323

粉椴
Tilia oliveri
Oliver's Lime
Szyszylowicz

粉椴为落叶乔木，树形呈阔柱状至球状，幼枝为绿色，有光泽，夏季开花。叶片下表面毛量多变，具较稀疏灰色毛的类型有时被处理为变种灰背椴 *Tilia oliveri* var. *cinerascens*。在中国，其木材用于制作家具，树皮供提取纤维和造纸，叶有时用于喂猪。

类似种

银叶椴 *Tilia tomentosa* 与本种近缘，叶片下表面有相同的白色密绒毛，但不同之处在于其幼枝有密毛。

粉椴的叶 为阔卵形至圆形，长达14 cm（5½ in），宽达10 cm（4 in）；顶端骤成短尖，边缘有细齿，基部偏斜，心形或有时为截形；上表面为深绿色，光滑，下表面密被白毛。

实际大小

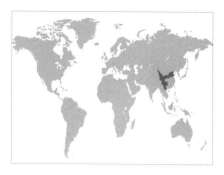

叶类型	单叶
叶 形	卵形
大 小	达10 cm×8 cm（4 in×3¼ in）
叶 序	互生
树 皮	灰色，光滑，后有裂沟
花	小，乳黄色，芳香，具5枚花瓣，由多达15朵花组成下垂花簇；花簇的梗附着在一枚大型、光滑的浅绿色苞片中央
果 实	核果状，倒卵球形至近球形，长至7 mm（¼ in），具肋
分 布	中国
生 境	山地森林

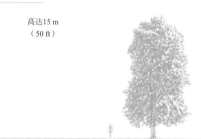

高达15 m
（50 ft）

324

少脉椴
Tilia paucicostata
Tilia Paucicostata

Maximowicz

少脉椴的叶 为卵形，长达10 cm（4 in），宽达8 cm（3¼ in）；顶端骤成短尖，边缘有锐齿，一些锯齿常较另一些略大，基部偏斜，呈截形至阔楔形，或有时略呈心形；上表面为深绿色，有光泽，光滑，下表面为蓝绿色，光滑，仅脉腋有丛毛。

实际大小

少脉椴为落叶小乔木至中等大小的乔木，枝条光滑，纤细，树形呈阔柱状，夏季开花。本种为一个变异较大的种，枝叶上的毛量多变。原变种的枝条光滑，而变种少脉毛椴*Tilia paucicostata* var. *yunnanensis*的枝条则有毛，叶下表面亦有灰色毛。少脉椴的花可用于提取芳香油，亦可入药，木材可被作为建筑材料使用，树皮可获取纤维。

类似种

少脉椴与心叶椴*Tilia cordata*和华东椴*Tilia japonica*有亲缘关系，但叶片基部呈截形或楔形，仅偶尔为心形，可以相互区别。

叶类型	单叶
叶 形	圆形
大 小	达12 cm×10 cm（4¾ in×4 in）
叶 序	互生
树 皮	灰色，光滑，后有裂纹
花	小、乳黄色，芳香，具5枚花瓣，由多至6朵花组成下垂花簇；花簇的梗附着在一枚大型、光滑的浅绿色苞片中央
果 实	核果状，坚硬，近球形，直径至1 cm（½ in），具5肋
分 布	欧洲，西南亚
生 境	常生长于灰岩上的树林中

高达30 m
（100 ft）

325

阔叶椴
Tilia platyphyllos
Broad-leaved Lime
Scopoli

阔叶椴为落叶大乔木，树形呈阔柱状，夏季开花。本种分布零散，常远不如心叶椴*Tilia cordata*常见，但在原产区以外也常有种植。最知名的类型是见于英国和北欧的亚种心叶阔叶椴*Tilia platyphyllos* subsp. *cordifolia*，南欧和东南欧的其他类型则有较少的毛。阔叶椴是欧洲椴*Tilia × europaea*的亲本之一。

类似种

心叶椴的叶下表面为蓝绿色，光滑，仅脉腋有丛毛。欧洲椴叶光滑，下表面为绿色。相比之下，阔叶椴（至少是最常见的亚种心叶阔叶椴）的叶两面均为绿色，有毛。

阔叶椴的叶 为圆形，长达12 cm（4¾ in），宽达10 cm（4 in）；顶端短骤尖，边缘有锐齿，基部通常呈心形，常偏斜；上表面呈深绿色，叶脉下陷，至少幼时有毛，下表面呈绿色，有毛。这里描述的是亚种心叶阔叶椴的叶；其他亚种的毛较少或近光滑。

实际大小

叶类型	单叶
叶 形	圆形
大 小	达12 cm × 10 cm（4¾ in × 4 in）
叶 序	互生
树 皮	灰色，光滑，后有裂沟
花	小，乳黄色，芳香，具5枚花瓣，由多达10朵花组成下垂花簇；花簇的梗附着在一枚大型、光滑的浅绿色苞片中央
果 实	核果状，坚硬，卵球形，长至1 cm（½ in）
分 布	东南欧，西南亚
生 境	树林

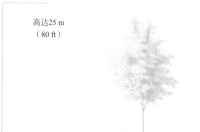

高达25 m
（80 ft）

326

银叶椴
Tilia tomentosa
Silver Lime
Moench

银叶椴为落叶乔木，树形呈阔柱状至球状，枝条有毛，夏季开花。本种的叶片醒目，为路边、大庭园和公园中常见栽培的观赏树，针对叶形已经选育出了一些品种。**长柄**（'Petiolaris'）是其中一个尤为常见的品种，其叶柄长，枝条下垂，它曾经被处理为独立的种或杂种。尽管有人认为银叶椴的花蜜对蜜蜂有毒，但它在东南欧仍然被用作蜜源树。

类似种

粉椴*Tilia oliveri*与本种类似，但不同之处在于幼枝光滑，果实有疣突，花期略早。

实际大小

银叶椴的叶 为圆形，长达12 cm（4¾ in），宽达10 cm（4 in）；顶端短骤尖，边缘有锐齿，有时一些锯齿明显大于另一些，几呈分裂状，基部呈截形至心形；上表面为深绿色，有光泽，下表面有一层浓密的白毛。

叶类型	单叶
叶 形	卵形至圆形
大 小	达17 cm×11 cm（6½ in×4¼ in）
叶 序	互生
树 皮	灰色，光滑，后有裂纹
花	小，乳黄色，芳香，具5枚花瓣，由多达20朵花组成下垂花簇；花簇的梗附着在一枚大型、光滑的浅绿色苞片中央
果 实	核果状，坚硬，球形至倒卵球形，长至1 cm（⅓ in），有毛
分 布	中国
生 境	山地森林

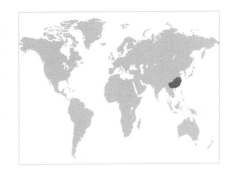

高达20 m
（65 ft）

椴
Tilia tuan
Tilia Tuan

Szyszylowicz

椴为落叶乔木，树形呈阔柱状至球状，枝条光滑或有毛，夏季开花。本种为一个分布广泛而多变的种，一些类型在叶片锯齿数目、花簇中花的数目、叶片下表面的毛量等特征上不同，它们有时被处理为独立的种。原变种的叶有疏齿，而变种毛芽椴*Tilia tuan* var. *chinensis*的叶有明显的锯齿。种加词*tuan*即来自本种的汉语名称"椴"，树皮纤维可用于制作麻鞋。

类似种

南京椴*Tilia miqueliana*与本种的不同之处在于花簇中的花通常较少，叶片基部在一般情况下对称，而不偏斜。

椴的叶 为卵形至圆形，长达17 cm（6½ in），宽达11 cm（4¼ in）；顶端骤成渐尖头，边缘有锐齿或在一些类型中几乎全缘，基部偏斜，呈截形至心形；上表面呈深绿色，光滑，下表面呈浅绿色，光滑，或覆有各式灰色至褐色毛，脉腋有丛毛。

实际大小

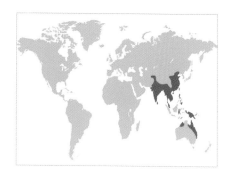

叶类型	二回羽状复叶
叶 形	轮廓为椭圆形至卵形
大 小	达60 cm×30 cm（2 ft×1 ft）
叶 序	互生
树 皮	灰褐色，光滑
花	芳香，直径约2 cm（¾ in），花瓣5枚，开展，浅紫色，中间为雄蕊合生而成的深紫红色雄蕊管，在叶腋组成大型花簇
果 实	核果，浅黄色，卵球形，长至2 cm（¾ in），含有单独1枚坚硬的种子
分 布	喜马拉雅地区，中国，南亚，东南亚至澳大利亚
生 境	混交林

高达12 m
（40 ft）

328

棟
Melia azedarach
Bead Tree
Linnaeus

棟在英文中也叫"Chinaberry"（中国浆果）或"Persian Lilac"（波斯丁香），为速生落叶乔木，树形开展，春季开花。在气候温暖的地区，本种被广泛作为观赏树栽培，赏其花和长期宿存在树上的果实。它在很多地区已经归化，有时成为入侵植物，真正的原生分布区尚不确定。在中国，其树皮、叶和其他部位的提取物可入药，但全株均有毒，有时可致死。其木材有广泛用途，可用于建筑、细木工，亦可用作薪柴，或供制纸浆。

类似种

棟在花期不可能和该属其他种混淆。印棟*Azadirachta indica*的热带性远比棟强，其不同之处在于叶为一回羽状复叶，而非二回羽状复叶。

实际大小

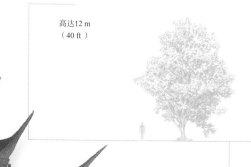

棟的叶 轮廓为椭圆形至卵形，长达60 cm（2 ft），宽达30 cm（1 ft）；二回羽状复叶（有时为三回羽状复叶），叶轴每侧通常有3—5枚对生的羽片，每枚羽片所含小叶数目不定；小叶卵形至披针形，边缘有锯齿，长达6 cm（2½ in），上表面为深绿色，有光泽，下表面为浅绿色，两面光滑或略有毛。

叶类型	羽状复叶
叶 形	轮廓为长圆形
大 小	达100 cm × 40 cm（3 ft × 16 in）
叶 序	互生
树 皮	灰褐色，在老树上层状剥落为长条
花	小，芳香，通常有5枚白色的花瓣，组成长达1 m（3 ft）的大型下垂花簇
果 实	蒴果，长达3 cm（1¼ in），种子有翅
分 布	亚洲部分地区
生 境	丘陵和山坡的森林
异 名	*Cedrela sinensis* A. Jussieu

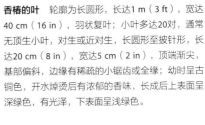

高达30 m
（100 ft）

香椿
Toona sinensis
Chinese Mahogany

(A. Jussieu) M. Roemer

香椿为速生落叶乔木，树形呈阔柱状至球状，晚春和夏季开花，为极少数叶可食的温带树种之一。本种的幼叶在东亚普遍在烹煮后被作为蔬菜食用，开水焯烫后有浓郁的香味。本种曾经属于洋椿属*Cedrela*，该属现仅分布于新大陆热带地区。

类似种

香椿与臭椿*Ailanthus altissima*的不同之处在于叶无顶生小叶，小叶基部无大型锯齿，幼叶有浓郁的香味。

香椿的叶 轮廓为长圆形，长达1 m（3 ft），宽达40 cm（16 in），羽状复叶；小叶多达20对，通常无顶生小叶，对生或近对生，长圆形至披针形，长达20 cm（8 in），宽达5 cm（2 in），顶端渐尖，基部偏斜，边缘有稀疏的小锯齿或全缘；幼时呈古铜色，开水焯烫后有浓郁的香味，长成后上表面呈深绿色，有光泽，下表面呈浅绿色。

实际大小

叶类型	单叶，有锯齿
叶 形	圆形至卵形
大 小	达20 cm × 15 cm（8 in × 6 in）
叶 序	互生
树 皮	深灰褐色，有浅裂条
花	非常小，无花瓣，组成密集的花簇；雌雄异株，雄花有白色雄蕊，组成长达8 cm（3¼ in）的圆柱形下垂花簇，状如柔荑花序，雌花有紫红色柱头，组成直径2 cm（¾ in）的球形花簇
果 实	小，红色，含1枚种子，秋季在雌花簇上生成
分 布	东亚
生 境	生长于野地和林缘排水良好的土壤中

15 m以上
（50 ft）以上

330

构
Broussonetia papyrifera
Paper Mulberry
(Linnaeus) Ventenat

构为落叶乔木或大灌木，树形疏松、宽展，枝条粗壮，有密毛和乳状汁液，常从基部生出萌蘖条，春季开花。本种被广泛作为观赏树栽培，赏其叶。本种在全世界很多地区特别是温暖地区归化，有时为入侵植物。在东亚，其树皮传统上用来造纸、织布。

类似种

构与桑属*Morus*近缘，后者的叶也可有类似的多变形状，但果实则非常不同。

实际大小

构的叶 为圆形至卵形，长达20 cm（8 in），宽达15 cm（6 in）；顶端尖，边缘有粗齿，叶柄长达8 cm（3¼ in）；叶形高度多变，从不分裂至不规则的掌状3—5深裂不等，在幼树或健壮枝条上叶形更常为后者；初生时呈铜紫色，后上表面变为深绿色，有硬毛，下表面有密毛。

叶类型	掌状分裂，有时不分裂
叶形	卵形至圆形
大小	达30 cm×30 cm（12 in×12 in）
叶序	互生
树皮	光滑，浅灰色
花	微小、隐藏在梨形的花托中；花托后发育为果实
果实	梨形，肉质，长达5 cm（2 in），初为绿色，成熟时变为褐色和紫红色，可食，含有许多种子
分布	原产西南亚，广泛栽培，有时在有地中海气候的地区归化
生境	干燥石质地

高达15 m
（50 ft）

331

无花果
Ficus carica
Edible Fig
Linnaeus

无花果为落叶小乔木或大灌木，树形开展，常有种植，以收获其果实；果实味美，可生食或晒干后食用。无花果有复杂的传粉方式，在这个过程中传粉的蜂类会在将来发育成果实的花托内产卵。栽培无花果可不需要传粉即可结果。

无花果的叶　大型，卵形至圆形，长宽均达30 cm（12 ft）；掌状分裂，基部发出明显的叶脉，但也能见到不分裂的叶；叶片上表面为绿色，有光泽，两面粗糙，有毛，秋季凋落前变为黄色。

实际大小

类似种

无花果是非常独特的树种，不易和其他任何树种混淆。它属于榕属*Ficus*，这是一个含有800多个种的大属，属内多样性非常丰富，主要为热带地区广泛分布的常绿乔木、灌木和藤本植物，很多种是森林动物的重要食物资源。其中一些种在温暖地区被作为观赏树栽培，或在其他地区被作为室内植物栽培。大多数种为常绿树，果实不可食。

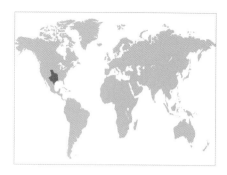

叶类型	单叶
叶 形	卵形至披针形
大 小	达12 cm × 7½ cm（4¾ in × 3 in）
叶 序	互生
树 皮	灰褐色，长成后有深裂沟，层状剥落为薄条
花	非常小，绿色，无花瓣，在前一年生的枝条上组成密集的下垂花簇；雌雄异株，雌花有长花柱
果 实	由多朵花发育而成的聚花果，黄绿色，球形，直径达10 cm（4 in）以上，重而坚硬，表面有纹理
分 布	美国中南部
生 境	河谷

高达15 m
（50 ft）

332

橙桑
Maclura pomifera
Osage Orange
(Rafinesque) C. K. Schneider

橙桑的叶 为卵形至披针形，长达12 cm（4¾ in），宽达7½ cm（3 in）；顶端渐尖，边缘无锯齿，每侧有多达10条侧脉，基部呈圆形，叶柄长达4 cm（1½ in）；叶片上表面呈深绿色，有光泽，光滑，下表面呈浅绿色，沿脉有毛，秋季变为黄色。

　　橙桑为落叶乔木，枝条有刺，树形呈球状至开展，一般在低处即分枝，春季至早夏开花。在引种其他替代种之前，本种被用于建立不可穿越的绿篱，作为牲畜养殖场的畜栏。本种现已在美国东部广泛种植并归化。其木材坚硬，非常耐腐蚀，可用于制作篱柱，一些美洲原住民则将其用来造弓。本种为常见观赏树，已经选育出一些类型，有的无刺，还有一个品种的果实巨大，重达1.35 kg（3磅）。

类似种

　　橙桑枝条有刺，叶柄有乳状汁液，通常可以和其他树种相区别，在果期则绝不会被认错。柘*Maclura tricuspidata*为较小的乔木，果实较小，叶偶尔分裂，侧脉数也较少。

实际大小

叶类型	单叶
叶 形	卵形至倒卵形
大 小	达14 cm×6 cm（5½ in×2½ in）
叶 序	互生
树 皮	灰褐色，在老树上有深裂沟
花	非常小，绿色，无花瓣，在幼枝上组成密集的下垂花簇；雌雄异株
果 实	由多朵花发育而成的聚花果，橙红色，球形，直径2½ cm（1 in）
分 布	中国，朝鲜半岛
生 境	山坡，林缘
异 名	*Cudrania tricuspidata* (Carrière) Bureau

高达7 m
（23 ft）

柘
Maclura tricuspidata
Maclura Tricuspidata
Carrière

柘为小乔木或大灌木，树形呈球状，有时靠萌蘖条广为蔓延，晚春至早夏开花。枝条一般有刺，刺粗壮，渐尖，长达2 cm（¾ in），但上部枝条可无刺。本种与北美洲的亲缘种橙桑*Maclura pomifera*不同，其果实成熟后味甜，在中国可供食用。在桑叶短缺时，本种的叶也可用来饲蚕；树皮纤维可用来造纸。柘与橙桑之间已育成杂种。

类似种

橙桑为较大的乔木，与柘的不同之处在于叶不分裂，叶脉较多，果实较大。桑属*Morus*是这两个种的亲缘属，其叶有锯齿，常分裂。

柘的叶 为卵形至倒卵形，长达14 cm（5½ in），宽达6 cm（2½ in）；顶端渐尖，有时骤尖，或有3枚圆形裂片，边缘无锯齿，中脉两侧各有多至6条侧脉；上表面呈深绿色，光滑，下表面呈蓝绿色，有时略有毛。

实际大小

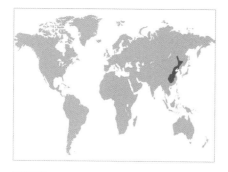

叶类型	单叶
叶形	阔卵形
大小	达20 cm × 12 cm（8 in × 4¾ in）
叶序	互生
树皮	灰褐色，光滑，后出现深裂条
花	小，绿色，无花瓣，组成密集的下垂花穗；雌雄同株或异株，各自组成花穗
果实	由多朵花发育而成的聚花果，圆柱状，肉质，白色至粉红、红或紫红色，长达2½ cm（1 in），有长达2½ cm（1 in）的果梗
分布	中国
生境	丘坡森林

高达12 m
（40 ft）

334

桑
Morus alba
White Mulberry
Linnaeus

桑的叶　为阔卵形，长达20 cm（8 in），宽达12 cm（4¾ in）；顶端圆或渐尖，边缘有锐齿；叶片可不裂或各式分裂；上表面呈深绿色，有光泽，光滑或近光滑，下表面呈浅绿色，脉腋有丛毛，秋季变为黄色。

桑为落叶乔木，树形呈球状，晚春至早夏开花。尽管其果实可食，但不如黑桑*Morus nigra*的果实受人欢迎。本种的叶为家蚕偏好的食物。家蚕是蚕蛾的幼虫，由蚕蛾在叶上产的卵孵出。桑叶可分泌一种吸引家蚕的挥发性化学物质，使它们大量以桑叶为食。足龄之后，家蚕会吐丝做茧，蚕茧就是丝绸的来源。家蚕在4000多年前由中国人驯化，现须依赖人类和丝绸工业才能生存。

类似种

桑最常与黑桑混淆，后者的叶上表面粗糙，果簇无梗。

实际大小

叶类型	单叶
叶 形	卵形至披针形
大 小	达15 cm×12 cm（6 in×4¾ in）
叶 序	互生
树 皮	灰褐色
花	小，绿色，无花瓣，组成密集的下垂花穗；雌雄同株或异株，各自组成花穗
果 实	由多朵花发育而成的聚花果，圆柱状，肉质，白色至粉红、红或紫红色，长达2½ cm（1 in），有长达2½ cm（1 in）的果梗；在发育中的果实上有长而明显的花柱
分 布	中国，日本，朝鲜半岛
生 境	树林和灌丛，常生长于灰岩上

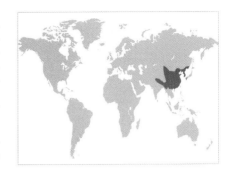

高达8 m
（26 ft）

鸡桑
Morus australis
Japanese Mulberry
Poiret

鸡桑为落叶小乔木，树形开展，通常在低处即分枝，常长为灌木，春季开花。在日本的一些滨海地区，本种用来代替桑*Morus alba*饲蚕。其果实味甜可食，可用于制作果酱和多种饮品。树皮纤维可用于造纸。和桑属*Morus*其他种一样，叶形的高度多变。

类似种

鸡桑最可能和桑相混淆，但前者在果实上有宿存的长花柱，可以与桑相区别。

鸡桑的叶 为卵形至披针形，长达15 cm（6 in），宽达12 cm（4¾ in），不裂或各式3裂或5裂，有时分裂很深；边缘通常有锐齿，有时全缘；上表面呈深绿色，略粗糙，下表面呈浅绿色，起初有毛，后变光滑。

实际大小

叶类型	单叶
叶 形	阔卵形
大 小	达15 cm×12 cm（6 in×4¾ in）
叶 序	互生
树 皮	橙褐色，粗糙，有裂纹
花	小，绿色，无花瓣，组成密集的下垂花穗；雌雄同株或异株，各自组成花穗
果 实	由多朵花发育而成的聚花果，圆柱状，肉质，成熟时深红色至近黑色，长达2½ cm（1 in），无梗
分 布	可能原产于西南亚
生 境	多为栽培

高达10 m
（33 ft）

336

黑桑
Morus nigra
Black Mulberry
Linnaeus

黑桑的叶 为阔卵形，长达15 cm（6 in），宽达12 cm（4¾ in）；一般情况下不裂，但也可为3裂或5裂，特别是健壮枝条上的叶；边缘有锐齿，基部呈深心形；上表面呈深绿色，触感粗糙，下表面呈浅绿色，有毛。

黑桑为落叶乔木，树形呈球状至开展，晚春至早夏开花。在生长过程中，树形很快呈现出凹凸不平的外貌，树干上常有毛刺，以至植株看上去要比实际的树龄老得多。因为本种栽培广泛，所以导致原产地难于确定。本种为桑属树种中最优良的果用树。果实可食，大型，甘甜多汁，可鲜食、晒干后食用或用于烹调。17世纪，英国种植了很多黑桑，试图建立丝绸工业；然而，家蚕更喜食桑*Morus alba*的叶。

类似种

黑桑最常与桑相混淆，但前者叶粗糙，果实无梗，因此可以区别。

实际大小

叶类型	单叶
叶 形	披针形至线形
大 小	达12 cm × 1⅕ cm（4¾ in × ½ in）
叶 序	互生
树 皮	灰褐色，在树干上粗糙，纤维状，在大枝上光滑，层状剥落
花	小，白色，有许多雄蕊，由多至15朵以上的花在叶腋组成有梗的花簇
果 实	蒴果，木质，半球形，直径至7 mm（¼ in）
分 布	澳大利亚塔斯马尼亚岛
生 境	从海岸地区到山坡的开放森林

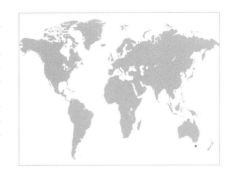

高达30 m
（100 ft）

337

杏仁桉
Eucalyptus amygdalina
Black Peppermint
Labillardière

杏仁桉为速生常绿乔木，树形呈阔柱状，春季和夏季开花。本种为生有木质茎基的树种之一，在火灾和严重的干旱过后可以从木质茎基重新萌发新条。幼态叶为披针形，对生，无柄，长达5 cm（2 in），宽达1 cm（½ in）。叶可提取芳香油，有医药用途；木材可作为建筑材料使用。

杏仁桉的成长叶 为披针形至线形，有时略弯曲，长达12 cm（4¾ in），宽达1⅕ cm（½ in），有强烈的薄荷气味；顶端渐尖，边缘无锯齿，向下渐狭成长至2 cm（¾ in）的短柄；两面呈深绿色。

类似种

岛雪桉*Eucalyptus coccifera*为塔斯马尼亚岛可见的几个亲缘种之一。它与本种的不同之处在于树干上的树皮光滑，层状剥落。

实际大小

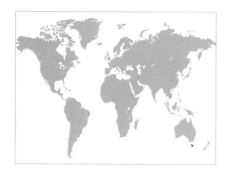

叶类型	单叶
叶 形	披针形
大 小	达9 cm × 2 cm（3½ in × ¾ in）
叶 序	互生
树 皮	光滑，灰色，层状剥落为长条，新鲜暴露出来时为白色
花	小，白色，有许多雄蕊，由多至7朵的花在叶腋组成有梗的花簇
果 实	蒴果，木质，半球形，直径至7 mm（¼ in）
分 布	澳大利亚塔斯马尼亚岛
生 境	山地

高达20 m
（65 ft）

岛雪桉
Eucalyptus coccifera
Tasmanian Snow Gum
J. D. Hooker

岛雪桉在英文中也叫"Mount Wellington Peppermint"（威灵顿山薄荷树），为常绿乔木，树形开展，夏季开花。本种常为灌木状，特别是在高海拔地区，其幼枝具蓝白色的粉霜。幼态叶对生，无柄，基部呈圆形，长达5 cm（2 in），为蓝绿色，可见生于幼苗或从树干基部萌发的新条上。叶含有芳香油，但未得到商业利用。岛雪桉产自高海拔地区，是非常耐寒的树种，因叶丛和树皮引人瞩目，已被作为观赏树种植。花一般4至7朵组成花簇，但在塔斯马尼亚岛霍巴特附近的威灵顿山上，其植株的花一般3朵组成一簇。

类似种

杏仁桉*Eucalyptus amygdalina*为较大的乔木，叶较长，树皮粗糙。岛雪桉的叶片顶端通常呈钩状，可与苹果桉*Eucalyptus gunnii*相区别。

岛雪桉的成长叶 为披针形，长达9 cm（3½ in），宽达2 cm（¾ in），揉碎后有薄荷气味；顶端渐成钩状的细尖，边缘无锯齿，从中部或中部略偏下处向下渐狭成长至2 cm（¾ in）的短柄；两面颜色相似，从蓝绿色到蓝灰色不等。

实际大小　　实际大小

叶类型	单叶
叶 形	圆形至卵形
大 小	达8 cm × 7 cm（3¼ in × 2¾ in）
叶 序	对生
树 皮	光滑，白色及灰绿色，层状剥落
花	小，白色，有许多雄蕊，由3朵花在叶腋组成花簇
果 实	蒴果，木质，半球形，直径至1 cm（½ in），覆有蜡质粉霜
分 布	澳大利亚塔斯马尼亚岛
生 境	干燥常绿林和海岸灌丛

高达20 m
（65 ft）

339

心叶银桉
Eucalyptus cordata
Silver Gum

Labillardière

心叶银桉为常绿乔木，树形呈阔柱状，有时为灌木状，冬季和春季开花。本种为一个不同寻常的种，因为当枝条具有幼态叶（对生）时即开花结果，全株只偶尔产生成长叶。幼态叶两面为灰蓝色，呈圆形至卵形，无叶柄，基部抱茎，全缘或有浅齿。本种为稀见种，分布局限于塔斯马尼亚岛东南部。原亚种的枝条横截面为圆形，而新近描述的亚种方枝银桉*Eucalyptus cordata* subsp. *quadrangulosa*枝条横截面为方形。

心叶银桉的叶　主要为幼态叶，对生，呈圆形至卵形，长达8 cm（3¼ in），宽达7 cm（2¾ in）。成长叶很少产生，为披针形，在典型形态中长达9 cm（3½ in），顶端渐尖，边缘无锯齿，两面为灰绿色。亚种方枝银桉的成长叶如产生则更长，达18 cm（7 in）。

类似种

本种的花开在具对生叶的枝条上，与大多数桉属*Eucalyptus*树种有别。银叶山桉*Eucalyptus pulverulenta*产自澳大利亚新南威尔士州，也有这一特征，但叶较小，基部呈圆形。

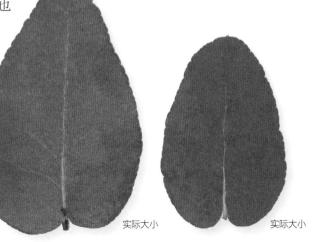

实际大小　　实际大小

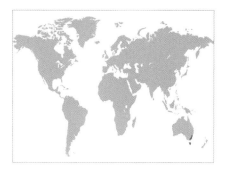

叶类型	单叶
叶形	披针形
大小	达17 cm×4 cm（6½ in×½ in）
叶序	互生
树皮	光滑，灰色至粉红色及褐色，层状剥落，新鲜暴露出来时为乳黄色
花	小，白色，有许多雄蕊，由3朵花在叶腋组成花簇
果实	蒴果，木质，半球形，长至1 cm（½ in）
分布	澳大利亚东南部（包括塔斯马尼亚岛）
生境	山地森林

高达40 m
（130 ft）

340

山桉
Eucalyptus dalrympleana
Mountain Gum
Maiden

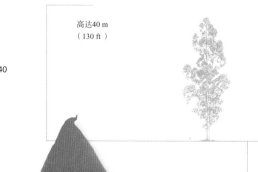

实际大小

　　山桉为速生常绿乔木，树形呈阔柱状，夏季和秋季开花。原亚种*Eucalyptus dalrympleana* subsp. *dalrympleana*每花簇含3朵花，见于澳大利亚新南威尔士州至塔斯马尼亚岛；亚种七花山桉*Eucalyptus dalrympleana* subsp. *heptantha*每个花簇含7朵花，分布区偏北，见于新南威尔士州和昆士兰州。幼态叶呈圆形，无柄，对生，为绿色至蓝绿色。

类似种

　　多枝桉*Eucalyptus viminalis*与本种类似，但幼态叶顶端渐尖，成长叶较狭，两面为绿色。

山桉的成长叶　为披针形，有时略弯曲，长达17 cm（6½ in），宽达4 cm（1½ in）；顶端细渐尖，边缘无锯齿，但有时略呈波状，基部呈楔形，从叶片中部以下渐狭，叶柄长3 cm（1¼ in）；叶片初生时为古铜色，长成后两面为深蓝绿色。

叶类型	单叶
叶 形	披针形
大 小	达30 cm × 4 cm（12 in × 1½ in）
叶 序	互生
树 皮	光滑，灰褐色，层状剥落，留下绿色的年幼树皮；在树干基部则粗糙，有裂沟，灰色
花	小，白色，有许多雄蕊，在叶腋单生
果 实	蒴果，半球形至倒圆锥形，木质，直径达3 cm（1¼ in），幼时具蜡质粉霜
分 布	澳大利亚东南部（塔斯马尼亚岛，维多利亚州）
生 境	开放森林

高达40 m
（130 ft）

341

蓝桉
Eucalyptus globulus
Tasmanian Blue Gum

Labillardière

实际大小

蓝桉为速生常绿大乔木，树形呈阔柱状，春季至早夏开花。本种为常见观赏树，幼态叶特别有观赏价值，被广泛作为观赏树和材用树种植，有时归化。幼态叶对生，无柄，颜色为银蓝色，长达15 cm（6 in）。原亚种 *Eucalyptus globules* subsp. *globulus* 的花在叶腋单生，其他亚种的花则3朵或7朵组成花簇。本种是澳大利亚塔斯马尼亚州的正式州树，蜜蜂在其花采蜜后可酿成一种风味浓郁的蜂蜜。

类似种

本种的木质果实形状大，单生，花蕾开放后会脱落大型帽状物，通常易于识别。

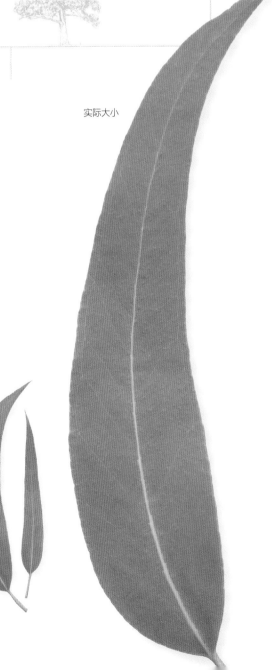

蓝桉的成长叶 质地为革质，披针形，有时略弯曲，长达30 cm（12 in），宽达4 cm（1½ in）；顶端渐尖，边缘全缘，中部以下渐狭为短叶柄；两面为绿色至蓝绿色，有光泽。

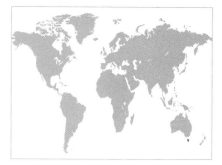

叶类型	单叶
叶 形	卵形至披针形
大 小	达10 cm×4 cm（4 in×1½ in）
叶 序	互生
树 皮	光滑，灰褐色至橙褐色或略呈绿色，层状剥落，新鲜暴露出来时为乳黄色
花	小，白色，有许多雄蕊，由3朵花在叶腋组成花簇
果 实	蒴果，杯状，木质，长至5 mm（¼ in），有时具蜡质粉霜
分 布	澳大利亚塔斯马尼亚岛
生 境	生长于山地的湿润土壤中

高达30 m
（100 ft）

342

苹果桉
Eucalyptus gunnii
Cider Gum
J. D. Hooker

苹果桉为速生常绿乔木，树形呈阔柱状，夏季开花。本种为桉属*Eucalyptus*最耐寒的树种之一，常被作为观赏树种植。为了赏其银色的幼态叶，有时会伐去主干，幼态叶亦常作为插花材料。这种幼态叶对生，圆形，无柄，长达4 cm（1½ in），幼时为亮银蓝色，后变为灰绿色。本种树液味甜，天然发酵之后可酿成一种类似苹果酒的含酒精饮料，故名"苹果桉"。

类似种

苹果桉属于由一群彼此类似的树种组成的复合体，这些种有时都归为一种。高山苹果桉*Eucalyptus archeri*生于高海拔地区，与苹果桉的区别之处在于叶较小，为绿色。灰苹果桉*Eucalyptus divaricata*现在通常被降为苹果桉的亚种*Eucalyptus gunnii* subsp. *divaricata*，其叶较苹果桉的原亚种小而宽，植株各个部位都更呈蓝灰色。

实际大小　　实际大小

苹果桉的成长叶　为卵形至披针形，长达10 cm（4 in），宽达4 cm（1½ in），揉碎后有芳香气味；顶端具细尖头，有时钩头，边缘具锯齿，从中部以下渐狭为基部，叶柄长至3 cm（1¼ in）；叶片颜色多变，两面可呈绿色到蓝绿色不等。

叶类型	单叶
叶 形	卵形至披针形
大 小	达13 cm×3 cm（5 in×1¼ in）
叶 序	互生
树 皮	红褐色，层状剥落，新鲜暴露出来时为浅黄绿色至橙黄色
花	小，白色，有许多雄蕊，由3朵花在叶腋组成花簇
果 实	蒴果，半球形至钟形，木质，直径约1 cm（½ in）
分 布	澳大利亚塔斯马尼亚岛
生 境	湿润山地森林，生长于砂岩上的泥炭土中

高达40 m
（130 ft）

343

岛黄桉
Eucalyptus johnstonii
Tasmanian Yellow Gum
Maiden

　　岛黄桉为速生常绿乔木，树形呈狭锥状至柱状，夏季和秋季开花。在塔斯马尼亚岛，其分布限于东南部山区，并具木质茎基。在高海拔地区，本种被类似的高山黄桉*Eucalyptus subcrenulata*取代。其幼态叶对生，无柄，呈圆形至卵形，长达5 cm（2 in），两面为深绿色，有光泽。木材坚硬结实。

类似种

　　高山黄桉与本种类似，但为较小的乔木，生于山区较高处，叶较小。这两个种之间有中间类型。

岛黄桉的成长叶　为卵形至披针形，长达13 cm（5 in），宽达3 cm（1¼ in）；顶端尖或钝，边缘全缘或有小而非常浅的锯齿，基部呈楔形，渐狭成短叶柄；质地厚，革质，两面为同样的亮绿色，有光泽。

实际大小

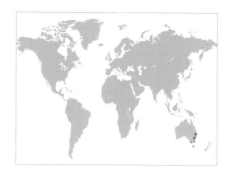

叶类型	单叶
叶 形	狭披针形
大 小	达24 cm×2½ cm（9½ in×1 in）
叶 序	互生
树 皮	灰绿色至灰褐色，光滑，层状剥落为大条，在树干基部则宿存，纤维状
花	小、白色，有许多雄蕊，由7朵花在叶腋组成有梗的花簇
果 实	蒴果，圆柱形至卵球形，木质，长至7 mm（¼ in）
分 布	澳大利亚东南部（新南威尔士州，维多利亚州）
生 境	山地降水充沛地区的湿润森林

344

60 m以上
（195 ft）以上

亮果桉
Eucalyptus nitens
Silver Top
(H. Deane & Maiden) Maiden

亮果桉的英文名之一为"Silver Top"（银顶桉），为生长极快的常绿乔木，树形呈阔柱状，夏季开花。植株可在5年内达10 m（33 ft）以上，最大的树木可高达约90 m（300 ft），如此高的生长速率使之成为贵重的森林树种。本种比蓝桉*Eucalyptus globulus*更适合气候凉爽的地区，主要为制造纸浆而种植，木材亦有用，可用于一般的建筑目的和镶板工艺，或用来制作地板。幼态叶对生，无柄，为蓝灰色。

类似种

蓝桉与本种近缘，但其叶较长而宽，花单生，果实较大。小齿桉*Eucalyptus denticulata*叶有锯齿。

实际大小

亮果桉的成长叶　为狭披针形，长达24 cm（9½ in），宽达2½ cm（1 in），生于红色的枝条上；顶端渐尖，边缘无锯齿，从中部以下向下渐狭为长约2 cm（¾ in）的短柄；质地为革质，两面为深绿色，有光泽。

叶类型	单叶
叶 形	披针形
大 小	达19 cm × 3½ cm（7½ in × 1⅜ in）
叶 序	互生
树 皮	灰褐色，粗糙，纤维状，在树干上有深裂沟，在大枝上光滑
花	小，白色，有许多雄蕊，由多至15朵以上的花在叶腋组成有梗的花簇
果 实	蒴果，卵球形至圆桶形，木质，长至1 cm（½ in）
分 布	澳大利亚东南部（包括塔斯马尼亚岛）
生 境	从海岸地区至山地的森林，生长于排水良好的土壤中

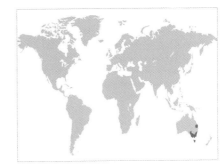

50 m以上
（165 ft）以上

345

褐顶桉
Eucalyptus obliqua
Messmate Stringybark
L'hÉritier

褐顶桉为速生常绿大乔木，树形呈柱状，夏季开花。本种为桉属*Eucalyptus*最大的树种之一，高度能达到90 m（300 ft），但在贫瘠的滨海土壤中则缩减为小乔木或灌木。幼态叶互生，有叶柄，卵形，长达20 cm（8 in），仅在幼苗上对生。褐顶桉的木材贵重，广泛用于建筑和家具制造，也用于制造纸浆。

类似种

褐顶桉与王桉*Eucalyptus regnans*近缘，但不同之处在于整个树干上的树皮均粗糙，而非仅下部树干如此。

褐顶桉的成长叶 为披针形，长达19 cm（7½ in），宽达3½ cm（1⅜ in），常略弯曲；顶端渐狭成细尖头，边缘全缘，基部呈阔楔形，偏斜，叶柄短，长至2 cm（¾ in）；叶片两面为深绿色，有光泽。

实际大小

叶类型	单叶
叶 形	披针形
大 小	达20 cm × 5 cm（8 in × 2 in）
叶 序	互生
树 皮	灰褐色，在下部树干（高至15 m，即50 ft）上粗糙，纤维状，在上部则光滑，层状剥落
花	小，白色，有许多雄蕊，由多至15朵花组成有梗的花簇，在叶腋成对着生
果 实	蒴果，倒圆锥形至半球形，木质，长至1 cm（½ in）
分 布	澳大利亚东南部（维多利亚州，塔斯马尼亚岛）
生 境	生长于滨海丘陵和山谷的排水良好的湿润土壤中

70 m以上
（230 ft）以上

346

实际大小

王桉
Eucalyptus regnans
Australian Mountain Ash
F. Von Mueller

  王桉为非常巨大的速生常绿乔木，树形呈柱状，夏季至秋季开花。尽管现生的一些植株高至90 m（300 ft）以上，但较早的一些已被伐倒的植株的高度很可能超过了120 m（400 ft），超过了现今最高的树种北美红杉。本种在被火焚毁之后，可从宿存在果冠（花萼发育而成的结构）的果实里散出许多种子。它不像其他一些种那样长有木质茎基。本种木材贵重，主要用于制造纸浆。幼态叶仅在幼苗上对生，后变互生，有叶柄，长达12 cm（4¾ in），宽达5 cm（2 in）。

类似种

  王桉与褐顶桉*Eucalyptus obliqua*有亲缘关系，但仅有树干下部的树皮粗糙。花簇成对着生，此为一个不同寻常的特征，不见于其他很多桉属*Eucalyptus*树种。

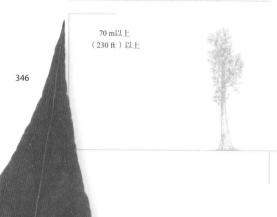

王桉的成长叶　为披针形，常略弯曲，长达20 cm（8 in），宽达5 cm（2 in）；顶端渐尖，边缘无锯齿，基部呈楔形，偏斜，叶柄长至2½ cm（1 in）；叶片两面为深绿色，有光泽。

叶类型	单叶
叶 形	披针形
大 小	达23 cm × 2½ cm（9 in × 1 in）
叶 序	互生
树 皮	褐色，层状剥落成长条，在树干基部粗糙，宿存
花	小，白色，有许多雄蕊，由3朵花在叶腋组成有梗的花簇
果 实	蒴果，球形至卵球形，木质，长至8 mm（⅜ in）
分 布	澳大利亚东南部（新南威尔士州，维多利亚州，南澳大利亚州和塔斯马尼亚岛）
生 境	山地和丘谷的开放森林

40 m以上
（130 ft）以上

347

多枝桉
Eucalyptus viminalis
Manna Gum

Labillardière

多枝桉的英文名为"Manna Gum"（吗哪桉），在英文中也叫"Ribbon Gum"（丝带桉）或"White Gum"（白桉），为常绿乔木，树形呈阔柱状至开展，夏季和秋季开花。本种的高度非常多变，在条件最好的地方可达90 m（300 ft），但在非常干燥的土壤中则发育为灌木状的乔木。"吗哪桉"这个英文名源于其树干受伤之后会分泌汁液，可以结晶，析出一种味甜可食的物质，仿佛《旧约全书》中一种叫"吗哪"的食物。幼态叶对生，无叶柄，卵形至披针形，绿色，长达10 cm（4 in）。

类似种

多枝桉与山桉*Eucalyptus dalrympleana*近缘，后者生长于高海拔处，其不同之处在于幼态叶呈圆形。在这两个种的居群混生时，可见它们之间有连续的变异类型。

多枝桉的成长叶 为披针形，常弯曲，长达23 cm（9 in），宽达2½ cm（1 in），生于红色而有疣突的枝条上；顶端长渐尖，基部渐狭为长至2½ cm（1 in）的短叶柄；叶片两面为深绿色，有光泽，中脉常为红色。

实际大小

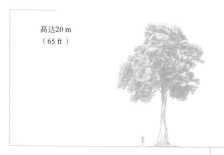

叶类型	单叶
叶 形	阔椭圆形
大 小	达5 cm × 2 cm（2 in × ¾ in）
叶 序	对生
树 皮	橙褐色，层状剥落为薄片，新鲜暴露出来时为乳白色
花	白色，芳香，直径约2 cm（¾ in），具4枚杯状的花瓣，中心则为许多白色的雄蕊，在叶腋单生或由多至5朵花组成花簇
果 实	浆果，肉质，有光泽，可食，紫黑色，直径至1 cm（½ in）
分 布	智利，阿根廷
生 境	湿润温带森林
异 名	*Myrtus luma* Molina

348

高达20 m
（65 ft）

尖叶龙袍木
Luma apiculata
Chilean Myrtle
(A. P. de Candolle) Burret

尖叶龙袍木的叶 为阔椭圆形，芳香，长达5 cm（2 in），宽达2 cm（¾ in）；顶端骤成短尖，边缘无锯齿，基部呈圆形或阔楔形，渐狭成长不到2 mm（约⅛ in）的短叶柄；叶片上表面呈深绿色，光滑，中脉下陷，下表面呈浅绿色，沿脉有毛。

　　尖叶龙袍木为常绿乔木，常具多枚茎，或为灌木状。树形稠密，呈球状至开展，老树的树干有瘤，常扭曲，夏季和秋季开花。本种的木材非常坚硬，既可用于制作工具把柄，又可用作薪柴，植株一些部位可入药。本种常被作为观赏树种植，赏其花和层状剥落的树皮，有时归化。

类似种

　　尖叶龙袍木可与香桃木*Myrtus communis*混淆。后者为灌木，树皮不像尖叶龙袍木那样层状剥落，花有5枚花瓣，果实呈长球形。

实际大小　　　　实际大小　　　实际大小

叶类型	单叶
叶 形	卵形至披针形
大 小	达13 cm × 9 cm（5 in × 3½ in）
叶 序	互生
树 皮	浅灰色，有不规则的裂纹
花	小，浅绿色，无花瓣；雌雄同株，各自组成花簇，雄花有许多雄蕊
果 实	果苞4瓣裂，长至1 cm（½ in），含有多至7枚的小而有翅的坚果
分 布	智利
生 境	滨海山坡的森林

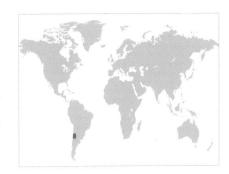

高达30 m
（100 ft）

冬绿云青冈
Nothofagus alessandrii
Ruil

Espinosa

冬绿云青冈为落叶乔木，树形呈阔锥状，春季开花。本种在野外曾广布，但因为其大部分生境已因农业开垦和松树种植而消亡或碎片化，现已非常稀少，很多矮小的植株由砍伐之后的树桩发出的新条形成。部分居群分布在保护区之内。学界认为本种是南青冈科中一个特别"原始"的种。

类似种

冬绿云青冈叶片边缘的小型刺齿为其特征。其类似种有高山冠青冈*Nothofagus alpina*和冠青冈*Nothofagus obliqua*等。前者的叶有多达18对的侧脉，后者仅有大约8对侧脉。

实际大小

冬绿云青冈的叶 为卵形至披针形，长达13 cm（5 in），宽达9 cm（3½ in），中脉每侧有11—13条侧脉，顶端伸出为小型刺状齿；顶端尖，基部呈圆形至阔楔形，叶柄短，长至1 cm（½ in）；叶片幼时为浅绿色，在中脉上和边缘有丝状毛，长成后为深绿色并发育出略呈革质的质地，秋季变为黄色或红色。

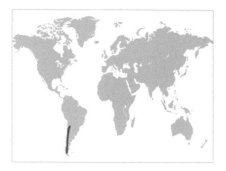

叶类型	单叶
叶 形	卵形至椭圆形
大 小	达13 cm×9 cm（5 in×3½ in）
叶 序	互生
树 皮	浅灰色，有裂纹
花	小，浅绿色，无花瓣；雌雄同株，各自组成花簇，雄花有许多雄蕊
果 实	果苞4瓣裂，覆有具腺体的刚毛，含有3枚小型坚果
分 布	智利，阿根廷
生 境	山坡森林

高达25 m
（80 ft）

350

高山冠青冈
Nothofagus alpina
Rauli
(Poeppig & Endlicher) Oersted

高山冠青冈的叶　为卵形至椭圆形，长达10 cm（4 in），宽达4 cm（1½ in），中脉两侧通常有15—18对深陷的侧脉；顶端尖至圆，边缘有细齿，基部呈楔形至圆形，叶柄短，长约1 cm（½ in）；叶片幼时为古铜色，长成后上表面为深绿色，下表面为浅绿色，叶脉上有毛，秋季变为黄色或红色。

实际大小　　　实际大小

　　高山冠青冈为速生落叶乔木，树形呈阔锥状，春季开花。本种在智利为贵重的材用树，木材似水青冈属*Fagus*树种，可用于建筑和制作家具。在英国，本种也被作为一种有潜在价值的材用树种植，但在非常干燥的土壤中长势不良，且对霜冻敏感。本种的正确学名曾长期处于混乱之中，常使用的其他学名有*Nothofagus nervosa*和*Nothofagus procera*。如种植在冠青冈*Nothofagus obliqua*附近，二者之间可产生杂种。杂种名为十二脉冠青冈*Nothofagus* × *dodecaphleps*，叶的特征介于双亲之间。

类似种

　　高山冠青冈最可能和冠青冈混淆，后者的叶通常在基部偏斜，侧脉较少。

叶类型	单叶
叶形	卵形
大小	达3½ cm × 2 cm（1⅜ in × ¾ in）
叶序	互生
树皮	深灰色，有裂纹并裂成块状
花	小、浅绿色，无花瓣；雌雄同株，各自组成花簇，雄花有10枚雄蕊
果实	果苞4瓣裂，含有3枚小型坚果
分布	智利南部，阿根廷南部
生境	山坡至草原和沼泽的冷凉地

高达15 m
（50 ft）

351

南青冈
Nothofagus antarctica
Antarctic Beech
(G. Forster) Oersted

南青冈为落叶乔木，树形开展，常具数枚主干，或为灌木状，有时树形为锥状，春季开花。本种为变异性大、分布广泛的种，适应于许多不同的生境，向南可一直生长到火地岛，在一些地区与智利南洋杉*Araucaria araucana*混生，且从海平面至山地高处均可见，在高海拔地区常缩减为高仅1 m（3 ft）左右的灌木。在一些与常绿的桦状南青冈*Nothofagus betuloides*混生的地区，二者可形成天然杂种，为半常绿性。木材主要被用作薪柴。

类似种

矮南青冈*Nothofagus pumilio*与本种类似，但叶有规则的分裂，基部不偏斜，侧脉顶端终于缺刻处。其叶片边缘在两条侧脉之间有2枚锯齿。

南青冈的叶 为卵形，长达3½ cm（1⅜ in），宽达2 cm（¾ in），中脉每侧通常具3—5条侧脉，顶端伸到锯齿内；叶片顶端钝，边缘呈波状，有不规则的锯齿，通常相邻侧脉之间有4枚锯齿，基部圆形至略呈心形，偏斜，叶柄非常短，长约5 cm（¼ in）；叶片幼时有时具树脂，芳香，后上表面为深绿色，有光泽，下表面为浅绿色，两面光滑或略有毛。

实际大小

叶类型	单叶
叶 形	卵形
大 小	达2½ cm × 2 cm（1 in × ¾ in）
叶 序	互生
树 皮	浅灰色，有裂纹
花	小，浅绿色，无花瓣；雄花单生，雌花与雄花同株，组成花簇；雄花有许多红色的雄蕊
果 实	果苞4瓣裂，含有3枚小型坚果
分 布	智利南部，阿根廷南部
生 境	从近海平面处到山坡和谷地的湿润地

352

高达25 m
（80 ft）

桦状南青冈
Nothofagus betuloides
Magellan Beech

(Mirbel) Blume

桦状南青冈的叶　为卵形，长达2½ cm（1 in），宽达2 cm（¾ in）；顶端钝尖，边缘有钝齿，基部渐狭或呈圆形，叶柄长约3 mm（⅛ in）；叶片上表面为深绿色，有光泽，下表面为浅绿色，常布有腺点。

　　桦状南青冈为常绿乔木，树形呈柱状，晚春至早夏开花。本种生于冷凉湿润之地，可形成纯林或与其他树种混生，并可和同属的魁伟南青冈*Nothofagus dombeyi*等常绿种杂交。在其分布区北部见于山地高处，但在火地岛则降至海平面附近。本种为长寿树种，可长至很高，或在高海拔之类极端条件下缩减为灌木。原住民利用本种的树皮制作木舟。其木材耐久，可用于制作地板和屋顶，也可用于镶板工艺或制作家具。

类似种

　　魁伟南青冈与本种类似，但树形较疏松，叶有尖齿，雄花3朵并生。银冠青冈*Nothofagus menziesii*和香桃木冠青冈*Nothofagus cunninghamii*叶有钝齿。

实际大小

叶类型	单叶
叶 形	三角形至圆形
大 小	达2 cm×2 cm（¾ in×¾ in）
叶 序	互生
树 皮	褐色至红褐色，老时有裂沟并呈鳞片状
花	小，浅绿色，无花瓣；雄花单生，雌花与雄花同株，组成花簇；雄花有许多红色的雄蕊
果 实	果苞4瓣裂，含有3枚小型坚果
分 布	澳大利亚东南部（维多利亚州，塔斯马尼亚岛）
生 境	湿润山地森林

高达30 m
（100 ft）

353

香桃木冠青冈
Nothofagus cunninghamii
Myrtle Beech
(J. D. Hooker) Oersted

香桃木冠青冈在塔斯马尼亚岛常仅称为"香桃木"（Myrtle），为常绿乔木，树形呈阔锥状至开展，晚春开花。本种生长缓慢，但常为树形较大的长寿树木，喜欢降水丰沛地区的凉爽而湿润的环境；在有其他树种遮阴的地方可成大乔木，或在高海拔地区发育为灌木状。本种的木材坚硬结实，常略带粉红色或红色，可用于制作地板和家具，或用于镶板工艺；又因木材常有毛刺和结节，很适宜工艺品制造之用。

类似种

银冠青冈*Nothofagus menziesii*与本种类似，但叶有重锯齿，叶片下表面脉腋处有凹穴，凹穴边缘有毛。银冠青冈和香桃木冠青冈叶均有钝齿，可以和其他种相区别。

实际大小

香桃木冠青冈的叶 为三角形至圆形，长宽均达2 cm（¾ in）；顶端钝尖，边缘有钝齿，基部呈截形至阔楔形，叶柄非常短；幼叶初生时为红色至橙色或略带粉红色，长成后上表面为深绿色，有光泽，下表面为浅绿色，两面叶脉不明显，光滑。

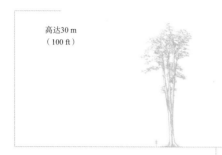

叶类型	单叶
叶 形	卵形至披针形
大 小	达3½ cm × 1½ cm（1⅜ in × ⅝ in）
叶 序	互生
树 皮	灰色，幼时光滑，后有裂纹
花	小，浅绿色，无花瓣；雌雄同株，雄花3朵并生，雌花组成花簇；雄花有红色的雄蕊
果 实	果苞4瓣裂，含有3枚小型坚果
分 布	智利，阿根廷
生 境	湿润森林，湖岸，河岸

高达30 m
（100 ft）

魁伟南青冈
Nothofagus dombeyi
Coigüe
(Mirbel) Blume

魁伟南青冈的叶 为卵形至披针形，长达3½ cm（1⅜ in），宽达1½ cm（⅝ in）；顶端尖，基部呈圆形至阔楔形，边缘有锐齿，叶柄非常短；叶片上表面为深绿色，有光泽，下表面为浅绿色，有黑色的小腺点。

魁伟南青冈为常绿乔木，树形疏松，呈阔柱状，大枝常呈层状分布并略下垂，春季开花，在南美洲南部呈宽阔的南北向分布，见于从海平面到山地高处的地域。然而，本种不像桦状南青冈*Nothofagus betuloides*那样可以延伸到非常靠南的地方。本种为寿命很长的大乔木，偶有高达50 m（165 ft）以上、寿命在500年以上的植株。其木材被广泛用作建筑材料以及制作地板、饰面板和家具。

类似种

桦状南青冈与魁伟南青冈类似，叶片也有钝齿，但较宽，雄花单生。

实际大小

叶类型	单叶
叶 形	阔卵形至近圆形
大 小	达2 cm × 2 cm（¾ in × ¾ in）
叶 序	互生
树 皮	灰色，幼时光滑，后有裂纹
花	小，浅绿色，无花瓣；雄花单生或2—3朵组成花簇，雌花与雄花同株，3朵组成花簇；雄花有红色的雄蕊
果 实	果苞4瓣裂，含有3枚小型坚果
分 布	澳大利亚塔斯马尼亚岛
生 境	林缘，山地灌丛

高达6 m（20 ft），
稀达8 m（26 ft）

缠枝云青冈
Nothofagus gunnii
Tanglefoot
(J. D. Hooker) Oersted

缠枝云青冈在英文中也叫"Deciduous Beech"（落叶水青冈），为落叶小乔木，树形开展，晚春或夏季开花。本种更常为矮小灌木，有相互交织的枝条，可形成不可通行的密灌丛，特别是在暴露于阳光之下的环境中。本种分布局限于塔斯马尼亚岛中西部，生于山地凉爽湿润之处，海拔多在800 m（2600 ft）以上。本种为澳大利亚温带地区唯一的落叶树种，秋季可形成非常绚丽的黄色或红色的秋色。

缠枝云青冈的叶　为阔卵形至近圆形，长宽均约2 cm（¾ in）；顶端圆，叶脉在上面明显，深陷，在下面凸起，边缘相邻两侧脉顶端之间有1枚小锯齿；上表面为亮绿色，下表面有扁平的黄色毛，秋季凋落前变为黄色或红色。

类似种

矮南青冈*Nothofagus pumilio*产自智利和阿根廷，为树形大得多的乔木，尽管叶形可与本种类似，但相邻两侧脉之间有2枚锯齿。

实际大小

叶类型	单叶
叶 形	阔卵形至近圆形
大 小	达1½ cm × 1½ cm（⅝ in × ⅝ in）
叶 序	互生
树 皮	光滑，银灰色
花	小，浅绿色，无花瓣；雄花单生，雌花与雄花同株，2—3朵组成花簇；雄花有红色的雄蕊
果 实	果苞4瓣裂，含有3枚小型坚果
分 布	新西兰
生 境	森林

高达25 m
（80 ft）

银冠青冈
Nothofagus menziesii
Silver Beech
(J. D. Hooker) Oersted

银冠青冈的叶 为阔卵形至近圆形，厚，革质，长宽均达15 mm（⅝ in）；顶端圆或钝尖，边缘有重锯齿，基部呈阔楔形；上表面为深绿色，有光泽，光滑，下表面为浅绿色，在与叶柄连接处附近的脉腋有小凹穴，仅在叶脉上和凹穴边缘有毛。

银冠青冈为常绿乔木，树形呈阔锥状至球状，春季开花，与幼叶同放。本种在新西兰分布广泛，在南岛部分地区见于海平面处，但在北岛主要生于山地，仅分布在高海拔处。老树常有板根，基部直径可达2 m（7 ft）。其木材新鲜时为浅粉红色至红色或红褐色，可用于制作家具。

类似种

香桃木冠青冈*Nothofagus cunninghamii*产自澳大利亚，与本种类似，但叶有单锯齿，下表面无凹穴。

实际大小

叶类型	单叶
叶 形	卵形至椭圆形
大 小	达8 cm × 4 cm（3¼ in × 1½ in）
叶 序	互生
树 皮	灰褐色，老时有裂纹并片状剥落
花	小，浅绿色，无花瓣；雄花单生，雌花与雄花同株，组成花簇
果 实	果苞4瓣裂，含有3枚小型坚果
分 布	智利，阿根廷
生 境	山坡和谷地的森林

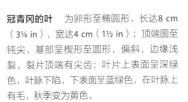

高达30 m
（100 ft）

357

冠青冈
Nothofagus obliqua
Roble

(Mirbel) Blume

冠青冈为落叶乔木，树形呈阔柱状，春季开花。其英文名"Roble"来自西班牙语，本意为"栎树"，指其木材与橡木（栎树的木材）类似。本种和其他种所在的广义南青冈属曾被视为壳斗科Fagaceae的成员，甚至被归入水青冈属*Fagus*，但现在已经单独成为南青冈科Nothofagaceae。本种的木材贵重耐用，可被作为建筑材料使用。在英国，本种也小范围用于造林。大果冠青冈*Nothofagus oblique* var. *macrocarpa*为本种的一个稀见的变种，叶和果实较大，生于智利少数几个地方，有时被处理为独立的种*Nothofagus macrocarpa*。

冠青冈的叶 为卵形至椭圆形，长达8 cm（3¼ in），宽达4 cm（1½ in）；顶端圆至钝尖，基部呈楔形至圆形，偏斜，边缘浅裂，裂片顶端有尖齿；叶片上表面呈深绿色，叶脉下陷，下表面呈蓝绿色，在叶脉上有毛，秋季变为黄色。

类似种

冠青冈最可能与高山冠青冈*Nothofagus alpina*混淆，后者的叶有多达18对的侧脉。冬绿云青冈*Nothofagus alessandrii*的叶片边缘有刺齿。

实际大小

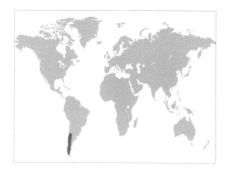

叶类型	单叶
叶 形	卵形至椭圆形
大 小	达3 cm×2 cm（1¼ in×¾ in）
叶 序	互生
树 皮	灰色，光滑，老时裂成小块
花	小，浅绿色，无花瓣；雄花单生，雌花与雄花同株，组成花簇
果 实	果苞2瓣裂，仅含单独1枚小型坚果
分 布	智利，阿根廷
生 境	山坡森林

358

高达25 m
（80 ft）

矮南青冈
Nothofagus pumilio
Lenga
(Poeppig & Endlicher) Krasser

矮南青冈为落叶乔木，有时具数枚茎，常为灌木状，树形呈阔锥状至开展，春季开花。本种在智利分布广泛，在分布区南部生于海平面处，向南延伸至火地岛，在北部生于山地高处，在那里为常见的树线灌木，茎水平伸展，在接触地面处可生根。其木材被作为建筑材料和铺设屋顶使用。本种可见与南青冈*Nothofagus antarctica*混生，在阿根廷靠近智利边境的安第斯山上可见一些居群，像是这两个种的杂种。

类似种

南青冈与本种类似，但不同之处在于相邻侧脉顶端之间有数枚不规则的锯齿。缠枝云青冈*Nothofagus gunnii*为另一个小叶型的落叶树种，叶较小，为分布限于澳大利亚塔斯马尼亚岛的灌木或小乔木。

实际大小　　实际大小

矮南青冈的叶　为卵形至椭圆形，长达3 cm（1¼ in），宽达2 cm（¾ in），侧脉多至6对，下陷；顶端圆，基部为偏斜的阔楔形至圆形，或略呈心形，边缘有规则的圆齿或钝尖齿，相邻侧脉顶端之间有2枚锯齿；上表面呈深绿色，下表面呈浅绿色，在叶脉上有毛，秋季变为黄色、橙色或红色。

叶类型	单叶
叶 形	阔卵形
大 小	达15 cm × 12 cm（6 in × 4½ in）
叶 序	互生
树 皮	灰褐色，裂成块状并片状剥落
花	雄蕊有紫红色花药，组成其细梗的花簇，围以2枚不等大的下垂苞片，初为绿色，后变为乳白色，较大的一片长达20 cm（8 in）；雄花和两性花同株
果 实	核果，近球形至卵球形，成熟时由绿色变为褐色或略带紫红色，直径至2½ cm（1 in）
分 布	中国
生 境	山地混交林

高达20 m
（65 ft）

359

珙桐
Davidia involucrata
Dove Tree

Baillon

珙桐在英文中叫"Dove Tree"（鸽子树），也叫"Handkerchief Tree"（手帕树）或"Ghost Tree"（幽灵树），为落叶乔木，树形呈阔柱状至开展，春季开花，与幼叶同放。本种的原亚种*Davidia involucrata* subsp. *involucrata*的叶下表面有密毛，亚种光叶珙桐*Davidia involucrata* subsp. *vilmoriniana*叶下表面则光滑或近光滑。本种属于珙桐属*Davidia*，属名用来纪念法国传教士谭微道（Armand David），他于1869年发现本种。西方最早引种栽培的是光叶珙桐这个亚种，该亚种现在仍然是最常见的类型。

类似种

珙桐的两个亚种凭其叶易于和大多数树种相区别。本种与椴属*Tilia*树种的叶形状类似，但珙桐在花期仍可以迅速被识别。

实际大小

珙桐的叶 为阔卵形，长达15 cm（6 in），宽达12 cm（4¾ in）；顶端骤成渐尖头，边缘有三角形锯齿，基部呈心形，叶柄长达7½ cm（3 in）；叶片上表面为亮绿色，下表面有密毛（在原亚种*Davidia involucrata* subsp. *involucrata*中），或光滑而为绿色或蓝绿色（在亚种光叶珙桐中）。

叶类型	单叶
叶 形	卵形至椭圆形
大 小	达20 cm × 10 cm（8 in × 4 in）
叶 序	互生
树 皮	灰褐色，有深裂沟和鳞片状裂条
花	小，绿色，有细梗；雌雄通常异株，雄花组成花簇，雌花单生
果 实	长球形，长至2½ cm（1 in），蓝色至蓝紫色
分 布	美国东南部
生 境	沼泽，河漫滩

高达30 m
（100 ft）

360

沼生蓝果树
Nyssa aquatica
Water Tupelo

Linnaeus

沼生蓝果树在英文中也叫"Sour Gum"（酸桉），为落叶乔木，树形呈狭锥状至柱状，春季开花，与幼叶同放。本种生于可被洪水淹没数个月的地区，主要分布于滨海平原和密西西比河谷，常与落羽杉*Taxodium distichum*混生。本种典型的树干有膨大的基部。木材可用于制作多种器具，蜜蜂采其花酿造蓝果树蜜。根部的木质类似木栓，曾用来制作瓶塞。

类似种

沼生蓝果树与蓝果树属*Nyssa*其他美洲种的区别在于叶有长柄；与蓝果树*Nyssa sinensis*的区别在于叶片偶有锯齿。

沼生蓝果树的叶 为卵形至椭圆形，长达20 cm（8 in），宽达10 cm（4 in）；顶端渐尖，边缘全缘或每侧常有1—3枚大锯齿，基部高度可变，从楔形至圆形，或有时为心形，叶柄长达6 cm（2½ in）；叶片上表面为深绿色，有光泽，下表面幼时为浅绿色，有毛，秋季变为红色。

实际大小　　　　实际大小

叶类型	单叶
叶 形	椭圆形至长圆形或倒卵形
大 小	达20 cm×6 cm（8 in×2½ in）
叶 序	互生
树 皮	深灰褐色，老时有浅裂纹，并略呈片状剥落
花	非常小，绿色，有4—5枚萼片和花瓣，数朵在叶腋组成有细梗的花簇；雌雄同株，各自组成花簇，或异株
果 实	由花簇中的雌花发育而成，为长球形，长至1 cm（½ in），成熟时由绿色变为蓝色，含有单独1枚种子
分 布	中国，越南北部
生 境	斜坡，河岸和谷地，生长于湿润混交林中

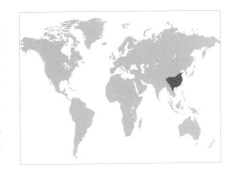

高达15 m
（50 ft）

蓝果树

Nyssa sinensis

Chinese Tupelo

Oliver

蓝果树为落叶乔木，树形呈阔锥状至开展，夏季开出不显眼的花。本种为蓝果树属*Nyssa*中最知名的亚洲种，该属也见于北美洲。本种在庭园中偶见种植，赏其绚丽的秋色。在中国，植株一些部位曾用于治疗肿瘤。这种不太常见的树已经选育出了几个品种，包括奈曼斯型（Nymans form）和**吉姆·拉塞尔**（'Jim Russell'），其幼叶和秋色特别美丽。

蓝果树的叶 为椭圆形至长圆形或倒卵形，长达20 cm（8 in），宽达6 cm（2½ in），叶柄略扁平，长至2 cm（¾ in）；叶片向基部渐狭，顶端为细长的尖头，质地甚薄；初生时为古铜色，后上表面变为深绿色，无光泽，下表面为浅绿色，秋季凋落前呈美丽的橙色、红色和黄色。

类似种

多花蓝果树*Nyssa sylvatica*与本种类似，但叶有光泽，下表面为蓝绿色。沼生蓝果树*Nyssa aquatica*的叶偶有锯齿。

实际大小

叶类型	单叶
叶 形	倒卵形至长圆形
大 小	达15 cm×8 cm（6 in×3¼ in）
叶 序	互生
树 皮	幼时光滑，深灰色，有光泽，老时发育出竖直的裂条，并裂成小方块
花	小，绿色，有4—5枚花瓣，数朵在叶腋组成有梗的花簇；雌雄各自组成花簇，常异株，有时可见两性花
果 实	组成果簇，椭球形至近球形，长至1 cm（½ in），成熟时由绿色变为蓝黑色，具略呈灰色的粉霜，含有单独1枚种子
分 布	北美洲东部，墨西哥
生 境	森林和谷地的湿润土壤中

高达25 m
（80 ft）

362

多花蓝果树
Nyssa sylvatica
Tupelo
Marshall

多花蓝果树为落叶乔木，幼时树形呈锥状，老时变为柱状或平顶状。其花不显眼，春季或早夏开放，与幼叶同放。本种最为知名的特征是秋色壮观，被广泛作为观赏树栽培。尽管本种的花非常小，但对蜜蜂非常有吸引力，可酿成优良的蜂蜜。

类似种

沼生蓝果树*Nyssa aquatica*的叶较大，叶柄较长；双花蓝果树*Nyssa biflora*有时被视为多花蓝果树的变种，生长于更湿润的地方，叶较厚而狭，树干有膨大的基部。

多花蓝果树的叶　大小、形状和高度可变，为倒卵形至长圆形，长达10 cm或15 cm（4 in或6 in），宽达7½ cm（3 in）；基部渐狭成长至2½ cm（1 in）的叶柄，顶端具短尖，边缘通常无锯齿，但偶尔有一些叶具少数锯齿；叶片上表面为深绿色，有光泽，下表面为浅绿色，光滑或有毛，秋季变为亮橙色和红色。

实际大小

叶类型	单叶
叶 形	卵形至倒卵形
大 小	达12 cm×6 cm（4¾ in×2½ in）
叶 序	对生
树 皮	灰色，在老树上有裂条
花	白色，芳香，直径达3 cm（1¼ in），花冠具4枚裂片，在幼枝顶组成大型花簇
果 实	核果，蓝果色，卵球形，长至1½ cm（⅝ in）
分 布	中国，朝鲜半岛，日本
生 境	森林，灌丛，河岸

高达20 m
（65 ft）

363

流苏树
Chionanthus retusus
Chinese Fringe Tree

Lindley & Paxton

　　流苏树为落叶乔木，树形呈阔柱状至球状，常具多枚茎，或为灌木状，春季至早夏开花。本种分布广泛，但在日本为稀见种，仅局限于两个小地点。在中国，其叶可制茶饮。本种在庭园中偶见栽培，其花量大，芳香，但不如灌木性更强的美国流苏树*Chionanthus virginicus*常见。

类似种

　　美国流苏树与本种类似，但为灌木或小乔木，高至10 m（33 ft），其花在去年生枝上着生。

实际大小

流苏树的叶　为卵形至倒卵形，长达12 cm（4¾ in），宽达6 cm（2½ in）；顶端钝尖至圆，有时有凹缺，边缘全缘，但幼树上的叶有锯齿；上表面为深绿色，有光泽，下表面为浅绿色，有毛，至少幼时如此。

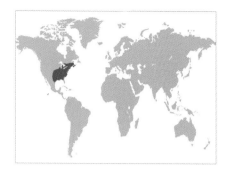

叶类型	羽状复叶
叶 形	轮廓为长圆形
大 小	达30 cm × 25 cm（12 in × 10 in）
叶 序	对生或三叶轮生
树 皮	灰褐色，幼时光滑，后有深裂沟和鳞片状裂条
花	非常小，无花瓣；雌雄异株，雄花簇密集，雌花簇疏松
果 实	翅果，含1枚种子，组成密集的下垂果簇；果翅扁平，生于果实一端，不延伸到种子侧面，初为浅绿色，后变为浅褐色
分 布	北美洲东部
生 境	生长于深厚、湿润、排水良好的土壤中

高达25 m
（80 ft）

364

美国白梣
Fraxinus americana
White Ash

Linnaeus

美国白梣的叶 轮廓为长圆形，长达30 cm（12 in），宽达25 cm（10 in）；羽状复叶，小叶通常5—9枚，侧生小叶有短柄，对生；每枚小叶为椭圆形至卵形，长达12 cm（4½ in），宽达6 cm（2½ in），生于短柄之上，顶端尖，边缘有细齿或有时近全缘；上表面为深绿色，下表面为白绿色，秋季变为黄色、红色或紫红色。

实际大小

美国白梣为落叶乔木，树形呈阔柱状至球状，枝条光滑，顶端为具褐色毛的芽，春季开花，先于叶开放。本种为北美洲东部最常见的梣属*Fraxinus*树种，分布广泛，从河谷中低洼的河漫滩一直到山地海拔1000 m（3300 ft）以上的地方都有生长。本种被广泛作为景观树种植，针对其树形和秋色已经选育出一些类型。变种毛枝白梣*Fraxinus americana* var. *biltmoreana*的枝条有细茸毛，产于美国东南部，有时被处理为独立的种。

类似种

美国红梣*Fraxinus pennsylvanica*与本种类似，但叶下表面为浅绿色，小叶梗有翅，果翅在种子侧面延伸至其长一半处。欧梣*Fraxinus excelsior*的翅果基部含有种子的部位扁平（美国白梣则呈圆柱形）。

叶类型	羽状复叶
叶 形	轮廓为长圆形
大 小	达25 cm × 15 cm（10 in × 6 in）
叶 序	对生
树 皮	光滑，灰色，老时有裂条
花	非常小，无花瓣；有些花簇为雄性，有些兼有雄花和雌花
果 实	翅果，含1枚种子，组成下垂果簇；果翅扁平，生于果实一端，不延伸到种子侧面，初为浅绿色，后变为浅褐色
分 布	南欧，北非，西南亚
生 境	灌丛，树林，河岸

高达25 m
（80 ft）

365

窄叶梣
Fraxinus angustifolia
Narrow-leaved Ash

Vahl

　　窄叶梣为落叶乔木，树形呈阔柱状至球状，枝条光滑，顶端具褐色芽，春季开花，先于叶开放。本种为一个变异性大、分布广泛的种，其下识别出3个亚种。原亚种*Fraxinus angustifolia* subsp. *angustifolia*见于西南欧和北非，叶对生，下表面光滑；亚种尖果梣*Fraxinus angustifolia* subsp. *oxycarpa*三叶轮生，下表面沿中脉有毛；亚种叙利亚梣*Fraxinus angustifolia* subsp. *syriaca*三叶轮生，叶下表面光滑。窄叶梣为重要的材用树，也可作为观赏树种植。

类似种

　　窄叶梣最可能与欧梣*Fraxinus excelsior*混淆，其花簇和果簇分枝，而非不分枝，芽为黑色。

窄叶梣的叶 轮廓为长圆形，长达25 cm（10 in），宽达15 cm（6 in），对生或3叶轮生；羽状复叶，小叶多达13枚，侧生小叶对生；小叶形状多变，从披针形至狭披针形，顶端渐尖，边缘有锯齿；上表面为绿色，有光泽，下表面为浅绿色，秋季通常变为黄色，常见品种雷伍德（'Raywood'）则变为红紫色。

实际大小

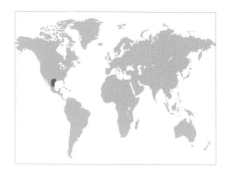

叶类型	羽状复叶
叶 形	轮廓为长圆形至卵形
大 小	达25 cm×15 cm（10 in×6 in）
叶 序	对生
树 皮	灰褐色，光滑，老时颜色变深并有裂条
花	非常小，无花瓣；雌雄异株，雄花簇密集，雌花簇疏松
果 实	翅果，含1枚种子，组成密集的下垂果簇；果翅扁平，生于果实一端，延伸到圆柱形种子侧面，初为浅绿色，后变为浅褐色
分 布	美国西南部，墨西哥东北部
生 境	峡谷，溪岸

高达12 m
（40 ft）

366

墨西哥梣
Fraxinus berlandieriana
Mexican Ash

A. L. de Candolle

墨西哥梣在英文中也叫"Arizona Ash"（亚利桑那梣，也见绒毛梣*Fraxinus velutina*的介绍）、"Rio Grande Ash"（格兰德河梣）或"Berlandier Ash"（贝尔朗捷梣）。本种为落叶小乔木，树形紧密，呈球状，大枝常下垂。早春开花，先于幼叶开放或与幼叶同放。本种常被用作行道树，美国得克萨斯州的植株曾被认为系由早期殖民者从墨西哥引入。其木材有少量应用，主要用作薪柴，树皮可入药。叶曾被认为可以驱逐响尾蛇，因此猎人会把其叶塞入靴子以保护自己。

类似种

绒毛梣的叶下表面通常有毛。美国红梣*Fraxinus pennsylvanica*为较大的乔木，小叶也较多。

实际大小

墨西哥梣的叶 轮廓为长圆形至卵形，长达25 cm（10 in），宽达15 cm（6 in）；羽状复叶，小叶通常3—5枚，有时较多，侧生小叶有短柄，对生；每枚小叶为椭圆形至披针形，长达10 cm（4 in），宽达4 cm（1½ in），顶端渐尖，边缘无锯齿或有疏齿；上表面为深绿色，下表面为浅绿色，两面光滑或近光滑。

叶类型	羽状复叶
叶形	轮廓为长圆形
大小	达30 cm×20 cm（12 in×8 in）
叶序	对生
树皮	薄，灰色，有浅裂沟
花	非常小，无花瓣；雌雄异株，雄花簇密集，雌花簇疏松
果实	翅果，含1枚种子，组成下垂果簇；果翅扁平，生于果实一端，延伸到其基部，有时具3翅，初为浅绿色，后变为浅褐色
分布	美国东南部，古巴
生境	沼泽，湖边

高达12 m
（40 ft）

367

卡罗来纳梣
Fraxinus caroliniana
Carolina Ash

Miller

　　卡罗来纳梣在英文中也叫"Water Ash"（水梣）或"Pop Ash"（波普梣），为落叶小乔木，树形呈球状，常具多于一枚树干，基部具板根。本种春季开花，先于叶开放。卡罗来纳梣为潮湿和易受洪水淹没的地区的特征性树种，常与落羽杉*Taxodium distichum*和沼生蓝果树*Nyssa quatica*等其他树种混生。其木材质软，无商业用途。尽管本种在非常潮湿的地方为有用树种，但不常种植。

类似种

　　卡罗来纳梣与梣属*Fraxinus*其他种的区别在于果实有宽翅，延伸至果实基部，其包含种子的部分扁平，相对不够明显。

卡罗来纳梣的叶　轮廓为长圆形，长达30 cm（12 in），宽达20 cm（8 in）；羽状复叶，小叶5或7枚（偶为3或9枚），侧生小叶对生；小叶形态多变，从椭圆形至卵形或倒卵形，顶端圆，边缘有锯齿，基部渐狭或呈圆形，可为偏斜状；初生时有毛，长成后上表面为深绿色，光滑，下表面为浅绿色，有疏毛。

实际大小

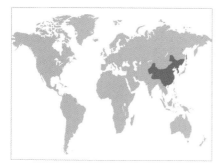

叶类型	羽状复叶
叶 形	轮廓为长圆形至倒卵形
大 小	达30 cm×25 cm（12 in×10 in）
叶 序	对生
树 皮	灰色，光滑，后有裂条
花	非常小，无花瓣；雌雄异株，雄花簇密集，雌花簇疏松
果 实	翅果，含1枚种子，组成下垂果簇；果翅狭窄扁平，延伸到种子侧面一半处，初为浅绿色，后变为浅褐色
分 布	中国，朝鲜半岛，越南，日本
生 境	山坡混交林，河岸

高达20 m
（65 ft）

368

白蜡树
Fraxinus chinensis
Chinese Ash

Roxburgh

白蜡树的叶 轮廓为长圆形至倒卵形，长达30 cm（12 in），宽达25 cm（10 in）；羽状复叶，小叶通常5或7枚（稀为3或9枚），侧生小叶对生，小叶大小和形状多变，长达15 cm（6 in），宽达6 cm（2½ in），顶生小叶常较大；小叶顶端尖，基部呈圆形至楔形，有短柄；上表面为深绿色，下表面为浅绿色，光滑或有毛，秋季可变为黄色或紫红色。

白蜡树为落叶乔木，树形呈阔柱状，枝条光滑或有毛，顶端为褐色的芽，有毛，春季在幼枝上开花，与幼叶同放。本种在中国长期种植，为一种介壳虫的寄主。这种昆虫栖息于枝条上，会分泌蜡质，将分泌的蜡质收集起来可用于制作蜡烛。本种干燥的树皮在中国可入药。白蜡树为一个分布广泛、变异性大的种。有的植株顶生小叶特别大，以前曾被处理为变种（或亚种）花曲柳*Fraxinus chinensis* var./subsp. *rhynchophylla*，但现在已作为本种正常变异的一部分。

类似种

白蜡树与花梣*Fraxinus ornus*有亲缘关系，但不同之处在于花无花瓣，芽为褐色至黑褐色，而非深灰色。

实际大小

叶类型	羽状复叶
叶 形	轮廓为长圆形至倒卵形
大 小	达30 cm×15 cm（12 in×6 in）
叶 序	对生
树 皮	在幼树上为浅灰色，光滑，老时有裂纹
花	微小，紫红色，无花瓣；生于老枝上，先于叶开放；两性花、雄花和雌花同株或异株
果 实	翅果，含1枚种子，组成下垂果簇；果翅扁平，生于果实一端，初为浅绿色，后变为浅褐色
分 布	欧洲
生 境	湿润树林和河岸

高达40 m
（130 ft）

369

欧梣
Fraxinus excelsior
Common Ash

Linnaeus

欧梣在英文中也叫"Common Ash"（普通梣），为落叶大乔木，树形呈阔柱状，春季开花，生于尚无叶的枝条上。本种的果实状如钥匙，美丽，在秋季从树上掉落时可在风中旋转，形成引人瞩目的景象。其木材坚硬而有弹性，以其耐久性著称。枝条粗壮，顶端为大型的黑色芽，使本种易于识别。园艺品种有**碧玉**（'Jaspidea'），其冬芽为黄色。

类似种

欧梣的芽为黑色，一般情况下易于识别。窄叶梣*Fraxinus angustifolia*三叶轮生，小叶较小，芽为褐色。

欧梣的叶 轮廓为长圆形至倒卵形，长达30 cm（12 in），宽达15 cm（6 in）；小叶呈椭圆形至披针形，长达10 cm（4 in），宽达3 cm（1¼ in）；上表面为深绿色，有光泽，光滑，下表面为浅绿色，沿中脉有少量毛；小叶边缘有锯齿，顶端尖，成对着生在有沟的叶轴上。

实际大小

叶类型	羽状复叶
叶 形	轮廓为长圆形
大 小	达20 cm×15 cm（8 in×6 in）
叶 序	对生
树 皮	光滑，灰色
花	小，有4枚白色花瓣，在枝顶组成长达10 cm（4 in）的圆锥花序；一些植株为雄性，一些植株兼有雄花和雌花
果 实	翅果，长达4 cm（1½ in），顶端有翅，初为绿色，后变为红褐色
分 布	日本
生 境	山地落叶林

高达10 m
（33 ft）

370

日本小叶梣
Fraxinus lanuginosa
Fraxinus Lanuginosa

Koidzumi

日本小叶梣为落叶乔木，树形呈阔柱状，枝条粗壮，光滑，顶端为灰色的冬芽，晚春或早夏开花，晚于幼叶开放。原变种*Fraxinus lanuginosa* var. *lanuginosa*仅见于日本列岛的主岛本州岛的中部和北部，花序和花梗均光滑；变种青墨梣*Fraxinus lanuginosa* var. *serrata*在日本为更常见的类型，分布更广泛，从千岛群岛到四国岛和九州岛均有分布，其花梗有毛。其木材供制棒球棍，由此产生的砍伐对天然种群的影响已引起人们的关注。本种为一群名为花梣类的树种之一，该类树种还包括花梣*Fraxinus ornus*。

类似种

日本小叶梣和花梣的区别之处在于，日本小叶梣的侧生小叶无柄或近无柄，花梣则明显具小叶柄。

实际大小

日本小叶梣的叶 轮廓为长圆形，长达20 cm（8 in），宽达15 cm（6 in）；羽状复叶，小叶通常5或7枚，侧生小叶对生，无柄或有非常短的小叶柄，顶生小叶有柄；小叶呈长圆形至卵形，长达10 cm（4 in），宽达4 cm（1½ in），顶端渐尖，边缘有锯齿，基部呈圆形，偏斜。

叶类型	羽状复叶
叶 形	轮廓为长圆形
大 小	达30 cm × 20 cm（12 in × 8 in）
叶 序	对生
树 皮	灰褐色，老时有裂纹
花	非常小，无花瓣；雌雄异株，雄花簇密集，雌花簇疏松
果 实	翅果，含1枚种子，组成密集的下垂果簇；果翅狭窄扁平，生于果实一端，初为浅绿色，后变为浅褐色
分 布	美国西部（加利福尼亚州到华盛顿州）
生 境	河岸，峡谷
异 名	*Fraxinus oregona* Nuttall

高达25 m
（80 ft）

371

阔叶梣
Fraxinus latifolia
Oregon Ash
Bentham

　　阔叶梣为落叶乔木，树形呈阔锥状至阔柱状，春季在老枝上开花，先于幼叶开放或与幼叶同放。枝条为灰色，密被毛，顶端为褐色的芽，有毛。本种据说可以驱蛇，因此其叶过去有时候会被置于鞋中。其为美国西北部唯一的梣属*Fraxinus*树种，也是西部唯一的木材可用的梣属树种，其木材可用于制作家具和小器具。本种植株多个部位，如树皮和根等，曾入药。

类似种

　　阔叶梣与美国红梣*Fraxinus pennsylvanica*有亲缘关系，并可与绒毛梣*Fraxinus velutina*相混淆，但后两个种的小叶均有柄（阔叶梣小叶无柄）。

阔叶梣的叶　轮廓为长圆形，长达30 cm（12 in），宽达20 cm（8 in）；羽状复叶，小叶通常5或7枚，无柄，侧生小叶对生；小叶呈卵形至椭圆形，长达10 cm（4 in），宽达4 cm（1½ in），顶端短骤尖，基部渐狭，边缘无锯齿或有稀疏的小锯齿；初生时两面为灰色，有密毛，长成后上表面为深绿色，有疏毛，下表面为灰色，有密毛。

实际大小

叶类型	羽状复叶
叶形	轮廓为长圆形
大小	达30 cm × 10 cm（12 in × 4 in）
叶序	对生
树皮	浅灰褐色，光滑
花	非常小，无花瓣；雌雄异株
果实	翅果，含1枚种子，组成下垂果簇；果翅扁平，生于果实一端，初为浅绿色，后变为浅褐色
分布	日本
生境	山地和丘陵的森林

高达20 m
（65 ft）

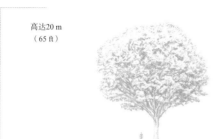

372

尖萼梣
Fraxinus longicuspis
Japanese Ash
Siebold & Zuccarini

尖萼梣为落叶乔木，树形呈阔柱状，春季开花，与幼叶同放。其枝条粗壮，呈四棱形，幼时有毛，后变光滑，顶端的冬芽覆有深褐色毛。尽管花无花瓣，本种却与花梣*Fraxinus ornus*有亲缘关系，与后者一样，本种一些植株生雄花，另一些植株则生两性花。其木材在日本用于制作小器具或作为薪柴使用。

类似种

尖萼梣与白蜡树*Fraxinus chinensis*近缘，可与后者混淆，但尖萼梣的叶和小叶较大。

实际大小

尖萼梣的叶 为长圆形，长达30 cm（12 in），宽达10 cm（4 in）；羽状复叶，小叶通常5或9枚，侧生小叶对生；小叶呈披针形或倒披针形，有柄，长达10 cm（4 in），宽达3 cm（1¼ in），顶端渐尖，边缘有浅齿，基部呈楔形；上表面为深绿色，光滑，下表面为浅绿色，沿脉有毛。

叶类型	羽状复叶
叶 形	轮廓为长圆形
大 小	达40 cm×25 cm（16 in×10 in）
叶 序	对生
树 皮	浅灰色，粗糙，有裂纹和鳞片状裂条
花	非常小，无花瓣；雌雄异株，雄花簇密集，雌花簇疏松，有些花为两性
果 实	翅果，含1枚种子，组成密集的下垂果簇；果翅狭窄扁平，生于果实一端，初为浅绿色，后变为浅褐色
分 布	北美洲东北部
生 境	湿润土壤，沼泽，河岸

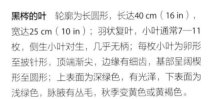

高达20 m
（65 ft）

373

黑梣
Fraxinus nigra
Black Ash
Marshall

黑梣为落叶乔木，树形呈柱状，枝条顶端的芽为深褐色至黑色，顶端尖，春季开花，先于幼叶开放。本种在英文中也叫"Basket Ash"（筐梣）或"Hoop Ash"（箍梣），指其木材为绿色，切成条可用于编织篮筐或制造桶箍。本种的叶在春天萌发得非常晚，秋季又凋落得早，这是对它生长地区的寒冷气候的适应。本种偶尔被作为观赏树种植，赏其秋色。产自东北亚的水曲柳*Fraxinus mandshurica*为其近缘种，二者之间已育成杂种。

黑梣的叶 轮廓为长圆形，长达40 cm（16 in），宽达25 cm（10 in）；羽状复叶，小叶通常7—11枚，侧生小叶对生，几乎无柄；每枚小叶为卵形至披针形，顶端渐尖，边缘有细齿，基部呈阔楔形至圆形；上表面为深绿色，有光泽，下表面为浅绿色，脉腋有丛毛，秋季变黄色或黄褐色。

类似种

黑梣的侧生小叶无柄，与梣属*Fraxinus*其他大多数种有区别。水曲柳的侧生小叶也无柄，但小叶向基部渐狭（黑梣小叶基部常呈圆形）。

实际大小

叶类型	羽状复叶
叶 形	轮廓为长圆形
大 小	达20 in × 20 cm（8 in × 8 in）
叶 序	对生
树 皮	灰色，光滑
花	小，芳香，有4枚白色花瓣，组成大型花簇；雄花和两性花异株
果 实	翅果，含1枚种子，组成密集的下垂果簇；果翅狭窄扁平，生于果实一端，初为浅绿色，后变为浅褐色
分 布	南欧，北非，西南亚
生 境	干燥石坡

高达20 m
（65 ft）

374

花梣
Fraxinus ornus
Manna Ash

Linnaeus

花梣为落叶乔木，树形呈球状至开展，枝条顶端为灰色的芽。仲春至早夏在新枝上开花，与幼叶同放。梣属*Fraxinus*有一群树种的花具花瓣，花梣即其中之一，为常见观赏树。在英文中花梣叫"Manna Ash"（吗哪梣），指其树干切开后会分泌出汁液，可凝固析出含糖的物质，仿佛《旧约全书》中一种叫"吗哪"的食物。在地中海一些地方专门栽培本种，用于生产"吗哪"，这种制品既可入药，又可作为甜味剂。

类似种

本种的芽为灰色，花为白色，组成大型花簇，易于识别。在梣属的少数花有花瓣的树种中，本种最为知名。白蜡树*Fraxinus chinensis*与本种近缘，但花无花瓣。

实际大小

花梣的叶 轮廓为长圆形，长达20 cm（8 in），宽达20 cm（8 in）；羽状复叶，小叶通常5—9枚，侧生小叶对生，有短柄；每枚小叶为卵形至椭圆形，长达10 cm（4 in），宽达4 cm（1½ in），顶端骤尖，边缘有浅齿，基部呈阔楔形至圆形，基部常偏斜；上表面呈深绿色，无光泽，下表面呈浅绿色，略有毛。

叶类型	羽状复叶
叶 形	轮廓为长圆形至倒卵形
大 小	达30 cm×25 cm（12 in×10 in）
叶 序	对生
树 皮	灰褐色，有裂沟和鳞片状裂条
花	非常小，无花瓣；雌雄异株，雄花序密集，雌花序疏松
果 实	翅果，含1枚种子，组成密集的下垂果簇；果翅狭窄扁平，几乎延伸到种子基部，初为浅绿色，后变为浅褐色
分 布	北美洲中东部
生 境	湿润谷地，河漫滩

高达20 m
（65 ft）

美国红梣
Fraxinus pennsylvanica
Green Ash
Marshall

美国红梣为速生落叶乔木，树形呈阔柱状至球状，枝条顶端为褐色的芽，有毛，春季在老枝上开花，先于幼叶开放或与幼叶同放。本种分布广泛，在其分布区内变异很大。其英文名为"Green Ash"（绿梣），一度只应用于枝条光滑的变种*Fraxinus pennsylvanica* var. *subintegerrima*，而原变种英文名则一度叫"Red Ash"（红梣），这个名字有时也被用于南瓜梣*Fraxinus profunda*。本种木材有用，并被广泛作为观赏树种植。

类似种

美国白梣*Fraxinus americana*小叶柄无翅，果翅不沿种子侧面延伸；其小叶下表面又为白绿色，叶在秋季常变为红色或紫红色，而美国红梣变为黄色。

美国红梣的叶 轮廓为长圆形至倒卵形，长达30 cm（12 in），宽达25 cm（10 in）；羽状复叶，小叶通常7—9枚，侧生小叶有短小叶柄，柄上有翅，对生；每侧小叶为卵形至披针形，长达12 cm（4¾ in），宽达4 cm（1½ in），顶端渐尖，基部渐狭为有翅的柄，边缘可为全缘、波状或有锯齿；上表面呈深绿色，有光泽，下表面呈浅绿色，有毛或光滑，秋季变为黄色。

实际大小

叶类型	羽状复叶
叶 形	轮廓为长圆形至倒卵形
大 小	达45 cm×30 cm（18 in×12 in）
叶 序	对生
树 皮	灰褐色，有裂沟和鳞片状裂条
花	非常小，无花瓣；雌雄异株，雄花序密集，雌花序疏松
果 实	翅果，含1枚种子，组成密集的下垂果簇；果翅狭窄扁平，几乎延伸到种子基部，初为浅绿色，后变为浅褐色
分 布	美国东部
生 境	湿润土壤，沼泽，河谷
异 名	*Fraxinus tomentosa* Michaux

高达30 m
（100 ft）

376

南瓜梣
Fraxinus profunda
Pumpkin Ash
(Bush) Bush

实际大小

南瓜梣在英文中有时也叫"Red Ash"（红梣），为落叶大乔木，树形呈狭柱状，枝条有毛，顶端为褐色的芽，有毛。本种春季在老枝上开花，先于幼叶开放。南瓜梣分布零散，见于滨海平原，在内陆沿河谷分布，向北刚好延伸到加拿大东南部。"南瓜梣"一名指本种的树干基部常膨大，具板根，有时状如南瓜。与其近缘种美国红梣*Fraxinus pennsylvanica*一样，本种的木材也有用。

类似种

美国红梣与本种类似，但小叶较小，小叶柄有翅。美国白梣*Fraxinus americana*的小叶较小，下表面为白绿色。

南瓜梣的叶 轮廓为长圆形至倒卵形，长达45 cm（18 in），宽达30 cm（12 in）；羽状复叶，小叶通常7—9枚，侧生小叶有短柄，对生；每枚小叶为卵形至椭圆形，长达20 cm（8 in），宽达8 cm（3¼ in），顶端渐尖，基部呈圆形至阔楔形，边缘全缘或有浅齿；上表面为深黄绿色，下表面为浅绿色，有毛。

叶类型	羽状复叶
叶 形	轮廓为长圆形
大 小	达30 cm×20 cm（12 in×8 in）
叶 序	对生
树 皮	灰褐色，有裂沟和鳞片状裂条
花	非常小，无花瓣，组成花簇；雌雄异株，或花为两性
果 实	翅果，含1枚种子，组成密集的下垂果簇；果翅狭窄扁平，初为浅绿色，后变为浅褐色
分 布	美国东部，加拿大东南部
生 境	干燥斜坡至湿润谷地

高达20 m
（65 ft）

蓝梣
Fraxinus quadrangulata
Blue Ash

Michaux

　　蓝梣为落叶乔木，树形呈阔柱状至球状，春季在老枝上开花，先于幼叶开放。其枝条粗壮，具4角，常有狭翅，特别是在健壮的枝条上，此为其特征。本种顶端为小而呈深红褐色的芽。蓝梣的汁液暴露于空气中后会变为蓝色，内层树皮曾用于制造一种蓝色染料。其木材与美国白梣*Fraxinus americana*类似，可用于制作地板和家具。

类似种

　　梣属*Fraxinus*的一些种如黑梣*Fraxinus nigra*和美国红梣*Fraxinus pennsylvanica*的叶可与本种混淆。蓝梣与这两个种及其他种的区别在于枝条具4角，非常独特。

实际大小

蓝梣的叶　轮廓为长圆形，长达30 cm（12 in），宽达20 cm（8 in）；羽状复叶，小叶通常7—11枚，呈卵形至披针形，长达12 cm（4¾ in），宽达5 cm（2 in），侧生小叶对生，有短柄；小叶顶端渐尖，边缘有锐齿；上表面为蓝绿色，有光泽，下表面为浅绿色，光滑或沿脉有毛，秋季变为黄色。

叶类型	羽状复叶
叶 形	轮廓为长圆形
大 小	达20 cm×20 cm（8 in×8 in）
叶 序	对生
树 皮	灰色，有裂沟和鳞片状裂条
花	非常小，无花瓣，组成花簇；雌雄异株
果 实	翅果，含1枚种子，组成密集的下垂果簇；果翅狭窄扁平，初为浅绿色，后变为浅褐色
分 布	美国西南部，墨西哥北部
生 境	干燥斜坡，峡谷，河岸

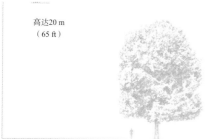

高达20 m
（65 ft）

378

绒毛梣
Fraxinus velutina
Arizona Ash

Michaux

绒毛梣的叶 轮廓为长圆形，长达20 cm（8 in），宽达20 cm（8 in）；羽状复叶，小叶5或7枚，有时3或9枚，侧生小叶对生，有短柄；小叶形状多变，从卵形至披针形或椭圆形不等，长达10 cm（4 in），宽达5 cm（2 in），顶端渐尖，边缘有钝齿至近全缘；上表面呈亮绿色至深绿色，有光泽，下表面呈浅绿色，有密毛或有时光滑。

绒毛梣为落叶乔木，树形呈阔柱状至球状或开展，春季在老枝上开花，先于叶开放。本种是美国西南部最常见的梣属*Fraxinus*树种，为一个多变的种，有时根据枝叶的毛被情况分成几个变种。其枝条毛常较多，有时光滑，顶端为小型的褐色芽。在其天然分布区内本种常被作为遮阴树，且已经选育出了一些改良的类型。

类似种

绒毛梣与美国红梣*Fraxinus pennsylvanica*有亲缘关系，但通常为较小的乔木，叶较小，小叶也不多。

实际大小

叶类型	单叶
叶 形	卵形至椭圆形或披针形
大 小	达10 cm × 6 cm（4 in × 2½ in）
叶 序	对生
树 皮	灰色，光滑
花	小，白色，芳香，花冠4裂，在枝顶组成大型圆锥花序
果 实	核果小，蓝黑色，长至1 cm（½ in）
分 布	中国
生 境	山地的森林和谷地

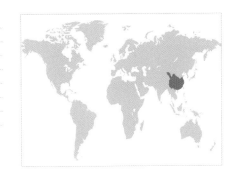

高达20 m
（65 ft）

379

女贞
Ligustrum lucidum
Glossy Privet

W. T. Aiton

女贞为常绿或偶为落叶的乔木，幼时树形上耸，后变开展，晚春至夏季开花。本种被广泛作为观赏树栽培，赏其叶和花。在一些地方，本种已成入侵植物。一些类型的叶为花叶，亦有种植。与白蜡树*Fraxinus chinensis*一样，本种在中国广泛种植以产蜡，这种蜡系由栖息在其枝条上的一种小型介壳虫所分泌。

类似种

女贞曾普遍与日本女贞*Ligustrum japonicum*混淆，后者为小得多的树木，一般情况下呈灌木状，叶非常厚。日本女贞的花冠裂片比花冠管短，而女贞的花冠裂片长于花冠管。

女贞的叶 为卵形至披针形，长达10 cm（4 in），宽达6 cm（2½ in）；顶端渐尖，边缘无锯齿，基部呈圆形，叶柄长约1 cm（½ in）；叶片上表面呈深绿色，有光泽，下表面呈浅绿色，两面光滑。

实际大小

叶类型	单叶
叶 形	卵形至椭圆形
大 小	达10 cm × 3 cm（4 in × 1¼ in）
叶 序	对生
树 皮	灰褐色，极为扭曲
花	小，芳香，乳白色，花冠4裂，在去年生枝条的叶腋组成长至5 cm（2 in）的短圆锥花序
果 实	即著名的油橄榄，为肉质的核果，椭圆形，长至2½ cm（1 in），成熟时由绿色变为黑色，具单独1枚种子
分 布	地中海地区，西南亚，非洲
生 境	生长于轻质土壤中，尤喜钙质土壤，特别是灰岩斜坡

380

高达15 m
（50 ft）

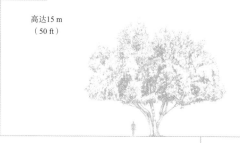

木樨榄
Olea europaea
Mediterranean Olive

Linnaeus

木樨榄的叶 为卵形至椭圆形，有短柄，长达10 cm（4 in），宽达3 cm（1¼ in），质地为革质；上表面呈深灰绿色，下表面呈银白色，有鳞片；边缘无锯齿，顶端通常尖；可在树上宿存2—3年，较老的叶在幼叶初生时凋落。

木樨榄通称"油橄榄"，为生长缓慢的常绿乔木，树形开展，晚春和夏季开花，可生存1500年以上。欧洲最古老的树木中有一些即属本种。本种是价值很大的商业树，为榨取橄榄油或收获可食的果实而种植。其木材坚硬，有密纹理，很适于精细加工。木樨榄为一个广泛分布的种，有几个亚种见于地中海地区、中亚、喜马拉雅地区、中国和非洲。地中海地区的野生类型为灌木状的亚种林生木樨榄*Olea europaea* subsp. *sylvestris*，其叶较小。

类似种

沙枣*Elaeagnus angustifolia*可与栽培的木樨榄形似，但为落叶乔木，叶互生。总序桂*Phillyrea latifolia*也有对生的常绿叶，但其叶有光泽和锯齿。

实际大小　　　　　　实际大小

叶类型	单叶
叶 形	椭圆形至倒披针形
大 小	达12 cm × 4 cm（4¾ in × 1½ in）
叶 序	对生
树 皮	光滑，灰色，老时变为鳞片状
花	小，乳白色，直径为5 mm（¼ in），花冠4裂并有短管，非常芳香，在叶腋组成花簇；雌雄通常异株
果 实	核果，紫蓝色，长至1½ cm（⅝ in）
分 布	美国东南部
生 境	湿润树林和谷地

高达9 m
（30 ft）

美洲木樨
Osmanthus americanus
Devilwood

(Linnaeus) A. Gray

美洲木樨在英文中也叫"Wild Olive"（野油橄榄），为常绿乔木，有时为大灌木，晚冬或早春开花。本种为木樨属*Osmanthus*在美国的唯一种，变种大果木樨*Osmanthus americanus* var. *megacarpus*，为灌木性更强的类型，其果实较大，分布限于美国佛罗里达州，有时被视为独立的种*Osmanthus megacarpus*。本种的常用英文名为"Devilwood"（恶魔木），指其木材非常坚硬，难于破开。本种有时被作为观赏树种植，赏其叶、芳香的花和宿存的果实。

类似种

中国的木樨*Osmanthus fragrans*与本种类似，花亦芳香，但通常为灌木，至少有一些叶边缘为刺状。

美洲木樨的叶 为椭圆形至倒披针形，革质，长达12 cm（4¾ in），宽达4 cm（1½ in）；顶端通常渐尖，有时圆，边缘无锯齿，可向下反卷，基部呈楔形，渐狭成长约2 cm（¾ in）的粗壮叶柄；上表面呈深绿色，有光泽，下表面呈浅绿色，两面光滑。

实际大小

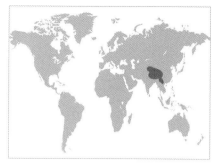

叶类型	单叶
叶 形	椭圆形至卵形或披针形
大 小	达20 cm × 5 cm（8 in × 2 in）
叶 序	对生
树 皮	灰色，光滑
花	白色，芳香，直径为5 mm（¼ in），花冠4裂，在叶腋组成花簇
果 实	核果，卵球形，黑紫色，具粉霜，长至1½ cm（⅝ in）
分 布	中国西部
生 境	山地森林，斜坡，沟壑

382

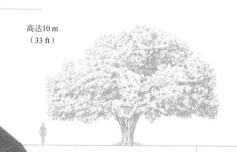

高达10 m
（33 ft）

滇木樨
Osmanthus yunnanensis
Osmanthus Yunnanensis
(Franchet) P. S. Green

滇木樨为常绿小乔木，常为灌木，幼时树形上耸，呈柱状，后变开展，春季开花。和木樨属*Osmanthus*其他很多种以及冬青属*Ilex*很多种一样，本种的幼态叶有刺齿，成长叶则无锯齿。尽管本种有栽培，且远比美洲木樨*Osmanthus americanus*耐寒，但它在庭园中十分少见。本种的花芳香，开放早，为有用的常绿树。

类似种

滇木樨与美洲木樨的不同之处在于一些叶有锯齿。其他种，如管花木樨*Osmanthus delavayi*等，在庭园中有种植，但均为灌木状，叶也较小。

实际大小　　实际大小

滇木樨的叶　为椭圆形至卵形或披针形，革质，长达20 cm（8 in），宽达5 cm（2 in）；顶端渐尖，边缘有锯齿或全缘，基部呈阔楔形至圆形，叶柄长约1½ cm（⅝ in）；初生的幼叶为古铜色，长成后上表面为深绿色，下表面为浅绿色，两面光滑。

叶类型	单叶
叶 形	卵形至椭圆形
大 小	达6 cm × 4 cm（2½ in × 1½ in）
叶 序	对生
树 皮	浅灰褐色，光滑
花	小，绿白色，芳香，在叶腋组成花簇
果 实	核果，蓝黑色，卵球形至近球形，长至1 cm（½ in）
分 布	地中海地区
生 境	干燥多石土壤的灌丛和树林

高达9 m
（30 ft）

383

总序桂
Phillyrea latifolia
Phillyrea Latifolia

Linnaeus

　　总序桂为常绿小乔木，常为灌木，树形呈阔柱状至开展，早春开花。本种为总序桂属*Phillyrea*的一种，该属为小属，是一群与木樨属*Osmanthus*近缘的常绿植物。其叶为山羊喜食；野生植株可耐受山羊的采食，在庭园中亦耐修剪，这使之成为有用的绿篱树。本种在庭园中久经种植，叶的锯齿形态高度可变，有的植株的叶有锐齿，有的植株的叶几乎无锯齿。在过去，有很多这样的变异类型被视为不同的变种，甚至不同的种。

类似种

　　总序桂有时与狭叶总序桂*Phillyrea angustifolia*混淆，后者始终为灌木，叶狭窄，呈线形，叶脉不明显，通常无锯齿。

总序桂的叶　轮廓为卵形至椭圆形，长达6 cm（2½ in），宽达4 cm（1½ in），具7—11对明显的侧脉；顶端尖至圆，基部呈楔形至圆形，边缘有锯齿，有时为锐齿，或为全缘或近全缘。

实际大小

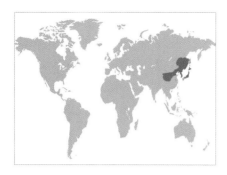

叶类型	单叶
叶 形	卵形
大 小	达12 cm × 6 cm（4¾ in × 2½ in）
叶 序	对生
树 皮	樱桃般的红褐色，有光泽，具水平的皮孔带
花	白色，芳香，花冠4裂，直径约为5 mm（¼ in），有短花冠管，组成长达30 cm（12 in）的大型圆锥花序
果 实	蒴果小，木质，褐色，长达2½ cm（1 in）
分 布	东北亚
生 境	混交林和谷地

384

高达10 m
（33 ft）

日本丁香
Syringa reticulata
Japanese Tree Lilac
(Blume) Hara

日本丁香为落叶乔木，树形呈球状至开展，春季和夏季开花。本种为多变的种，原亚种日本丁香*Syringa reticulata* subsp. *reticulata*分布限于日本；亚种暴马丁香*Syringa reticulata* subsp. *amurensis*见于中国东北部、俄罗斯东北部和朝鲜半岛；亚种北京丁香*Syringa reticulata* subsp. *pekinensis*则见于中国。本种的树皮有观赏性，花量大，常有种植，特别是在夏季炎热的地区，花最为繁盛，已经选育出了一些改良类型。本种过去曾一度被认为是女贞属*Ligustrum*的种。

类似种

日本丁香和丁香属*Syringa*其他种的区别在于树皮层状剥落，花冠管短，雄蕊外伸。女贞属树种的果实为肉质而不同。

日本丁香的叶 为卵形，长达12 cm（4¾ in），宽达6 cm（2½ in）；顶端渐狭成长尖头，边缘无锯齿，顶部呈阔楔形至圆形，或略呈心形，叶柄长达3 cm（1¼ in）；叶片上表面呈深绿色，光滑，下表面呈浅绿色，光滑或略有毛。

实际大小

叶类型	单叶
叶 形	卵形
大 小	达40 cm × 30 cm（16 in × 12 in）
叶 序	对生
树 皮	灰褐色，光滑，有窄裂沟
花	状如毛地黄花，紫蓝色，长达7½ cm（3 in），在枝顶组成长达30 cm（12 in）的大型圆锥花序
果 实	蒴果，卵球形，长达5 cm（2 in），覆有黏毛
分 布	中国
生 境	森林

高达20 m
（65 ft）

385

毛泡桐
Paulownia tomentosa
Empress Tree
(Thunberg) Steudel

毛泡桐在英文中叫"Empress Tree"（皇后树）或"Princess Tree"（公主树），为速生落叶树种，树形呈阔锥状，春季开花，一般情况下略先于幼叶开放。其花芽有浓密的褐色毛，秋季形成，冬季在树上甚明显。本种常被作为材用树种植，在美国东部等一些地区归化，甚至成为入侵植物。本种常被作为观赏树种植，赏其花。本种是泡桐属*Paulownia*主要分布在中国的7个种中最知名的一种，从平茬后的植株上生出的健壮枝条上的叶可宽达1 m（3 ft）。

类似种

毛泡桐在花和果实存在时易于识别。在只有叶的时候，梓属*Catalpa*树种可以通过三叶轮生而非对生的叶和毛泡桐相区分。

毛泡桐的叶 轮廓为卵形，长达40 cm（16 in），宽达30 cm（12 in），有时更大；顶端尖，基部呈深心形，边缘无锯齿，但每侧常有1或2枚浅裂片，使叶看上去有角；上表面为深绿色，有软毛，下表面密被黏毛。

实际大小

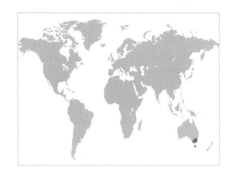

叶类型	单叶
叶 形	线形至狭椭圆形
大 小	达8 cm × 1½ cm（3¼ in × ⅝ in）
叶 序	互生
树 皮	浅灰色，光滑
花	钟形，芳香，长为1 cm（½ in）；花瓣5枚，顶端反曲，外面呈深红色，里面呈黄色
果 实	蒴果，灰色，球形，长至8 mm（⅜ in），开裂后露出红色的种子
分 布	澳大利亚东南部（维多利亚州，新南威尔士州，塔斯马尼亚岛）
生 境	湿润山地树林

386

高达10 m
（33 ft）

澳洲海桐
Pittosporum bicolor
Cheesewood

J. D. Hooker

澳洲海桐的叶 为线形至狭椭圆形，长达8 cm（3¼ in），宽达1½ cm（⅝ in）；顶端尖，边缘无锯齿，平展或有时外卷，从中部向下渐狭为狭楔形的基部，叶柄短，长至3 mm（⅛ in）；叶片上表面为深绿色，下表面为灰色，有毛。

澳洲海桐在英文中也叫"Banyalla"（巴尼亚拉），为生长缓慢的常绿乔木或灌木，树形呈阔柱状，晚春至早夏开花。本种常为由桉属*Eucalyptus*树种构建的森林的下木，或在湿润的冲沟中与树蕨混生，在树蕨的树干上可见本种的幼苗。其木材坚硬致密，非常洁白，曾被用于制作"瓦迪"（澳大利亚原住民传统上打猎时用的猎杖）和吉他的一些部位。本种据信可以和波叶海桐*Pittosporum undulatum*等其他本地原产种杂交，并偶尔被作为观赏树栽培，赏其芳香的花，或作为绿篱。

类似种

本种的叶和花的形态组合非常独特，易于识别。牛杞木*Maytenus boaria*的叶的形状与本种类似，但边缘有齿，下表面光滑。

实际大小　　　　　实际大小

叶类型	单叶
叶 形	长圆形至椭圆形
大 小	达9 cm×2 cm（3½ in×¾ in）
叶 序	互生
树 皮	深灰色，光滑
花	钟形，长为1 cm（½ in），芳香，深红紫色，花瓣5枚，反曲；雌雄通常异株
果 实	蒴果，深灰色，球形，长至1⅛ cm（½ in）
分 布	新西兰
生 境	从海岸到低山的森林

高达10 m
（33 ft）

薄叶海桐
Pittosporum tenuifolium
Kohuhu

Gaertner

薄叶海桐为常绿乔木，有时具多枚茎，或为灌木状，树形呈阔柱状，幼枝为深灰黑色，夏季至早秋开花。本种广泛栽培，作为园景树或绿篱，已经选育出了大量叶呈紫红色或为花叶的类型，还有一些矮生类型。尽管花很小，却有浓烈的蜜香味，特别是在晚上。叶常用于插花艺术。

薄叶海桐的叶　为长圆形至椭圆形，长达9 cm（3½ in），宽达2 cm（¾ in）；顶端圆至钝尖，边缘无锯齿，但呈波状，为其特征，基部渐狭，叶柄长至1 cm（½ in）；叶片质地为薄革质，上表面为较浅的绿色，有光泽，下表面绿色更浅。

类似种

本种的叶光滑，边缘波状，生于深紫红色的枝条上，非常独特，易于识别。黑海桐*Pittosporum colensoi*为其近缘种，有时被处理为本种的变种，但其区别之处在于叶较厚，颜色较深，边缘不为波状。

实际大小　　　　实际大小

叶类型	单叶
叶 形	轮廓近圆形
大 小	20 cm × 25 cm（8 in × 10 in）
叶 序	互生
树 皮	灰色和褐色，片状剥落，新鲜暴露出来时为乳白色
花	单朵花不显著，组成直径为2½ cm（1 in）的密集而下垂的球形花簇；雌雄同株，雌花簇呈绿色至红色或紫红色，雄花簇呈黄色
果 实	瘦果小，褐色，组成密集的球形果簇；通常2—4个为一组，生于同一个梗上
分 布	仅见栽培
生 境	作为观赏树种植
异 名	*Platanus* × *acerifolia* (Aiton) Willdenow

高达30 m
（100 ft）

388

二球悬铃木
Platanus × *hispanica*
London Plane
Miller ex Münchhausen

二球悬铃木为速生落叶大乔木，树形呈阔柱状至球状，春季开花，与幼叶同放。学界认为本种是一球悬铃木*Platanus occidentalis*和三球悬铃木*Platanus orientalis*的杂种，该种起源于西班牙。因为常见于伦敦的公园和街道，故其英文名为"London Plane"（伦敦悬铃木），且非常耐受城市环境，在树皮、叶形和树形上略有变异。

类似种

二球悬铃木最可能和一球悬铃木或三球悬铃木混淆。一球悬铃木叶分裂较浅，果簇单生；三球悬铃木叶深裂，每梗有多至6个果簇。

实际大小

二球悬铃木的叶 轮廓近圆形，长达20 cm（8 in），宽达25 cm（10 in）；掌状分裂，裂片3—5枚，有时7枚，中裂片长宽相等，裂至距叶基大约一半处；裂片顶端渐尖，边缘可具明显的锯齿或近全缘，叶片基部呈心形或楔形，叶柄长达7½ cm（3 in）；叶片上表面为深绿色，无光泽或有光泽，下表面为浅绿色，幼时两面有密毛，后变近光滑。

叶类型	单叶
叶 形	轮廓为阔卵形至圆形
大 小	20 cm × 25 cm（8 in × 10 in）
叶 序	互生
树 皮	灰色和褐色，片状剥落，新鲜暴露出来时为白色；在老树基部为褐色，有裂条
花	单朵花不显著，组成直径为2½ cm（1 in）的密集而下垂的球形花簇；雌雄同株，雌花簇为绿色至红色或紫红色，雄花簇为黄色
果 实	瘦果小，褐色，组成密集的球形果簇；单生或稀有两个生于同一梗上
分 布	北美洲东部，墨西哥北部
生 境	生长于河岸和河漫滩的湿润土壤中

高达40 m
（130 ft）

一球悬铃木
Platanus occidentalis
American Sycamore

Linnaeus

一球悬铃木在英文中也叫"Buttonwood"（纽扣木），为落叶大乔木，树形呈阔柱状至开展，春季开花，与幼叶同放。本种为北美洲最高大的非针叶树种之一，常栽于街道边。叶较小、裂片无锯齿的植株曾被处理为变种枫香叶悬铃木*Platanus occidentalis* var. *glabrata*。植株的很多部位特别是树皮和根的浸剂曾入药。木材用于制造家具或用来生产纸浆。

类似种

一球悬铃木最可能和二球悬铃木*Platanus × hispanica*混淆，后者每梗有多至4个果簇。它和二球悬铃木以及悬铃木属*Platanus*其他种的不同之处在于叶浅裂，果簇单生。

实际大小

一球悬铃木的叶 轮廓为阔卵形至圆形，长达20 cm（8 in），宽达25 cm（10 in）；掌状分裂，裂片3—5枚，或有时7枚，分裂浅，宽大于长，裂至距叶基不到一半处，有时叶几乎不分裂；裂片边缘有尖齿，或有时无锯齿，叶片基部通常呈心形，叶柄长达10 cm（4 in）；叶片上表面呈绿亮绿色，下表面幼时呈浅绿色，有毛。

叶类型	单叶
叶 形	轮廓近圆形
大 小	20 cm × 25 cm（8 in × 10 in）
叶 序	互生
树 皮	灰色和褐色，片状剥落，新鲜暴露出来时为乳白色
花	单朵花不显著，组成直径2½ cm（1 in）的密集而下垂的球形花簇；雌雄同株，雌花簇为绿色至红色或紫红色，雄花簇为黄色
果 实	瘦果小，褐色，组成密集的球形果簇；多至6个一组，生于同一梗上
分 布	东南欧，西亚
生 境	山地的湿润地和河岸

高达30 m
（100 ft）

390

三球悬铃木
Platanus orientalis
Oriental Plane

Linnaeus

三球悬铃木为落叶大乔木，树形呈阔柱状至开展，春季开花。其叶的形状和分裂情况多变，已经命名了一些变种。岛悬铃木*Platanus orientalis* var. *insularis*的叶裂更深，裂片狭窄，有锯齿。**指状**（'Digitata'）为一种园艺类型，叶裂片狭窄，呈手指状，有时被视为二球悬铃木*Platanus* × *hispanica*的一个类型。本种被广泛作为行道树种植，特别是在西亚；喜马拉雅地区有引种，在当地被称为"切纳尔树"（Chenar）。

类似种

本种叶深裂，可与悬铃木属*Platanus*大多数种区分。亚利桑那悬铃木*Platanus wrightii*的叶裂片的锯齿较不显著。

实际大小

三球悬铃木的叶 轮廓近圆形，长达20 cm（8 in），宽达25 cm（10 in）；掌状深裂，裂片通常5—7枚，中裂片狭窄，长大于宽，裂至距叶基超过一半处；裂片顶端尖，边缘有数枚锯齿或无锯齿，基部呈心形至楔形，叶柄长达7½ cm（3 in）；叶片上表面为深绿色，下表面为浅绿色，幼时两面有密毛，后下表面变近光滑，仅叶脉上有毛。

叶类型	单叶
叶 形	轮廓近圆形
大 小	25 cm × 25 cm（10 in × 10 in）
叶 序	互生
树 皮	灰色和褐色，片状剥落，新鲜暴露出来时为白色；在树干基部粗糙，有裂沟
花	单朵花不显著，组成直径2½ cm（1 in）的密集而下垂的球形花簇；雌雄同株，雌花簇为绿色至红色或紫红色，雄花簇为黄色
果 实	瘦果小，褐色，组成密集的球形果簇；多至7个一组，生于同一梗上
分 布	美国加利福尼亚州，墨西哥西北部（下加利福尼亚）
生 境	湿润地，溪岸，冲沟

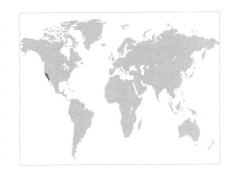

高达30 m
（100 ft）

391

加州悬铃木
Platanus racemosa
California Sycamore

Nuttall

加州悬铃木在英文中也叫"Western Sycamore"（西部悬铃木），为落叶乔木，树形呈阔柱状至开展，常在低处即分枝，或从基部生出数枚主干，春季开花，与幼叶同放。本种在加利福尼亚州的山谷为常见树种，在原产地域内被作为观赏树种植。本种的果实是金翅雀等当地鸟类的食物资源，在树上经常见有肉穗寄生属（为槲寄生属的近缘属）植物生长，又为细尾青小灰蝶的幼虫提供了食物资源。**罗伯茨**（'Roberts'）为一个选育品种，据说可以抵抗名为炭疽病的植物病害。

实际大小

类似种

亚利桑那悬铃木*Platanus wrightii*为本种的近缘种，但叶分裂更深，长成后下表面变光滑。

加州悬铃木的叶 轮廓近圆形，长宽均达25 cm（10 in）；掌状分裂，裂片3—5枚，中裂片长大于宽，裂至距叶基一半处或略深；裂片顶端尖，边缘无锯齿或有疏齿；叶片上表面通常为相当亮的绿色，幼时有毛，后变光滑，下表面为浅绿色，始终有毛。

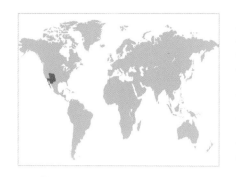

叶类型	单叶
叶 形	轮廓为圆形
大 小	25 cm×25 cm（10 in×10 in）
叶 序	互生
树 皮	灰色和褐色，片状剥落，新鲜暴露出来时为白色，在树干基部粗糙，有裂沟
花	单朵花不显著，组成直径2½ cm（1 in）的密集而下垂的球形花簇；雌雄同株，雌花簇为绿色至红色或紫红色，雄花簇为黄色
果实	瘦果小，褐色，组成密集的球形果簇；多至4个一组，生于同一梗上
分 布	美国西南部（亚利桑那州，新墨西哥州），墨西哥西北部
生 境	湿润土壤，河岸，冲沟

高达25 m
（80 ft）

392

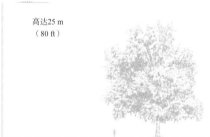

亚利桑那悬铃木
Platanus wrightii
Arizona Sycamore
S. Watson

亚利桑那悬铃木为落叶大乔木，树形呈阔柱状至球状，通常有一枚或多枚在低处分出的宽展的大枝，春季开花，与幼叶同放。尽管本种原产于干旱地区，但只有在峡谷中等地下水位比较高的地方才能生长。由于水量供应在年际间有不规则变化，其植株也通过从基部生发萌蘖条来生存。本种与加州悬铃木*Platanus racemosa*有亲缘关系，有时被视为后者的变种，二者之间有形态居中的类型。

类似种

亚利桑那悬铃木与三球悬铃木*Platanus orientalis*的不同之处在于叶裂片的锯齿较不明显；与加州悬铃木的不同之处在于叶裂较深，下表面的毛长成后脱落。

实际大小

亚利桑那悬铃木的叶 轮廓为圆形，长达25 cm（10 in），宽达25 cm（10 in）；掌状深裂，裂片通常3—5枚，有时7枚，中裂片长大于宽，裂至距叶基超过一半处；裂片顶端尖，通常无锯齿，或有少数锯齿；叶片上表面为深绿色，下表面为浅绿色，长成后两面光滑。

叶类型	单叶
叶 形	椭圆形至长圆形或披针形
大 小	达15 cm × 3 cm（6 in × 1¼ in）
叶 序	互生
树 皮	深紫褐色，起初光滑，在老树上片状剥落
花	亮橙红色，管状，长达5 cm（2 in），花冠分裂为4枚反曲的裂片
果 实	蒴果小，木质，褐色，长达3 cm（1¼ in）
分 布	智利，阿根廷
生 境	从海平面到山地的湿润开放地

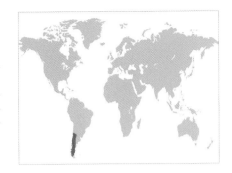

高达15 m
（50 ft）

393

筒瓣花
Embothrium coccineum
Chilean Fire-bush
J. R. Forster & G. Forster

筒瓣花在智利也叫"诺特罗"（Notro），为常绿、半常绿或落叶乔木或灌木，靠萌蘗条蔓延，树形呈柱状，晚春至早夏开花。本种成较宽的南北分布，在其分布区内叶形和常绿性强弱均有变异。尽管本种的花一般为橙红色，但已知有些少见的类型为黄色。本种常靠取食花蜜的鸟类传粉。其木材用于制作工艺品和优质家具，树皮曾入药。

类似种

筒瓣花的叶狭窄，无锯齿，光滑，为非常独特的树种。它在花期不可能和其他树种混淆。

筒瓣花的叶 为椭圆形至长圆形或披针形，长达15 cm（6 in），宽达3 cm（1¼ in）；顶端圆或尖，边缘无锯齿，从中部以上向下渐狭为楔形的基部，叶柄短，长约5 mm（¼ in）；叶片上表面为深绿色，无光泽，下表面较浅，为灰绿色，两面光滑。

实际大小　　实际大小　　实际大小

叶类型	羽状复叶
叶 形	轮廓为长圆形
大 小	达35 cm×10 cm（14 in×4 in）
叶 序	互生
树 皮	浅灰色，光滑
花	白色，长至8 mm（³⁄₈ in），花冠有4枚反曲的裂片，由许多朵组成长达10 cm（4 in）的总状花序，并在花序上对生
果 实	坚果，球形，直径2 cm（¾ in），成熟时由绿色变为红色，再变为黑色
分 布	智利
生 境	常与南青冈属Nothofagus等树种组成混交林

高达15 m
（50 ft）

394

智利榛
Gevuina avellana
Chilean Hazel

Molina

智利榛为常绿乔木，树形呈阔锥状，有时呈灌木状，晚春至早夏开花。果实须经一年才能成熟，所以在开花时常可在树上见到。种子味似榛子，可鲜食或烤食。种子中富含油分，可用于化妆品工业。本种的花小型，为其传粉的蜜蜂从中采集花蜜后可酿成一种美味的蜂蜜。其木材优良，似水青冈木，可用于制作家具和乐器。

类似种

智利榛是非常独特的树种，也是智利榛属*Gevuina*的唯一种。即使只有叶时，它也不可能和其他任何树种相混淆。

智利榛的叶　轮廓为长圆形，长达35 cm（14 in），宽达10 cm（4 in），如为二回羽状复叶则更宽，形态高度可变。可为一回羽状复叶，小叶5至30枚或更多，或偶尔在叶的局部为二回羽状，此时一些羽片再进一步分割成3枚以上的小叶；小叶形状多变，从卵形至椭圆形或三角形不等，边缘有锐齿，基部偏斜，呈心形，有短柄；幼时上表面密被锈色毛，长成后为绿色，有光泽。

实际大小

叶类型	单叶
叶形	卵形
大小	达12½ cm × 6 cm（5 in × 2½ in）
叶序	互生
树皮	浅灰色，有浅裂纹
花	小，白色或带绿色，花冠有4枚反曲的裂片，在叶腋组成长达7½ cm（3 in）的总状花序
果实	蓇葖果，长球形，木质，深灰色，长达4 cm（1½ in）
分布	南美洲
生境	混交林和常绿林

高达15 m
（50 ft）

硬毛扭瓣花
Lomatia hirsuta
Lomatia Hirsuta
(Lamarck) Diels

硬毛扭瓣花为常绿乔木，树形呈阔锥状至柱状，晚春至夏季开花。其分布非常广泛，从智利中部向北几乎到达厄瓜多尔的赤道地区，从分布区南部的海平面附近到北部海拔3000 m（10000 ft）以上的地区均可见。叶晒干后可制成茶饮，在智利入药。其木材有大理石般的纹理，引人瞩目，虽然主要用作薪柴，但也可用于制作优质家具和工艺品，或用于镶板工艺。

类似种

齿叶扭瓣花*Lomatia dentata*为本种的亲缘种，前者的灌木性更强，叶较小，长至5 cm（2 in），边缘有较大而少的锯齿，主要分布于近顶端部。

硬毛扭瓣花的叶 为卵形，革质，长达12½ cm（5 in），宽达6 cm（2½ in）；顶端钝尖或圆，边缘有锐齿，基部多变，从圆形至楔形，或略呈心形，叶柄长至3 cm（1¼ in）；叶片上表面为深绿色，有光泽，下表面为浅绿色，两面光滑。

实际大小

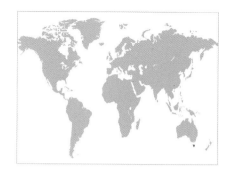

叶类型	单叶
叶 形	倒披针形
大 小	达12 cm × 4 cm（4¾ in × 1½ in）
叶 序	互生
树 皮	深灰色，光滑
花	红色，管状，长达2½ cm（1 in）以上，花冠裂为4枚反曲的裂片，露出长而弯曲的花柱，在枝顶由多至20朵花组成宽达8 cm（3¼ in）的密集花簇
果 实	蓇葖果，深褐色，木质，弯曲，长达8 cm（3¼ in）
分 布	澳大利亚塔斯马尼亚岛
生 境	生长于山地森林的湿润而排水良好的土壤中

396

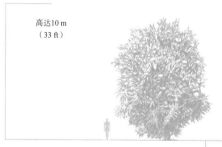

高达10 m
（33 ft）

少花蒂罗花
Telopea truncata
Tasmanian Waratah

Labillardière

少花蒂罗花的叶 为倒披针形，长达12 cm（4¾ in），宽达4 cm（1½ in）；顶端圆或尖，边缘无锯齿或偶尔有少数裂片，特别是在健壮枝条上的叶上；叶片上表面为深绿色，下表面为蓝绿色，两面光滑。

实际大小　　　实际大小　实际大小

少花蒂罗花为常绿小乔木，树形呈阔柱状，常为灌木，幼枝粗壮，有密毛，春季开花。和蒂罗花属*Telopea*其他种一样，本种在地下生有木质茎基；如果植株的地上部分被灌丛火灾焚毁，木质茎基上的休眠芽则可长成新苗。本种的花绚烂，虽然通常为红色，但有时也为粉红色、白色或偶为黄色，这使之成为常见观赏树。本种花蜜量大，可吸引鸟类，而常由这些鸟类传粉。

类似种

除本种外，蒂罗花属还有4个种，分布都限于澳大利亚大陆。山生蒂罗花*Telopea oreades*叶较大，长达20 cm（8 in）；窄叶蒂罗花*Telopea mongaensis*叶较狭窄，宽至2 cm（¾ in）；蒂罗花*Telopea speciosissima*和糙叶蒂罗花*Telopea aspera*的头状花簇非常大，具橙色至红色的苞片，叶亦较大，通常有锯齿。

叶类型	单叶
叶 形	卵形
大 小	达17 cm × 15 cm（6½ in × 6 in）
叶 序	互生
树 皮	浅灰色，幼时光滑，后有浅裂条
花	小，绿白色，直径约8 mm（⅜ in），具5枚花瓣，在枝顶组成花簇
果 实	核果小，黑色，直径7 mm（¼ in），生于肉质的果梗上
分 布	东亚
生 境	森林，广泛栽培

高达10 m
（33 ft）

北枳椇
Hovenia dulcis
Japanese Raisin Tree

Thunberg

　　北枳椇为落叶乔木，树形呈阔柱状至球状，晚春和夏季开花。本种的分布非常广泛，从喜马拉雅地区一直到日本都有分布，但因为栽培时间很长，现已难于说清其原产地。在一些地区本种也可成为入侵植物。其果簇成熟时，每个果实的梗均膨大为肉质，味甜。在本种有生长的地区，这些肉质果梗（通称"拐枣"）普遍供食用，在中国市场上常见。蜜蜂采其花可酿成一种芳香的蜂蜜。

类似种

　　本种所在的枳椇属*Hovenia*有时还承认另外两个种，但它们和北枳椇近缘，有时整个属被处理为只含一个种。北枳椇的果梗肉质，易于识别。

北枳椇的叶　为卵形，长达17 cm（6½ in），宽达15 cm（6 in）；顶端渐尖，边缘有锐齿，基部呈截形至圆形或浅心形，基部有3脉，叶柄长达4½ cm（1¾ in）；叶片上表面呈深绿色，有光泽，光滑，下表面呈浅绿色，沿脉有毛。

实际大小

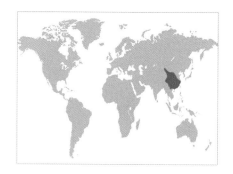

叶类型	单叶
叶 形	阔卵形
大 小	达12 cm×9 cm（4¾ in×3½ in）
叶 序	互生
树 皮	灰色，光滑
花	小，黄色，直径约5 mm（¼ in），组成花簇
果 实	核果，圆锥形，围以环形的果翅；果翅呈浅绿色，后变为褐色，纸质，直径达3½ cm（1⅜ in）
分 布	中国
生 境	山地森林

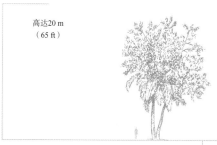

高达20 m
（65 ft）

398

铜钱树
Paliurus hemsleyanus
Paliurus Hemsleyanus

Rehder ex C. Schirarend & Olabi

铜钱树的叶 为阔卵形，长达12 cm（4¾ in），宽达9 cm（3½ in）；顶端渐尖，边缘有细齿，基部呈圆形至阔楔形，有3脉，为其特征，并常偏斜，叶柄长达2 cm（¾ in）；叶片上表面呈深绿色，下表面呈浅绿色，两面略光滑。

铜钱树为落叶乔木，树形开展，常有多于一枚的主干，或为灌木状，春季至早夏开花。本种所在的马甲子属*Paliurus*为小属，该属共有5个种，其中最知名者为灌木状的滨枣*Paliurus spina-christi*。本种的每枚叶（花枝上的叶除外）基部有两枚小而直立的刺。在中国，本种被用作嫁接枣*Ziziphus jujuba*的一些类型的砧木，因为果实的形态而被称为"铜钱树"。

类似种

本种枝条有刺，叶有3脉，可与其他树种区别。滨枣为灌木，与本种的不同之处在于叶基部的一对刺中有一枚顶端弯曲。

实际大小

实际大小

叶类型	单叶
叶形	椭圆形
大小	达12 cm × 5 cm（4¾ in × 2 in）
叶序	互生
树皮	灰褐色，光滑
花	小，浅绿色，无花瓣，但具5枚萼片，在枝顶组成长达20 cm（8 in）的大型圆锥花序
果实	蒴果小，褐色，直径至3 mm（⅛ in）
分布	澳大利亚东南部，新西兰
生境	湿润森林的溪边和冲沟

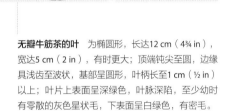

高达10 m
（33 ft）

无瓣牛筋茶
Pomaderris apetala
New Zealand Hazel

Labillardière

无瓣牛筋茶在澳大利亚叫"狗木"（Dogwood），为常绿乔木，树形开展，常为灌木，幼枝密被灰色星状毛，春季至夏季开花。尽管本种在一般情况下生于湿润森林中，为下层的乔木或灌木，但其亚种海滨牛筋茶*Pomaderris apetala* subsp. *maritima*却见于澳大利亚东南部（维多利亚州和塔斯马尼亚岛）的海岸灌丛中，以及新西兰的少数地点。这个亚种为一个少见的灌木状类型，叶较小，长至6 cm（2½ in），宽至3 cm（1¼ in）。

类似种

糙牛筋茶*Pomaderris aspera*与本种非常相似，在新西兰有时以无瓣牛筋茶的学名*Pomaderris apetala*种植。糙牛筋茶与无瓣牛筋茶的不同之处在于前者的叶较大，上表面光滑，下表面毛较少，花为黄色而不是绿黄色，其学名*Pomaderris aspera*有时被视为无瓣牛筋茶的正确学名。牛筋茶*Pomaderris elliptica*产自塔斯马尼亚岛，叶上表面光滑，花有黄色的花瓣。

无瓣牛筋茶的叶 为椭圆形，长达12 cm（4¾ in），宽达5 cm（2 in），有时更大；顶端钝尖至圆，边缘具浅齿至波状，基部呈圆形，叶柄长至1 cm（½ in）以上；叶片上表面呈深绿色，叶脉深陷，至少幼时有零散的灰色星状毛，下表面呈白绿色，有密毛。

实际大小　　　　实际大小

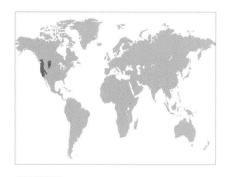

叶类型	单叶
叶 形	长圆形至倒卵形
大 小	达12 cm × 7½ cm（4¾ in × 3 in）
叶 序	互生
树 皮	灰褐色至紫褐色，光滑，有浅色皮孔
花	微小，绿白色，具5枚花瓣，在叶腋组成小花簇
果 实	核果，近球形，黑色，直径至1 cm（½ in）
分 布	美国西北部，加拿大西南部
生 境	森林，灌丛，峡谷
异 名	*Frangula purshiana* (A. P. de Candolle) Cooper

400

高达12 m
（40 ft）

熊鼠李
Rhamnus purshiana
Cascara Buckthorn
A. P. De Candolle

熊鼠李为落叶乔木，树形呈阔柱状，常具数枚茎，或为灌木状，晚春至早夏开花，冬芽没有覆盖幼叶的芽鳞。本种非常耐阴，常见为森林中的下木。树皮味苦，在其原产地区大量采收，用来生产泻药。美洲原住民也应用其树皮，早期西班牙殖民者称之为"圣树皮"（Cascara Sagrada），因此其英文名为Cascara Buckthorn。其中，Buckthorn一词在英文中用于指称鼠李属*Rhamnus*一些有刺的种类。

类似种

鼠李属常分为欧鼠李属*Frangula*和狭义鼠李属，此时本种属于欧鼠李属。狭义鼠李属的树种与欧鼠李属的不同之处在于冬芽有芽鳞，花各部分为4数（如花瓣为4枚），而非5数。其他一些种与本种类似，但常为常绿树或灌木。

熊鼠李的叶 为长圆形至倒卵形，长达12 cm（4¾ in），宽达7½ cm（3 in），侧脉多至15对，明显，彼此平行；有时对生或近对生，顶端圆至钝尖，边缘有细齿或近全缘，基部呈圆形，叶柄长达2 cm（¾ in）；叶片上表面为深绿色，略有光泽，下表面为浅绿色，常沿脉有毛，秋季变为黄色或橙色。

实际大小

叶类型	单叶
叶 形	卵形至椭圆形
大 小	达7 cm × 4 cm（2¾ in × 1½ in）
叶 序	互生
树 皮	灰褐色，光滑
花	小，乳白色或绿白色，直径约5 mm（¼ in），具5枚花瓣，在叶腋单生或组成小花簇
果 实	核果，长球形至卵球形，红色至红紫色，长达3½ cm（1⅜ in），果肉味甜
分 布	中国
生 境	丘陵和山地的干燥斜坡，平原

高达10 m
（33 ft）

枣
Ziziphus jujuba
Chinese Date

Miller

枣在英文中叫"Chinese Date"（中国海枣），为落叶乔木，常在低处分枝，树形呈阔锥状至球状，也可为灌木，晚春至夏季开花。本种枝条上每枚叶的基部常有2枚刺。本种在中国和其他有温暖夏季的地区广泛栽培，其果实可鲜食、烹食、晒干后食用，或用于制作布丁、糕点、汤和其他菜肴，亦可入药。其木材有用，花可酿蜂蜜。本种为一个多变的种，有一些变种，有的多刺，有的无刺，还有的果实小而酸。

枣的叶 为卵形至椭圆形，长达7 cm（2¾ in），宽达4 cm（1½ in），基部有3脉，为其特征；顶端尖或圆，边缘有细齿，基部呈圆形，常偏斜；上表面为深绿色，有光泽，光滑，下表面为浅绿色，沿脉有毛。

类似种

枣的叶与马甲子属*Paliurus*树种类似，但后者的不同之处在于果实上有环形翅。枣属*Ziziphus*还有其他很多种，常与枣形似，但枣是最常见的一种。它曾与滇刺枣*Ziziphus mauritiana*混淆，后者为常绿树，主要见于亚热带地区，叶下表面有密毛。

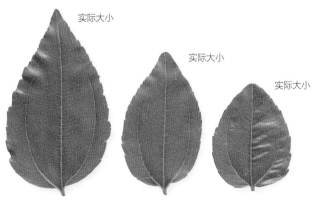

实际大小

实际大小

实际大小

叶类型	单叶
叶 形	阔椭圆形至长圆形
大 小	达7 cm×4 cm（2¾ in×1½ in）
叶 序	互生
树 皮	灰褐色，光滑
花	白色，直径约2½ cm（1 in），具5枚狭窄的花瓣，在枝顶组成短总状花序
果 实	卵球形至近球形，长约1 cm（½ in），深紫红色或几乎为黑色，味甜可食
分 布	北美洲
生 境	湿润土壤、河岸至干燥斜坡

402

高达10 m
（33 ft）

桤叶唐棣
Amelanchier alnifolia
Saskatoon Serviceberry
(Nuttall) Nuttall

桤叶唐棣的叶 为阔椭圆形至长圆形，长达7 cm（2¾ in），宽达4 cm（1½ in）；顶端圆，边缘中部以上有锯齿，基部圆形或略呈心形，叶柄长至2½ cm（1 in）；叶片上表面为深绿色，无光泽，光滑，下表面为浅绿色，幼时有毛，秋季变为黄色、橙色或红紫色。

桤叶唐棣为落叶乔木，常有多于一枚茎，树形呈阔柱状至球状；也常为灌木，形成密灌丛，特别是在分布区北部的高海拔地区。本种春季开花，与幼叶同放。亚种矮桤叶唐棣*Amelanchier alnifolia* var. *pumila*为灌木状，高不到2 m（6½ ft）。本种的果实味甜多汁，可生食，或用于制作果冻等甜点，亦可用于给酒饮调味，或用来酿造果酒。此外，它们还是很多野生动物的宝贵食物。

类似种

犹他唐棣*Amelanchier utahensis*的叶较短，长成后下表面有毛；平滑唐棣*Amelanchier laevis*叶顶端尖。

实际大小

实际大小

叶类型	单叶
叶形	椭圆形至卵形
大小	达7 cm × 4 cm（2¾ in × 1½ in）
叶序	互生
树皮	灰褐色，幼时光滑，老时有浅裂纹
花	白色，直径约3 cm（1¼ in），具5枚狭窄的花瓣，在枝顶组成总状花序
果实	球形，直径达1½ cm（⅝ in），蓝黑色
分布	中国，朝鲜半岛，日本
生境	山地森林和河岸

高达12 m
（40 ft）

403

东亚唐棣
Amelanchier asiatica
Asian Serviceberry
(Siebold & Zuccarini) Walpers

东亚唐棣为落叶乔木，树形开展，常具多于一枚茎，或为灌木状，春季开花，与幼叶同放。本种为唐棣属*Amelanchier*在中国仅有的两个种之一，另一种为唐棣*Amelanchier sinica*。唐棣有时被视为本种的变种，为中国的特有种。本种在日本的庭园和公园中常被作为观赏树栽培，有时被用作盆景树。其英文名Asian Serviceberry中的serviceberry可能来自Sarvis一词，这是欧亚花楸*Sorbus aucuparia*的古英语名。

类似种

唐棣的叶在近基部处无锯齿，下表面仅沿脉有毛。平滑唐棣*Amelanchier laevis*的叶下表面仅在幼时有疏毛。

东亚唐棣的叶 为椭圆形至卵形，长达7 cm（2¾ in），宽达4 cm（1½ in）；顶端尖，边缘一直至近基部均有细齿，基部呈圆形或浅心形，叶柄长至1½ cm（⅝ in）；叶片幼时密被灰白色毛，长成后上表面为深绿色，下表面为浅绿色，秋季变为橙色和红色。

实际大小

叶类型	单叶
叶 形	卵形
大 小	达6 cm × 2½ cm（2½ in × 1 in）
叶 序	互生
树 皮	灰色，光滑
花	白色，直径约2½ cm（1 in），具5枚狭窄的花瓣，在枝顶组成短总状花序
果 实	球形，直径1 cm（½ in），紫黑色
分 布	北美洲东部
生 境	林地中的开放地

高达10 m
（33 ft）

404

平滑唐棣
Amelanchier laevis
Allegheny Serviceberry

Wiegand

平滑唐棣的叶 为卵形，长达6 cm（2½ in），宽达2½ cm（1 in）；顶端渐尖，边缘有细齿，基部呈圆形；初生时呈铜红色，长成后上表面呈深绿色，光滑，下表面起初有疏毛，不久变光滑，秋季变为橙色和红色。

　　平滑唐棣为落叶乔木，树形开展，常从基部生出多于一枚茎，春季开花。本种分布广泛，为唐棣属*Amelanchier*中最常见栽培的种之一，主要观其幼叶、花、果实和秋色。本种已经选育出了一些类型，主要在树形和秋色上有所改良。本种果实味甜，可食，能吸引野生动物采食。和唐棣属其他种一样，美洲原住民把果实晒干，在冬季期间食用，并以其树皮浸剂入药。

类似种

　　平滑唐棣与桤叶唐棣*Amelanchier alnifolia*和犹他唐棣*Amelanchier utahensis*的不同之处在于叶顶端尖。

实际大小　　　　　　　实际大小

叶类型	单叶
叶 形	近圆形至倒卵形
大 小	达7 cm × 3 cm（2¾ in × 1¼ in）
叶 序	互生
树 皮	灰色，光滑
花	白色，直径约2½ cm（1 in），具5枚狭窄的花瓣，在枝顶组成非常短的总状花序
果 实	球形，直径为1 cm（½ in），蓝黑色
分 布	美国西部，墨西哥西北部（下加利福尼亚）
生 境	石坡，峡谷，松–栎林

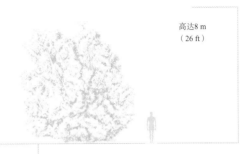

高达8 m
（26 ft）

犹他唐棣
Amelanchier utahensis
Utah Serviceberry

Koehne

犹他唐棣在英文中也叫"Western Serviceberry"（西部唐棣），为落叶乔木，常具数枚茎，或为大灌木，晚春至早夏开花，与幼叶同放。本种分布零散，产于从美国西北部的华盛顿和爱达荷州到东部和南部的得克萨斯和加利福尼亚州以及墨西哥的山区，非常耐旱。本种为驼鹿、鹿、豪猪等野生动物的重要食物资源，果实经冬不凋，可在冬季继续为它们提供食物。和唐棣属*Amelanchier*其他种一样，本种的果实可食，也为美洲原住民所采食。

类似种

犹他唐棣与桤叶康棣*Amelanchier alnifolia*近缘，但不同之处在于其叶较小，树形常更呈灌木状。

犹他唐棣的叶　为近圆形至倒卵形，长达7 cm（2¾ in），宽达3 cm（1¼ in）；顶端圆，边缘中部以上有锐齿，基部呈圆形，叶柄短，长至1½ cm（⅝ in）；叶片幼时光滑，浅绿色或浅灰色，上表面有毛，长成后上面呈深绿色，下表面呈灰色，有毛。

实际大小

叶类型	单叶
叶形	轮廓为圆形至菱形
大小	达8 cm×5 cm（3¼ in×2 in）
叶序	互生
树皮	灰褐色，长成后片状剥落为不规则的小块
花	白色，直径1⅛ cm（½ in），具5枚花瓣和20枚明显的雄蕊，花药略呈紫红色；组成长达7½ cm（3 in）的密集花簇
果实	橙黄色，球形，直径达2½ cm（1 in）
分布	南欧，北非，西南亚
生境	树林，石坡

406

高达10 m
（33 ft）

地中海山楂
Crataegus azarolus
Azarole
Linnaeus

地中海山楂的叶 轮廓为圆形至菱形，长达8 cm
（3¼ in），宽达5 cm（2 in）；羽状分裂，裂片
为3—5枚，大多无锯齿，顶端钝，有些裂片几乎
裂至中脉处，叶片基部为狭楔形至阔楔形；上表
面呈亮绿色至灰绿色，下表面呈浅绿色，有毛。

地中海山楂为落叶乔木，树形呈球状至开展，有
时有刺，幼枝有毛，春季开花。本种的果实在山楂属
*Crataegus*中格外大，尽管通常为橙色或黄色，但也可为
红色。本种可食，有苹果般的风味。本种以前在南欧被
广泛种植，以获取果实食用，它们可生食、烹食或制成
蜜饯。为了改良果实的品质和颜色，已经选育了一些类
型。果实有时也入药。

类似种

地中海山楂的叶深裂，果实大，较为独特，但也曾
与东方山楂*Crataegus orientalis*混淆。后者的叶裂片顶端
尖，花有3至5枚花柱（地中海山楂的花柱1至2枚）。

实际大小

叶类型	单叶
叶 形	椭圆形至阔卵形
大 小	达8 cm×5 cm（3¼ in×2 in）
叶 序	互生
树 皮	光滑，灰色，老时有裂条并呈鳞片状
花	白色，后变为黄橙色，直径8 mm（⅜ in），具5枚花瓣和20枚雄蕊，花药为黄色；组成小花簇
果 实	紫蓝色，具粉霜，后变为黑色，近球形，直径1⅓ cm（½ in）
分 布	美国东南部（得克萨斯州和俄克拉荷马州至佐治亚州）
生 境	河岸，沼泽

高达10 m
（33 ft）

407

蓝果山楂
Crataegus brachyacantha
Blueberry Hawthorn
Sargent & Engelmann

  蓝果山楂在英文中叫"Blueberry Hawthorn"（蓝莓山楂），也叫"Blue Haw"（蓝山楂），为落叶乔木，树形开展，常为灌木状。枝条有通常弯曲的小刺，春季开花。本种的果实颜色特别，为一个非常独特的种。果实味苦，其英文普通名"蓝莓山楂"是指果实颜色像蓝莓，而不是指味道。本种有一个果实为白色的稀见类型，仅在路易斯安那州见过一次。此外再无其他已知的果实白色的山楂属*Crataegus*树种。

类似种

  蓝果山楂在果期不易和其他种相混淆。产自北美洲西北部的一些山楂属树种，如北美黑山楂*Crataegus douglasii*，其果实为黑色，且叶形不同，花也不会变为黄橙色。

蓝果山楂的叶　为椭圆形至阔卵形，长达8 cm（3¼ in），宽达5 cm（2 in），不裂或在健壮枝条上3裂；边缘有小锯齿，基部呈圆形至楔形，有时下延到叶柄上部，形成小翅；上表面呈深绿色，有光泽，光滑，下表面呈浅绿色，秋季变为亮橙色、红色和黄色。

实际大小

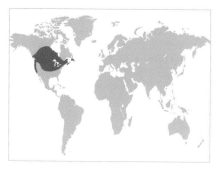

叶类型	单叶
叶 形	椭圆形至菱形
大 小	达8 cm × 5 cm（3¼ in × 2 in）
叶 序	互生
树 皮	灰褐色，略呈鳞片状
花	白色，直径1½ cm（⅝ in），具5枚花瓣，通常具10枚雄蕊，花药呈乳白色
果 实	近球形，长约1 cm（½ in），成熟时由橙红色变为深红色，稀为黄色
分 布	美国北部，加拿大南部
生 境	灌丛，谷地，水道边

408

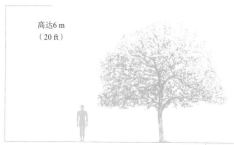

高达6 m
（20 ft）

焰山楂
Crataegus chrysocarpa
Fireberry Hawthorn

Ashe

焰山楂的叶 为椭圆形至菱形，长达8 cm（3¼ in），宽达5 cm（2 in）；基部以上浅裂，每侧裂片多至4枚，越靠近顶端越小，边缘有顶端具腺体的小型尖齿，叶片基部通常呈楔形，叶柄长达2½ cm（1 in）；叶片幼时有细茸毛，后上表面通常变光滑，深绿色，有光泽，下表面光滑或在叶脉上有毛。

实际大小

焰山楂在英文中也叫"Round-leaved Hawthorn"（圆叶山楂），为落叶乔木，树形开展，常为高仅2—3 m（6½—10 ft）的灌木。枝条幼时有疏毛，后变光滑，有刺，刺为红褐色，有光泽，长达5 cm（2 in）。本种为变异性大、分布非常广泛的种，见于从太平洋侧的美国俄勒冈州和加拿大不列颠哥伦比亚省到大西洋侧的美国缅因州和加拿大纽芬兰省。本种的果实可生食，美洲原住民曾采食之，并用来入药。原变种*Crataegus chrysocarpa* var. *chrysocarpa*的花药呈乳白色，果实呈亮红色，叶的分裂相当浅，下表面光滑或近光滑；变种毛叶焰山楂*Crataegus chrysocarpa* var. *piperi*产自北美洲西北部，不同之处在于叶裂较深，下表面有毛；变种深焰山楂*Crataegus chrysocarpa* var. *vernonensis*产自不列颠哥伦比亚省，其花药呈浅粉红色，果实呈深酒红色。

类似种

倍蕊焰山楂*Crataegus sheila-phippsiae*的花有20枚雄蕊，花药呈粉红色，仅见于不列颠哥伦比亚省。茸毛山楂*Crataegus mollis*为较大的乔木，枝条毛较密，花有20枚雄蕊。

叶类型	单叶
叶 形	阔卵形
大 小	达10 cm × 7½ cm（4 in × 3 in）
叶 序	互生
树 皮	深褐色，呈鳞片状
花	白色，直径2 cm（¾ in），具5枚花瓣和10枚粉红色的雄蕊
果 实	球形，亮红色，有光泽，直径1½ cm（⅝ in），布有皮孔
分 布	美国东北部，加拿大东南部
生 境	湿润树林，谷地，牧地

高达10 m
（33 ft）

猩红山楂
Crataegus coccinea
Scarlet Hawthorn

Linnaeus

猩红山楂在英文中也叫"Red Haw"（红山楂），为落叶乔木，树形呈球状，有时为灌木状。本种的枝条有锐而直的刺，长达4 cm（1½ in），晚春至早夏开花。本种为庭园中最能给人深刻印象的山楂属*Crataegus*树种之一，种植赏其绚烂而早开的花，但其气味颇令人不快，亦赏其亮红色、可食的果实和黄色或金黄色的秋叶。本种的正确学名曾长期比较混乱，过去也常使用*Crataegus pedicellata*一名。

类似种

茸毛山楂*Crataegus mollis*的叶、花梗和果实有毛。凸叶红山楂*Crataegus pringlei*曾被视为猩红山楂的变种或异名，其不同之处在于叶片上凸，果实为明显的长球形。

猩红山楂的叶 为阔卵形，长达10 cm（4 in），宽达7 cm（2¾ in），除基部外浅裂，每侧裂片4—5枚，边缘有锐齿，最近基部的裂片最大；叶片上表面为深绿色，下表面为浅绿色，两面光滑，仅在叶脉上有一些毛，秋季变为黄色。

实际大小

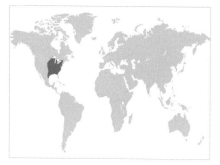

叶类型	单叶
叶 形	倒卵形
大 小	达10 cm×5 cm（4 in×2 in）
叶 序	互生
树 皮	灰褐色，呈鳞片状，常有刺
花	白色，直径为1½ cm（⅝ in），具5枚花瓣和10或20枚雄蕊，花药呈粉红色或黄色；组成大型花簇
果 实	球形，直径至1¼ cm（½ in），深红色
分 布	北美洲东部
生 境	树林，密灌丛

高达10 m
（33 ft）

410

鸡脚山楂
Crataegus crus-galli
Cockspur Thorn

Linnaeus

鸡脚山楂的叶 为倒卵形，长达10 cm（4 in），宽达5 cm（2 in）；顶端圆或具短尖，边缘不分裂，中部以上有细齿，基部渐狭，边缘无锯齿，叶柄短，长至1 cm（½ in）；叶片上表面为深绿色，有光泽，下表面为浅绿色，两面光滑。

鸡脚山楂为落叶乔木，树形开展，常为平顶状，大枝形成层状，有时为灌木状，形成密灌丛，枝条光滑，晚春和早夏开花。本种的大多数植株生有大量刺，刺非常锐利，长达7½ cm（3 in），但在变种无刺鸡脚山楂 *Crataegus crus-galli* var. *inermis* 中可偶尔无刺。本种在英文中也叫"Pin Thorn"（钉刺树），指其刺可用来做钉子。本种为常见的观赏树和绿篱树，秋色美丽，果实在树上经冬不凋。本种的叶形高度可变，并已选育出一些园艺类型，枝条常无刺。

类似种

李叶山楂*Crataegus × persistens*为本种的杂种，在庭园中常见。其树形较圆，叶下表面在叶脉上有毛，果实不在树上宿存。

实际大小　　　　实际大小

叶类型	单叶
叶 形	阔椭圆形至倒卵形
大 小	达9 cm × 5 cm（3½ in × 2 in）
叶 序	互生
树 皮	灰褐色，起初光滑，老时变为鳞片状
花	白色，直径约为1⅓ cm（½ in），具5枚花瓣和10枚雄蕊，花药粉红色
果 实	黑色，有光泽，直径1 cm（½ in），幼时具粉霜
分 布	美国北部和西部，加拿大南部
生 境	湿润土壤，河岸，谷地，灌丛

高达8 m
（26 ft）

北美黑山楂
Crataegus douglasii
Douglas Hawthorn

Lindley

北美黑山楂为落叶乔木，树冠呈球状，常为灌丛，形成密灌丛。其枝条光滑，有光泽，生有长达3 cm（1¼ in）的刺，春季开花。本种为分布广泛的种，在美国西北部和加拿大西南部最常见，但在美国加利福尼亚州北部至阿拉斯加州也可见，在东至五大湖的地区也有零星分布。本种为引人瞩目的观赏树，果实颜色独特，可生食或烹食，亦是野生动物的食物。

北美黑山楂的叶 为阔椭圆形至倒卵形，长达9 cm（3½ in），宽达5 cm（2 in）；多在中部以上浅裂，有时不分裂，裂片顶端尖，边缘有锯齿，叶片基部呈阔楔形，渐狭为长至2 cm（¾ in）的叶柄；上表面呈深绿色，有光泽，沿中脉有毛，下表面呈浅绿色，秋季变橙色或黄色。

类似种

在山楂属*Crataegus*中还有其他类似的种，但它们果实大多为紫黑色，而不像北美黑山楂这样为纯黑色。

实际大小

实际大小

叶类型	单叶
叶 形	倒卵形
大 小	达6 cm × 4 cm（2½ in × 1½ in）
叶 序	互生
树 皮	灰褐色，老时裂成块状和裂条
花	白色，直径1½ cm（⅝ in），具5枚花瓣和20枚雄蕊，组成花簇；花簇梗有毛
果 实	卵球形至球形，长至2 cm（¾ in），红色
分 布	欧洲
生 境	树林，密灌丛

高达10 m
（33 ft）

412

钝裂叶山楂
Crataegus laevigata
Midland Hawthorn
(Poiret) A. P. de Candolle

钝裂叶山楂的叶 为倒卵形，长达6 cm（2½ in），宽达4 cm（1½ in）；多在中部以上浅裂，每侧有1或2枚圆形裂片，边缘有细齿，从中部以上向下渐狭为楔形的基部，叶柄长至2 cm（¾ in）；叶片上表面呈深绿色，有光泽，下表面呈浅绿色，幼时有毛，后变光滑。

钝裂叶山楂为落叶乔木，树形稠密，球状至开展，枝条光滑，生有小刺，晚春开花。尽管本种栽培不如单柱山楂*Crataegus monogyna*普遍，但仍已育有果实为黄色的类型和花叶类型。很多园艺上选育的类型以前认为属于本种，但实为本种和单柱山楂杂交而成的杂种中间山楂*Crataegus × media*的类型。其中一些为常见庭园树或行道树，有些有粉红、红色或重瓣的花。

类似种

钝裂叶山楂最常与单柱山楂相混淆，后者的叶深裂，花仅有1枚花柱（钝裂叶山楂有2或3枚），果实仅含有单独1个小坚果（钝裂叶山楂有2或3个）。杂种中间山楂的类型，其形态介于双亲之间。

实际大小　　实际大小　　实际大小

叶类型	单叶
叶 形	阔卵形
大 小	达10 cm × 10 cm（4 in × 4 in）
叶 序	互生
树 皮	灰褐色，有裂纹和鳞片状裂条
花	白色，直径达2½ cm（1 in），具5枚花瓣和20枚雄蕊，花药呈黄色；组成大型花簇
果 实	球形，直径2 cm（¾ in），亮红色，有毛
分 布	美国中部
生 境	开放树林，谷地，丘坡

高达12 m
（40 ft）

413

茸毛山楂
Crataegus mollis
Downy Hawthorn
(Torrey & A. Gray) Scheele

　　茸毛山楂在英文中也叫"Red Haw"（红山楂），为落叶乔木，树冠开展，有时为灌木状。枝条有细茸毛和刺，刺长达5 cm（2 in），春季开花。本种为北美洲山楂属*Crataegus*树种中较高大的一种，高能达到15 m（50 ft）。本种分布广泛，叶分裂的深度有变异，从浅裂到非常深的分裂均有。其枝条、花和果实可制成药茶，果实可食。茸毛山楂的花是美国密苏里州的州花。

类似种

　　焰山楂*Crataegus chrysocarpa*曾与本种相混淆。但前者通常为灌木状，枝条毛较少，花通常具10枚雄蕊。魁北克山楂*Crataegus submollis*的分布偏北，花具10枚雄蕊。

茸毛山楂的叶　为阔卵形，长宽均达10 cm（4 in）；每侧具4—7枚裂片，裂片顶端尖，边缘有锐齿，叶片基部呈圆形至截形或浅心形，叶柄长达5 cm（2 in）；叶片幼时两面有密毛，长成后也常如此，上表面呈深绿色，下表面呈浅绿色。

实际大小

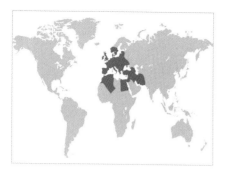

叶类型	单叶
叶 形	轮廓为卵形至阔椭圆形
大 小	达5 cm×5 cm（2 in×2 in）
叶 序	互生
树 皮	灰褐色至略带粉红色的褐色，有浅裂纹
花	白色，直径达2 cm（¾ in），具5枚花瓣和20枚雄蕊，花药为粉红色；组成花簇
果 实	近球形，直径至1½ cm（⅝ in），亮红色
分 布	欧洲，北非，西亚
生 境	树林，密灌丛

414

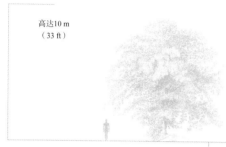

高达10 m
（33 ft）

单柱山楂
Crataegus monogyna
Hawthorn

Von Jacquin

单柱山楂为落叶乔木，树冠稠密，球状至开展，常为灌木状，枝条有刺，晚春至早夏开花。本种被广泛作为观赏树和绿篱树种植，常在原产地区之外归化。已育成一些品种，最优异的品种之一为**两花**（'Biflora'），也叫"格拉斯顿伯里山楂"。传说《新约全书》中的人物亚利马太的约瑟曾把手杖插进地中，手杖很快就长出叶和花朵，便成了**两花**单柱山楂。如今，**两花**已经广为栽培，在冬季天气温和时会开花，到春季正常开花的时节又会再次开花。

类似种

单柱山楂常与钝裂叶山楂*Crataegus laevigata*相混淆，后者的叶浅裂，花有2或3枚花柱（单柱山楂为1枚），果实含有2或3个小坚果（单柱山楂为1个）。这两个种形成的很多杂种均有栽培，其形态介于双亲之间。

单柱山楂的叶 轮廓为卵形至阔椭圆形，长宽均达5 cm（2 in）；每侧通常有2—3枚裂片，裂至距中脉超过一半处；裂片呈长圆形至狭三角形，顶端具尖齿，叶片基部阔楔形，叶柄长至2 cm（¾ in）；叶片上表面呈深绿色，有光泽，光滑，下表面呈浅绿色，有疏毛。

实际大小

叶类型	单叶
叶 形	阔卵形至三角形
大 小	达7 cm × 6 cm（2¾ in × 2½ in）
叶 序	互生
树 皮	浅灰褐色，呈鳞片状，有刺
花	白色，直径达2 cm（¾ in），具5枚花瓣和20枚雄蕊，花药为黄色；组成花簇
果 实	小，近球形，直径至8 mm（⅜ in），亮红色，有光泽
分 布	美国东部
生 境	湿润树林和密灌丛

高达10 m
（33 ft）

华盛顿山楂
Crataegus phaenopyrum
Washington Thorn

Linnaeus Fils

华盛顿山楂为落叶乔木，树形宽展，枝条光滑，有长达7½ cm（3 in）的细刺，晚春至夏季开花。本种为一个非常独特的树种和引人瞩目的观赏树，栽培赏其茂盛而晚开的花、经冬不凋的小型果实和秋色。本种既是优良的园景树，又可作为屏障树或绿篱树种植，可给人深刻印象。"华盛顿山楂"一名可能源于本种在18世纪后期最先在美国华盛顿市种植；也可能因为乔治·华盛顿曾在弗农山庄种植过，那里是他退休之后到去世时所生活的地方。

类似种

华盛顿山楂一般不会和山楂属*Crataegus*其他树种混淆；其叶状如槭属*Acer*树种，果实小，使之通常易于被识别。

华盛顿山楂的叶 为阔卵形至三角形，非常像槭属树种的叶，长达7 cm（2¾ in），宽达6 cm（2½ in）；每侧具1—2枚裂片，基部的裂片最大；每枚裂片顶端具短尖，边缘有锯齿，叶片基部通常呈截形至浅心形；上表面呈深绿色，有光泽，下表面呈浅绿色，长成后两面光滑，秋季变为橙红色。

实际大小

叶类型	单叶
叶 形	阔卵形
大 小	达10 cm × 8 cm（4 in × 3¼ in）
叶 序	互生
树 皮	灰色，光滑，发育有浅裂纹
花	白色，直径为1½ cm（⅝ in），具5枚花瓣和20枚雄蕊，花药呈深粉红色；组成花簇
果 实	近球形至梨形，直径达2½ cm（1 in），亮红色
分 布	中国北部，朝鲜半岛
生 境	丘坡灌丛

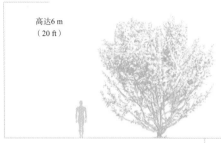

高达6 m
（20 ft）

416

山楂
Crataegus pinnatifida
Crataegus Pinnatifida

Bunge

山楂为落叶乔木，树形呈球状至开展，有时为灌木状。枝条无刺或有长至2 cm（¾ in）的短刺，晚春至早夏开花。本种在中国和朝鲜半岛常见种植，果实可食，可生食、烹食或晒干后食用，亦可酿成酒饮或入药。本种果实大小多变。变种山里红*Crataegus pinnatifida* var. *major*仅知有栽培，其果实最大［直径达2½ cm（1 in）；野生植株果实直径仅达1½ cm（⅝ in）］，很可能起源于从原生居群中选育的类型。

类似种

湖北山楂*Crataegus hupehensis*在中国也有种植，以收获其又大又红的可食果实。其叶浅裂，裂片裂至距中脉不到一半处。

实际大小

山楂的叶　为阔卵形，长达10 cm（4 in），宽达8 cm（3¼ in）；边缘深裂，每侧具3—5枚尖裂片，裂片边缘有锐齿，裂至距中脉超过一半处；基部呈截形至阔楔形，叶柄长达6 cm（2½ in）；叶片上表面呈深绿色，有光泽，下表面呈浅绿色，两面沿脉有毛。

叶类型	单叶
叶 形	阔卵形
大 小	达10 cm×8 cm（4 in×3¼ in）
叶 序	互生
树 皮	灰褐色，片状剥落
花	白色，直径为1⅛ cm（1½ in），具5枚花瓣和20枚花药为黄色的雄蕊，组成花簇
果 实	球形，直径为1⅛ cm（1½ in），黄色至橙色
分 布	中亚
生 境	树林和灌丛

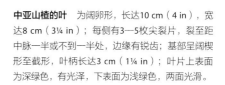

高达6 m
（20 ft）

中亚山楂
Crataegus wattiana
Crataegus Wattiana
Hemsley & Lace

中亚山楂为落叶小乔木，树形疏松、开展，常为灌木状。枝条光滑，紫褐色，有光泽，具长至2 cm（¾ in）的小刺，晚春开花。山楂属*Crataegus*有一小群彼此有亲缘关系的种，分布于中亚和北亚，本种即其中之一。其枝条为紫红色，有光泽，果实为黄色，可生食、烹食或晒干后食用。中亚山楂与产自中国西北部和西伯利亚的阿尔泰山楂*Crataegus altaica*近缘，曾被视为后者的变种。本种偶被作为果树栽培，其黄色果实在晚夏成熟。

中亚山楂的叶 为阔卵形，长达10 cm（4 in），宽达8 cm（3¼ in）；每侧有3—5枚尖裂片，裂至距中脉一半或不到一半处，边缘有锐齿；基部呈阔楔形至截形，叶柄长达3 cm（1¼ in）；叶片上表面为深绿色，有光泽，下表面为浅绿色，两面光滑。

类似种

中亚山楂与山楂*Crataegus pinnatifida*的不同之处在于叶片两面光滑，果实为黄色。阿尔泰山楂与本种类似，但叶裂较深，至距中脉超过一半处。

实际大小

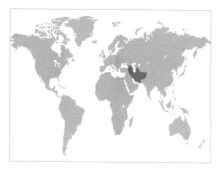

叶类型	单叶
叶 形	卵形至椭圆形
大 小	达10 cm×6 cm（4 in×2½ in）
叶 序	互生
树 皮	灰褐色，层状剥落为不规则的块状，新鲜暴露出来时为红褐色
花	白色或浅粉红色，直径为5 cm（2 in），具5枚花瓣，在短枝顶单生
果 实	黄色，芳香，梨形或苹果形，长达10 cm（4 in）
分 布	高加索地区，伊朗北部
生 境	树林和石坡

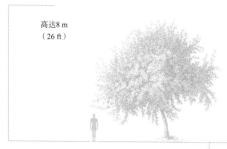

高达8 m
（26 ft）

榅桲
Cydonia oblonga
Quince
Miller

榅桲的叶　为卵形至椭圆形，长达10 cm（4 in），宽达6 cm（2½ in）；顶端短骤尖，边缘无锯齿，基部呈圆形，叶柄长达2 cm（¾ in）；叶片幼时两面有灰色毛，长成后上表面为深绿色，光滑，下表面密被灰色毛。

榅桲为落叶乔木，有时为灌木，幼枝有密毛，树形呈球状，晚春开花。本种为榅桲属*Cydonia*的唯一种，不应与英文名总称为"Flowering Quinces"（花榅桲）的木瓜海棠属*Chaenomeles*树种混淆，后者虽与榅桲有亲缘关系，但为形态相当不同的灌木状植物。本种广泛栽培，果实可食，用于烹饪味甜或辛香的菜肴，已有一些园艺选育类型。本种还常用作梨树的矮化砧木，可以让梨树在树形尚小的时候即可提早结果。

类似种

木瓜海棠属为灌木状，叶有锯齿，花为白、粉红或红色，组成花簇。木瓜*Pseudocydonia sinensis*的不同之处在于叶有细齿。

实际大小

叶类型	单叶
叶 形	倒披针形至倒卵形
大 小	达30 cm × 8 cm（12 in × 3¼ in）
叶 序	互生
树 皮	黄灰色，光滑，有明显的叶痕
花	白色，芳香，直径为2 cm（¾ in），具5枚花瓣，在枝顶组成圆锥花序；花序长达15 cm（6 in），圆锥形
果 实	橙黄色，梨形，顶端凹陷，幼时覆有疏松的褐色毛，长为4 cm（½ in）
分 布	中国
生 境	树林，灌丛

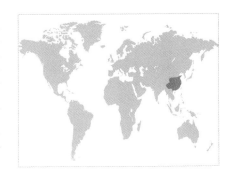

高达10 m
（33 ft）

419

枇杷
Eriobotrya japonica
Loquat
(Thunberg) Lindley

实际大小

　　枇杷为常绿乔木，树形开展，枝条粗壮，有细茸毛，夏季开花。本种在温暖地区被广泛栽培，其果可生食或烹食，在一些地区也常被用作行道树，常归化。尽管本种在英文中有时叫作"Japanese Loquat"（日本枇杷），日本的植株实际上系从中国引种。本种已经选育出很多类型，其果实的大小和形状、果皮和果肉的颜色以及风味各异。在一些种有枇杷的地区，植株可能开花很晚，且不结果。

类似种

　　枇杷在果期易于识别。仅以叶而论，它和石楠*Photinia serratifolia*的不同之处在于其质地要坚硬得多，下表面有毛，叶柄非常短。

枇杷的叶　　为倒披针形至倒卵形，长达30 cm（12 in），宽达8 cm（3¼ in）；顶端尖，边缘有小尖齿，向下渐狭为叶基，叶柄粗壮，长1 cm（½ in）；叶片长成后上表面为深绿色，有光泽，叶脉深陷，光滑，下表面为灰绿色，有毛。

叶类型	单叶
叶 形	长圆形至披针形
大 小	达10 cm × 4 cm（4 in × 1½ in）
叶 序	互生
树 皮	灰色，光滑
花	白色，直径约5 mm（¼ in），具5枚花瓣，组成宽达15 cm（6 in）的宽阔花簇
果 实	近球形至略呈梨形，长至8 mm（⅜ in），亮红色
分 布	美国加利福尼亚州，墨西哥北部（下加利福尼亚）
生 境	石坡和峡谷
异 名	*Heteromeles arbutifolia* (Lindley) M. Roemer, *Photinia arbutifolia* Lindley

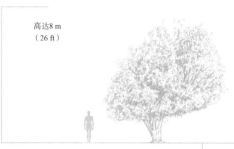

高达8 m
（26 ft）

420

柳石楠
Heteromeles salicifolia
Christmas Berry
(C. Presl) Abrams

柳石楠在英文中也叫"Toyon或Tollon"（托永树）或"California Holly"（加州冬青）。好莱坞（Hollywood）中的"Holly"最初指的就是本种。本种为常绿小乔木，树形稠密，球状，常为灌木，夏季开花。柳石楠为柳石楠属*Heteromeles*的唯一种，切枝在加利福尼亚州被普遍用作圣诞节的装饰物。在果实为红色的类型中零星可见果实为黄色的类型，曾被处理为变种黄果柳石楠*Heteromeles salicifolia* var. *cerina*。产自加利福尼亚州圣卡塔利娜岛等海峡群岛的岛屿上的植株，其叶近无齿，果实较大，则处理为变种大果柳石楠*Heteromeles salicifolia* var. *macrocarpa*。

类似种

柳石楠与石楠属*Photinia*一些常绿种类似，但不同之处在于叶有锐齿，在边缘向下几乎分布到基部。

实际大小　　　　实际大小

柳石楠的叶　为长圆形至披针形，长达10 cm（4 in），宽达4 cm（1½ in）；顶端圆，边缘有顶端为黑色的锐齿，向基部渐狭，叶柄粗壮，长至2 cm（¾ in）；叶片上表面呈深绿色，有光泽，下表面呈浅绿色，两面光滑或近光滑。

叶类型	无锯齿的单叶至小叶有锯齿的羽状复叶
叶 形	多变
大 小	长达15 cm（6 in），宽度多变
叶 序	对生
树 皮	幼时为红褐色，老时变为灰色，层状剥落为竖直的细条
花	小，白色，具5枚花瓣，组成宽达15 cm（6 in）的大而扁平的头状花簇
果 实	由2个木质的蓇葖果组成，每个蓇葖果长约5 mm（¼ in），成熟时开裂，散出种子
分 布	美国加利福尼亚州的岛屿
生 境	石坡，峡谷，灌丛

高达15 m
（50 ft）

蕨叶梅
Lyonothamnus floribundus
Catalina Ironwood
A. Gray

蕨叶梅为常绿乔木或灌木，夏季开出白色花。幼时树形一般上耸，呈柱状，老时或在暴露的生境下更为开展。本种为蕨叶梅属*Lyonothamnus*的唯一种，化石记录显示该属一度也出现在加利福尼亚州大陆上。原亚种*Lyonothamnus floribundus* subsp. *floribundus*见于圣卡塔利娜岛，亚种羽状蕨叶梅*Lyonothamnus floribundus* subsp. *asplenifolius*见于圣克鲁斯岛、圣罗沙岛和圣克利门蒂岛。两个亚种在原生生境中都已濒危。

类似种

蕨叶梅是非常独特的树种，没有类似它的近缘种。其叶、树皮和花均易于识别。

蕨叶梅的叶　因亚种不同而差异很大。原亚种*Lyonothamnus floribundus* subsp. *floribundus*叶为狭长圆形至披针形，边缘全缘或有浅齿，长达15 cm（6 in），宽达2½ cm（1 in）；亚种羽状蕨叶梅（右图）叶为羽状复叶，小叶3—7枚，深裂，类似叶形的叶也见于原亚种的幼苗上。叶片上表面为深绿色，有光滑，下表面为浅绿色。

实际大小

叶类型	单叶
叶 形	椭圆形至卵形
大 小	达8 cm × 4 cm（3¼ in × 1½ in）
叶 序	互生
树 皮	灰色，裂成块状并片状剥落为鳞片状小块
花	白色，在蕾中有时为粉红色，芳香，直径达4 cm（1½ in），具5枚花瓣
果 实	几乎为球形，红色、红黄色或黄色，直径至1 cm（½ in），花萼脱落
分 布	中国，俄罗斯东部，朝鲜半岛
生 境	混交林

高达15 m
（50 ft）

山荆子
Malus baccata
Siberian Crab Apple
(Linnaeus) Borkhausen

山荆子为落叶乔木，树形呈球状至开展，晚春至早夏开花，与幼叶同放。本种原产北部地区，非常耐寒，常被用作嫁接的砧木。毛山荆子*Malus mandshurica*为其近缘种，有时被视为本种的变种，这两个种均参与了庭园中常见的很多杂种的育种。喜马拉雅地区的一些植株曾被视为本种的变种，现在认为属于另一种丽江山荆子*Malus rockii*。本种果实虽小，但可食。

类似种

本种花萼脱落，果实小，叶光滑，这种特征组合通常可以将它和其他种相区分开来。其近缘种毛山荆子和丽江山荆子的叶下表面有毛。

实际大小

山荆子的叶 轮廓为椭圆形至卵形，长达8 cm（3¼ in），宽达4 cm（1½ in）；顶端渐尖，边缘有细锯齿，向下渐狭为圆形或楔形的叶基，叶柄长达5 cm（2 in）；叶片上表面呈深绿色，下表面呈浅绿色，两面光滑或近光滑。

叶类型	单叶
叶 形	卵形
大 小	达10 cm × 6 cm（4 in × 2½ in）
叶 序	互生
树 皮	红褐色，片状剥落为鳞片状小块
花	在蕾中为粉红色，开放后为粉红色或褪为白色，芳香，直径达4 cm（1½ in），具细梗和5枚花瓣
果 实	球形，绿色，直径达4 cm（1½ in）
分 布	美国东部，加拿大东南部
生 境	树林，林缘，密灌丛

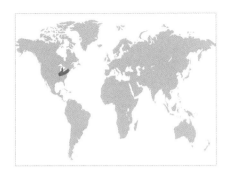

高达9 m
（30 ft）

423

花环海棠
Malus coronaria
Sweet Crab Apple
(Linnaeus) Miller

花环海棠为落叶乔木，树形呈球状至开展，通常在低处分枝或为灌木状，靠从基部生出的萌蘖条形成密灌丛。枝条常呈刺状，晚春至早夏开花。本种已被作为园艺树栽培，一些类型花为重瓣。本种原产地范围内的一些变异类型有时被处理为独立的种，如灰叶海棠*Malus glaucescens*和狭叶海棠*Malus lancifolia*。前者的叶片下表面为白绿色，后者的叶狭而尖。本种果实可用于制作蜜饯或酿制果酒。

类似种

草原海棠*Malus ioensis*枝条有密毛，叶片下表面也有密毛；苹果*Malus pumila*的叶不分裂。

花环海棠的叶　为卵形，长达10 cm（4 in），宽达6 cm（2½ in）；顶端尖，边缘有锐齿，有时在基部3浅裂，叶片基部呈圆形至略呈心形，叶柄长达3 cm（1¼ in）；叶片上表面呈深绿色，下表面呈浅绿色，幼时有毛，但不久变光滑，秋季变为黄色。

实际大小

叶类型	单叶
叶 形	轮廓为阔卵形
大 小	达6 cm × 5 cm（2½ in × 2 in）
叶 序	互生
树 皮	紫褐色，光滑
花	白色，具5枚花瓣，直径2 cm（¾ in），具细梗，组成花簇
果 实	卵球形，长达1 cm（½ in），成熟时由黄色变为有光泽的红色，花萼脱落
分 布	东南欧，土耳其，黎巴嫩
生 境	石质地的树林和密灌丛

高达8 m
（26 ft）

424

意大利枫棠
Malus florentina
Hawthorn-leaf Crab Apple
(Zuccagni) C. K. Schneider

意大利枫棠在英文中也叫"Florentine Crab Apple"（佛罗伦萨海棠）或"Italian Crap Apple"（意大利海棠），为落叶乔木，树形呈阔柱状，有时为灌木，晚春至早夏开花。本种的形态在苹果属*Malus*中甚为特殊，最初被描述为山楂属*Crataegus*的一个种，又曾被视为驱疝木*Sorbus torminalis*和欧洲野苹果*Malus sylvestris*的杂种。尽管树皮、花、果实和秋色均可观，但本种仅偶尔作为观赏树种植。

类似种

比起苹果属的其他树种来，本种更可能和山楂属的树种混淆。山楂属的萼片在果实上宿存，但意大利枫棠的花萼则脱落。

意大利枫棠的叶 轮廓为阔卵形，长达6 cm（2½ in），宽达5 cm（2 in）；每侧具明显的数枚裂片，基部的裂片分裂最深，每枚裂片有锐齿，叶片基部呈圆形至心形，叶柄有细茸毛，长达2½ cm（1 in）；叶片上表面呈深绿色，有光泽，下表面有毛，秋季变为橙色、红色和紫红色。

实际大小

叶类型	单叶
叶 形	卵形至披针形
大 小	达9 cm × 4 cm（3½ in × 1½ in）
叶 序	互生
树 皮	灰褐色，片状剥落
花	白色或浅粉红色，直径达5 cm（2 in），具5枚花瓣，组成花簇
果 实	长球形至卵球形，长至2 cm（¾ in），红色或黄色，花萼脱落
分 布	北美洲西北部（阿拉斯加州至加利福尼亚州北部）
生 境	森林，谷地，河岸，沼泽

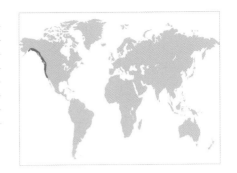

高达12 m
（40 ft）

425

俄勒冈海棠
Malus fusca
Oregon Crab Apple
(Rafinesque) C. K. Schneider

俄勒冈海棠在英文中也叫"Pacific Crab Apple"（太平洋海棠），为落叶乔木，树形呈阔柱状至开展，有时具多枚茎而为灌木状，形成密灌丛，具刺状的短侧枝，晚春至早夏开花。本种为北美洲西部唯一原产的苹果属*Malus*树种。果实小而酸，为美洲原住民所食用，他们还用植株的其他部位（特别是根和树皮）入药。木材在当地有小范围应用，植株在其天然分布区内常用作嫁接苹果的砧木。

俄勒冈海棠的叶 为卵形至披针形，长达9 cm（3½ in），宽达4 cm（1½ in）；顶端尖，边缘不分裂至3裂，有细齿，基部呈圆形或楔形，叶柄长达3 cm（1¼ in）；叶片上表面呈深绿色，全无光泽，下表面呈浅绿色，至少幼时有毛，秋季变为橙色至红色。

类似种

俄勒冈海棠与苹果属的亚洲种最为近缘，通过果实形态可以将其和北美洲的其他苹果属树种相区别。

实际大小

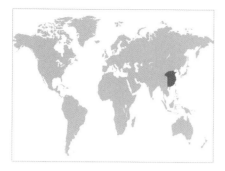

叶类型	单叶
叶 形	卵形
大 小	达10 cm × 4 cm（4 in × 1½ in）
叶 序	互生
树 皮	灰褐色，片状剥落
花	粉红色至白色，芳香，在蕾中为深粉红色，直径达4 cm（1½ in），具5枚花瓣，组成花簇
果 实	球形，直径约1 cm（½ in），黄色而带红色色调，花萼脱落
分 布	中国
生 境	树林，林缘，谷地，密灌丛

426

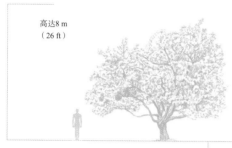

高达8 m
（26 ft）

湖北海棠
Malus hupehensis
Hubei Crab Apple
(Pampanini) Rehder

湖北海棠为落叶小乔木，树形呈开展至花瓶状，春季开花。本种在中国广泛分布，用作嫁接其他苹果属*Malus*树种的砧木，其叶曾被用于制作一种茶饮。湖北海棠为常见的观赏小乔木，庭园中种植的植株常为花白色或粉红色的类型。一些以本种之名售卖和种植的植株则属于更为健壮的山荆子*Malus baccata*的类型。

类似种

湖北海棠与垂丝海棠*Malus halliana*非常近缘，后者也是常见的观赏树，为栽培起源，在野外的分布尚不确定。垂丝海棠的花有4或5枚花柱，而湖北海棠的花通常有3枚花柱。

湖北海棠的叶 为卵形，长达10 cm（4 in），宽达4 cm（1½ in）；顶端渐尖，边缘有锐齿，向下渐狭为楔形的基部，叶柄长达3 cm（1¼ in）；叶片幼时常略呈红色，长成后上表面呈亮绿色，有光泽，下表面呈浅绿色，两面光滑或近光滑。

实际大小

叶类型	单叶
叶 形	卵形至椭圆形
大 小	达10 cm×4 cm（4 in×1½ in）
叶 序	互生
树 皮	红褐色，有裂沟和鳞片状裂条
花	粉红色或白色，芳香，直径达5 cm（2 in），具5枚花瓣，组成花簇
果 实	球形，黄绿色，直径达4 cm（1½ in）
分 布	美国中部
生 境	林缘，草原，河岸

高达9 m
（30 ft）

427

草原海棠
Malus ioensis
Prairie Crab Apple
(Alphonso Wood) Britton

草原海棠为落叶乔木，树形呈球状至开展，枝条有密毛，短侧枝常为刺状，春季开花。本种曾是美国大草原的常见植物，能很好地适应火灾，在过火后仍可存活，从基部再抽出新条，形成密灌丛。本种的果实为鸟类、啮齿类和鹿类等很多野生动物的宝贵食物资源，并可制成蜜饯或酿造果酒。草原海棠已被作为观赏树栽培，并有重瓣类型。

类似种

本种与花环海棠*Malus coronaria*近缘，但不同之处在于枝条和叶片下表面的毛不脱落。

草原海棠的叶 为卵形至椭圆形，长达10 cm（4 in），宽达4 cm（1½ in）；顶端圆至尖，边缘有锐齿或浅裂，向下渐狭为圆形或阔楔形的基部，叶柄有毛，长达5 cm（2 in）；叶片幼时两面有细茸毛，长成后上表面呈深绿色，有光泽，下表面密被白毛。

实际大小

实际大小

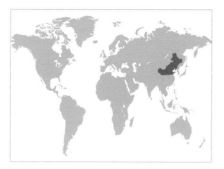

叶类型	单叶
叶　形	卵形至椭圆形
大　小	达9 cm × 5 cm（3½ in × 2 in）
叶　序	互生
树　皮	灰褐色，裂成块状并片状剥落
花	白色，在蕾中为粉红色，芳香，直径达5 cm（2 in），具5枚花瓣，组成花簇
果　实	阔卵球形，直径达2½ cm（1 in），红色或黄色，花萼宿存
分　布	中国东北部
生　境	山坡，平原

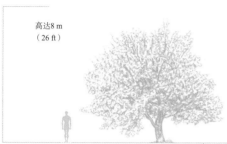

高达8 m
（26 ft）

428

楸子
Malus prunifolia
Plumleaf Crab Apple
(Willdenow) Borkhausen

楸子为落叶小乔木，幼枝有密毛，树形呈球状至开展，春季开花。变种花红*Malus prunifolia* var. *rinki* 或 *Malus asiatica*，具有直径达5 cm（2 in）的较大果实。在近缘种苹果*Malus pumila*引入之前，楸子（特别是其变种花红）是中国和日本种植的主要的苹果属*Malus*果树。较小的果实可烹食、制成蜜饯或晒干后食用；较大的果实则可鲜食。楸子及其变种均被认为是杂交起源。

类似种

与楸子相比，苹果的不同之处在于果实为球形或扁球形（苹果状），而不是卵球形；山荆子*Malus baccata*的果实要小得多。

实际大小

楸子的叶　为卵形至椭圆形，长达9 cm（3½ in），宽达5 cm（2 in）；顶端尖至渐尖，边缘有锯齿，向下渐狭为楔形的基部，叶柄幼时有毛，长达5 cm（2 in）；叶片上表面呈深绿色，光滑或近光滑，下表面呈浅绿色，有细茸毛。

叶类型	单叶
叶 形	椭圆形至卵形
大 小	达7½ cm×4 cm（3 in×1½ in）
叶 序	互生
树 皮	灰色，光滑
花	在蕾中为粉红色或深粉红色，开放后为白色或粉红色，芳香，直径达3 cm（1¼ in），具5枚花瓣，组成花簇
果 实	球形，直径达8 mm（⅜ in），红色或略呈黄色，花萼脱落
分 布	中国，朝鲜半岛，日本
生 境	森林和密灌丛
异 名	*Malus toringo* (Siebold) de Vriese

高达6 m
（20 ft）

三叶海棠
Malus sieboldii
Siebold's Crab Apple
(Regel) Rehder

　　三叶海棠为落叶小乔木，树形开展，枝条弓曲，常具多枚茎，或仅为灌木，晚春和早夏开花。花量大，为常见观赏树，又是一些园艺海棠的亲本。其中包括常见的多花海棠*Malus floribunda*，系从日本引种到西方庭园，但仅知有栽培而无野生。一些植株为灌木状，花和果实较大，有时被视为独立的种——平枝海棠*Malus sargentii*。

类似种

　　在苹果属*Malus*中，花叶海棠*Malus transitoria*与本种最为相似，其叶深裂，裂片较狭，凭此可以相区分。

三叶海棠的叶　为椭圆形至卵形，长达7½ cm（3 in），宽达4 cm（1½ in）；常3裂，或有时在健壮枝条上5裂；顶端尖，边缘有锯齿，基部呈圆形至楔形，叶柄长达2 cm（¾ in）；叶片上表面为深绿色，无光泽，幼时有毛，下表面为浅绿色，有毛。

实际大小　　　　实际大小　　　实际大小

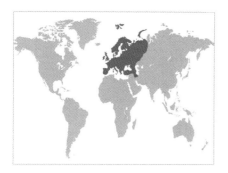

叶类型	单叶
叶 形	卵形至椭圆形
大 小	达6 cm × 3 cm（2½ in × 1¼ in）
叶 序	互生
树 皮	灰褐色，有裂纹
花	白色，外面带粉红色，直径达4 cm（1½ in），具5枚花瓣，组成花簇
果 实	小，黄绿色或带红色，直径约2 cm（¾ in），花萼宿存
分 布	欧洲，高加索地区，伊朗北部
生 境	林地，密灌丛，绿篱，河岸

高达8 m
（26 ft）

430

欧洲野苹果
Malus sylvestris
European Crab Apple
(Linnaeus) Miller

欧洲野苹果为落叶小乔木，树形呈球状，有时为灌木，春季开花。本种曾被认为是苹果*Malus pumila*的亲本之一，但后者实际起源于中亚，并在那里广泛栽培。苹果常逸生并归化，而与欧洲野苹果混淆。本种的果实生食时非常酸，但可烹食；因为富含果胶，常被用于制作透明果酱，亦可酿造果酒。

类似种

苹果为较健壮的乔木，果实通常较大，枝条有毛，叶下表面和萼片外面的毛不脱落。

实际大小　　实际大小

欧洲野苹果的叶　为卵形至椭圆形，长达6 cm（2½ in），宽达3 cm（1¼ in）；顶端渐尖，边缘有细齿，向下渐狭为楔形或圆形的基部，叶柄长达2½ cm（1 in）；叶片上表面呈深绿色，光滑，下表面呈浅绿色，幼时在叶脉上有疏毛，后变光滑。

叶类型	单叶
叶 形	椭圆形至卵形
大 小	达5 cm × 4 cm（2 in × 1½ in）
叶 序	互生
树 皮	灰褐色，有裂纹并片状剥落
花	白色，直径达2 cm（¾ in），具5枚花瓣，组成花簇
果 实	球形，直径至8 mm（⅜ in），黄色或略带红色，花萼脱落
分 布	中国
生 境	树林和密灌丛

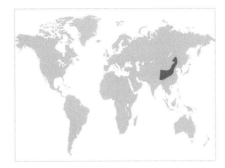

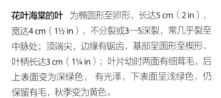

高达8 m
（26 ft）

431

花叶海棠
Malus transitoria
Malus Transitoria

(Batalin) C. K. Schneider

花叶海棠为落叶乔木，树形开展，有时为灌木状，晚春开花。本种已被作为观赏树栽培，其树形优雅，花和果实小而量大，秋色美丽。本种在野外为多变的种，根据果实形状和叶的毛被特征的不同，曾命名了一些变种，其中之一为光花叶海棠*Malus transitoria* var. *glabrescens*。其叶下表面光滑，而原变种叶下表面有密毛。花枝短，所生的叶大多不分裂；深裂的叶则生于健壮枝条上。

类似种

三叶海棠*Malus sieboldii*的叶分裂较浅；不丹海棠*Malus bhutanica*的叶仅偶有分裂，花也较大。

花叶海棠的叶 为椭圆形至卵形，长达5 cm（2 in），宽达4 cm（1½ in），不分裂或3—5深裂，常几乎裂至中脉处；顶端尖，边缘有锯齿，基部呈圆形至楔形，叶柄长达3 cm（1¼ in）；叶片幼时两面有细茸毛，后上表面变为深绿色，有光泽，下表面呈浅绿色，仍保留有毛，秋季变为黄色。

实际大小

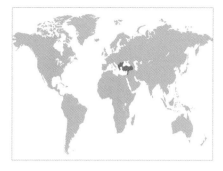

叶类型	单叶
叶 形	轮廓为阔卵形
大 小	达10 cm × 10 cm（4 in × 4 in）
叶 序	互生
树 皮	深灰色，裂成小块
花	白色，直径达4 cm（1½ in），具5枚花瓣，组成花簇
果 实	为略扁平的球形，直径达2 cm（¾ in），绿色或带红色
分 布	希腊，西南亚
生 境	树林和密灌丛

高达15 m
（50 ft）

432

枫棠
Malus trilobata
Malus Trilobata
(Labillardière) C. K. Schneider

枫棠为落叶乔木，树形呈锥状，有时为灌木状，夏季开花。本种在野外不常见，分布零散，在一些地区果实腌制后可食用。本种与意大利枫棠*Malus florentina*一样是非常独特的树种，在不同时期曾被分别归入梨属（*Pyrus*，同时有不少苹果属*Malus*的种也被归入此属）、山楂属*Crataegus*或花楸属*Sorbus*，或与其亲缘种意大利枫棠一起独立为枫棠属*Eriolobus*。本种树形紧密狭窄，花较大，秋色美丽，使之成为优良的景观树。

类似种

本种叶深裂，状如槭属*Acer*树种，非常独特，不易与苹果属其他种混淆。意大利枫棠的叶较小，分裂较浅，果实也较小。

枫棠的叶 轮廓为阔卵形，长宽均达10 cm（4 in）；叶片深裂，通常有3枚主裂片，它们又再分裂；裂片顶端尖，边缘有细齿，叶片基部呈心形，叶柄细，长达5 cm（2 in）；叶片上表面呈深绿色，有光泽，光滑，下表面呈灰色，有毛，秋季变为红色和紫红色。

实际大小

叶类型	单叶
叶形	阔卵形
大小	达12 cm × 7½ cm（4¾ in × 3 in）
叶序	互生
树皮	灰褐色，幼时光滑，老时裂成块状
花	白色，直径达3 cm（1¼ in），具5枚花瓣，近顶端带粉红色，组成花簇
果实	球形，直径达3 cm（1¼ in），绿色而带红色色调，花萼宿存
分布	日本
生境	多石的树林

高达15 m
（50 ft）

433

花楸海棠
Malus tschonoskii
Pillar Apple
(Maximowicz) C. K. Schneider

花楸海棠为落叶乔木，幼时树形呈狭锥状，老时变宽，幼枝密被灰色毛，晚春开花。尽管本种的花和果均不显眼，但秋色绚丽，树形狭窄，使之常见栽培，种植于路边和其他空间有限的地方。本种为一个独特的树种，曾被归于枫棠属*Eriolobus*或花楸海棠属*Docyniopsis*等几个不同的属。后一属名指其花的形态类似与之有亲缘关系的多依属*Docynia*的花。

类似种

滇池海棠*Malus yunnanensis*的花和果实较小。其叶大小与花楸海棠相似，下表面也有毛，但边缘具锐利的重锯齿或浅裂片。

花楸海棠的叶 为阔卵形，长达12 cm（4¾ in），宽达7½ cm（3 in）；顶端骤成短尖，边缘有锯齿，从中部以下向下渐狭为圆形的基部，叶柄长达3 cm（1¼ in）；叶片初生时为灰色，有毛，后上表面变为深绿色，近光滑，下表面密被灰色毛，秋季变为黄色、红色和紫红色。

实际大小

叶类型	单叶
叶 形	椭圆形至卵形
大 小	达14 cm×9 cm（5½ in×3½ in）
叶 序	互生
树 皮	灰褐色，片状剥落
花	白色或带粉红色，直径达1½ cm（⅝ in），具5枚花瓣，组成花簇
果 实	球形，直径达1½ cm（⅝ in），深红色并布有白点，花萼宿存
分 布	中国西南部，缅甸北部
生 境	山地的森林和河岸

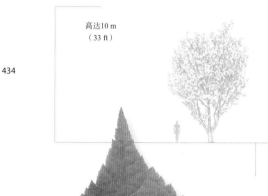

高达10 m
（33 ft）

434

滇池海棠
Malus yunnanensis
Malus Yunnanensis
(Franchet) C. K. Schneider

　　滇池海棠为落叶乔木，树形紧密，呈阔锥状至柱状，晚春开花。和花楸海棠*Malus tschonoskii*一样，本种曾被归于枫棠属*Eriolobus*或花楸海棠属*Docyniopsis*。叶的形状、毛被和锯齿均多变，可具浅到深的锯齿或裂片。一些类型的叶为阔卵形，具明显而规则的裂片，基部呈心形，曾被处理为变种川鄂海棠*Malus yunnanensis* var. *veitchii*。本种为引人瞩目的观赏树，果实和秋色均美丽。

类似种

　　西蜀海棠*Malus prattii*为与本种最近缘的另一个中国种，其叶不分裂，下表面光滑或近光滑。花楸海棠的叶不分裂，花和果实较大。

滇池海棠的叶　为椭圆形至卵形，长达14 cm（5½ in），宽达9 cm（3½ in）；顶端尖，边缘有锯齿、重锯齿至裂片，基部呈圆形至心形；初生时有毛，长成后上表面为灰绿色，有毛，或（在变种川鄂海棠中）为深绿色，无光泽，光滑，下表面有毛，秋季变为红色和紫红色。

实际大小

叶类型	单叶
叶 形	卵形至椭圆形或长圆形
大 小	达15 cm×5 cm（6 in×2 in）
叶 序	互生
树 皮	灰褐色，幼时光滑，后裂成鳞片状小块
花	白色，直径达5 cm（2 in），具5枚花瓣，有短梗，单生
果 实	近球形至略呈梨形，红褐色，顶端凹陷，有5枚明显的宿存萼裂片
分 布	东南欧，西南亚
生 境	树林和灌丛

高达8 m
（26 ft）

435

欧楂
Mespilus germanica
Medlar
Linnaeus

欧楂为落叶乔木，枝条有细茸毛，常有刺，树形开展，晚春至早夏开花。本种已被长期栽培，以获取其果实，但须在霜打（即经过霜冻之后变软）或贮藏之后才能食用，可生食或制成各式蜜饯后食用。为了获得更大的果实和无刺的枝条，已经选育出一些栽培类型；野生植株则通常更呈灌木状，叶和果实较小，枝条刺较多。欧楂属*Mespilus*仅有的另一种是红欧楂*Mespilus canescens*，该种产自美国堪萨斯州，据信是欧楂和山楂属*Crataegus*某种的杂种。

类似种

欧楂与山楂属有亲缘关系，和后者的区别在于花单生。欧楂果实形态独特，在果实存在的情况下不可能和其他任何树种混淆。

欧楂的叶 为卵形至椭圆形或长圆形，长达15 cm（6 in），宽达5 cm（2 in）；顶端呈圆形或短骤尖，边缘无锯齿或在近顶端有细锯齿，向基部渐狭，叶柄非常短；叶片上表面呈深绿色，叶脉明显，长成后略有毛至光滑；下表面呈灰绿色，有毛，秋季可变为黄色或红色。

实际大小

叶类型	单叶
叶 形	卵形至倒卵形
大 小	达16 cm×5 cm（6¼ in×2 in）
叶 序	互生
树 皮	灰色，光滑
花	白色，直径达1 cm（½ in），具5枚花瓣，组成密集的花簇
果 实	卵球形，亮红色，长至8 mm（⅜ in）；花梗粗糙，有小疣
分 布	不丹，中国，越南北部
生 境	山坡森林，谷地，河岸

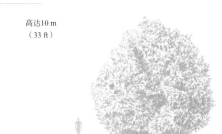

高达10 m
（33 ft）

436

中华石楠
Photinia beauverdiana
Photinia Beauverdiana

C. K. Schneider

中华石楠为落叶乔木，常从基部生出数枚茎，或为灌木状，树形开展，晚春开花。本种在中国部分地区为常见树种，叶片大小多变。叶和花簇特别大的植株曾被处理为变种厚叶中华石楠*Photinia beauverdiana* var. *notabilis*。本种和石楠属*Photinia*的其他落叶种类（包括毛叶石楠*Photinia villosa*）有时被处理为一个独立的属——落叶石楠属*Pourthiaea*。本种偶见被作为观赏树栽培，赏其花、果实和秋色。

类似种

在石楠属较为常见的落叶种类中，毛叶石楠的叶较小，花梗有毛。

中华石楠的叶 为卵形至倒卵形，长达16 cm（6¼ in），宽达5 cm（2 in）；顶端渐尖，边缘有细锯齿，向下渐狭为楔状的基部，叶柄长至1 cm（½ in）；叶片初生时略带粉红色或白色，有毛，长成后上表面呈深绿色，有光泽，下表面呈浅绿色，光滑，或沿脉有疏毛，秋季变为橙色或红色。

实际大小

叶类型	单叶
叶 形	椭圆形至长圆形或倒卵形
大 小	达20 cm×7 cm（8 in×2¾ in）
叶 序	互生
树 皮	红褐色，薄片状剥落
花	白色，直径达1 cm（½ in），具5枚花瓣，组成宽达15 cm（6 in）的宽平头状花簇
果 实	球形，红色，直径达6 mm（¼ in）
分 布	中国
生 境	森林，密灌丛，斜坡
异 名	*Photinia serrulata* Lindley

高达12 m
（40 ft）

437

石楠
Photinia serratifolia
Photinia Serratifolia

(Desfontaines) Kalkman

石楠为常绿乔木，有时具多于一枚茎。幼枝光滑，呈红色，树形呈球状至开展，晚春开花。本种虽有栽培，但它因是广泛种植的红叶石楠*Photinia × fraseri*的亲本之一而最为知名。红叶石楠的幼叶颜色鲜亮，十分常见。石楠幼树上的叶或成株基部枝条上的叶有较大的锯齿，颜色常较浅。

类似种

红叶石楠的各种类型为较小的乔木或大灌木。其叶较小，花常终年开放，花簇也较小。

石楠的叶 为椭圆形至长圆形或倒卵形，长达20 cm（8 in），宽达7 cm（2¾ in），质地为革质；顶端短渐尖，边缘有锐齿，向下渐狭为圆形或楔形的基部，叶柄长至3 cm（1¼ in）；叶片幼时为古铜色，或在幼树上为红色，长成后上表面为深绿色，有光泽，光滑，下表面为浅绿色，幼时沿中脉有毛，一些叶在凋落前变为亮红色。

实际大小

叶类型	单叶
叶形	倒卵形至椭圆形
大小	达8 cm×4 cm（3¼ in×1½ in）
叶序	互生
树皮	灰褐色，有浅裂纹
花	白色，直径达1 cm（½ in），具5枚花瓣，组成花簇
果实	近球形至卵球形，亮红色，有光泽，长约1 cm（½ in）；花梗粗糙，有疣突
分布	中国，朝鲜半岛，日本
生境	森林，丘坡，密灌丛，河岸

438

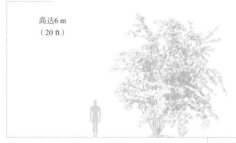

高达6 m
（20 ft）

毛叶石楠
Photinia villosa
Oriental Photinia

(Thunberg) A. P. de Candolle

毛叶石楠为落叶乔木，树形开展，常为灌木，春季开花。本种为一个分布广泛而多变的种，已经识别出几个变种。原变种*Photinia villosa* var. *villosa*的枝条、花梗和幼叶有密毛，但变种镰柄石楠*Photinia villosa* var. *laevis*和庐山石楠*Photinia villosa* var. *sinica*仅在幼时有毛，后变为几乎光滑。最为独特的类型是变型朝鲜石楠*Photinia villosa* f. *maximowicziana*，它产自朝鲜半岛，其叶几乎无柄，顶端圆，叶脉深陷。村荫（'Village Shade'）为朝鲜石楠选育的品种，被作为小乔木种植，在秋冬季赏其果实。

类似种

本种是石楠属*Photinia*的几个落叶树种中最知名的一种。中华石楠*Photinia beauverdiana*为较大的乔木，叶较大，花梗无毛。

实际大小

实际大小　　实际大小

毛叶石楠的叶　为倒卵形至椭圆形，长达8 cm（3¼ in），宽达4 cm（1½ in）；顶端通常渐狭为细尖头，边缘有锐齿，从中部以上向下渐狭为楔状的基部，叶柄短；叶片上表面呈深绿色，下表面呈浅绿色，幼时两面有毛，后下表面仍有毛，或仅在叶脉上有毛，秋季变为黄色、橙色和红色。

叶类型	单叶
叶 形	椭圆形至倒卵形
大 小	达10 cm × 4½ cm（4 in × 1¾ in）
叶 序	互生
树 皮	深灰褐色，幼时光滑，后在老时裂为鳞片状小块
花	白色，直径达2½ cm（1 in），具5枚花瓣，略有令人不快的气味，组成小伞形花序
果 实	核果，球形，直径2½ cm（1 in），表皮呈红色，果肉呈黄色
分 布	美国东部和中部，加拿大南部
生 境	树林，牧地，河岸

高达10 m
（33 ft）

美洲李
Prunus americana
American Plum
Marshall

美洲李为落叶小乔木，有刺，通常在低处分枝，树形开展，常为灌木状而形成广阔的密灌丛，靠地下茎蔓延，春季开花，先于叶开放。本种分布广泛，主产于北美洲东部，在落基山区则零散分布。果实虽酸，但可生食或烹食，亦可制成蜜饯。因花可观赏，果可食，常有栽培，为了改良果实品质已经选育出一些类型。

美洲李的叶 为椭圆形至倒卵形，长达10 cm（4 in），宽达4½ cm（1¾ in）；顶端狭渐尖，边缘有锐齿，常为重锯齿，基部呈圆形至楔形，叶柄长至2 cm（¾ in）；上表面呈深绿色，下表面呈浅绿色，两面光滑，秋季有时变为红色或黄色。

类似种

美洲李在北美洲有一些近缘种。墨西哥李*Prunus mexicana*叶下表面和枝条有细茸毛。加拿大李*Prunus nigra*的叶有圆齿，叶片基部有两个略呈红色的腺体。

实际大小　　　　　实际大小

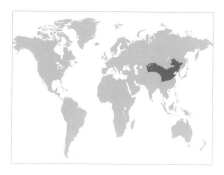

叶类型	单叶
叶 形	阔卵形至圆形
大 小	达9 cm × 6 cm（3½ in × 2½ in）
叶 序	互生
树 皮	灰褐色，有浅裂纹
花	白色或粉红色，直径达2½ cm（1 in），具5枚花瓣，在老枝上单生
果 实	即常见的杏，橙黄色或有红色色调，直径达4 cm（1½ in），表皮有细茸毛
分 布	中国北部，中亚
生 境	山坡森林

高达10 m
（33 ft）

440

杏
Prunus armeniaca
Apricot

Linnaeus

杏为落叶乔木，树形呈球状至开展，幼枝光滑，略带红色，春季开花，先于叶开放。本种被广泛栽培，特别是在有温暖夏季的地区。其果实可鲜食、晒干食用或制成蜜饯后食用。种子亦可食。栽培类型的果实通常比野生植株的果实大。变种野杏*Prunus armeniaca* var. *ansu*与原变种的不同之处在于花成对着生，叶基部呈楔形，果肉较干，可用于制作蜜饯。

类似种

比起杏来，桃*Prunus persica*与扁桃*Prunus dulcis*更为近缘；其不同之处在于叶狭窄，呈椭圆形至披针形。梅*Prunus mume*的幼枝呈绿色，有光泽。

实际大小

杏的叶 为阔卵形至圆形，长达9 cm（3½ in），宽达6 cm（2½ in）；顶端骤成短尖，边缘有小型圆齿，基部呈圆形至浅心形，叶柄略带红色，长达3 cm（1¼ in），上有1枚或更多的腺体，能分泌蜜汁，在叶片基部也有分布；叶片上表面呈深绿色，有光泽，光滑，下表面呈浅绿色，光滑，或在脉腋有丛毛。

叶类型	单叶
叶 形	卵形至倒卵形
大 小	达15 cm×6 cm（6 in×2½ in）
叶 序	互生
树 皮	红褐色，有光泽，层状剥落为水平的裂条
花	白色，直径达2½ cm（1 in），具5枚花瓣，在老枝上组成花簇
果 实	核果，为有光泽的红色至红黑色，有时为黄色，直径达1—2 cm（½—¼ in），味甜或苦
分 布	欧洲，西亚
生 境	树林

高达20 m
（65 ft）

欧洲甜樱桃
Prunus avium
Gean

Linnaeus

欧洲甜樱桃的野生植株在英文中也叫"Mazzard"或"Wild Cherry"（野樱桃），为落叶乔木，树形呈阔柱状，春季开花，先于幼叶开放或与幼叶同放。本种被广泛栽培，其果实即商品甜樱桃，通常生食。为了改良果实品质，已经选育出了大量类型，包括黑酸樱和马拉斯奇诺樱桃在内的酸樱桃则来自欧洲酸樱桃*Prunus cerasus*这个种。它仅见栽培，学界认为它是欧洲甜樱桃和灌木状的草原樱桃*Prunus fruticosa*的杂种。有些樱桃则产自欧洲甜樱桃和欧洲酸樱桃的杂种公爵樱桃*Prunus* × *gondouinii*。

类似种

欧洲酸樱桃为较小而有萌蘗条的乔木，或为灌木，叶较小，较有光泽，叶柄上常无腺体；其果实味酸，不为甜或苦味。

欧洲甜樱桃的叶 为卵形至倒卵形，长达15 cm（6 in），宽达6 cm（2½ in）；顶端短骤尖，边缘有锐齿；叶柄长达5 cm（2 in），在靠近圆形叶基的地方有2个明显的腺体；叶片幼时为古铜色，长成后上表面呈深绿色，无光泽，光滑，下表面呈浅绿色，沿脉有毛，秋季变为黄色或红色。

实际大小

叶类型	单叶
叶 形	椭圆形至长圆形
大 小	达10 cm×4 cm（4 in×1½ in）
叶 序	互生
树 皮	灰色，光滑或有浅裂纹
花	白色，直径达5 mm（¼ in），具5枚花瓣，在叶腋组成远比叶短的花簇
果 实	核果，近球形至卵球形，长至1½ cm（⅝ in），黑色
分 布	美国东南部，百慕大群岛
生 境	混交林地

高达10 m
（33 ft）

442

卡罗来纳桂樱
Prunus caroliniana
Carolina Laurelcherry

Aiton

卡罗来纳桂樱为常绿乔木，树形呈球状至开展，有时为大灌木，形成稠密灌丛，春季开花。本种在美国东南部被广泛种植，特别是作为屏障树或绿篱，现已在很多地区归化，以致原产地区不明。尽管鹿类会食用其幼叶，本种的枯叶或萎蔫的叶却有毒性，对食草植物可致命。本种的果实常在树上宿存至来年春季再次开花之时，可吸引鸟类为其散播种子。

类似种

葡萄牙桂樱*Prunus lusitanica*的叶有锯齿，花组成比叶长的总状花序。桂樱*Prunus laurocerasus*的叶较大，通常至少有几枚锯齿。

卡罗来纳桂樱的叶　为椭圆形至长圆形，长达10 cm（4 in），宽达4 cm（1½ in），揉碎后有强烈的杏仁气味；顶端渐尖，有时骤尖，边缘无锯齿，或偶有少数小锯齿，向下渐狭为楔形的基部，叶柄短，呈橙色至红色；叶片上表面呈深绿色，下表面呈浅绿色，两面光滑。

实际大小

叶类型	单叶
叶 形	卵形至披针形
大 小	达16 cm × 4 cm（6¼ in × 1½ in）
叶 序	互生
树 皮	灰褐色，粗糙，老时裂成块状
花	粉红色，直径达3 cm（1¼ in），具5枚花瓣，在老枝上单生
果 实	近球形至长圆形，直径达3½ cm（1⅜ in），表皮呈红色，果肉薄而干燥，成熟时不分裂
分 布	中国
生 境	山坡和谷地的森林和灌丛

高达10 m
（33 ft）

山桃
Prunus davidiana
David's Peach
(Carrière) Franchet

山桃也叫"野桃"，为落叶乔木，枝条光滑，大枝上耸至开展，春季开花，先于叶开放。尽管与桃*Prunus persica*近缘，但本种的果实干而无汁，味苦。不过，其种子在中国却供食用和入药，植株本身则用作嫁接桃树的砧木，抗病，耐寒。本种也被用于与桃进行杂交育种，使后者具备抗病性。本种花期早，已被作为观赏树种植，一些类型的花为白色。

类似种

山桃与桃和扁桃*Prunus dulcis*近缘。桃的果肉肉质多汁；扁桃的果实和山桃一样为干果，但成熟时开裂。

山桃的叶 为卵形至披针形，长达16 cm（6¼ in），宽达4 cm（1½ in）；顶端长渐尖，边缘有锯齿，基部呈圆形至楔形，叶柄长至2 cm（¾ in），通常有1或2个腺体；叶片上表面为深绿色，下表面为浅绿色，两面光滑。

实际大小

叶类型	单叶
叶 形	狭椭圆形至披针形
大 小	达12 cm × 4 cm（4¾ in × 1½ in）
叶 序	互生
树 皮	深灰褐色，起初光滑，老时裂为块状并有裂纹
花	浅粉红色或白色，直径达5 cm（2 in），具5枚花瓣，在老枝上单生或成对着生
果 实	卵球形至长球形，绿色，长达6 cm（2½ in），果肉干燥，表皮有绒毛，成熟时开裂
分 布	西南亚，东南欧，北非
生 境	干燥石坡

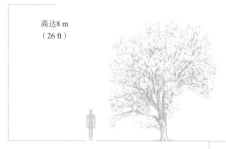

高达8 m
（26 ft）

444

扁桃
Prunus dulcis
Almond
(Miller) D. A. Webb

扁桃为落叶乔木，树形开展，早春开花，先于幼叶开放。本种栽培广泛，特别是在地中海地区和西亚。其种子可食，俗称"巴旦杏"或"大杏仁"，可生食或用于烹调或调味。扁桃有两种类型：原变种*Prunus dulcis* var. *dulcis*又叫甜扁桃，种仁可生食、用于烹调或制作扁桃仁蛋白糖；变种苦扁桃*Prunus dulcis* var. *amara*的种仁非常苦，有毒，有时也用于调味，但只能使用非常小的剂量。苦扁桃仁主要用于提取无毒的扁桃仁精油，系通过水蒸气蒸馏种仁制得。

类似种

桃*Prunus persica*与本种类似，但果实较大，肉质；山桃*Prunus davidiana*的果实干燥，成熟时不开裂。

扁桃的叶 为狭椭圆形至披针形，长达12 cm（4¾ in），宽达4 cm（1½ in）；顶端渐尖，边缘有细齿，基部呈阔楔形至圆形，叶柄长至2½ cm（1 in），生有多至3个腺体；叶片上表面为深绿色，下表面为浅绿色，两面光滑。

实际大小　　实际大小

叶类型	单叶
叶 形	卵形至长圆形
大 小	达14 cm × 4 cm（5½ in × 1½ in）
叶 序	互生
树 皮	灰色，光滑，有纤细的水平皮孔带，撕裂后有令人不快的气味
花	白色，芳香，直径达8 mm（⅜ in），具5枚花瓣，组成密集的直立总状花序；花序基部有叶
果 实	核果，近球形，直径达5 mm（¼ in），黑色
分 布	中国，日本
生 境	山坡和谷地的湿润树林

高达12 m
（40 ft）

445

灰叶稠李
Prunus grayana
Japanese Bird Cherry
Maximowicz

灰叶稠李为落叶乔木，树形呈球状至开展，晚春开花，晚于幼叶开放。李属*Prunus*中有一群树种，约有20种，大多数为中国的落叶乔木和灌木，具有由许多花组成的总状花序，有时被视为独立的属——稠李属*Padus*。灰叶稠李即其中一种。在日本，其花可煮食，未成熟的果实置于盐水中煮熟后亦可食。成熟的果实可用于制作果酱，或给果酒调味。其木材可用于雕刻或制作家具和工具把柄。

类似种

稠李*Prunus padus*常为较大的乔木，其腺体生于叶柄上，而不像灰叶稠李那样生于基部的叶片锯齿上。

实际大小

灰叶稠李的叶 为卵形至长圆形，长达14 cm（5½ in），宽达4 cm（1½ in）；顶端渐尖，边缘有细锯齿，基部的锯齿顶端有腺体，叶片基部呈圆形或略呈心形，叶柄长至1 cm（½ in）；叶片上表面呈深绿色至灰绿色，下表面呈浅绿色，两面光滑，仅下表面沿中脉有毛。

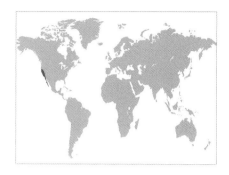

叶类型	单叶
叶形	卵形至圆形
大小	达5 cm×3 cm（2 in×1¼ in）
叶序	互生
树皮	灰褐色，幼时光滑，老时裂成小块
花	白色，直径达6 mm（¼ in），具5枚花瓣，在叶腋组成长达6 cm（2½ in）的总状花序
果实	核果，近球形至卵球形，长至1½ cm（⅝ in），成熟时由红色变为紫黑色
分布	美国加利福尼亚州，墨西哥西北部（下加利福尼亚）
生境	干燥斜坡的树林和灌丛

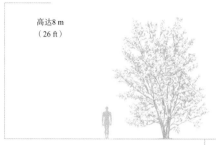

高达8 m
（26 ft）

446

枸骨叶桂樱
Prunus ilicifolia
Hollyleaf Cherry
(Nuttall ex Hooker & Arnott) D. Dietrich

枸骨叶桂樱为常绿小乔木，常为灌木，树形稠密，枝叶繁茂，球状，春季开花。原亚种*Prunus ilicifolia* subsp. *ilicifolia*见于北美洲大陆，而亚种海峡桂樱*Prunus* subsp. *lyonii*或独立为*Prunus lyonii*，见于加利福尼亚州海峡群岛和墨西哥下加利福尼亚。这一亚种的不同之处在于更常为乔木状，高可达15 m（50 ft），叶较大，常无锯齿，总状花序较长，可达12 cm（4¾ in）。在这两个亚种之间有中间类型。美洲原住民鲜食其果实，或将其晒干后食用，种子亦可用来磨粉。本种常被作为观赏树种植，特别是作为绿篱栽培。

类似种

卡罗来纳桂樱*Prunus caroliniana*的叶通常无锯齿，向基部渐狭；葡萄牙桂樱*Prunus lusitanica*开花较晚，叶有钝齿。

枸骨叶桂樱的叶 为卵形至圆形，长达5 cm（2 in），宽达3 cm（1¼ in）（在亚种海峡桂樱中可达10×6 cm，即4×2½ in）；质地为革质，边缘有刺齿（在海峡桂樱中常全缘）；上表面呈深绿色，有光泽，下表面呈浅绿色，两面光滑。

实际大小

叶类型	单叶
叶 形	椭圆形至倒卵形
大 小	达12 cm×5 cm（4¾ in×2 in）
叶 序	互生
树 皮	灰褐色，有水平的皮孔带
花	浅粉红色或白色，直径达3 cm（1¼ in），具5枚花瓣，顶端凹缺，组成花簇
果 实	核果小，直径约1 cm（½ in），成熟时由有光泽的红色变为紫红色或近黑色
分 布	中国，朝鲜半岛，日本
生 境	山地树林
异 名	*Prunus serrulata* var. *spontanaea*

高达20 m
（65 ft）

447

山樱花
Prunus jamasakura
Hill Cherry
(Maximowicz) E. H. Wilson

山樱花为落叶乔木，树形开展，春季开花，通常与幼叶同放。尽管本种最初描述自日本的植株，并在日本广泛栽培，但一些人相信它系从中国引种。本种在日本有数百年历史的樱花节期间是主要的观赏樱花之一。很多常见的日本樱花品种，花色从白色至粉红色，单瓣或重瓣，都怀疑有本种参与培育。

类似种

霞樱*Prunus verecunda* 或 *Prunus serrulata* var. *pubescens*与本种类似，但叶下表面有毛，有时上表面也有毛。

山樱花的叶 为椭圆形至倒卵形，长达12 cm（4¾ in），宽达5 cm（2 in）；顶端骤渐尖，边缘有锐齿，齿端常有腺体，基部呈圆形，叶柄在与叶片连接处附近有1或多个腺体；叶片在春季初生时为古铜色或红色，长成后上表面呈深绿色，下表面呈浅绿色，两面光滑，秋季变为红色。

实际大小　　　　实际大小

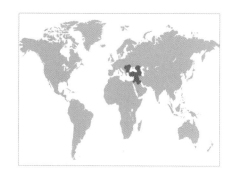

叶类型	单叶
叶 形	椭圆形至长圆形
大 小	达15 cm × 5 cm（6 in × 2 in）
叶 序	互生
树 皮	光滑，深灰褐色
花	白色，芳香，直径达8 mm（⅜ in），具5枚花瓣，在叶腋组成长达12 cm（4¾ in）的密集总状花序
果 实	核果，球形，直径达1⅓ cm（½ in），成熟时由红色变为有光泽的黑色
分 布	东南欧，西南亚
生 境	山地树林

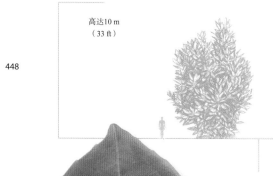

高达10 m
（33 ft）

448

桂樱
Prunus laurocerasus
Cherry Laurel
Linnaeus

　　桂樱为常绿乔木，树形呈球状至开展，常具多枚茎，或为灌木状，枝条光滑，呈绿色，春季开花。本种被广泛作为遮阴树、覆盖树和屏障树种植，常归化而成入侵植物。本种的树形、叶形和株高变异很大，已经选育出很多园艺类型，树形常较矮，稠密，或有小型的叶，被作为观赏灌木种植。植株大多数部位特别是种子有毒，但有时以小剂量入药。

类似种

　　桂樱最常与葡萄牙桂樱*Prunus lusitanica*混淆，后者夏季开花，花期晚得多，总状花序长于叶，叶柄为红色，叶片下表面无腺体，芽略带红色，至少在阳光照射的一面如此。

桂樱的叶　为椭圆形至长圆形，长达15 cm（6 in），宽达5 cm（2 in），一些园艺品种的叶要小得多；顶端骤成短尖，边缘通常至少在近顶端处有浅齿，有时无锯齿，特别是在很多园艺品种中，基部呈圆形或楔形，叶柄短，绿色，粗壮，长约1 cm（½ in）；叶片质地为革质，上表面呈深绿色或浅绿色，光滑，下表面呈浅绿色，两面光滑，下表面在近中脉处有2个或多个深色的腺体。

实际大小

叶类型	单叶
叶 形	卵形至椭圆形
大 小	达12 cm × 5 cm（4¾ in × 2 in）
叶 序	互生
树 皮	灰褐色，光滑
花	白色，芳香，直径达1 cm（½ in），具5枚花瓣，组成长达25 cm（10 in）的总状花序
果 实	核果，卵球形，长至1 cm（½ in），成熟时由红色变为紫红色，再变为有光泽的黑色
分 布	法国西南部，西班牙，葡萄牙，摩洛哥
生 境	阴暗的冲沟

高达10 m
（33 ft）

葡萄牙桂樱
Prunus lusitanica
Portugal Laurel

Linnaeus

葡萄牙桂樱为常绿乔木，树形稠密，枝叶繁茂，开展，常具多于一枚茎，或为灌木状。幼枝光滑，至少在阳光照射的一面略呈红色。夏季开花。在亚速尔群岛，原亚种*Prunus lusitanica* subsp. *lusitanica*被亚种亚速尔桂樱*Prunus lusitanica* subsp. *azorica*取代，后者的不同之处在于叶较短宽，总状花序较短，约与叶等长，或较叶短。葡萄牙桂樱常被作为观赏乔木、灌木或绿篱种植，有时归化。它在法国非常罕见，仅在比利牛斯山区有唯一一个小居群。本种在庭园中种植的品种有**香桃木叶**（'Myrtifolia'）和**花叶**（'Variegata'），前者树形稠密，枝叶繁茂，呈锥状，叶小型；后者叶片边缘是乳白色。

类似种

葡萄牙桂樱与桂樱*Prunus laurocerasus*形似，但不同之处在于枝条和叶柄略呈红色，叶下表面无腺体。

葡萄牙桂樱的叶 为卵形至椭圆形，长达12 cm（4¾ in），宽达5 cm（2 in）；顶端尖，边缘有浅钝齿，基部呈圆形，叶柄略呈红色，长至3 cm（1¼ in）；上表面为深绿色，有光泽，下表面为浅绿色，两面无腺体，光滑。

实际大小

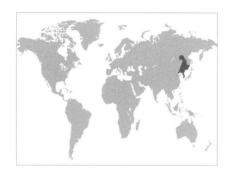

叶类型	单叶
叶 形	卵形至椭圆形
大 小	达11 cm×5 cm（4¼ in×2 in）
叶 序	互生
树 皮	黄褐色，光滑，有水平的皮孔带，层状剥落成水平的薄条
花	白色，芳香，直径达1 cm（½ in），在老枝上组成长达7 cm（2¾ in）总状花序；花序基部无叶
果 实	核果，球形，直径达6 mm（¼ in），黑色，有光泽
分 布	中国东北部，朝鲜半岛，俄罗斯东部
生 境	山地的开放树林和河岸

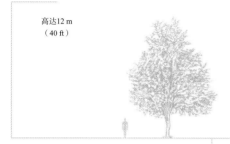

高达12 m
（40 ft）

450

山桃稠李
Prunus maackii
Manchurian Cherry
Ruprecht

山桃稠李也叫斑叶稠李，在英文中也叫"Amur Cherry"（阿穆尔樱），为落叶乔木，树形呈阔锥状至开展，幼枝有毛，不久变光滑，春季开花，与幼叶同放。尽管本种的花不显眼，但因为树皮层状剥落，也引人注目，在庭园中常见。本种在广义李属*Prunus*中的亲缘关系长期有疑问。尽管它曾被认为与桂樱*Prunus laurocerasus*或稠李*Prunus padus*有关联，但也曾被置于靠近黑樱桃*Prunus maximowiczii*的位置，后者是一种真正的樱类树种，在野外可以和山桃稠李杂交。

类似种

本种的总状花序类似稠李，然而它与后者及其大多数亲缘种的不同之处在于总状花序基部无叶。

山桃稠李的叶 为卵形至椭圆形，长达11 cm（4¼ in），宽达5 cm（2 in）；顶端渐尖，有时骤尖，边缘有细而锐利的锯齿，基部呈圆形至阔楔形，叶柄长至1½ cm（⅝ cm），在其顶端或叶片基部有2个腺体；叶片上表面为深绿色，下表面为浅绿色，布有腺点，至少幼时两面光滑，仅沿脉有毛。

实际大小

叶类型	单叶
叶 形	阔卵形至圆形
大 小	达6 cm×5 cm（2½ in×2 in）
叶 序	互生
树 皮	灰褐色，有水平的皮孔带
花	白色，非常芳香，直径达2 cm（¾ in），具5枚花瓣，在老枝上组成长至5 cm（2 in）的总状花序
果 实	核果，近球形至卵球形，长至6 mm（¼ in），成熟时由红色变为有光泽的黑色
分 布	中南欧、西南亚、摩洛哥
生 境	冲沟和石坡

高达10 m
（33 ft）

451

圆叶樱桃
Prunus mahaleb
Saint Lucie Cherry

Linnaeus

圆叶樱桃为落叶乔木，树形疏松开展，常为灌木状，幼枝为灰色，有毛，春季开花。种子曾用于治疗疟疾，并可制阿司匹林。种子的芳香提取物可为利口酒调味，也可用于制作在宗教节日食用的面包和糕点。本种的花芳香，常被作为观赏树种植，也被用作嫁接商品樱桃树的砧木，特别是在干旱地区。

类似种

圆叶樱桃通常不会和其他种混淆。其叶为圆形，非常独特，这使本种通常易于识别。

圆叶樱桃的叶　为阔卵形至圆形，长达6 cm（2½ in），宽达5 cm（2 in）；顶端骤成短而钝的尖头，边缘有细齿，基部呈圆形或浅心形，叶柄长至2 cm（¾ in），通常在靠近与叶片连接的地方有2个腺体；叶片上表面呈绿色，有光泽，光滑或近光滑，边缘常上卷，下表面呈浅绿色，中脉两侧有毛。

实际大小　　　　　实际大小

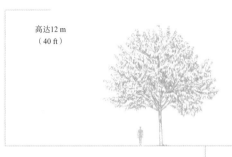

叶类型	单叶
叶 形	倒卵形至椭圆形
大 小	达8 cm×3 cm（3¼ in×1¼ in）
叶 序	互生
树 皮	灰色，光滑
花	白色，芳香，直径达2 cm（¾ in），具5枚花瓣，在老枝上组成长达5 cm（2 in）的半球形花簇
果 实	核果，近球形至卵球形，长至8 mm（⅜ in），成熟时由红色变为有光泽的黑色
分 布	中国，朝鲜半岛，俄罗斯东部，日本
生 境	山地森林

452

高达12 m
（40 ft）

黑樱桃
Prunus maximowiczii
Korean Cherry

Ruprecht

黑樱桃的叶 为倒卵形至椭圆形，长达8 cm（3¼ in），宽达3 cm（1¼ in）；顶端渐狭成细尖头，边缘有锐齿，常为重锯齿，基部呈楔形至圆形，叶柄有细茸毛，长至1½ cm（⅝ in），通常有2个腺体；叶片上表面呈绿色，有光泽，光滑，下表面呈浅绿色，沿中脉两侧有毛。

黑樱桃在英文中也叫"Miyama Cherry"（深山樱桃），为落叶乔木，树形开展，幼枝有毛，春季开花，与幼叶同放。本种为真正的樱类树种之一，这类树种有时一起独立为樱属*Cerasus*。本种在东亚特别是中国有很多近缘种，在欧洲树种中与圆叶樱桃*Prunus mahaleb*近缘，并可和山桃稠李*Prunus maackii*形成天然杂种。本种主要见于冷凉的山区，生于林隙地带。

类似种

黑樱桃每朵花的花梗基部都有苞片，苞片为叶状，但无柄，在结果时仍宿存，非常独特，通常可以借此识别本种。

实际大小　　　　　实际大小

叶类型	单叶
叶 形	圆形至卵形或倒卵形
大 小	达8 cm×5 cm（3¼ in×2 in）
叶 序	互生
树 皮	灰褐色，光滑，后有裂纹
花	粉红色或白色，芳香，直径达3 cm（1¼ in），有短梗，单生或成对着生
果 实	核果，近球形，黄色或略带绿色，直径达3 cm（1¼ in），表皮有细茸毛，成熟时不开裂
分 布	中国
生 境	山地的森林、灌丛、河岸

高达10 m
（33 ft）

453

梅
Prunus mume
Japanese Apricot
Siebold & Zuccarini

梅为落叶乔木，树形呈球状至开展，幼时光滑，为绿色，有光泽，晚冬和春季开花。尽管本种的日本品种最为知名，但学界认为它系在2000多年前从中国引入日本的。本种如今已被广泛栽培，选育出了大量类型，花有白色、粉红色或红色，单瓣或重瓣。还有很多类型也针对其果实而选育；其花一般为单瓣，白色。本种的果实可烹食或腌制后食用，或用于给酒饮调味。有些类型很可能是梅和杏*Prunus armeniaca*的杂种。

类似种

梅与桃*Prunus persica*的不同之处在于幼枝呈绿色，叶相对较宽。扁桃*Prunus dulcis*的叶狭窄，果实干燥，成熟时开裂。

梅的叶 为圆形至卵形或倒卵形，长达8 cm（3¼ in），宽达5 cm（2 in）；顶端骤渐尖，边缘有细齿，基部呈圆形至阔楔形，叶柄长达2 cm（¾ in），幼时有细茸毛；叶片初生时两面有毛，长成后上表面为很暗的绿色至灰绿色，光滑，下表面呈浅绿色，沿中脉有毛。

实际大小　　　　实际大小

叶类型	单叶
叶 形	椭圆形至倒卵形
大 小	达12 cm×6 cm（4¾ in×2½ in）
叶 序	互生
树 皮	深灰褐色，光滑
花	白色，芳香，直径达1 cm（½ in），组成长达15 cm（6 in）以上的总状花序，花序基部有叶
果 实	核果，球形，直径达8 mm（⅜ in），黑色，有光泽
分 布	欧洲，北亚
生 境	森林，河岸

高达15 m
（50 ft）

454

稠李
Prunus padus
Bird Cherry
Linnaeus

稠李为落叶乔木，幼时树形呈锥状，老时变开展，春季开花，与幼叶同放。本种为分布非常广泛的树种，从西欧一直到日本均有分布。除毛被外变异程度不大，中国北部的变种毛叶稠李*Prunus padus* var. *pubescens*的叶下表面密被褐色毛。本种为常见的观赏树，有不少选育型，其中一些的花为粉红色。其果实小，非常苦，但曾用于给酒饮调味。

类似种

灰叶稠李*Prunus grayana*的腺体在叶片基部，而不像稠李那样在叶柄上。野黑樱*Prunus serotina*的叶为绿色，有光泽。

稠李的叶 为椭圆形至倒卵形，长达12 cm（4¾ in），宽达6 cm（2½ in）；顶端短骤尖，边缘有细齿，基部呈阔楔形至圆形，叶柄长达2 cm（¾ in），通常有2枚腺体；叶片上表面呈深绿色，无光泽，下表面呈蓝绿色，两面光滑，或在下表面脉腋处有丛毛（一些东亚类型的毛可更多），秋季变为黄色或红色。

实际大小

叶类型	单叶
叶 形	卵形至披针形
大 小	达14 cm×3 cm（5½ in×1¼ in）
叶 序	互生
树 皮	红褐色，有光泽，光滑，层状剥落成水平的裂条，有皮孔带
花	白色，直径达1 cm（½ in），具5枚花瓣，在老枝上组成小伞形花序
果 实	核果，球形，直径达8 mm（⅜ in），红色，有光泽
分 布	美国北部，加拿大南部
生 境	森林，林中空地，硬叶灌丛，密灌丛

高达10 m
（33 ft）

针樱桃
Prunus pensylvanica
Pin Cherry
Linnaeus Fils

针樱桃为速生而寿命相对不长的落叶乔木，树形呈球状，有时为灌木状，通过从基部生出新条而形成密灌丛，春季开花，与幼叶同放。种子在土壤中可多年保持活性，在扰动之后形成的空旷地区可迅速萌发，占领这一地域。因为能够占据在森林火灾之后的空地，本种在英文中也叫"Fire Cherry"（火樱桃）。本种的叶、树皮和果实都是野生动物的重要食物来源。落基山的植株为灌木状，已被处理为变种石山樱桃*Prunus pensylvanica* var. *saximontana*。

类似种

西美苦樱桃*Prunus emarginata*产自北美洲西部，为本种的亲缘种，其叶在中部以上最宽，花瓣顶端有凹缺，果实呈红色，后变为黑色。

针樱桃的叶 为卵形至披针形，长达14 cm（5½ in），宽达3 cm（1¼ in）；顶端渐尖，边缘有顶端具腺体的锐齿，基部呈圆形，叶柄长至1 cm（½ in），通常在与叶片的连接处附近有2个腺体；叶片上表面呈亮绿色，有光泽，下表面呈浅绿色，两面光滑或近光滑，秋季变为黄色或红色。

实际大小   实际大小

叶类型	单叶
叶 形	披针形
大 小	达15 cm × 3½ cm（6 in × 1⅜ in）
叶 序	互生
树 皮	灰褐色，光滑，有许多皮孔，老时裂成块状
花	浅粉红色或白色，直径达4 cm（1½ in），具5枚花瓣，花梗非常短，在老枝上单生或有时成对着生
果 实	核果，卵球形至近球形，略呈绿色至橙黄色，常带红色，直径达10 cm（4 in）以上，果肉多汁
分 布	栽培
生 境	缺

高达8 m
（26 ft）

456

桃
Prunus persica
Peach
(Linnaeus) Batsch

桃是知名树种，为落叶乔木，树形开展，枝条光滑，绿色，在阳光照射的一面带红色，春季开花。尽管本种曾推测原产于中国，并已在那里栽培了数千年，但现在认为它已经不再有野生植株。桃在中国文化中是非常重要的树种，传说中经常提及，绘画上也常有表现。现全世界均有栽培，花供观赏，有白色、粉红色、红色等，单瓣或重瓣，果实又可食。油桃是桃的一个类型，果皮光滑。

类似种

山桃*Prunus davidiana*的果肉干燥，味苦。扁桃*Prunus dulcis*的果实干燥，成熟时开裂。

桃的叶 为披针形，长达15 cm（6 in），宽达3½ cm（1⅜ in）；顶端长渐尖，边缘有细齿，基部呈楔形，叶柄长达2 cm（¾ in），具1或多个腺体；叶片上表面呈深绿色，有光泽，下表面呈浅绿色，两面光滑或近光滑。

实际大小

叶类型	单叶
叶 形	椭圆形至倒卵形
大 小	达12 cm×6 cm（4¾ in×2½ in）
叶 序	互生
树 皮	红褐色，有光泽，具水平皮孔带
花	浅粉红色，直径达4 cm（1½ in），具5枚花瓣，由多至6朵花组成无梗的伞形花序
果 实	核果，卵球形至近球形，长1 cm（½ in），紫黑色，有光泽
分 布	日本，俄罗斯东部（萨哈林岛）
生 境	森林

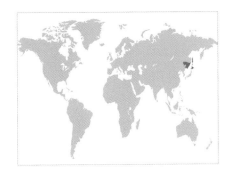

高达20 m
（65 ft）

457

大山樱
Prunus sargentii
Sargent Cherry

Rehder

大山樱为落叶乔木，树形宽展，枝条光滑，呈红色，春季开花，与幼叶同放。本种为庭园所植樱花中最常见、最优良的种类之一，花绚烂，幼叶为红色，秋色美丽，因此被广泛栽培。它也是庭园中种植的一些杂种樱花如**嘉奖**樱（*Prunus* 'Accolade'）和**豆山**樱（*Prunus* 'Hillieri'）的亲本。种加词*sargentii*纪念的是查尔斯·萨金特（Charles Sargent），他是位于美国马萨诸塞州波士顿的阿诺德树园的第一任园主任，于1892年在日本采得本种的种子。

类似种

山樱花*Prunus jamasakura*与大山樱类似，但为较小的乔木，花组成伞房花序而非伞形花序。

大山樱的叶 　为椭圆形至倒卵形，长达12 cm（4¾ in），宽达6 cm（2½ in）；顶端骤成渐狭的细尖头，边缘有锐齿，基部呈圆形，叶柄长达2½ cm（1 in），通常在与叶片的连接处附近有2个腺体；叶片幼时呈红色，长成后上表面呈深绿色，有光泽，下表面呈浅绿色，两面光滑，秋季变为橙色和红色。

实际大小

实际大小

叶类型	单叶
叶 形	椭圆形至披针形
大 小	达15 cm × 4 cm（6 in × 1½ in）
叶 序	互生
树 皮	灰褐色，幼时光滑，老时裂为鳞片状小块
花	白色，直径达1 cm（½ in），具5枚花瓣，组成长达15 cm（6 in）的纤细总状花序，花序基部有叶
果 实	核果，近球形，直径达1 cm（½ in），成熟时由红色变为有光泽的黑色，花萼宿存
分 布	美国东部，加拿大东南部，墨西哥，危地马拉
生 境	森林

高达30 m
（100 ft）

458

野黑樱
Prunus serotina
Black Cherry
Ehrhart

野黑樱在英文中也叫"Rum Cherry"（朗姆樱），因为其果实可食，过去被用于给朗姆酒调味。本种为速生落叶大乔木，树形呈阔柱状，叶和树皮有芳香气味，晚春或早夏开花，晚于叶开放。本种为北美洲原产的广义李属树种中最高大的一种，木材结实，质地优良，常被用于制作家具和饰面板，或用于镶板工艺。本种分布区大，在整个分布范围内为一个多变的种，已经描述了数个亚种，在枝条的毛被特征上有变异。中美野黑樱*Prunus serotina* subsp. *capuli*产自墨西哥南部和危地马拉，其果实特别大，在原产地区供食用。

类似种

稠李*Prunus padus*叶为绿色，无光泽，果实成熟前花萼已脱落。北美稠李*Prunus virginiana*为树形小得多的乔木或灌木，叶有锐齿，花萼脱落。

野黑樱的叶　为椭圆形至披针形，长达15 cm（6 in），宽达4 cm（1½ in）；顶端尖，边缘有浅而钝的锯齿，从中部以上向下渐狭，基部有2个小腺体，叶柄长达2½ cm（1 in）；叶片上表面呈深绿色，有光泽，光滑，下表面呈浅绿色，有光泽，中脉两侧有略呈褐色的毛，秋季变为黄色或红色。

实际大小

叶类型	单叶
叶 形	椭圆形至披针形
大 小	达10 cm × 3 cm（3 in × 1¼ in）
叶 序	互生
树 皮	光滑，红褐色，有光泽，层状剥落为水平的裂条，并布有皮孔带
花	白色，直径达1½ cm（⅜ in），具5枚花瓣，在老枝上单生或2至3朵组成花簇
果 实	核果，卵球形，红色，长约1 cm（½ in）
分 布	中国西部
生 境	山坡森林

高达12 m
（40 ft）

细齿樱桃
Prunus serrula
Tibetan Cherry

Franchet

细齿樱桃在英文中也叫"Birch Bark Cherry"（桦皮樱桃）或"Paperbark Cherry"（纸皮樱桃），为落叶乔木，树形呈球状，春季开花，与幼叶同放。由于本种树皮层状剥落，引人瞩目而颜色绚丽，使本种成为最优良的冬季观赏树之一。其幼树树皮最有观赏性，老时其上的皮孔带则逐渐增多。有些植株仍使用"西藏细齿樱桃"*Prunus serrula* var. *tibetica*之名，因为它们在早期引种时被鉴定为这个变种，但这一类型现在已不再认为具有值得识别为变种的形态独特性。本种的茎可作为砧木嫁接各种樱花，这样植株可同时有美丽的花和树皮。

类似种

本种在喜马拉雅地区有亲缘种红毛樱桃*Prunus rufa*，其也有层状剥落的树皮，但为深得多的巧克力褐色。山桃稠李*Prunus maackii*的树皮为略呈黄色的浅褐色，叶较宽，花簇由更多的花组成。

细齿樱桃的叶 为椭圆形至披针形，长达10 cm（4 in），宽达3 cm（1¼ in）；顶端为细长的渐尖头，边缘有细齿，基部呈楔形至圆形，在与叶柄的连接处附近有腺体，叶柄长至1 cm（½ in）；叶片上表面呈深绿色，光滑或近光滑，下表面呈浅绿色，光滑或沿脉略有毛。

实际大小

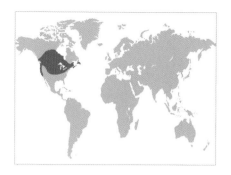

叶类型	单叶
叶 形	卵形至阔椭圆形或倒卵形
大 小	达10 cm×5 cm（4 in×2 in）
叶 序	互生
树 皮	深灰褐色，光滑，后略成鳞片状
花	白色，直径达1⅓ cm（½ in），具5枚花瓣，在叶腋组成长达10 cm（4 in）的总状花簇
果 实	核果，近球形，直径至1 cm（½ in），深红色或黑色，花萼脱落
分 布	美国，加拿大，墨西哥北部
生 境	湿润地，开放树林，密灌丛，溪岸

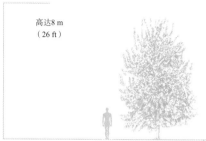

高达8 m
（26 ft）

460

北美稠李
Prunus virginiana
Chokecherry
Linnaeus

北美稠李为落叶乔木，树形呈球状，常为靠根状茎蔓延的灌木，可形成密灌丛，晚春至早夏开花，晚于叶开放。果实味苦，故本种英文名为"Chokecherry"（噎人樱桃），但可生食或用于制成蜜饯、糖浆及酿造果酒。美洲原住民以果实入药，还与动物油及野牛肉混合，做成一种有营养而便于携带的干肉饼。原变种*Prunus virginiana* var. *virginiana*果实呈红色，主要分布于北美洲东部。其他变种还有西美稠李*Prunus virginiana* var. *demissa*和黑稠李*Prunus virginiana* var. *melanocarpa*。前者叶基部呈心形，下表面有毛，果实红色，产于美国加利福尼亚州和内华达州；后者果实呈黑色，广泛分布于北美洲西部。

类似种

稠李*Prunus padus*为较大的乔木，叶呈绿色，无光泽；野黑樱*Prunus serotina*为树型大得多的乔木，叶有钝齿，果实上有宿存花萼。

实际大小

北美稠李的叶 为卵形至阔椭圆形或倒卵形，长达10 cm（4 in），宽达5 cm（2 in）；顶端短骤尖，边缘有锐齿，基部呈圆形，叶柄细，长达2 cm（¾ in），在与叶片连接处附近有2个腺体；叶片上表面呈深绿色，有光泽，光滑，下表面呈浅绿色，脉腋处有毛，秋季变为黄色和橙色。

叶类型	单叶
叶　形	阔椭圆形至卵形
大　小	达8 cm×6 cm（3¼ in×2½ in）
叶　序	互生
树　皮	光滑，片状剥落，形成灰、褐、乳黄、白和绿色的不规则斑块
花	粉红色，直径达3 cm（1¼ in），具5枚花瓣，有短梗，在老枝上单生
果　实	卵球形，长达15 cm（6 in），芳香，成熟时由绿色变为黄色
分　布	中国
生　境	山坡

高达10 m
（33 ft）

461

木瓜
Pseudocydonia sinensis
Chinese Quince
(Dumont de Courset) C. K. Schneider

木瓜为落叶乔木，或有时为半常绿性，树形呈球状，有时具多枚茎或为灌木状，春季开花。本种偶有栽培，赏其片状剥落的树皮和果实。其果实大而重，可生食或烹食，或制成蜜饯。本种应该正确地归于哪个属一直有很大争论。它最初被描述为苹果属*Malus*的一个种，后来又曾被置于梨属*Pyrus*、榅桲属*Cydonia*和木瓜海棠属*Chaenomeles*。

类似种

木瓜与榅桲*Cydonia oblonga*的不同之处在于叶有锯齿，果实上无花萼（榅桲属的花萼宿存）。与木瓜海棠属的不同之处在于植株为乔木状，花单生。其树皮片状剥落，则与这两个属均有区别。

木瓜的叶　为阔椭圆形至卵形，长达8 cm（3¼ in），宽达6 cm（2½ in）；顶端钝尖，边缘有细而锐的锯齿，齿尖有腺体，基部呈圆形至阔楔形，叶柄长至1 cm（½ in）；叶片上表面为深绿色，光滑，下表面幼时有毛，后变光滑，秋季可变为红色。

实际大小

叶类型	单叶
叶 形	披针形至椭圆形或倒卵形
大 小	达8 cm × 3 cm（3¼ in × 1¼ in）
叶 序	互生
树 皮	灰色，深裂为小方块
花	白色，直径达2½ cm（1 in），具5枚花瓣，由多达12朵花组成花簇
果 实	近球形，直径达3 cm（1¼ in），绿色至红褐色，花萼宿存
分 布	南欧，西南亚
生 境	石坡

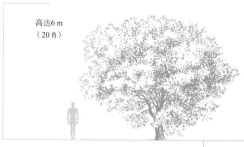

高达6 m
（20 ft）

462

桃叶梨
Pyrus amygdaliformis
Almond-leaved Pear

Villars

桃叶梨的叶 为披针形至椭圆形或倒卵形，稀有浅裂，长达8 cm（3¼ in），宽达3 cm（1¼ in）；顶端圆至骤尖，边缘全缘或有浅齿，基部呈圆形至楔形，叶柄长达5 cm（2 in）；叶片幼时略呈灰色，有丝状毛，后上表面变为深绿色，有光泽，两面光滑或近光滑。

桃叶梨为落叶乔木，树形呈阔柱状至球状，常为灌木。枝条幼时为灰色，有毛，有时顶端有锐利的刺。春季开花。果实小，偶有食用，植株曾在干旱地区被用作嫁接商品梨树的砧木。本种叶的大小和形状高度可变，曾描述了多个变种，其中一些可能是和梨属*Pyrus*其他种的杂种。有人认为本种的正确学名应该是*Pyrus spinosa*。

类似种

梨属的其他大多数种的叶较宽，有锯齿。柳叶梨*Pyrus salicifolia*的叶也狭窄，但顶端尖，长成后下表面仍保留有毛。

实际大小　　　　　实际大小

叶类型	单叶
叶 形	卵形
大 小	达8 cm × 4 cm（3¼ in × 1½ in）
叶 序	互生
树 皮	灰褐色，裂为小方块
花	白色，直径达2 cm（¾ in），具5枚花瓣和细而有毛的花梗，由多达15朵花组成花簇
果 实	球形，直径至1 cm（½ in），红褐色，有浅色斑点，花萼脱落
分 布	中国北部，老挝
生 境	开放斜坡和平原

高达10 m
（33 ft）

杜梨
Pyrus betulifolia
Pyrus Betulifolia

Bunge

杜梨为落叶乔木，枝条幼时呈灰色，有毛，老枝顶端常有刺。树形开展，大枝略下垂，春季开花。本种非常耐寒、耐旱，常被用作商品梨树的砧木，特别是用来嫁接沙梨*Prus pyrifolia*，也曾用来培育抗病性强的砧木。尽管果实太小，不堪利用，但本种常被作为观赏树种植，赏其优雅的树形。本种很适合在寒冷干旱的地区栽培。

杜梨的叶 为卵形，长达8 cm（3¼ in），宽达4 cm（1½ in）；顶端渐尖，边缘有锐齿，基部通常呈楔形，有时呈圆形，叶柄有毛，长达3 cm（1¼ in）；叶片幼时两面为灰色，有毛，后上表面变为深绿色，有光泽，光滑，下表面为浅绿色，有疏毛。

类似种

本种叶有毛，果实小，花萼脱落，凭此可以识别。沙梨为较大的乔木，叶较大，基部呈圆形，果实也较大。

实际大小　　实际大小

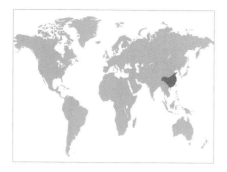

叶类型	单叶
叶 形	阔卵形至近圆形
大 小	达8 cm × 6 cm（3¼ in × 2½ in）
叶 序	互生
树 皮	灰色，有裂纹
花	白色，直径达2 cm（¾ in），具5枚花瓣和光滑的花梗，由多达12朵花组成花簇
果 实	球形，直径至2 cm（¾ in），初为浅红褐色，后变为深褐色，有浅色斑点，花萼脱落
分 布	中国
生 境	丘坡的森林和灌丛

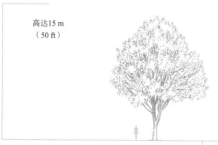

高达15 m
（50 ft）

464

豆梨
Pyrus calleryana
Callery Pear
Decaisne

豆梨的叶 为阔卵形至近圆形，长达8 cm（3¼ in），宽达6 cm（2½ in）；顶端骤渐尖，边缘有钝齿，基部呈圆形至阔楔形，叶柄光滑，长达4 cm（1½ in）；上表面为深绿色，有光泽，光滑，下表面为浅绿色，幼时光滑或有疏毛，秋季变为橙色、红色和紫红色。

豆梨为落叶乔木，树形呈球状，春季开花，先于幼叶开放或与幼叶同放。幼枝起初有毛，不久变光滑；老枝顶端常有刺。本种常被用作嫁接沙梨*Pyrus pyrifolia*或其选育型的砧木。本种在园艺上曾一直鲜为人知，直至20世纪60年代，庭园中引入其无刺而枝条上耸的园艺类型之后，如今它已经成为北美洲最常见栽培的树木之一，但因为寿命原因，最常种植的株系可能会在20年后枯死折断。这一株系在生殖上自交不亲和（即植株自体不能授粉，需要遗传上不同的另一株系的植株为它传粉），所以不会结果。更多选育类型的引入则可让本种结出大量果实。如今，本种在很多地区已经成为入侵植物。

类似种

川梨*Pyrus pashia*幼叶有密毛，幼树或健壮枝条上的幼叶常深裂。沙梨叶有锐齿，基部常为心形。西洋梨*Pyrus communis*的果实较大，呈梨形，花萼宿存。

实际大小

叶类型	单叶
叶 形	椭圆形至卵形或近圆形
大 小	达10 cm×5 cm（4 in×2 in）
叶 序	互生
树 皮	灰褐色，裂为小方块
花	白色，直径达3 cm（1¼ in），具5枚花瓣，组成花簇，先于幼叶开放
果 实	梨形至球形，直径达15 cm（6 in），黄色或带红色至红褐色，花萼宿存
分 布	欧洲，西亚
生 境	多为栽培

高达15 m
（50 ft）

465

西洋梨
Pyrus communis
Common Pear

Linnaeus

西洋梨为落叶乔木，树形呈阔锥状至球状，枝条很快变光滑，顶端常有刺，春季开花。本种为广泛种植的果树，果实可生食或烹食，或用来酿酒，但本种的起源尚不清楚。它可能是由野生梨属*Pyrus*树种经过选育和杂交驯化而成，尽管在野外也可见，但这些"野生"植株常系从庭园中逸生。除果实之外，本种的木材亦有用，可用于制造乐器，用于雕版印刷和烧炭，或用作薪柴。为获得可食果实而种植的常见品种有**博斯克黄油皮**（'Beurré Bosc'）、**安茹黄油皮**（'Beurré d'Anjou'）、**耐寒黄油皮**（'Beurré Hardy'）、**协和**（'Concorde'）、**大会**（'Conference'）、**科米斯女主教**（'Doyenné du Comice'）和**威廉斯邦克雷先**［'Williams Bon Chrétien'，又名**巴特列**（'Bartlett'）］等。**水青冈丘**（'Beech Hill'）则是观赏品种，其枝条上耸。

类似种

梨树的另一种果树是沙梨*Pyrus pyrifolia*，其叶有锐齿，果期花萼脱落。

西洋梨的叶 为椭圆形至卵形，或近圆形，长达10 cm（4 in），宽达5 cm（2 in）；顶端圆或短骤尖，基部呈圆形或略呈心形，叶柄有毛，长达4 cm（1½ in），叶片边缘有细齿或钝齿，或无锯齿；上表面呈深绿色，有光泽，下表面呈浅绿色，长成后光滑，一些植株的叶在秋季变为黄色或红色。

实际大小

叶类型	单叶
叶 形	椭圆形至倒卵形
大 小	达9 cm × 4 cm（3½ in × 1½ in）
叶 序	互生
树 皮	灰色，裂为鳞片状小块
花	白色，直径达4 cm（1½ in），具5枚花瓣，花梗有白毛，组成花簇
果 实	球形，直径达5 cm（2 in），黄绿色，生于短而粗壮的果梗上
分 布	中欧和东南欧，土耳其
生 境	干燥向阳的林地

466

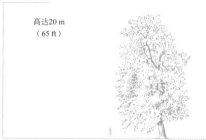

高达20 m
（65 ft）

雪食梨
Pyrus nivalis
Snow Pear

Jacquin

雪食梨的叶 为椭圆形至倒卵形，长达9 cm（3½ in），宽达4 cm（1½ in）；顶端尖，边缘无锯齿或在近顶端有少数浅齿，基部呈楔形，叶片在叶柄两侧继续向下延伸一小段距离，叶柄有毛，长至2 cm（¾ in）；叶片幼时两面密被白毛，后上表面变为深灰绿色，光滑，下表面呈浅绿色，有毛。

雪食梨为落叶乔木，通常无刺，枝条粗壮，密被白毛，春季开花。本种的果实在欧洲普遍被用来酿造梨酒。"雪食梨"一名指过去食用其果实之时，正是大雪覆地之日。本种有时被认为是西洋梨*Pyrus communis*和沙枣叶梨*Pyrus elaeagnifolia*的杂种。沙枣叶梨为灌木状，产自东南欧和西南亚，学界认为它作为亲本，至少也参与了西洋梨一些类型的育种。

类似种

沙枣叶梨为灌木或小乔木，枝条有刺，叶较本种略小，白毛更密。

实际大小　　　　实际大小

叶类型	单叶
叶 形	卵形至椭圆形
大 小	达8 cm×5 cm（3¼ in×2 in）
叶 序	互生
树 皮	灰褐色，裂为块状并鳞片状剥落
花	白色或在芽中带粉红色色调，直径达2 cm（¾ in），具5枚花瓣，组成密集的花簇
果 实	球形，直径达2 cm（¾ in），褐色，布有浅色斑点，花萼脱落
分 布	喜马拉雅地区，中国，东南亚
生 境	森林，谷地，草甸

高达10 m
（33 ft）

467

川梨
Pyrus pashia
Himalayan Pear
Buchanan-hamilton ex D. Don

川梨为落叶乔木，树形呈阔锥状至球状，枝条顶端常有刺，春季开花，与幼叶同放。本种在原产地为常见树木，大枝因为有刺，常被用于制造篱笆，植株本身有时也被作为绿篱种植。本种的果肉软，多沙，可鲜食或晒干后食用，但成熟后不耐贮藏。本种也被用作商品梨树的砧木，有时直接嫁接在已经长成的野生植株上。

川梨的叶 为卵形至椭圆形，长达8 cm（3¼ in），宽达5 cm（2 in）；顶端尖至渐尖，或有时钝，边缘有浅而钝的锯齿，基部呈圆形或有时呈阔楔形，叶柄长达3½ cm（1⅜ in）；叶片初生时通常有毛，长成后上表面为深绿色，下表面呈浅绿色，两面光滑。

类似种

沙梨*Pyrus pyrifolia*叶有锐齿，基部常呈心形。西洋梨*Pyrus communis*果实较大，呈梨形，花萼宿存。

实际大小　　　　实际大小

叶类型	单叶
叶 形	圆形至卵形
大 小	达6 cm × 5 cm（2½ in × 2 in）
叶 序	互生
树 皮	灰色，裂为小方块
花	白色，直径达3 cm（1¼ in），具5枚花瓣，组成花簇
果 实	球形至梨形，直径达3½ cm（1⅜ in），花萼脱落
分 布	欧洲，西亚
生 境	树林和灌丛

468

高达20 m
（65 ft）

欧洲野梨
Pyrus pyraster
European Wild Pear
(Linnaeus) Burgsdorff

欧洲野梨的叶 为圆形至卵形，长达6 cm（2½ in），宽达5 cm（2 in）；顶端尖或圆，或有短骤尖，或有时略凹陷，基部呈圆形至阔楔形或心形，叶柄长可达6 cm（2½ in）；叶片上表面呈深绿色，有光泽，下表面呈浅绿色，两面光滑。

欧洲野梨为落叶乔木，树形呈锥状至球状，枝条常有刺，春季开花。本种在鉴定上曾有很大混乱。它有时被视为西洋梨*Pyrus communis*的变种或亚种，甚至完全不与该种区分。另一些人认为它是独立的种，可能是西洋梨的祖先种之一，甚至把它再分为几个小的地方变异类型，仅在细微的特征上有差别。因为西洋梨常因栽培而变成归化植物，野生的西洋梨和本种经常混淆。

类似种

伊比利亚梨*Pyrus bourgaeana*产自西班牙和葡萄牙，与本种类似，但花较大。与欧洲野梨相比，西洋梨的不同之处在于叶较大，果实也较大，肉质，呈梨形。

实际大小　　　　　　实际大小

叶类型	单叶
叶 形	卵形至椭圆形
大 小	达12 cm × 6 cm（4¾ in × 2½ in）
叶 序	互生
树 皮	灰褐色，裂成块状和裂条
花	白色，直径达3½ cm（1⅜ in），具5枚花瓣，由多达9朵花组成花簇
果 实	球形，直径达3 cm（1¼ in）（在栽培品种中更大），红褐色，布有白点
分 布	中国，越南
生 境	湿润树林

高达12 m
（40 ft）

469

沙梨
Pyrus pyrifolia
Chinese Pear

(J. Burman) Nakai

沙梨在英文中叫"Chinese Pear"（中国梨），也叫"Asian Pear"（亚洲梨）或根据日文名音译为"Nashi Pear"（纳西梨），为落叶乔木，树形呈阔锥状，春季开花。由于其果实可食且呈苹果状，因此普遍栽培；选育类型的果实要远大于野生植株的果实，直径可达10 cm（4 in）。这些选育类型有时被处理为变种栽培沙梨*Pyrus pyrifolia* var. *culta*。还有一些商品梨树属于西沙梨*Pyrus × lecontei*的类型，它是沙梨和西洋梨*Pyrus communis*的杂种。这些杂种类型的果实更呈梨形，常带红色，比西洋梨更抗病。

类似种

西洋梨的果实为梨形，花萼宿存，叶有钝齿或无锯齿。楸子梨*Pyrus ussuriensis*叶也有锐齿，但果实有宿存花萼。

沙梨的叶 为卵形至椭圆形，长达12 cm（4¾ in），宽达6 cm（2½ in）；顶端渐尖，边缘有顶端具芒的尖齿，基部呈圆形或浅心形，叶柄长达6½ cm（2⅝ in）；叶片幼生时有毛，长成后上表面呈深绿色，有光泽，下表面呈浅绿色，两面光滑，秋季变为黄色、橙色和红色。

实际大小

叶类型	单叶
叶 形	狭椭圆形至披针形
大 小	达9 cm×2 cm（3½ in×¾ in）
叶 序	互生
树 皮	灰色，裂为小方块
花	白色，直径达2 cm（¾ in），具5枚花瓣，组成密集花簇
果 实	梨形，长达4 cm（1½ in），坚硬，绿色，生于短而粗壮的果梗上，花萼宿存
分 布	高加索地区，西南亚
生 境	树林，石坡，灌丛，沙漠

高达8 m
（26 ft）

470

柳叶梨
Pyrus salicifolia
Willow-leaved Pear

Pallas

柳叶梨为落叶乔木，树形呈球状，有时为灌木状，幼枝密被白毛，大枝无刺，常下垂，春季开花，与幼叶同放。本种被广泛种植，主要只栽培单一的品种**垂枝**（'Pendula'），其为很小的庭园中最常见的观赏树之一，引人瞩目之处在于其亮银灰色的幼叶。如将其嫁接到较高的茎上，则可由下垂的枝条组成密球状树冠，如果始终不予修剪，最终会触及树面。本种偶见被修剪成正常的树形，或被作为绿篱种植。另一个以品种名**银霜**（'Silver Frost'）种植的植株与本种非常相似，可能就是本种。

类似种

柳叶梨曾与雪食梨*Pyrus nivalis*相混淆，但后者是较大的乔木，叶较宽，果实较大。沙枣叶梨*Pyrus elaeagnifolia*常为灌木状，叶较宽，枝条有刺。

柳叶梨的叶 为狭椭圆形至披针形，长达9 cm（3½ in），宽达2 cm（¾ in）；顶端尖，边缘无锯齿，从中部或中部略偏下处向下渐狭为叶基，叶柄长至1 cm（½ in）；叶片初生时为银灰色，有密毛，后上表面变为深绿色，光滑，下表面为浅灰绿色，有疏毛。

实际大小　　　　　实际大小

叶类型	单叶
叶 形	卵形至披针形
大 小	达9 cm × 3 cm（3½ in × 1¼ in）
叶 序	互生
树 皮	深灰褐色，裂为小方块
花	白色，直径达2 cm（¾ in），具5枚花瓣
果 实	球形至梨形，长至2½ cm（1 in），坚硬，绿色，花萼脱落
分 布	西南亚
生 境	干燥石质地，灌丛，树林

高达10 m
（33 ft）

471

叙利亚梨
Pyrus syriaca
Syrian Pear
Boissier

叙利亚梨为落叶乔木，树形呈球状，枝条光滑，呈红褐色，有刺，春季开花，晚于幼叶开放。本种为非常耐旱的树种，在原产地常被作为嫁接商品梨树品种的砧木种植。其果实小而硬，有时在本地市场上售卖，可鲜食或制成蜜饯。伊朗的梨属*Pyrus*树种有大约12种，叙利亚梨有一个类型的叶较狭窄，下表面光滑，即原产伊朗，被处理为亚种光叶梨*Pyrus syriaca* subsp. *glabra*或独立为种*Pyrus glabra*。它和原亚种之间据信有天然杂交。

类似种

叙利亚梨的叶较狭，可以和欧洲野梨*Pyrus pyraster*相区分开来。

叙利亚梨的叶 质地为革质，卵形至披针形，长达9 cm（3½ in），宽达3 cm（1¼ in）；顶端尖，边缘有浅齿，向基部渐狭，叶柄细，长达5 cm（2 in）；叶片上表面呈深绿色，有光泽，下表面呈浅绿色。

实际大小

叶类型	单叶
叶 形	阔卵形至近圆形
大 小	达10 cm×6 cm（4 in×2½ in）
叶 序	互生
树 皮	灰褐色，有裂纹并裂为小块
花	白色，直径3½ cm（1⅜ in），具5枚花瓣和具细茸毛的花梗，组成密集花簇
果 实	球形，黄绿色，直径达5 cm（2 in），生于短而粗壮的果梗上，花萼宿存
分 布	中国北部，朝鲜半岛，俄罗斯东部，日本
生 境	丘陵和谷地的森林

472

高达15 m
（50 ft）

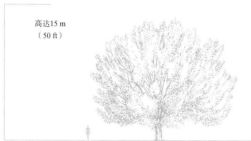

楸子梨
Pyrus ussuriensis
Manchurian Pear
Maximowicz

楸子梨在英文中也叫"Ussurian Pear"（乌苏里梨），因为它可见于俄罗斯远东地区的乌苏里地区。本种为落叶乔木，树形呈阔锥状至球状或开展，枝条光滑或有疏毛，春季开花，与幼叶同放。本种被用作嫁接商品梨树的砧木，一些选育类型因为果实可食，在中国有种植。本种开花非常早，可作为观赏树在庭园中种植；变种卵果楸子梨*Pyrus ussuriensis* var. *ovoidea*的果实有长梗，呈卵球形。

类似种

沙梨*Pyrus pyrifolia*的叶也有锐齿，但果实上的花萼脱落，而非宿存。西洋梨*Pyrus communis*的果实较大，叶有钝齿或无锯齿。

楸子梨的叶 为阔卵形至近圆形，长达10 cm（4 in），宽达6 cm（2½ in）；顶端骤渐尖，边缘有顶端具芒的锐齿，基部呈圆形或略呈心形，叶柄长达5 cm（2 in）；叶片上表面为深绿色，有光滑，下表面呈浅绿色，幼时有时有毛，后变光滑，秋季可变为红色和紫红色。

实际大小

叶类型	单叶
叶 形	卵形
大 小	达10 cm×6 cm（4 in×2½ in）
叶 序	互生
树 皮	灰色，光滑
花	白色，直径约1½ cm（⅝ in），具5枚花瓣，组成宽达8 cm（3¼ in）的密集花簇
果 实	近球形至卵球形或长球形，长至1½ cm（⅝ in），红色或深粉红色，布有皮孔，花萼脱落
分 布	中国，朝鲜半岛，日本
生 境	山地的森林和密灌木

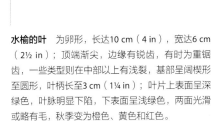

高达20 m
（65 ft）

473

水榆
Sorbus alnifolia
Alder-leaved Whitebeam
(Siebold & Zuccarini) K. Koch

水榆为落叶乔木，树形呈阔锥状至球状，春季开花，晚于叶开放。本种在英文中有时叫"Korean Mountain Ash"（朝鲜花楸），但这意味着本种与欧亚花楸（英文名Mountain Ash，学名*Sorbus aucuparia*）及其近缘种有亲缘关系，但事实上它和白花楸*Sorbus aria*及其近缘种有亲缘关系。本种为引人瞩目的观赏树，可见于小庭园或街道边，果实美观，秋色绚丽。

水榆的叶 为卵形，长达10 cm（4 in），宽达6 cm（2½ in）；顶端渐尖，边缘有锐齿，有时为重锯齿，一些类型则在中部以上有浅裂，基部呈阔楔形至圆形，叶柄长至3 cm（1¼ in）；叶片上表面呈深绿色，叶脉明显下陷，下表面呈浅绿色，两面光滑或略有毛，秋季变为橙色、黄色和红色。

类似种

水榆的叶下表面呈绿色，可与白花楸类树种（即白花楸及其亲缘种）相区分。

实际大小　　　　实际大小

叶类型	羽状复叶
叶 形	轮廓为长圆形
大 小	达30 cm×20 cm（12 in×8 in）
叶 序	互生
树 皮	灰色，光滑
花	白色，直径达6 mm（¼ in），具5枚花瓣，组成宽达15 cm（6 in）的密集花簇
果 实	近球形，直径至8 mm（⅜ in），亮橙红色，花萼宿存
分 布	北美洲东部
生 境	湿润树林，密灌丛，石坡，河岸

高达10 m
（33 ft）

474

北美花楸
Sorbus americana
American Mountain Ash
Marshall

北美花楸在英文中也叫"Roundwood"（圆木），为落叶乔木，树形呈阔锥状至球状，芽顶端尖，深褐色，有黏性，具锈褐色毛，晚春至早夏开花。本种的分布区多偏北，向南沿阿巴拉契亚山脉到美国北卡罗来纳州和佐治亚州。本种和灌木状的紫涩石楠*Aronia prunifolia*杂交可产生少见的跨属杂种花楸石楠×*Sorbaronia jackii*，见于加拿大。本种偶尔被作为观赏树种植，赏其果实。其果实可为很多野生动物所采食，且可用于制作透明果酱。

类似种

欧亚花楸*Sorbus aucuparia*的小叶顶端尖，但不为渐尖，芽无黏性。北方花楸*Sorbus decora*的芽略呈黑色，小叶相对较宽，顶端短骤尖。七灶花楸*Sorbus commixta*的小叶通常较短而狭。

北美花楸的叶 轮廓为长圆形，长达30 cm（12 in），宽达20 cm（8 in）；羽状复叶，小叶通常15或17枚，侧生小叶对生；小叶呈长圆形至披针形，长达10 cm（4 in），宽达2½ cm（1 in），顶端渐尖，边缘有锐齿；上表面呈深绿色，下表面呈浅蓝绿色，幼时略有毛，后两面变光滑。

实际大小

叶类型	单叶
叶形	卵形至椭圆形
大小	达12 cm × 7 cm（4¾ in × 2¾ in）
叶序	互生
树皮	灰色，光滑，老时基部裂成块状
花	白色，直径达1 cm（½ in），具5枚花瓣，组成宽达8 cm（3¼ in）的密集伞房花序
果实	卵球形至近球形，长至1½ cm（⅝ in），亮红色，布有皮孔，花萼宿存
分布	欧洲，北非
生境	生长于排水良好且通常呈碱性的土壤中

高达15 m
（50 ft）

475

白花楸
Sorbus aria
Whitebeam
(Linnaeus) Crantz

白花楸为落叶乔木，树形呈阔锥状至球状，有时为灌木状，晚春至早夏开花。本种在欧洲很多地方是白花楸类树种中最常见的一种，常生长于碱性土壤中。本种常被作为观赏树栽培，赏其叶、花和果实，有时归化。和很多分布局限的亲缘种不同，本种高度可变，已经选育出了一些园艺类型。

类似种

白花楸的叶为单叶，不分裂，可将它与广义花楸属中其他大多数常见种区别开来。在欧洲很多地方可见的其他近似种通常分布局限，并在叶形、大小和侧脉数目等较小的特征上有差异。

白花楸的叶　为卵形至椭圆形，长达12 cm（4¾ in），宽达7 cm（2¾ in）；顶端圆至钝尖，边缘具锐齿，常为重锯齿，通常有10—14对侧脉，基部呈阔楔形至圆形或浅心形，叶柄长至2½ cm（1 in）；幼时两面为白色，有毛，长成后上表面呈深绿色，有光泽，下表面密被白毛。

实际大小

叶类型	羽状复叶
叶 形	轮廓为长圆形
大 小	达25 cm × 15 cm（10 in × 6 in）
叶 序	互生
树 皮	灰色，光滑
花	白色，直径达9 mm（⅜ in），具5枚花瓣，组成宽达12 cm（4¾ in）的扁平伞房花序
果 实	近球形，长约1 cm（½ in），亮橙红色
分 布	欧洲，北非，北亚
生 境	硬叶灌丛和山地，通常生于沙质土或泥炭土中

高达15 m
（50 ft）

476

欧亚花楸
Sorbus aucuparia
Rowan

Linnaeus

　　欧亚花楸在英文中也叫"Mountain Ash"（山桵），为落叶乔木，树形呈阔锥状，至少幼时如此，后变为球状至开展，常为灌木状，晚春至早夏开花。本种为变异大、分布广泛的种，亚种马德拉花楸*Sorbus aucuparia* subsp. *maderensis*为马德拉群岛的稀见灌木，小叶相对较宽，边缘近基部仍有锯齿。本种木材坚硬，传统上被用来制作炊具等小器具。果实可用来制作透明果酱，或发酵后酿成一种含酒精的饮料。本种常被作为观赏树栽培，已选育出树形上耸、果实较大或果实为黄色的园艺类型。

类似种

　　北美花楸*Sorbus americana*和七灶花楸*Sorbus commixta*的小叶顶端均渐尖，芽通常有黏性。棠楸*Sorbus domestica*的芽有黏性，树皮呈鳞片状，果实较大，且叶幼时密被白色毛，长成后上表面仍保留有毛。

欧亚花楸的叶　轮廓为长圆形，长达25 cm（10 in），宽达15 cm（6 in）；羽状复叶，小叶多达17枚，侧生小叶对生；每枚小叶为卵形至长圆形，长达6 cm（2½ in），宽达2 cm（¾ in），边缘除近基部外有锐齿，基部呈圆形，常偏斜，无柄或近无柄；上表面呈深绿色，下表面呈蓝绿色，幼时有毛，后变光滑或近光滑，秋季有时变为黄色、橙色或红色。

实际大小

叶类型	羽状复叶
叶 形	轮廓为长圆形
大 小	达20 cm×10 cm（8 in×4 in）
叶 序	互生
树 皮	灰褐色，光滑
花	浅粉红色，直径达1½ cm（⅝ in），具5枚花瓣，组成宽达15 cm（6 in）的宽伞房花序
果 实	近球形，长略大于宽，达1½ cm（⅝ in），纯白色，仅萼片略带粉红色，肉质
分 布	喜马拉雅地区西北部（克什米尔）
生 境	山地森林

高达5 m
（16½ ft）

477

克什米尔花楸
Sorbus cashmiriana
Kashmir Rowan

Hedlund

克什米尔花楸为落叶小乔木，树形疏松开展，常具多枚茎，或为灌木。枝条粗壮，与芽同为红褐色，晚春开花。本种和所在的花楸属*Sorbus*很多种一样，为无融合生殖——即种子不经过受精就可以结出，并长成和母植株一模一样的植株。本种常在庭园中被作为观赏树种植，其果簇下垂，果实呈白色，果肉软，非常独特，供观赏。

类似种

克什米尔花楸的果实大型，白色，非常独特。另一个常见的果实呈白色的种是白果花楸*Sorbus glabriuscula*，但该种为较大的乔木，果实小得多，坚硬。

实际大小

克什米尔花楸的叶 轮廓为长圆形，长达20 cm（8 in），宽达10 cm（4 in）；羽状复叶，小叶多达21枚，侧生小叶对生；每枚小叶为卵形至披针形，长达5 cm（2 in），宽达2 cm（¾ in），顶端尖，边缘有锐齿；上表面呈深绿色，下表面呈蓝绿色，幼时有毛，后变光滑，秋季很早即变为黄色。

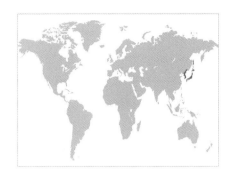

叶类型	羽状复叶
叶 形	轮廓为长圆形
大 小	达20 cm×15 cm（8 in×6 in）
叶 序	互生
树 皮	浅灰色，光滑
花	白色，直径至1 cm（½ in），具5枚花瓣，组成宽达15 cm（6 in）的宽平伞房花序
果 实	近球形，直径约8 mm（⅜ in），红色，有光泽，通常坚硬
分 布	中国，日本，朝鲜半岛，俄罗斯东北部（千岛群岛、萨哈林岛）
生 境	山地树林

高达15 m
（50 ft）

478

实际大小

七灶花楸
Sorbus commixta
Japanese Rowan

Hedlund

七灶花楸为落叶乔木，树形呈阔柱状至开展，有时具多枚茎，或为灌木状，晚春开花。幼枝光滑或幼时略有锈色毛，芽略呈红色，通常有黏性。本种分布广泛，变异性大，被普遍作为观赏树种植，特别是其果实呈红色，有光泽，组成密集的果簇，和秋叶均供观赏。为了在庭园中能显出更绚丽的秋色，已经选育了几个类型。在日本屋久岛，本种可成为柳杉*Cryptomeria japonica*上的附生植物。

类似种

七灶花楸与北美花楸*Sorbus americana*近缘，后者的小叶顶端也为渐尖，但通常较长而宽。

七灶花楸的叶 轮廓为长圆形，长达20 cm（8 in），宽达15 cm（6 in）；羽状复叶，小叶通常13—17枚，侧生小叶对生；每枚小叶为狭卵形，长达7 cm（2¾ in），宽达2 cm（¾ in），顶端渐尖，边缘有锐齿；上表面呈深绿色，常有光泽，光滑，下表面呈浅蓝绿色，幼时光滑或有锈色毛，秋季变为橙黄色至紫红色。

叶类型	羽状复叶
叶 形	轮廓为长圆形
大 小	达20 cm × 15 cm（8 in × 6 in）
叶 序	互生
树 皮	灰色，光滑
花	白色，直径达1 cm（½ in），具5枚花瓣，组成宽达15 cm（6 in）的大而平的伞房花序
果 实	球形，亮红色，直径至1 cm（½ in），花萼宿存
分 布	美国东北部，加拿大东部
生 境	湿润土壤的密灌丛和树林

高达12 m
（40 ft）

479

北方花楸
Sorbus decora
Northern Mountain Ash
(Sargent) C. K. Schneider

北方花楸在英文中也叫 "Showy Mountain Ash"（艳丽花楸），为落叶乔木，通常在低处分枝，常具多枚茎，或呈灌木状。枝条顶端为深色的芽，有黏性，晚春开花。产于格陵兰的植株现名为格陵兰花楸*Sorbus groenlandica*，曾归于本种，但果实较小。本种有时被作为果树栽培，其果实呈亮红色，可食。和北美花楸*Sorbus americana*一样，本种的果实也可用于制作透明果酱或酿造果酒。

类似种

北美花楸可与本种混生，其不同之处在于芽略呈红色，小叶顶端尖。

北方花楸的叶 轮廓为长圆形，长达20 cm（8 in），宽达15 cm（6 in）；羽状复叶，小叶多达17枚，侧生小叶对生；每枚小叶为椭圆形至长圆形或披针形，长达8 cm（3¼ in），宽达3 cm（1¼ in），顶端短骤尖，边缘至近基部均有锐齿；上表面呈深蓝绿色，下表面呈浅绿色，幼时有毛，后两面变光滑，秋季变为橙红色。

实际大小

叶类型	羽状复叶
叶 形	轮廓为长圆形
大 小	达15 cm×8 cm（6 in×3¼ in）
叶 序	互生
树 皮	浅灰色，光滑
花	白色，直径至8 mm（⅜ in），具5枚花瓣，组成宽达10 cm（4 in）的疏松圆锥花序
果 实	近球形，直径约8 mm（⅜ in），白色或略带粉红色
分 布	中国
生 境	山地树林

480

高达10 m
（33 ft）

北京花楸
Sorbus discolor
Sorbus Discolor
(Maximowicz) E. Goetze

北京花楸的叶 轮廓为长圆形，长达15 cm（6 in），宽达8 cm（3¼ in），叶柄长约5 cm（2 in）；羽状复叶，小叶11—15枚，侧生小叶对生；每枚小叶为卵形至披针形，长达5 cm（2 in），宽达2 cm（¾ in），顶端尖，边缘有锐齿；上表面呈深绿色，下表面呈蓝绿色，两面光滑。

北京花楸为落叶乔木，树形上耸至开展，有时具多枚茎，或为灌木状，晚春开花。所在的花楸属*Sorbus*中有很多亲缘的中国种为无融合生殖（也即不经过传粉即可结出果实和种子，因此其形态特征保持不变），但本种并非如此，因此其植株之间在小叶的锯齿特征和果实的粉红色调深浅上存在变异。此外，本种还可以与其他种形成杂种。北京花楸在庭园中少见，湖北花楸*Sorbus hupehensis*为本种的异名，但这一名称曾普遍被用来指另一个常见种植的树种，其正确名称应为白果花楸*Sorbus glabriuscula*。

类似种

常见种植的白果花楸为较健壮的乔木，叶较大，小叶呈倒卵形。

实际大小

叶类型	羽状复叶
叶 形	轮廓为长圆形
大 小	达20 cm × 12 cm（8 in × 4¾ in）
叶 序	互生
树 皮	灰褐色，有裂纹并片状剥落为小块
花	白色或带粉红色，直径达1½ cm（⅝ in），具5枚花瓣，组成宽达10 cm（4 in）的圆顶形花簇
果 实	苹果形或梨形，长至3 cm（1¼ in），黄色至绿色或绿色并带有浓重的红色色调
分 布	欧洲，北非
生 境	阔叶林地，通常生长于碱性土壤中

高达15 m
（50 ft）

481

棠楸
Sorbus domestica
Service Tree
Linnaeus

棠楸为落叶乔木，树形呈阔柱状至球状或开展，枝条为绿色或浅褐色，芽有黏性，晚春开花。尽管本种分布广泛，在很多有分布的国家中却颇为少见。本种在英国仅有几个地点有野生分布，1983年在威尔士格拉摩根郡的灰岩悬崖上发现了几个居群，其中一些植株已有数百岁，由此确定本种为英国的原生种。果实在"霜打"（即经过霜冻之后变软）之后可食，也曾被用来发酵酿造一种含酒精的饮料。

类似种

尽管棠楸曾经最常与欧亚花楸*Sorbus aucuparia*相混淆，但它却并非与该种近缘，有时会被置于一个独立的属——棠楸属*Cormus*中。其不同之处在于芽有黏性，幼叶有白毛，树皮呈鳞片状，有裂纹。棠楸仅会因为其英文名Service Tree而与驱疝木（*Sorbus torminalis*，英文名Wild Service Tree）相混淆，后者的叶为单叶，有分裂，果实呈褐色。

棠楸的叶 为长圆形，长达20 cm（8 in），宽达12 cm（4¾ in）；羽状复叶，小叶多达21枚，侧生小叶对生；每枚小叶为椭圆形至长圆形，长达6 cm（2½ in），宽达1⅛ cm（½ in），顶端尖或圆，边缘有锯齿（但在靠近基部的下半部无锯齿）；初生时白色，有毛，长成后上表面为深绿色，有疏毛，下表面为浅绿色，有毛。

实际大小

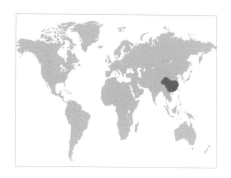

叶类型	单叶
叶 形	椭圆形至披针形
大 小	达16 cm×5 cm（6¼ in×2 in）
叶 序	互生
树 皮	灰褐色，光滑，老时有裂纹
花	白色，直径达1 cm（½ in），具5枚花瓣，组成宽达10 cm（4 in）的伞房花序
果 实	卵球形至长球形，长达1½ cm（⅝ in），红色或黄色，花萼脱落
分 布	中国
生 境	山地森林和河岸

高达10 m
（33 ft）

482

石灰树
Sorbus folgneri
Folgner's Whitebeam
(C. K. Schneider) Rehder

    石灰树为落叶乔木，树形呈阔锥状至开展，大枝常略下垂。幼枝幼时密被白毛，后变光滑，春季开花，晚于叶开放。本种为优雅的树种，偶见栽培，赏其引人瞩目、秋色美丽的叶以及果实。常见的大多数植株的果实为红色，果实黄色的类型也偶有种植，其品种之一为**柠檬滴**（'Lemon Drop'），但在庭园中和野外均较少见。另一品种**埃米耶尔**（'Emiel'）秋色绚丽。

类似种

    石灰树曾与广义花楸属的另一个中国种长果白花楸 *Sorbus zahlbruckneri* 相混淆，该种叶较宽，下表面毛较稀疏，果实有宿存的萼片。

石灰树的叶 为椭圆形至披针形，长达16 cm（6¼ in），宽达5 cm（2 in）；顶端渐尖，有时骤尖，边缘有锐齿，有时为重锯齿，向下渐狭为阔楔形或圆形的基部，叶柄有毛，长至2 cm（¾ in）；叶片初生时两面有毛，长成后上表面呈深绿色，光滑，下表面密被白毛。

实际大小

叶类型	羽状复叶
叶 形	轮廓为长圆形
大 小	达28 cm×10 cm（11 in×4 in）
叶 序	互生
树 皮	灰褐色，光滑
花	白色，直径达6 mm（¼ in），具5枚花瓣，组成宽达15 cm（6 in）的大型花簇
果 实	白色，宿存肉质花萼略带粉红色，球形，直径达8 mm（⅜ in）
分 布	中国西南部
生 境	山地森林

高达15 m
（50 ft）

483

白果花楸
Sorbus glabriuscula
Sorbus Glabriuscula

Mcallister

实际大小

白果花楸为落叶乔木，有时具多枚茎，树形呈阔柱状，晚春开花，晚于叶开放。本种在野外几乎不可见，却为常见观赏树，特别是，在树上长期宿存的果实呈白色、具深粉红色果梗且果量大的种，很有观赏性。本种很长时间以"湖北花楸"*Sorbus hupehensis*之名在庭园中种植，但这一名称指的是另一个种。本种为无融合生殖的种，所有幼苗都与母株等同。

类似种

本种的叶光滑，呈蓝绿色；果实小，坚硬，呈白色，这些特征可以识别本种。钝叶湖北花楸*Sorbus pseudohupehensis*的叶中，越靠顶端的小叶越长，果实带粉红色，此为其特征。

白果花楸的叶 轮廓为长圆形，长达28 cm（11 in），宽达10 cm（4 in）；羽状复叶，小叶11—17枚，侧生小叶对生，多数情况下几乎等大；每枚小叶为倒卵形，长达5½ cm（2¼ in），宽达2 cm（¾ in），顶端圆至骤成短尖，边缘中部以上有锐齿，但近基部全缘；上表面呈蓝绿色，下表面呈浅绿色，两面光滑或近光滑。

叶类型	单叶 / 部分羽状复叶
叶形	卵形
大小	达10 cm×6 cm（4 in×2½ in）
叶序	互生
树皮	灰色，光滑，老时基部有裂纹
花	白色，直径达2 cm（¾ in），具5枚花瓣，组成宽达10 cm（4 in）的密集花簇
果实	球形，直径至1½ cm（⅝ in），深红色，布有皮孔，花萼宿存
分布	西北欧（斯堪的纳维亚半岛）
生境	石质草甸，海岸树林

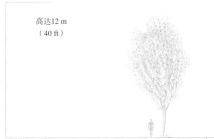

高达12 m
（40 ft）

484

芬兰白花楸
Sorbus hybrida
Finnish Whitebeam
Linnaeus

芬兰白花楸为落叶乔木，树形呈阔锥状，后变球状，晚春或早夏开花，晚于叶开放。本种兼有白花楸类和花楸类的特征，且为无融合生殖，所有幼苗都和母株等同。人们相信它是杂交起源，是欧亚花楸*Sorbus aucuparia*和岩生白花楸*Sorbus rupicola*的杂种，现在已成为一个独立的种。作为亲本的岩生白花楸为灌木或小乔木，叶不分裂。本种在欧洲还有很多亲本相同或相近的类似种，通常仅在局地分布，难于区分。

类似种

瑞典白花楸*Sorbus intermedia*为常见种植的种。其果实长大于宽，叶有分裂，仅在非常个别的情况下在基部有完全分离的小叶，这些叶通常都是阴生叶。

芬兰白花楸的叶 为卵形，长达10 cm（4 in），宽达6 cm（2½ in）；顶端圆，边缘分裂并有浅齿，越靠近叶基部的裂片分裂越深，大多数叶在基部有1对（或有时有2对）完全分离的小叶；上表面为深绿色，有多至10对侧脉，下表面密被白毛。

实际大小

叶类型	单叶
叶 形	椭圆形至长圆形
大 小	达12 cm×7½ cm（4¾ in×3 in）
叶 序	互生
树 皮	灰色，光滑，老时有裂纹并片状剥落
花	白色，直径达2 cm（¾ in），具5枚花瓣，组成宽达12 cm（4¾ in）的大型伞房花序
果 实	卵球形，长至1½ cm（⅝ in），红色，有少数皮孔，花萼宿存
分 布	西北欧
生 境	阔叶树林，草甸

高达12 m
（40 ft）

485

瑞典白花楸
Sorbus intermedia
Swedish Whitebeam
(Ehrhart) Persoon

　　瑞典白花楸为落叶乔木，树形呈球状，有时为灌木状，晚春至早夏开花，晚于叶开放。本种被广泛作为观赏树种植，非常适应城市环境，在城市街道边和公园中尤为常见。本种为无融合生殖，幼苗均与母株等同。瑞典白花楸为杂交起源的种，亲本复杂，涉及欧亚花楸*Sorbus aucuparia*、白花楸*Sorbus aria*和驱疝木*Sorbus torminalis*等三个种。

类似种

　　芬兰白花楸*Sorbus hybrida*的果实为球形，叶片基部在一般情况下有1对或2对完全分离的小叶。本种可与一些少见的地方性树种，如英国白花楸*Sorbus anglica*相混淆，该种叶为倒卵形，果实长宽相等或宽大于长。

瑞典白花楸的叶　为椭圆形至长圆形，长达12 cm（4½ in），宽达7½ cm（3 in）；边缘浅裂，越靠近基部的裂片分裂越深，裂片有锐齿，偶尔有叶片（特别是阴生叶）在基部有1对完全分离的小叶；顶端圆至尖，基部呈阔楔形至圆形，叶柄有毛，长至3 cm（1¼ in）；叶片长成后上表面呈深绿色，有光泽，光滑，下表面密被略呈灰色的毛。

实际大小

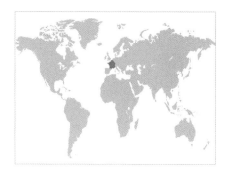

叶类型	单叶
叶 形	阔卵形
大 小	达10 cm × 10 cm（4 in × 4 in）
叶 序	互生
树 皮	灰色，光滑，老时基部有裂纹并略呈鳞片状
花	白色，直径达1½ cm（⅝ in），具5枚花瓣，组成宽达8 cm（3¼ in）的伞房花序
果 实	近球形，直径达1½ cm（⅝ in），黄橙色，布有明显的皮孔斑点，花萼宿存
分 布	法国
生 境	树林

高达12 m
（40 ft）

486

榛楸
Sorbus latifolia
Service Tree of Fontainebleau
(Lamarck) Persoon

榛楸的叶 为阔卵形，长宽均达10 cm（4 in），但长略大于宽；边缘有三角形浅裂片，裂片边缘有锯齿，越靠近叶片基部的裂片越大；叶片基部呈阔圆形，叶柄长至2½ cm（1 in）；叶片长成后上表面为深绿色，有光泽，光滑，侧脉多至9对，下表面覆有灰色毛。

榛楸为落叶乔木，树形呈球状，晚春开花，晚于叶开放。本种仅知在法国名为枫丹白露（Fontainebleau）的一小片地区有分布，故其英文名为"Service Tree of Fontainebleau"（枫丹白露棠楸）。本种为无融合生殖种，所有幼苗都和母株等同，很可能为杂交起源，系白花楸*Sorbus aria*和驱疝木*Sorbus torminalis*的杂种。本种在其他国家有时栽培，并成为归化植物。其学名*Sorbus latifolia*有时也被用作一群起源于驱疝木和白花楸类或其亲缘类群的树种的统称。

类似种

欧洲还有几个地方性分布的无融合生殖种也起源于相同的亲本种，但在微小的特征上有所不同。白花楸类和驱疝木之间还能产生非无融合生殖的杂种怀伊河榛楸*Sorbus × vagensis*，其不同之处在于果实略小，呈橙褐色。

实际大小

叶类型	羽状复叶
叶形	轮廓为长圆形
大小	达25 cm×20 cm（10 in×8 in）
叶序	互生
树皮	灰褐色，光滑
花	白色，直径至7 mm（¼ in），具5枚花瓣，组成宽达15 cm（6 in）的宽伞房花序
果实	红色，球形，直径达8 mm（⅜ in），萼片宿存
分布	中国西南部
生境	山地森林

高达15 m
（50 ft）

487

晚绣花楸
Sorbus sargentiana
Sargent's Rowan

Koehne

实际大小

晚绣花楸为生长缓慢的落叶乔木，幼时树形呈锥状，成树则开展，通常在低处分枝，树干短，早夏开花。本种的枝条非常粗壮，为明显的深红色，芽有黏性，长约2 cm（¾ in）。本种为常见的观赏树，其果实呈红色，组成大型果簇，叶秀美，秋色绚丽，常栽培观赏。本种系由植物采集家威理森（也叫"中国威尔逊"，Ernest "Chinese" Wilson）发现并引种，种加词*sargentiana*纪念的则是查尔斯·萨金特（Charles Sargent），他当时是美国马萨诸塞州波士顿的阿诺德树木园的主任，威理森即为他采集。

类似种

华西花楸*Sorbus wilsoniana*与晚绣花楸类似，但不太常见。相比晚绣花楸，其小叶较小，长至8 cm（3¾ in）。

晚绣花楸的叶 轮廓为长圆形，长达25 cm（10 in），宽达20 cm（8 in）；羽状复叶，小叶9—15枚，侧生小叶对生，小叶柄非常短，小叶基部偏斜，每枚叶的基部有一对半圆形托叶，边缘有锯齿；每枚小叶为披针形，长达13 cm（5 in），宽达4½ cm（1¾ in），顶端渐尖，边缘除近基部处之外均有锐齿；初生时为古铜色，长成后上表面为深绿色，叶脉下陷，下表面为浅绿色，有疏毛，秋季变为橙色和红色。

叶类型	羽状复叶
叶 形	轮廓为长圆形
大 小	达19 cm × 8 cm（7½ in × 3¼ in）
叶 序	互生
树 皮	灰褐色，光滑
花	白色，直径达8 mm（⅜ in），具5枚花瓣，组成宽达15 cm（6 in）的宽伞房花序
果 实	亮红色，球形，直径达7 mm（¼ in），组成大型果簇
分 布	中国西南部
生 境	山地树林

高达10 m
（33 ft）

488

梯叶花楸
Sorbus scalaris
Sorbus Scalaris
Koehne

梯叶花楸为落叶乔木，树形开阔，宽展，大枝常弓曲，晚春或早夏开花。幼枝密被灰色毛，冬芽呈红紫色，有白毛。本种非常独特，偶有种植，赏其美丽的叶以及果实。其种加词*scalaris*形容其小叶状如梯子的梯级。本种为植物采集家威理森从中国引种到西方庭园的许多种之一。

类似种

梯叶花楸小叶狭窄，彼此靠近，这使之成为非常独特的树种，不可能和其他树种相混淆。

梯叶花楸的叶 轮廓为长圆形，长达19 cm（7½ in），宽达8 cm（3¼ in）；羽状复叶，小叶多达33枚，彼此靠近，侧生小叶对生，无小叶柄，基部呈圆形，常略偏斜；小叶革质，为狭长圆形，长达5 cm（2 in），宽达1 cm（½ in），顶端尖，边缘在中部以上有锐齿；上表面为深绿色，光滑，叶脉下陷，下表面密被白毛，秋季可变为红色和紫红色。

实际大小

叶类型	单叶
叶 形	椭圆形至倒卵形
大 小	达26 cm × 15 cm（10½ in × 6 in）
叶 序	互生
树 皮	灰褐色，光滑，老时基部有裂纹
花	白色，直径达1½ cm（⅝ in），具5枚花瓣和2或3枚花柱，组成宽达8 cm（3¼ in）的伞房花序
果 实	苹果状或卵球形，长至2 cm（¾ in），略呈黄色或橙色，有时带红色，花萼宿存
分 布	喜马拉雅地区东部，中国西部
生 境	山地树林

高达15 m
（50 ft）

489

康藏水榆
Sorbus thibetica
Tibetan Whitebeam
(Cardot) Handel-mazzetti

实际大小

康藏水榆为落叶乔木，树形呈球状，有时呈灌木状，晚春至早夏开花。其枝条粗壮，幼时覆有白毛，冬芽绿色或略带红色，顶端尖，长至1 cm（½ in）。本种为分布广泛的种，叶片大小和形状多变，有时被作为观赏树栽培，赏其浓密的叶。**约翰·米切尔**（'John Mitchell'）是常列在本种名下的品种，叶非常大，常为圆形，很可能是杂交起源。

类似种

茸毛水榆*Sorbus vestita*与本种类似，为一个多变的种，仅凭叶不易区别。其花通常有4或5枚花柱。锈脉水榆*Sorbus hedlundii*的叶下表面有锈色叶脉。

康藏水榆的叶 为椭圆形至倒卵形，长达26 cm（10½ in），宽达15 cm（6 in）；顶端具短尖，边缘有重锯齿，基部呈阔楔形至圆形，叶柄粗壮，长达2 cm（¾ in）；叶片初生时为白色，有毛，长成后上表面为深绿色，光滑，下表面有一层灰白色毛，秋季变为黄褐色。

叶类型	单叶
叶 形	阔卵形
大 小	达12 cm×10 cm（4¾ in×4 in）
叶 序	互生
树 皮	幼时灰褐色，光滑，老时裂成鳞片状小块
花	白色，直径达1⅓ cm（½ in），具5枚花瓣，组成宽达10 cm（4 in）的疏伞房花序
果 实	卵球形，长至1⅓ cm（½ in），红褐色，有浅色皮孔
分 布	欧洲，北非，西南亚
生 境	树林

490

高达15 m
（50 ft）

驱疝木
Sorbus torminalis
Wild Service Tree
(Linnaeus) Crantz

驱疝木的叶 为阔卵形，长达12 cm（4¾ in），宽达10 cm（4 in）；外观颇似槭树叶，深裂为7—11枚三角形裂片，裂片顶端尖，边缘有锯齿，最大、分裂最深的裂片靠近叶片基部；叶基呈楔形至截形，或为浅心形；叶片上表面为深绿色，有光泽，下表面为浅绿色，两面光滑，幼时除外，秋季变为黄褐、红色或紫色。

驱疝木为落叶乔木，树形呈阔柱状，幼时为锥状。幼枝覆有白毛，不久脱落，晚春或早夏开花。本种分布零散，在英国为古老林地的指示种。果实在英文中叫"Checker"（驱疝果），经霜冻变软后可食，曾用于给啤酒调味或用来酿造果酒，因此很多酒馆以"驱疝果"为名。因为和花楸属*Sorbus*其他种非常不同，本种有时被独立为驱疝木属*Torminaria*。

类似种

驱疝木的英文名为"Wild Service Tree"（野棠楸），有时仅从名字上会与棠楸（Service Tree，学名*Sorbus domestica*）相混淆，但后者叶为羽状复叶。榛楸*Sorbus latifolia*的叶裂较浅，侧脉较多。在欧洲有大量种为驱疝木和其他种杂交后形成，在外观上可与驱疝木近似，但叶片下表面通常有不脱落的毛。

实际大小

叶类型	单叶
叶 形	椭圆形
大 小	达20 cm × 15 cm（8 in × 6 in）
叶 序	互生
树 皮	幼时灰色，光滑，老时裂成鳞片状小块
花	白色，直径达2 cm（¾ in），具5枚花瓣，通常有4—5枚花柱，组成宽达8 cm（3¼ in）的伞房花序
果 实	球形，直径至2 cm（¾ in），褐黄色，点缀有皮孔，花萼宿存
分 布	喜马拉雅地区
生 境	山地森林
异 名	*Sorbus cuspidata* (Spach) Hedlund

高达15 m
（50 ft）

491

茸毛水榆
Sorbus vestita
Himalayan Whitebeam
(G. Don) Loddiges

茸毛水榆为落叶乔木，树形呈阔锥状，晚春或早夏开花。枝条粗壮，幼时密被白毛，顶端为显著的绿色冬芽。本种在原生生境中为高海拔森林中的树种，常与槭属*Acer*、广义木兰属*Magnolia*、杜鹃花属*Rhododendron*植物及针叶树共同生长。本种在庭园中偶见栽培，赏其浓密的叶和累累果实。

类似种

茸毛水榆最常与康藏水榆*Sorbus thibetica*相混淆。这两个种的唯一稳定区别特征是花柱数目：康藏水榆花柱2或3枚，茸毛水榆花柱4或5枚。

实际大小

茸毛水榆的叶　为椭圆形，长达20 cm（8 in），宽达15 cm（6 in）；顶端尖，边缘有锯齿，向下渐狭为楔形的基部，叶柄粗壮，长至1½ cm（⅝ in）；初生时覆有白毛，长成后上表面为深绿色，有光泽，光滑，下表面密被银白色毛，秋季变为黄褐色。

叶类型	单叶
叶 形	椭圆形至卵形
大 小	达20 cm × 10 cm（8 in × 4 in）
叶 序	对生
树 皮	灰色，粗糙，幼时呈鳞片状
花	白色，芳香，漏斗状，长达3 cm（1¼ in），具4或5枚开展的花冠裂片，在枝顶组成大型圆锥花序
果 实	蒴果，长圆形，有棱，长达5 cm（2 in）
分 布	中国
生 境	谷地的湿润森林

高达25 m
（80 ft）

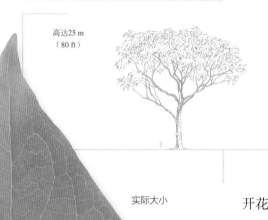

492

实际大小

香果树
Emmenopterys henryi
Emmenopterys Henryi
Oliver

香果树为落叶乔木，树冠呈阔柱状至开展，夏季开花。本种每个花序中有几朵花的花萼裂片增大成苞片状，为其不同寻常的独特形态。这一苞片状花萼裂片长可达8 cm（3¼ in），开放后从白色渐变为乳黄色或粉红色。香果树属于茜草科，这是一个主要分布于热带和亚热带的科，其中的木本种在温带少见。香果树是香果树属*Emmenopterys*仅有的两个种之一。它在1907年由植物采集家威理森引种栽培，威理森形容它是中国森林中最绚烂的树种之一。

类似种

香果树是非常独特的树种，在花期不太可能和其他树种混淆。苦扇花*Pinckneya pubens*原产于美国东南部，叶与香果树非常相似。

香果树的叶 为椭圆形至卵形，长达20 cm（8 in），宽达10 cm（4 in），有时更大；顶端尖，边缘无锯齿，基部呈楔形，渐狭为长达5 cm（2 in）的叶柄；初生时为古铜色，长成后上表面为深绿色，光滑或有疏毛，下表面为浅绿色，沿脉有毛，脉腋处亦有毛。

叶类型	羽状复叶
叶 形	轮廓为长圆形至倒卵形
大 小	达30 cm × 20 cm（12 in × 8 in）
叶 序	对生
树 皮	灰褐色，有裂条，在老树上厚而为木栓质
花	黄绿色，长约6 mm（¼ in），雄花和雌花异株，各自组成长达8 cm（3¼ in）的疏松圆锥花序
果 实	浆果，球形，黑色，直径约1 cm（½ in），组成分枝纤细的疏松果簇
分 布	中国北部，朝鲜半岛，俄罗斯东部，日本
生 境	山地森林

高达30 m
（100 ft）

493

黄檗
Phellodendron amurense
Amur Cork Tree

Ruprecht

　　黄檗为落叶乔木，树形开展，晚春至早夏开花，腋芽包藏于叶柄膨大的基部之中。本种的树皮提取物在中国被广泛用作传统药材，木材和根的提取物在中国则用于给羊毛和皮革染色。本种为一个变异性大的种，产自中国和俄罗斯阿穆尔地区的类型有发育良好的木栓；产自朝鲜半岛和日本的植株，其树皮中的木栓质较少。

类似种

　　川黄檗*Phellodendron chinense*与本种的不同之处在于果簇非常紧密，分枝粗壮。臭檀吴萸*Tetradium daniellii*也有对生的羽状复叶，但裸芽暴露在外。

黄檗的叶　轮廓为长圆形至倒卵形，芳香，长达30 cm（12 in），宽达20 cm（8 in）；羽状复叶，小叶7—13枚，侧生小叶对生；小叶呈卵形，长达12 cm（4¾ in），宽达5 cm（2 in），顶端渐尖，边缘无锯齿或有微小锯齿，基部呈圆形；上表面为深绿色，光滑，下表面为浅绿色至灰绿色，仅在叶脉上有毛。

实际大小

叶类型	羽状复叶
叶 形	轮廓为长圆形至倒卵形
大 小	达30 cm × 25 cm（12 in × 10 in）
叶 序	对生
树 皮	灰褐色，有裂条，具薄的木栓质
花	黄绿色，长约6 mm（¼ in），雄花和雌花异株，各自组成长达8 cm（3¼ in）的密集圆锥花序
果 实	浆果，球形，黑色，直径约1 cm（½ in），组成分枝粗壮的稠密果簇
分 布	中国
生 境	山地森林

高达15 m
（50 ft）

494

川黄檗
Phellodendron chinense
Chinese Cork Tree
C. K. Schneider

　　川黄檗为落叶乔木，树形开展，晚春至早夏开花，腋芽包藏于叶柄膨大的基部之中。和黄檗*Phellodendron amurense*（黄檗属*Phellodendron*仅有的两个种中的另一种）一样，本种在中国亦入药，或供提取染料。本种叶的毛被多变，原变种叶片下表面有细茸毛；秃叶黄檗*Phellodendron chinense* var. *glabriusculum*为有时承认的变种，叶片下表面除叶脉外均光滑。

类似种

　　黄檗的果实组成疏松的果簇，分枝纤细。臭檀吴萸*Tetradium daniellii*的腋芽暴露在外。

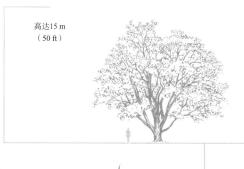

川黄檗的叶　轮廓为长圆形至倒卵形，芳香，长达30 cm（12 in），宽达25 cm（10 in）；羽状复叶，小叶7—15枚，侧生小叶对生；小叶呈卵形至长圆形或披针形，长达15 cm（6 in），宽达6 cm（2½ in），顶端渐尖，边缘无锯齿或有微小锯齿，基部通常渐狭；上表面为深绿色，光滑，下表面为浅绿色，有毛，或仅脉上有毛。

实际大小

叶类型	羽状复叶
叶 形	轮廓为阔卵形
大 小	达30 cm × 25 cm（12 in × 10 in）
叶 序	对生
树 皮	灰色，光滑
花	非常小，白色，花瓣4或5枚，长仅至5 mm（¼ in）；在枝顶组成宽达15 cm（6 in）的宽伞房花序
果 实	蓇葖果小，红色，长约1 cm（½ in），含有5枚分果爿
分 布	中国，朝鲜半岛
生 境	从海平面到山地的森林和斜坡
异 名	*Euodia daniellii* (J. J. Bennett) Hemsley

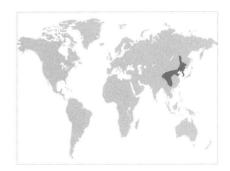

高达20 m
（65 ft）

495

臭檀吴萸
Tetradium daniellii
Bee-bee Tree

(J. J. Bennett) Hartley

臭檀吴萸为落叶乔木，树形开展，夏季至早秋开花。本种曾长期被认为属于洋茱萸属*Euodia*，有时仍然使用上述异名，但该属见于澳大利亚东北部和新几内亚，叶为单叶或三出复叶。本种有时栽培，因为开花晚，果簇亦可观赏，为有用的庭园树，其花也是蜜蜂的宝贵食物资源，在一些有本种栽培的地区已归化。

类似种

臭檀吴萸与黄檗属*Phellodendron*树种近缘，然而，其果实为蓇葖果，而不是浆果，腋芽则暴露在外。

臭檀吴萸的叶 为阔卵形，芳香，长达30 cm（12 in）以上，宽达25 cm（10 in）以上；羽状复叶，小叶通常5—9枚，侧生小叶对生；小叶呈卵形至披针形，长达12 cm（4¾ in）以上，宽达5 cm（2 in）以上，顶端渐尖，边缘无锯齿或有浅圆齿，向下渐狭为圆形的基部；上表面为深绿色，有光泽，光滑，有半透明的油腺，下表面为蓝绿色，至少幼时在叶脉上有毛。

实际大小

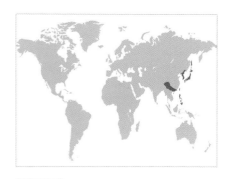

叶类型	羽状复叶
叶 形	轮廓为长圆形
大 小	达30 cm × 25 cm（12 in × 10 in）
叶 序	互生
树 皮	灰褐色，有刺脱落后残余的木质突起
花	微小，绿黄色，有5枚长不到2½ mm（⅛ in）的花瓣，在枝顶组成宽达12 cm（4¾ in）的花簇；雌雄同株或异株
果 实	直径约5 mm（¼ in），初为绿色，后变为红褐色并开裂，露出黑色的种子
分 布	中国，日本，朝鲜半岛，菲律宾
生 境	丘陵和山地的树林和灌丛

高达15 m
（50 ft）

496

椿叶花椒
Zanthoxylum ailanthoides
Japanese Toothache Tree
Siebold & Zuccarini

椿叶花椒也叫"日本花椒"（Japanese Prickly Ash），为落叶乔木，树形开展，晚夏至早秋开花。本种的枝条粗壮，无毛，有短而坚硬的刺。其果实有香辛味，有时被作为胡椒的替代品。果实、叶和枝条的浸剂可入药。产自中国台湾的植株，其叶下表面有毛，曾被处理为变种毛椿叶花椒*Zanthoxylum ailanthoides* var. *pubescens*。本种所在的花椒属*Zanthoxylum*主产于东亚，也有一些种产于北美洲。其属名*Zanthoxylum*意为"黄色木"，指一些种的木质为黄色。

类似种

本种的枝条有刺，叶有强烈芳香气味，非常独特。通常可以见到的花椒属其他大多数种为灌木状。野花椒*Zanthoxylum simulans*为乔木，但叶小型，小叶数也少。

实际大小

椿叶花椒的叶 轮廓为长圆形，芳香，长达30 cm（12 in），宽达25 cm（10 in）；羽状复叶，小叶11—27枚，侧生小叶对生；小叶披针形，长达15 cm（6 in）以上，宽达5 cm（2 in），顶端细渐尖，边缘有细齿，表面布有油腺；上表面为亮绿色，下表面为蓝绿色，两面光滑（变种毛椿叶花椒下面有毛）。

叶类型	羽状复叶
叶 形	轮廓为长圆形
大 小	达30 cm × 25 cm（12 in × 10 in）
叶 序	互生
树 皮	灰褐色，有刺
花	微小，绿黄色，有5枚长仅2½ mm（⅛ in）的花瓣，在枝顶组成宽达20 cm（8 in）的花簇；雌雄通常异株
果 实	直径约5 mm（¼ in），初为绿色，后变为红紫色并开裂，露出黑色的种子
分 布	中国
生 境	丘陵和山地的树林和灌丛

高达10 m
（33 ft）

497

朵花椒
Zanthoxylum molle
Zanthoxylum Molle

Rehder

朵花椒为落叶乔木，树形开展，枝条粗壮，有刺，幼时有毛，后变光滑，呈红紫色，夏季开花，花簇大型，生于有刺的梗上。本种为花椒属*Zanthoxylum*原产于中国的大约40个种之一，这些种为落叶和常绿乔木、灌木和藤本植物。同一植株上的小叶数目多变，在花簇之下最靠近它的叶可仅有3枚小叶。

类似种

朵花椒与椿叶花椒*Zanthoxylum ailanthoides*近缘，但不同之处在于枝条有毛，小叶较大，数目较少，下表面有毛。本种的栽培远不如后者多。

实际大小

朵花椒的叶 轮廓为长圆形，长达30 cm（12 in），宽达10 cm（4 in）；羽状复叶，小叶13—19枚，侧生小叶对生，无柄或近无柄；小叶呈椭圆形至卵形，长达15 cm（6 in），宽达7 cm（2¾ in），顶端渐尖，边缘无锯齿或有非常浅的锯齿；上表面为深绿色，有光泽，光滑，下表面覆有灰白色毛。

叶类型	单叶
叶 形	椭圆形至倒卵形
大 小	达25 cm×10 cm（10 in×4 in）
叶 序	互生
树 皮	灰褐色，光滑
花	乳白色，直径仅约3 mm（⅛ in），具5枚花瓣，非常芳香，在枝顶组成长达25 cm（10 in）的大型圆锥花序
果 实	球形，红褐色，直径5 mm（¼ in）
分 布	中国，日本，朝鲜半岛
生 境	丘陵和山地上、谷地中或河边的湿润树林

高达20 m
（65 ft）

498

多花泡花树
Meliosma myriantha
Meliosma Myriantha
Siebold & Zuccarini

多花泡花树为落叶乔木，树形开展，有时呈灌木状，幼枝覆有褐色毛，夏季开花。本种为多变而分布广泛的种，叶的锯齿和毛被形态有变异。原变种主要见于低海拔地区；变种异色泡花树*Meliosma myriantha* var. *discolor*和柔毛泡花树*Meliosma myriantha* var. *pilosa*的叶近基部无锯齿，则见于高海拔地区。本种属于清风藤科泡花树属*Meliosma*，清风藤科是主要分布于热带和亚热带的科，泡花树属则是清风藤科三个属中的最大属，见于东亚以及墨西哥和中南美洲。

类似种

暖木*Meliosma veitchiorum*有时在庭园中可见，但其叶为羽状复叶。多花泡花树树形为乔木状，叶大而有明显叶脉，花微小，芳香，组成大型花簇，可与其他一些叶不分裂、常为灌木状或叶较小的种区分开来。

实际大小

多花泡花树的叶 为椭圆形至倒卵形，长达25 cm（10 in），宽达10 cm（4 in）；顶端骤成短渐尖，边缘有锯齿，每侧有多达25条明显的平行侧脉；上表面为深绿色，幼时有疏毛，后变光滑，下表面有疏毛至密毛，沿脉和脉腋处亦均有毛。

叶类型	单叶
叶 形	阔卵形
大 小	达20 cm×15 cm（8 in×6 in）
叶 序	互生
树 皮	光滑，浅灰色
花	小，黄绿色，芳香，无花瓣，但有5枚萼片，在老枝上组成长达15 cm（6 in）的下垂圆锥花序；雌雄异株
果 实	浆果，球状，红色，直径1 cm（½ in），组成下垂果簇
分 布	中国，日本，朝鲜半岛
生 境	山地森林

高达20 m
（65 ft）

499

山桐子
Idesia polycarpa
Idesia Polycarpa

Maximowicz

山桐子为落叶乔木，树形呈阔柱状至球状，枝条光滑或有疏毛，水平伸展，春季开花。本种在日本被作为观赏树栽培，木材在日本曾被用于制作木屐。为了结果，需要同时种植雄株和雌株。本种所在的山桐子属*Idesia*仅此一个种，该属原先被置于大风子科Flacourtiaceae，但现在被认为是与柳属*Salix*树种更近缘的很多属之一。

类似种

本种叶片大，叶柄长，呈红色，其上生有两个明显凸起的腺体，易于识别。

实际大小

山桐子的叶 为阔卵形，长达20 cm（8 in），宽达15 cm（6 in），叶柄红色，长达15 cm（6 in），生有两个明显凸起的腺体，有时更多；叶片顶端短渐尖，边缘有锯齿，基部呈心形，由此发出5枚或有时7枚的放射状叶脉；初生时为古铜色，长成后上表面为深绿色，有光泽，下表面为蓝绿色，基部有毛，或在变种毛叶山桐子*Idesia polycarpa* var. *vestita*中全有密毛。

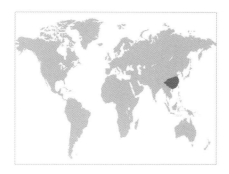

叶类型	单叶
叶 形	卵形
大 小	达15 cm × 12 cm（6 in × 4¾ in）
叶 序	互生
树 皮	灰色，光滑，老时有裂沟，通常有毛刺
花	小，乳黄色，芳香，直径达8 mm（⅜ in），无花瓣，但通常有5枚萼片；雌花和雄花同株，各自组成圆锥花序，花序大，长达25 cm（10 in），圆锥形
果 实	蒴果，卵球状，灰绿色，有毛，长约2 cm（¾ in）
分 布	中国
生 境	混交林

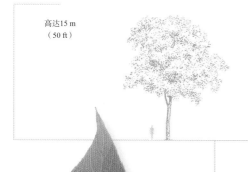

高达15 m
（50 ft）

500

山拐枣
Poliothyrsis sinensis
Poliothyrsis Sinensis

Oliver

　　山拐枣为落叶乔木，树形呈圆锥状，幼枝为灰色，有毛，后变光滑，夏季开花。与近缘种山桐子*Idesia polycarpa*一样，本种是所在的山拐枣属*poliothyrsis*的唯一种，且该属原先被置于大风子科Flacourtiaceae中。本种鲜为人知，在庭园中偶有种植，赏其晚开的芳香花朵。其果实在冬季可在树上宿存一段时间，不同寻常之处在于成熟时同时从顶部和底部裂开。尽管本种在1908年即由植物采集家威理森从中国引种栽培，但它始终没有成为常见树种。

类似种

　　山桐子与本种类似，但叶片较大，且较宽，叶柄较长，生有较大而明显的腺体，果实肉质。

山拐枣的叶　为卵形，长达15 cm（6 in），宽达12 cm（4¾ in）；顶端渐尖，边缘有锯齿，基部呈圆形至截形或浅心形，生有3—5条放射状叶脉；叶柄略呈红色，起初有毛，渐变光滑，长达6 cm（2½ in），有时在靠近叶片基部的半段上生有小腺体；叶片幼时略带红色，两面有毛，后上表面变为绿色，有光泽，光滑，下表面为浅绿色，光滑，或沿脉有毛。

实际大小

叶类型	单叶
叶 形	卵形至圆形
大 小	达15 cm×10 cm（6 in×4 in）
叶 序	互生
树 皮	幼时浅灰色，光滑，后颜色变深并有裂沟
花	小，无花瓣，组成下垂柔荑花序；雌花和雄花异株，雌花为绿色，雄花有红色花药
果 实	蒴果小，绿色，散出许多种子；种子各具一丛白毛
分 布	中国
生 境	山地和山坡森林

高达30 m
（100 ft）

501

响叶杨
Populus adenopoda
Populus Adenopoda

Maximowicz

响叶杨为落叶乔木，树形呈阔柱状至开展，早春开花，先于幼叶开放。本种原产于中国，在中国部分地区为常见树种，与杨属*Populus*中的白杨类（一群叶柄扁平的树种）近缘。和很多杨树一样，本种可与其他种杂交。中国栽培的另一种毛白杨*Populus tomentosa*现在即认为是响叶杨和银白杨*Populus alba*的杂种。

类似种

欧洲山杨*Populus tremula*与本种的不同之处在于叶片顶端无渐尖头，基部和叶柄连接处无腺体。

响叶杨的叶 为卵形至圆形，长达15 cm（6 in），宽达10 cm（4 in）；顶端渐尖，边缘有浅圆齿或小锯齿，基部呈截形至浅心形，在与叶柄连接处有2枚腺体；叶柄扁平，有毛，长达10 cm（4 in）；上表面为深绿色，有光泽，光滑，或沿脉有毛，下表面为灰绿色，幼时有毛，渐变光滑。

实际大小

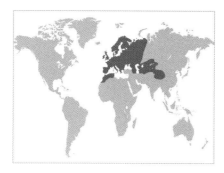

叶类型	单叶
叶 形	圆形至卵形
大 小	达10 cm × 7½ cm（4 in × 3 in）
叶 序	互生
树 皮	浅灰色，有深色菱形裂纹，在老树基部为深灰色，有裂条
花	小，无花瓣，组成下垂柔荑花序；雌花和雄花异株，雌花为绿色，雄花有红色花药
果 实	蒴果小，绿色，散出许多种子；种子各具一丛白毛
分 布	欧洲至中亚和北非
生 境	树林

502

高达30 m
（100 ft）

银白杨
Populus alba
White Poplar
Linnaeus

　　银白杨在英文中也叫"Abele"（最终来自拉丁文 *alba* "白色"一词），为落叶乔木，树形呈阔柱状至开展，幼枝密被白毛，靠萌蘖条蔓延，早春开花，先于叶开放。本种的植株通常有两种不同类型的叶，健壮枝条上的叶与短枝上的叶明显不同，但本种为变异性大的种，有些类型的叶没有这种差异。银灰杨*Populus × canescens*为本种和欧洲山杨*Populus tremula*的杂种，在很多地区更常见。

类似种

　　银白杨极常与银灰杨混淆，其短枝上的叶可与后者相似。然而，银白杨通常是较小、较不繁茂的乔木，叶下表面的毛可留存更长时间，且健壮枝条上的叶有深裂。

银白杨的叶　　为圆形至卵形，长达10 cm（4 in），宽达7½ cm（3 in）；短枝上的叶较小，有浅圆齿，健壮枝条上的叶大得多，常5深裂而呈槭叶状；基部呈圆形至截形，叶柄扁平，密被白毛；叶片初生时覆有白色厚毛，后上表面变为深绿色，光滑，健壮枝条上的较大叶片下表面仍留存有白毛，短枝上的较小叶片下表面的毛则较少。

实际大小

叶类型	单叶
叶 形	披针形
大 小	达12 cm × 4 cm（4¾ in × 1½ in）
叶 序	互生
树 皮	光滑，浅灰色，有深色的三角形枝痕和竖直裂纹；基部为深灰色，有裂条
花	小，无花瓣，组成下垂柔荑花序；雌花和雄花异株，雌花为绿色，雄花有红色花药
果 实	蒴果小，绿色，散出许多种子；种子各具一丛白毛
分 布	北美洲西部
生 境	山地的湿润森林和溪岸

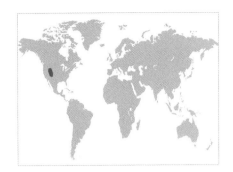

高达15 m
（50 ft）

503

狭叶杨
Populus angustifolia
Narrowleaf Cottonwood

James

狭叶杨为狭叶落叶乔木，树形呈锥状，稀为球状，早春开花，先于叶开放。本种常从茎基部或根部萌发新条，特别是在植株受损伤之后。因为易于扦插生根，本种常由河狸传播，或在风暴过后从折断的枝条长为新植株。其木材结实质轻，曾用于制作箱盒、篱柱和纸浆，或用作薪柴。本种的根系健壮，使之成为控制水土流失的有用树种，用于稳固河岸。

类似种

本种的叶狭窄，非常独特，更可能和柳属*Salix*树种相混淆，区别之处在于柔荑花序下垂而非直立。

狭叶杨的叶 为披针形，长达12 cm（4¾ in），宽达4 cm（1½ in）；顶端长渐尖，边缘有细齿，基部呈狭楔形至圆形，有短柄；上表面为绿色，有光泽，光滑，下表面为浅绿色，光滑或有疏毛，秋季变为黄色。

实际大小

叶类型	单叶
叶 形	阔卵形
大 小	达12 cm × 8 cm（4¾ in × 3¼ in）
叶 序	互生
树 皮	幼时为浅灰褐色，光滑，老时有裂沟和鳞片状裂条
花	小，无花瓣，组成下垂柔荑花序；雌花和雄花异株，雌花为绿色，雄花有红色花药
果 实	蒴果小，绿色，散出许多种子；种子各具一丛白毛
分 布	北美洲
生 境	湿润树林，河岸，河漫滩

高达30 m
（100 ft）

504

北美香杨
Populus balsamifera
Balsam Poplar
Linnaeus

北美香杨为繁茂的大乔木，树形呈阔柱状，早春开花，先于叶开放。冬芽长达2½ cm（1 in），覆有发黏而有香脂气味的树脂，树脂可入药。本种在加拿大分布广泛，在美国北部亦可见，向南延伸至山区。在北美洲，没有其他任何阔叶乔木能比本种分布得更偏北。其木材被普遍用于制作纸浆和板条箱。

类似种

毛果杨*Populus trichocarpa*与本种类似，但叶柄长仅至5 cm（2 in），雄柔荑花序长达5 cm（2 in）。

实际大小

北美香杨的叶 为阔卵形，长达12 cm（4¾ in），宽达8 cm（3¼ in）；顶端渐尖，边缘有锯齿，基部呈圆形至浅心形，叶柄长至5 cm（2 in）；叶幼时芳香，长成后上表面为深绿色，有光泽，光滑，下表面为白绿色，有明显叶脉，常点缀有略呈褐色的树脂斑点。

叶类型	单叶
叶 形	三角形至阔卵形
大 小	达13 cm×10 cm（5 in×4 in）
叶 序	互生
树 皮	灰色，在成树上有深裂纹
花	小、无花瓣，组成下垂柔黄花序；雌花和雄花异株，雌花为绿色，雄花有红色花药
果 实	蒴果小，绿色，散出许多种子；种子各具一丛白毛
分 布	仅见栽培
生 境	缺
异 名	*Populus opeuramericana* Guinier

高达30 m
（100 ft）

505

加杨
Populus × *canadensis*
Hybrid Black Poplar
Moench

加杨为生长速度极快的落叶乔木，树形呈阔柱状，早春开花，先于叶开放。本种为黑杨*Populus nigra*和东美灰杨*Populus deltoides*的杂种，有一些不同的类型已经被广泛栽培，作为遮阴树、屏障树或材用树。**晚花**（'Serotina'）品种仅有雄株，幼叶萌发晚，呈铜红色。**健杨**（'Robusta'）亦仅有非常健壮的雄株，幼叶呈古铜色，开放早于**晚花**品种的叶。

类似种

本杂种的各种类型冬芽有树脂，叶片边缘至少在幼时有小型毛，基部有腺体，通常与东美灰杨最为接近。这些特征在东美灰杨植株上更为明显，在黑杨植株上则不存在。

加杨的叶 为三角形至阔卵形，长达13 cm（5 in），宽达10 cm（4 in），健壮枝条上的叶要大得多；顶端渐狭成短尖，边缘有半透明的锯齿，幼时齿缘常有毛，基部呈截形至楔形，在与叶柄连接处附近常有小腺体；初生时为古铜色或浅绿色，长成后上表面为深绿色，有光泽，光滑，下表面为浅绿色，光滑。

实际大小

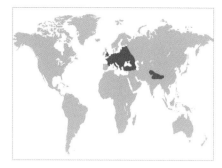

叶类型	单叶
叶 形	圆形至卵形
大 小	达10 cm × 7½ cm（4 in × 3 in）
叶 序	互生
树 皮	灰色，有深色的三角形裂纹，在老树上变为深褐色并有裂沟
花	小，无花瓣，组成下垂柔荑花序；雌花和雄花异株，雌花为绿色，雄花有红色花药
果 实	蒴果小，绿色，散出许多种子；种子各具一丛白毛
分 布	欧洲，西亚
生 境	湿润谷地

高达30 m
（100 ft）

506

银灰杨
Populus × canescens
Gray Poplar
(Aiton) Smith

银灰杨为健壮的落叶乔木，树形呈阔柱状至球状，能靠萌蘖条快速蔓延，形成密树丛，早春开花，先于叶开放。尽管常被视为一个种，但它实际上是银白杨*Populus alba*和欧洲山杨*Populus tremula*的杂种，在外观上最接近前者。银灰杨可见与亲本树种混生，亦常见从栽培逸为野生。本种的幼枝密被白毛，但最终变光滑。

类似种

银灰杨最可能与银白杨相混淆，但不同之处在于生长健壮，叶分裂较浅，叶片下表面有较稀疏的一层灰色毛，而非白毛。

银灰杨的叶　为圆形至卵形，长达10 cm（4 in），宽达7½ cm（3 in）；顶端钝尖，边缘有三角形钝齿，即使健壮枝条上的叶也从不深裂，基部呈圆形至浅心形，叶柄细，扁平，有毛，长达8 cm（3¼ in）；幼时密被白毛，后上表面变为深绿色，有光泽，光滑，下表面有稀疏的灰色毛，或几乎光滑。

实际大小　　　　实际大小

叶类型	单叶
叶 形	卵形至椭圆形
大 小	达10 cm×7 cm（4 in×2¾ in）
叶 序	互生
树 皮	幼时为灰绿色，老时颜色变深并有裂沟
花	小，无花瓣，组成下垂柔荑花序；雌花和雄花异株，雌花为绿色，雄花有红色花药
果 实	蒴果小，绿色，散出许多种子；种子各具一丛白毛
分 布	中国
生 境	河谷森林

高达30 m
（100 ft）

507

青杨
Populus cathayana
Populus Cathayana
Rehder

青杨为落叶乔木，树形呈柱状，春季开花，先于幼叶开放。枝条光滑，顶端具发黏的圆锥形冬芽。本种常见于高海拔的寒冷湿润地区，在中国是重要的造林树种。现已和黑杨*Populus nigra*、北美香杨*Populus balsamifera*等其他种杂交，杂种植株健壮，适合在多种生境中生长。在中国北部广泛种植的北京杨*Populus × beijingensis*，即是青杨和钻天杨（*Populus nigra* 'Italica'）的杂种。

类似种

青杨与小叶杨*Populus simonii*有亲缘关系，不同之处在于后者的叶为倒卵形或菱形，叶脉下垂，叶柄短得多，长仅3 cm（1¼ in），此为其特征。

青杨的叶 为卵形至椭圆形，长达10 cm（4 in），宽达7 cm（2¾ in）；顶端渐尖，边缘有锯齿，基部呈圆形至阔楔形，或有时为浅心形，叶柄光滑，长达7 cm（2¾ in）；上表面为亮绿色，下表面为白绿色。

实际大小

叶类型	单叶
叶 形	卵形至圆形
大 小	达6 cm × 5 cm（2½ in × 2 in）
叶 序	互生
树 皮	浅灰色，光滑，后基部颜色变深而粗糙
花	小，无花瓣，组成下垂柔荑花序；雌花和雄花异株，雌花为绿色，雄花有红色花药
果 实	蒴果小，绿色，散出许多种子；种子各具一丛白毛
分 布	中国，俄罗斯东部，朝鲜半岛
生 境	山地树林

高达25 m
（85 ft）

508

山杨
Populus davidiana
Korean Aspen

Dode

山杨为落叶乔木，树形呈锥状至阔柱状，幼枝有细茸毛，冬芽略有黏性，春季开花，先于幼叶开放。本种与欧洲山杨*Populus tremula*近缘，曾被处理为后者的变种或亚种。与欧洲山杨一样，本种可通过萌蘖条任意蔓延。本种及其杂种在中国被用作造林树种。本种在中国承认两个变种：原变种的枝叶初生时有毛，很快脱落；变种茸毛山杨*Populus davidiana* var. *tomentella*的枝叶则始终有细茸毛。

类似种

欧洲山杨与本种非常类似，不同之处在于叶片边缘锯齿较大。毛白杨*Populus tomentosa*和银白杨*Populus alba*叶片下表面为白色，有毛。

山杨的叶 为卵形至圆形，长达6 cm（2½ in），宽达5 cm（2 in）；顶端钝，边缘呈波状或有浅齿，基部呈阔楔形至圆形，叶柄扁平，通常光滑，长约与叶片相等；叶片初生时略呈红色，长成后上表面为蓝绿色，光滑，下表面为浅绿色，有疏毛，至少幼时如此。

实际大小

叶类型	单叶
叶形	阔卵形至三角形
大小	达18 cm × 12 cm（7 in × 4¾ in）
叶序	互生
树皮	幼时为黄灰色，光滑，后变为深灰色，有深裂沟
花	小，无花瓣，组成下垂柔荑花序；雌花和雄花异株，雌花为绿色，雄花有红色花药
果实	蒴果小，绿色，散出许多种子；种子各具一丛白毛
分布	加拿大南部，美国中东部，墨西哥北部
生境	湿润树林，河谷，河漫滩

高达30 m
（100 ft）

东美灰杨
Populus deltoides
Eastern Cottonwood

J. Bartram

东美灰杨为速生落叶乔木，树形呈阔柱状至球状，冬芽有黏性和香膏气味，春季开花，先于幼叶开放。本种为广泛种植的贵重材用树，其木材可用于建筑、制作篱柱、用作薪柴和制造纸浆，也可作为防风林。本种常与其他杨属树种形成杂种，最知名者加杨*Populus × canadensis*为本种与黑杨*Populus nigra*的杂种。东美灰杨是美国堪萨斯州州树。

类似种

东美灰杨与加杨的一些类型可能难于区分。西美灰杨*Populus fremontii*的叶有类似的叶形，但较小，相对较宽，见于加利福尼亚州。

东美灰杨的叶 为阔卵形至三角形，长达18 cm（7 in），宽达12 cm（4¾ in）；顶端狭渐尖，边缘有半透明锯齿，齿缘有小型毛，基部呈截形或浅心形，在与叶柄连接处有明显的腺体，叶柄扁平；叶片上表面为亮绿色，有光泽，光滑，下表面为浅绿色，光滑或近光滑。

实际大小

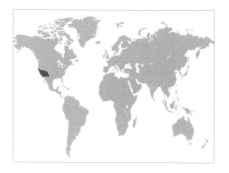

叶类型	单叶
叶 形	阔三角形至菱形
大 小	达7 cm × 9 cm（2¾ in × 3½ in）
叶 序	互生
树 皮	幼时为浅灰色，老时裂成块状，渐有深裂沟
花	小，无花瓣，组成下垂柔荑花序；雌花和雄花异株，雌花为绿色，雄花有红色花药
果 实	蒴果小，绿色，散出许多种子；种子各具一丛白毛
分 布	美国西南部，墨西哥北部
生 境	湿润地，溪岸，峡谷

510

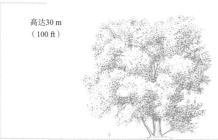

高达30 m
（100 ft）

西美灰杨
Populus fremontii
Fremont Poplar

S. Watson

西美灰杨为速生落叶乔木，树形呈球状至开展，春季开花，先于幼叶开放。本种为美国西南部最常见的杨树，美洲原住民用其植株的多个部位入药。其木材可用于建筑，制作篱柱、板条箱，用作薪柴或制造纸浆。一些变种原先系于本种之下，但现在被认为属于东美灰杨 *Populus deltoides*。亚种得州杨*Populus fremontii* subsp. *mesetae*见于亚利桑那州、得克萨斯州和墨西哥北部。

类似种

东美灰杨的叶较大，相对较狭，分布区偏东。毛果杨*Populus trichocarpa*叶缘的锯齿较细。

西美灰杨的叶 为阔三角形至菱形，长达7 cm（2¾ in），宽达9 cm（3½ in）；顶端短渐尖，边缘有粗而弯曲的锯齿，基部呈截形至阔楔形，或为浅心形，叶柄扁平，长达6 cm（2½ in）；叶片幼时常有疏毛，长成后上表面为亮绿色，有光泽，下表面为浅绿色，两面光滑。

实际大小

叶类型	单叶
叶 形	阔卵形
大 小	达10 cm × 8 cm（4 in × 3¼ in）
叶 序	互生
树 皮	幼时为浅灰色，光滑，老时发育出鳞片状裂条
花	小，无花瓣，组成下垂柔荑花序；雌花和雄花异株，雌花为绿色，雄花有红色花药
果 实	蒴果小，绿色，散出许多种子；种子各具一丛白毛
分 布	北美洲东部
生 境	主要生长于高地地区溪流和沼泽边的湿润土壤中

高达20 m
（65 ft）

511

大齿杨
Populus grandidentata
Bigtooth Aspen

Michaux

大齿杨为速生但通常寿命不长的落叶乔木，树形呈阔柱状，春季开花，先于幼叶开放。本种可通过萌蘖条广泛蔓延，由单一的无性繁殖体形成大片居群。幼枝起初有毛，后变光滑，顶端的芽有黏性，覆有灰色毛。本种为北美洲的两种白杨类树种之一，其分布区常与颤杨*Populus tremuloides*重叠，后者的分布区向北美洲西部延伸很远。

类似种

大齿杨的幼叶毛很多，叶片锯齿较大而少，可以和颤杨相区别。与本种相比，欧洲山杨*Populus tremula*的不同之处在于幼枝光滑。

大齿杨的叶 为阔卵形，长达10 cm（4 in），宽达8 cm（3¼ in）；顶端有短尖，边缘有粗大的钝齿，基部呈圆形，叶柄扁平，长达6 cm（2½ in）；叶片幼时密被白毛，长成后上表面为深绿色，下表面为浅绿色，两面光滑，秋季变为黄色。

实际大小

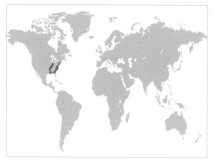

叶类型	单叶
叶 形	阔卵形
大 小	达18 cm × 15 cm（7 in × 6 in）
叶 序	互生
树 皮	灰褐色，有深裂沟和鳞片状裂条
花	小、无花瓣，组成下垂柔荑花序；雌花和雄花异株，雌花为绿色，雄花有红色花药
果 实	蒴果小，绿色，散出许多种子；种子各具一丛白毛
分 布	美国东南部
生 境	潮湿土壤，沼泽边缘，河漫滩

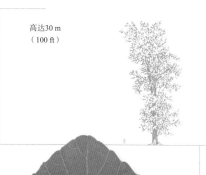

高达30 m
（100 ft）

512

沼杨
Populus heterophylla
Swamp Cottonwood
Linnaeus

沼杨在英文中也叫 "Black Cottonwood"（黑灰杨），为速生落叶乔木，树形呈阔柱状，春季开花，先于幼叶开放。其枝条粗壮，幼时呈白色，有毛，后变光滑，顶端有略具黏性的冬芽。沼杨分布零散，集中产于美国东部的滨海平原和密西西比河谷，从不像很多其他杨属*Populus*树种那样形成大片森林。本种常与落羽杉*Taxodium distichum*等其他喜湿树种共同种植。

类似种

沼杨的叶大型，顶端呈圆形，基部呈心形，可与北美洲的其他杨属树种相区别。

沼杨的叶 为阔卵形，长达18 cm（7 in），宽达15 cm（6 in）；顶端圆形，边缘有细齿，基部明显呈心形，叶柄呈圆柱形，长达8 cm（3¼ in）；叶片初生时密被白毛，后上表面变光滑，绿色，有光泽，下表面为浅绿色，始终有毛。

实际大小

叶类型	单叶
叶 形	椭圆形至倒卵形
大 小	达12 cm × 8 cm（4¾ in × 3¼ in）
叶 序	互生
树 皮	光滑，灰绿色，后变为灰褐色，有深裂沟
花	小，无花瓣，组成下垂柔荑花序；雌花和雄花异株，雌花为绿色，雄花有红色花药
果 实	蒴果小，绿色，散出许多种子；种子各具一丛白毛
分 布	中国北部，俄罗斯东部，朝鲜半岛
生 境	河谷和斜坡的森林

高达30 m
（100 ft）

513

香杨
Populus koreana
Korean Poplar

Rehder

香杨为落叶乔木，树形呈阔柱状，春季开花，先于幼叶开放。幼枝粗壮，无毛，和冬芽都非常黏，具有气味类似香膏的芳香树脂。本种仅偶尔形成纯林，通常与桤木属*Alnus*、桦木属*Betula*树种和松树等其他树木混生。其木材可用于建筑和制造纸浆。香杨在庭园中偶有种植，为春季最早生叶的树种之一。

类似种

本种与辽杨*Populus maximowiczii*近缘，后者的叶在春季萌发较迟，顶端扭曲，枝条有毛，无黏性。

香杨的叶 为椭圆形至倒卵形，长达12 cm（4¾ in），宽达8 cm（3¼ in）；顶端钝尖，边缘有顶端具腺体的小锯齿，基部呈阔楔形至浅心形，叶柄长达3 cm（1¼ in）；上表面为深绿色，光滑，叶脉明显下陷且常带红色色调，中脉为红色，下表面为绿白色，光滑。

实际大小

叶类型	单叶
叶 形	阔卵形
大 小	达30 cm×20 cm（12 in×8 in）
叶 序	互生
树 皮	灰褐色，有深裂沟和鳞片状裂条
花	小，无花瓣，组成下垂柔荑花序；雌花和雄花同株或异株，雌花为绿色，雄花有红色花药
果 实	蒴果小、绿色，散出许多种子；种子各具一丛白毛
分 布	中国
生 境	山坡和谷地的湿润树林

高达20 m
（65 ft）

514

实际大小

大叶杨
Populus lasiocarpa
Chinese Necklace Poplar
Oliver

大叶杨为落叶乔木，树形呈阔锥状至球状，枝条粗壮，有毛，春季开花，先于幼叶开放。本种有几方面颇具特色。其叶片大，可能是所有杨属*Populus*树种中最大的叶，而且和其他种的叶不同，形态几乎没有变异。至少在很多栽培植株上，其柔荑花序同时具雄花和雌花，因此即使是单独生长的植株也能产出白色棉团一般的大型果簇。然而，大多数野生植物很可能仍为雌雄异株。

类似种

本种的枝条粗壮，叶非常大，通常易于识别。椅杨*Populus wilsonii*为有亲缘关系的中国种，其枝条光滑，叶呈蓝绿色，形状更圆，下表面呈白绿色。

大叶杨的叶 为阔卵形，长达30 cm（12 in），宽达20 cm（8 in）；顶端短渐尖，常略扭曲，边缘有顶端具腺体的钝齿，基部呈深心形，叶柄为红色，长达10 cm（4 in）；叶片幼时两面有毛，长成后上表面为深绿色，光滑，叶脉常为红色，下表面为浅绿色，有毛。

叶类型	单叶
叶 形	椭圆形至卵形或倒卵形
大 小	达12 cm × 7 cm（4¾ in × 2¾ in）
叶 序	互生
树 皮	光滑，灰褐色，老时颜色加深，基部有裂沟
花	小，无花瓣，组成下垂柔荑花序；雌花和雄花异株，雌花为绿色，雄花有红色花药
果 实	蒴果小，绿色，散出许多种子；种子各具一丛白毛
分 布	中国，蒙古，俄罗斯东部
生 境	山地河岸

高达15 m
（50 ft）

515

苦杨
Populus laurifolia
Laurel-leaf Poplar

Ledebour

苦杨为落叶乔木，树形疏松开展，枝条下垂。新枝黄色，有棱，顶端的冬芽有黏性，春季开花。和很多杨属*Populus*树种一样，本种的健壮枝条上的叶常大得多，长可达15 cm（6 in）以上。苦杨和其他一些杨属树种之间可产生杂种，如它和北美香杨*Populus balsamifera*即可杂交，该杂种甚至曾一度被视为后者的变种。柏林杨*Populus × berolinensis*是苦杨和**钻天杨**（*Populus nigra* 'Italica'）的杂种。

类似种

苦杨与小叶杨*Populus simonii*近缘，不同之处在于后者的叶常较宽，基部呈楔形，有时呈狭楔形。

苦杨的叶 为椭圆形至卵形或倒卵形，长达12 cm（4¾ in），宽达7 cm（2¾ in）；顶端短骤尖，边缘有浅而钝的锯齿，齿缘有小型毛，基部呈圆形或阔楔形，叶柄有毛，长达5 cm（2 in）；叶片上表面为深绿色，光滑，下表面为灰色，有疏毛，脉网明显。

实际大小

叶类型	单叶
叶 形	阔椭圆形至阔卵形或近圆形
大 小	达14 cm × 10 cm（5½ in × 4 in）
叶 序	互生
树 皮	灰色，光滑，渐有深裂沟
花	小，无花瓣，组成下垂柔荑花序；雌花和雄花异株，雌花为绿色，雄花有红色花药
果 实	蒴果小，绿色，散出许多种子；种子各具一丛白毛
分 布	中国北部，俄罗斯东部，朝鲜半岛，日本
生 境	森林的河谷和斜坡

高达30 m
（100 ft）

516

辽杨
Populus maximowiczii
Japanese Poplar
A. Henry

辽杨为落叶乔木，树形呈阔柱状，春季开花，先于幼叶开放。幼枝呈绿色，在阳光照射的一侧带红色色调，起初有毛，后变光滑。顶端的冬芽有黏性，具香膏般的气味，呈亮绿色或带红色色调，顶端尖，长达2 cm（¾ in）。本种的木材轻软，可用于建筑和造船，亦可制造纸浆或烧炭。种子上的毛在日本曾被作为棉花的替代品。

辽杨为健壮的大乔木，为了造纸或用作薪材，已经培育出了一些杂种。

类似种

香杨*Populus koreana*与本种近缘，但幼枝非常黏，无毛。

辽杨的叶 为阔椭圆形至阔卵形或近圆形，长达14 cm（5½ in），宽达10 cm（4 in）；顶端骤成短钝尖，向下方和一侧扭曲，为其特征，边缘有锯齿，齿上有小型毛，基部呈阔楔形至圆形，或略呈心形，中脉和叶柄常为红色，特别是在幼树上；叶片略呈革质，上表面为深绿色，叶脉下陷，下表面为绿白色，叶脉明显，两面沿脉有毛，至少幼时如此。

实际大小

叶类型	单叶
叶 形	菱形至三角形或卵形
大 小	达10 cm×10 cm（4 in×4 in）
叶 序	互生
树 皮	灰褐色，在成树上有深裂沟，常有较大的毛刺
花	小，无花瓣，组成下垂柔荑花序；雌花和雄花异株，雌花为绿色，雄花有红色花药
果 实	蒴果小，绿色，散出许多种子；种子各具一丛白毛
分 布	北非，欧洲至中亚
生 境	河谷

高达30 m
（100 ft）

517

黑杨
Populus nigra
Black Poplar

Linnaeus

　　黑杨为落叶乔木，树形呈阔柱状至开展，春季开花，先于幼叶开放。本种分布广泛，极常见栽培，因此准确的原产地尚不确定。原亚种*Populus nigra* subsp. *nigra*枝条光滑，亚种桦叶黑杨*Populus nigra* subsp. *betulifolia*枝条和叶柄在幼时有毛。本种在英国的分布可能要归因于过去的广泛种植，其雄株稀少。本种常与加杨*Populus* × *canadensis*相混淆。近年来，加杨得到广泛种植，由此导致了黑杨居群的退化。钻天杨（*Populus nigra* 'Italica'）为常见栽培类型，树形为狭柱状。

类似种

　　东美灰杨*Populus deltoides*和加杨的树干无毛刺，冬芽有树脂，芳香，叶片边缘有小型毛，基部有腺体。

黑杨的叶　为菱形至三角形或卵形，长达10 cm（4 in），宽达10 cm（4 in）；顶端渐尖，边缘有锯齿（近顶端处除外），基部呈截形至阔楔形，叶柄扁平，长达5 cm（2 in）；幼时为绿色或古铜色，长成后上表面为深绿色，有光泽，下表面为浅绿色，两面光滑，秋季变为黄色。

实际大小

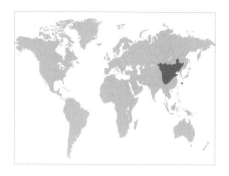

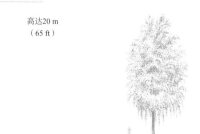

叶类型	单叶
叶 形	菱形至倒卵形
大 小	达12 cm × 8 cm（4¾ in × 3¼ in）
叶 序	互生
树 皮	光滑，灰色，渐有深裂沟
花	小，无花瓣，组成下垂柔黄花序；雌花和雄花异株，雌花为绿色，雄花有红色花药
果 实	蒴果小，绿色，散出许多种子；种子各具一丛白毛
分 布	中国
生 境	山坡，谷地，或生长于河边沙质土壤中

高达20 m
（65 ft）

518

小叶杨
Populus simonii
Simon's Poplar

Carrière

小叶杨为落叶乔木，树形呈阔锥状，春季开花，先于幼叶开放。本种为青杨类树种（即与北美香杨*Populus balsamifera*、毛果杨*Populus trichocarpa*和青杨*Populus cathayana*近缘的杨属*Populus*树种）中的一种，幼枝有棱，光滑，顶端的芽细而尖，有黏性。本种能耐受有寒冷冬季和炎热夏季的干旱地区，在中国北部和蒙古的荒漠地区被广泛用来造林固沙。本种在庭园中偶见栽培，特别是树形为狭锥状的选育品种**塔形**（'Fastigiata'）。其幼叶芳香，在春季萌发很早。小叶杨在野外为多变的种，根据叶形和毛被情况，在中国已经识别出了几个变种。变种宽叶小叶杨*Populus simonii* var. *latifolia*幼枝和叶柄有毛，叶片常宽大于长。

类似种

本种由于叶片从近中部向下渐狭，而与其他大多数杨属树种有区别。小叶杨与青杨有亲缘关系，不同之处在于后者的叶片呈卵形至椭圆形，而不为菱形。

小叶杨的叶 为菱形至倒卵形，长达12 cm（4¾ in），宽达8 cm（3¼ in）；顶端渐尖，边缘有钝齿，基部呈楔形，有时为狭楔形，叶柄长至4 cm（1½ in）或常更短；叶片幼时为浅绿色，芳香，长成后上表面为深绿色，下表面为浅灰绿色，两面光滑。

实际大小

叶类型	单叶
叶 形	阔卵形
大 小	达20 cm×15 cm（8 in×6 in）
叶 序	互生
树 皮	浅灰色，基部有裂纹
花	小、无花瓣，组成下垂柔荑花序；雌花和雄花异株，雌花为绿色，雄花有红色花药
果 实	蒴果小，绿色，散出许多种子；种子各具一丛白毛
分 布	中国西部，喜马拉雅地区西部
生 境	山地森林

高达40 m
（135 ft）

519

川杨
Populus szechuanica
Sichuan Poplar
C. K. Schneider

川杨为健壮的落叶大乔木，树形呈阔柱状，春季开花，先于幼叶开放。枝条光滑，幼时略带红色，顶端的芽为红紫色，有黏性。原变种*Populus szechuanica* var. *szechuanica*枝叶光滑，见于中国西部；变种藏川杨*Populus szechuanica* var. *tibetica*分布在喜马拉雅地区，其叶柄、幼枝和叶片下表面均有毛。本种在杨属*Populus*中的亲缘关系不确定，因为它既显示有青杨类树种（即与北美香杨*Populus balsamifera*和青杨*Populus cathayensis*近缘的树种）的特征，又有黑杨类树种（即与东美灰杨*Populus deltoides*和黑杨*Populus nigra*近缘的树种）的特征。

类似种

本种的一些类型的叶大型，可与大叶杨*Populus lasiocarpa*形似，但该种枝条较粗壮，叶下表面为绿色，而不为白绿色，基部则为较深的心形。

川杨的叶 为阔卵形，长达20 cm（8 in），宽达15 cm（6 in）；大小、高度可变，可比这一尺寸大得多或小得多；顶端尖，边缘有钝齿，基部呈圆形至浅心形，叶柄粗壮，红色，长达8 cm（3¼ in）；叶片初生时略呈红色，长成后上表面为深绿色，叶脉常为红色，下表面为白绿色。

实际大小

叶类型	单叶
叶 形	阔卵形
大 小	达10 cm × 10 cm（4 in × 4 in）
叶 序	互生
树 皮	灰白色，光滑，基部渐变为深灰色并有裂纹
花	小，无花瓣，组成下垂柔荑花序；雌花和雄花异株，雌花为绿色，雄花有红色花药
果 实	蒴果小，绿色，散出许多种子；种子各具一丛白毛
分 布	中国
生 境	多为栽培

高达30 m
（100 ft）

520

毛白杨
Populus tomentosa
Chinese White Poplar
Carrière

毛白杨为落叶乔木，树形呈阔柱状至卵球状，春季开花，先于幼叶开放。幼枝呈灰色，有毛，不久变光滑。因其速生性和对不利生境的耐受性，本种在中国被广泛作为观赏树和行道树种植，亦常被作为材用树种植。其木材可用于建筑，也可用于制作工具或制造纸浆。本种作为野生种的地位一直存疑，现在被认为是银白杨*Populus alba*和响叶杨*Populus adenopoda*的杂种。

类似种

毛白杨的形态与银灰杨*Populus × canescens*最为相似，后者也是银白杨的一个杂种，但不同之处在于其叶片较大，顶端渐尖。

毛白杨的叶 为卵形，长宽均达10 cm（4 in），短枝上的叶较小，常略呈菱形；顶端渐尖，边缘有圆或尖的锯齿，基部呈浅心形或截形，叶柄长达7 cm（2¾ in），至少在靠近叶片的半段扁平；叶片长成后上表面为深绿色，下表面为白色，有毛，后变光滑。

实际大小

叶类型	单叶
叶 形	阔卵形至圆形
大 小	达8 cm × 8 cm（3¼ in × 3¼ in）
叶 序	互生
树 皮	浅灰色，有深色的菱形皮孔，后变为灰褐色并有浅裂条
花	小，无花瓣，组成下垂柔荑花序；雌花和雄花异株，雌花为绿色，雄花有红色花药
果 实	蒴果小，绿色，散出许多种子；种子各具一丛白毛
分 布	欧洲，北非，亚洲
生 境	湿润树林和谷地

高达20 m
（65 ft）

521

欧洲山杨
Populus tremula
Aspen
Linnaeus

　　欧洲山杨为落叶乔木，树形呈锥状至阔柱状，春季开花，先于幼叶开放。叶在长成后，因有扁平的叶柄，可随风拍动作响。幼枝光滑，植株可靠根生的萌蘖条蔓延，成为本种的主要繁殖方式，特别是在其开花、结果受到气候限制的地区。本种分布广泛，从西欧一直到中国都有分布，是冰期之后最早在不列颠群岛生长的树种之一。本种的木材可用于制作火柴，亦可用于烧炭，过去还曾用于制作木鞋、盾牌和箭头。本种的园艺选育品种有**直立**（'Erecta'）和**垂枝**（'Pendula'）。前者树形呈狭柱状，枝条上耸，后者枝条下垂，雄柔荑花序显眼。

类似种

　　与欧洲山杨相比，响叶杨*Populus adenopoda*的不同之处在于其叶片顶端长渐尖；山杨*Populus davidiana*的叶有较小而多的锯齿；大齿杨*Populus grandidentata*的叶则有大型锯齿，幼枝有毛。

欧洲山杨的叶　为阔卵形至圆形，长宽均达8 cm（3¼ in）；顶端短骤尖，边缘有圆齿，基部呈圆形至截形，叶柄扁平，长达6 cm（2½ in）；叶片幼时两面有毛，常为古铜色，长成后上表面为深绿色或灰绿色，光滑，下表面为浅绿色，有时有疏毛。

实际大小

叶类型	单叶
叶形	圆形
大小	达8 cm × 7 cm（3¼ in × 2¾ in）
叶序	互生
树皮	光滑，近白色，后出现深色的皮孔带，最终成为深灰色并有裂沟
花	小，无花瓣，组成下垂柔荑花序；雌花和雄花异株，雌花为绿色，雄花有红色花药
果实	蒴果小，绿色，散出许多种子；种子各具一丛白毛
分布	北美洲
生境	森林，生长于多种土壤中

高达20 m
（65 ft）

522

颤杨
Populus tremuloides
Quaking Aspen
Michaux

颤杨的叶　为圆形，长达8 cm（3¼ in），宽达7 cm（2¾ in）；顶端短骤尖，边缘有许多非常小的锯齿，基部呈圆形或略呈心形，叶柄细、扁平，长达6 cm（2½ in）；叶片幼生时为浅绿色，长成后上表面为深绿色，下表面为浅绿色，两面光滑，秋季变为亮黄色。

实际大小

　　颤杨为速生而通常寿命不长的乔木，树形呈锥状至阔柱状，春季开花，先于幼叶开放。与欧洲山杨*Populus tremula*一样，本种的叶会在极轻微的风中"颤动"。颤杨是北美洲分布最广的树种，也是全世界分布最广的树种之一，北起美国阿拉斯加州至加拿大纽芬兰省的北部树线，经美国本土东北部，沿落基山脉向南直达墨西哥。颤杨主要靠根生的萌蘖条繁殖，这使之可以快速占据裸露地面，从而也能形成由单一的无性繁殖体构成的大片居群。本种的选育品种有**森林银**（'Forest Silver'）和**东北树艺**（'NE-Arb'，也叫"草原金"Prairie Gold）。前者树形狭窄上耸，树皮为银白色，秋色为红色，后者秋色为金黄色。

类似种

　　颤杨的叶有非常细的锯齿，这可与欧洲山杨和大齿杨*Populus grandidentata*区别。

叶类型	单叶
叶形	阔卵形
大小	达10 cm×6 cm（4 in×2½ in）
叶序	互生
树皮	光滑，灰色，后有裂沟和鳞片状裂条
花	小，无花瓣，组成下垂柔荑花序；雌花和雄花异株，雌花为绿色，雄花有红色花药
果实	蒴果小，绿色，散出许多种子；种子各具一丛白毛
分布	北美洲西部
生境	生长于从海平面到山地的湿润土壤中，在峡谷生于干燥地区

高达30 m
（100 ft）

523

毛果杨
Populus trichocarpa
Black Cottonwood

Torrey & A. Gray

毛果杨为速生落叶乔木，树形呈阔柱状。冬芽因有树脂而有黏性和芳香气味，春季开花，先于幼叶开放。本种分布广泛，从美国阿拉斯加州南部到墨西哥下加利福尼亚均有分布，是北美洲的杨属*Populus*树种中树形最大的种，也是北美洲西部的阔叶树中最高的树种，有的植株可高达45 m（150 ft）。本种为北美香杨*Populus balsamifera*的近缘种，有时被视为后者的亚种。这二者在分布区重叠的地方可杂交。木材常被用于制造纸浆，可生产优良的纸张。

类似种

北美香杨的叶较长，叶柄长达10 cm（4 in）。区分这两个种的最可靠的方法是：北美香杨的果实呈卵球形，裂为两片；毛果杨的果实呈球形，裂为三片。

毛果杨的叶　为阔卵形，长达10 cm（4 in），宽达6 cm（2½ in）；顶端尖，边缘有细齿，基部呈圆形至浅心形，叶柄长达6 cm（2½ in）；上表面为深绿色，下表面为白绿色，叶脉明显，常有树脂斑，两面光滑或近光滑，秋季变为黄色。

实际大小

叶类型	单叶
叶　形	狭披针形
大　小	达10 cm×1½ cm（4 in×⅝ in）
叶　序	互生
树　皮	灰褐色，有裂纹
花	小，无花瓣，组成直立的柔荑花序；雌雄异株，雄花有黄色花药
果　实	蒴果小，绿色，开裂后散出种子；种子具一丛白色棉毛
分　布	欧洲，西亚，北非
生　境	河岸，湿润草甸

高达30 m
（100 ft）

524

白柳
Salix alba
White Willow
Linnaeus

白柳为落叶乔木，树冠呈阔柱状至开展，春季开花，与幼叶同放。枝条柔软，先端下垂，起初有丝状毛，后变光滑。本种的植株常见经受修剪，方法是频繁伐去主枝，以促进植株长出更多的长枝条。长枝条可用于柳编。针对冬季枝条颜色选育的类型常见种植，如**布里茨**（'Britzensis'）的枝条为亮红色，而变种黄枝白柳*Salix alba* var. *vitellina*的枝条为黄色。**蓝色**（'Caerulea'）品种的树形呈锥状，叶呈蓝绿色。本种的木材传统上被用于制作板球棒。白柳常与其他种杂交。

类似种

爆竹柳*Salix fragilis*的枝条光滑，弯曲时易于折断，叶较大，即使在幼时也光滑或近光滑。该种远观为绿色，相比之下，白柳远观则为灰绿色。

实际大小　　　　　实际大小

白柳的叶　为狭披针形，长达10 cm（4 in），宽达1½ cm（⅝ in）；顶端细渐尖，边缘有细齿，基部呈楔形，渐狭成长至8 mm（⅜ in）的叶柄；幼时两面密被丝状毛，后上表面变为绿色，光滑或近光滑，下表面为蓝绿色，有丝状毛。

叶类型	单叶
叶 形	披针形
大 小	达12 cm × 3 cm（4¾ in × 1¼ in）
叶 序	互生
树 皮	灰色至红褐色，有裂沟和鳞片状裂条
花	小、无花瓣，组成直立的柔荑花序；雌雄异株，雄花有黄色花药
果 实	蒴果小、绿色，开裂后散出种子；种子具一丛白色棉毛
分 布	美国北部和中部，加拿大南部，墨西哥北部
生 境	湿润谷地，河岸，沼泽

高达15 m
（50 ft）

525

桃叶柳
Salix amygdaloides
Peachleaf Willow
Andersson

　　桃叶柳为速生而通常寿命不长的落叶乔木，树形呈球状，常有多于一枚主干。枝条细，呈黄褐色，光滑，春季开花，与幼叶同放。本种分布广泛，在落基山脉最为常见。桃叶柳为一个先锋种，它能快速占据遭受火灾之类扰动之后的裸露土壤，直到被其他树种遮蔽为止。因为扦插易于生根，本种曾被用于稳固河岸上的裸露土壤。

类似种

　　太平洋柳*Salix lasiandra*与本种类似，但为较小的乔木或灌木，芽顶端钝，芽鳞无离生的尖端。桃叶柳的芽顶端则尖，芽鳞有离生的尖端。

桃叶柳的叶　为披针形，长达12 cm（4¾ in），宽达3 cm（1¼ in）；顶端为细长的渐尖头，边缘有细齿，基部呈圆形，叶柄细，长达2½ cm（1 in），叶片常在叶柄上下垂；叶片幼时两面光滑或有细茸毛，长成后上表面为浅绿色或黄绿色，下表面为白绿色，两面光滑。

实际大小

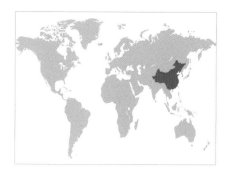

叶类型	单叶
叶 形	狭披针形
大 小	达12½ cm × 2 cm（5 in × ¾ in）
叶 序	互生
树 皮	灰褐色，有深裂沟
花	小，无花瓣，组成直立的柔荑花序；雌雄异株，雄花有黄色花药
果 实	蒴果小，绿色，开裂后散出种子；种子具一丛白色棉毛
分 布	中国
生 境	河岸，广泛栽培

高达15 m
（50 ft）

526

柳
Salix babylonica
Chinese Weeping Willow
Linnaeus

柳通称"垂柳"，为落叶乔木，树形开展，枝条高度下垂，略呈黄色，仅在幼时有疏毛，春季开花，与幼时同放。大多数栽培的植株为雌株。本种在最初命名时被认为是《旧约全书》中提到的"巴比伦的柳树"，故种加词为*babylonica*（"巴比伦的"）。然而，研究表明"巴比伦的柳树"实为胡杨*Populus euphratica*。本种栽培广泛，但在较寒冷的地区大多被它与白柳*Salix alba*的杂种所替代。旱柳*Salix babylonica* var. *pekinensis*的树形较为上耸；龙爪柳（'Tortuosa'）品种的枝叶扭曲。

类似种

至少在寒冷地区，最常见种植的枝条下垂的柳树是**金毛**丘柳（*Salix × sepulcralis* 'Chrysocoma'），其为白柳和柳的杂种。它是较大的乔木，高常大于宽，枝条在冬季为较亮的黄色，叶有更多毛。其雌雄花同株，甚至生于同一个柔荑花序中。

柳的叶 为狭披针形，长达12½ cm（5 in），宽达2 cm（¾ in）；顶端细渐尖，边缘有细齿，基部呈楔形，叶柄长至5 mm（¼ in）；叶片幼时有疏毛，长成后上表面为绿色，下表面为蓝绿色，两面光滑。

实际大小　　　　实际大小

叶类型	单叶
叶 形	椭圆形至倒卵形
大 小	达10 cm × 5 cm（4 in × 2 in）
叶 序	互生
树 皮	光滑，灰褐色，后有浅裂纹
花	小，无花瓣，组成直立的柔荑花序；雌雄异株，雄花有黄色花药
果 实	蒴果小，绿色，开裂后散出种子；种子具一丛白色棉毛
分 布	欧洲，亚洲
生 境	树林，密灌丛，绿篱

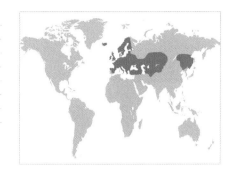

高达10米
（33 ft）

527

黄花柳
Salix caprea
Goat Willow

Linnaeus

　　黄花柳在英文中也叫"Great Sallow"（大黄柳），为落叶乔木，常为灌木，树形呈阔柱状至球状，春季开花，先于幼叶开放。枝条粗壮，起初有毛，后变光滑。本种的花枝通称"猫柳"，按西方传统，采集之后可用于在枞（冷杉）枝主日装饰教堂。树皮可用于鞣革，木材可烧炭。黄花柳的原类型很少有栽培，但垂枝类型无论是雌株还是雄株均有时可见在庭园中种植。

类似种

　　黄花柳最常与灰柳*Salix cinerea*混淆。灰柳的去年生枝条在树皮剥落之后可见细棱，而黄花柳的枝条无棱。

黄花柳的叶　为椭圆形至倒卵形，长达10 cm（4 in），宽达5 cm（2 in）；顶端圆或骤成短尖，边缘呈波状至有浅齿或无锯齿，基部呈楔形至浅心形，叶柄有毛，长至2 cm（¾ in）；叶片上表面为深绿色至灰绿色，有光泽，叶脉下陷，幼时有毛，下表面为灰色，有毛。

实际大小　　实际大小

叶类型	单叶
叶　形	椭圆形至倒卵形
大　小	达10 cm×4 cm（4 in×1½ in）
叶　序	互生
树　皮	深灰褐色，老时有裂纹
花	小，无花瓣，组成直立的柔荑花序；雌雄异株，雄花有黄色花药
果　实	蒴果小，绿色，开裂后散出种子；种子具一丛白色棉毛
分　布	欧洲，北非，西亚
生　境	湿润树林，低地沼泽

528

高达10 m
（33 ft）

灰柳
Salix cinerea
Common Sallow
Linnaeus

灰柳为落叶乔木，树形呈阔柱状至球状，幼枝密被常不脱落的灰色毛，春季开花，先于叶开放。原亚种*Salix cinerea* subsp. *cinerea*一般呈灌木状，高至5 m（16½ ft）；亚种榄叶灰柳*Salix cinerea* subsp. *oleifolia*在英国为更常见的类型，更多呈乔木状，枝条渐变光滑。与黄花柳*Salix caprea*一样，本种的花枝通称"猫柳"，按西方传统，采集之后可用于在枞（冷杉）枝主日装饰教堂。

类似种

黄花柳的叶通常较宽，但去年生枝条在树皮剥落之后无棱，亦为不同之处。耳柳*Salix aurita*有显著的宿存托叶。

实际大小

灰柳的叶　为椭圆形至倒卵形，长达10 cm（4 in），宽达4 cm（1½ in）；顶端呈圆形或有短尖，边缘波状、具浅锯齿或无锯齿；幼时两面有密毛，长成后上表面为深绿色，有光泽，叶脉下陷，下表面在原亚种*Salix aurita* subsp. *cinerea*中为蓝绿色，有灰色软毛，或在亚种榄叶灰柳中略粗糙，有锈色毛。

叶类型	单叶
叶 形	披针形
大 小	达12 cm×3 cm（4¾ in×1¼ in）
叶 序	互生
树 皮	灰色，光滑，老时有深裂纹
花	小，无花瓣，组成直立的柔荑花序；雌雄异株，雄花有黄色花药
果 实	蒴果小，绿色，开裂后散出种子；种子具一丛白色棉毛
分 布	北欧和中欧
生 境	草甸，硬叶灌丛，河岸

高达12 m
（40 ft）

529

瑞香柳
Salix daphnoides
Violet Willow

Villars

瑞香柳为落叶乔木，树形呈阔锥状至开展，春季开花，先于幼叶开放。幼枝幼时略有毛，后变光滑，为红紫色，覆有明显的略呈白色的蜡质粉霜。本种有时在庭园中被作为乔木栽培，但常遭受平茬处理，以促进健壮幼枝的生长。这些幼枝为其主要观赏特征。此外，本种现在还越来越多地被用于营造矮林或用于柳枝造型。一些类型的冬枝为红色，且无一般类型所具的粉霜。

类似种

瑞香柳的枝条具粉霜，可与柳属*Salix*其他大多数树种相区分开来。锐叶柳*Salix acutifolia*有时被视为瑞香柳的一个类型，其不同之处在于枝条较细，叶较狭窄。

瑞香柳的叶 为披针形，长达12 cm（4¾ in），宽达3 cm（1¼ in）；顶端渐尖，边缘有顶端具腺体的小锯齿，基部呈楔形，叶柄有毛，长至2 cm（¾ in）；叶片幼时有细茸毛，长成后上表面为深绿色，有光泽，下表面为蓝绿色，叶脉明显，两面光滑。

实际大小　　实际大小　　实际大小

叶类型	单叶
叶 形	狭披针形
大 小	达15 cm×4 cm（6 in×1½ in）
叶 序	互生
树 皮	灰褐色，有深裂纹
花	小，无花瓣，组成直立的密集柔荑花序；雌雄异株，雄花有黄色花药
果 实	蒴果小，绿色，开裂后散出种子；种子具一丛白色棉毛
分 布	欧洲，西亚
生 境	湿润树林，河岸，沼泽

530

高达25 m
（80 ft）

爆竹柳
Salix fragilis
Crack Willow

Linnaeus

爆竹柳为落叶乔木，树形呈阔柱状至球状，春季开花，与幼叶同放。枝条光滑或疏被毛，很快脱落，使植株呈现绿色。与白柳*Salix alba*类似，爆竹柳常遭修剪，以促进更多健壮幼枝的生成，这些枝条传统上被用于编织柳条容器。中文名和种加词*fragilis*均指其枝条很容易在与上一年生的枝条的连接处断裂。

类似种

白柳的叶较小，有丝状毛，植株外观略呈灰色，其枝条柔韧，弯曲时不易折断。

实际大小　　　实际大小

爆竹柳的叶　为狭披针形，长达15 cm（6 in），宽达4 cm（1½ in）；顶端渐狭成尖头，常不对称，边缘有锐齿，基部呈楔形，叶柄长至3 cm（1¼ in）；幼时有疏毛，上表面很快变为亮绿色，有光泽，下表面为浅绿色或蓝绿色，两面光滑。

叶类型	单叶
叶 形	披针形至长圆状披针形
大 小	达10 cm×2 cm（4 in×¾ in）
叶 序	互生
树 皮	灰色，光滑，老时有裂沟
花	小，无花瓣，组成直立的密集柔荑花序；雌雄异株，雄花有红色花药
果 实	蒴果小，绿色，开裂后散出种子；种子具一丛白色棉毛
分 布	中国北部，俄罗斯东部，朝鲜半岛，日本南部
生 境	湿润树林，河岸，沼泽

高达20 m
（65 ft）

朝鲜柳
Salix koreensis
Korean Willow
N. Andersson

　　朝鲜柳为落叶乔木，树形呈球状至开展，幼枝纤细，有毛或光滑，春季开花，与幼叶同放。本种为白柳 *Salix alba* 和柳 *Salix babylonica* 的近缘种，在朝鲜半岛见于一些受保护的湿地地区。因为常见生于水淹地，本种和其他一些柳属 *Salix* 树种曾被用于河漫滩和河岸的修复。枝条有时被用于编织柳条容器。

类似种

　　与朝鲜柳相比，白柳的叶有丝状毛；柳的叶片下表面的中脉略光滑。

朝鲜柳的叶　为披针形至长圆状披针形，长达10 cm（4 in），宽达2 cm（¾ in）；顶端细渐尖，边缘有顶端具腺体的小锯齿，基部呈楔形至近圆形，叶柄长至1⅕ cm（½ in），光滑或近光滑；叶片幼时两面有毛，后上表面变为深绿色，下表面为蓝绿色，光滑或近光滑，但在下表面中脉上有密毛。

实际大小

叶类型	单叶
叶 形	披针形至椭圆形
大 小	达15 cm × 4 cm（6 in × 1½ in）
叶 序	互生
树 皮	红褐色，有深裂沟
花	小，无花瓣，组成直立的密集柔荑花序；雌雄异株，雄花有黄色花药
果 实	蒴果小，绿色，开裂后散出种子；种子具一丛白色棉毛
分 布	美国西南部，墨西哥下加利福尼亚
生 境	河岸，峡谷，湖边

高达15 m
（50 ft）

西美红柳
Salix laevigata
Red Willow
Bebb

西美红柳的叶 为披针形至椭圆形，长达15 cm（6 in），宽达4 cm（1½ in）；顶端渐狭成细尖头，边缘有细齿，基部呈圆形，叶柄光滑或有毛，长至1⅛ cm（½ in）；叶片上表面为绿色或蓝绿色，有光泽，光滑，下表面为白绿色，叶脉明显，有疏毛，至少幼时如此。

西美红柳在英文中也叫"Polished Willow"（光亮柳），为落叶乔木，树形呈阔柱状至球状或开展，常具多枚茎，或为灌木状，春季开花，与幼叶同放或晚于幼叶开放。植株远观常略呈白色，其为其叶片下表面的颜色。本种常与太平洋柳*Salix lasiandra*混种。枝条柔韧，呈红褐色或黄褐色，通常光滑，美洲原住民用其编织容器。分布区南部枝条和叶柄有细茸毛的植株，曾被处理为变种毛枝红柳*Salix laevigata* var. *araquipa*。

类似种

本种与帚红柳*Salix bonplandiana*近缘，后者常为常绿或近常绿的乔木，分布区偏南，主产于墨西哥。它与帚红柳的不同之处在于幼叶下表面有丝状毛（帚红柳则近光滑）。本种与太平洋柳的不同之处则在于芽鳞顶端离生。

实际大小　　　实际大小

叶类型	单叶
叶 形	狭披针形
大 小	达12 cm × 3 cm（4¾ in × 1¼ in）
叶 序	互生
树 皮	深灰褐色，有裂沟和鳞片状裂条
花	小，无花瓣，组成直立的密集柔荑花序；雌雄异株，雄花有黄色花药
果 实	蒴果小，绿色，开裂后散出种子；种子具一丛白色棉毛
分 布	北美洲西部
生 境	河岸，湖边，河漫滩，潮湿草甸

高达15 m
（50 ft）

533

太平洋柳
Salix lasiandra
Pacific Willow

Bentham

太平洋柳为落叶乔木，树形稠密，呈球状至开展，常为灌木状，枝条光滑，有光泽，呈红色，春季开花，与幼叶同放。本种分布广泛，从美国阿拉斯加州一直到落基山脉和加利福尼亚州均有分布，在分布区南部株形最大。由于扦插易于生根，因此可栽培在受侵蚀的河岸，以保持水土。枝脆易折，常在河边潮湿土壤中生根。太平洋柳偶尔被作为防风林栽培。为了改良枝色，用于柳枝造型，已经选育出一些类型。

类似种

桃叶柳*Salix amygdaloides*为较大的乔木，芽顶端尖，芽鳞尖端离生（太平洋柳的芽顶端钝，无离生的芽鳞尖端）。亮柳*Salix lucida*呈灌木状或为小乔木，见于北美洲东部。五蕊柳*Salix pentandra*的叶较宽，下表面为绿色。

太平洋柳的叶 为狭披针形，长达12 cm（4¾ in），宽达3 cm（1¼ in）；顶端为狭长的渐尖头，边缘有细齿，基部呈圆形，叶柄粗壮，长达1½ cm（⅝ in），在与叶片连接的部位附近有腺体；叶片上表面为深绿色，有光泽，下表面为蓝白色（亚种鞭梢柳*Salix lasiandra* subsp. *caudata*为绿色），两面光滑。

实际大小　　　　实际大小

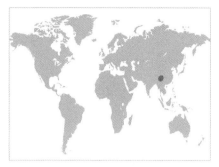

叶类型	单叶
叶 形	椭圆形至倒卵形
大 小	达20 cm×10 cm（8 in×4 in）
叶 序	互生
树 皮	灰色，光滑
花	小，无花瓣，组成狭长的直立柔荑花序；雌雄异株，雄花有黄色花药
果 实	蒴果小，绿色，开裂后散出种子；种子具一丛白色棉毛
分 布	中国西部（四川省）
生 境	山地森林中的河岸

高达6 m
（20 ft）

534

大叶柳
Salix magnifica
Salix Magnifica
Hemsley

　　大叶柳为落叶乔木，树形呈阔柱状，常为灌木，晚春至早夏开花，晚于叶开放。柔荑花序长达10 cm（4 in），雌柔荑花序在结果时长更可达20 cm（8 in）以上。本种的枝条粗壮，光滑，呈红紫色，幼时具粉霜，有明显的紫红色芽。本种非常独特，在野外稀见，其分布区仅局限于中国四川省的几个地点。本种偶见栽培，赏其硕大而不同寻常的叶。

类似种

　　本种一般情况下易于识别。其叶光滑而常无锯齿，又具有如此的大小和颜色，为其他柳树所无。本种的柔荑花序狭长，这也非常独特。

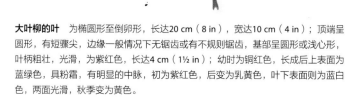

大叶柳的叶　为椭圆形至倒卵形，长达20 cm（8 in），宽达10 cm（4 in）；顶端呈圆形，有短骤尖，边缘一般情况下无锯齿或有不规则锯齿，基部呈圆形或浅心形，叶柄粗壮，光滑，为紫红色，长达4 cm（1½ in）；幼时为铜红色，长成后上表面为蓝绿色，具粉霜，有明显的中脉，初为紫红色，后变为乳黄色，叶下表面则为蓝白色，两面光滑，秋季变为黄色。

实际大小

叶类型	单叶
叶 形	狭披针形
大 小	达15 cm × 2 cm（6 in × ¾ in）
叶 序	互生
树 皮	深灰色，有裂沟和鳞片状裂条
花	小，无花瓣，组成直立柔荑花序；雌雄异株，雄花有黄色花药
果 实	蒴果小，绿色，开裂后散出种子；种子具一丛白色棉毛
分 布	北美洲东部
生 境	河岸，河漫滩，湖边，沼泽，潮湿草甸

高达30 m
（100 ft）

535

北美黑柳
Salix nigra
Black Willow
Marshall

北美黑柳为落叶大乔木，树形呈球状至开展，春季开花，与幼叶同放。枝条略带红色，基部易折断。本种为北美洲最大的柳属*Salix*树种，也是木材有重要商业价值的唯一一种柳树。本种在美国东部分布广泛，向北延伸到加拿大东南部，向南分布到墨西哥北部，在密西西比河河谷部位地区高可达40 m（130 ft）以上。本种的木材被广泛用于制造纸浆、烧炭、制作箱盒和家具。本种栽培于受侵蚀河岸可保持水土。

类似种

宽叶黑柳*Salix gooddingii*产自美国西南部和墨西哥北部，与本种类似，有时被处理为本种的异名，或作为其变种。它与北美黑柳的不同之处在于叶相对较宽，枝条略带黄色，而非红色。桃叶柳*Salix amygdaloides*的叶下表面为蓝白色。

北美黑柳的叶 为狭披针形，长达15 cm（6 in），宽达2 cm（¾ in）；顶端为狭窄的渐尖头，常向一侧弯曲，边缘有细齿，基部呈圆形或楔形，叶柄短，有毛，长至6 mm（¼ in），布有腺点；叶片上表面为绿色，有光泽，下表面为浅绿色，两面光滑或近光滑。

实际大小

叶类型	单叶
叶 形	椭圆形至卵形或倒卵形
大 小	达12 cm×5 cm（4¾ in×2 in）
叶 序	互生
树 皮	灰褐色，有浅裂纹
花	小，无花瓣，组成直立柔荑花序；雌雄异株，雄花有黄色花药
果 实	蒴果小，绿色，开裂后散出种子；种子具一丛白色棉毛
分 布	欧洲、亚洲
生 境	湿润树林，沼泽，河岸，潮湿草甸

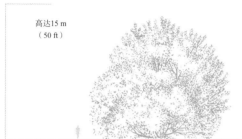

高达15 m
（50 ft）

536

五蕊柳
Salix pentandra
Bay Willow
Linnaeus

五蕊柳在英文中也叫"Laurel-leaf Willow"（月桂叶柳），为速生落叶乔木，树形呈球状至开展，常为灌木状，尤其生于山地时。早夏开花，晚于叶开放，通常比其他大多数柳属*Salix*树种都晚。本种的枝条非常光亮，呈绿色至绿褐色，顶芽尖而有黏性。本种广泛分布于从西欧到中国的地区，其他地方也有栽培，赏其引人瞩目的光亮叶片和显眼的雄柔荑花序。本种在北美洲等地常归化。

类似种

五蕊柳的叶非常光亮，幼时芳香，花期晚，一般情况下易于识别。它在北美洲的近缘种包括亮柳*Salix lucida*和太平洋柳*Salix lasiandra*。前者一般为灌木状，这二者的叶顶端均长渐尖。

五蕊柳的叶 轮廓为椭圆形至卵形或倒卵形，长达12 cm（4¾ in），宽达5 cm（2 in）；顶端骤狭成短而细的尖头，边缘有小型腺齿，基部呈圆形或阔楔形，叶柄长至1 cm（½ in），在与叶片连接处附近有小型腺体；幼时有黏性，十分芳香，长成后上表面为深绿色，非常光亮，下表面为浅绿色，两面光滑。

实际大小　　　实际大小　　　实际大小

叶类型	单叶
叶 形	椭圆形至倒卵形
大 小	达10 cm × 4 cm（4 in × 1½ in）
叶 序	互生
树 皮	灰色至红褐色，有裂沟和宽裂条
花	小，无花瓣，组成直立柔荑花序，花序有黑色鳞片；雌雄异株，雄花有黄色花药
果 实	蒴果小，绿色，开裂后散出种子；种子具一丛白色棉毛
分 布	北美洲西部
生 境	针叶林，河岸，沼泽，草甸

高达15 m
（50 ft）

537

火柳
Salix scouleriana
Scouler's Willow
Barratt ex Hooker

火柳为落叶乔木，树形呈狭锥状至球状，常为可形成密灌丛的灌木，早春开花，先于叶开放。枝条呈黄色至红褐色，幼时有毛，渐变光滑，顶端有红色芽。"火柳"来自其英文别名"Fire Willow"，指它可以占据火焚后的裸露土壤生长。本种分布广泛，从阿拉斯加州向南经美国西部和落基山脉一直到亚利桑那州均有分布，也见于墨西哥北部。在其分布区内的很多地方本种是最常见的柳属*Salix*树种之一。

类似种

锡特加柳*Salix sitchensis*与本种类似，主要产于北美洲西岸。其花与叶同放，或略先于叶开放。

火柳的叶 为椭圆形至倒卵形，长达10 cm（4 in），宽达4 cm（1½ in）；顶端呈圆形或有短骤尖，边缘全缘至波状，或有疏齿，常向叶背卷曲，基部呈楔形，叶柄长至1⅛ cm（½ in）；上表面为深绿色，有光泽，长成后至少在中脉上有毛，下表面为蓝绿色，有白色或锈色丝状毛。

实际大小　　　　实际大小

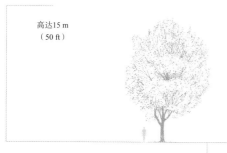

叶类型	单叶
叶形	线形至狭椭圆形
大小	达4 cm × ⅔ cm（1½ in × ⅛ in）
叶序	互生
树皮	灰褐色，有裂纹，形成鳞片状的宽裂条
花	小，无花瓣，组成小而直立的柔荑花序；雌雄异株，雄花有黄色花药
果实	蒴果小，绿色，开裂后散出种子；种子具一丛白色棉毛
分布	美国西南部，墨西哥北部
生境	溪岸，冲沟

538

高达15 m
（50 ft）

红豆杉叶柳
Salix taxifolia
Yew-leaf Willow

Kunth

红豆杉叶柳的叶 为线形至狭椭圆形，长达4 cm（1½ in），宽达4 mm（⅛ in）；顶端尖，边缘或为全缘，或有稀疏锯齿或腺体，基部呈狭楔形，叶柄短，有丝状毛，长至1½ mm（不到⅙ in）；两面均为灰绿色，有毛，在枝条两侧伸展，非常像红豆杉属*salix*树种。

红豆杉叶柳为落叶乔木，树形呈球状至开展，树干通常弯曲，下部枝条常明显下垂，多在春季开花，与幼叶同放，终年有花。幼枝纤细，略带红色或黄色，密被丝状毛。本种多为灌木状，且常通过根部生出的萌蘖条形成群落。其中文名和学名均指其叶形、叶序如同红豆杉属*Taxus*树种。

类似种

郊狼柳*Salix exigua*一般呈灌木状，叶为蓝绿色，长达10 cm（4 in）以上。美洲小叶柳*Salix microphylla*产自墨西哥中南部和危地马拉，为灌木或较小的乔木，叶长仅2½ cm（1 in），边缘有许多小锯齿或腺体。

实际大小

叶类型	单叶
叶 形	卵形至披针形
大 小	达10 cm × 3 cm（4 in × 1¼ in）
叶 序	互生
树 皮	浅褐色，光滑，片状剥落
花	小，无花瓣，组成小而直立的柔荑花序；雌雄异株，雄花有黄色花药
果 实	蒴果小，绿色，开裂后散出种子；种子具一丛白色棉毛
分 布	欧洲，北非，亚洲
生 境	河岸，沼泽，湖边

高达10 m
（33 ft）

欧亚三蕊柳
Salix triandra
Almond Willow

Linnaeus

欧亚三蕊柳为落叶乔木，树形上耸，或为灌木，春季开花，与幼叶同放，夏季常再次开花。本种栽培很多，因此在一些地区尚不能确定它的原产分布区。本种栽培时常经修剪，以便能长出更健壮的枝条。本种是最常用来制作柳条容器的柳树之一。为此用途，以及为了进行活体柳枝造型的需求，已经选育出了几个栽培类型。本种有一个变种三蕊柳*Salix triandra* var. *nipponica*原产于东亚，现独立为另一个种，学名为*Salix nipponica*。

类似种

本种通常易于识别，因其树皮片状剥落，而与柳属*Salix*中的形似种（如爆竹柳*Salix fragilis*）有区别。

欧亚三蕊柳的叶 为卵形至披针形，长达10 cm（4 in），宽达3 cm（1¼ in）；顶端渐尖，边缘有细齿，基部呈楔形或圆形；叶柄光滑，长至1½ cm（⅝ in），在与叶片的连接处附近生有小腺体；上表面为深绿色，略有光泽，下表面为蓝绿色或浅绿色，两面光滑。

实际大小　　　实际大小

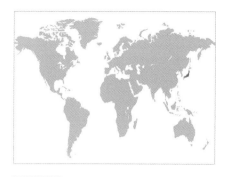

叶类型	掌状分裂
叶　形	圆形
大　小	达10 cm×10 cm（4 in×4 in）
叶　序	对生
树　皮	深灰绿色，皮孔明显
花	小，绿色，雌花和雄花异株，各自组成下垂花簇
果　实	翅果，两枚合生成一对，各具扁平开展的果翅；果翅长至2½ cm（1 in）
分　布	日本
生　境	常生长于近溪流的山地树林

540

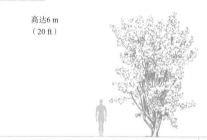

高达6 m（20 ft）

麻叶槭
Acer argutum
Sharp-toothed Maple
Maximowicz

麻叶槭的叶 为圆形，长宽均达10 cm（4 in），浅绿色；叶柄纤细，带粉红色色调，长达10 cm（4 in）以上；通常5裂，裂片顶端渐尖，边缘有锐利的重锯齿，上表面光滑，下表面叶脉上有毛；叶两面脉网显著。

麻叶槭为落叶小乔木或灌木，枝条上耸，春季开花，与幼叶同放。枝条幼时呈绿色，当年冬季变为红色，这使本种成为引人瞩目的观赏树。本种在原产地日本为林地树种，但栽培时则更喜欢凉爽湿润的环境。

类似种

落基山槭*Acer glabrum*叶为蓝绿色，下表面光滑；髭脉槭*Acer barbinerve*常为灌木状，叶下表面有毛，脉腋有丛毛，枝条为绿色。

实际大小

叶类型	单叶
叶 形	轮廓为卵形至椭圆形或倒卵形
大 小	达10 cm×6 cm（4 in×2½ in）
叶 序	对生
树 皮	浅灰褐色，片状剥落为鳞片状小块
花	小，绿色，在枝顶组成圆锥状花簇；一些植株仅有雄花
果 实	翅果，两枚合生成一对，各具扁平挺直的果翅；果翅长至2½ cm（1 in），幼时有时为红色
分 布	中国
生 境	从海平面到山地的森林

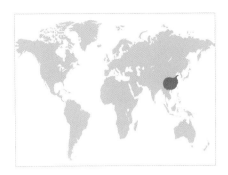

高达20 m
（65 ft）

541

三角槭
Acer buergerianum
Trident Maple

Miquel

三角槭为落叶乔木，树形呈球状，春季开花，与幼叶同放。尽管它在日本被广泛栽培，最早也是根据日本的标本命名，但实际上它系多年前从中国引种，常被作为盆景树栽培。本种为变异较大的树种，根据叶形和果实特征的差异已经描述了几个变种。台湾三角槭*Acer buergerianum* var. *formosanum*见于中国台湾，其果翅开展，形成钝角或近平行。三角槭在庭园中常见，栽培赏其片状剥落的树皮和绚丽的秋色。

类似种

三角槭的叶3裂，树皮片状剥落，易于识别。中国的另一个种金沙槭*Acer paxii*叶形与本种类似，但侧裂片通常较中裂片小，且为常绿树。

三角槭的叶 轮廓为卵形至椭圆形或倒卵形，长达10 cm（4 in），宽达6 cm（2½ in）；特征性地3裂，侧裂片顶端尖，边缘无锯齿或有疏锯齿，叶片向基部渐狭，有明显3脉，叶柄纤细，长达6 cm（2½ in）；上表面为深绿色，有光泽，下表面为蓝绿色，长成后两面光滑，秋季变为红色。

实际大小

叶类型	单叶
叶 形	轮廓为圆形
大 小	达15 cm×20 cm（6 in×8 in）
叶 序	对生
树 皮	灰绿色，光滑，老时变为鳞片状
花	小，乳白色，在枝顶组成大型圆锥花序
果 实	翅果，两枚合生成一对，各具扁平开展的果翅，组成下垂的果簇；果翅长至3 cm（1½ in）
分 布	喜马拉雅地区
生 境	山地森林

542

高达15 m
（50 ft）

藏南槭
Acer campbellii
Campbell Maple
J. D. Hooker & Thomson ex Hiern

藏南槭的叶 轮廓近圆形，长达15 cm（6 in），宽达20 cm（8 in）；掌状深裂，裂片通常为7枚，顶端渐狭为细尖，边缘有锐齿；基部呈浅心形，叶柄长达8 cm（3¼ in）；幼时为古铜色，长成后上表面为深绿色，有光泽，下表面为浅绿色，在叶脉上有毛。

藏南槭为落叶乔木，树形呈球状至开展，晚春开花，晚于叶开放。本种为变异较大的种，原亚种*Acer campbellii* subsp. *campbellii*见于喜马拉雅地区至中国西部，叶深裂，裂片顶端尖，有芒状锯齿。亚种扇叶槭*Acer campbellii* subsp. *flabellatum*的叶分裂则较浅，裂片顶端尖，但锯齿不为芒状，叶基呈深心形。在庭园中，扇叶槭比原亚种更耐寒，后者仅能在气候温和的地区露地栽培。

类似种

中华槭*Acer sinense*有时也被处理为藏南槭的亚种，其叶与藏南槭类似，但为革质，通常5裂。秀丽槭*Acer elegantulum*的叶略小，薄，5裂。

实际大小

叶类型	单叶
叶 形	轮廓为圆形
大 小	达8 cm × 10 cm（3¼ in × 4 in）
叶 序	对生
树 皮	浅褐色，片状剥落，有时为木栓质
花	小，绿色，组成直立的小花簇，与叶同放
果 实	翅果，两枚合生成一对，各具扁平开展的果翅；果翅长至2½ cm（1 in），幼时有时为红色
分 布	欧洲，北非，西亚
生 境	林地，绿篱，常生于碱性土壤中

高达15 m
（50 ft）

543

栓皮槭
Acer campestre
Field Maple
Linnaeus

栓皮槭在英文中也叫 "Hedge Maple"（篱槭），为落叶乔木，树形呈球状至开展，春季开花，与叶同放。本种为常见种，常被作为稠密绿篱种植，本种非常适应修剪。已经有大量园艺选育型，其中一些有黄色或紫红色的叶，或为花叶，另一些树形上耸，适宜作为行道树栽培。本种的木材致密，常有引人瞩目的木纹，可用于制作家具、酒碗、小提琴琴身等许多器具。

栓皮槭的叶 轮廓为圆形，长达8 cm（3¼ in），宽达10 cm（4 in）；掌状深裂，裂片通常5枚，顶端钝，较大的裂片通常每侧又有1枚或更多枚小裂片；叶片基部呈心形，叶柄有毛，长达5 cm（2 in），切断后分泌出乳状汁液；叶片上表面为深绿色，下表面为浅绿色，两面有毛，下表面尤多，秋季变为黄色。

类似种

栓皮槭最常与蒙彼利埃槭*Acer monspessulanum*相混淆，不同之处在于后者的叶光滑，3裂，裂片通常无小裂片，叶柄中无乳状汁液。

实际大小

叶类型	单叶
叶 形	轮廓为阔卵形
大 小	达14 cm × 10 cm（5½ in × 4 in）
叶 序	对生
树 皮	略呈绿色，有竖直的白条纹
花	小，绿色，组成长达12 cm（4¾ in）的纤细、下垂的总状花序
果 实	翅果，两枚合生成一对，各具扁平开展的果翅；果翅长至2 cm（¾ in），幼时有时为红色
分 布	日本
生 境	山地森林

544

高达12 m
（40 ft）

细柄槭
Acer capillipes
Kyushu Maple
Maximowicz ex Miquel

细柄槭为落叶乔木，树形呈阔柱状至开展，常有数枚主干，春季开花，与幼叶同放。幼枝光滑，红色，无粉霜，顶端具红色的芽。本种为蛇皮槭类树种中最常见的一种，这类槭树的树皮有显著的条纹，以此知名。本种庭园有栽培，赏其树皮、引人瞩目的枝叶和秋色。

类似种

蛇皮槭类中的其他种，如条纹槭*Acer pensylvanicum*、红脉槭*Acer rufinerve*等与本种类似，但这两个种幼叶下表面有锈色，以此可以相互区别。

实际大小

细柄槭的叶　轮廓为阔卵形，长达14 cm（5½ in），宽达10 cm（4 in）；3浅裂，中裂片大，两侧裂片较小，在叶片中部或中部以下分裂；每枚裂片顶端骤狭为细尖，边缘有锐利的重锯齿；叶片基部呈心形，叶柄通常为红色，长达8 cm（3¼ in）；叶片幼时为红色，长成后上表面为深绿色，下表面为浅绿色，两面光滑，但在下表面脉腋处有小"钉"，秋季变为鲜艳的红紫色。

叶类型	单叶
叶 形	轮廓为圆形
大 小	达12 cm×15 cm（4¾ in×6 in）
叶 序	对生
树 皮	灰色，光滑
花	小，黄绿色，在枝顶组成花簇
果 实	翅果，两枚合生成一对，各具扁平开展的果翅；果翅长至4 cm（1½ in）
分 布	西亚、中国
生 境	森林

高达25 m
（80 ft）

545

青皮槭
Acer cappadocicum
Cappadocian Maple
Gleditsch

青皮槭为落叶乔木，成树树形呈球状，晚春开花，与幼叶同放，根部常生出健壮的萌蘖条。枝条光滑，有时略具粉霜，第二年仍为绿色。本种为变异大、分布广泛的种，原亚种*Acer cappadocicum* subsp. *cappadocicum*见于西亚；亚种小叶青皮槭*Acer cappadocicum* subsp. *sinicum*的叶较小，裂片较长，见于中国。这两种类型在庭园中均有栽培，赏其叶和秋色。**红叶**（'Rubrum'）品种的幼叶为深红色，**金叶**（'Aureum'）为最有名的黄色叶庭园树之一。

类似种

色木槭*Acer pictum*和挪威槭*Acer platanoides*的不同之处在于枝条第二年变为灰褐色。挪威槭的每一枚叶裂片都有数个渐狭的尖端。

青皮槭的叶 轮廓为圆形，长达12 cm（4¾ in），宽达15 cm（6 in），分裂为5或7枚裂片；裂片无锯齿，顶端均骤狭为细尖；叶片基部呈浅心形，叶柄常略带红色，长达10 cm（4 in），切断后分泌出乳状汁液；叶片上表面为亮绿色，下表面为浅绿色，两面光滑，仅下表面脉腋处有丛毛。

实际大小

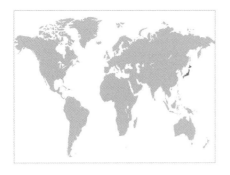

叶类型	单叶
叶 形	椭圆形至长圆形
大 小	达15 cm × 5 cm（6 in × 2 in）
叶 序	对生
树 皮	灰褐色，光滑
花	小，浅绿色，有细梗，组成下垂的总状花序
果 实	翅果，两枚合生成一对，各具扁平的果翅；果翅长至2 cm（¾ in），张开成直角
分 布	日本
生 境	山谷树林

546

高达15 m
（50 ft）

鹅耳枥叶槭
Acer carpinifolium
Hornbeam Maple
Siebold & Zuccarini

鹅耳枥叶槭为落叶乔木，通常低处即分枝，树形呈球状至开展，有时呈灌木状，春季开花，与幼叶同放。幼枝为绿色，光滑。本种为非常独特而不同寻常的种，无近缘种，因为其他绝大多数槭树的叶均分裂。其名字表明了其叶形类似鹅耳枥属*Carpinus*的叶。本种偶尔被作为观赏树栽培，但在庭园中少见。

类似种

比起其他槭树来，鹅耳枥叶槭的叶乍一看更容易和鹅耳枥类树木混淆，但其叶对生，易于区别。

鹅耳枥叶槭的叶　为椭圆形至长圆形，长达15 cm（6 in），宽达5 cm（2 in）；顶端渐尖，侧脉平行，约20对，明显，在叶面下陷，顶端伸出边缘成为尖锐的重锯齿；叶片基部呈圆形至楔形，叶柄长至1½ cm（⅝ in）；上表面为绿色，无光泽，下表面为浅绿色，幼时脉上有丝状毛，秋季变为黄褐色。

实际大小

叶类型	单叶
叶 形	卵形
大 小	达20 cm×9 cm（8 in×3½ in）
叶 序	对生
树 皮	灰色，光滑，老时有浅裂沟
花	小，黄绿色，组成具短梗的宽阔花簇
果 实	翅果，两枚合生成一对，各具扁平开展的果翅；果翅长至4 cm（1½ in）
分 布	中国南部
生 境	山地森林

高达25 m
（80 ft）

547

梓叶槭

Acer catalpifolium
Acer Catalpifolium

Rehder

梓叶槭为落叶乔木，树形呈球状至开展，春季开花，与幼叶同放。本种有各种分类处理方式，或者被作为独立的种，或者被作为近缘的槭属*Acer*中国种阔叶槭*Acer amplum*或长柄槭*Acer longipes*的种下类型。其叶可不分裂，无锯齿，在幼树和健壮枝条上裂片较多，在槭属中不同寻常。本种在中国被列为珍稀种，庭园中偶见栽培。

类似种

本种的亲缘种如阔叶槭、青皮槭*Acer cappadocicum*和长柄槭的不同之处在于叶有较多裂片，此为其特征。

梓叶槭的叶 为卵形，长达20 cm（8 in），宽达9 cm（3½ in）；不分裂或在中部以下偶具2枚小裂片，顶端短渐尖，边缘无锯齿，基部呈浅心形，叶柄光滑，长达14 cm（5½ in）；上表面为深绿色，明显基出5脉，下表面为浅绿色，两面光滑，仅下表面脉腋处有丛毛，秋季变为黄色。

实际大小

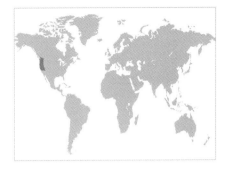

叶类型	单叶
叶 形	圆形
大 小	达10 cm × 12 cm（4 in × 4¾ in）
叶 序	对生
树 皮	浅灰色，光滑或有浅裂纹
花	小，花瓣白色，萼片紫红色，在枝顶成簇
果 实	翅果，两枚合生成一对，各具扁平的果翅；果翅长至2½ cm（1 in）
分 布	北美洲西部太平洋沿岸
生 境	溪流或针叶林中的湿润遮阴地

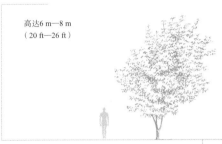

高达6 m—8 m
（20 ft—26 ft）

548

葡萄槭
Acer circinatum
Vine Maple
Pursh

葡萄槭的叶 为圆形，有长叶柄，长达10 cm（4 in），宽达12 cm（4¾ in）；掌状7—9裂，每枚裂片边缘有浅而尖的锯齿，各有一条显著的从叶基发出到达顶端的叶脉；上表面为亮绿色，下表面为浅绿色，有细茸毛，至少幼时如此，秋季变为橙色、黄色和红色。

葡萄槭为落叶乔木，常为灌木状，春季开花，与幼叶同放。为更知名的树种鸡爪槭*Acer palmatum*的近缘种。本种常为灌木状，其枝条为了获取光照，状如攀缘的葡萄藤（"葡萄槭"由此得名）。叶在秋季变为绚丽的橙色和红色；果实则在幼时有红色果翅，可为鸟类啄食。

类似种

仅亚洲种与本种类似，没有其他任何一种北美洲槭树有葡萄槭这样的叶形。鸡爪槭叶裂较深，羽扇槭*Acer japonicum*叶裂片更多。

实际大小

叶类型	三出复叶
叶 形	轮廓为圆形
大 小	达12 cm × 16 cm（4¾ in × 6¼ in）
叶 序	对生
树 皮	黄灰色，光滑
花	非常小，黄色，组成长达10 cm（4 in）的下垂总状花序；雌雄异株
果 实	翅果，两枚合生成一对；果翅扁平，近平行，长至2½ cm（1 in）
分 布	日本
生 境	丘陵以及低海拔山坡的湿润森林

高达15 m
（50 ft）

549

白粉藤叶槭
Acer cissifolium
Ivyleaf Maple
(Siebold & Zuccarini) K. Koch

白粉藤叶槭为落叶乔木，树形开展，晚春开花，与幼叶同放。枝条幼时略带粉红色，有毛，渐变光滑，芽包藏于叶柄基部之内。本种在英文中也叫"Vine-leaved Maple"（葡萄叶槭），但不要和葡萄槭*Acer circinatum*（英文为Vine Maple）混淆。本种为几种具三出复叶的槭树之一，在庭园中有栽培，赏其秋色。

类似种

梣叶槭*Acer negundo*至少有一些叶具有多于3枚的小叶。建始槭*Acer henryi*的小叶无锯齿（或偶尔有少数小锯齿），但幼苗和健壮枝条上的叶可有锐齿，形似白粉藤叶槭的叶。

白粉藤叶槭的叶 轮廓为圆形，长达12 cm（4¾ in），宽达16 cm（6¼ in）；三出复叶，每枚小叶为卵形至倒卵形，长10 cm（4 in），宽5 cm（2 in），顶端骤尖，边缘中部以上有显著的锐齿，顶生小叶基部通常呈楔形，侧生小叶基部侧为圆形或偏斜；叶片幼时常略带粉红色，长成后上表面为绿色，无光泽，下表面为浅绿色，略有光泽，两面有疏毛，秋季变为黄色或红色。

实际大小

叶类型	单叶
叶 形	卵形
大 小	达18 cm×10 cm（7 in×4 in）
叶 序	对生
树 皮	绿色，有白色条纹，渐变为灰褐色而有裂纹
花	小，浅绿色，组成纤细下垂的总状花序；常具两性花和雄花，二者同株或异株
果 实	翅果，两枚合生成一对；果翅扁平，开展，长至2½ cm（1 in）
分 布	中国
生 境	山地森林

高达15 m
（50 ft）

550

青榨槭
Acer davidii
David's Maple

Franchet

青榨槭为落叶乔木，树形呈阔锥状至开展，晚春开花，与幼叶同放。幼枝光滑，绿色至粉红色或红紫色，渐发育出白色条纹。本种为蛇皮槭类树种中的一种，庭园栽培赏其引人注目的斑驳树皮。本种在庭园中常见栽培，为了改良其树皮形态或秋色，已经选育出一些类型。学名用来纪念法国传教士谭微道（Armand David），他是这种树的发现者。

类似种

其他蛇皮槭类树种的叶有分裂，而与本种不同。与本种无亲缘关系的椴叶槭*Acer distylum*具有类似的叶，形如椴属*Tilia*树种，但叶脉下陷。它也没有条纹状的树皮，花则组成有分枝的花簇。

实际大小

青榨槭的叶 为卵形，长达18 cm（7 in），宽达10 cm（4 in）；不分裂或每侧有1枚小裂片（在亚种葛萝槭*Acer davidii* subsp. *grosseri*中则为3—5裂），顶端骤成渐尖头，边缘有锐齿，基部呈圆形至浅心形，叶柄为绿色或红色，长达6 cm（2½ in）；上表面为深绿色，无光泽或有光泽，下表面为浅绿色到蓝绿色，两面光滑或幼时在下表面有锈色疏毛；秋色多变，一些类型不变色，另一些类型则变为黄色或橙红色。

叶类型	单叶
叶形	轮廓为圆形
大小	达16 cm×16 cm（6¼ in×6¼ in）
叶序	对生
树皮	灰褐色，光滑，老时在基部有裂纹并开裂成块状
花	小，浅黄色或红色，组成下垂的花簇；雌雄异株
果实	翅果，两枚合生成一对，具刚毛；果翅扁平，平行，长至2½ cm（1 in），幼时常略呈红色
分布	日本
生境	森林

高达15 m
（50 ft）

551

构叶槭
Acer diabolicum
Horned Maple
Blume ex K. Koch

构叶槭为落叶乔木，树形呈阔柱状至球状，春季开花，先于幼叶开放或与幼叶同放。当年生枝条呈绿色，幼时覆有白毛，后变光滑。本种有一个不同寻常的特征，即果实上有宿存的柱头，状如动物的角，因此其英文名为"Horned Maple"（有角槭），而种加词 *diabolicum* 则意为"状如魔鬼的"，这些均是对这一特征的形容。有一个叶幼时略呈红色，秋季变为红色，花也为红色的类型，曾被处理为变型紫构叶槭 *Acer diabolicum* f. *purpurascens*。

类似种

苹婆槭 *Acer sterculiaceum* 产自中国西部和喜马拉雅地区，其叶较大，花簇较长。房县槭 *Acer franchetii* 的叶裂更浅，通常3裂。

构叶槭的叶 轮廓为圆形，长宽均达16 cm（6¼ in）；掌状深裂，通常具5枚裂片，裂至距叶基几乎一半处；中裂片最大，其基部两侧边缘平行，每侧具数枚大型三角形锯齿，越近顶端的锯齿越小；叶片基部呈圆形至浅心形，叶柄长达10 cm（4 in）；幼时有白毛，长成后上表面为深绿色，下表面为浅绿色，叶脉上有疏毛。

实际大小

叶类型	单叶
叶 形	卵形
大 小	达15 cm × 12 cm（6 in × 4¾ in）
叶 序	对生
树 皮	灰褐色，有绿色和橙色条纹
花	非常小，浅黄色，组成直立、分枝的花簇
果 实	翅果，两枚合生成一对；果翅扁平，长至3 cm（1¼ in），张开成约60°角
分 布	日本
生 境	山地森林

552

高达12 m
（40 ft）

椴叶槭
Acer distylum
Lime-leaved Maple
Siebold & Zuccarini

椴叶槭为落叶乔木，树形开展，常为灌木，早夏开花，晚于叶开放。雄花与雌花同株，但通常开放时间不同。枝条幼时为绿色或略带红色，有疏毛，渐变光滑。本种和槭属*Acer*其他种不太近缘，在野外稀见；庭园中也少见，偶尔有种植，赏其秋色。

类似种

本种的叶不分裂，但有锯齿，有时会与青榨槭*Acer davidii*的叶混淆，但不同之处在于本种的叶与椴属*Tilia*树种的叶极为相似，叶基呈心形，叶脉下陷。此外，其花簇直立，有分枝，也不同于青榨槭的花簇下垂而不分枝。

实际大小

椴叶槭的叶 为卵形，长达15 cm（6 in），宽达12 cm（4¾ in）；顶端细渐尖，边缘不分裂但有细齿，基部呈心形，叶柄通常为红色，长达4 cm（1½ in）；初生时略呈粉红色，有疏毛，长成后上表面略有光泽，叶脉下陷，下表面呈浅绿色，两面光滑。

叶类型	单叶
叶 形	卵形
大 小	达12 cm × 9 cm（4¾ in × 3½ in）
叶 序	对生
树 皮	绿色，有白色条纹，基部渐变为褐色
花	小，浅绿色，组成纤细弓曲的总状花序
果 实	翅果，两枚合生成一对；果翅扁平，开展，长至2½ cm（1 in）
分 布	中国西南部，缅甸北部
生 境	山地森林

高达12 m
（40 ft）

553

丽江槭
Acer forrestii
Forrest's Maple

Diels

丽江槭为落叶乔木，有时具多枚茎，树形宽展，晚春开花，与幼叶同放，幼枝光滑，红色。本种与篦齿槭*Acer pectinatum*近缘，有时被视为后者的亚种。本种为蛇皮槭类中的一种，庭园种植赏其醒目的树皮、叶和秋色。本种已经选育出了一些园艺品种，包括**爱丽斯**（'Alice'）和**塞壬**（'Sirene'），前者叶在夏季为乳黄色和粉红色，后者幼叶为紫红色。

类似种

丽江槭有时与青榨槭*Acer davidii*混淆，后者的叶不分裂或只有很浅的裂片。

丽江槭的叶 为卵形，长达12 cm（4¾ in），宽达9 cm（3½ in）；明显3裂，有时在基部还另有2枚浅裂片，中裂片比其他裂片长得多，顶端细渐尖；边缘有锐利的重锯齿，基部呈圆形至心形，叶柄细，红色，长达6 cm（2½ in）；叶片上表面为深绿色，下表面为浅蓝绿色，两面光滑，秋季变为黄色。

实际大小

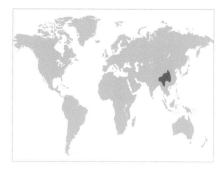

叶类型	单叶
叶 形	轮廓为圆形
大 小	达15 cm×15 cm（6 in×6 in）
叶 序	对生
树 皮	灰褐色，光滑
花	浅黄绿色，组成长达5 cm（2 in）的短而下垂的花簇；雌雄异株
果 实	翅果，两枚合生成一对；果翅宽平，近平行，长达5 cm（2 in）
分 布	中国中部
生 境	山地森林

高达10 m
（33 ft）

554

房县槭
Acer franchetii
Acer Franchetii

Pax

房县槭的叶 轮廓为圆形，长宽均达15 cm
（6 in）；掌状3裂，或偶为5裂，中裂片最
大；裂片顶端尖，边缘有稀疏的大锯齿；叶片
基部呈心形，叶柄粗壮，长达15 cm（6 in）；
上表面为深绿色，从基部发出3条明显的叶
脉，下表面为浅绿色，光滑，仅脉腋有丛
毛。

房县槭为落叶乔木，树形呈阔柱状，常在低处分
枝，有时为灌木状，春季开花，与幼叶同放。本种的枝
条粗壮，光滑，幼时为绿色，次年变为紫褐色。尽管本
种为雌雄异株，但雄株也能结果，甚至在隔离种植时也
是如此。本种有时被作为苹婆槭*Acer sterculiaceum*的亚
种。本种在庭园中少有栽培。

类似种

苹婆槭与本种近缘，为较大的乔木。其花簇要长得
多，下垂，叶也较大，通常有5枚裂片。

实际大小

叶类型	单叶
叶 形	圆形至三出复叶
大 小	达10 cm × 10 cm（4 in × 4 in）
叶 序	对生
树 皮	光滑，浅灰色至褐色
花	小，黄绿色，组成花簇
果 实	翅果，两枚合生成一对；果翅扁平，长至2½ cm（1 in）
分 布	北美洲西部，从阿拉斯加州到加利福尼亚州南部
生 境	山地石坡

高达6 m
（20 ft）

555

落基山槭
Acer glabrum
Rocky Mountain Maple

Torrey

落基山槭在英文中也叫"Rock Maple"（岩槭），为落叶小乔木，通常在低处分枝，或有时生长为灌木，常形成密灌丛，春季开花，与幼叶同放。本种在北美洲是比其他槭属*Acer*树种分布更北的种。本种的叶被多种食草动物取食。本种为高度可变的种，分布广泛，已经识别出几个不同的类型，主要在叶形和叶片大小上有区别。一些类型的叶具3小叶。

类似种

穗果槭*Acer spicatum*的叶形可与本种类似，但下表面有毛。花楷槭*Acer ukurunduense*的叶下表面也有密毛，且常有5枚裂片。

实际大小

落基山槭的叶 轮廓为圆形，分裂情况多变，长宽均达10 cm（4 in）；如具3小叶，则小叶可有锐齿；上表面为深绿色，有光泽，下表面为浅绿色，无毛，秋季可变为黄色或红色。

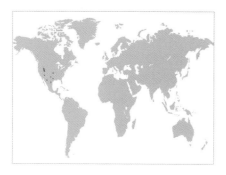

叶类型	单叶
叶 形	轮廓为圆形
大 小	达8 cm × 8 cm（3¼ in × 3¼ in）
叶 序	对生
树 皮	幼时光滑，灰色，老时变为深褐色，略呈鳞片状
花	小，浅黄色，花梗细，组成下垂花簇；雄花和雌花通常同株，各自组成花簇
果 实	翅果，两枚合生成一对；果翅扁平，弯曲，长至4 cm（1½ in）
分 布	美国西南部，墨西哥北部
生 境	树林，峡谷

高达12 m
（40 ft）

556

巨齿槭
Acer grandidentatum
Bigtooth Maple
Nuttall

巨齿槭的叶 轮廓为圆形，长宽均达8 cm（3¼ in）；掌状分裂，有3枚较大的裂片，通常在基部还有2枚较小的裂片；裂片呈长圆形，通常向基部渐狭，每侧有1或2枚较小的三角形裂片；叶基呈心形，叶柄常略带红色，长达5 cm（2 in）；叶片上表面为深绿色，有光泽，下表面为灰绿色，有软毛，秋季变为黄色或红色。

巨齿槭为落叶小乔木，树形呈球状至开展，常为灌木状，春季开花，与幼叶同放。本种与糖槭*Acer saccharum*近缘，有时被处理为后者的亚种，且与糖槭一样可出产槭糖浆。其木材在当地也被用来制作篱柱或用作薪柴。峡谷槭*Acer grandidentatum* var. *sinuosum*有时被视为独立的种，其叶有3枚无锯齿的裂片。

类似种

与巨齿槭相比，糖槭的树形大得多，其叶较大，裂片边缘平行，基部不像巨齿槭那样渐狭。

实际大小

叶类型	三出复叶
叶 形	轮廓为阔卵形
大 小	达10 cm × 15 cm（4 in × 6 in）
叶 序	对生
树 皮	红褐色，层状剥落为水平的薄片
花	小，浅绿色，通常3朵组成下垂的花簇
果 实	翅果，两枚合生成一对；果翅扁平，弯曲，长至3 cm（1¼ in），张开成直角或近平行
分 布	中国
生 境	山地森林

高达15 m
（50 ft）

557

血皮槭
Acer griseum
Paperbark Maple
(Franchet) Pax

　　血皮槭为落叶乔木，树形呈阔柱状，后变开展，春季开花，与幼叶同放。雄花和两性花同株或异株。栽培植株尽管可以正常形成果实，但是其中却通常无种子。本种为庭园中最受欢迎的槭树之一，栽培赏其秋色和树皮。本种的树皮层状剥落，甚至在枝条上也很明显，独特而引人瞩目，是具有这种特征的树种中最优良的种类之一。

类似种

　　血皮槭的叶为三出复叶，树皮层状剥落，容易和其他槭树相区别。毛果槭*Acer maximowiczianum*的小叶较大，锯齿较浅，侧生小叶的基部也无裂片。

血皮槭的叶　轮廓为阔卵形，长达10 cm（4 in），宽达15 cm（6 in）；三出复叶，小叶呈卵形至椭圆形，长达8 cm（3¼ in），宽达5 cm（2 in），顶生小叶有柄，基部呈楔形，近顶部有少数大锯齿，侧生小叶无柄，基部呈偏斜，中部以上有少数锯齿，但在外侧中部以下有一枚大裂片；叶片上表面为深绿色，下表面为蓝白色，有毛，秋季变为红色。

实际大小

叶类型	单叶
叶 形	轮廓近圆形
大 小	达15 cm × 20 cm（6 in × 8 in）
叶 序	对生
树 皮	浅灰色，光滑
花	小，乳黄色，组成宽伞房花序
果 实	翅果，两枚合生成一对；果翅扁平，弯曲，长达5 cm（2 in），张开成约60°角或近平行
分 布	东南欧
生 境	山地森林

高达25 m
（80 ft）

558

希腊槭
Acer heldreichii
Greek Maple
Orphanides ex Boissier

希腊槭为落叶乔木，树形呈阔柱状至球状，晚春开花，晚于叶开放。本种为桐叶槭*Acer pseudoplatanus*的近缘种，在野外和庭园中可与该种杂交，产生桐希槭*Acer × pseudoheldreichii*。在野外，本种为变异较大的种，叶和果实非常大的类型有时被处理为变种大翅希腊槭*Acer heldreichii* var. *macropterum*。其他类型的叶的大小可能只有一般大小的一半。

类似种

红芽槭*Acer trautvetteri*为希腊槭的近缘种，有时被视为其亚种。该种的不同之处在于芽和果翅为亮红色，叶分裂较浅，裂片较宽。

希腊槭的叶 轮廓近圆形，长达15 cm（6 in），宽达20 cm（8 in），但一些类型的大小仅及这个尺寸的一半，3深裂或5深裂；裂片裂至距叶基¾处或更深，长圆形至倒卵形，顶端渐尖，向基部渐狭，上部则有数枚大锯齿；叶片基部呈截形至浅心形，叶柄长达20 cm（8 in）以上；叶片上表面为深绿色，光滑，下表面为蓝白色，沿脉有毛。

实际大小

叶类型	三出复叶
叶 形	轮廓为圆形
大 小	达10 cm × 15 cm（4 in × 6 in）
叶 序	对生
树 皮	灰色，有宿存皮孔
花	小，黄色，组成长达20 cm（8 in）的细而下垂的总状花序；雄雄异株
果 实	翅果，两枚合生成一对；果翅扁平，长至2½ cm（1 in），幼时为绿色，成熟后变为亮红色
分 布	中国中部
生 境	为山地树林中的下木

高达15 m
（50 ft）

559

建始槭
Acer henryi
Henry's Maple
Pax

建始槭为落叶小乔木，树形开展，春季开花，与幼叶同放。本种是叶为三出复叶（具三小叶）的一小群槭树之一。在小庭园种植可使其成为特别引人瞩目的观赏树，其叶和果实的秋色均绚丽。其果实无种子，在无雄树的时候雌树仍可结果。种加词*henryi*用来纪念奥古斯丁·亨利（Augustine Henry, 1857—1930），他是爱尔兰的一名医生，曾在中国采集植物。

类似种

建始槭的三出复叶可以和大多种槭树相区别。它最可能和白粉藤叶槭*Acer cissifolium*相混淆，但后者的小叶有锐齿，花和果均有较长的梗。

建始槭的叶 为圆形，长达10 cm（4 in），宽达15 cm（6 in）；小叶3枚，有短柄，顶端渐尖，长达10 cm（4 in），宽达4 cm（1½ in），边缘全缘或有少数小锯齿，同此可将本种和其他类似种区别开来，但在幼树上也可有锐齿；顶生小叶最大，生于略呈红色的细柄上；叶片上表面为深绿色，下表面为浅绿色，有毛，秋季变为亮红色。

实际大小

叶类型	单叶
叶 形	轮廓近圆形
大 小	达10 cm × 10 cm（4 in × 4 in）
叶 序	对生
树 皮	灰褐色，光滑，老时裂为小块，呈鳞片状
花	小，浅黄绿色，组成直立的短花簇
果 实	翅果，两枚合生成一对；果翅扁平，近平行，长至3 cm（1¼ in）
分 布	南欧，北非，西亚
生 境	山坡树林

高达15 m
（50 ft）

560

巴尔干槭
Acer hyrcanum
Balkan Maple
Fischer & C. A. Meyer

巴尔干槭为落叶乔木，树形呈球状，春季开花，与幼叶同放。本种为高度可变的种，分布广泛，已识别出几个亚种或变种，其中一些有时被处理为独立的种。原亚种巴尔干槭*Acer hyrcanum* subsp. *hyrcanum*见于东南欧和西亚，叶裂片顶端钝。西南欧和北非分布的变种格拉纳达槭*Acer hyrcanum* var. *granatense*，为小乔木，叶厚，裂片顶端圆。其他亚种还有托罗斯槭*Acer hyrcanum* subsp. *tauricola*和刺齿槭*Acer hyrcanum* subsp. *reginae-amaliae*，前者叶裂片顶端尖，后者为灌木，叶小型，3裂，边缘有刺齿。

类似种

巴尔干槭与意大利槭*Acer opalus*有亲缘关系，但叶裂较深，有明显的锯齿。一些类型形似栓皮槭*Acer campestre*，但叶柄无乳状汁液。

巴尔干槭的叶 轮廓近圆形，在原亚种中长宽均达10 cm（4 in）；掌状5裂至近一半处，中央3枚裂片最大，向基部渐狭，近顶端有三角形的钝齿；叶片基部呈浅心形，叶柄长达8 cm（3¼ in）；叶片上表面为亮绿色，光滑，下表面为灰绿色，叶脉上有毛。

实际大小

叶类型	单叶
叶 形	轮廓为圆形
大 小	达12 cm×12 cm（4¾ in×4¾ in）
叶 序	对生
树 皮	灰褐色，光滑
花	小，红紫色，组成下垂的花簇；雄蕊外伸，花药为黄色
果 实	翅果，两枚合生成一对；果翅扁平，开展，长至2½ cm（1 in），常带红色
分 布	日本
生 境	山地树林

高达10 m
（33 ft）

羽扇槭
Acer japonicum
Fullmoon Maple
Thunberg

羽扇槭为落叶乔木，树形呈球状至开展，常有数枚茎，或为灌木状，枝条幼时有毛，后变光滑，春季开花，与幼叶同放。庭园中常见栽培本种，特别是其选育的品种，赏其叶和秋色。**乌头叶**（'Aconitifolium'）品种的叶分裂深达基部，裂片亦有深锯齿；**葡萄叶**（'Vitifolium'）品种的叶非常大，秋色美丽。本种的木材在日本被用于制作家具或木雕。

类似种

鸡爪槭*Acer palmatum*在庭园中更常见，也更多变。它与本种的不同之处在于幼枝光滑，叶裂片仅有5或7枚，有时9枚。

羽扇槭的叶 轮廓为圆形，长宽均达12 cm（4¾ in），边缘通常有9—11枚裂片；裂片顶端尖，有锐利的重锯齿，越近叶片基部的裂片越小；叶基呈深心形，叶柄幼时有毛，长达6 cm（2½ in）；叶片幼时为古铜色，长成后上表面为深绿色，无光泽，下表面为浅绿色，叶脉上有白毛，秋季变为橙色、黄色、红色和紫色。

实际大小

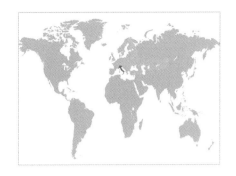

叶类型	单叶
叶 形	轮廓近圆形
大 小	达15 cm×17 cm（6 in×6½ in）
叶 序	对生
树 皮	灰色，幼时光滑，老时有浅裂纹
花	小，黄绿色，组成直立的伞房花序
果 实	翅果，两枚合生成一对；果翅扁平，开展，长至3 cm（1¼ in）
分 布	意大利
生 境	山地树林

高达20 m
（65 ft）

562

南欧青皮槭
Acer lobelii
Lobel's Maple

Tenore

南欧青皮槭的叶 轮廓近圆形，长达15 cm（6 in），宽达17 cm（6½ in），掌状5裂；裂片边缘呈波状，顶端细渐尖，无锯齿或有少数小锯齿；叶片基部呈近截形或浅心形，叶柄长达10 cm（4 in），切断后可分泌乳状汁液；叶片上表面为深绿色，有光泽，下表面为浅绿色，脉腋有丛毛。

南欧青皮槭为落叶乔木，树形呈狭柱状，晚春开花，晚于叶开放。本种在野外稀见，仅见于亚平宁山脉南部，但因为树形狭窄，不同寻常，庭园中偶有栽培。本种与青皮槭*Acer cappadocicum*和挪威槭*Acer platanoides*近缘，曾被视为这二者的种下类型。本种的幼枝光滑，有蓝灰色的粉霜，此为其特征，但粉霜最终会擦除消失。枝条可数年保持绿色。

类似种

南欧青皮槭与青皮槭的不同之处在于枝条具粉霜，基部无萌蘖条，叶有5枚裂片；它与挪威槭的不同之处在于枝条具粉霜，叶裂片无大锯齿。

实际大小

叶类型	单叶
叶 形	圆形
大 小	达25 cm×30 cm（10 in×12 in）
叶 序	对生
树 皮	浅灰褐色，光滑，在老树上有裂沟
花	黄色，芳香，组成长达25 cm（10 in）的大型下垂圆锥花序；雄花和雌花生于同一花序中
果 实	翅果，两枚合生成一对，组成下垂的大型果簇；果翅大，长达5 cm（2 in）
分 布	北美洲西部，从加拿大不列颠哥伦比亚省到美国加利福尼亚州南部
生 境	河岸，湿润树林，峡谷

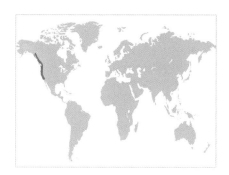

高达20 m
（65 ft）

563

俄勒冈槭
Acer macrophyllum
Oregon Maple
Pursh

　　俄勒冈槭在英文中也叫"Big-leaf Maple"（大叶槭），为中等大小的落叶乔木，春季开花，与幼叶同放。老树可发育有板根。本种的木材贵重，可用于制作家具和其他多种器具，汁液可制槭糖浆。本种有时被作为遮阴树种植，已选育出一个名为**西雅图哨兵**（'Seattle Sentinel'）的树形狭窄的品种。

类似种

　　俄勒冈槭的叶非常大，一般易于识别。苹婆槭*Acer sterculiaceum*和毡毛槭*Acer velutinum*的叶大小可与俄勒冈槭相似，但叶柄中没有乳状汁液。

俄勒冈槭的叶　在槭属*Acer*中为最大的叶之一，长达25 cm（10 in）以上，宽达30 cm（12 in）以上；掌状深5裂，每枚裂片有少数大型钝齿；叶柄长达25 cm（10 in）；叶片上表面为深绿色，下表面为浅绿色，有毛，秋季变为黄色。叶柄切断后可流出乳状汁液。

实际大小

叶类型	三出复叶
叶 形	轮廓为阔卵形至圆形
大 小	达12 cm × 15 cm（4¾ in × 6 in）
叶 序	对生
树 皮	灰褐色，光滑
花	小，黄色，通常3朵组成密集的下垂花簇；花簇有毛
果 实	翅果，两枚合生成一对；果翅宽平，开展，长达5 cm（2 in）
分 布	日本，中国
生 境	山地森林

高达20 m
（65 ft）

564

毛果槭
Acer maximowiczianum
Nikko Maple
Miquel

毛果槭的叶 轮廓为阔卵形至圆形，长达12 cm（4¾ in），宽达15 cm（6 in）；三出复叶，小叶呈椭圆形至长圆形，长达12 cm（4¾ in），宽达6 cm（2½ in），边缘无锯齿或在中部以上有浅钝齿，顶生小叶有短柄，基部呈圆形，侧生小叶无柄，基部偏斜；叶柄有密毛，长达5 cm（2 in）；叶片幼时为绿色或略带红色，有密毛，长成后上表面为深绿色，叶脉上有疏毛，下表面为浅绿色或灰绿色，有软毛，秋季变为红色。

实际大小

毛果槭为落叶乔木，树形呈球状，常在低处分枝，有时为灌木状，春季开花，与幼叶同放。本种的幼枝密被白毛。在日本，其树皮和叶的提取物可入药。本种为血皮槭*Acer griseum*的近缘种，在庭园中常有种植，赏其秋色。

本种过去曾有很长时间使用学名*Acer nikoense*，但因为该学名描述的植物实际上并非槭树，所以尽管更为人熟知，却必须变更为现学名。

类似种

血皮槭与毛果槭的不同之处在于树皮层状剥落，小叶较小，锯齿较少而大，侧生小叶基部外侧有显著的裂片。

叶类型	单叶
叶 形	轮廓为圆形
大 小	达12 cm×15 cm（4¾ in×6 in）
叶 序	对生
树 皮	浅褐色，片状剥落
花	小，浅黄绿色，组成小型伞房花序
果 实	翅果，两枚合生成一对；果翅扁平，开展，长至2½ cm（1 in）
分 布	日本，中国
生 境	山地森林，河岸

高达25 m
（80 ft）

565

日本羊角槭
Acer miyabei
Miyabe Maple
Maximowicz

日本羊角槭为落叶乔木，树形呈阔柱状至球状，幼枝光滑或略有毛，春季开花，与幼叶同放。原亚种*Acer miyabei* subsp. *miyabei*原产于日本；亚种庙台槭*Acer miyabei* subsp. *miaotaiense*原产于中国，有时被处理为独立的种。本种在庭园中可与青皮槭*Acer cappadocicum*杂交，产生希利尔槭*Acer × hillieri*。日本羊角槭与栓皮槭*Acer campestre*类似，但远为耐寒，有时在不能栽培后者的寒冷地区被作为观赏树种植。

类似种

日本羊角槭叶柄有乳状汁液，可与很多类似的槭属*Acer*树种相区分。栓皮槭也有乳状汁液，但叶较小，裂片顶端不为渐尖状。

日本羊角槭的叶 轮廓为圆形，长达12 cm（4¾ in），宽达15 cm（6 in）；掌状5裂，顶裂片最大，至少3枚最大的裂片顶端渐尖，每侧通常有1或2枚圆齿，或3裂（在亚种庙台槭中仅顶裂片顶端渐尖）；叶片基部呈心形，叶柄有毛，长达15 cm（6 in）；叶片幼时两面有毛，长成后上表面为深绿色，略有光泽，沿脉有毛，下表面为浅绿色，有细茸毛，秋季变为黄色。

实际大小

叶类型	掌状分裂
叶 形	轮廓为圆形至宽大于长
大 小	达6 cm×7 cm（2½ in×2¾ in）
叶 序	对生
树 皮	深灰色，起初光滑，老时裂为块状
花	小，黄绿色，组成花簇
果 实	翅果，两枚合生成一对；果翅尖端朝前，扁平，绿色，长至1½ cm（⅝ in）
分 布	地中海地区和南欧至西亚
生 境	干燥石坡

高达10 m
（33 ft）

566

蒙彼利埃槭
Acer monspessulanum
Montpelier Maple
Linnaeus

蒙彼利埃槭的叶　轮廓为圆形至宽大于长，长达6 cm（2½ in），宽达7 cm（2¾ in），具3枚裂片；裂片无锯齿或偶有疏锯齿，顶端呈圆形；叶片上表面为深绿色，有光泽，下表面为浅绿色和蓝绿色，明显革质，秋季变为黄色。叶柄切断后可分泌出透明汁液。

蒙彼利埃槭为一个变异性大、分布广泛的种。本种为叶小型的落叶乔木，有时为灌木，树形通常呈球状。在其分布区内（特别是西南亚）曾经识别出几个不同的类型，在叶的毛量上有区别。蒙彼利埃槭非常耐受炎热干旱的生境，其叶、花和果实均引人瞩目。一些类型的果翅可为红色。

类似种

三角槭*Acer buergerianum*也是一种叶3裂的槭树，但叶裂片顶端尖。蒙彼利埃槭容易与栓皮槭*Acer campestre*混淆，但后者叶5裂，较大的裂片有锯齿，此外在叶柄切断后还可见到乳状汁液。

实际大小

叶类型	羽状复叶或三出复叶
叶 形	轮廓为长圆形
大 小	达25 cm×15 cm（10 in×6 in）
叶 序	对生
树 皮	浅灰色，光滑，老时有裂沟
花	非常小，生于绿白色或粉红色的纤细花梗上，下垂；雌雄异株，雄花花药为粉红色
果 实	翅果，两枚合生成一对；果翅扁平，长至4 cm（1½ in）
分 布	加拿大南部，美国，墨西哥，危地马拉
生 境	河岸，湿润树林，谷地

高达20 m
（65 ft）

梣叶槭
Acer negundo
Boxelder
Linnaeus

梣叶槭为速生乔木，树冠呈阔柱状，早春开花，先于叶开放。本种分布广泛，变异大，已识别出几个不同的类型。它们在小叶数目和枝条毛被情况上有区别。加州梣叶槭*Acer negundo* subsp. *californicum*即其中一个亚种，其枝叶有密毛。有几个花叶类型是常见的庭园树。

类似种

梣叶槭具羽状复叶，通常易于识别。具三出复叶的类型可能会和其他具三出复叶的槭树如白粉藤叶槭*Acer cissifolium*和建始槭*Acer henryi*等混淆，但其花的形态独特。

实际大小

梣叶槭的叶 为羽状复叶（槭属*Acer*树种中唯一具有这一特征的种），长达25 cm（10 in）；小叶3—7枚，有时9枚，卵形至椭圆形，长达10 cm（4 in），宽达5 cm（2 in），顶生小叶通常最大；上表面为深绿色，下表面为浅绿色，常有毛；小叶顶端渐尖，边缘有疏齿，或浅3裂。

叶类型	单叶
叶 形	椭圆形至卵形
大 小	达15 cm × 5 cm（6 in × 2 in）
叶 序	对生
树 皮	灰褐色，光滑，渐变为深灰色并呈鳞片状
花	小，乳白色，在枝顶组成伞房花序
果 实	翅果，两枚合生成一对；果翅扁平，开展，长至2½ cm（1 in）
分 布	喜马拉雅地区
生 境	湿润山地森林中的冲沟和溪岸

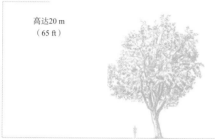

高达20 m
（65 ft）

飞蛾槭
Acer oblongum
Flying Moth Maple

Wallich ex A. P. de Candolle

飞蛾槭在英文中也叫"Himalayan Maple"（喜马拉雅槭），为常绿或半常绿乔木，树形开展，枝条细而光滑，幼时常略带粉红色。本种春季开花，通常先于幼叶开放。在喜马拉雅地区，其叶收获后可作牲畜饲料；木材可用于建筑或用作薪柴，亦可制作农具。本种是产自亚洲东南部的几种常绿槭树中最知名的一种，需要温和的气候才能繁茂生长，但在地中海地区等地也可生长良好，在美国加利福尼亚州则可作为行道树种植。尽管本种最初在1824年从喜马拉雅地区引种栽培，但较为耐寒的植株则来自之后的引种。

类似种

十蕊槭*Acer laurinum*为热带树种，产自东南亚，也是唯一一种分布到南半球的槭树。其树型较大，叶较宽，长达8 cm（3¼ in）。

飞蛾槭的叶 为椭圆形至卵形，长达15 cm（6 in），宽达5 cm（2 in）；不分裂，也无锯齿，生于健壮枝条上的叶可在基部3裂；基部呈圆形，常具明显的3脉，叶柄光滑，略带粉红色，长达5 cm（2 in）；叶片上表面为深绿色，下表面为浅绿色至白绿色，两面光滑。变种日本飞蛾槭 *Acer oblongum* var. *itoanum*的叶形略小。

实际大小

叶类型	单叶
叶 形	近圆形
大 小	达10 cm×12 cm（4 in×4¾ in）
叶 序	对生
树 皮	灰色而有粉红色色调，片状剥落成小方块
花	小，亮黄色，在细梗上下垂，在枝顶组成密伞房花序
果 实	翅果，两枚合生成一对；果翅扁平，长至2½ cm（1 in），张开成90°以上的夹角
分 布	欧洲，北非
生 境	丘陵和山地的树林

高达20 m
（65 ft）

569

意大利槭
Acer opalus
Italian Maple
Miller

意大利槭为落叶乔木，树形呈球状，幼枝光滑，早春开花，先于叶开放，通常雄花和两性花异株。本种在花期时为最显眼、最引人瞩目的槭树之一，叶的形态多变。原亚种*Acer opalus* subsp. *opalus*的叶裂片顶端尖；亚种钝裂意大利槭*Acer opalus* subsp. *obtusatum*叶较厚，裂片顶端钝，分裂常较浅，下表面有密毛。尽管其叶形类似桐叶槭*Acer pseudoplatanus*，但二者关系并不近。

类似种

桐叶槭的叶裂片有较锐利的锯齿，分裂较深，花为绿色，晚于叶开放，组成长而下垂的圆锥花序。

意大利槭的叶 近圆形，长达10 cm（4 in），宽达12 cm（4¾ in）；为非常浅的5裂，裂片宽，有不规则锯齿或近全缘，基部裂片通常小，有时不存在；叶片基部呈心形，叶柄长达10 cm（4 in）；叶片上表面为深绿色，有光泽，光滑，叶脉下陷，下表面为浅绿色至灰绿色，有毛，秋季变为黄色，常杂以粉红色或橙色。

实际大小

叶类型	单叶
叶 形	轮廓近圆形至半圆形
大 小	达10 cm × 10 cm（4 in × 4 in）
叶 序	对生
树 皮	灰褐色，光滑
花	小，萼片为红色，花瓣为白色，组成有细梗的花簇；花簇开展至下垂
果 实	翅果，两枚合生成一对；果翅扁平，长至2½ cm（1 in），张开成90°以上的夹角
分 布	朝鲜半岛，日本
生 境	丘陵和山地的树林

高达15 m
（50 ft）

570

鸡爪槭
Acer palmatum
Japanese Maple
Thunberg

鸡爪槭为落叶乔木，树形呈球状至开展，春季开花，与幼叶同放。本种为槭属*Acer*树种中最普遍栽培和最为多变的一个种，已识别出几个天然生长的类型。原亚种*Acer palmatum* subsp. *palmatum*的叶有5或7枚裂片，裂至大约¾处；亚种浅裂鸡爪槭*Acer palmatum* subsp. *amoenum*叶裂较浅，裂至不到一半处；亚种深裂鸡爪槭*Acer palmatum* subsp. *matsumurae*的叶则有7或9枚裂片，裂片近基部，这些不同之处在园艺品种中常甚为模糊。因为本种已经选育出了大量品种，所以叶有各式各样的分裂和颜色。**全裂**（'Dissectum'）品种通称羽毛槭，为常见的灌木状品种，其枝条下垂，叶裂至基部，裂片又有深锯齿。

类似种

羽扇槭*Acer japonicum*枝条有毛，叶有9至11枚浅裂片。小羽槭*Acer sieboldianum*和紫花槭*Acer pseudosieboldianum*的叶均常有9至11枚裂片。

鸡爪槭的叶 轮廓近圆形至半圆形，长宽均达10 cm（4 in），有时更大，但常较小，羽状分裂。裂片5—7枚，有时9枚，顶端渐尖，边缘有细齿，常为重锯齿，或在一些园艺品种中无锯齿或近无锯齿；叶片基部通常呈浅心形，叶柄为绿色或略带红色，长达5 cm（2 in）；叶片上表面为深绿色，光滑，下表面为浅绿色，有光泽，叶脉上有毛，秋季变为黄色、橙色、红色或紫红色。

实际大小

叶类型	单叶
叶 形	轮廓近圆形至阔椭圆形或倒卵形
大 小	达20 cm×18 cm（8 in×7 in）
叶 序	对生
树 皮	绿色，有白色和略带红色的竖直细条纹
花	小，浅黄绿色，组成细而下垂的总状花序
果 实	翅果，两枚合生成一对；果翅扁平，开展，长至2½ cm（1 in）
分 布	北美洲东部
生 境	湿润树林，通常为下木

高达10 m
（33 ft）

条纹槭
Acer pensylvanicum
Striped Maple

Linnaeus

　　条纹槭在英文中也叫"Moosewood"（驼鹿木），为落叶乔木，树形呈阔柱状，常具多枚茎，或为灌木状，春季开花，与幼叶同放。本种为雌雄同株或异株，树木的性别每年都可能有变化。本种的枝条细而光滑，幼时呈绿色，渐变为红褐色。条纹槭是蛇皮槭类树种中唯一原产于北美洲的种，因茎干引人瞩目，秋色绚丽，常有种植。

类似种

　　条纹槭与细柄槭*Acer capillipes*的不同之处在于幼叶下表面有锈色毛。红脉槭*Acer rufinerve*的幼枝覆有蓝白色粉霜。

实际大小

条纹槭的叶 轮廓近圆形至阔椭圆形或倒卵形，长达20 cm（8 in）以上，宽达18 cm（7 in）以上；顶端分裂为3枚阔三角形、尖端朝前的裂片，顶端渐尖，边缘有锐齿；叶片基部呈心形，有明显3脉，叶柄为粉红色，长达12 cm（4¾ in）；叶片上表面为非常浅的绿色，无光泽，光滑，下表面为浅绿色，近光滑，但幼时有锈色毛，秋季变为黄色。

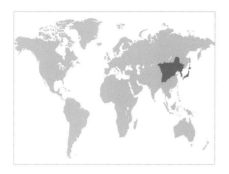

叶类型	单叶
叶 形	轮廓近圆形
大 小	达15 cm×15 cm（6 in×6 in）
叶 序	对生
树 皮	浅灰色至灰褐色，老时有浅裂条
花	小，浅黄绿色，在枝顶组成伞房花序；雌雄通常异株
果 实	翅果，两枚合生成一对；果翅扁平，长至2½ cm（1 in），开展或近平行
分 布	中国，俄罗斯东部，朝鲜半岛，日本
生 境	从海平面到山地的森林

高达25 m
（80 ft）

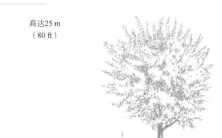

572

色木槭
Acer pictum
Painted Maple
Thunberg

色木槭为落叶乔木，树形呈球状，春季开花，早于幼叶开放或与幼叶同放。本种幼枝光滑，仅在当年为绿色。本种为变异性大的种，分布广泛，曾经识别出很多不同的亚种。原亚种*Acer pictum* subsp. *pictum*产自日本和朝鲜半岛，叶下表面有细茸毛，5或7裂；亚种五角槭*Acer pictum* subsp. *mono*下表面光滑，或仅在叶脉上有毛；韩国色木槭*Acer pictum* subsp. *okamotoanum*产自韩国，叶则有多至9枚的裂片。此外，还有叶深裂的其他类型，有几个园艺品种则为花叶类型。

类似种

挪威槭*Acer platanoides*和元宝槭*Acer truncatum*的不同之处在于一些叶裂片有锯齿；青皮槭*Acer cappadocicum*的枝条次年仍保持绿色。

实际大小

色木槭的叶　轮廓近圆形，长宽均达15 cm（6 ft），通常5或7裂；裂片顶端渐尖，边缘无锯齿；叶片基部呈截形或为非常浅的心形，叶柄长达15 cm（6 in）以上，切断时可分泌乳状汁液；叶片幼时常为古铜色，长成后上表面为绿色，有光泽，光滑，下表面为浅绿色，有各式毛被，秋季变为黄色或红色。

叶类型	单叶
叶 形	轮廓近圆形
大 小	达15 cm × 20 cm（6 in × 8 in）
叶 序	对生
树 皮	幼时光滑，灰色，老时发育出细而浅的裂条
花	小，浅黄绿色，组成大型伞房花序
果 实	翅果，两枚合生成一对；果翅扁平，开展，长达5 cm（2 in）
分 布	欧洲，西亚
生 境	森林

高达25 m
（80 ft）

573

挪威槭
Acer platanoides
Norway Maple

Linnaeus

挪威槭为落叶乔木，树形呈阔柱状至球状，幼枝仅当年为绿色，春季开花，先于幼叶开放。在欧洲部分地区，本种的汁液可用于制作糖浆。本种为广泛栽培的行道树和公园树，春季花开时非常绚丽。园艺品种有：**猩红王**（'Crimson King'），它和其他一些品种具有深红紫色的叶；**金边**（'Drummondii'），叶边缘有乳黄色的宽边。其他品种还可有上耸或稠密的树形，或有细裂的叶。产自中亚的亚种中亚挪威槭*Acer platanoides* subsp. *turkestanicum*的叶通常有5或7枚无锯齿的裂片。

类似种

青皮槭*Ace cappadocicum*的叶裂片无锯齿，枝条次年仍为绿色；色木槭*Ace pictum*的叶裂片无锯齿；元宝槭*Ace truncatum*的叶片基部呈截形，裂片有少数锯齿或无锯齿；糖槭*Ace saccharum*的叶柄无乳状汁液。

实际大小

挪威槭的叶　轮廓近圆形，长达15 cm（6 in），宽达20 cm（8 in），羽状分裂；裂片通常为5枚，顶端尖，裂至距叶基约一半处，至少中央的3枚裂片上部有渐尖的锯齿；叶片基部呈深心形，叶柄长达15 cm（6 in）以上，切断后分泌出乳状汁液；叶片上表面为绿色，无光泽，下表面为浅绿色，有光泽，两面光滑，仅下表面脉腋处有丛毛，秋季变为黄色，有时变为红色。

叶类型	单叶
叶 形	轮廓近圆形
大 小	达15 cm×18 cm（6 in×7 in）
叶 序	对生
树 皮	带粉红色的灰色，片状剥落为大块
花	小，浅绿色，花药为黄色，组成圆锥花序；花序下垂，圆锥形，长达20 cm（8 in）
果 实	翅果，两枚合生成一对；果翅扁平，长至3 cm（1¼ in），开展或张成直角
分 布	欧洲，西亚
生 境	山地林地

高达30 m
（100 ft）

574

桐叶槭
Acer pseudoplatanus
Sycamore

Linnaeus

桐叶槭的叶 轮廓近圆形，长达15 cm（6 in），宽达18 cm（7 in），羽状分裂；裂片5枚，中央3枚比侧面2枚大得多，顶裂片下部边缘平行，上表面有深锯齿；叶片基部呈心形，叶柄长达15 cm（6 in）以上；叶片革质，上表面为深绿色，光滑，叶脉下陷，下表面为蓝灰色，至少在叶脉上或脉腋处有毛。

实际大小

桐叶槭在苏格兰也叫Plane（也是悬铃木属树种的英文名），在北美洲则叫Sycamore Maple（"sycamore"是来自古希腊语的古老的植物名称），为落叶乔木，树形呈阔柱状至球状，春季开花，与幼叶同放。本种为常见种植的树种，在其原产地以外的欧洲和北美洲东部普遍成为归化植物。本种已有很多园艺品种，如：**紫叶**（'Atropurpureum'），叶下表面为紫色；**极丽**（'Brilliantissimum'），为小乔木，幼叶为虾一般的浅粉红色；**红果**（'Erythrocarpum'），果翅为亮红色。本种植株常感染的黑痣病真菌导致叶片上出现大型黑斑。

类似种

毡毛槭*Acer velutinum*与本种近缘，但树皮不为片状剥落，叶形大得多，花组成直立花簇。意大利槭*Acer opalus*的叶分裂较浅，裂片呈三角形，基部最宽。

叶类型	单叶
叶 形	阔椭圆形至卵形或倒卵形
大 小	达10 cm×8 cm（4 in×3¼ in）
叶 序	对生
树 皮	灰褐色，老时有浅裂纹
花	小，红色，在老枝上组成小型花簇；雌雄异株
果 实	翅果，两枚合生成一对；果翅扁平，开展，长至2½ cm（1 in）
分 布	日本
生 境	湿地

高达15 m
（50 ft）

575

密花槭
Acer pycnanthum
Japanese Red Maple
K. Koch

密花槭为落叶乔木，树冠呈阔柱状，早春开花，先于幼叶开放。本种为分布广泛的红花槭*Acer rubrum*的近缘种，在野外为濒危种，分布局限于日本本州岛中部几个零散的地点，据估计总共只有1000株个体。尽管本种的花非常小，但春季开放时却很显眼，曾在航拍调查时用于给这一珍稀种的新居群定位。其分布之所以有限，是因为所需的生境稀少，且正受到不断发展扩张的商业林的威胁。尽管自20世纪70年代就在欧洲有栽培，但本种现仍然不常见。本种的花叶品种在日本有种植。

类似种

红花槭的叶深3裂，裂片始于叶片中部附近。

密花槭的叶 为阔椭圆形至卵形或倒卵形，长达10 cm（4 in），宽达8 cm（3¼ in），不分裂或3浅裂；裂片始于叶片中部以上，顶端渐尖，边缘有锐齿；叶片基部为圆形，叶柄细，长达9 cm（3½ in）；叶片幼时常带红色，长成后上表面为深绿色，光滑，下表面为蓝白色，光滑或近光滑，秋季变为黄色至橙色、红色或深红紫色。

实际大小　　　　　　　实际大小

叶类型	单叶
叶 形	卵形至近圆形
大 小	达10 cm × 8 cm（4 in × 3¼ in）
叶 序	对生
树 皮	光滑，绿色而有白色条纹
花	小，浅黄色，组成细而下垂的总状花序；雌雄异株
果 实	翅果，两枚合生成一对；果翅扁平，开展，长至2 cm（¾ in）
分 布	中国台湾
生 境	山地森林

高达20 m
（65 ft）

576

玉山槭
Acer rubescens
Acer Rubescens

Hayata

　　玉山槭为速生落叶乔木，树形呈阔柱状至球状，枝条幼时光滑，晚春开花，晚于叶开放。由于历史上命名比较混乱，本种曾用过*Acer kawakamii*或*Acer morrisonense*等学名，但这两个名称实际上是与本种近缘的尖尾槭*Acer caudatifolium*的异名，该种也产自中国台湾。玉山槭为蛇皮槭类树种中的一种，但因为叶常萌发较早，对春季的晚霜冻敏感，它不像很多更常见的蛇皮槭类树种那么耐寒。

类似种

　　细柄槭*Acer capillipes*叶较大，下表面无光泽；尖尾槭的叶几乎不分裂，叶形较狭，顶端为细长的渐尖头。

玉山槭的叶　为卵形至近圆形，长达10 cm（4 in），宽达8 cm（3¼ in），5浅裂，稀不分裂；裂片顶端渐尖，边缘有锐齿，基部呈心形，叶柄细，红色，长达8 cm（3¼ in）；上表面为深绿色，有光泽，光滑，下表面为浅绿色，有光泽，沿脉有锈色毛，秋季变为橙红色至黄色。

实际大小

叶类型	单叶
叶 形	轮廓为阔卵形至近圆形
大 小	达12 cm×10 cm（4¾ in×4 in）
叶 序	对生
树 皮	光滑，灰色，老时有裂纹和鳞片状裂条
花	小，红色，在老枝上组成花簇；雌雄同株或异株，各自组成花簇
果 实	翅果，两枚合生成一对；果翅扁平，开展，幼时红色，长至2 cm（¾ in）
分 布	北美洲东部
生 境	湿润树林，河岸，沼泽边缘

高达25 m
（80 ft）

红花槭
Acer rubrum
Red Maple
Linnaeus

红花槭为落叶乔木，树形呈阔柱状至球状，幼枝光滑，红色，晚冬或早春开花，先于叶开放。其秋色绚烂，为最知名的红叶树种之一，为此观赏目的已经选育出了很多改进类型。本种的木材相当软，可用于制作家具，汁液亦可制槭糖浆。本种与近缘的银槭*Acer saccharinum*杂交可产生杂种红银槭*Acer × freemanii*，野外可见，在庭园中亦有培育。

类似种

银槭的叶较大，分裂较深，顶裂片向基部变狭。密花槭*Acer pycnanthum*的叶不分裂或在中部以上3裂。

红花槭的叶 轮廓为阔卵形至近圆形，长达12 cm（4¾ in），宽达10 cm（4 in），掌状3裂，在基部还有2枚较小的裂片；裂片在基部最宽，或两侧平行，边缘有尖锯齿，有时大型；叶片基部呈浅心形或近截形，叶柄为红色，长达9 cm（3½ in）；叶片幼时常为红色，长成后上表面为深绿色，光滑，下表面为蓝白色，至少沿脉有毛，秋季变为红色或黄色，或两种颜色皆有。

实际大小

叶类型	单叶
叶　形	轮廓为阔椭圆形至圆形
大　小	达15 cm×15 cm（6 in×6 in）
叶　序	对生
树　皮	绿色而有浅绿色和白色的条纹，基部渐变为褐色并有浅裂纹
花	小，黄绿色，组成纤细的总状花序，起初开展，后下垂；雌雄同株或异株，各自组成花序
果　实	翅果，两枚合生成一对；果翅扁平，幼时为红色，长至2 cm（¾ in），张开成90°或略大的夹角
分　布	日本
生　境	山地森林

高达15 m
（50 ft）

578

红脉槭
Acer rufinerve
Honshu Maple
Siebold & Zuccarini

红脉槭为落叶乔木，树冠呈阔柱状至开展，幼枝为绿色，具蓝白色粉霜，春季开花，与幼叶同放。和其他一些槭属*Acer*树种一样，本种植株的性别能够逐年改变。特别是濒死的雄株会变成雌株，所结的种子在雄株死去后可以占据它们在森林中腾出的空地。本种是蛇皮槭类树种中的一种，庭园中常见种植，以赏其美丽的树皮和秋色。**银边**（'Albolimbatum'）为常见的选育品种，叶有白色边缘。

类似种

红脉槭与细柄槭*Acer capillipes*和条纹槭*Acer pensylvanicum*的不同之处在于幼枝上具蓝白色粉霜。

红脉槭的叶 轮廓为阔椭圆形至圆形，长宽均达15 cm（6 in）或略大；掌状3裂，有时在基部还有2枚非常小的裂片；中裂片比侧裂片大得多，所有裂片顶端均渐尖，边缘有锐齿；叶片基部呈截形或略呈心形，叶柄长达6 cm（2½ in），幼时有毛；叶片上表面为深绿色，光滑，下表面为浅绿色，沿脉有锈色毛，长成后在脉腋仍有残余，秋季变为红色。

实际大小

叶类型	单叶
叶 形	轮廓为阔卵形至圆形
大 小	达15 cm×15 cm（6 in×6 in）
叶 序	对生
树 皮	幼时光滑，灰色，老时发育出鳞片状裂条
花	小，乳黄色至略呈粉红色，在老枝上组成花簇；雌雄同株或异株，各自组成花簇
果 实	翅果，两枚合生成一对；果翅扁平，开展，长达5 cm（2 in）
分 布	北美洲东部
生 境	湿润土壤，河岸，湖边，沼泽

高达25 m
（80 ft）

银槭
Acer saccharinum
Silver Maple
Linnaeus

银槭为速生落叶乔木，树形呈阔柱状，有时具多枚茎，晚冬至早春开花，先于幼叶开放，一般情况下为北美洲槭属*Acer*树种中开花最早的种。本种被广泛作为观赏树种植，但根系有入侵性，可带来种种麻烦。一些选育型的叶有深裂。像近缘种红花槭*Acer rubrum*一样，本种的汁液可制槭糖浆。与该种杂交产生的杂种叫红银槭*Acer × freemanii*。

类似种

银槭叶片的下表面为银白色，此为其特征。红花槭的叶较小，裂片在基部最宽，或两边平行。

银槭的叶　轮廓为阔卵形至圆形，长宽均达15 cm（6 in），5深裂，通常裂至距叶基超过一半处；裂片顶端有长尖，边缘有明显的三角形锯齿，至少中裂片的边缘又分裂为具锯齿的裂片，向基部渐狭；叶片幼时常为古铜色，长成后上表面为相当浅的绿色，光滑，下表面有疏毛，为银白色，秋季变为黄色。

实际大小

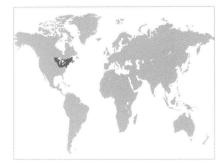

叶类型	单叶
叶 形	轮廓为圆形
大 小	达15 cm×15 cm（6 in×6 in）
叶 序	对生
树 皮	幼时为灰色，光滑，老时发育出鳞片状裂条
花	小，浅黄绿色，花梗细，组成下垂花簇；雌雄通常同株，各自组成花簇
果 实	翅果，两枚合生成一对；果翅扁平，幼时有时为红色，长至2½ cm（1 in），张开成约90°角
分 布	北美洲东部
生 境	谷地和丘陵的湿润树林

高达30 m
（100 ft）

580

糖槭
Acer saccharum
Sugar Maple
Marshall

糖槭为落叶树木，树形呈阔柱状，春季开花，与幼叶同放。本种为最知名的槭属*Acer*树种之一，是美国好几个州的州树，其叶还出现在加拿大国旗之上。在能制槭糖浆的树种中，本种产量最大。其制法是在冬季收集树液，然后煮沸。该法是从美洲原住民那里习得的。本种又是贵重的材用树，木材普遍被用来制作家具。一些植株的木材具有名为"鸟眼"的特殊纹理，很受木工青睐。糖槭为一个多变的种，已经识别出了几个亚种，如树形较小的白皮槭*Acer saccharum* subsp. *leucoderme*，佛罗里达槭*Acer saccharum* subsp. *floridanum*，黑槭*Acer saccharum* subsp. *nigrum*，以及产自墨西哥和危地马拉的云林糖槭*Acer saccharum* subsp. *skutchii*。

糖槭的叶 轮廓为圆形，长宽均达15 cm（6 in），在其亚种佛罗里达槭和白皮槭中较小，掌状5裂；裂片顶端具长尖，边缘有少数锯齿；叶片基部呈截形至浅心形，叶柄长达8 cm（¾ in），亚种黑槭在叶柄基部还生有一对托叶，为槭属中唯一具托叶的类群；叶片上表面为深绿色，光滑，下表面为蓝绿色，有毛，至少在脉腋处如此（佛罗里达槭和黑槭的叶下表面为绿色或黄绿色），秋季变为黄色、橙色和红色。

类似种

巨齿槭*Acer grandidentatum*有时也被视为糖槭的种下类型。该种是产自美国西南部的较小的乔木，叶也较小，有圆齿。挪威槭*Acer platanoides*的叶下表面为绿色，有光泽，叶柄切断后可分泌乳状汁液。

实际大小

叶类型	单叶
叶 形	阔卵形
大 小	达5 cm×3 cm（2 in×1¼ in）
叶 序	对生
树 皮	灰褐色，光滑
花	小，浅黄绿色，花梗细，组成下垂的小花簇
果 实	翅果，两枚合生成一对；果翅扁平，平行或开展，长至1½ cm（⅝ in），幼时红色
分 布	地中海地区东部
生 境	石坡

高达10 m
（33 ft）

581

克里特槭
Acer sempervirens
Cretan Maple

Linnaeus

　　克里特槭为生长缓慢的半常绿乔木，树形呈球状，更常为灌木，到冬季多数叶仍不脱落，春季开花，与幼叶同放。本种为一个不同寻常的树种，是蒙彼利埃槭*Acer monspessulanum*的近缘种。本种的叶很小，此为其特征，在原产地常被牲畜大量啃食。本种在希腊克里特岛可见与稀见种克里特榉*Zelkova abelicea*以及胭脂栎*Quercus coccifera*混生。本种在庭园中少见，但因叶形特殊而偶有种植。

类似种

　　克里特槭与蒙彼利埃槭的不同之处在于叶较小，半常绿性，一些叶不分裂。钝叶槭*Acer obtusifolium*产自西南亚，一般为常绿树。该种为大灌木或小乔木，叶较大，通常有锯齿。

克里特槭的叶　为阔卵形，长达5 cm（2 in），宽达3 cm（1¼ in）；不分裂或为浅至深的3裂，裂片顶端圆；边缘无锯齿，基部呈圆形，有明显3脉，叶柄长至1 cm（½ in）；叶片上表面为深绿色，有光泽，下表面为浅绿色，两面光滑。

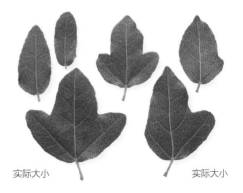

实际大小　　　　　实际大小

叶类型	单叶
叶 形	轮廓为圆形
大 小	达10 cm×12 cm（4 in×4¾ in）
叶 序	对生
树 皮	灰褐色，光滑，有浅色的浅裂纹
花	小，花瓣为白色，萼片为红色，组成平展至直立的伞房花序
果 实	翅果，两枚合生成一对；果翅长至2½ cm（1 in），幼时为红色，张开成钝角
分 布	日本
生 境	山地森林

高达15 m
（50 ft）

582

白泽槭
Acer shirasawanum
Acer Shirasawanum

Koidzumi

白泽槭的叶 轮廓为圆形，长达10 cm（4 in），宽达12 cm（4¾ in），掌状9—11裂；裂片分裂至距叶基达一半处，基部裂片非常小，所有裂片顶端渐尖，边缘具锐齿；叶片基部呈深心形，叶柄常为红色，光滑，长达5 cm（2 in）；叶片上表面为绿色，无光泽，下表面为浅绿色，两面光滑，仅下表面脉腋处有丛毛，秋季变为黄色或红色。

白泽槭为落叶乔木，树形呈阔柱状，常从基部生出几枚树干，春季开花，晚于幼叶开放。本种的幼枝光滑，呈绿色，或有红色色调。本种为团扇槭*Acer japonicum*的近缘种，偶有种植，赏其秋色，但在庭园中更常见的为其品种金叶（'Aureum'）。该品种为黄叶类型，过去长期视其为团扇槭的一种类型。变种薄叶白泽槭*Acer shirasawanum* var. *tenuifolium*为较小的乔木或大灌木，叶较小，分裂较深。

类似种

本种与团扇槭最为近缘，但叶较小，枝条、叶和叶柄均光滑，花簇和果簇平展至直立，据这些特征可以将二者相互区别。

实际大小

叶类型	单叶
叶 形	轮廓为阔卵形至圆形
大 小	达12 cm × 12 cm（4¾ in × 4¾ in）
叶 序	对生
树 皮	灰褐色，光滑，渐有浅裂条并呈鳞片状
花	小，浅乳黄色，组成长达15 cm（6 in）的狭窄直立圆锥花序；雌雄同株，各自组成花序
果 实	翅果，两枚合生成一对；果翅扁平，长至2½ cm（1 in），幼时红色，张开成钝角
分 布	北美洲东南部
生 境	山地林地，河岸，冲沟

高达8 m
（26 ft）

583

穗果槭
Acer spicatum
Mountain Maple

Lamarck

穗果槭为落叶乔木，树形呈阔柱状，常有多枚茎，或为灌木，有时形成密灌丛，晚春至早夏开花，晚于叶开放。本种主要分布于美国东北部和加拿大东南部，向南沿阿巴拉契亚山脉延伸至佐治亚州。本种在英文中也叫"Moose Maple"（驼鹿槭），因其枝叶为驼鹿和其他鹿类喜食。本种的植株常通过天然的压条蔓延，这使本种成为控制河岸水土流失的重要树种。其汁液可制槭糖浆。

类似种

花楷槭*Acer ukurunduense*为本种的近缘种，并与本种形似。其不同之处在于叶5裂或稀为7裂，而不像穗果槭那样3裂或稀为5裂，且叶下表面的毛被要浓密得多。条纹槭*Acer pensylvanicum*花簇下垂，枝条光滑，树皮有条纹。

穗果槭的叶 轮廓为阔卵形至圆形，长宽均达12 cm（4¾ in）；3浅裂，稀为5裂；通常分裂至距叶基不到一半处；裂片顶端尖，边缘有粗齿；叶片基部呈心形，叶柄常为红色；叶片上表面为相当浅的绿色，叶脉下陷，下表面为浅绿色，有毛，秋季变为红色或黄色。

实际大小

叶类型	单叶
叶 形	轮廓为圆形
大 小	达25 cm × 25 cm（10 in × 10 in）
叶 序	对生
树 皮	灰褐色，光滑
花	浅黄色，组成下垂花簇；雌雄异株，雄花簇长达10 cm（4 in），雌花簇长达15 cm（6 in）
果 实	翅果，两枚合生成一对；果翅扁平，长达5 cm（2 in），张开成锐角
分 布	喜马拉雅地区，中国西部
生 境	山地森林

高达20 m
（65 ft）

584

苹婆槭
Acer sterculiaceum
Himalayan Maple
Wallich

苹婆槭为落叶乔木，树形呈阔柱状，枝条粗壮，光滑，春季开花，与幼叶同放。本种为亚洲的一小群槭属*Acer*树种之一，这群树种还包括构叶槭*Acer diabolicum*和房县槭*Acer franchetii*，有时被视为苹婆槭的亚种。原亚种苹婆槭*Acer sterculiaceum* subsp. *sterculiaceum*的叶有锯齿，通常5裂，但分布于喜马拉雅地区至中国西部和泰国的亚种巨果槭*Acer sterculiaceum* subsp. *thomsonii*为较大的乔木，叶一般3裂，无锯齿，果翅可长达10 cm（4 in）。

类似种

房县槭与本种形似并近缘。该种为较小的乔木，叶也较小，一般3裂，花簇较短。构叶槭的叶较小，分裂较深。

实际大小

苹婆槭的叶 轮廓为圆形，长宽均达25 cm（10 in）；一般5裂，稀为3裂或7裂，分裂至距叶基刚好不到一半处；裂片呈三角形，基部最宽，顶端短骤尖，边缘有距离甚远的尖齿；叶片基部呈截形至浅心形，叶柄长达20 cm（8 in）；叶片幼时常为古铜色，下表面有灰色毛，长成后上表面为深绿色，光滑，下表面有疏毛。

叶类型	单叶
叶 形	阔卵形
大 小	达10 cm×6 cm（4 in×2½ in）
叶 序	对生
树 皮	灰褐色，光滑，渐发育出浅裂纹
花	小，白色，芳香，组成圆锥形花簇
果 实	翅果，两枚合生成一对；果翅平行，扁平，长至2½ cm（1 in），幼时为亮红色
分 布	东南欧，亚洲
生 境	干燥斜坡上的树林

高达10 m
（33 ft）

585

鞑靼槭
Acer tataricum
Tatarian Maple

Linnaeus

鞑靼槭为落叶乔木，树形开展，常具多枚茎，或为灌木状，晚春和早夏开花，晚于叶开放。本种为一个多变的种，已识别出了几个亚种。原亚种鞑靼槭*Acer tataricum* subsp. *tataricum*的叶在一般情况下不分裂或浅裂。亚种茶条槭*Acer tataricum* subsp. *ginnala*更为知名，常有栽培，在北美洲一些地区为入侵植物。茶条槭原产于中国、朝鲜半岛和日本，叶裂片3枚，有时5枚。日本的亚种会津槭*Acer tataricum* subsp. *aidzuense*为灌木或小乔木，叶深裂，有钝齿。中亚的亚种天山槭*Acer tataricum* subsp. *semenowii*则为灌木，叶深3裂。

类似种

本种的一些类型的叶可与落基山槭*Acer glabrum*相似，但其叶下表面为蓝绿色或略呈白色。

鞑靼槭的叶 为阔卵形，长达10 cm（4 in），宽达6 cm（2½ in）；（在原亚种*Acer tataricum* subsp. *tataricum*中）不分裂或浅3裂，顶端尖，边缘有锐利的重锯齿，基部呈截形至圆形或浅心形，叶柄长达5 cm（2 in）；上表面为深绿色，无光泽或有光泽，下表面为绿色略浅，叶脉上有毛，秋季变为黄色或红色。

实际大小

叶类型	单叶
叶 形	阔卵形至近圆形
大 小	达12 cm × 9 cm（4¾ in × 3½ in）
叶 序	对生
树 皮	绿色和灰绿色，有纵向白条
花	小，浅绿黄色，组成细而下垂的总状花序
果 实	翅果，两枚合生成一对；果翅扁平，开展，长至2½ cm（1 in）
分 布	中国北部，俄罗斯东部，朝鲜半岛
生 境	山地森林

高达10 m
（33 ft）

586

青楷槭
Acer tegmentosum
Manchu Striped Maple
Maximowicz

青楷槭为落叶乔木，树形开展，有时具多枚茎，或为灌木，春季开花，与幼叶同放。幼枝光滑，覆有明显的蓝白色粉霜，冬季常为红色。本种是蛇皮槭类中的一种，与条纹槭*Acer pensylvanicum*近缘，在庭园中偶见栽培，以赏其引人瞩目的树皮和绚丽的秋色。另有一个赏其树皮条纹的蛇皮槭类品种叫**白虎**（'White Tigress'），很可能是本种的杂种。

类似种

蛇皮槭类树种还包括细柄槭*Acer capillipes*、条纹槭和红脉槭*Acer rufinerve*等，叶均可与青楷槭类似，但只有红脉槭的枝条具粉霜，它与青楷槭的不同之处在于其幼叶下表面叶脉上有锈色毛。

青楷槭的叶 为阔卵形至近圆形，长达12 cm（4¾ in），宽达9 cm（3½ in）；5浅裂（最大的裂片顶端渐尖，基部裂片较小），少至3浅裂或偶有不裂；边缘有细齿，基部呈心形，叶柄光滑，长达10 cm（4 in）；叶片上表面为深绿色，光滑，下表面为浅绿色或蓝绿色，光滑，仅脉腋有小丛毛，秋季变为黄色。

实际大小

叶类型	单叶
叶 形	轮廓为半圆形至近圆形
大 小	达10 cm × 12 cm（4 in × 4¾ in）
叶 序	对生
树 皮	灰褐色，粗糙，有裂纹
花	小，浅黄色，在枝顶组成伞房花序
果 实	翅果，两枚合生成一对；果翅扁平，长至4 cm（1½ in），张开成约90°角
分 布	中国北部
生 境	山地森林和灌丛

高达10 m
（33 ft）

587

元宝槭
Acer truncatum
Shantung Maple

Bunge

　　因其幼叶常带古铜色，元宝槭在英文中也叫"Purpleblow Maple"（紫风槭）。它是落叶乔木，树形呈球状至开展，春季开花，略先于幼叶开放或与幼叶同放。幼枝光滑，仅在当年为绿色，表面散布有皮孔。本种为非常耐寒的小乔木，常见栽培，叶形似鸡爪槭*Acer palmatum*。在庭园中用种子种植实生苗时，可见本种与挪威槭*Acer platanoides*的杂种。由这一杂交产生的后代更为高大，叶形多变，可与任一亲本类似。

元宝槭的叶　轮廓为半圆形至近圆形，长达10 cm（4 in），宽达12 cm（4¾ in）；5裂，稀7裂，通常向叶基裂至超过一半处；裂片顶端渐尖，最顶端具细尖，通常无锯齿，或至少在顶裂片两侧具不超过1枚的锯齿，基部呈截形，有时呈心形，偶为深心形；叶柄长达10 cm（4 in），切断后可分泌乳状汁液；幼时常为古铜色，后上表面为深绿色，有光泽，下表面为浅绿色，两面光滑，秋季变为黄色或红色。

类似种

　　元宝槭的叶较小，裂片常无锯齿，这可与挪威槭相区别。它与色木槭*Acer pictum*的不同之处在于至少有些叶的顶裂片两侧各有单独一枚锯齿，且树木粗糙。青皮槭*Acer cappadocicum*的幼枝在第一年以后仍为绿色。

实际大小

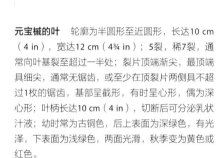

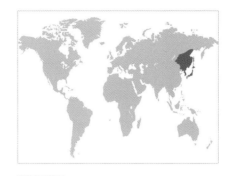

叶类型	单叶
叶 形	轮廓近圆形
大 小	达12 cm×9 cm（4¾ in×3½ in）
叶 序	对生
树 皮	灰褐色，有浅裂纹
花	小，乳白色，组成长达15 cm（6 in）的密集直立圆柱形圆锥花序
果 实	翅果，两枚合生成一对，果翅扁平，近平行，长至2½ cm（1 in）
分 布	中国北部，俄罗斯东部，朝鲜半岛，日本
生 境	山地森林，河岸

高达10 m
（33 ft）

588

花楷槭
Acer ukurunduense
Ukurundu Maple
Trautvetter & C. A. Meyer

花楷槭为落叶小乔木，树形开展，常具多枚茎或为灌木，春季开花，晚于幼叶开放。幼枝光滑，冬季变为红色。本种非常耐阴，通常为针叶林中的下木树种。其与穗果槭*Acer spicatum*近缘，有时被视为分布于喜马拉雅地区和中国西部的长尾槭*Acer caudatum*的亚种。本种在英文中叫"Ukurundu Maple"（乌库隆杜槭），"乌库隆杜"为乌库隆鲁（Ukurunru）之讹，是俄罗斯东部一个海角的名字。

类似种

穗果槭有形似的直立花簇，但不同之处在于其叶通常3裂，下表面毛要少得多。

花楷槭的叶　轮廓近圆形，长达12 cm（4¾ in），宽达9 cm（3½ in）；通常5裂，或偶为7裂，向叶基裂至不到一半处；裂片顶端渐尖，边缘有明显的锯齿，基部呈心形；叶柄常为红色，长达8 cm（3¼ in）；长成后上表面为深绿色，光滑，叶脉深陷，下表面为浅蓝绿色，有密毛。

实际大小

叶类型	掌状复叶
叶 形	轮廓为圆形
大 小	达20 cm×25 cm（8 in×10 in）
叶 序	对生
树 皮	光滑，灰色
花	白色至粉红色，花瓣4枚，长达3 cm（1¼ in），芳香，雄蕊外伸，组成长达20 cm（8 in）的稠密直立圆锥花序
果 实	蒴果，光滑，浅褐色，梨形，长达7 cm（2¾ in），通常有1枚大型种子
分 布	美国加利福尼亚州
生 境	山脚和山坡

高达10 m
（33 ft）

589

加州七叶树
Aesculus californica
California Buckeye
(Spach) Nuttall

加州七叶树为落叶乔木，有时呈灌木状，基部生出很多茎，晚春和早夏开花。本种的小叶萌发早，通常在夏季植株开花后不久凋落。种子有光泽，呈褐色，有毒，但美洲原住民将其用水浸洗后用来磨粉。本种常见栽培，如果水分充足，更可能生长为乔木状，叶也可以在树上保留更长时间。

加州七叶树的叶 为圆形，长达20 cm（8 in），宽达25 cm（10 in），叶柄长达12 cm（4¾ in）；小叶5—7枚，长圆形，上表面光滑，深绿色至蓝绿色，下表面光滑，灰绿色，长达15 cm（5 in），宽达5 cm（2 in），小叶柄短，长至3 cm（1¼ in），顶端渐尖，边缘有细齿。

类似种

七叶树属*Aesculus*其他大多数种没有外伸的雄蕊。七叶树*Aesculus chinensis*和印度七叶树*Aesculus indica*的花也有外伸雄蕊，但为较大的乔木，叶也较大。

实际大小

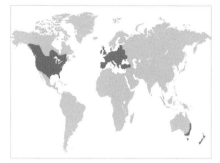

叶类型	掌状复叶
叶 形	轮廓为圆形
大 小	达25 cm×40 cm（10 in×16 in）
叶 序	对生
树 皮	灰色至红褐色，光滑，渐裂为鳞片状小块，常有毛刺
花	管状，长约1 cm（⅓ in），浅粉红色或短暂地呈乳白色，内面有黄色斑，后变为深粉红色，有红色斑，组成长达20 cm（8 in）的圆锥花序；花序大型，直立，圆锥形
果 实	球形，通常有稀疏皮刺，直径4 cm（1½ in）
分 布	栽培起源
生 境	缺

高达20 m
（65 ft）

590

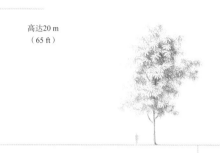

红花七叶树
Aesculus × carnea
Red Horse Chestnut

Hayne

红花七叶树为落叶乔木，树形呈球状，晚春开花，晚于叶开放，枝顶的芽只略有黏性。尽管本种有时被认为是欧洲七叶树*Aesculus hippocastanum*花粉红色的类型，但它实际上是该种和东美七叶树*Aesculus pavia*的杂种，这两个亲本都常在道边和公园中栽培。本种已经选育出少数品种，如**布里奥**（'Briotii'）的花颜色较深，叶更有光泽，**普朗捷**（'Plantierensis'）为较大的乔木，株高近于欧洲七叶树，花浅为粉红色。

类似种

红花七叶树与欧洲七叶树的区别在于前者的花粉为红色，小叶较小，常扭曲，芽较小，黏性较轻，果实上的刺也较少。东美七叶树*Aesculus pavia*与本杂种的区别在于株形较大，叶较小，芽无黏性，果实无刺。

实际大小

红花七叶树的叶 轮廓为圆形，长达25 cm（10 in），宽达40 cm（16 in）；掌状复叶，小叶5枚，有时7枚，倒卵形，常扭曲，长达25 cm（10 in），宽达12 cm（4¾ in），顶端短骤尖，边缘有锯齿，基部渐狭为非常短的小叶柄；叶柄则长达20 cm（8 in）以上；叶片上表面为深绿色，光滑，下表面为浅绿色，有疏毛，秋季有时变为红色。

叶类型	掌状复叶
叶 形	轮廓为圆形
大 小	达25 cm×50 cm（10 in×20 in）
叶 序	对生
树 皮	灰色，光滑
花	白色，有初为黄色、后变为红色的斑块，芳香，长1½ cm（⅝ in），雄蕊外伸，组成长达30 cm（12 in）的稠密而狭窄的直立圆锥花序
果 实	黄褐色，无刺，梨形至近球形，直径达5 cm（2 in）
分 布	中国
生 境	山地森林

高达25 m
（80 ft）

591

七叶树
Aesculus chinensis
Chinese Horse Chestnut
Bunge

七叶树为落叶乔木，树形呈阔柱状至球状，枝条顶端为有黏性的芽，晚春至早夏开花，晚于叶开放。本种最初系根据栽培植株描述，其野生于中国的植株曾被认为是一个独立的种——天师栗*Aesculus wilsonii*。现在这个种已经被处理为七叶树的变种*Aesculus chinensis* var. *wilsonii*，与原变种只有轻微的差异，即叶和花梗上的毛较多。干燥的种子和植株其他部位在中国被广泛作为传统药材。

实际大小

类似种

印度七叶树*Aesculus indica*为本种的近缘种，但不同之处在于叶较大，花也较大，更绚丽，组成较宽而疏松的圆锥花序。

七叶树的叶 轮廓为圆形，长达25 cm（10 in），宽达50 cm（20 in），掌状复叶；小叶通常7枚，有时5或9枚，呈披针形至倒卵形，长达25 cm（10 in），宽达10 cm（4 in），顶端短渐尖，边缘有锯齿，基部渐狭为楔形，小叶柄长约2½ cm（1 in）；叶柄则长达15 cm（6 in）；叶片幼时常为古铜色或略带红色，长成后上表面为深绿色，无光泽，光滑，下表面为蓝灰色，在叶脉上有毛或全部有毛，有时变光滑。

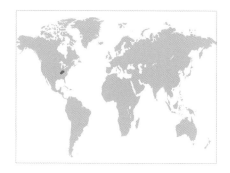

叶类型	掌状复叶
叶 形	轮廓为圆形
大 小	达20 cm×25 cm（8 in×10 in）
叶 序	对生
树 皮	浅灰色，片状剥落为鳞片状小块
花	管状，长达3 cm（1¼ in），黄色，有红色斑，组成长达15 cm（6 in）的圆锥花序；花序直立，圆锥形
果 实	浅褐色，近球形，长达7½ cm（3 in）
分 布	美国东南部
生 境	坡地、河岸、沟壑和谷底的湿润树林

高达30 m
（100 ft）

592

黄花七叶树
Aesculus flava
Yellow Buckeye

Solander

黄花七叶树在英文中也叫"Sweet Buckeye"（甜七叶树），为落叶乔木，树形呈阔柱状，顶芽无黏性，晚春至早夏开花，晚于叶开放。本种为七叶树属*Aesculus*的北美洲种中株形最大者，在美国北卡罗来纳和田纳西州的大烟山地区最为常见。本种的木材松软，用处不大，但可做纸浆。种子有毒，美洲原住民通过烘烤和浸洗除去有毒成分后食用。本种可与其他几个种杂交，其品种达利摩（*Aesculus* 'Dallimorei'）被认为是与欧洲七叶树*Aesculus hippocastanum*形成的嫁接杂种。

黄花七叶树的叶 轮廓为圆形，长达20 cm（8 in），宽达25 cm（10 in），掌状复叶；小叶5或7枚，有短柄，呈椭圆形至倒卵形，长达20 cm（8 in），宽达7½ cm（3 in），顶端短渐尖，边缘有细齿，基部渐狭为楔形；叶柄长达15 cm（6 in）；叶片上表面为深绿色，光滑，或沿脉有毛，下表面为浅绿色，至少幼时有毛，秋季变为黄色。

实际大小

类似种

黄花七叶树与俄亥俄七叶树*Aesculus glabra*类似，但为较小的乔木，花较小，呈黄绿色，果实有刺，叶也较小。

叶类型	掌状复叶
叶 形	轮廓为圆形
大 小	达18 cm×20 cm（7 in×8 in）
叶 序	对生
树 皮	深灰褐色，粗糙，裂成沟并有鳞片状小块
花	管状，黄绿色，长2½ cm（1 in），组成长达15 cm（6 in）的直立圆锥花序
果 实	浅褐色，球形，有刺，直径达5 cm（2 in）
分 布	美国东部
生 境	湿润坡谷，河岸

高达20 m
（65 ft）

593

俄亥俄七叶树
Aesculus glabra
Ohio Buckeye

Willdenow

俄亥俄七叶树在英文中也叫"Fetid Buckeye"（臭七叶树），指其叶揉碎后有令人不快的气味，它是美国俄亥俄州的州树。本种为落叶乔木，树形呈球状，春季开花，晚于叶开放，冬芽无黏性。本种可与糖槭*Acer saccharum*混生，木材曾用于制作收集槭糖浆的木槽。原变种的叶有5或7枚小叶。变种得州七叶树*Aesculus glabra* var. *arguta*为较小的乔木，叶有9或11枚较狭窄的小叶，主产于得克萨斯州至堪萨斯州。

类似种

本种与黄花七叶树*Aesculus flava*的不同之处在于树型通常较小，花也较小，为黄绿色，树皮较粗糙，果实有刺。

俄亥俄七叶树的叶 轮廓为圆形，长达19 cm（7 in），宽达20 cm（8 in），掌状复叶；小叶5或7枚，几乎无柄，椭圆形至倒卵形，长达16 cm（6 in），宽达6 cm（2½ in），顶端渐狭成细尖，边缘有细齿，基部呈楔形，叶柄长达15 cm（6 in）；叶上表面为绿色，无光泽，光滑，下表面为浅绿色，光滑或有毛，秋季变为橙色或黄色。

实际大小

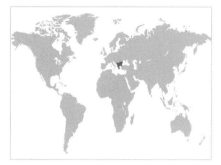

叶类型	掌状复叶
叶 形	轮廓为圆形
大 小	达35 cm×50 cm（14 in×20 in）
叶 序	对生
树 皮	灰褐色至红褐色，鳞片状
花	长约1 cm（½ in），白色，有初为黄色、后变为红色的斑块，组成长达30 cm（12 in）的圆锥花序；花序稠密，呈圆锥形
果 实	球形，有刺，直径达6 cm（2½ in）
分 布	阿尔巴尼亚，希腊，前南斯拉夫，保加利亚东部
生 境	山地树林

高达30 m
（100 ft）

594

欧洲七叶树
Aesculus hippocastanum
Horse Chestnut
Linnaeus

欧洲七叶树为著名大乔木，树形呈阔锥状，晚春开花。本种的枝条粗壮，顶端有大型的冬芽，黏性很大，这些均为其特征。本种为最引人瞩目的欧洲原产树种之一，在道边和公园中广泛种植，赏其绚丽的花朵。本种的种子大型，呈褐色，有光泽，在英文中通称"Horse Chestnut"（马栗子），在英国也叫"Conker"。几年前，一种小型潜叶蛾的幼虫在欧洲蔓延，造成很多植物的叶出现畸形。更为严重的是，本种还会感染一种细菌性溃疡病，可造成植株死亡。

类似种

红花七叶树*Aesculus × carnea*为较小的乔木，其叶也较小，小叶扭曲，花为粉红色。日本七叶树*Aesculus turbinata*的小叶较大，果实光滑。

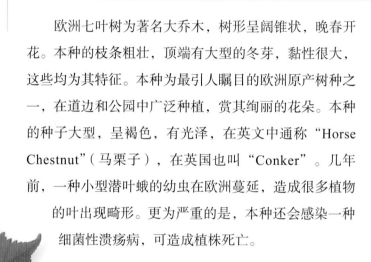

实际大小

欧洲七叶树的叶 轮廓为圆形，长达35 cm（14 in），宽达50 cm（20 in），掌状复叶；小叶5—7枚，无柄，倒卵形，长达30 cm（12 in），宽达12 cm（4¾ in），顶端骤成短渐尖，边缘有细齿，向基部渐狭，叶柄粗壮，长达20 cm（8 in）；叶片长成后上表面为深绿色，光滑，下表面为浅绿色，在脉腋有红褐色丛毛。

叶类型	掌状复叶
叶 形	轮廓为圆形
大 小	达30 cm×40 cm（12 in×16 in）
叶 序	对生
树 皮	灰色，光滑，基部渐变为鳞片状，并层状剥落为长条
花	白色或浅粉红色，长2½ cm（1 in），有初为黄色、后变为粉红色的斑块，雄蕊明显外伸
果 实	梨形至近球形，粗糙，无刺，长达6 cm（2½ in）
分 布	喜马拉雅地区北部
生 境	山地森林

高达30 m
（100 ft）

595

印度七叶树
Aesculus indica
Indian Horse Chestnut
(Wallich ex Cambessèdes) Hooker

印度七叶树为落叶大乔木，树形呈阔柱状至球状，冬芽仅略具黏性，夏季开花。本种可能是七叶树属*Aesculu*中最绚丽的种，花期晚于更常见的欧洲七叶树*Aesculus hippocastanum*数周，既抗七叶树潜叶蛾虫害，又抗溃疡病。因为小叶有柄，雄蕊长而外伸，本种与七叶树*Aesculus chinensis*和加州七叶树*Aesculu californica*近缘。

类似种

七叶树属其他大多数树种的花没有明显外伸的雄蕊。七叶树的花较小，组成更密集的圆锥形花序，叶也较小。

印度七叶树的叶 为圆形，长达30 cm（12 in），宽达40 cm（16 in），掌状复叶；小叶5或7枚，有时9枚，长圆形至披针形，长达30 cm（12 in），宽达10 cm（4 in），顶端渐尖，边缘有细齿，向下渐狭成长至2½ cm（1 in）的短柄，叶柄则长达15 cm（6 in）；叶片幼时常为古铜色，长成后上表面为绿色，有光泽，下表面为浅绿色，两面光滑，秋季变为橙色或黄色。

实际大小

叶类型	掌状复叶
叶 形	轮廓为圆形
大 小	达15 cm×20 cm（6 in×8 in）
叶 序	对生
树 皮	灰褐色，光滑
花	管状，亮红色或带黄色色调，长达3 cm（1¼ in），花萼为红色，雄蕊通常外伸，花瓣边缘有黏毛，组成长达20 cm（8 in）的直立圆锥花序
果 实	梨形，褐色，无刺，长达5 cm（2 in）
分 布	美国东南部
生 境	混交林，河岸

高达8 m
（26 ft）

596

东美七叶树
Aesculus pavia
Red Buckeye

Linnaeus

东美七叶树为落叶小乔木，树形开展，常具多枚茎，或为灌木状，芽无黏性，晚春开花。本种一般为滨海平原和河谷的低地森林中的下木。原变种*Aesculus pavia* var. *pavia*的花为红色，但见于得克萨斯州的变种黄花东美七叶树*Aesculus pavia* var. *flavescens*的花为黄色。

东美七叶树是红花七叶树*Aesculus × carnea*的亲本之一，是它和欧洲七叶树*Aesculus hippocastanum*的杂种。此外，它还可与黄花七叶树*Aesculus flava*等其他种杂交。本种常被作为观赏树种植，花可吸引蝶类和蜂鸟。种子食用过多可中毒。

类似种

林生七叶树*Aesculus sylvatica*与本种类似，但花一般略呈黄色或为粉红色，花瓣无黏毛，见于更靠内陆的高海拔地区。

实际大小

东美七叶树的叶 轮廓为圆形，长达15 cm（6 in），宽达20 cm（8 in），掌状复叶；小叶5枚，有时7枚，狭椭圆形至倒卵形，长达15 cm（6 in），宽达6 cm（2½ in），顶端渐尖，边缘有细齿，向基部渐狭为短柄，叶柄则长达15 cm（6 in）；叶片上表面为深绿色，有光泽，光滑，下表面为浅绿色，光滑或有毛。

叶类型	掌状复叶
叶 形	轮廓为圆形
大 小	达20 cm×30 cm（8 in×12 in）
叶 序	对生
树 皮	灰褐色，在老树上略呈鳞片状
花	管状，长达4 cm（1½ in），黄绿色至粉红色或乳黄色，花瓣边缘无黏毛，雄蕊不外伸，组成直立圆锥花序
果 实	球形，褐色，直径达4 cm（1½ in）
分 布	美国东部
生 境	湿润谷地森林和河岸

高达10 m
（33 ft）

597

林生七叶树
Aesculus sylvatica
Painted Buckeye
J. Bartram

林生七叶树为落叶乔木，树形开展，常为灌木状，芽无黏性，春季开花，晚于叶开放。本种主要产于阿巴拉契亚山脉东坡，相比之下，东美七叶树*Aesculus pavia*则见于滨海平原。当这两个种混生时，二者可产生杂种，但杂种大多见于林生七叶树居群中。这是因为这两个树种均靠蜂鸟传粉，在花期，蜂鸟会飞向北方，因此只能向一个方向传播花粉。

实际大小

类似种

东美七叶树的花通常为红色，雄蕊外伸，花瓣边缘有黏毛，果实较大，可与本种区别。

林生七叶树的叶　轮廓为圆形，长达20 cm（8 in），宽达30 cm（12 in），掌状复叶；小叶5枚或有时7枚，椭圆形至披针形，顶端渐尖，边缘有细齿，向基部渐狭为短柄，叶柄则长达15 cm（6 in）；上表面为深黄绿色，光滑，下表面为浅绿色，光滑或有毛。

叶类型	掌状复叶
叶 形	轮廓为圆形
大 小	达40 cm×60 cm（16 in×24 in）
叶 序	对生
树 皮	深灰褐色，在老树上有深裂沟，并片状剥落
花	乳白色，有初为黄色、后变为深粉红色的斑块，组成圆锥花序；花序大型，呈圆锥形，直立，长达20 cm（8 in）
果 实	梨形，粗糙，但无刺，直径达5 cm（2 in）
分 布	日本
生 境	湿润山地森林中的河岸

高达30 m
（100 ft）

598

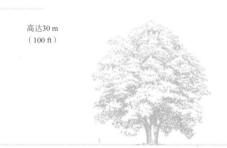

日本七叶树
Aesculus turbinata
Japanese Horse Chestnut

Blume

日本七叶树为落叶大乔木，树形呈阔柱状，晚春至早夏开花。本种的枝条粗壮，顶端为大而有黏性的冬芽。在日本的一些山区，其种子传统上供收集食用。处理这些种子的过程很漫长，需要大约一个月。因为要先在流动的山溪中浸泡一个星期，然后在沸水中浸煮，之后还要再次用山溪浸泡，此后才能与米饭混食。本种在日本常被作为观赏树种植，日本以外也偶见栽培。

类似种

日本七叶树可与欧洲七叶树*Aesculus hippocastanum*相混淆，不同之处在于叶较大，果实无刺。

实际大小

日本七叶树的叶　轮廓为圆形，长达40 cm（16 in），宽达60 cm（24 in），掌状复叶；小叶5或7枚，无小叶柄，生于长达60 cm（24 in）的大型叶柄之上；小叶倒卵形，长达35 cm（14 in），宽达12 cm（4¾ in），顶端骤尖，边缘有锯齿，向基部渐狭；上表面为深绿色，光滑，下表面为浅绿色，叶脉上有毛。

叶类型	羽状复叶
叶 形	轮廓为长圆形
大 小	达40 cm × 20 cm（16 in × 8 in）
叶 序	对生
树 皮	灰色，光滑
花	非常小，绿白色，组成长达30 cm（12 in）的圆锥花序
果 实	小坚果2枚，小型，位于周围一圈呈圆形的果翅中央；果翅直径达2½ cm（1 in），幼时为浅绿色或略带粉红色，后变为浅褐色
分 布	中国
生 境	生长于河岸的落叶山地森林中

高达15 m
（50 ft）

599

金钱槭
Dipteronia sinensis
Dipteronia Sinensis

Oliver

金钱槭为落叶乔木，树形开展，基部常有数枚茎，或为灌木，春季开花。本种所在的金钱槭属仅有两个种，与槭属*Acer*极近缘，金钱槭为其中之一；另一种云南金钱槭*Dipteronia dyeriana*是非常少见的树种，仅生于云南。尽管本属现在的分布局限于中国，但化石记录却表明在北美洲西部曾经有另一个现已灭绝的种。因为果实形状特别，果量常较大，金钱槭在庭园偶有栽培。

金钱槭的叶 轮廓为长圆形，长达40 cm（16 in），宽达20 cm（8 in）；羽状复叶，小叶通常7—11枚，侧生小叶对生；小叶呈卵形或披针形，长达10 cm（4 in），宽达4 cm（1½ in），顶端渐尖，边缘有锐齿，无小叶梗或近无梗，但位于叶片基部的小叶有短梗；叶上表面为深绿色，光滑，下表面毛为浅绿色，光滑或有疏毛，脉腋则有丛毛。

类似种

尽管金钱槭与各种槭树近缘，但金钱槭的叶比任何具有羽状复叶的槭树的叶都含有更多枚的小叶，因此它们很少相互混淆。

实际大小

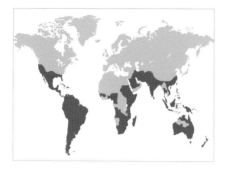

叶类型	单叶
叶形	线形至长圆形、倒披针形或倒卵形
大小	达15 cm × 4 cm（6 in × 1½ in）
叶序	互生
树皮	红褐色至深灰色，有细裂沟
花	非常小，黄白色，无花瓣，在枝顶和叶腋组成花簇
果实	蒴果小，长至2½ cm（1 in），通常有2或3翅，幼时为绿白色或常为亮红色
分布	广泛分布
生境	干燥、排水良好的土壤中

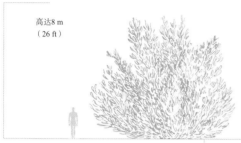

高达8 m
（26 ft）

600

车桑子
Dodonaea viscosa
Hop Bush

Jacquin

车桑子的叶 为线状至长圆形、倒披针形或倒卵形，长达15 cm（6 in），宽达4 cm（1½ in）；顶端尖至圆形，边缘无锯齿，有时略呈波状，基部通常呈狭楔形，有长至2½ cm（1 in）的短柄；幼时有黏性，长成后上表面为黄绿色，略有光泽，下表面为浅绿色，两面光滑，或至少在下表面中脉上有细茸毛。

车桑子为落叶至半常绿或常绿乔木，树形开展，常为灌木，一年各个时候均可开花。本种为所有树种中分布最广泛的种类之一，在南北半球暖温带、亚热带和热带地区均可见，可能原产于澳大利亚。尽管曾有人试图把本种分成几个种或几个变种，但它通常还是被视为一个高度变异的种。本种在分布区普遍入药，木材坚硬，可用于制作工具。叶呈深紫红色的植株常有栽培。

类似种

车桑子的叶有黏性，形状独特（通常在近顶端处最宽），花小，果实有翅，常带红色色调，因而易于识别。

实际大小

叶类型	二回羽状复叶
叶 形	轮廓为椭圆形
大 小	达70 cm×50 cm（28 in×20 in）
叶 序	互生
树 皮	浅褐色，光滑，老时有裂沟
花	黄色而有红斑，花瓣4枚，长约1 cm（½ in），在枝顶组成大型的圆锥花序
果 实	蒴果，纸质囊状，粉红色，长达5 cm（2 in）
分 布	中国南部
生 境	丘陵和山坡上的开放森林

高达20 m
（65 ft）

601

复羽叶栾
Koelreuteria bipinnata
Chinese Flame Tree

Franchet

复羽叶栾为落叶乔木，树形呈球状至开展，枝条粗大，有疣状皮孔，夏季开花。本种的分布区较另一种更知名的栾*Koelreuteria paniculata*偏南，栽培可赏其花和引人瞩目的果实，但只能种植于美国南部和加利福尼亚州这样的温暖地区。幼苗有一回羽状至二回羽状的复叶，小叶具深锯齿或分裂。

类似种

尽管每一枚小叶都常有深裂片，但栾的叶为一回羽状，而非二回羽状。楝*Melia azedarach*也有大型二回羽状复叶，但小叶有锐齿，明显具柄。

复羽叶栾的叶 轮廓为椭圆形，长达70 cm（28 in），宽达50 cm（20 in）；二回羽状复叶，一回羽状对生，4或5对，顶生羽片常缺失，或退化至仅含1或少数小叶；每枚羽片含有9—17枚互生或对生的小叶，小叶呈卵形，长达7 cm（2¾ in），宽达3½ cm（1⅜ in），顶端短渐尖，边缘无锯齿或有浅锯齿，基部偏斜，有极短的柄或无柄；叶幼时常为古铜色，长成后上表面为深绿色，略有光泽，下表面为浅绿色，有毛，秋季变为黄色。

实际大小

叶类型	一回或部分二回羽状复叶
叶 形	椭圆形
大 小	达50 cm × 20 cm（20 in × 8 in）
叶 序	互生
树 皮	灰色，有橙褐色裂纹
花	黄色而有红斑，花瓣4枚，长约1 cm（½ in），在枝顶组成大型圆锥花序
果 实	蒴果，纸质囊状，长达5 cm（2 in），绿色或有时为粉红色，成熟时为浅褐色
分 布	中国
生 境	干燥谷地和河岸

高达15 m
（50 ft）

602

栾
Koelreuteria paniculata
Golden Rain Tree
Laxmann

栾的叶 轮廓为椭圆形，长达50 cm（20 in），宽达20 cm（8 in）；为一回羽状复叶至部分二回羽状复叶，小叶11—19枚，侧生小叶对生或近对生；小叶呈卵形，长达10 cm（4 in），宽达6 cm（2½ in），顶生小叶有时3裂，或与其下的一对小叶部分合生，边缘具锐利重锯齿至深裂，顶端尖，基部呈阔楔形，无柄或有短柄；叶上表面为深绿色，有疏毛，下表面为浅绿色，有毛，秋季变为黄色。

栾在英文中也叫"Pride of India"（印度的骄傲），为落叶乔木，树形开展，夏季开花。本种主产于中国，此外在韩国海岸和日本也有几个小居群，但起源不明，可能为引栽。本种的叶形多变，有的植株的小叶深裂，几乎再分隔为数枚小叶，有时被处理为变种尖果栾 *Koelreuteria paniculata* var. *apiculata*。栾的夏花灿烂，耐受极端的炎热、寒冷和干旱气候，因而得到普遍栽培。

类似种

复羽叶栾*Koelreuteria bipinnata*的花和果与栾类似，但叶为二回羽状复叶，小叶无锯齿或只有浅锯齿。

实际大小

叶类型	羽状复叶
叶 形	轮廓为长圆形
大 小	达24 cm×15 cm（9½ in×6 in）
叶 序	互生
树 皮	灰色，粗糙，有裂纹
花	小、白色，花瓣5枚，组成长达20 cm（8 in）的大型圆锥花序；雌雄花通常异株
果 实	浆果状核果，透明，橙黄色，直径1½ cm（⅝ in）
分 布	美国西南部，墨西哥北部
生 境	树林，河岸，峡谷

高达15 m
（50 ft）

603

西美无患子
Sapindus drummondii
Western Soapberry

Hooker & Arnott

西美无患子为落叶乔木，树形呈阔柱状至球状，有时呈灌木状，靠萌蘖条蔓延而形成密灌丛，晚春和早夏开花。本种的木材重而坚硬，曾被用来制作盛棉花的筐，或作为薪柴使用。本种的果实有毒，美洲原住民用来毒鱼，也供作肥皂使用。本种能够忍耐干燥暴露的环境，曾被作为美国大平原的防护林栽培。本种与翼叶无患子*Sapindus saponaria*近缘，有时被认为是后者的变种。

类似种

翼叶无患子的叶轴常有翅，小叶较少；无患子*Sapindus mukorossi*为较大的乔木，与翼叶无患子更为相似。山核桃属*Carya*和胡桃属*Juglans*树种的小叶则有锯齿。

西美无患子的叶 轮廓为长圆形，长达24 cm（9½ in），宽达15 cm（6 in）；羽状复叶，有11—19枚小叶，顶生小叶常不存在，侧生小叶对生或互生；小叶呈披针形，通常弯曲，长达10 cm（4 in），宽达2 cm（¾ in），顶端渐尖，边缘无锯齿；叶上表面为暗黄绿色，下表面为浅绿色，有疏毛。

实际大小

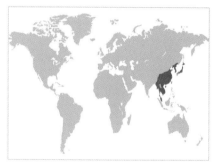

叶类型	羽状复叶
叶 形	轮廓为长圆形
大 小	达30 cm×20 cm（12 in×8 in）以上
叶 序	互生
树 皮	灰色，粗糙，有裂纹
花	小，白色，花瓣5枚，组成长达20 cm（8 in）的大型圆锥花序；雌雄花通常异株
果 实	浆果状核果，橙黄色，直径2½ cm（1 in）
分 布	喜马拉雅地区，东亚，东南亚
生 境	树林，常为栽培

高达20 m
（65 ft）

604

实际大小

无患子
Sapindus mukorossi
Chinese Soapberry
Gaertner

无患子为落叶乔木，树形呈阔锥状至开展，春季开花，为中国四种无患子属*Sapindus*树种之一，常见生于庭园和寺庙。本种在亚洲温暖地区是非常重要的树种，有多种用途。木材可用于建筑，以及制作榨油机和工具之类的器具。果实含有很丰富的皂苷（皂素），与水接触后可以产生肥皂泡沫，因此普遍供洗涤之用。在名为"阿育吠陀"的印度传统医药系统中，它们是经常应用的成分。

类似种

无患子属在中国的其他种，花都有4枚花瓣。西美无患子*Sapindus drummondii*的叶和果实均较小。翼叶无患子*Sapindus saponaria*原产于热带美洲，叶轴有翅。

无患子的叶 轮廓为长圆形，长达30 cm（12 in），宽达20 cm（8 in）以上；羽状复叶，小叶11—19枚，顶生小叶通常不存在，侧生小叶对生、近对生或有时互生；小叶呈椭圆形至披针形，常呈镰形，顶端尖，边缘无锯齿，基部呈楔形，略偏斜；叶上表面为绿色，有光泽，光滑，下表面为浅绿色，光滑或有疏毛。

叶类型	羽状复叶
叶 形	轮廓为长圆形
大 小	达24 cm×12 cm（9½ in×4¾ in）
叶 序	互生
树 皮	灰褐色，有浅裂纹和鳞片状裂条
花	白色，直径达3 cm（1¼ in），花瓣5枚，有粉红色条纹，在枝顶组成长达20 cm（8 in）的圆锥花序
果 实	蒴果，近球形至倒锥形，绿色，直径达5 cm（2 in），开裂为3瓣并散出种子
分 布	中国北部
生 境	树林，灌丛

高达6 m
（20 ft）

605

文冠果
Xanthoceras sorbifolium
Yellow-horn

Bunge

文冠果为落叶小乔木或灌木，枝条粗壮，光滑，常靠萌蘖枝蔓延，树形呈阔柱状，晚春开花。本种为文冠果属*Xanthoceras*的唯一种。与和它有亲缘关系的七叶树属*Aesculus*一样，本种的花的颜色会随时间改变。初开时花瓣基部有黄绿色的斑块，后来则变为深粉红色。属名*Xanthoceras*意为"黄色角"，指花中有明显的黄色角状蜜腺。种子中油分和皂苷含量较高，可入药，亦是潜在的生物燃料资源。

类似种

文冠果为一非常独特的树种，其叶可与花楸属*Sorbus*一些种的叶混淆，但开花时易于识别。

实际大小

文冠果的叶 轮廓为长圆形，长达24 cm（9½ in），宽达12 cm（4¾ in），叶柄长达10 cm（4 in）；羽状复叶，小叶通常8—17枚，侧生小叶有短柄，上部的对生，靠近基部的则近对生；小叶呈卵形至披针形，顶端尖，长达6 cm（2½ in），宽达2 cm（¾ in），边缘除基部附近外有锐齿，基部偏斜；上表面为深绿色，光滑，下表面幼时有疏毛，秋季变为黄色。

叶类型	羽状复叶
叶 形	轮廓为长圆形
大 小	达60 cm×30 cm（24 in×12 in）
叶 序	互生
树 皮	灰褐色，有竖直的细裂纹
花	小，绿黄色，在枝顶组成大型圆锥花序；雌雄通常异株
果 实	翅果，组成果簇，扭曲，长达4 cm（1½ in），在中部具1枚种子，幼时为红色或绿色，成熟后为褐色
分 布	中国
生 境	森林

高达20 m
（65 ft）

606

臭椿
Ailanthus altissima
Tree of Heaven
Swingle

臭椿的叶 轮廓为长圆形，长达60 cm（24 in），宽达30 cm（12 in），揉碎后有令人不快的气味；羽状复叶，小叶多达29枚或更多，有短柄，侧生小叶对生或近对生；小叶呈卵形，长达12 cm（4¾ in）以上，宽达6 cm（2½ in）以上，顶端尖，近基部的一侧边缘有1或2枚圆齿，基部呈楔形至圆形，偏斜；上表面为深绿色，略有光泽，下表面为浅绿色至灰绿色，有毛。

臭椿为速生落叶乔木，树冠呈阔柱状，枝条粗壮，幼时有毛，春季或夏季开花。本种由于能适应包括城市道边在内的非常广泛的生境，因此被广泛栽培，在很多地区归化，特别是在一些夏季温暖的地区，本种已成为严重的入侵植物。本种通过种子和根生萌蘖条均可快速蔓延，难于根除。臭椿有时被作为材用树种植，木材似梣属*Fraxinus*树种，在中国还普遍入药。其小叶上的腺体能分泌蜜汁，可吸引蚁类，让它们保护树木免受植食性昆虫侵害。

类似种

本种的小叶仅在基部有锯齿，此为其特征，可用来区分本种和山核桃属*Carya*、胡桃属*Juglans*等其他有大型羽状复叶的树种。

实际大小

叶类型	羽状复叶
叶 形	轮廓为长圆形
大 小	达30 cm × 20 cm（12 in × 8 in）
叶 序	互生
树 皮	深灰色，光滑，有浅裂纹
花	非常小，有4或5枚略呈绿色的花瓣，在叶腋组成长达20 cm（8 in）的大型花簇；雌雄通常异株
果 实	浆果小，蓝黑色，未成熟时略带绿色或红色，直径达8 mm（⅜ in）
分 布	东亚（喜马拉雅地区，中国，朝鲜半岛，日本）
生 境	山地森林

高达10 m
（33 ft）

607

苦木
Picrasma quassioides
Picrasma Quassioides

(D. Don) Bennett

苦木为落叶乔木，树形开展，常具多枚茎，或为灌木。枝条和幼树树皮为红紫色，有橙色皮孔，冬芽裸露，无芽鳞，春季开花。树皮和木质非常苦，其提取物被广泛用作传统药材或杀虫剂。种加词*quassioides*指本种形似南美洲树种红雀椿*Quassia amara*。有的植株的叶下表面光滑，有时被处理为变种光序苦木*Picrasma quassioides* var. *glabrescens*。苦木在庭园中偶有种植，赏其秋色。

苦木的叶 轮廓为长圆形，长达30 cm（12 in），宽达20 cm（8 in）；羽状复叶，小叶多至15枚，侧生小叶对生，无柄或有非常短的小叶柄，顶生小叶有柄；小叶呈卵形至披针形，长达10 cm（4 in），宽达5 cm（2 in），顶端渐尖，边缘有细齿，基部呈楔形至圆形，侧生小叶的基部极偏斜；上表面为绿色，有光泽，下表面为浅绿色，两面光滑或下表面沿脉有毛，秋季变为黄色、橙色或红色。

类似种

枫杨属*Pterocarya*树种也有羽状复叶和裸芽，但为较大的乔木，花和果实均非常不同。苦木属*Picrasma*在中国仅有两个种，另一个种中国苦木*Picrasma chinensis*的叶有9枚小叶或更少。

实际大小

叶类型	三出复叶
叶 形	轮廓为阔卵形
大 小	达15 cm × 12 cm（6 in × 4¾ in）
叶 序	对生
树 皮	灰色，光滑
花	白色或粉红色，长达2 cm（¾ in），具5枚花瓣和5枚花瓣状的萼片，在去年生枝条上组成圆锥花序
果 实	蒴果，囊状，长达5 cm（2 in）
分 布	中国
生 境	山地森林

高达10 m
（33 ft）

608

膀胱果
Staphylea holocarpa
Chinese Bladdernut
Hemsley

膀胱果的叶 轮廓为阔卵形，长达15 cm（6 in），宽达12 cm（4¾ in），三出复叶；小叶呈椭圆形至披针形，长达10 cm（4 in），宽达4 cm（1½ in），顶端渐尖，边缘有细锯齿，顶生小叶有柄，侧生小叶无柄或近无柄，基部偏斜；叶柄长达10 cm（4 in）；叶片上表面为深绿色，下表面为蓝绿色。

膀胱果为落叶小乔木，树形开展，有时为灌木，春季开花，与幼叶同放。本种属于省沽油属*Staphylea*，该属为小属，通常为灌木，分布广泛，包括欧洲、全亚洲以及北美洲和中美洲，其中数种在庭园中有栽培。原变种*Staphylea holocarpa* var. *holocarpa*的叶下表面光滑，花为白色；变种玫红膀胱果*Staphylea holocarpa* var. *rosea*的叶则有毛，至少下表面叶脉上如此，花为粉红色。膀胱果是省沽油属的六个中国种之一，偶见于庭园，特别是花粉红色的类型。

类似种

膀胱果在花期形似樱树，但叶对生，为三出复叶，易于识别。省沽油属的其他种常为灌木，或其叶所含的小叶较多。

实际大小

叶类型	单叶
叶 形	卵形至倒卵形
大 小	达15 cm×10 cm（6 in×4 in）
叶 序	互生
树 皮	浅灰褐色，有深裂沟和鳞片状裂条
花	白色，或有时为粉红色，钟形，花冠4裂，长达2½ cm（1 in），组成下垂的花簇
果 实	长球形，长达5 cm（2 in），具4翅，成熟时由绿色变为褐色，在树上宿存
分 布	美国东南部
生 境	湿润林地
异 名	*Halesia monticola* (Rehder) Sargent

高达25 m
（80 ft）

北美银钟花
Halesia carolina
Carolina Silverbell

Linnaeus

北美银钟花在英文中也叫"Snowdrop Tree"（雪滴树）或"Florida Silverbell"（佛罗里达银钟花），为落叶乔木，树形呈阔锥状至开展，有时为灌木状，春季开花，与幼叶同放。本种为一个多变的种，曾有多个学名。本种以英文名"Carolina Silverbell"（卡罗来纳银钟花）名之的类型为小乔木，花相对较小，长至1½—2 cm（⅝—¾ in）。在阿巴拉契亚山脉，本种的植株曾被独立为山生银钟花*Halesia monticola*，为达到本种最大树形的大乔木，花也较大。木材常被用于雕刻，又是常见的观赏树。

类似种

二翅银钟花*Halesia diptera*的果实有2枚翅，花冠分裂较浅，极易识别。它从不会长成大乔木。

实际大小

北美银钟花的叶 轮廓为卵形至倒卵形，长达15 cm（6 in），宽达10 cm（4 in），叶的大小不如花的大小多变，在曾经独立为山地银钟花的类型中只略大；顶端短渐尖，边缘有浅齿，基部呈圆形至楔形，叶柄长至2 cm（¾ in）；幼时两面有密毛，后上表面变为深绿色，光滑，下表面为浅绿色，光滑，仅叶脉上有毛，或在一些类型中始终有密毛。

叶类型	单叶
叶 形	椭圆形至倒卵形
大 小	达12 cm × 8 cm（4¾ in × 3¼ in）
叶 序	互生
树 皮	红褐色，有鳞片状裂条
花	白色，钟形，花冠4深裂，长达3 cm（1¼ in），组成下垂的花簇
果 实	长球形，长达5 cm（2 in），具2翅，成熟时由绿色变为褐色，在树上宿存
分 布	美国东南部
生 境	湿润林地和沼泽

610

高达10 m
（33 ft）

二翅银钟花
Halesia diptera
Two-wing Silverbell

Ellis

　　二翅银钟花为落叶乔木，树形开展，常具多枚茎，在低处分枝，或为灌木，春季开花，与幼叶同放。原变种主要见于滨海平原的低洼地区，花长约2 cm（¾ in）；产自海拔较高的地区的植株花较大，长至3 cm（1¼ in）以上，曾被处理为变种大花银钟花*Halesia diptera* var. *magniflora*。本种有时在庭园中有种植，但不如北美银钟花*Halesia carolina*常见。栽培的植株主要属于大花银钟花这个变种，更耐干燥土壤。尽管二翅银钟花树形大小多变，但在一些地区，它可长成相当大的乔木。

类似种

　　北美银钟花的花冠浅裂，果实有4翅。它常为树形大得多的乔木，分布也远为广泛。

实际大小

二翅银钟花的叶　为椭圆形至倒卵形，长达12 cm（4¾ in），宽达8 cm（3¼ in）；顶端短骤尖，边缘有小锯齿，基部呈圆形至楔形，叶柄长至2 cm（¾ in）；幼时两面有毛，后上表面变为深绿色，光滑，下表面为浅绿色，沿脉有毛。

叶类型	单叶
叶 形	椭圆形至阔倒卵形
大 小	达15 cm×10 cm（6 in×4 in）
叶 序	互生
树 皮	灰褐色，光滑
花	白色，芳香，花冠5深裂，组成长达8 cm（3¼ in）的下垂花簇，雄蕊显著，外伸
果 实	核果，细长，干燥，具5翅，长至2 cm（¾ in），密被小型毛
分 布	日本，中国
生 境	山地森林中的溪岸

高达15 m
（50 ft）

小叶白辛树
Pterostyrax corymbosus
Pterostyrax Corymbosus

Siebold & Zuccarini

小叶白辛树在英文中有时叫"Little Epaulette Tree"（小肩章树），为落叶乔木，树形呈阔锥状至开展，常在低处即分枝。枝条幼时密被小型星状毛，后变光滑，春季开花。本种为白辛树属*Pterostyrax*中唯一既分布于中国又分布于日本的种，在庭园偶有种植，曾和远为常见而知名的毛脉白辛树*Pterostyrax hispidus*相混淆。有些以小叶白辛树名义种植的植株实际上属于后者。

类似种

小叶白辛树的果实有翅，而与白辛树属其他种不同，其他种的果实仅有肋。毛脉白辛树的叶较大，相对较狭。

小叶白辛树的叶 为椭圆形至阔倒卵形，长达15 cm（6 in），宽达10 cm（4 in）；顶端骤狭成短尖头，边缘有小而稀疏的腺齿，向下渐狭为阔楔状的基部，叶柄长至2 cm（¾ in）；叶片幼时两面有密毛，后上表面变为深绿色，光滑，下表面密被星状毛。

实际大小

叶类型	单叶
叶 形	椭圆形至倒卵形
大 小	达20 cm×10 cm（8 in×4 in）
叶 序	互生
树 皮	灰褐色，光滑
花	白色，芳香，花冠5深裂，组成长达20 cm（8 in）的下垂花簇，雄蕊显著，外伸
果 实	核果，细长，干燥，具5肋，长至2 cm（¾ in），密被浅褐毛
分 布	日本
生 境	山地落叶林

612

高达10 m
（33 ft）

毛脉白辛树
Pterostyrax hispidus
Epaulette Tree
Siebold & Zuccarini

　　毛脉白辛树为落叶乔木，树形呈阔锥状至开展，晚春至早夏开花。幼枝覆有小型星状毛，长成后变光滑。本种属于白辛树属*Pterostyrax*，该属为由东亚树种构成的小属，与安息香属*Styrax*有亲缘关系，但花冠5裂。本种是白辛树属最知名的种，其花芳香，组成大型下垂的花簇，为庭园中的珍贵观赏植物。中国有一些植株曾被认为属于本种，但现在则被称为白辛树*Pterostyrax psilophyllus*。

类似种

　　与毛脉白辛树相比，小叶白辛树*Pterostyrax corymbosus*的叶较小，较圆，果实有5翅；白辛树的果实通常有10肋。

实际大小

毛脉白辛树的叶　为椭圆形至倒卵形，长达20 cm（8 in），宽达10 cm（4 in）；顶端短骤尖，边缘有顶端具腺体的浅齿，基部呈楔形至圆形，叶脉长至2 cm（¾ in）；叶片上表面为绿色，无光泽，有稀疏的星状毛，下表面为蓝绿色，光滑或有毛，在叶脉上则有不分枝的浅色毛，秋季变为黄色。

叶类型	单叶
叶 形	椭圆形至倒卵形
大 小	达15 cm×10 cm（6 in×4 in）
叶 序	互生
树 皮	光滑，深灰褐色
花	钟形，芳香，白色，花冠5裂，长至2 cm（¾ in），组成长达15 cm（6 in）的下垂花簇，雄蕊显著，外伸
果 实	核果，干燥，近球形至椭球形，长至1 cm（½ in），密被灰色星状毛
分 布	美国东南部
生 境	排水良好的林地，悬崖，冲沟

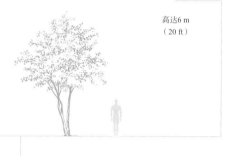

高达6 m
（20 ft）

613

大叶安息香
Styrax grandifolius
Bigleaf Snowbell

Aiton

大叶安息香为落叶乔木，常为灌木状，靠从根部发出的萌蘖条蔓延。幼枝有疏或密毛，晚春至早夏开花，晚于叶开放。叶的大小和形状高度可变，在健壮的枝条上可宽达20 cm（8 in）。本种的花量大，芳香，在花期为非常引人瞩目的树种，但在庭园中不常见。本种为安息香属*Styrax*的四个美国原产种之一。

类似种

美洲安息香*Styrax americanus*的分布与本种类似，但一般情况下为灌木。其花簇小，叶也小得多，长仅至8 cm（3¼ in），宽仅至5 cm（2 in）。

大叶安息香的叶　为椭圆形至倒卵形，长达15 cm（6 in），宽达10 cm（4 in）；顶端圆或短骤尖，边缘无锯齿或偶有少数小锯齿，基部呈圆形至阔楔形，叶柄长约1 cm（½ in）；叶片上表面为深绿色，光滑或有疏毛，下表面略呈灰色，有软毛。

实际大小

叶类型	单叶
叶 形	椭圆形至倒卵形
大 小	达12 cm × 7 cm（4¾ in × 2¾ in）
叶 序	互生
树 皮	光滑，灰褐色
花	钟形，芳香，白色，花冠5裂，长至2½ cm（1 in），在枝顶组成长达15 cm（6 in）的下垂花簇
果 实	核果，干燥，球形至卵球形，长至1½ cm（⅝ in），密被灰色星状毛
分 布	中国中西部
生 境	山坡和冲沟的森林

高达10 m
（33 ft）

614

老鸹铃
Styrax hemsleyanus
Styrax Hemsleyanus

Diels

老鸹铃的叶 为椭圆形至倒卵形，长达12 cm（4¾ in），宽达7 cm（2¾ in）；顶端圆，或骤成短尖，尖头常略弯曲，边缘有非常小的锯齿，或有时近无锯齿，基部呈阔楔形至圆形，通常明显偏斜；上表面为深绿色，触感略粗糙，下表面为深绿色，有疏毛。

实际大小

老鸹铃为落叶乔木，树形呈阔锥状至阔柱状，幼枝密被灰色星状毛，晚春至早夏开花，晚于叶开放。叶多为互生，但在花枝基部常对生或近对生，幼苗上的叶则有十分明显的锯齿。本种的种子可榨油，用于制造肥皂或润滑油，植株多个部位可作中药。老鸹铃在庭园中偶见，在湿润温和的气候下生长良好。

类似种

老鸹铃有时会与玉铃花*Styrax obassia*相混淆，不同之处在于后者的叶较大，较圆，下表面为灰色，有密毛。

叶类型	单叶
叶 形	椭圆形至倒卵形
大 小	达10 cm × 5 cm（4 in × 2 in）
叶 序	互生
树 皮	光滑，灰褐色，后有裂条和橙褐色的裂纹
花	钟形，芳香，白色，有时为粉红色，花冠5裂，长至2½ cm（1 in），组成下垂的花簇；花瓣在芽中相互重叠
果 实	核果，干燥，卵球形，长至1½ cm（⅝ in），密被灰色星状毛
分 布	缅甸，中国，老挝，菲律宾，朝鲜半岛，日本
生 境	低地和山地的森林

高达10 m
（33 ft）

615

野茉莉
Styrax japonicus
Japanese Snowbell
Siebold & Zuccarini

野茉莉为落叶乔木，树形开展，有时为灌木，晚春至早夏开花。本种为一个多变的种，产自中国的植株常为较大的乔木，叶和花均较大。本种为安息香属*Styrax*中最著名的庭园栽培种，花供观赏。树形下垂或花为粉红色的类型亦有种植。本种的果实有毒，碾碎后撒在水中可毒鱼，这在远东地区是一种传统的捕鱼方法。本种的种子又可用来制造肥皂，木材可用于制作手杖。

野茉莉的叶 为椭圆形至卵形，长达10 cm（4 in），宽达5 cm（2 in）；大多为互生，枝条基部的2枚叶则对生或近对生；顶端尖至短渐尖，边缘在中部以上有稀疏的小锯齿，或近无锯齿，基部呈楔形至近圆形，叶柄长至1 cm（½ in）；叶片上表面为深绿色，下表面为浅绿色，两面沿脉和下表面脉腋处有稀疏的星状毛。

类似种

野茉莉与安息香属中其他种的区别在于花梗细，通常长于花。台湾安息香*Styrax formosanus*产于中国台湾岛，与本种类似，但叶较狭，顶端的尖头较长，花瓣在芽中不相互重叠。

实际大小　　　　实际大小　　　　实际大小

叶类型	单叶
叶 形	阔椭圆形至倒卵形或近圆形
大 小	达17 cm×15 cm（6½ in×6 in）
叶 序	互生
树 皮	灰褐色，光滑，有浅裂纹
花	钟形，芳香，白色，花冠5裂，长至2 cm（¾ in），组成长达20 cm（8 in）的平展总状花序
果 实	核果，干燥，卵球形，长至2 cm（¾ in），密被灰色星状毛
分 布	中国，朝鲜半岛，日本
生 境	湿润森林

高达15 m
（50 ft）

616

玉铃花
Styrax obassia
Fragrant Snowbell
Siebold & Zuccarini

玉铃花为落叶乔木，树形呈阔锥状至开展，常具多枚树干，或在低处分枝，有时呈灌木状，晚春至早夏开花。本种向北一直分布到日本最北部的北海道岛和中国北部，使之成为一个非常耐寒的树种。栽培赏其硕大的叶和芳香的花，因为叶片大，花有时可藏于叶丛之中。种加词*obassia*来自它的一个日文名字。

类似种

玉铃花是个非常独特的种，其叶大而圆，花序长，一般情况下易于识别。小玉铃花*Styrax shiraianus*为日本种，叶较小，花序较短。

玉铃花的叶 为阔椭圆形至倒卵形或近圆形，长达17 cm（6½ in），宽达15 cm（6 in）；大多为互生，枝条基部的2枚叶可为对生或近对生，枝条顶端的一枚叶则形状最大；叶片顶端短骤尖，边缘在中部以上有疏齿，基部呈圆形，叶柄长至1½ cm（⅝ in），较大的叶的叶柄基部膨大，将芽包藏其中；叶片上表面为深绿色，在叶脉上有疏毛，下表面略呈灰色，密被星状毛。

实际大小

叶类型	单叶
叶 形	狭椭圆形至倒卵形
大 小	达20 cm×5 cm（8 in×2 in）
叶 序	互生
树 皮	灰褐色，光滑
花	白色，长约5 mm（¼ in），花冠裂片5枚，雄蕊多数，在叶腋组成小型花簇
果 实	核果，卵球形，蓝黑色，长至2 cm（¾ in）
分 布	中国大陆南部和台湾，日本，东南亚
生 境	暖温带和亚热带森林

高达15 m
（50 ft）

617

羊舌树
Symplocos glauca
Symplocos Glauca
(Thunberg) Koidzumi

羊舌树为常绿乔木，树形呈阔锥状，幼枝光滑，或有时覆有锈色毛，晚春至夏季开花。本种为一个分布广泛的种，几乎未见有栽培。本种所在的山矾属*Symplocos*含有大约200个种，多为常绿乔木和灌木，主要见于世界热带地区。山矾属是山矾科的唯一属，与安息香属*Styrax*有亲缘关系。该属有一个种白檀*Symplocos paniculata*在庭园中偶见，为落叶树，通常呈灌木状，在东亚分布广泛，栽培赏其蓝色果实。

类似种

山矾属的常绿种有时可与冬青属*Ilex*树种混淆，但其花一般为两性，雄蕊多数，而与之不同。羊舌树的叶的大小以及较为狭窄、一般中部以下最宽的叶形可以把它和山矾属这个大属的其他种区分开来。

羊舌树的叶 为狭椭圆形至倒卵形，长达20 cm（8 in），宽达5 cm（2 in），稀达10 cm（4 in）；顶端骤狭成短尖，边缘略微外卷，有疏腺齿，特别是在上部，或有时近无锯齿，基部呈楔形，叶柄有沟，长至2 cm（¾ in）；叶片革质，上表面为深绿色，光滑，下表面为蓝绿色，光滑，或有蛛网状毛。

实际大小

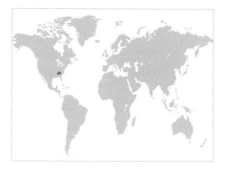

叶类型	单叶
叶 形	卵形至椭圆形
大 小	达12 cm × 7 cm（4¾ in × 2¾ in）
叶 序	互生
树 皮	灰褐色，有裂条，不呈层状剥落
花	白色，直径达10 cm（4 in），具5枚花瓣，基部合生，中央有许多雄蕊
果 实	蒴果，卵球形，褐色，长2 cm（¾ in）
分 布	美国东南部
生 境	溪边，树林，山地的湿润沟壑

高达6 m
（20 ft）

卵叶紫茎
Stewartia ovata
Mountain Stewartia
(Cavanilles) Weatherby

卵叶紫茎在英文中也叫"Mountain Camellia"（山生山茶）或"Summer Dogwood"（夏狗木），为落叶乔木，树形呈锥状至开展，常具多枚茎，或为灌木状，夏季开花。本种在阿巴拉契亚山区分布广泛而零散，为紫茎属*Stewartia*仅有的两个北美洲种之一。本种在一些分布点植物已经比较稀少，受到了土地开发的威胁。本种已识别出两个变种，原变种*Stewartia ovata* var. *ovata*花丝为白色，变种大花卵叶紫茎*Stewartia ovata* var. *grandiflora*花丝为紫红色，花常略大。本种在庭园中有种植，但不如夏茶紫茎*Stewartia pseudocamellia*之类树皮层状剥落的种栽培得多。这两个种栽培后有杂交。

卵叶紫茎的叶 为卵形至椭圆形，长达12 cm（4¾ in），宽达7 cm（2¾ in）；顶端尖，边缘有细齿，齿上有毛，向下渐狭为楔形或圆形的叶基，叶柄长至1½ cm（⅝ in），有翅，在叶柄基部将芽包藏其中，为其特征；幼时常为红色，长成后上表面为深绿色，光滑，叶脉下陷，下表面为浅绿色，有疏毛，秋季变为橙色或红色。

类似种

卵叶紫茎树皮有裂条，不为层状剥落，叶柄有翅，包藏冬芽，为其特征。紫茎属在北美洲的另一个种是弗吉尼亚紫茎或叫"丝山茶"（Silky Camellia，学名*Stewartia malacodendron*），为灌木，有时为小乔木，见于美国东南部的滨海平原。其花为白色，花丝为紫红色，叶柄有非常狭窄的翅，不包藏冬芽。

实际大小

叶类型	单叶
叶　形	卵形至倒卵形
大　小	达10 cm × 5 cm（4 in × 2 in）
叶　序	互生
树　皮	层状剥落为薄片，形成灰色、浅褐色、乳黄色等各色斑块
花	白色，直径达10 cm（4 in），具5枚花瓣，基部合生，中央有许多雄蕊；花基部有2枚苞片，远小于萼片
果　实	蒴果，卵球形，有毛，长至2½ cm（1 in）
分　布	日本，朝鲜半岛
生　境	混交林地

高达20 m
（65 ft）

619

夏茶紫茎
Stewartia pseudocamellia
Japanese Stewartia
Maximowicz

　　夏茶紫茎为落叶乔木，枝条扁平，呈之字形弯曲，树形呈阔柱状，夏季开花。本种为庭园中最常见栽培的紫茎属*Stewartia*树种，种植赏其花、树皮和秋色，已经选育并命名了一些品种。其花瓣基部合生，花期过后完整地凋落。本种也常被用作盆景树。产自朝鲜半岛的植株曾被处理为变种朝鲜紫茎*Stewartia pseudocamellia* var. *koreana*，在庭园中更常见。它与日本原变种的不同之处在于花较大。朝鲜变种已经选育出一些格外优秀的园艺品种，包括**朝鲜的辉煌**（'Korean Splendor'）、**哈罗德·希利尔**（'Harold Hillier'）和**奶和蜜**（'Milk and Honey'）等，均有花大、树皮层状剥落、秋色绚丽的组合特征。

类似种

　　紫茎*Stewartia sinensis*也有层状剥落的树皮，但萼片外的苞片与萼片等长或略长。日本种小茶紫茎*Stewartia monadelpha*的花小，苞片明显长于萼片。

夏茶紫茎的叶　为卵形至倒卵形，长达10 cm（4 in），宽达5 cm（2 in）；顶端渐尖，边缘有细齿，基部呈圆形至阔楔形，叶柄长至1 cm（½ in）；叶片上表面为深绿色，叶脉下陷，下表面为浅绿色，沿脉有丝状毛，秋季变为橙色、黄色和红色。

实际大小

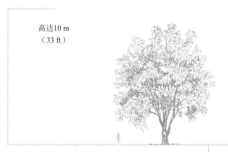

叶类型	单叶
叶 形	椭圆形至倒卵形
大 小	达10 cm×5 cm（4 in×2 in）
叶 序	互生
树 皮	红褐色、黄褐色和浅褐色，层状剥落为薄片
花	白色，直径达5 cm（2 in），具5枚花瓣，基部合生，中央有许多雄蕊；花基部有2枚苞片，与萼片等长或长于萼片
果 实	蒴果，圆锥形，有毛，长至2 cm（¾ in）
分 布	中国
生 境	山地森林和灌丛

620

高达10 m
（33 ft）

紫茎
Stewartia sinensis
Chinese Stewartia
Rehder & E. H. Wilson

紫茎为落叶乔木，树形呈阔柱状，有时为灌木，夏季开花。本种的树皮与夏茶紫茎*Stewartia pseudocamellia*一样引人瞩目，但花较小，在庭园中远不如后者常见，且常和其他种混淆。本种为一个变异较大的种，在中国根据毛被以及萼片和苞片形状的不同划分为3个变种。一些使用其学名的植株现已表明属于另一个中国种——长喙紫茎*Stewartia rostrata*，该种到1974年才得到命名。

类似种

紫茎与夏茶紫茎的不同之处在于花较小，苞片较大。日本种小茶紫茎*Stewartia monadelpha*的苞片明显长于萼片。长喙紫茎的树皮为灰色，有裂纹，不为层状剥落，蒴果呈球形，近光滑。

实际大小

紫茎的叶 为椭圆形至倒卵形，长达10 cm（4 in），宽达5 cm（2 in）；顶端渐尖，边缘有细齿，向下渐狭为楔形的基部，叶柄略呈红色，光滑或有毛，长至1 cm（½ in）；叶片幼时两面有毛，后上表面变为亮绿色，光滑，下表面为浅绿色，有丝状毛，特别是在叶脉上，秋季变为橙色和红色。

叶类型	单叶
叶形	卵形
大小	达15 cm × 12 cm（6 in × 4¾ in）
叶序	互生
树皮	灰褐色，老时有浅裂条
花	非常小，黄绿色，无花瓣，组成长达15 cm（6 in）的下垂花穗
果实	蓇葖小，褐色，长至5 mm（¼ in）
分布	喜马拉雅地区
生境	山区溪畔和林缘

高达30 m
（100 ft）

水青树
Tetracentron sinense
Spur-leaf

Oliver

水青树为落叶乔木，树形开展，晚春至早夏开花。本种为水青树属*Tetracentron*的唯一种，因为缺乏导管，木材更类似松柏类而不是其他被子植物，被认为是一种"原始"的树木。本种有时被放在单独的一个科——水青树科中，成为该科的唯一成员。本种的叶在正常枝条上互生，此外还有生长缓慢的距状短枝，顶端只有一枚叶，下垂的花穗就在这里生出。喜马拉雅地区的植株有相对巨大的叶，曾经被处理为变种大叶水青树*Tetracentron sinense* var. *himalense*。

类似种

水青树的叶易与连香树*Cercidiphyllum japonicum*的叶混淆，两者区别之处在于水青树有距状短枝，叶在主枝上始终互生，花穗下垂。

水青树的叶 为卵形，长达15 cm（6 in），宽达12 cm（4¾ in）；顶端骤成渐尖头，边缘有小而尖的锯齿，基部呈心形，叶柄长至4 cm（1½ in）；幼时为古铜色，长成后上表面为深绿色，从基部发出5—7脉，下表面为浅绿色，秋季可变为红色。

实际大小

叶类型	单叶
叶 形	卵形至椭圆形或倒卵形
大 小	达12 cm × 7 cm（4¾ in × 2¾ in）
叶 序	互生
树 皮	灰褐色，光滑
花	直径达2 cm（½ in），无花瓣，在枝顶组成圆锥状的总状花序；雄蕊呈浅黄色，从绿色的花盘发出
果 实	蓇葖果，数枚组成一轮，裂开时即可散出种子；果轮直径达1 cm（½ in），成熟时由绿色变为浅褐色
分 布	日本，朝鲜半岛，中国台湾
生 境	常绿林

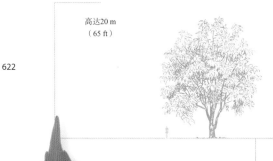

高达20 m
（65 ft）

622

昆栏树
Trochodendron aralioides
Wheel Tree
Siebold & Zuccarini

昆栏树为常绿乔木，树形呈阔柱状，晚春至早夏开花。枝条粗壮，光滑，顶端为显眼的圆锥形芽。本种常具数枚主干，可呈灌木状。本种是水青树*Tetracentron sinense*的近亲，是昆栏树属*Trochodendron*的唯一种，和水青树一样都是比较"原始"的树种，木质部缺乏导管，结构更近于松柏类的木质部。它所属的昆栏树科有时仅有这唯一的一种。叶相对较狭窄的类型曾经被处理为变种长叶昆栏树*Trochodendron aralioides* var. *longifolium*。

类似种

昆栏树是非常独特的树种，叶革质，叶柄很长，易于识别，而不易和其他树混淆。

昆栏树的叶 为卵形至椭圆形或倒卵形，长达12 cm（4¾ in），宽达7 cm（2¾ in），常在枝顶簇生；质地为革质，顶端渐尖，边缘上部有锯齿，中部以下则无锯齿，基部呈楔形，渐狭为长达7 cm（2¾ in）的叶柄；幼时为浅绿色或古铜色，长成后上表面为亮绿色，下表面为浅绿色，两面光滑。

实际大小　　　实际大小

叶类型	单叶
叶 形	椭圆形至长圆形
大 小	达7 cm×3 cm（2¾ in×1¼ in）
叶 序	互生
树 皮	灰褐色，在老树上有裂条
花	非常小，略带绿色，在幼枝叶腋单生或组成小花簇
果 实	翅果小，长约6 mm（¼ in），一侧有狭翅
分 布	中国，朝鲜半岛
生 境	落叶林

高达12 m
（40 ft）

623

刺榆
Hemiptelea davidii
Hemiptelea Davidii

(Hance) Planchon

刺榆为落叶小乔木，树形开展，有时呈灌木状，春季开花。本种的枝条幼时有毛，有粗壮的刺，刺长可达10 cm（4 in）以上。本种为一个分枝稠密的树种，在原产地区常被栽作绿篱，或被作为观赏树栽培。本种的树皮纤维可织布，幼叶可作为饮食添加剂，种子可榨油。

类似种

刺榆与榆属*Ulmus*和榉属*Zelkova*树种的区别在于枝条有刺，它们都属于榆科。朴属*Celtis*曾经也属于榆科，其叶具基出3脉。沼榆*Planera aquatica*无枝刺，果实有疣突。

刺榆的叶 轮廓为椭圆形至长圆形，长达7 cm（2¾ in），宽达3 cm（1¼ in）；顶端呈圆形至尖，边缘有三角形锯齿，基部呈圆形至浅心形，但不偏斜，叶柄短，长至5 mm（¼ in）；上表面为深绿色，有疏毛，侧脉多至12对，叶面有黑色的小凹陷，下表面为浅绿色，叶脉上有疏毛。

实际大小

实际大小

叶类型	单叶
叶 形	卵形
大 小	达6 cm × 3 cm（2½ in × 1¼ in）
叶 序	互生
树 皮	灰褐色，片状剥落为长条，新鲜暴露出来时为红褐色
花	非常小，略呈绿色，无花瓣，在老枝和幼枝上单生或组成小花簇
果 实	坚果软，圆锥形，成熟时浅褐色，长约1 cm（½ in），边缘有很多疣状突起
分 布	美国东南部
生 境	溪岸，河漫滩，沼泽

高达15 m
（50 ft）

624

沼榆
Planera aquatica
Water Elm
(Walter) J. F. Gmelin

沼榆的叶 为卵形，长达6 cm（2½ in），宽达3 cm（1¼ in），在枝条两侧排成两列；顶端尖，边缘具小锯齿，锯齿顶端有腺体，基部呈阔楔形至圆形，两侧相等或略偏斜，叶柄长至6 mm（¼ in）；上表面为深绿色，略粗糙，下表面为浅绿色。

沼榆在英文中也叫"Planer Tree"（普拉纳树），为不常见的落叶乔木，生长缓慢，树形开展，有时呈灌木状，春季开花。本种的枝条纤细，略呈之字形，无刺，幼时有毛，后变光滑。本种主要分布于美国海滨平原和河谷中每年均会被洪水淹没的地方，常与其他一些在类似环境下长势良好的树种共生，这些树种包括沼生蓝果树*Nyssa aquatica*、水栎*Quercus nigra*等。本种为沼榆属*Planera*的唯一种，与刺榆属*Hemiptelea*和榉属*Zelkova*近缘。

类似种

沼榆的果实有疣突，与刺榆属和榉属均不同。榆属*Ulmus*树种的叶通常呈更明显的偏斜状，果实有翅。沼榆的叶可与河桦*Betula nigra*的叶非常相似，但树皮、花和果实均不同。

实际大小

实际大小

实际大小

叶类型	单叶
叶 形	椭圆形至倒卵形
大 小	达7 cm × 3½ cm（2¾ in × 1⅜ in）
叶 序	互生
树 皮	浅灰褐色，有裂纹和鳞片状裂条
花	非常小，略呈绿色，花药红色，在老枝上组成短总状花序
果 实	翅果，长8 mm（⅜ in），有狭翅，边缘有白色长毛
分 布	美国东南部
生 境	干燥丘陵，野地，河岸

高达20 m
（65 ft）

625

翼榆
Ulmus alata
Winged Elm

Michaux

翼榆在英文中也叫"Wahoo"（瓦胡树），为落叶乔木，树形呈阔柱状至球状，春季开花，先于幼叶开放。本种分布于美国弗吉尼亚州至得克萨斯州。幼枝通常有对生的木栓质宽翅，此为其特征。本种的木材非常脆，因此不像榆属*Ulmus*其他树种那样多有利用。内层树皮提取的纤维以前被用来制作捆绑棉花包的绳索。本种非常耐受贫瘠、干燥而坚实的土壤，常在城市中被作为遮阴树栽培。

翼榆的叶 为椭圆形至倒卵形，长达7 cm（2¾ in），宽达3½ cm（1⅜ in）；顶端尖，边缘有重锯齿，基部呈圆形，略偏斜，叶柄短，长不到2½ mm（⅛ in）；叶片上表面为深绿色，光滑或略粗糙，下表面有软毛。

类似种

翼榆与岩榆*Ulmus thomasii*近缘，后者为较大的乔木，叶较大，叶柄较长，花簇也较长，下垂。欧洲野榆*Ulmus minor*的一些类型的枝条也有翅，但叶下表面光滑。厚叶榆*Ulmus crassifolia*在晚夏或秋季开花，叶小，长通常不到5 cm（2 in），上表面非常粗糙。

实际大小

叶类型	单叶
叶 形	椭圆形至倒卵形
大 小	达15 cm × 7 cm（6 in × 2¾ in）
叶 序	互生
树 皮	浅灰褐色，有深裂纹和鳞片状裂条
花	非常小，略呈绿色，无花瓣，花药呈红色，组成短而下垂的花簇
果 实	翅果，长至1 cm（½ in），有狭翅，顶端凹缺，边缘有毛
分 布	北美洲东部
生 境	湿润林地

高达25 m
（80 ft）

626

美国榆
Ulmus americana
American Elm
Linnaeus

美国榆在英文中也叫"White Elm"（白榆），为落叶乔木，树形呈花瓶状至开展，树干基部有时具板根，春季开花，先于叶开放。本种为北美洲榆属*Ulmus*树种中最著名的一种，被广泛作为遮阴树种植，是美国马萨诸塞州和北达科他州的州树。本种速生，耐寒，非常耐受城市环境，被广泛作为行道树种植。本种的木材重而坚硬，可用于制作家具、地板和建筑。本种已知对荷兰榆树病非常敏感，很多树因这一病害死亡。然而，仍有一些植株幸存下来，而**新和谐**（'New Harmony'）、**普林斯顿**（'Princeton'）和**佛奇谷**（'Valley Forge'）等选育的品种则有抗病性。

类似种

美国榆的叶大型，花簇下垂，果实仅沿果翅边缘有毛，可与榆属其他种区别开来。

实际大小

美国榆的叶 为椭圆形至倒卵形，长达15 cm（6 in），宽达7 cm（2¾ in）；顶端骤然渐尖，边缘有锐利的重锯齿，基部呈圆形，偏斜，叶柄短，长约5 mm（¼ in）；叶片上表面为深绿色，光滑或略粗糙，下表面为浅绿色，光滑或略有毛，脉腋处则有丛毛。

叶类型	单叶
叶形	卵形至椭圆形
大小	达5 cm × 2½ cm（2 in × 1 in）
叶序	互生
树皮	浅褐色至红褐色，有裂沟和鳞片状裂条
花	非常小，略呈绿色，无花瓣，花药呈红色，组成短花簇
果实	翅果，长至1 cm（½ in），有狭翅，顶端凹缺，两面和边缘均有毛
分布	美国南部，墨西哥北部
生境	溪岸和山坡，常生长于灰岩上

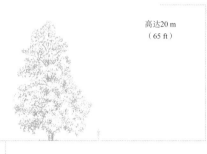

高达20 m
（65 ft）

627

厚叶榆
Ulmus crassifolia
Cedar Elm

Nuttall

厚叶榆为落叶至半常绿乔木，树形呈球状，晚夏至早秋开花。本种的枝条细，有毛，常有木栓质翅。在其分布区南部，入冬以后叶可在树上宿存更长时间。本种在美国得克萨斯州、阿肯色州和路易斯安那州分布最广，在佛罗里达州有一片小居群。本种的木材非常结实，可用于制作家具、篱柱，以及板条箱和木桶。本种偶尔被作为遮阴树种植，主要在其天然分布区内栽培。

厚叶榆的叶 为卵形至椭圆形，长达5 cm（2 in），宽达2½ cm（1 in），质地厚，革质；顶端钝尖，边缘有重锯齿，基部呈圆形，通常偏斜，叶柄长至5 mm（¼ in）；叶片上表面为深绿色，非常粗糙，下表面为浅绿色，有软毛，凋落前变为黄色。

类似种

岩榆*Ulmus thomasii*的分布偏北，叶较大。其他小叶型榆属树种还有榆*Ulmus pumila*和榔榆*Ulmus parvifolia*。前者春季开花，叶上表面光滑，有单锯齿，基部通常不偏斜；后者叶有单锯齿，上表面光滑，树皮层状剥落。

实际大小

叶类型	单叶
叶 形	倒卵形
大 小	达10 cm×5 cm（4 in×2 in）
叶 序	互生
树 皮	灰褐色，有裂沟和鳞片状裂条
花	非常小，略呈绿色，无花瓣，花药呈红色，在老枝上组成短花簇
果 实	翅果，长至2 cm（¾ in），有翅，顶端凹缺
分 布	中国，朝鲜半岛，俄罗斯东部，日本
生 境	溪岸，湿润谷地

高达25 m
（80 ft）

628

黑榆
Ulmus davidiana
David's Elm

Planchon

黑榆为落叶乔木，树形呈阔柱状至花瓶状或开展，幼枝密被毛，常发育有木栓质翅，春季开花。原变种 *Ulmus davidiana* var. *davidiana* 果实有密毛，更为知名的变种春榆 *Ulmus davidiana* var. *japonica* 果实则光滑。春榆对荷兰榆树病有抗性，曾被广泛用于杂交，以获得有抗病性的榆树。在日本，本种被作为遮阴树广泛种植，木材亦可作为建筑材料和制作乐器。春榆还常被作为盆景树种植。

类似种

黑榆与欧洲野榆 *Ulmus minor* 近缘，后者幼枝光滑或近光滑，但仍会发育出木栓质棱，叶基部偏斜程度大得多。在中国，还有其他与本种类似的近缘种，但它们之间的关系还不完全明确。毛榆 *Ulmus wilsoniana* 即其中一种，有时被视为独立的种，但现在多与春榆合并。

黑榆的叶 为倒卵形，长达10 cm（4 in），宽达5 cm（2 in）；顶端骤渐尖，边缘有锐利的重锯齿，基部偏斜，叶柄长至1 cm（½ in）；叶片上表面为深绿色，触感粗糙，下表面起初有毛，长成后仅脉腋有丛毛。

实际大小

叶类型	单叶
叶 形	椭圆形至倒卵形
大 小	达15 cm×10 cm（6 in×4 in）
叶 序	互生
树 皮	灰色，光滑，老树上有裂沟
花	非常小，略呈绿色，无花瓣，花药呈红色，在老枝上组成密集花簇
果 实	翅果，椭圆形至卵形，光滑，长至2½ cm（1 in），有狭翅，顶端凹缺并有毛
分 布	欧洲
生 境	树林，绿篱，在分布区南部则生长于山地

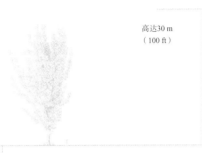

高达30 m
（100 ft）

629

光皮榆
Ulmus glabra
Wych Elm

Hudson

光皮榆在英文中也叫"Scots Elm"（苏格兰榆），为落叶乔木，树冠呈球状，晚冬至早春开花。树干通常短而粗壮，低处即分枝。枝条粗壮，幼时有毛，没有木栓质翅。尽管本种对荷兰榆树病敏感，但其抗病性已知仍比欧洲野榆*Ulmus minor*和英国榆*Ulmus procera*等其他种要强。已有一些选育出的品种，如**垂枝**（'Camperdownii'）为小乔木，树形开展，枝条下垂。荷兰榆*Ulmus × hollandica*为本种与欧洲野榆的杂种，常见而形态多变。

类似种

光皮榆树皮光滑，叶大型，具短柄，非常粗糙，凭此通常可以识别。荷兰榆叶较小，较光滑，枝条常为木栓质。北美红榆*Ulmus rubra*的树皮较粗糙，果实中部有毛。

实际大小

光皮榆的叶　为椭圆形至倒卵形，长达15 cm（6 in），宽达10 cm（4 in）；顶端为短或长的渐尖头，边缘有粗大的锯齿，有时在近顶端处分裂，基部非常偏斜，一侧的裂片可将叶柄覆盖，叶柄短，长至5 mm（¼ in）；叶片上表面为深绿色，无光泽，触感非常粗糙，下表面为浅绿色，有毛，秋季变为黄色。

叶类型	单叶
叶 形	卵形至披针形
大 小	达5 cm × 3 cm（2 in × 1¼ in）
叶 序	互生
树 皮	灰褐色，有竖直的裂纹，有时有引人注目的斑点
花	非常小，略呈绿色，无花瓣，花药呈红色，组成下垂的短花簇
果 实	翅果，长至2½ cm（1 in），有宽翅，生于有叶的枝条上
分 布	中国北部
生 境	山坡森林中的河岸

高达18 m
（60 ft），通常较矮

630

旱榆
Ulmus glaucescens
Gansu Elm

Franchet

旱榆为落叶乔木，树形呈花瓶状至开展，常具多枚茎，或为灌木状。枝条有毛或光滑，但不为木栓质。本种春季开花，在中国被处理为两个变种，原变种*Ulmus glaucescens* var. *glaucescens*果实仅在顶端凹缺处有毛，变种毛果旱榆*Ulmus glaucescens* var. *lasiocarpa*的果实全体有毛，至少幼时如此。本种为一个非常耐寒、非常耐受干燥土壤的树种，对荷兰榆树病和榆叶甲均有抗性。

类似种

在榆属*Ulmus*中还有其他一些树种有类似的小型叶。其中，榔榆*Ulmus parvifolia*为较大的乔木，秋季开花，榆*Ulmus pumila*也为较大的乔木，果实生长于无叶的枝条上。

旱榆的叶 为卵形至披针形，长达5 cm（2 in），宽达3 cm（1¼ in）；顶端短渐尖，边缘有单锯齿，或有时为重锯齿，向下渐狭为偏斜的基部，叶柄短，长至8 mm（⅜ in）；叶片上表面为深绿色，下表面为浅绿色，上表面触感粗糙，两面有毛或近光滑。

实际大小

叶类型	单叶
叶 形	倒卵形至近圆形
大 小	达18 cm × 14 cm（7 in × 5½ in）
叶 序	互生
树 皮	深灰褐色，有裂纹和鳞片状裂条
花	非常小，略呈绿色，无花瓣，花药呈红紫色，在老枝上组成密集花簇
果 实	翅果，椭圆形至近圆形，光滑，种子生于果实近中央处
分 布	中国北部，朝鲜半岛，俄罗斯东部，日本
生 境	温带森林

高达25 m
（80 ft）

631

裂叶榆
Ulmus laciniata
Manchurian Elm
(Trautvetter) Mayr

裂叶榆为落叶乔木，树形呈花瓶状至开展，幼枝有毛，后变光滑。本种曾被引种到西方庭园，但因为它需要土壤和空气湿润的环境，在很多地区生长不良。为了育出有抗病性的榆树，本种已经杂交出了一些杂种。日光榆*Ulmus laciniata* var. *nikkoensis*产自日本，幼叶呈红色，没有本种特征性的顶裂片。它可能是本种和春榆*Ulmus davidiana* var. *japonica*的杂种。

裂叶榆的叶　为倒卵形至近圆形，长达18 cm（7 in），宽达14 cm（5½ in）；顶端呈截形，有细而渐尖的顶裂片，两侧通常还有1或更多枚形态类似的裂片，边缘有锐利的重锯齿，齿缘有细毛，从中部以上向下渐狭为楔形或圆形而偏斜的基部，叶柄短，长至5 mm（¼ in）；叶片上表面为深绿色，幼时有毛，下表面为浅绿色，有毛。

类似种

裂叶榆与光皮榆*Ulmus glabra*最相似，但叶片顶端分裂，为其特征，易于识别。

实际大小

叶类型	单叶
叶 形	倒卵形
大 小	达12 cm × 7 cm（4¾ in × 2¾ in）
叶 序	互生
树 皮	灰褐色，有裂纹和鳞片状裂条
花	非常小，生于细梗上，略呈绿色，无花瓣，花药呈红色，在老枝上组成密集花簇
果 实	翅果，长至2 cm（¾ in），椭圆形至近圆形，边缘有白毛，顶端凹缺
分 布	欧洲
生 境	生长于河谷的湿润土壤中

高达30 m
（100 ft）

632

欧洲白榆
Ulmus laevis
European White Elm

Pallas

欧洲白榆在英文中也叫"Russian Elm"（俄国榆），为落叶乔木，树形呈阔柱状至球状或开展，春季开花。本种生于潮湿、常有涝渍的土壤中，树干基部可发育出大型板根，在榆属*Ulmus*中不同寻常。本种对荷兰榆树病有相当强的抗病性。在其他榆属树种的植株因病不断死亡之后，本种就成为欧洲河漫滩上最常见的榆树，如今已建议在河谷中重新种植，以减少洪水的影响。本种在庭园中偶见栽培，已经选育出一些类型，包括各种花叶类型，以及秋天叶变红色而非黄色的品种**美色**（'Colorans'）。

类似种

欧洲白榆可与美国榆*Ulmus americana*相混淆，但不同之处在于其冬芽顶端尖，叶基部明显更偏斜。

实际大小

欧洲白榆的叶 为倒卵形，长达12 cm（4¾ in），宽达7 cm（2¾ in）；顶端骤渐尖，边缘有弯曲的尖齿，本身又有小锯齿，基部极为偏斜，叶柄短，长至5 mm（¼ in）；叶片上表面为深绿色，光滑或略粗糙，下表面密被灰色毛。

叶类型	单叶
叶 形	椭圆形至卵形
大 小	达10 cm × 5 cm（4 in × 2 in）
叶 序	互生
树 皮	光滑，灰色，在老树上渐出现裂条
花	非常小，略呈红色，无花瓣，花药呈红紫色，在老枝上组成密集花簇
果 实	翅果，长至2 cm（¾ in），椭圆形至倒卵形，光滑，顶端凹缺，种子生于近凹缺处
分 布	欧洲，北非，西南亚
生 境	树林，绿篱
异 名	*Ulmus carpinifolia* Gleditsch

高达30 m
（100 ft）

633

欧洲野榆
Ulmus minor
Field Elm
Miller

欧洲野榆为落叶乔木，树形呈阔柱状至花瓶状或开展，晚冬至早春开花。幼枝细，光滑或近光滑，老时可发育出木栓质棱。本种非常容易感染荷兰榆树病，成树现已罕见。根西榆*Ulmus minor* subsp. *sarniensis*树形为狭锥状，原产于英国海峡群岛，曾常见种植。康沃尔榆*Ulmus minor* subsp. *angustifolia*树形为狭柱状，原产于英国南部。这两个亚种的叶基部偏斜程度都比原亚种小。

类似种

英国榆*Ulmus procera*和光皮榆*Ulmus glabra*的叶上表面触感粗糙。本种的杂种荷兰榆*Ulmus × hollandica*的一些类型的叶上表面也光滑，但通常较大，果实也较大。

欧洲野榆的叶 为椭圆形至卵形，长达10 cm（4 in），宽达5 cm（2 in）；顶端渐成短尖，边缘有锐齿，基部极为偏斜（在根西榆和康沃尔榆这两个亚种中较不偏斜），叶柄长至1 cm（½ in）；叶片上表面为深绿色，有光泽，光滑或有时略粗糙，下表面为浅绿色，光滑，仅在脉腋处和叶脉上有毛。

实际大小

实际大小

叶类型	单叶
叶 形	椭圆形至近圆形
大 小	达9 cm × 6 cm（3½ in × 2½ in）
叶 序	互生
树 皮	灰褐色，有裂纹
花	非常小，略呈红色，无花瓣，花药呈红紫色，在老枝上组成密集花簇
果 实	翅果，近圆形，光滑，顶端凹陷，种子生于近凹陷处
分 布	欧洲
生 境	树林，绿篱

634

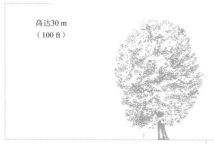

高达30 m
（100 ft）

英国榆
Ulmus procera
English Elm
Salisbury

英国榆的叶　为椭圆形至近圆形，长达9 cm（3½ in），宽达6 cm（2½ in）；顶端短骤尖，边缘有锐利的重锯齿，基部极为偏斜，叶柄长至1½ cm（½ in）；叶片上表面为深绿色，触感粗糙，下表面为浅绿色，各处均有软毛，脉腋处有丛毛，秋季变为黄色。

　　英国榆为落叶大乔木，树形呈阔柱状，顶部呈圆拱形，此为其特征，枝条有明显的木栓质棱，春季开花。本种大多数植株系栽培，因此其原产地不详。本种很少能结出可育的种子，植株主要靠萌蘖条繁殖。已知本种非常容易感染荷兰榆树病，居群现已严重衰退。尽管本种还有一些成树残余下来，但能见到的大多数植株都是绿篱中重新萌发的幼树。本种曾是英格兰风景的标志，其木材被广泛用于多种目的，如制作排水管等。

类似种

　　欧洲野榆*Ulmus minor*的叶两面光滑或近光滑。光皮榆*Ulmus glabra*的叶较大，上表面非常粗糙。

实际大小

叶类型	单叶
叶 形	椭圆形至卵形
大 小	达8 cm × 3½ cm（3¼ in × 1⅜ in）
叶 序	互生
树 皮	灰褐色，有竖直的裂条
花	非常小，略呈红色，无花瓣，花药呈红色，在老枝上组成密集花簇
果 实	翅果，长至1½ cm（⅝ in），近圆形，光滑，顶端凹缺，种子生于果实近中央处
分 布	中亚至中国北部，俄罗斯东部，朝鲜半岛
生 境	山坡，谷地，平原

高达25 m
（80 ft）

榆

Ulmus pumila
Siberian Elm

Linnaeus

　　榆为速生落叶乔木，树形呈球状至开展，有时为灌木，树条无木栓质翅，春季开花。本种非常耐受贫瘠土壤和城市环境，在北美洲曾被广泛种植。然而，其叶常为昆虫啃食，木材质脆，常导致枝条折断，因此不是一种特别招人喜爱的树。本种的果实量大，在一些地区成为入侵植物。因为本种对荷兰榆树病有抗病性，曾用于育种工程，以培育有抗病性的榆树。

类似种

　　榆经常与榔榆*Ulmus parvifolia*混淆，但后者秋季开花，且树皮具斑点，片状剥落。

榆的叶　为椭圆形至卵形，长达8 cm（3¼ in），宽达3½ cm（1⅜ in）；顶端尖或渐尖，边缘有单锯齿，有时为重锯齿，基部呈圆形，两侧对称或略偏斜，叶柄长至1 cm（½ in）；叶片上表面为深绿色，有光泽，光滑，下表面为浅绿色，幼时有毛，后变光滑，或在叶脉上和脉腋处有毛。

实际大小　　　　实际大小

叶类型	单叶
叶 形	倒卵形至椭圆形
大 小	达16 cm × 8 cm（6¼ in × 3¼ in）
叶 序	互生
树 皮	深褐色，有裂沟和扁平的鳞片状裂条
花	非常小，为略带红色的绿色，无花瓣，花药呈红色，在老枝上组成密集花簇
果 实	翅果，长至2 cm（¾ in），圆形，有宽翅，顶端有浅凹缺，仅在种子上方有毛
分 布	北美洲东部
生 境	河漫滩，河岸，山坡

高达30 m
（100 ft）

北美红榆
Ulmus rubra
Slippery Elm

Muhlenberg

北美红榆在英文中叫"Slippery Elm"（滑榆）或"Red Elm"（红榆），为落叶大乔木，树形呈花瓶状至球状或开展，春季开花。其枝条或树干的外层树皮剥去后，会露出具有黏液、又黏又滑的芳香的内层树皮，曾被广泛作为药材使用。本种对荷兰榆树病敏感，曾与一些亚洲榆属树种育出一些杂种，其植株有抗病性。因为榆*Ulmus pumila*在本种生存的很多生境中归化，并可与本种杂交，也构成了威胁。本种的木材品质被认为不如美国榆*Ulmus americana*，有时被用来制作家具。

类似种

北美红榆有时可与美国榆相混淆，但其内层树皮又滑又黏，易于相互区别。

北美红榆的叶 为倒卵形至椭圆形，长达16 cm（6¼ in），宽达8 cm（3¼ in）；顶端骤然渐狭成细尖头，边缘有锐尖的重锯齿，基部通常极为偏斜，叶柄长至1 cm（½ in）；叶片幼时常为铜红色，长成后上表面为深绿色，触感粗糙，下表面为浅绿色，有毛，脉腋处则有白色丛毛，秋季变为黄色。

实际大小

叶类型	单叶
叶 形	椭圆形至长圆形或倒卵形
大 小	达10 cm×5 cm（4 in×2 in）
叶 序	互生
树 皮	灰褐色或红褐色，有裂沟和鳞片状裂条
花	非常小，绿色，无花瓣，花药呈黄色或略呈红色，在叶腋组成长达5 cm（2 in）的下垂的细总状花序
果 实	翅果，长至1½ mm（⅝ in），有狭翅，顶端有深凹缺，边缘有白毛
分 布	美国东南部
生 境	河岸，湿润林地，灰岩丘陵

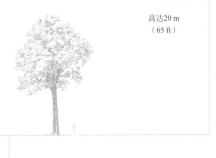

高达20 m
（65 ft）

637

九月榆
Ulmus serotina
September Elm

Sargent

九月榆在英文中也叫"Red Elm"（红榆），为落叶乔木，树形呈花瓶状至阔柱状，枝条在老时发育有木栓质翅，秋季开花。本种分布零散，从美国的阿肯色州和伊利诺伊州南部到佐治亚州北部，在田纳西州最为常见。本种为北美洲的两种秋季开花的榆属树种之一。本种偶尔被作为观赏树种植，但已知其非常容易感染荷兰榆树病。

类似种

与本种相比，美国榆*Ulmus americana*的不同之处在于春季开花。仅有的另一种秋季开花的北美洲榆属树种是厚叶榆*Ulmus crassifolia*，其叶较小，花也较小，组成短花簇，而非总状花序。厚叶榆和九月榆在混生时可发生杂交。

九月榆的叶 为椭圆形至长圆形或倒卵形，长达10 cm（4 in），宽达5 cm（2 in）；顶端渐尖，边缘有粗大的重锯齿，基部偏斜，叶柄长约6 mm（¼ in）；叶片上表面为深绿色至黄绿色，有光泽，光滑，下表面为浅绿色，覆有略呈黄色的软毛，秋季变为黄色。

实际大小

叶类型	单叶
叶 形	椭圆形至倒卵形
大 小	达12 cm×5 cm（4¾ in×2 in）
叶 序	互生
树 皮	灰褐色或红褐色，有裂沟和宽平的鳞片状裂条
花	非常小，为略带红色的绿色，无花瓣，花药略呈红色，在老枝上组成长达5 cm（2 in）的下垂的细总状花序
果 实	翅果，长至2 cm（¾ in），椭圆形，有宽翅，有毛，顶端有浅凹缺，边缘有白色短毛
分 布	北美洲东部
生 境	溪岸，树林，灰岩悬崖

高达30 m
（100 ft）

岩榆
Ulmus thomasii
Rock Elm
Sargent

岩榆的叶 为椭圆形至倒卵形，长达12 cm（4¾ in），宽达5 cm（2 in）；顶端短渐尖，边缘有重锯齿，基部偏斜，叶柄长至约5 mm（¼ in）；叶片上表面为深绿色，有光泽，光滑或有时触感粗糙，下表面为浅绿色，有软毛。

　　岩榆在英文中也叫"Cork Elm"（栓皮榆），为生长缓慢的落叶乔木，其树冠狭窄，此为其特征。本种的树干高而直，大枝短，略下垂，春季开花。本种幼时略带红色，有毛，老时通常发育出明显的木栓质翅。本种为优良材用树，其木材沉重，非常坚硬，难于砍开，可用于制作家具和饰面板。在北美洲和欧洲，以前均有很多大树的木材被用于造船。其种加词*thomasii*系用来纪念美国植物学家、作家戴维·托马斯（David Thomas，1776—1859）。他把本种命名为*Ulmus racemosa*，但这个学名之前已经被用于另一个种。

类似种

　　美国榆*Ulmus americana*枝条上无木栓质翅。翼榆*Ulmus alata*为较小的乔木，叶较短，无柄，幼枝上常有木栓质翅。

实际大小

叶类型	单叶
叶 形	卵圆形至椭圆形或长圆形
大 小	达5 cm×2½ cm（2 in×1 in）
叶 序	互生
树 皮	灰色，光滑，老时开裂
花	小，近绿色，无花瓣；两性花单生于叶腋，雄花组成花簇，生于小枝基部
果 实	核果小，绿色，有毛，长约6 mm（¼ in）
分 布	希腊克里特岛
生 境	山区的石质地

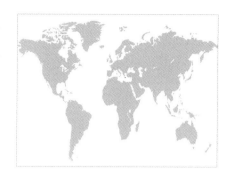

高达15 m
（50 ft）

克里特榉
Zelkova abelicea
Cretan Zelkova
(Lamarck) Boissier

克里特榉在克里特岛叫"安贝利齐亚"（Ambelitsia），为落叶乔木，树形开展，常为灌木状，春季开花，晚于幼叶开放。虽然是濒危树种，但这种树现在已经比过去更为常见。在克里特岛估计有几百株高达15 m（50 ft）的成年大树。其他很多植株因为放牧而退化为灌木状，常形成稠密难于通行的灌丛，靠萌蘗条蔓延。在野外，灌木形态的植株常具非常小的叶，长仅2 cm（¾ in），最大的叶仅见于成年树木。

类似种

高加索榉*Zelkova carpinifolia*的叶较大，每侧具7—11枚锯齿，而克里特榉叶片每侧的锯齿数不超过6枚。西西里榉*Zelkova sicula*1991年在意大利西西里岛被发现，它是高2—3 m（7—10 ft）的灌木，叶片比克里特榉相对较宽。

克里特榉的叶 轮廓为卵圆形至椭圆形或长圆形，长达5 cm（2 in），宽达2½ cm（1 in）；叶片顶端钝，每侧具3—6个钝尖的锯齿，基部呈圆形至截形，叶柄很短，长约2 mm（⅛ in）；叶片上表面为深绿色，有疏毛，下表面为浅绿色，至少沿脉有毛。

实际大小

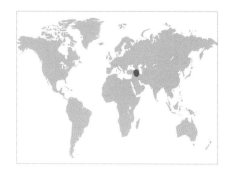

叶类型	单叶
叶 形	椭圆形至卵形
大 小	达9 cm×4½ cm（3½ in×1¾ in）
叶 序	互生
树 皮	光滑，灰色，在成树上片状剥落
花	小，近绿色，无花瓣；雌花单生于叶腋，雄花组成花簇，生于小枝基部
果 实	核果小，绿色，有毛，长约6 mm（¼ in）
分 布	土耳其北部，高加索地区，伊朗北部
生 境	森林

640

高达30 m
（100 ft）

高加索榉
Zelkova carpinifolia
Caucasian Zelkova
(Pallas) K. Koch

高加索榉的叶 为椭圆形至卵形，长达9 cm（3½ in），宽达4½ cm（1¾ in）；顶端为短而阔的尖头，边缘每侧具7—11枚阔圆形或阔三角形的锯齿，顶端有短尖，叶片基部呈圆形或略呈心形；叶柄很短，长不到3 mm（⅛ in）；叶片上表面为深绿色，触感略粗糙，下表面为浅绿色，至少沿脉有毛，秋季变为橙褐色。

高加索榉在英文中也叫"Caucasian Elm"（高加索榆），为生长缓慢的落叶常绿大乔木。其树干短，向上分成许多上耸的枝条，形成稠密的卵形树冠，此为其树形特征。本种春季开花。树干短，木材产量不高，可用于制作家具。本种现在的分布范围有限，但化石记录显示这种树曾经在欧洲广布，很可能由于气候变化而在很多地区灭绝。

类似种

克里特榉*Zelkova abelicea*是较小的乔木，叶较小，锯齿数较少。榉属*Zelkova*的亚洲种榉*Zelkova serrata*和大果榉*Zelkova sinica*则有渐尖的叶尖。

实际大小

叶类型	单叶
叶 形	卵形至披针形
大 小	达11 cm × 5 cm（4¼ in × 2 in）
叶 序	互生
树 皮	红褐色，幼时有许多皮孔，在老树上则变为灰褐色并片状剥落
花	小，近绿色，无花瓣；雌花单生于叶腋，雄花组成花簇，生于小枝基部
果 实	核果小，绿色，有棱，直径约4 mm（⅛ in）
分 布	中国，朝鲜半岛，日本
生 境	河岸，谷地，山地森林

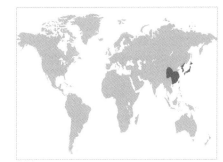

高达30 m
（100 ft）

641

榉
Zelkova serrata
Japanese Zelkova
(Thunberg) Makino

　　榉为落叶乔木，树形呈花瓶状至开展，春季开花，晚于幼叶开放。本种在日本是贵重的材用树，木材可用于制作家具、工具并作为建筑材料使用。本种对荷兰榆树病抵抗力很强（但并不能完全不受影响），因此可代替榆树种植，为美丽的观赏树，叶、树形和树皮均可观赏。本种目前已有很多选育型，具有改良的树形、耐寒性、抗病性或秋季叶色。

类似种

　　大果榉*Zelkova sinica*也有渐尖的叶尖，但叶较小，侧脉较少，果实较大而光滑。高加索榉*Zelkova carpinifolia*的叶尖短阔。

榉的叶　为卵形至披针形，长达11 cm（4¼ in），宽达5 cm（2 in）；顶端细渐尖，边缘有尖端纤细的锯齿，基部呈圆形至浅心形，略偏斜；叶柄长至6 mm（¼ in）；叶片上表面为深绿色，触感略粗糙，每侧有9—15条侧脉，下表面为浅绿色，沿脉具疏毛，秋季变为橙褐色至红色。

实际大小　　　　实际大小

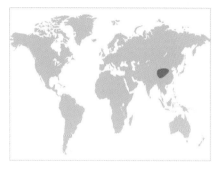

叶类型	单叶
叶 形	卵形至披针形
大 小	达6 cm × 3 cm（2½ in × 1¼ in）
叶 序	互生
树 皮	光滑，灰色，片状剥落，留下橙色和褐色的斑块
花	小，近绿色，无花瓣；雌花单生于叶腋，雄花组成花簇，生于小枝基部
果 实	核果小，绿色，光滑，直径约7 mm（¼ in）
分 布	中国
生 境	山谷河岸

642

高达30 m
（100 ft）

大果榉
Zelkova sinica
Chinese Zelkova
C. K. Schneider

大果榉的叶 为卵形至披针形，长达6 cm（2½ in），宽达3 cm（1¼ in）；顶端渐尖，边缘有锐齿，基部呈圆形至宽楔形，叶柄长至1 cm（½ in）；叶片上表面为深绿色，触感粗糙，侧脉7—11对，下表面为灰绿色，沿脉有毛，秋季可变为橙色或黄色。

大果榉为落叶乔木，树形呈花瓶状至开展，基部常有数枚树干，春季开花。枝条幼时呈灰白色，有毛，后变光滑。尽管本种也有长期栽培，但不像高加索榉 *Zelkova carpinifolia* 或榉 *Zelkova serrata* 那样常见。然而，它是非常耐寒的树木，其树干、叶和秋色均可观赏。

类似种

大果榉的叶片顶端渐尖，与榉最为相似，但不同之处在于其叶较小，果实较大，光滑。

实际大小　　　　　实际大小

叶类型	单叶
叶 形	椭圆形至倒披针形
大 小	达18 cm×6 cm（7 in×2½ in）
叶 序	互生
树 皮	灰色，光滑
花	直径达4 cm（1½ in），芳香，花瓣呈白色，多至20枚；单生或组成多至6花的伞形花序
果 实	蓇葖果，肉质，椭圆形，成簇；每枚长1 cm（½ in），成熟时由绿色变紫黑色，常带白斑
分 布	智利，阿根廷
生 境	森林

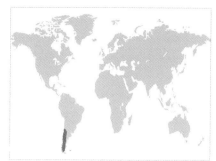

高达20 m
（65 ft）

643

林仙
Drimys winteri
Winter's Bark
J. R. Forster & G. Forster

实际大小

林仙为常绿乔木，树形呈锥状至柱状，春季至早夏开花。其英文名为"Winter's bark"（温特树皮），系用威廉·温特（William Winter）船长的名字命名。这位船长在1578年采集了林仙辛辣而芳香的树皮，用于治疗坏血病。本种的木材在智利被用于制作乐器或用作薪柴使用。林仙被认为是一种"原始"的树木，其木材缺乏导管，在结构上与松柏类树木更为接近。本种有时被分为两个变种：原变种*Drimys winteri* var. *winteri*的花单生，智利林仙*Drimys winteri* var. *chilensis*的花则组成伞形花序。

类似种

安第斯林仙*Drimys andina*曾经也被视为林仙的一个变种，但现在已被处理为一个独立的种。它与林仙的不同之处在于树形为灌木状，高仅1½ m（5 ft）或更矮，叶也较小，长至10 cm（4 in）。

林仙的叶 为椭圆形至倒披针形，革质，长达18 cm（7 in），宽达6 cm（2½ in），揉碎后有芳香气味；顶端圆或尖，边缘无锯齿，基部狭窄，叶柄常为红色，长至2½ cm（1 in）；叶片上表面无光泽或有光泽，深绿至浅绿色，下表面为蓝白色。

附　录

术语表

为了让文字更为通俗易懂，本书尽量回避使用技术用语。然而，在这样一本有关植物的著作中，不可避免仍然要用到一些植物学术语或一般性术语。下面的列表就向初学者提供了这些术语的简单定义。

× 表示该植物为杂交起源。

瘦果（achene） 含1枚种子的干燥果实，成熟时不开裂。

互生（alternate） 指叶单生，不同的叶生于不同的高度，并和最靠近它的另一片叶生于枝条的不同侧。

被子植物（angiosperm） 种子包在子房里、子房成熟后发育为果实的植物。

花药（anther） 花中生有花粉的部位。

顶生（apical 或 terminal） 生于顶部。

无融合生殖（apomictic） 不经过受精即产生种子的生殖。

贴伏（appressed） 平贴于它物之上，如叶片表面的毛。

叶耳（auricle） 小型的耳状叶裂片。

命名人（author） 发表了某种植物的学名的植物学家。

腋（axil） 两个结构之间的夹角处，如叶和枝之间是叶腋，侧脉和中脉之间是脉腋。

腋生（axillary） 生于（叶）腋。

二回羽状（bipinnate） 第一次羽状分割之后再次羽状分割的羽状复叶。

叶片（blade 或 lamina） 叶的扁平部位。

具粉霜（bloomy） 表面覆盖有蜡质或粉质的薄层，通常呈蓝白色，易于擦除。

苞片（bract） 通常呈叶状的结构，常生于单朵花或一组花之下，可以起到保护、提供营养或更好地吸引传粉者的作用。

花萼（calyx） 花中位于花瓣之外、通常绿色的部位，由萼片构成。

蒴果（capsule） 成熟时开裂、释放出种子的干燥果实。

心皮（carpel） 雌花的生殖器官。

柔荑花序（catkin） 一种伸长下垂的花簇，通常由单性、无花瓣的花构成，单朵花不显著。

绿色组织细胞（chlorenchyma cell） 含有叶绿体、可以进行光合作用的叶肉细胞。

叶绿素（chlorophyll） 植物中的绿色色素，可以为光合作用捕捉太阳能。

叶绿体（chloroplast） 植物细胞中的特殊部位，含有叶绿素和其他色素，可以进行光合作用。

具睫毛（ciliate） 边缘有细毛。

柱状（树形）（columnar） 指树冠高大于宽，轮廓两侧略平行，外观如同直径上下大体相同的圆柱。

复叶（compound leaf） 分裂成彼此分离的小叶的叶。

锥状（树形）（conical） 指树冠中枝条的伸展范围向上渐减，而使树冠外观如同向上渐尖的圆锥。

花冠（corolla） 花中通常较为显眼的部位，由花瓣构成。

伞房花序（corymb） 顶部平坦或拱起的花簇，每一朵花的花梗并非从同一点生出。

品种（cultivar） 通过栽培而繁殖的植物品系，可以始终保持用来界定这个品系的特征。

角质层（cuticle） 表皮外面的防水性保护层，可以避免无谓的水分损失。

苏铁类（cycad） 一类"原始"的树木，为裸子植物，树干不分枝，叶形如蕨类，在枝干顶端成簇着生。

落叶（deciduous） 一年中部分时间里（通常是冬季）会失去所有的叶。

双子叶植物（dicotyledon） 幼苗具有两枚来自胚的子叶的植物，其真正的叶具有网状叶脉（另见"单子叶植物"）。

核果（drupe） 具有硬核的肉质果实，核中通常含有1枚种子。

椭球形（ellipsoid） 中间最宽、两端渐狭的三维立体形状。

椭圆形（elliptic） 中间最宽、两端渐狭的二维平面形状。

全缘（entire） 边缘没有裂片或锯齿。

表皮（epidermis） 植物的最外层细胞，可以保护内部的结构。

附生植物（epiphyte） 生长在其他植物之上、以后者为支撑的植物。

加词（epithet） 植物学名的最后一个词，通常描述了该植物的某种鉴定特征或习性。

逸生（escape） 从花园中逃逸后像本地原产植物一样生长。

常绿（evergreen） 终年有叶。

外伸（exserted） 向外伸出。

f. 在植物学名中作为"变型"（forma）的缩写，变型是植物学的一个分类等级。

镰状（falcate） 弯曲呈镰刀状。

科（family） 拥有某些共同特征的一群属。

花丝（filament） 生有花药的结构。

波状（flexuous 或 undulate） 形如波浪。

蓇葖果（follicle）　由子房的各个部分分别形成的干燥果实，成熟时沿一侧开裂散出种子。

属（genus，复数genera）　遗传上有亲缘关系的一群种。

光滑（glabrous）　无毛。

蓝灰色（glaucous）　带蓝色的灰白色。

裸子植物（gymnosperm）　具有裸露或无果皮保护的种子的植物，它们的种子通常组成球果。松柏类树木即是裸子植物。

树形（habit）　一株树的整体形状。

耐寒（hardy）　在指定的地区能忍耐冬季的低温。

杂种（hybrid）　两个种相互杂交之后产生的植物。

花序（inflorescence）　花在茎上排列而成的总体结构。

居中（形态）（intermediate）　指其特征介于另外两种植物之间。

披针形（lanceolate）　像矛头的形状，中部以下最宽，长为宽的3倍以上。

侧生（lateral）　生于侧面的。

小叶（leaflet）　复叶中最终分离的部分。

皮孔（lenticel）　枝条和树干的小孔，可让空气进入树木内部。

木质茎基（lignotuber）　可见于茎基部的木质、膨大的结构，可生于地面上或地下。

分裂（lobed）　沿边缘有圆形的突起，这些突起通常不等大。

边缘（margin）　多指叶片的边。

叶肉（mesophyll）　位于叶的上下表皮之间的组织；双子叶植物的叶肉有两层，即栅栏组织和海绵组织。

中脉（midrib）　叶的中央主脉。

单子叶植物（monocotyledon）　幼苗具有一枚来自胚的子叶的植物，其真正的叶具有平行叶脉（另见"双子叶植物"）。

原产（native）　在某个地区天然有野生生长。

归化（naturalized）　引种到一个地区之后，可像原产植物一样生长和繁殖。

蜜腺（nectary）　通常见于花中的结构，可以制造含糖的分泌物——花蜜。

倒披针形（oblaceolate）　中部以上最宽、长为宽的3倍以上的形状。

倒卵形（obovate）　中部以上最宽、长不到宽的3倍的形状。

对生（opposite）　指叶成对地生于茎的相对两侧。

圆形（orbicular）　形状大体如同一个圆。

目（order）　彼此有关系的一群科。

卵形（ovate）　形如鸡蛋，中部以下最宽。

栅栏组织（palisade parenchyma）　叶片上表面下方的一层紧密的绿色组织细胞，胞体在垂直方向上伸长；它们与光线最为接近，含有叶中的大多数叶绿素，这样可以使光合作用效率最大化。

掌状（palmate）　像手掌一样分割，各个分离部分从同一点生出。

647

圆锥花序（panicle）　一种伸长、多分枝的花簇。

豌豆花状（pealike）　指花的形状像豌豆的花。

宿存（persistent）　不立即脱落；这个术语可用于叶或果实。

花瓣（petal）　被子植物的花中的部位，可用于吸引传粉昆虫。

叶柄（petiole）　连接叶片和茎的柄。

光合作用（photosynthesis）　利用来自太阳的能量，以水和二氧化碳制造有机物或释放氧气的过程。

叶状柄（phyllode）　由叶柄扩大形成的叶片状结构。

羽片（pinna，复数pinnae）　二回羽状复叶第一次羽状分割后的结构。

羽状（pinnate）　像羽毛的羽枝一样分割，各个分离部分从一根中央主轴生出。

小羽片（pinnule）　二回或三回羽状复叶的最终分割部分。

先锋种（pioneer species）　能够迅速占据像火后或森林砍伐后的裸露地面的种。

窝（pit）　角质层上的小凹陷；角质层是叶片加厚的防水表面。

果荚（pod）　由两个果爿构成的含种子的结构，成熟时开裂，散出种子。豆科的果荚在植物学上叫荚果。

繁殖（propagate）　植物通过播种、扦插、嫁接或压条之类方式复制自身的过程。

总状花序（raceme）　伸长而不分枝的花簇，沿中轴生有若干具梗的单朵花。

叶轴（rachis）　羽状复叶中叶柄的延伸，其上着生有小叶。

反曲（recurved）　向回弯曲。

外卷（revolute）　向下面卷起。

翅果（samara）　通常含1枚种子的有翅干燥果实，成熟时不开裂。

选育型（selection）　为了某个特征有意选育的一种类型的植物。

萼片（sepal）　花萼的单个构成部分。

无柄（sessile）　指叶的叶片直接与茎连接，而无叶柄。

阴生叶（shade leaf）　生长在遮阴环境中的叶，通常比生长在阳光下的叶（阳生叶）大。

灌木状（shrubby）　外观为灌木。

单叶（simple leaf）　不分割为小叶的叶。

缺刻（sinus）　两个裂片或锯齿之间的空间。

种（species）　属中能够相互区分的成员，在生殖时能够或易于与其他种产生隔离。

海绵组织（spongy mesophyll）　叶肉的下层，由疏松排列的圆形细胞构成，叶绿体较叶肉上层的栅栏组织少。

开展（树形）（spreading）　指树冠宽大于高。

雄蕊（stamen）　花中的雄性部位，由花丝和花药构成。

树林（stand）　长在一起的一群树木；如果仅含1个种，则可叫"纯林"。

柱头（stigma）　花的雌性部位的一部分，可以接受花粉。

托叶（stipule）　在叶柄和茎的连接处着生的成对的小型结构，有时呈叶状。

气孔（stoma，复数stomata）　叶片表面大量分布的小孔，气体可以通过此处进出植物体。

亚属（subgenus，复数subgenera）　一个属内部的一群种，具有共同特征，可以和同一属内的其他亚属相区别。

subsp.　亚种（subspecies）的缩写。

亚种（subspecies）　种内的一个类型，通常由于隔离，而在一些属性上和该种的典型类型有区别。

萌蘖条（sucker）　从成年植株（通常是从根部或主茎的基部）上长出的健壮的新茎。

温带（temperate）　地球上气候较温和、不像热带和极地那么极端的地区。

花被片（tepal）　像木兰属植物一样彼此十分相似的萼片或花瓣。

绒毛（tomentum）　彼此交织的一层密毛。具有这个特征的结构可以称之为"具绒毛的"。

锯齿（tooth）　叶片边缘呈圆形或尖锐的突起，大小略相等。

毛被（trichome）　像头发一样的纤细生长物，生于一些叶和植物其他部位之上。

三回羽状（tripinnate）　具有三次羽状分割的复叶，也即第一次分割的小叶本身又呈二回羽状的羽状复叶。

伞形花序（umbel）　顶部平坦或拱起的花簇，花梗从同一点生出。

var.　变种（variety）的缩写。

变种（variety）　种内的一个变异类型，在植物学上重要性不如亚种。

叶脉（vein）　叶片内的输导组织，把养分和水分输送给叶片，把光合作用的产物输送到植株其他部位。

导管（vessel）　树木的茎（树干）内部输送水分的"管道"。

下垂（树形）（weeping）　指树冠中生有叶的枝条向下悬垂，垂柳即其一例。

轮生（whorled）　指三个或更多个同一类型的结构在同一点上着生。

命名人缩写

在植物学文献中，植物的学名后面经常有命名人的名字，而且常为缩写形式。举例来说，很多种由科学命名之父卡尔•林奈（Carl Linnaeus）首次描述，他的名字就通常缩写为L.。在本书中，为了便于读者查检，命名人一律给出姓氏的全拼，而不用缩写。然而，本书仍然使用了如下的一些缩写：

auct.　拉丁语auctorum（意为"一些作者的"）的缩写，用来指一个学名曾得到某些作者的错误使用。

ex　拉丁语意为"来自，经由"。以Smith ex Jones为例，这是指该学名由琼斯（Jones）首次合格发表，他承认这个学名最先由另一个更早的命名人史密斯（Smith）命名，只是史密斯本人并未将其发表。

fils　拉丁语filius（意为"儿子"）的缩写，通常还可进一步缩写为f.。如果一对父子都是植物命名人，则可以使用这个缩写，如L.和L. f.即为父子关系，都叫卡尔•林奈。

hort.　拉丁语hortulanorum（"园丁的，园艺的"）的缩写，用来指一个学名最先在园艺上应用。如果这个学名后来正式发表，其命名人则可以引证为hort. ex [命名人名字]。

参考文献

在撰写本书的过程中，作者查阅了许多出版物和网站。下面的参考文献即是从中选出的主要出版物和网站。

图书

Bean, W. J. *Trees and Shrubs Hardy in the British Isles.* 8th edition, 2nd impression, vol. 1, A-C. D.L. Clarke (ed.). London: John Murray, 1976.

Bean, W. J. *Trees and Shrubs Hardy in the British Isles.* 8th edition, 3rd impression, vol. 2, D-M. D.L. Clarke (ed.). London: John Murray, 1981.

Bean, W. J. *Trees and Shrubs Hardy in the British Isles.* 8th edition, 2nd impression, vol. 3, N-Rh. D.L. Clarke (ed.). London: John Murray, 1980.

Bean, W. J. *Trees and Shrubs Hardy in the British Isles.* 8th edition, vol. 4, Ri-Z. D.L. Clarke (ed.). London: John Murray, 1981.

Clarke, D. L. *Trees and Shrubs Hardy in the British Isles.* Supplement. London: John Murray, 1988.

Coombes, A. J. *Eyewitness Handbooks: Trees.* London: Dorling Kindersley, 1992.

Dirr, M. A. *Manual of Woody Landscape Plants.* Champaign, IL: Stipes Publishing, 1998.

Elias, T. S. *Field Guide to North American Trees.* Danbury, CT: Grolier Book Clubs Inc., 1989.

Fernald, M. L. *Gray's Manbual of Botany.* Portland, OR: Dioscorides Press, 1950, reprinted 1987.

Godfrey, R. K. *Trees, Shrubs and Woody Vines of Northern Florida and Adjacent Georgia and Alabama.* Athens, GA: The University of Georgia Press, 1988.

Grimshaw, J. & R. Bayton. *New Trees: Recent Introductions to Cultivation.* Royal Botanic Gardens, Kew: Kew Publishing, 2009.

Hillier, J. & A. Coombes (eds.). *The Hillier Manual of Trees and Shrubs.* Newton Abbot, Devon: David & Charles, 2002.

Leopold, D. J., W. C. McComb & R. M. Muller. *Trees of the Central Hardwood Forests of North America.* Portland, OR: Timber Press, 1998.

Little, E. L. *The Audubon Society Field Guide to North American Trees; Eastern Region.* New York: Alfred A. Knopf, 1980.

Little, E. L. *The Audubon Society Field Guide to North American Trees; Western Region.* New York: Alfred A. Knopf, 1980.

López Lillo, A. & J. M. Sánchez de Lorenzo Cáceres. *Árboles en España: Manual de Identificación.* 2nd ed. Madrid: Ediciones Mundi-Prensa, 2001.

McAllister, H. *The Genus Sorbus.* Kew: Royal Botanic Gardens, 2005.

Menitsky, Y. L. *Oaks of Asia*, translated from Russian. A. A. Federov (ed.), Enfield, NH: Science Publishers, 2005.

Phipps, J. B., R. J. O'Kennon & R. Lance. *Hawthorns and Medlars.* Portland, OR: Royal Horticultural Society/Timber Press, 2003.

Radford, A. E., H. E. Ahles & C. Ritchie Bell. *Manual of the Vascular Flora of the Carolinas.* Chapel Hill, NC: The University of North Carolina Press, 1968.

Rushforth, K. *Trees of Britain and Europe.* London: HarperCollins, 1999.

Sternberg, G. & J. Wilson. *Native Trees for North American Landscapes.* Portland, OR: Timber Press, 2004.

网站

Australian Plant Name Index. http://www.anbg.gov.au/cpbr/databases/apni-search-full.html

Digital Representations of Tree Species Range Maps from "*Atlas of United States Trees*" by **Elbert L. Little, Jr.** http://esp.cr.usgs.gov/data/atlas/little/

European Forest Genetic Resources Programme (EUFORGEN), Distribution maps. http://www.euforgen.org/distribution_maps.html

Flora of China (online version). http://hua.huh.harvard.edu/china/

Flora of North America (online version). http://www.fna.org/

Flora of Taiwan (online version). http://tai2.ntu.edu.tw/ebook.php#

Stevens, P. F. (2001 onward). *Angiosperm Phylogeny Website*. Version 9, June 2008 [and more or less continuously updated since]. http://www.mobot.org/MOBOT/research/APweb/

中文名索引

有关本书中树木中文名的由来，参见"译后记"。

650

654

657

外文名索引

658

661

学名索引

662

667

669

致　谢

艾伦·J.库姆斯

　　我要感谢常春藤出版社的编辑团队——特别是洛林·特纳（Lorraine Turner）和基姆·戴维斯（Kim Davies）的工作效率和提供的指导。我要向我的妻子玛丽西拉（Maricela）特别致意，感谢她在本书编写期间给予的所有支持和鼓励。

若尔特·德布雷齐

　　一代代的植物采集家创造了丰富的知识储备，积累了大量植物收藏。没有他们的慷慨贡献，整理温带世界树木的工作将几乎不可能完成。在我和伊什特万（Istvan）进行这个树木整理项目时，古往今来的植物学家都在和我们一起工作，我们要感谢他们的无私奉献。

　　我们曾经历过种种不顺心的事情——有时我们的采集缺少叶的照片；有时我们虽然有照片，可它们却不合本书的要求。这时候，就会有朋友伸出援手，把我们带出困境。不管遇到什么困难，不管要消耗多少时间、驾驶里程和金钱，他们都能保证迅速把所需的叶或照片提供给我们。我们要感谢所有这些朋友的无私帮助：澳大利亚大陆／塔斯马尼亚的詹姆斯（James）和马克（Mark）；英格兰的迈克尔（Michael）、托尼（Tony）和沃尔夫冈（Wolfgang）；德国的彼特（Peter）和乌尔利希（Ulrich）；匈牙利的埃莱梅尔（Elemér）、卡尔曼（Kálmán）、格佐（Gésa）、考蒂（Kati）、拉斯洛（László）、马克（Márk）和洛比（Lobi）；爱尔兰的克里斯蒂娜（Cristina）和达拉赫（Darach）；波兰的亚当（Adam）和托马斯（Tomasz）；苏格兰的马丁（Martin）；美国的卡罗尔（Carol）、杰夫（Jeff）、吉姆（Jim）、约翰（John）、凯西（Kathy）、彼特（Peter）、兰德尔（Randall）和索尼亚（Sonia）；还有其他很多人。我们格外要感谢吉尔·汉纳姆（Jill Hannum）和凯西·穆夏尔（Kathy Musial）的建议，她们还把我撰写的介绍文字修改成了更地道的英文。

670

译后记

这几年，我一直从事世界植物中文名研究和选拟工作，所翻译的植物学方面的图书也往往涉及很多非中国原产的植物。仅以和北京大学出版社合作的图书而言，《世界上最老最老的生命》介绍了全世界多种个体寿命在 2000 年以上的古老植物；《果色花香：圣伊莱尔手绘花果图志》中有不少法国植物；而这本《树叶博物馆》则收录了很多原产于温带地区的乔木树种。在翻译这些书的过程中，显然必须为这些非中国原产的植物选定或新拟中文名，而这正好成为我自己研究工作的一部分。

《树叶博物馆》的作者在"致谢"中说："一代代的植物采集家创造了丰富的知识储备，积累了大量植物收藏。没有他们的慷慨贡献，整理温带世界树木的工作将几乎不可能完成。"这话说得一点不错。几百年来，有大量植物学专业文献以西方语言写就，这使得西方的作者可以比较轻松地利用这些知识的宝藏，编写通俗的博物学手册，把专业知识转化为更容易为一般读者所接受的形式。这些通俗手册出版以后，本身也成为植物学知识宝藏中的新品。只要看一下本书的参考文献，便可知这样一本体例严谨、内容准确的树叶鉴定手册绝不是凭空而来。借用那个俗套的比喻：本书作者确实是"站在巨人的肩膀上"。

相比之下，语言的隔阂使得这些丰富的植物学知识至今仍然难于为中文世界的一般读者汲取和利用。特别是中文世界缺少统一而规范的世界植物中文名体系，各种中国不产的植物的相关信息，也就很难通过这样一个名称系统得到有效的组织，实现便捷的提取。这也是我所做的世界植物中文名研究和拟定工作的意义所在——在中国人对全世界的植物日益好奇的时候，实实在在做一些基础性的工作，通过植物中文名这个关键，扫除从中文世界通往全人类的植物学知识库的障碍。

因此，翻译本书的最大成果——同时也是最大挑战——就是为书中所有涉及的植物类群选拟合适的中文名。我在此主要遵循了以下几个原则：

首先，尽量回避使用纯音译名。这是中国植物分类学界的传统之一，其理由主要有二：第一，纯音译名是信息量最小的名称，除了能够通过近似的汉字读音间接帮助人们记忆其学名或英文名之外，就不能再提供有关植物本身的更多信息了。第二，很多纯音译名所音译的是学名或英文名中纪念某人的部分（即所谓"纪念名"），而这些名称用来纪念的多半是西方学者。比如中国特有植物珙桐，学名为 *Davidia involucrata*，其中的属名 Davidia 纪念的就是 19 世纪法国来华传教士谭微道。本来这些植物生长在西方人以外的其他族群长期生活的土地（包括西方殖民地）上，往往已经得到原住民的命名和利用，但仅因为现代植物学名体系由西方人建立和主导，结果反而是这种"纪念名"成了它们全球通行的名称。而如果连中文名也要随之轻率拟定，甚至不惜使用干巴巴的纯音译，那就等于我们白白错过了借助植物中文名重新体现被西方文化掩盖的全世界植物文化多样性的机会。

因此，栎属的 *Quercus shumardii* 和 *Quercus texana*（英文名 Nuttall Oak）尽管已有"舒玛栎"和"纳塔栎"的中文名，但我弃之不用，根据前者的英文名之一 Swamp Red Oak 新拟"泽红栎"，根据后者的学名新拟"得州栎"。全书仅有个别在栽培情况下才能产生的杂种用了纯音译拟名，如 *Quercus × warei* 拟为"威尔氏栎"，因为它是主产于欧洲的夏栎（*Quercus robur*）和原产于北美洲东部的泽白栎（*Quercus bicolor*）的杂种，不可能在天然状况下产生。考虑到这个杂种是园艺培育的成果，在中文名中继续体现其学名对某学者的纪念，是可以接受的。

其次，注意选用现代语言中较好的名称进行翻译，而不是一味直译学名。这是因为学名一旦合格发表就不能更改，因此不可避免会有错误、片面、缺乏"独占性"（名称所描述的特征为许多类群所共有，而不为名称所指的类群专有）等种种问题，而现代语言中的名称往往是经过多年应用之后选出的较为妥当的名称。鉴此，桉属的 *Eucalyptus coccifera* 不用"浆果桉"，而是根据英文名 Tasmanian Snow Gum 新拟"岛雪桉"（由于桉属主产于澳大利亚及塔斯马尼亚岛，在这一具体语境中，"岛"字完全可以代替冗长的"塔斯马尼亚"）；*Eucalyptus obliqua* 不按学名直译为"斜叶桉"（因为桉属中叶基偏斜的种很多），而是根据英文名之一 Brown Top 新拟"褐顶桉"。

再次，一些属按照现代分类学研究表明含有多个独立的"演化支"，按照不同的分类学观点，这些演化支可独立为属。为了让属中各种的中文名能够同时适用于不同的分类系统，我对这些种的命名采用了"最小属原则"——假定所有演化支都已独立为属，然后其中各种都用这些小属的中文专名来命名。最典型的例子就是广义花楸属 *Sorbus s. l.*。分子研究表明该属至少包括 5 个属级演化支，其中的狭义花楸属 *Sorbus s. s.* 与棠楸属 *Cormus* 关系较近，白花楸属 *Aria* 与驱疝木属 *Torminalis* 关系也较近，这两大分支的关系则较远；然而，这两大分支的祖先却曾发生杂交，由此产生了第 5 个演化支——水榆属 *Micromeles*。因此，广义花楸属中的大多数种根据所在演化支的不同，应该分别用"花楸""棠楸""白花楸""驱疝木"和"水榆"这 5 个名字来拟名；比如 *Sorbus thibetica* 尽管在《中国植物志》上叫"康藏花楸"，但因为属于水榆类，我也改成了"康藏水榆"。

按照支序分类学的"单系原则"，上述 5 个演化支都应该独立成属，不应该继续合并为一个广义的花楸属。然而，本书作者并非分类学专家，基于"述而不作"的朴素方法，对书中各种的分类处理和学名只是照搬了一些已出版文献上的分类系统（比如全书的分科均遵照 APG Ⅱ 系统，大部分情况下和最新的 APG Ⅳ 系统相同，仅巨朱蕉 *Cordyline australis* 被归于灯丝兰科 Laxmanniaceae 而不是新系统的天门冬科 Asparagaceae），并没有进行统一的修订。根据我们正在制定的植物界新分类系统，除了花楸属之外，我也不同意本书中对鹅耳枥属 *Carpinus*、山茱萸属 *Cornus*、木兰属 *Magnolia*、苹果属 *Malus*、南青冈属 *Nothofagus*、铁木属 *Ostrya*、鳄梨属 *Persea*、石楠属 *Photinia* 和李属 *Prunus* 等属所采取的广义概念。其中一些种在我们的新系统中学名会有变化。如果有读者对我们的新分类系统有兴趣，可以参阅由我主持的"多识植物百科"网站

673

（http://duocet.ibiodiversity.net/）。

此外，原书的索引比较简略，只编入了作为正式条目的树种，对于这些种的亚种、变种等种下类群以及只是在书中有提及、未作为正式条目的树种均未收录。为了方便中文读者使用，我对索引做了扩充，把这些未收录分类群的学名和中文名基本都包括在内，篇幅也因此几乎是原书的两倍。

尽管在植物中文名方面，我可以保证本书的处理在国内最为准确权威，但在其他文字的翻译方面，则一定还有很多问题。此外，原书也不可避免会有错误，尽管我已经改正了一些（比如原书对花楷槭 *Acer ukurunduense* 的学名词源介绍有误），但也仍然可能有遗漏。所有这些问题都欢迎读者致信提出，在此先表谢意！我的电子邮箱为 su.liu1982@foxmail.com。

674

刘夙　谨识
于上海辰山植物园

- ◎ 甲虫博物馆
- ◎ 蘑菇博物馆
- ◎ 贝壳博物馆
- ◎ 树叶博物馆
- ◎ 兰花博物馆
- ◎ 蛙类博物馆
- ◎ 细胞博物馆
- ◎ 病毒博物馆
- ◎ 鸟卵博物馆
- ◎ 种子博物馆
- ◎ 毛虫博物馆
- ◎ 蛇类博物馆